生物工程
生物技术
系 列

高等教育规划教材

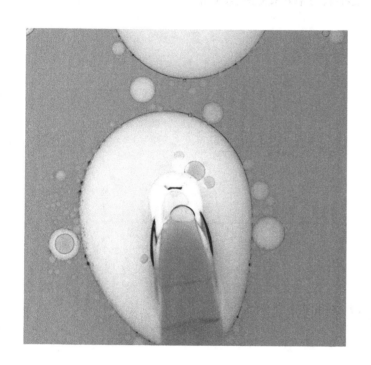

生物工艺原理

（第三版）

贺小贤 ｜ 主　编

张　雯 ｜ 副主编

化学工业出版社

·北京·

本书将各种发酵产品生产工艺的共性理论和工程知识按照单元操作归纳、整理，组成完整的新体系，全面系统的介绍产品的工艺原理和技术。在保持第二版结构体系的基础上，又增加了一些新的知识如微生物的生物转化、生物质能源的开发利用以及微生物多糖的生产，同时，涵盖现代生物工程的最新进展和应用，如代谢工程技术、基因组改组技术以及纤维素原料的生物炼制等。本书内容丰富，文字流畅，可读性强，内容涉及生物工业菌种及扩大培养、发酵培养基及其制备、培养基灭菌及空气净化、发酵机制及代谢调控、生物反应动力学、发酵工艺过程控制、基因工程菌发酵技术、固定化细胞发酵技术以及生物产品生产工艺实例。

　　本书可作为高等院校生物工程、制药工程、食品科学与工程等专业相关课程的教材，也可作为相关专业研究生、教师以及科研、工程技术人员的参考用书。

图书在版编目（CIP）数据

生物工艺原理/贺小贤主编．—3 版．—北京：化学工业出版社，2015.6（2024.1重印）
高等教育规划教材
ISBN 978-7-122-23361-5

Ⅰ.①生…　Ⅱ.①贺…　Ⅲ.①生物工程-高等学校-教材　Ⅳ.①Q81

中国版本图书馆 CIP 数据核字（2015）第 053754 号

责任编辑：何　丽　徐雅妮　　　　　　文字编辑：周　俶
责任校对：陶燕华　　　　　　　　　　装帧设计：刘剑宁

出版发行：化学工业出版社（北京市东城区青年湖南街 13 号　邮政编码 100011）
印　　装：北京科印技术咨询服务有限公司数码印刷分部
787mm×1092mm　1/16　印张 22¼　字数 609 千字　　2024 年 1 月北京第 3 版第 7 次印刷

购书咨询：010-64518888　　　　　　　售后服务：010-64518899
网　　址：http://www.cip.com.cn
凡购买本书，如有缺损质量问题，本社销售中心负责调换。

定　　价：55.00 元

前　言

　　《生物工艺原理》自第一版出版以来已有十多年，第二版出版也有 8 年时间，期间经历了十多次的重印。国内许多高等院校选择本书作为相关专业本科生教材，有些院校将它作为硕士研究生入学复试参考书。2005 年该教材获得陕西省普通高等学校优秀教材一等奖，2010 年获中国石油与化学工业优秀出版物奖（教材奖二等奖）。配套课件在 2011 年全国第十一届全国多媒体课件大赛中获高教工科组优秀奖，并在化学工业出版社教学资源网共享。

　　自第二版出版以来，学科发展迅速，新技术、新成果、新产品不断涌现，兄弟院校在使用过程中也提出了一些修改意见和建议，促使我们决定重新修订本书。本次修订保留了第二版的结构体系和写作风格，对第一章、第二章、第三章、第六章、第八章、第九章、第十章和第十二章内容进行了较大的补充和修改，对其他章节仅作图、表、文字、标点、语句、段落等方面的修改、调整和补充。在生物产品实例部分，补充了微生物的生物转化、微生物多糖发酵生产以及生物质能源等方面的新内容，以使修订后的版本内容更加充实，适应性更强。另一方面，为了避免篇幅过大，调整或删除了第二章、第三章和第十章中的部分内容。

　　在本书的使用过程中，不少兄弟院校的任课教师希望能够提供相应的课件以方便教学，所以此次修订的同时，对原获奖课件进行补充和修改，课件的编写仍采用常用的 PowerPoint 软件，内容按照新教材的结构体系和知识体系进行编排，在具体使用过程中教师可根据需要做适当的调整和删减。新版教材配套的课件可由化学工业出版社教学资源网（http：//www.ciped.com.cn：7091/wwwedu/index.jsp）下载，供教师和学生免费使用。

　　本教材作为陕西省精品资源共享课"生物工艺原理"（http：//skd-swgyyl.xinpop.com/）的配套教材。

　　全书由陕西科技大学贺小贤统稿、校对，并修订编写第一章、第二章、第三章、第六章、第九章及第十二章（第三、四、十一、十二节）；陕西科技大学张雯（第八章、第十二章第九节）、孙宏民（第九章）、王丽红（第十章）、宁夏大学张惠玲（第十二章第二节）、贵州大学胡鹏刚（第十二章第十二节）参加了编写；部分插图的编辑由陕西科技大学刘筱霞完成，刘欢参加部分初稿的校对工作。另外，在编写的过程中，参考了国内外专家、学者、同行的研究成果或著作、论文，受益很大，在此谨表衷心谢意。在本书编写过程中给予帮助和支持的家人、朋友等，本人表示衷心的感谢。

　　由于生物技术发展日新月异，许多新技术、新方法、新成果来不及消化吸收编入本教材，加上作者水平及时间所限，本版难免有不妥之处，敬请读者予以指正。

编者

2015 年元月于西安

第一版前言

现代生物技术飞速发展，迫切要求生物技术产业化，由此诞生了生物工程专业。自我国高等院校设立发酵工程专业以来，各种工艺学的内容一直是该专业的必修课。根据生物工程专业课程体系的改革，将各种工艺学的共性理论按单元操作归纳组成一新体系，结合自己多年的教学体会，广泛参阅相关文献，对原讲义进行归纳、整理及多次修改、增删后形成了《生物工艺原理》一书。由于该课程是在学生学完微生物学、生物化学、化工原理等专业基础课后开设的，因此，在编写的过程中注重与相关专业基础课的衔接，同时又避免重复，内容上力求反映生物生产过程的新理论和新进展。至于目的产品分离提取的理论和技术未在本书中叙述。

本书由贺小贤副教授主编。齐香君教授参加编写有关章节。

西安交通大学博士生导师赵文明教授主审，陕西科技大学生命科学与工程学院陈合教授对全稿进行了认真的审阅，并提出了许多宝贵意见，在此均表示衷心感谢。

由于编者学识水平有限，错误和不足之处恳请读者提出宝贵意见，以便进一步修改提高。

贺小贤

2003 年元月

第二版前言

生物技术（又称生物工艺学或生物工艺原理，biotechnology）是 21 世纪高技术革命的核心内容。生物技术对解决当今人类面临的人口与健康、资源与环境、能源与可持续发展等问题具有重要而深远的战略意义。生物工业是生物技术领域中的重要分支之一，是以在受控条件下利用生命过程本身作为产品的生产和加工的手段，由此产生种类数以千万计的产品，形成新的现代工业。现代生物工业是当今世界举足轻重的工业领域之一。

《生物工艺原理》第一版自 2003 年 3 月出版以后，深受广大读者的欢迎和喜爱，不少高等院校将它作为教材，有些院校还将它作为硕士研究生入学考试的专业复试参考书。2005 年《生物工艺原理》第一版获得陕西省普通高等学校优秀教材一等奖。

《生物工艺原理》第一版出版至今有 4 年时间，读者在使用后，对本书提出了不少的修改意见和建议，这些都使作者深深受到鼓舞和鞭策。另外，在这期间生物技术的发展异常迅速，新技术与新成果不断涌现。为了能够及时地加入新的资料，反映新的动态，我们对第一版进行了修订。

《生物工艺原理》第二版保持了第一版的结构体系和写作风格，对第一版中的部分内容进行了修改和补充。改写了第一版第一章全部内容，对第一版第二章、第三章、第四章、第七章、第八章、第十章内容进行了修订。将第一版第五章和第六章内容重新进行组织和整理成一章内容。增加了基因工程菌的发酵生产作为第二版第八章内容。补充了部分新的发酵产品实例。同时对第一版的图、表、文字、标点做了修改，增加了一些新的图表。

王丽红参加了第十二章部分内容组织和整理工作。在本书编写过程中得到了化学工业出版社、陕西科技大学、西安交通大学、西北大学、陕西师范大学、天津科技大学专家学者的大力支持，在此一并表示感谢。

尽管我们在编写第二版时仍然秉承第一版写作的指导思想——力求内容全面而新颖，概念准确，语言深入浅出，完整地表达本课程应包含的知识，反映其相互联系及发展规律，反映生物生产过程的新理论和新进展，但由于作者水平有限，不妥之处在所难免，热忱希望广大读者批评指正。

编者
2007 年 10 月

目　录

第一章 总 论

生物技术（又称生物工艺学，biotechnology）是 21 世纪高技术革命的核心内容。生物技术对解决当今人类面临的人口与健康、资源与环境、能源与可持续发展等许多重大问题，具有重要而深远的战略意义。当前，生命科学、生物技术不断取得重大突破，生物产业正在迅速崛起，生命科学和生物技术的持续创新和重大突破是 21 世纪科学技术发展的重要标志，由其引领和孕育的生物经济将引起全球经济格局的深刻变化和利益结构的重大调整。生物技术将会对世界经济格局和国力竞争产生重要影响，并促使人类的观念、生活方式等产生深刻变革。据测算，生物技术产业的市场容量大约是信息产业市场的 10 倍。近 10 年来，全球生物技术产业的产值以每 3 年增长 5 倍的速度增长。预计到 2020 年，全球生物技术市场将达 30000 亿美元。

生物技术是一个高度跨学科与跨行业的领域，从不同的学科和行业去理解生物技术，难免有所侧重，因为生物技术涉及多种学科和多个行业，所以强调准确理解生物技术就显得十分必要。

生物技术有时也称生物工程（bioengineering），是指"应用自然科学及工程学的原理，依靠生物催化剂（biocatalyst）的作用，将物料进行加工以提供产品或为社会服务"的技术。生物技术主要包括基因工程技术、细胞工程技术、微生物工程技术、酶工程技术以及蛋白质工程技术。一切类型生物的生物化学反应受细胞产生的各种各样的酶所催化，而不同酶的特异结构与功能又由特定的遗传基因决定。

对生命活动和生物系统的改造和利用，满足人类生活和社会发展需求的相关技术均属于生物技术的范围。生物技术的主要包括基因工程、细胞工程、微生物工程、酶工程、蛋白质工程等，但上述分类方式只是相对的，它们之间常常相互渗透，互为补充。此外随着生命科学和生物技术的发展，不断有一些新的内容出现，特别是基因组学、蛋白质组学、生物芯片、生物信息等重大技术的出现，已经大大扩展了生物技术的涵盖范围。生物技术不仅仅是一门与生命科学相关的技术，还包含设备、工艺等工程学内容，是一门涉及多学科的综合性技术体系。

生物技术是以现代生命科学为基础，结合基因工程、细胞工程技术手段和其他基础学科的科学原理，按照预先设计获得优良品质的动物、植物或微生物以及加工生物原料，为人类生产出所需要的产品包括粮食、医药、化工原料、能源、金属等各种产品，达到预防、诊断、治疗疾病和检测、治理环境的目的。

生物技术是高新技术之一，高新技术凝结着人类早期的发明和现代的创造，代表着当今的社会文明。生物技术的渊源可以追溯到公元前酿造技术，这种原始的技术一直持续 2000 多年，直到法国微生物学家巴斯德揭示了发酵原理，从而为发酵技术的发展提供了理论基础。20 世纪初，出现了化工原料丙酮丁醇的发酵生产。50 年代在抗生素工业的带动下，发酵技术和酶技术被广泛应用于各种产业部门。70 年代初，分子生物学的某些突破使人们能够分离基因，并在体外进行重组，从而迎来了生物技术的新时代。

一、生物技术及其产业的发展回顾与展望

现代生物技术及其产业的兴起和发展，是 20 世纪人类科技史上的重大进步，并成为解决人类社会面临的人口、健康、食品和环境等重大挑战的最有潜力的技术手段。生物技术已经成为许多国家科技研发投入的重点，成为国际科技、经济竞争的焦点，以现代生物技术产业为核心的生物经济已经初露端倪，将成为继信息产业之后的又一个新的经济增长点。

生物技术的应用历史可追溯到一两千年以前，而人类有意识地利用微生物进行大规模发酵生

产是在 19 世纪，当时的主要产品有乳酸、酒精、面包酵母、柠檬酸和蛋白酶等初级代谢产物。该时期生物学的三项伟大成就，即细胞学说、达尔文生物进化论和孟德尔遗传定律，为生物技术的发展奠定了重要基础。以 1928 年青霉素的发现为开端，到 20 世纪 40 年代，以获取微生物的次级代谢产物——抗生素为主要特征的抗生素工业成为生物技术产业的支柱产业；随后氨基酸发酵、酶制剂工业分别在 50 年代和 60 年代成为生物技术产业的新成员。1953 年沃森和克里克创立了脱氧核糖核酸（DNA）双螺旋模型，开创了从分子水平揭示生命现象本质的新纪元。20 世纪 70 年代科学家们在生命科学领域创造了两项对人类生活和经济活动具有深刻影响的技术，一个是重组 DNA 技术，一个是淋巴细胞杂交瘤技术。这两项技术的出现，使得具有悠久历史的生物技术发生了革命性的变化，重组 DNA 技术的出现更成为现代生物技术诞生的标志。在近 20 多年的时间里，多种新技术不断涌现，80 年代建立了细胞大规模培养技术、动植物转基因技术、PCR（聚合酶链反应）技术；90 年代，随着人类基因组计划和其他重要动植物和微生物基因组计划的实施和信息技术的渗入，相继发展了基因组学、生物信息学、组合化学、生物芯片技术以及一系列自动化分析测试和药物筛选技术与装置。这一系列的技术创新和学科发展推动着现代生物技术以前所未有的速度向前发展，并成为解决人类所面临的人口、健康、食品、环境等重大问题的有效手段。

1. 我国生物技术发展的历史及发展方向

我国生物技术相关研究在新中国诞生后迅速起步，随着我国社会、经济的发展而不断壮大。生物技术已经对我国经济建设和社会进步起到了非常重要的作用。20 世纪 60 年代初，随着我国国民经济情况的好转，国家在生物技术相关领域的投入不断加大，生物技术研究本身也从单纯应用型向基础-应用复合型研究转化。1965 年，我国科学家首次人工合成牛胰岛素并确定了其晶体结构，这一成果领先于后来获得诺贝尔奖的国外同类工作，展示了当时我国生物技术研究的水平。虽然由于众所周知的原因，我国生物技术的研究在 70 年代与国际差距不断加大。80 年代以来，我国生物技术工作者又奋起直追，在人工全合成酵母丙氨酸 tRNA 及其酶学、生物膜和蛋白质立体结构研究的部分领域取得了一批高水平的成果，使我国生命科学的发展取得了长足的进步。

20 世纪 80 年代后期，国家启动了"国家高技术发展计划"（863 计划），大大提高了我国生物技术的发展速度。随着国家自然科学基金支持力度的不断加强，我国生物技术及产业有了很大的发展，已建立了一批高水平的重点实验室和研究开发基地，培养了一支上万人的研究开发队伍，掌握了现代生物技术所涉及的全部关键技术。转基因动植物、基因工程药物等一批现代生物技术产品已投放市场，销售额达到 100 多亿元人民币。我国的农业生物技术和医药生物技术发展最快，传统的发酵工业正在得到改造，海洋和环保生物技术也已起步。我国的生物技术已在总体上接近国际水平，在发展中国家处于先进地位。具体进展和主要成果体现在以下几个方面。

（1）生物技术基础研究不断取得新的突破　在传统生物技术发展的基础上，20 世纪 60 年代，我国科学家首次人工合成胰岛素；70 年代，首创了三系法杂交水稻技术，对解决中国粮食需求发挥了巨大作用；80 年代，在人工全合成酵母丙氨酸 tRNA 及其酶学、生物膜和蛋白质立体结构研究的部分领域取得了一批高水平的成果，为生物学做出了历史性贡献。

当前，随着我国综合国力的增强和加入世界贸易组织等形势的变化，"自主、创新"已经成为了当前的主要奋斗目标。我国的生命科学工作者在基因组学、蛋白质组学、生物信息学、生物进化及其 RNA 与基因打靶等方面的研究中有了长足的进展。中国作为唯一的发展中国家成员参与国际人类基因组计划，完成了 1% 测序工作；中国独立完成了杂交水稻 911（籼稻）的基因组序列草图；在国际上首次定位和克隆了神经性高频耳聋基因、乳光牙本质 Ⅱ 型、汗孔角化症等遗传病的致病基因。在植物抗盐、抗旱基因方面已经取得了重大的进展。目前，我国已经在国际生物技术有关的领域中占据了有利的位置，并具备了冲击国际前沿水平、争夺某些领域"制高点"的实力。

（2）农业生物技术为农业生产的可持续发展做出贡献　我国首创的两系法杂交水稻继续保持世界领先地位，目前已培育出 40 多个实用的光温敏不育系和广亲和系，17 个适应不同生态地区的高产优质杂交组合已通过农作物新品质鉴定，在湖南、湖北、安徽和广东等十多个省（自治区、市）累计推广超过 3000 万亩❶。与此同时，水稻的光敏不育基因、温敏不育基因和广亲和基因的定位、分离和克隆工作已获得较好的效果。

我国转基因植物的研究与开发成就令世人瞩目。到目前为止，农业部"农业生物工程安全评价"已批准了 100 件转基因植物环境释放申请，其中包括转基因抗虫棉花、转基因耐储存西红柿、转基因甜椒等六种转基因植物已批准进行商品化生产。我国科学家研制成功对鳞翅目害虫抗性高达 80％以上的转基因抗虫棉品种，其核心技术已获国家发明专利，从而使我国成为继美国之后世界上第二个拥有该项技术自主知识产权的国家，现有 6 个抗虫棉品种分别在安徽、山西、山东、新疆等地大面积推广 10 万公顷以上。此外，我国的马铃薯等多种作物的组织培养和快繁脱毒技术已实现产业化；小麦、大豆、水稻、玉米、油菜等农作物的分子标记辅助育种研究已全面展开，并将使传统的常规育种手段发生革命性变革；多种畜禽用基因工程疫苗产品正在加紧研制，将进一步增强畜牧业抵御病害的能力，并形成效益可观的新兴产业。在生物农药和生物肥料方面，我国已研制生产微生物杀虫剂、杀菌剂和农用抗生素三大系列十多种产品；我国自己构建的防水稻白叶枯病微生物农药和水稻联合固氮工程菌已在田间大面积试验，防病增产效果明显。

我国动物生物技术的某些方面已达到国际先进水平。已获得可快速生长和瘦肉率高的转生长素基因猪，在乳腺中表达凝血因子 9 和人血白蛋白等外源基因的转基因羊和转基因牛；快速生长的转基因鲫鱼和鲤鱼已进入中试开发阶段；"试管牛"技术早在"八五"末期已基本成熟，现正在进一步扩大应用规模，为我国良种牛的品种改良和工业化生产发挥重要作用。

（3）医药生物技术为提高人民健康水平发挥了重要作用　首先，用生物技术生产的抗生素成为抵御各种传染病的最重要手段，过去肺结核等传染病是造成中国人死亡最主要原因，而现在则降低到死亡原因的前十位以外。其次，用生物技术生产的各种疫苗的应用，有效控制甚至消灭了天花、脊髓灰质炎、麻疹、百日咳等重大疾病的危害，在综合防治流行性乙型脑炎、鼠疫、霍乱、伤寒、狂犬病等传染病中起到了不可替代的重要作用。以基因工程手段生产的乙肝疫苗已经代替传统的血源苗，每年约有 1000 万新生儿接种，有效地控制了乙肝病毒的传播，使我国的乙型肝炎患者大幅度减少。

近年来，中国医药生物技术发展明显加快。2011 年生物制药的销售额已达 1600 亿美元，占全球药品市场份额的 19％，预计到 2020 年，生物制药在全球药品销售中的比重将超过三分之一。2012 年 2 月份，我国生物药品原料药制造业销售产值为 188.85 亿元，同比增长 26.48％，增幅较 2011 年同期上涨 3.84 个百分点；生物药品制剂制造业销售产值为 278.75 亿元，同比增长 32.16％，增幅较 2011 年同期上涨 8.05 个百分点。涉及脑恶性胶质瘤、血友病 B 等疾病的 6 种有自主知识产权的基因治疗方案进入临床实验。骨、软骨、皮肤、肌腱等 6 种组织工程产品已进入临床实验阶段。

抗生素、维生素、甾体激素在整个医药工业中占据十分重要的地位，其中抗生素和维生素 C 两大类产品占我国医药工业总产值的 15％左右，改良菌种是提高这类药物产量的关键技术，我国采用自己构建的基因工程菌种发酵生产头孢霉素 C，使发酵单位提高了 2800U 以上，达到国际先进水平；医用苏氨酸生产采用基因工程构建的高产菌种使发酵产酸率提高 7％以上，

---

❶ 1 亩＝666.67m²。

比原来的菌株产酸率提高了 3 倍。

天然药物的研究近年来受到国际上的广泛重视,我国的植物细胞培养生产天然药物的研究,在国家的大力支持下,已建立了一整套实验体系,研究水平达到或接近国际先进水平,其中利用红豆杉细胞培养技术生产抗癌药物紫杉醇及其类似物方面的研究进展顺利,预计不久的将来可实现大规模产业化。

随着医药生物技术的发展,小分子药物、核酸药物等一大批新型生物技术药物即将进入临床应用;基因治疗、组织工程、干细胞治疗、个体治疗、生物芯片等新兴诊断和治疗技术不断涌现,将为预防和治疗恶性肿瘤、艾滋病、心血管病等当前威胁人民健康的主要疾病做出新的重要贡献。据环球时报报道,世界卫生组织在瑞士日内瓦发布了《2013 年世界卫生统计报告》,对全球 194 个国家和地区的卫生及医疗数据进行分析,包括人类预期寿命、死亡率和医疗卫生服务体系等 9 个方面。该年度报告汇集了世卫组织成员国最近的卫生统计数据,其中人均寿命是最受关注的方面。报告显示,"全球平均预期寿命已经从 1990 年的 64 岁增加到 2011 年的 70 岁。日本、瑞士和圣马力诺三国人均寿命最高,达到 83 岁;其次为澳大利亚、冰岛、芬兰、以色列、新加坡等国,为 82 岁;中国的人均寿命为 76 岁,高于同等发展水平国家;非洲的布隆迪、喀麦隆、中非和莱索托等国,人均寿命只有 50 岁左右。

(4) 生物技术在轻化工产品方面发挥作用 由于利用生物技术生产化工产品具有原料来源广、制备方法简单、产品质量好、环境污染少等特点,目前已得到了广泛的应用。一批成熟、实用的新技术新产品已转化为生产力。L-乳酸、L-苹果酸、衣康酸生产工艺的研制成功,使有机酸品种配套,扩大了应用领域;发酵甘油、酶法合成二肽甜味剂新工艺在技术上有所突破,真菌多糖、低聚糖、糖醇、多肽等结构清楚、功效明确的功能性食品添加剂已研制成功,潜在的市场前景十分广阔。目前,我国已经建成一批利用发酵法生产长链二元酸、年产量数千吨乃至上万的企业,并正在开展利用代谢工程和基因工程的方法改造生产菌株的初步工作。特别是利用生物技术生产具有特殊性能、用途或环境友好的化工新材料,已成为当前化工行业发展的一个重要趋势。跟踪国际发展形势,我国已开展一些重要的医药中间体的研究和开发工作。例如利用生物催化剂和发酵法生产手性化合物、谷氨酰胺的发酵生产研究等。据中投顾问发布的《2010—2015 年中国生物技术产业投资分析及前景预测报告》显示,采用传统化学法由丙烯腈合成的丙烯酰胺,转化率仅为 97%～98%,而采用生物法合成丙烯酰胺,转化率则可达 99.99%以上,而且生产成本也比化法的成本低 10%以上。由此可见,用生物法生产丙烯酰胺在成本以及产品纯度等方面都优于化学法生产。用生物法生产单甘油酯比化学法专一性高,提取工艺简化,生产成本降低,而且产品产率纯度也比化学法有所提高。此外,用生物方法生产功能高分子物质也具有优势。例如壳聚糖、透明质酸、黄原胶、氨基酸等产品。据中投顾问发布的《2010—2015 年中国生物技术产业投资分析及前景预测报告》显示,用化学法生产天冬氨酸的转化率仅为 80%～85%,而采用生物酶法生产天冬氨酸,其转化率可达 99%以上。未来,随着人们对生物技术应用于化工材料领域的重视,采用生物法生产化工产品的趋势将会进一步得到增强。未来的重点是研究化工产品生物合成途径构建与优化、原料综合利用与生物炼制、工业生物催化与转化、生物-化学组合合成等关键技术,突破生物基平台化合物、手性化工中间体、生物基材料等重大化工产品生物制造的产业化瓶颈。形成有机酸、化工醇、生物基材料等产品制造的平台技术体系,形成手性醇、手性酸、甾体等高附加值手性中间体生产的创新生物制造路线。研究开展生物技术在纺织、造纸、制革等工业中的应用,开发生物纺织、生物脱胶、生物制革、生物造纸等新技术工艺和装备,促进纺织、造纸、皮革等企业应用生物技术工艺,推动行业的清洁生产。选择酒类、酱油、醋等传统酿造产品,应用现代生物技术和工程技术手段对菌种进行改良,对酿造过程进行优化控制,提高产品质量,降低资源消耗,减少环境污染,提高行业的整体竞争力。研究开发非粮生物乙醇、生物柴油、生物燃气、生物制氢等生物能源产品制造过程的共性关键技术和专用设备，以工业和城市生活废弃物为原料，建立生物能源产品的规模化生产技术示范。研究开发微藻生物固碳核心关键技术，建立年固定二氧化碳总量超过万吨的工业化示范系统，率先在国际上首次实现微藻固碳的产业化，同时开发高附加值的系列微藻产品，为微藻大规模固定二氧化碳及微藻能源的发展提供技术、经济及环境评价指标，为微藻生物固碳技术的大规模推广应用提供示范。

（5）利用生物技术开发海洋资源、保护生态环境初见成效　近年来，我国已有 10 多种海洋贝类和虾类诱导三倍体获得成功；对虾病毒的基因组序列基本完成，虾病快速诊断试剂盒已开始推广使用；利用生物技术选育以碱蓬（*Suaeda heteroptera* Kitag）为代表的盐生植物，已获得可灌溉海水的品系，初步建立了高产栽培技术；先后开展了海葵毒素、鲨鱼软骨素、别藻蓝蛋白（APC）、降钙素等药用基因的克隆与表达的研究，海洋微藻光生物反应器、海洋微生物活性物质的筛选和发酵培养，以及利用细胞融合等技术开发生物活性物质等研究工作已经启动。

我国在利用海洋生物资源开发新药方面取得重要成果。用于治疗肾衰和心血管病的二类新药褐藻多糖硫酸酯进入 II 期临床；从海星中分离提取活性物质，进行结构修饰合成了海洋生物新化合物" A1198 "，中试路线已经确定；抗骨质疏松药甘露糖醛酸钙络合物进行了接近中试规模的试验；治疗胃溃疡药羟基化氨基多糖完成 8 个项目的临床前试验；抗肿瘤的基因重组藻胆蛋白、西米特酸、苔藓虫素等海洋生物药物已完成药效、急毒和长毒试验。中国海洋大学研制开发的国家一类新药 D-聚甘酯（D-polymannuronicate，DPS）是目前比较理想的治疗急性脑缺血性疾病的药物，现已进入 II 期临床，相信将在不久投入临床，并发挥重要作用。I 类新药 916 是以海洋甲壳质为原料经定位分子修饰而获得的一种海洋多糖类药物，具有自主知识产权，临床前药效学试验已证明 916 可明显降低血清总胆固醇、甘油三酯及低密度脂蛋白胆固醇，可用于防治 AS 形成，减少心、脑血管疾病的发生，目前已完成了 I 期和 II 期临床研究实验工作。此外，尚有多个一类新药产品进入临床研究，如新型抗艾滋病药物聚甘古酯"911"、刺参多糖钾注射液和一类戒毒新药河豚毒素"501"等，国家二类新药用于治疗肾衰药物"肾海康"、抗肿瘤药物"海生素"等。"501"已进入 I 期临床研究后期，有望成为世界范围内第一个上市的海洋类戒毒药物。处于 I 期临床的"971"有望成为具有国际影响力的抗老年痴呆症创新药物。目前正在开发的抗肿瘤药物有 6-硫酸软骨素、海洋宝胶囊、脱臭海兔毒素、海王金牡蛎、909 胶囊等药物。我国目前已经获批准的海洋药物有藻酸双酯钠、甘糖酯、角鲨烯、多烯康和盐酸甘露醇等。

生物技术在环境保护方面的应用体现在两方面：一是在工业生产过程中的清洁生产，二是生物技术应用于环保产业。前者，主要体现在采用生物酶催化生产过程方面。目前已经在实际生产过程中得到应用的生物酶产品涵盖糖酶、蛋白酶、脂肪酶/酯酶、多肽酶、裂解酶、转移酶等种类，其中糖酶有 15 种、脂肪酶 11 种、蛋白酶 4 种。

国务院印发的《生物产业发展规划》明确生物产业是国家确定的一项战略性新兴产业，生物环保产业将获长足发展。《生物产业发展规划》要求，加强工艺应用，发展壮大生物环保产业。重点发展高性能的水处理絮凝剂、混凝剂等生物技术产品，发展废气废水生物净化技术，开发新型好氧、厌氧和复合的高效反应器、高效生物脱氮除磷新工艺；开发污染物降解生物新品种，发展石油炼制、医药化工行业有机污染物生物降解技术，促进石油、重金属、农药等污染物的生物降解和修复。组织实施环保用生物制剂发展行动计划，支持开展污水高效处理菌剂、生物膜、污泥减量化菌剂等生物制剂的开发和推广应用，推进污水生物处理高效反应器、废水深度处理和中水回用成套设备研发。加快有机废弃物腐熟剂、堆肥接种剂、微生物添加剂等专用功能菌剂和有机废物处理、复合肥生产配套装备的研制和产业化推广，推动发展有机肥类和生物复合肥。加快生态系统修复专用植物材料、制剂和装备的研发与规模化应用。针对煤炭、工业废气和烟道气，开展微生物脱硫技术研究，重点开展高效功能菌的选育技术、微生物对硫代谢途径的控制技术以及复合微生物脱硫技术的研究，发展多菌群、单/多相反应器的研究，以及生化/物化法的复合技术推进微生物脱硫技术的工业化应用。

我国的环境生物技术研究起步时间不长，尚缺乏一支高水平的研究开发队伍，无法满足环境保护的需求，但在某些方面也初见成效。已开展了针对难降解有机物，特别是苯酚、染料以及多氯联苯等的菌种筛选和高效菌的构建研究，并建立了我国第一个环境生物菌种库；相继开发出了一些适用技术及成套装置如 SBR、微孔曝气、UASB、循环式流化床、难降解有机废水的生物处理等，为我国的水污染控制提供了一些可行的实用技术；利用廉价原料发酵法生产生物可降解塑料 PHB 的中试实验已取得初步成果，接近国际先进水平；另外一种生物可降解塑料原料 L-乳酸的发酵产量有明显提高，已在上海、天津、江苏等地建厂。

（6）全社会共同推动生物技术及产业发展的新局面正在形成　发展生物技术已经成为许多部门的工作重点。在第二届中国生物科技与生物产业发展论坛上，专家们认为我国生物科技与产业发展的重点领域包括以下几个方面：加强生命科学前沿基础研究，不断探索生命科学的规律；加速培育生物技术，大幅度提高农作物的产品和品质；大力发展生物医药技术以及重点疾病预防、疾病诊断等技术，为全面提高人民健康水平提供有力支撑；大力发展工业生物技术，促进传统产业升级改造，推进绿色制造业发展；加速发展生物智能，缓解能源短缺压力；加强生物技术研究应用，不断改善生态环境；加强生物技术深度开发，培育一批新的生物产业；加强生物安全研究。生物科技和生物产业已成为我国优先发展的选择。在多年的培育和支持下，特别是在国家科技计划基金的专项扶持下，我国生物科技发展迅速，已经具备了较好的产业基础，在基因组和蛋白质组、干细胞、生物信息、生物医药、生物育种等前沿领域的原始创新能力不断提升，产生了一批有重要影响的成果；对产业支撑和引领作用不断增强，在农业、工业、环保等领域突破了一些关键技术。与会专家说，近年来，全球生物产业销售额几乎每五年翻一番，增长速度是世界经济平均增长率的近 10 倍。

生物技术和生命科学已经成为 21 世纪引发新科技革命的重要推动力量。国务院发布的《国家中长期科学和技术发展规划纲要》中提出了五项生物技术作为未来我国前沿技术的重点研究领域。①靶标发现技术。靶标的发现对发展创新药物、生物诊断和生物治疗技术具有重要意义。重点研究生理和病理过程中关键基因功能及其调控网络的规模化识别，突破疾病相关基因的功能识别、表达调控及靶标筛查和确证技术，"从基因到药物"的新药创制技术。②动植物品种与药物分子设计技术。它是基于生物大分子三维结构的分子对接、分子模拟以及分子设计技术。重点研究蛋白质与细胞动态过程生物信息分析、整合、模拟技术，动植物品种与药物虚拟设计技术，动植物品种生长与药物代谢工程模拟技术，计算机辅助组合化合物库设计、合成和筛选等技术。③基因操作和蛋白质工程技术。基因操作技术是基因资源利用的关键技术，蛋白质工程是高效利用基因产物的重要途径。重点研究基因的高效表达及其调控技术、染色体结构与定位整合技术、编码蛋白基因的人工设计与改造技术、蛋白质肽链的修饰及改构技术、蛋白质结构解析技术、蛋白质规模化分离纯化技术。④基于干细胞的人体组织工程技术。干细胞技术可在体外培养干细胞，定向诱导分化为各种组织细胞供临床所需，也可在体外构建出人体器官，用于替代与修复性治疗。重点研究治疗性克隆技术，干细胞体外建系和定向诱导技术，人体结构组织体外构建与规模化生产技术，人体多细胞复杂结构组织构建与缺损修复技术和生物制造技术。⑤新一代工业生物技术。生物催化和生物转化是新一代工业生物技术的主体。重点研究功能菌株大规模筛选技术，生物催化剂定向改造技术，规模化工业生产的生物催化技术系统，清洁转化介质创制技术及工业化成套转化技术。专家指出，基因组学和蛋白质组学研究正在引领生物技术向系统化研究方向发展，基因序列测定与基因结构分析已转向功能基因组研究以及功能基因的发现和应用；药物及动植物品种的分子定向设计与构建已成为种质和药物研究的重要方向；生物芯片、干细胞和组织工程等前沿技术研究与应用，孕育着诊断、治疗及再生医学的重大突破。我国在人类基因组研究、动物转基因技术，以及疾病相关基因研究等领域，已经达到了国际先进水平，生物技术可以说是我国高新技术领域和国外差距最小的领域，但我国生物工程大部分技术成果还未实现产业化，具有自主知识产权的新产品比较少。为此，专家们提出了一些对策建议。我国必须在功能基因组、蛋白质组、干细胞与治疗性克隆、组织工程、生物催化与转化技术等方面取得关键性突破。预计到 2020 年，生物经济的规模有望达 15×10^4 亿美元，超过以信息技术为基础的信息经济，成为世界上最强大的经济力量。

生物技术革命为我国经济可持续发展提供了难得的机遇。随着我国人均 GDP 突破 1000 美元，粮食、能源、资源与环境等已经成为影响可持续发展的"瓶颈"因素。生物技术不但能够为我国解决这些困难开辟新的途径，而且是我国高科技领域与国外差距最小的领域，我国在生物技术方面已有一定的工作基础和成果，加之我国具有社会主义制度集中力量办大事的优势，具有丰富的生物资源，生物技术人才初具规模，生物产业已经有一定的基础。只要把握好历史机遇，我国完全可能在生物技术及其产业方面占有更加重要的位置，为提高人口健康水平，保障粮食安全、能源安全、国土安全，改善生态环境做出重要贡献。

生物技术的产生和发展涉及许多学科，包括生物化学、分子生物学、细胞生物学、遗传学、微生物学、动物学、植物学、化学与化学工程学、应用物理学、电子学以及计算机科学等基础和应用学科。现代生物技术虽来源于原始的、传统的生物生产技术，但它们之间在内容和手段上均有质的区别。现代生物技术能够带来的好处是十分巨大的，正在或即将使人们的某些梦想和希望变为现实。

近年来，人们逐渐认识到现代生物技术的发展越来越离不开诸如化学工程等工程技术学科，在生物技术与现代化学工程技术相互结合的基础上发展起来的新型工程技术——生物化工技术，不仅为传统发酵工业、传统医药工业的改造及新兴的生物技术工业提供了高效率的生物反应器、新型分离技术和介质以及现代的工程装备技术，还提供了生产设备单元化、工艺过程最优化、在线控制自动化、系统综合设计等工程概念与技术以及用于生物过程优化控制的基础理论；生物化工技术在生物技术产业化方面起着重要的作用，使生物技术的应用范围更加广泛，下游技术不断更新，同时大大提高了生物技术产品的产量和质量。生物化学工程技术已成为生物技术产业化的桥梁和瓶颈。其生产过程和工艺的研究已成为加速生物技术产业化的一个重要方面。

当前，随着我国综合国力的增强和加入世界贸易组织等形势的变化，特别是由于我国生物技术水平的大幅度提高，"自主、创新"已经成为了当前的主要奋斗目标。而实现自主创新的关键在于加强生物技术的相关基础研究。20 世纪 90 年代末启动的"国家重大基础性研究计划"（973 计划）在组织工程、重要疾病创新药物先导结构的发现和优化、严重创伤早期全身性损害及组织修复、严重传染病防治、心脑血管疾病发病和防治、细胞重大生命活动、衰老机理与老年疾病防治、生殖健康、脑功能和脑重大疾病、恶性肿瘤发生与发展、疾病基因组学理论和技术体系的建立、干细胞、重大疾病相关蛋白组学、出生缺陷防治、生物反恐、肿瘤转移与细胞增殖等领域中开展基础研究，为生物技术今后的发展提供了不竭的动力。

2. 世界生物技术发展趋势

自 20 世纪 70 年代现代生物技术诞生以来，发展十分迅猛，应用领域迅速扩大，对社会经济的发展影响日益明显。当前，生命科学和生物技术的研究与开发已经成为最活跃的领域，其研发投入、论文和专利数量均占据科学技术各个领域的重要位置。总体上看，当前生命科学和生物技术的发展主要有以下趋势：首先，生命科学基础研究进一步深入。利用迅速发展的基因组测序技术，已经完成了几十个生物物种的全基因组测序，包括病毒、细菌等低等生物和人类、水稻等高等动植物。在此基础上，基因组研究的重点开始转向功能基因组研究，人们正在试图用生物信息学、蛋白质组学等新的技术手段，全面探索基因表达、调控和不同基因相互作用等生命活动的基本规律。其次，多学科的交叉渗透进一步发展，新兴技术不断涌现。信息技术和高性能计算机的广泛应用，成为基因组研究产生的海量信息的主要处理手段，并由此诞生了生物信息学这一新兴学科。芯片技术和传感器技术的应用，诞生了新兴的生物芯片技术，成为功能基因分析、药物筛选的重要手段。新材料技术在新型的组织工程技术中发挥重要的作用。

(1) 生物技术产业正在成为新的经济增长点　全球最大的生物技术公司美国的 Amgen 公司，借助基因工程技术开发抗贫血的新药，获得了 63 亿美元的销售收入。国外普遍把医药领域作为发展生物技术产业的突破口，这是由于医药生物技术在创新性及其经济效益上的巨大潜力所决定的。发展基因工程药物、疫苗以及开创全新的基因疗法和诊断技术乃是主要方向，并且它是新药研究和创制的重要支柱技术。生物技术药物是一种高附加值产品，一个药物的年销售额就可能超过一个大型钢铁企业，所以，医药生物技术产业仍将是现代产业发展中最活跃的领域，同时也是国际间知识产权竞争的主要场地。生物技术界最伟大突破的 RNA 干扰技术，被认为是生物技术新药的下一个热点。鉴于世界性的粮食短缺和危机感，各国政府都已开始重点支持生物技术在农业中的应用。目前，国际水稻基因组图谱和拟南芥基因组图谱等研究已获得重大突破，以植物基因组图谱为基础的农作物重要性状基因的分离和克隆研究正在蓬勃兴起。基因转化已经在水稻、玉米、棉花、马铃薯、油菜、大豆和烟草等主要作物中获得成功。许多重要生产性状，如抗病、抗虫、抗逆、产量、品质及采后保鲜等都得到了明显改善，大大提高了现代农业的技术含量和技术附加值。特别是转基因植物技术和分子标记辅助育种技术将会对今后农作物常规育种带来革命性的突破，生物技术在农业中的应用将成为今后农业发展的主要生长点。在环境污染日趋严重的今天，世界各国已普遍接受"可持续发展"这个概念，并围绕它制定和实施本国的环境保护及其相关的产业政策。可持续发展要求在保持经济高速发展的同时，必须保护好人类赖以生存的环境。传统的污染防治技术和手段，已远远不能满足人类对生存环境的质量要求。生物技术在处理环境污染物方面具有高速度、高效率、低消耗、低成本、反应条件温和以及无二次污染等显著优点。应用生物技术治理环境污染，已受到各国政府的高度重视。展望 21 世纪，生物技术将成为环境保护的关键技术之一。可以预见，作为 21 世纪高新技术的核心，生物技术必将在最终解决人类粮食、健康和生存环境等重大问题上发挥独特的作用。

(2) 生物技术产业的投入不断增加　一些大公司为了加强它们在生物技术领域的竞争能力，采取向中小生物技术公司投资或收购股权，或兼并的产业发展国际化策略。例如 1995 年德国的一些公司向美国的生物技术公司共投资 1 亿马克，联合开发新药物。美国的 Smith Kline 公司以 4 亿美元兼并了国际临床研究所。特别是一些大企业的合并导致一些大型制药公司的形成，对生物技术产业的发展产生了重要影响。长期致力于产品研发的生物科技公司在提供平台技术向大型制药公司靠拢的同时，已逐步开始通过相互之间的购并与制药企业分争天下。2004 年，全球最大生物制药企业"安进公司"（Amgen）宣布，将以 160 亿美元并购美国另一家生物技术领域顶尖企业"英姆纳克斯（Immunex）"公司，被安进并购的"英姆纳克斯"是全球生物医药业中发展最快的公司之一。两家公司的合并，促成了业内全球最大的并购案，其首要特点是规模巨大，这一行动表明生物技术企业正在做大做强，其综合指数呈现良好的发展势头，预示全球生物工程与医药产业进入结构调整期。事实证明，不断开发新产品是医药企业占据市场的重要手段，因此各跨国医药企业近年来继续加大研发投入，以产生具有自主知识产权的中榜产品来维系其全球市场份额，借此获取高额利润，继而再投入研发，最终形成良性循环。美国医药市场之所以取得巨大繁荣，很大程度上归功于其不断增长的巨额研究费用。如 1990 年其研发费用总额为 84 亿美元，2002 年就增加到 292 亿美元，十几年增长了 3 倍以上。此外，目前全球销售收入前 20 位的制药公司与研发投入前 20 位的制药公司惊人的一致，仅在先后排位上略有不同，也说明了研发投入与企业实力之间的正比关系。

从世界范围的发展情况来看，生物技术已成为发达国家科技竞争的热点。世界各主要经济强国都把生物技术确定为 21 世纪经济和科技发展的关键技术，争夺极为激烈。据不完全统计，全世界自然科学的总研究经费中，生命科学研究占 65% 以上。与此对应的是，生命科学论文数占全世界科学论文（英文）总数的 65%，美国科技专利引文中生命科学占 75.6%。美国在生物技术研究与开发方面一直处于领先地位，美国目前每年投入的基因工程药物的研究经费不少于 100 亿美元，至今已批准了 120 余种药物上市，尚有近 400 种处于各期临床研究阶段，约 2000 种处于临床前研究开发阶段。美国基因工程产业不仅形成了相当的规模，而且发展势头强劲，近年来欧洲和日本等发达国家对其霸主地位提出了挑战。部分发展中国家也十分重视生物技术的发展。为加紧研究发展对策，美国国家科学和技术委员会从 1992 年起接连发表了题为《二十一世纪生物技术》、《二十一世纪生物技术：实现诺言》和《二十一世纪的生物技术：新的方向》等发展战略报告和蓝皮书，指出生物技术在经历了第一次浪潮（医药和保健领域）后，在继续重视和推动第一次浪潮向纵深发展的基础上，迎来了第二次浪潮，即重点发展：①农业生物技术；②环境生物技术；③生物制造和生物处理工艺及能源研究；④海洋生物技术研究。无可置疑，农业生物技术是第二次浪潮的核心，环境生物技术和海洋生物技术则为第二次浪潮的两翼。为此，除继续重视医药生物技术外，政府将加大在农业、环保等其他领域研究与开发力度，并在税收、经费、专利保护等方面制定了特殊优惠政策，以加快生物技术的研究和发展。欧洲和日本等国纷纷制定 21 世纪生物技术发展战略。日本虽然起步较晚，但发展迅速，不仅引起西欧诸国的恐慌，也造成美国的严重不安。欧盟为协调和促进各成员国生物技术的研究和开发，从整体上与美国、日本等发达国家抗衡，专门成立了生物技术委员会，把生物技术作为未来科技发展的重点。韩国声称要在所有高技术领域全面发展，争取尽快进入世界科技先进国家之列。印度政府专门成立了生物技术部，全面协调生物技术的研究、开发与产业化。美国、日本、欧洲等主要发达国家和地区竞相开展生物技术的研究和开发工作，许多国家纷纷建立了独立的政府机构，成立了一系列的生物技术研究组织，制定了 2020 年的中长期发展规划，在政策、资金上给予大力支持。生物科技与产业已成为世界经济与国家安全竞争的焦点，抢占生物技术及其引领的生物经济的制高点已成为各国的国家战略。一些国家和地区提出了"基于知识的生物经济"、"生物技术强国"、"生物产业立国"、"打造千亿元生物产业"等新的思路与想法，许多国家成立了由国家或政府领导人亲自挂帅的生物技术与产业的领导机构，如"生物产业战略研究会"、"生物技术部"、"生命科学部长委员会"等，许多国家已经把生物技术作为政府研究开发的重点，把生物产业作为新的经济增长点来培育，纷纷采取加强领导、争夺人才、增加投入、建立园区等重大措施，加速生物技术及产业的发展，生物产业已成为世界新一轮发展竞争的焦点。随着全球性新生物经济时代的到来，工业生物技术成为世界各国的强国策略和战略重点。欧洲、美国、日本等发达国家和地区已先后制定出今后几十年内用生物过程取代传统化学过程的战略计划及目标，加速发展清洁、高效和低碳的工业生物制造技术，促进形成与环境协调的战略产业体系。作为世界最大的燃料乙醇生产和使用国家，美国每年燃料乙醇用量达 2000 万吨左右。美国明确将"生物制造技术"视为战略技术领域，并列为 2020 年制造技术挑战的 11 个主要方向之一，预期到 2030 年以生物制造替代 25% 有机化学品和 20% 石油燃料。随着能源的日渐枯竭，纤维素燃料乙醇的研发已成为一个全球战略制高点和必争点。同时，燃料乙醇项目也成为当前工业生物技术研究的热点之一。鉴于工业生物技术在保障能源安全、提高环境质量和推动经济发展等方面的积极作用，美国、欧盟和日本等发达国家和地区都制定了雄心勃勃的战略目标与重大行动计划，以加速发展清洁、高效和低碳的工业生物技术，促进可与环境相协调的产业体系的形成。工业生物技术在全世界范围内的应用也正在不断升温。

3. 工业生物技术发展趋势对我国的启示

工业生物技术是社会经济可持续发展的战略高技术，对于应对能源短缺、环境恶化、食品安全等一系列严峻挑战以及建设绿色、低碳与可持续的产业经济体系具有重大战略意义。

（1）工业生物技术发展的重要性　进入21世纪以来，随着化石资源日益枯竭，环境污染不断加剧，人类面临着前所未有的生存与发展的危机。一方面，化石资源在地球上储量有限，现已逐步走向衰竭。据估算，目前地球上可开采石油储量仅可供人类使用大约50年，天然气75年，煤炭200~300年。另一方面，人类面临的环境危机直接或间接地与化石燃料的加工和使用有关。如化石燃料燃烧后放出大量 CO_2、SO_2 等气体，即被认为是形成局部环境污染、产生酸雨以及温室效应等环境问题的根源。为了缓解上述问题，发展基于可再生生物质资源的生物经济将成为社会经济发展的一个重要方向。微生物作为一个重要的生物质资源，在自然界碳循环中发挥着极其重要的作用。由于微生物物种的多样性和生理功能的特殊性，微生物几乎可以成为万能的微型工厂——细胞工厂，可用于多种生物基产品的大量生产，因此，开发利用微生物资源，解决人类所面临的生存危机，是一种有效的手段。

工业生物技术是为工业目标而实施的生物技术，利用微生物或酶的催化作用，将物质进行转化，大规模生产生物基化学品、医药、能源、材料等人类所需的物质，缓解人类面临的危机。社会的强烈需求和生物技术的进步，推动着工业生物技术的发展，同时，国际生物技术的发展趋势也逐步从对医药生物技术的关注转到以工业生物技术为核心，其重点产品类型是生物能源、生物材料以及生物基化学品。

（2）工业生物技术发展面临的挑战　虽然工业生物技术已经成功应用于某些领域，但目前仍处于发展初期。要使工业生物技术得到广泛应用，将传统化学和化学品相关的领域改造为可持续发展的、有竞争力和创新性的新领域，不仅要突破关键技术，还必须注意影响工业生物技术发展的一些其他因素，如商业环境、政策环境以及如何解决工业生物技术发展中凸显的资金短缺等问题。

工业生物技术涉及生命科学、工程科学、材料科学、控制论等多个学科的交叉。现代生命科学的飞速发展为工业生物技术的发展提供了良好的基础。同时，由于工业生物技术的工业属性和学科交叉特点，目前仍有很多基础科学问题需要研究。这些科学问题涉及"从基因组到产品"的各个环节，包含从分子水平（基因组）到细胞水平（代谢水平）、反应器水平，以至整个过程的水平。若要提高工业生物技术的贡献率，一些关键技术问题亟待解决。目前，各主要发达国家鼓励工业生物技术发展的政策多集中在生物燃料方面，生物基化学品和生物材料方面则相对较少。在政策方面，缺乏税收优惠、鼓励和专业研究力量以及资金等问题。工业生物技术产业与传统产业相比，具有高投入、高风险、高收益和长周期等特点，使得工业生物技术的投资受到投资人认识水平以及经济萧条时资金缺乏的影响。

（3）我国发展工业生物技术产业的对策　我国是工业生物技术产业的大国，但工业生物技术的整体研发水平、技术转移转化程度和产业发展水平，与发达国家相比尚有较大差距。经济竞争的全球化，使我国的工业生物技术产业面临着激烈的国际竞争。2011年11月，科技部印发《"十二五"现代生物制造科技发展专项规划》，指出现代生物制造已经成为全球性的战略性新兴产业，是世界各经济强国的战略重点，大力发展工业生物技术呈现出前所未有的紧迫性和必要性。目前，由于我国产业结构调整和转型的迫切需求，各界有识之士都认识到了大力发展我国工业生物技术产业的必要性和紧迫性。尽管有国家支持和相关政策，但是我国的工业生物技术发展仍然面临着市场融资困难、相关政策不完善（缺乏针对性，更缺乏指导性和系统性）

及资本市场环境不规范等问题。为更好地加快我国工业生物技术的发展，将工业生物技术列为重点研究领域，积极完善工业生物技术产业发展中存在的不足，对缓解人类生存危机有积极的意义。① 加强微生物资源的挖掘，提高微生物技术关键问题，加强微生物代谢工程领域的基础研究。② 改善相关政策，采取有效措施促进工业生物技术发展。③ 鼓励促进学术界与产业界的合作，加强宏观层面的统筹协调和管理。④ 优化商业环境，提高公众对工业生物技术产业重要性的认知度。工业生物技术产业是一个典型的技术和资金密集型产业，我国生物技术要想获得长足发展，必须要具备高水平、高素质的研究人才。政府政策支持体系通过有效的政策规划与安排，为生物技术产业的发展营造一个良好的环境，只有这样，才能促进我国工业生物技术和谐稳定发展。

今后我国生物技术的重点将放在发展基础生物学、医药生物技术、农业生物技术、环境生物技术、生物多样性、生物安全等领域。我国的生命科学工作者正在以基因组学、干细胞及其相关领域为主要突破口，在功能基因组学、蛋白质组学、结构基因组学、生物信息学、生物进化及其 RNA 与基因打靶等方面的研究中取得长足的进展。目前，我国已经在某些国际生物技术基础研究的领域中占据了有利的位置，正在不断冲击国际前沿水平，与发达国家争夺有关领域的学科"制高点"。通过原始创新性的工作，全面提升我国生物技术研究和生物产业经济的发展速度，为我国的国民经济发展做出应有的贡献。

二、生物产品生产过程的组成与特点

利用生物催化剂进行产品生产的实质就是生物反应过程。一般生物产品生产过程见图 1-1。

由图可见，通常的生物反应过程由四个部分组成。

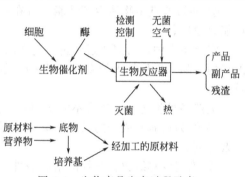

图 1-1　生物产品生产过程示意

（1）原料的预处理及培养基的制备　生物发酵原料是很丰富的，如薯类、谷类等，但许多工业微生物都不能直接利用这些原料，通常需要将它们进行粉碎、蒸煮、水解成葡萄糖以供给微生物利用。还可以利用废糖蜜、工农业的下脚料等，根据不同微生物和发酵产品的类型调制一定成分的培养基。在发酵前将培养基装入发酵罐中，通入 98kPa 的蒸汽高温灭菌，冷却后，在无菌条件下接入菌种。在发酵过程中要绝对保证无杂菌，即没有目标微生物以外的微生物存在，这是发酵成功与否的关键。

（2）生物催化剂的制备　生物反应过程中，首先应在传统诱变育种或用现代生物技术的手段进行菌种改造的基础上，选择高产、稳产、培养要求不甚苛刻的菌种。发酵前必须经过多次扩大培养达到足够数量和一定质量后即作为种子接种至发酵罐中，使生物反应过程正常进行。如果是酶反应过程，则需选择一定量的活力强的酶制剂。

（3）生物反应器及反应条件的选择　由于所需的产品不同，使用的生物类型不同，其代谢规律也不一样，因而对氧的需求不同，生产中有厌氧发酵和好氧发酵两种方式。厌氧发酵，如酒精（alcohol）、啤酒（beer）、丙酮丁醇（acetone butanol）及乳酸（lactic acid）等，发酵过程不需供氧，设备和工艺都较好氧发酵简单。好氧发酵过程中需要消耗大量的氧气，因此需要通入无菌空气，以供代谢需要，如氨基酸、抗生素、赤霉素等的生产都属此类。不管是好氧发酵还是厌氧发酵，均应根据菌种的特点、代谢规律和产品的特点，选择合适的生物反应器及反应条件。

（4）产品的分离与纯化　分离与纯化是从发酵液中提取目标产品，并经纯化获得符合质量指标的制品。应根据产品的类型、特点选择合适的下游技术（down stream processing）的操作组合。其方法有吸附法、溶剂萃取法、离子交换法、沉淀法或蒸馏法、结晶法、双水相萃取法、色谱法等，提取、分离和纯化产品，得到符合要求的目标产品。

不管是微生物培养，还是动植物细胞培养、污水的生化处理以及从天然物质中应用生物技术提取有效成分均为生物反应过程。如果过程使用的生物催化剂是酶，通常叫酶反应过程。如果是生物细胞，则叫做发酵过程。生物反应过程的特点简述如下。

① 生产过程通常在常温下进行，操作条件温和，不需考虑防爆问题，一种设备具有多种用途。原料以碳水化合物为主，不含有毒物质。

② 生产反应过程是以生命体的自动调节方式进行的，数个反应像一个反应一样，可在单一设备中进行。

③ 能容易进行复杂的高分子化合物的生产，如酶、光学活性体等。

④ 能够高度选择性地进行复杂化合物在特定部位的反应，如氧化、还原、官能团的导入等。

⑤ 生产产品的生物体本身也是产物，富含维生素、蛋白质、酶等；除特殊情况外，培养液一般不会对人和动物造成危害。

⑥ 生产过程中需要注意防止杂菌污染，尤其是噬菌体的侵入，以免造成很大的危害。

⑦ 通过改良生物体生产性能，可在不增加设备投资的条件下，利用原有的生产设备使生产能力增加。

实际生产中，可以通过改进工艺和改善设备的研究，达到改善产品的质量，提高生产效益的目的。随着生物技术的发展，对生产过程提出了更高的要求，使工艺的研究和优化变得更加重要。

虽然各种生物生产过程不完全相同，但都有相同之处，各种生物过程的共性如下。

① 作为培养基成分的碳源、氮源、微量元素及生长因子等，并确定培养基中各成分的含量及比例。

② 确定发酵级数，各级的培养条件、过程控制的参数以及种子培养系统与生产过程合理配套；保证细胞正常生长和所需产物的形成，以最低的消耗获得最大的得率。

③ 生产过程杂菌污染的防止。

④ 产品提取、分离、纯化工艺，使之高效率、低成本地从细胞或培养液中得到所需产品。

三、微生物工程的应用领域

1. 菌体细胞的发酵生产

这是以获得具有多种用途的微生物菌体细胞为目标产品的发酵工业。传统的菌体发酵工业包括面包制作、菌体蛋白（人类或动物）食品。现代的菌体发酵包括药用真菌（香菇类，冬虫夏草，与天麻共生的密环菌，以及从多孔菌科的茯苓菌获得的名贵中药茯苓和担子菌的灵芝等药用菌）。生物防治剂如苏云金杆菌、蜡样芽孢杆菌，其细胞中的伴孢晶体（parasporal inclusions）可杀死鳞翅目、双翅目的害虫；丝状真菌的白僵菌、绿僵菌，可制成新型的微生物杀虫剂，用于酒类生产的活性干酵母等。

活性乳酸菌制剂，用于改善人肠道微生态环境，这也是一种菌体的直接利用。

这类产品发酵的特点是细胞的生长与产物的积累成平行关系，生长速率最大的时期也是产物合成速率最高阶段，生长稳定期细胞物质浓度最大，同时也是产量最高的收获时期。

2. 酶制剂的发酵生产

酶（enzyme）普遍存在于动物、植物和微生物细胞中。酶的最初来源是从动植物组织中提取，但目前工业应用的酶大多来自微生物发酵。因微生物种类多、产酶品种多、生产容易、成本低。从 19 世纪日本学者利用米曲霉制造淀粉酶以来，利用发酵法制备生产并提取微生物生产的各种酶已是当今发酵工业的重要组成部分。

微生物酶制剂有广泛的应用。在食品和轻工行业中，如用于生产葡萄糖的淀粉酶（amylase）和糖化酶（saccharifying enzyme）；用于 DL 氨基酸的光学拆分的氨基酰化酶（amino acylase）。酶也用于医药生产和医疗检测中，如胆固醇氧化酶（cholesterol oxidase）用于检测血清中胆固醇（cholesterol）的含量，葡萄糖氧化酶（glucose oxidase）用于检测血液中葡萄糖的含量等。另外还有纤维素酶（cellulase）、蛋白酶（proteinase）、果胶酶（pectinase）、脂酶（lipase）、过氧化氢酶（catalase）、药用酶（pharmaceuticals enzyme）等。生物酶制剂可用于造纸工业中，如漆酶用于对造纸原料中的木素进行改性，并可提高纸浆白度。纤维素酶不但可增加纸浆强度，还能显著降低机械磨浆时的能量消耗。脂肪酶可用于废报纸的脱墨，提高纸浆白度及滤水性能。

这里所说的酶大部分是利用微生物生产的菌体胞内酶（endoenzyme）和菌体胞外酶（exo-enzyme）并用现代生物技术的方法提取得到的酶纯品，称酶制剂（emzyme preparation），以供各行业使用。

3. 代谢产物发酵生产

以微生物代谢产物作为产品是发酵工业中种类最多最重要的部分。这类产品可分为两类，如初级代谢产物和次级代谢产物。

初级代谢产物是指微生物通过代谢活动所产生的、自身生长和繁殖所必需的物质。例如糖酵解中的丙酮酸、乳酸、乙醇，三羧酸循环中的 α-酮戊二酸、富马酸、草酰乙酸、柠檬酸以及与此循环相关的衍生产物，如谷氨酸、丙氨酸、苹果酸及丁烯二酸等均属初级代谢产物。在不同种类的微生物细胞中，初级代谢产物的种类基本相同。此外，初级代谢产物的合成在不停地进行着，任何一种产物的合成发生障碍都会影响微生物正常的生命活动，甚至导致死亡。而次级代谢产物是指微生物生长到一定阶段才产生的化学结构十分复杂、对该生物无明显生理功能，或并非是该生物生长和繁殖所必需的物质，据不完全统计多达 47 类，其中抗生素的结构类型，按相似性也有十几类。如抗生素、生物碱、细菌素、植物生长因子、色素等。不同种类的生物所产生的次级代谢产物不相同，它们可能积累在细胞内，也可能排到外环境中。次级代谢受许多调节机制的控制，如诱导调节、分解代谢产物阻遏等。

4. 生物转化作用

微生物的生物转化作用是利用微生物细胞的一种或多种酶，作用于一些化合物的特定部位（基团），使它转变成结构相类似但具有更大经济价值的化合物的生化反应。

生物转化的最终产物并不是微生物细胞利用营养物质经细胞代谢产生，而是微生物细胞的酶或酶系作用于底物某一部位，进行特定部位化学反应而形成。细胞的作用仅仅相当于生物催化剂，反应最显著的特点是特异性强，包括反应特异性、结构位置特异性和立体特异性。利用生物转化技术进行手性药物的开发主要进行两方面的工作：一是进行药物关键中间体的制备，因为利用生物催化转化方法制备对映体纯化合物具有很大的吸引力；二是进行消旋化合物的生物拆分或转化，得到单一构型的药物分子。生物转化工业中最重要的就是甾体药物的转化，其研究包括激素类药物和非激素类药物，前者如性激素、类皮质激素和蛋白同化激素等；后者有抗细菌和抗肿瘤药物等。由于其不可取代的用途及治疗适应证不断扩大，甾体药物越来越引起人们的重视。利用生物转化技术进行甾体药物生产主要有植物甾醇的边链切除，以得到关键中间体 ADD 和 4AD，以及进行立体选择性的羟化反应等。

5. 微生物特殊机能的利用

（1）环境治理与生物修复　科技的发展充分证明微生物技术是环境保护的理想武器。在处理环境污染方面，微生物具有速度快、消耗低、效率高、成本低、反应条件温和等特点。随着人们对环境问题认识的深入，人们已经越来越意识到现代生物技术的发展对解决环境问题提供了无限的希望。

目前微生物技术已是环境保护中应用最广的、最为重要的单项技术，其在水污染控制、大气污染的治理、有毒有害物质的降解、清洁可再生能源的开发、废物资源化和污染严重的企业的清洁生产等环境保护方面，发挥着极为重要的作用。应用微生物技术处理污染物时，最终产物大都是无毒无害的、稳定的物质，如二氧化碳、水和氮气。利用微生物处理污染物通常能一步到位，避免了污染物的多次转移，因此它是一种消除污染安全而彻底的方法。特别是现代微生物技术的发展，尤其是基因工程、细胞工程和酶工程等生物高技术的飞速发展和应用，使微生物处理具有更高和更好的专一性，为微生物技术在环境保护中的应用展示了更为广阔的前景。

生态系统是生物与其生存环境之间通过不断的物质循环、能量流动和信息联系而相互依存的统一整体。在任何一个正常的生态系统中，能量流动和物质循环总是不断进行着。生态之所以能维持平衡，主要是其内部具有自动调节的功能。对消除污染物来说就是自净能力。当系统某一部分出现机能异常，就可能被不同部分自动调节所抵消。系统的组成越复杂，能量流动和物质循环的途径就越复杂，其调节能力也越强。一个生态系统的调节能力总是有一定限度的，超过这个限度，调节就会失败，生态系统就会遭到破坏。生态平衡的破坏，有自然因素，也有人为因素。人为因素主要是指人类对自然的不合理开发和利用，以及工农业生产发展带来的环境污染等。利用微生物对环境进行监测，也就是根据生物在污染环境中的分布、生长、发育状况及生理生化指标、生态系统的变化来判断环境污染状况，评价环境的质量及其变化、污染程度。随着人们环境意识的不断增强，对环境检测方法的简易性、高效性也提出了更高的要求。新的监测手段和检测方法如各种生物传感器、基因芯片、核酸探针等，以实现快速连续在线分析，在环境监测领域有着广阔的应用前景。

利用生物转化或降解的方法来除去或消除有害污染物，改善环境质量就是生物修复（bioremediation）。未经处理的工业废水的排放污染了江河、湖泊；化肥、杀虫剂、农药、固体废弃填埋物等进入土壤系统，浸蚀农田和地下水；海上运输漏油事故造成海水污染等一系列事件，严重地损害着人类的生存环境，影响正常的食物链循环，直接危及人类健康。自然界中不少微生物对污染物具有生物降解和转化作用，可以依靠自然的生物作用将污染的环境恢复到原来的状态。通过调节污染地的环境条件（包括土壤 pH、湿度、温度、通气及营养添加）以促使原有微生物（土著微生物）或接种特殊驯化的微生物的降解作用迅速完全进行。自然环境中的微生物种群存在着一种动态平衡，可以通过改变环境条件（营养）有效地调节其数量和类群。一般作用于污染物分子的微生物均非单一菌株，而是一类相关的菌株。

（2）金属回收　微生物冶金是利用微生物的催化作用将矿物中的金属氧化，以离子的形式溶解到浸出液中加以回收的过程。由于冶金过程是在水溶液中进行的，因而属于湿法冶金，又称为微生物湿法冶金。地球上的金属矿藏很多，除了一些金属含量较高的富矿外，还存在大量的贫矿。随着富矿资源的不断减少，贫矿资源的利用已经摆上议事日程，特别是对我国这样资源比较贫乏的国家，贫矿的利用更为重要。数量庞大的废渣矿、贫矿、尾矿、废矿，采用一般的采矿技术已经无能为力，唯有利用细菌的浸矿技术才能对这类矿石进行提炼，可浸提有金、银、铜、锰、锌、铀、钡、铊等金属。

由中南大学邱冠周教授为首席科学家的"微生物冶金的基础研究"项目针对我国有色金属矿产资源品位低、复杂、难处理的特点，围绕硫化矿浸矿微生物生态规律、遗传及代谢调控机制，微生物—矿物—溶液复杂界面作用与电子传递规律，微生物冶金过程多因素强关联 3 个关键科学问题开展研究，已获得国家"973"计划支持，该项目标志着我国微生物冶金技术进入突破性研究阶段。随着项目研究的深入，不仅将在冶金基础理论上取得突破，建立 21 世纪有色冶金的新学科——微生物冶金学；而且对解决我国特有的低品位、复杂矿产资源加工难题，扩大我国可开发利用的矿产资源量，提高现代化建设矿产资源保障程度，促进走可持续发展新型工业之路，实施西部大开发战略等都具有重要的作用。

（3）生物炼制　生物炼制（biorefinery）是以可再生生物资源为原料生产能源与化工产品的新型工业模式。通过开发新的化学、生物和机械技术，大幅提高可再生生物资源的利用水平，使其成为环境可持续发展的化学和能源经济转变的手段，是降低化石资源消耗的一个有效途径。生物炼制是利用农业废弃物、植物基淀粉和木质纤维素材料为原料，生产各种化学品、燃料和生物基材料。美国国家再生能源实验室（U. S. National Renewable Energy Laboratory，NREL）将生物炼制定义为以生物质为原料，将生物质转化工艺和设备相结合，用来生产燃料、电热能和化学产品集成的装置。生物能源是指从生物质得到的能源；生物基化学品是指利用生物质为原料研发生产的食品添加剂、饲料添加剂、表面活性剂等产品；生物材料是指利用生物学和工程学的原理，组建用于取代、修复活组织的天然或人造材料。生物炼制研究涉及多领域交叉技术，未来的生物炼制将是生物转化技术和化学裂解技术的组合，包括改进的木质纤维素分级和预处理方法、可再生原料转化的反应器优化设计、合成、生物催化剂及催化工艺的改进。由木质素纤维制工业乙醇的生物炼制厂正在开发上述技术，乙醇将成为高级生物炼制的主产品。根据近来研究开发的不同情况，生物炼制分为 3 种系列：①木质纤维素炼制，用自然界中干的原材料如含纤维素的生物质和废弃物作原料；②全谷物炼制，用谷类或玉米作原料；③绿色炼制，用自然界中湿的生物质如青草、苜蓿、三叶草和未成熟谷类作原料。

四、生物工艺发展简史

1. 传统生物技术的追溯

酿酒制醋是人类最早通过实践所掌握的生物技术之一。在西方，苏美尔人和巴比伦人公元前 6000 年会制作啤酒，考古发掘证实我国在龙山文化时期（距今 4000～4200 年）已有酒器出现。公元前 221 年，我国人民已经懂得制酱、酿醋、做豆腐。除食物外，人类祖先必须面对的另一项严峻挑战就是与疾病做斗争，公元 10 世纪，我国就有预防天花的活疫苗。属于古老的生物技术产品的实例还有酱油（sauce）、泡菜（pickled vegetables）、奶酒（milk liquor）、干酪（cheese）制作以及面团发酵（dough fermentation）、粪便（excrement and urine）和秸秆（straw）的沤制等。

2. 初期出现的生物技术产品

1680 年，荷兰人 Leenvenhoek 制成显微镜，首先观察到了微生物（microbe）。19 世纪 60 年代，法国科学家 L. Pasteur 首先证实酒精发酵是由酵母菌引起的，其他不同的发酵产物是由形态上不同的微生物作用而形成的，由此建立了纯种培养（pure culture）技术。

1897 年，德国人 Buchner 进一步发现磨碎的酵母仍能使糖发酵而形成酒精，并将此具有发酵能力的物质称为酶（enzyme）。这样发酵现象的本质才真正被人们所了解。19 世纪末到 20 世纪 20～30 年代，许多工业发酵过程陆续出现，这时期的发酵产品有丙酮丁醇（acetone-butanol）、乳酸（lactic acid）、酒精（alcohol）、面包酵母（bread yeast）、柠檬酸（citric acid）、淀粉酶（amylase）、蛋白酶（proteinase）等。这些产品大多是厌氧发酵（anaerobic fermentation）过程的产物，产物的化学结构比起原料来更为简单，属于初级代谢产物（primary metabolite）。

3. 近代生物技术产品

近代生物技术产品出现于 20 世纪 40 年代，以青霉素的生产为标志，最初采用表面培养法（surface cultures），以麸皮（wheat bran）为培养基（medium），发酵效价单位（fermentation titer unit）约为 40U/mL，纯度 20%，收率 30%。1943 年，美英科学家研究出 5m³ 的机械通风发酵罐，进行深层通风发酵（submerged fermentation），发酵效价单位提高到 200U/mL，纯度 60%，收率 75%。以青霉素的生产为契机，不久其他抗生素（antibiotic）如链霉素（streptomycin）、新霉素（neomycin）相继问世。抗生素生产的经验有力地促进了其他发酵产品的发展，最突出的就是 50 年代氨基酸（amino acid）发酵工业和 60 年代酶制剂（enzyme preparation）工业、有机酸（organic acid）工业的发展。这个时期产品种类多，既有初级代谢产物又有次级代谢产物（secondary metabolite），还有生物转化、酶反应等。大多为好氧发酵（aerobic fermentation），规模大，技术要求高。

4. 现代生物技术产品

现代生物技术产品的特点是运用了现代生物技术——DNA 重组技术（recombinant DNA technology）和原生质体融合技术（protoplast fusion）等的成果进行生产的产品。

1953 年，美国人 J. Watson 和英国人 F. Crick 在 "Nature" 杂志上发表 "核酸的分子结构" 一文，阐明了 DNA 的双螺旋（double-helices）结构。1973 年，美国 S. Cohen 领导小组开创了体外重组 DNA 并成功转化大肠杆菌的先河。由于 DNA 双螺旋结构的发现和实验室基因转移的实现，使人们有可能按人们意志设计出新的生命体。基因工程就是按人们的意志把外源（目标）基因（特定的 DNA 片段）在体外与载体 DNA（质粒、噬菌体等）嵌合后导入宿主细胞，使之形成能复制和表达外源基因的克隆（clone），这样，就可以通过这些重组体的培养而 "借腹怀胎" 地获得所需要的目标产品。1975 年英国的 Kohler 及 Milstein 发明了杂交瘤技术，他们用淋巴细胞（来自脾脏，能产生抗体）与骨髓瘤细胞（能在体外无限繁殖）用原生质体融合技术进行细胞融合而获得在体外培养能产生单一抗体的杂交细胞——特称杂交瘤细胞，其产品是单克隆抗体（monoclonal antibody），可用作临床诊断试剂或生化治疗剂。1969 年，日本首先将固定化酶（immobilization of enzyme）用于 DL-氨基酸的光学拆分。目前，最多的是用固定化异构酶（immobilization of isomerase）生产果葡糖浆（fructose-glucose syrup）和固定化酰化酶（immobilization of acylase）生产 6-氨基青霉烷酸（6-amino penicillanic acid）。固定化酶在临床诊断和治疗上有一定的用途。也可用于生物传感器（biosensor）以测定酶的底物浓度。

1977 年波依耳首先用基因操纵（gene manipulation）手段获得了生长激素抑制因子（growth hormone inhibitor）的克隆。1978 年吉尔勃脱（Gilbert）接着获得了鼠胰岛素（mouse insulin）的克隆。1982 年第一个基因工程产品——利用重组体微生物生产的人胰岛素（human insulin）终于问世了，揭开了生物制药的序幕。

1983 年，日本利用紫草细胞培养工业化等生产紫草素，是世界上第一个利用植物细胞培养工业化生产次生代谢产物的例子。到 1989 年，达到 72m³ 的培养罐内大规模培养植物细胞生产药物的植物种类已有 8 种。1985 年，商业化的一种生长激素获得了 FDA 认证。1986 年，第一个治疗型单克隆抗体药物（Orthoclone OKT3）获准上市，用于防治肾移植排斥。同年上市还有第一个基因重组疫苗（乙肝疫苗，Recombivax-HB）和第一个抗肿瘤的药物 α-干扰素（Intron A）。1987 年，第一个用动物细胞（CHO）表达的基因工程产品 t-PA 上市。1989 年，重组人促红细胞生成素（EPO-alpha）成为销售额最大的生物技术药物。20 世纪 90 年代初，人源抗体制备技术建立起来，1994 年第一个基因重组嵌合抗体（Reopro）上市，1997 年用于肿瘤治疗的治疗性抗体问世。1998 年，世界唯一的一个反义寡核苷酸药物上市，用于 AIDS 病人由巨细胞病毒引起的视网膜炎的治疗，同年，主要用于预防化疗后免疫力下降病人的恶性感染的药物 Neupogen 成为生物技术药物中的第一个重磅炸弹。2002 年，治疗性人源抗体获准上市，2004 年中国批准了第一个基因治疗药物——重组人 p53 腺病毒注射液。

我国医药生物技术的研究和开发起步较晚，但政府加大对生物技术以及产业发展的支持力度，医药生物技术以及产业发展到今天已初具规模。我国目前已产业化的 21 种基因工程药物和疫苗，批准上市的基因工程药物有 19 种。拥有自主知识产权新药只有 3 种，即重组人 α-1b 干扰素（IFNα-1b）、重组牛碱性成纤维细胞生长因子（rbFGF）和重组链激酶（rSK），其他均为仿制产品。进入临床研究的生物技术药物，大多也是跟踪仿制国外的，真正意义上的原始性创新药物很少。由于缺乏创新药物，加之知识产权未能跟上，导致一些药品的研制和生产严重重复。但我国首创的 γ-干扰素已具备向国外技术转让的能力。目前，全球研制中的生物技术药物已经超过 2200 种，其中 1700 余种已经进入临床试验阶段。预计在未来的 10 年里，生物技术药物的研究开发将获得更大的突破，取得更大的成绩。

现代生物技术给生物反应过程赋予新的生命力，但从培养液中将目标产物提取出来并加以纯化，并非易事。因为目标产物浓度低，有时还包含在细胞中。另外在重组菌的培养中，为了获得重组菌体，往往采用高密度培养。但实际中，通过研究高密度培养的工艺条件，获得高浓度的菌体，却得不到高浓度的目标产物。因为重组菌存在不稳定性，导入的嵌有外源基因的质粒容易从宿主细胞内脱落而使外源基因不表达。因此，除了在 DNA 重组过程中本身设法提高其在宿主内的稳定性以增加表达量外，还需要研究提高稳定性的培养工艺条件。

植物细胞大规模培养历史早于动物细胞，利用植物细胞培养可以生产某些珍贵的植物次级代谢产物。如生物碱、甾体化合物（steroid）等，这也是属于现代生物技术范围内的产品。

现代生物技术产品虽然种类不多，但价值很大，社会效益巨大，是方兴未艾的高新技术产业。今后现代生物技术产品将不但用来生产一些贵重或有特殊功效的药物，在农业和化工原料的应用开发中显示巨大的潜力。另外用现代生物技术对传统的发酵工业进行改造也有很大潜力。

五、生物工艺原理课程的内容和任务

生物工艺原理是一门以生物代谢过程和对代谢过程的控制，获得生物产品共性原理为研究对象的学科。以探讨生物产品生产过程中的共性为目的，从工艺角度阐明细胞的生长和代谢产物与细胞的培养条件之间的相互关系，为生产过程的优化提供理论依据。

课程内容包括工业微生物菌种的选育与种子培养、发酵、培养基的配制、培养基和空气的灭菌、发酵的机理、生物反应动力学、生产过程的检测与控制、发酵生产染菌及防治、固定化酶和固定化细胞及应用、动植物细胞大规模培养等内容。

课程的任务使学生在已学过微生物学、生物化学、化工原理等课程的基础上，深入理解生产过程的工艺原理，进一步深化和提高所学的基础知识，从而使学生具有选育新菌种、探求新工艺、新设备和从事生物产品研发的能力。并能够应用基本理论去分析和解决生产过程中的具体问题，改造原有不合理的生产过程，使之更符合客观规律。

思考与练习题

1. 生物反应过程有何特点？应用在哪些方面？
2. 请查阅相关文献，简述我国生物产业的发展前景。

第二章 生物工业菌种与种子的扩大培养

第一节 工业生产常用的微生物及要求

微生物资源非常丰富，广泛分布于土壤、水和空气中，尤以土壤中最多。有的微生物从自然界中分离出来就能被利用，有的需要对野生菌株进行人工诱变，获得突变株才能被利用。当前发酵工业所用的菌种总趋势是从野生菌转向变异菌，自然选育转向代谢育种，从诱发基因突变转向基因重组的定向育种。由于发酵工程本身的发展以及遗传工程的介入，藻类、病毒等也正在逐步地成为工业生产用的微生物。尽管如此，目前人们对微生物的认识还是十分不够的。已经初步研究的不超过自然界微生物总量的 10% 左右；微生物的代谢产物据统计已超过一千三百多种，而大规模生产的不超过一百多种；微生物酶有近千种，而工业利用的不过四五十种，可见潜力是很大的。

微生物的特点是种类多，分布广；生长迅速，繁殖速度快；代谢能力强；适应性强，容易培养。工业生产中，也可根据微生物的特点选择适宜的微生物。

一、工业生产常用的微生物

1. 细菌

细菌（bacteria）是自然界分布最广、数量最多的一类微生物，属单细胞原核生物（unicellular prokaryote），以较典型的二分分裂方式繁殖。细胞生长时，环状 DNA 染色体复制，细胞内的蛋白质等组分同时增加 1 倍，然后在细胞中部产生一横段间隔，染色体分开，继而间隔分裂形成两个相同的子细胞。如间隔不完全分裂就形成链状细胞。

工业生产常用的细菌有枯草芽孢杆菌、醋酸杆菌、棒状杆菌、短杆菌等。用于生产淀粉酶、乳酸、醋酸、氨基酸和肌苷酸等。

2. 酵母菌

酵母菌（yeast）为单细胞真核生物（unicellular eukaryote），在自然界中普遍存在，主要分布于含糖较多的酸性环境中，如水果、蔬菜、花蜜和植物叶子上，以及果园土壤中。石油酵母较多地分布在油田周围的土壤中。酵母菌多为腐生，常以单个细胞存在，以发芽形式进行繁殖，母细胞体积长到一定程度时就开始发芽。芽长大的同时母细胞缩小，在母子细胞间形成隔膜，最后形成同样大小的母细胞，如果子芽不与母细胞脱离就形成链状细胞，称为假菌丝。在发酵生产旺期，常出现假菌丝。

工业上用的酵母菌有啤酒酵母、假丝酵母、类酵母等。分别用于酿酒、制造面包、生产脂肪酶（lipase）以及生产可食用、药用和饲料用酵母菌体蛋白等。

3. 霉菌

霉菌（mould）不是一个分类学上的名词。凡生长在营养基质上形成绒毛状、网状或絮状菌丝的真菌统称为霉菌。霉菌在自然界分布很广，大量存在于土壤、空气、水和生物体内外等处。它喜欢偏酸性环境，大多数为好氧性，多腐生，少数寄生。霉菌的繁殖能力很强，它以无性孢子和有性孢子进行繁殖，多以无性孢子繁殖为主。其生长方式是菌丝末端的伸长和顶端分支，彼此交错呈网状。菌丝的长度既受遗传性的控制，又受环境的影响，其分支数量取决于环境条件，菌丝或呈分散生长，或呈菌丝团状生长。

工业上常用的霉菌有藻状菌纲的根霉、毛霉、犁头霉，子囊菌纲的红曲霉，半知菌类的曲霉、青霉等。它们可用于生产多种酶制剂、抗生素、有机酸及甾体激素（steriod hormone）等。

4. 放线菌

放线菌（actinomycetes）因菌落呈放线状而得名。它是一个原核生物类群，在自然界中分布很广，尤其在含有机质丰富的微碱性土壤中较广。大多腐生，少数寄生。放线菌主要以无性孢子进行繁殖，也可借菌丝片段进行繁殖，后一种繁殖方式见于液体沉没培养（submerged culture）中，其生长方式是菌丝末端伸长和分支，彼此交错成网状结构，成为菌丝体。菌丝长度既受遗传性的控制，又与环境相关。在液体沉没培养中由于搅拌器的剪应力作用，常常形成短的分支旺盛的菌丝体，或呈分散生长，或呈菌丝团状生长。它的最大经济价值在于能产生多种抗生素（antibiotic）。微生物中生产的抗生素，有 60% 以上是放线菌产生的，如链霉素、红霉素、金霉素、庆大霉素等。常用的放线菌主要来自以下几个属：链霉菌属（*Streptomyces*）、小单孢菌属（*Micromonospora*）和诺卡菌属（*Nocardia*）等。

5. 担子菌

担子菌（basidiomycetes）就是人们通常所说的菇类（mushroom）微生物。担子菌资源的利用正引起人们的重视，如多糖、橡胶物质和抗癌药物的开发。近几年来，日本、美国的一些科学家对香菇的抗癌作用进行了深入的研究，发现香菇中 $1,2\text{-}\beta\text{-}$葡萄糖苷酶及两种糖类物质具有抗癌作用。

6. 藻类

藻类（alga）是自然界分布极广的一类自养微生物资源，许多国家已把它用作人类保健食品和饲料。培养螺旋藻，按干重计算每公顷（ha，$1\text{ha}=10^4\text{m}^2$）可收获 60t，而种植大豆每公顷才可收获 4t；从蛋白质产率来看，螺旋藻是大豆的 28 倍。培养珊列藻，从蛋白质产率计算，每公顷珊列藻所得蛋白质是小麦的 $20\sim35$ 倍。此外，还可通过藻类将 CO_2 转变为石油，培养单胞藻或其他藻类而获得的石油，可占细胞干重的 $5\%\sim50\%$，合成的油与重油相同，加工后可转变为汽油、煤油和其他产品。有的国家已建立培植单胞藻的农场，每年每公顷地，培植的单胞藻按 5% 干物质为碳水化合物（石油）计算，可得 60t 石油燃料。此项技术的应用，还可减轻因工业生产而大量排放 CO_2 造成的温室效应。国外还有从"藻类农场"获取氢能的报道，大量培养藻类，利用其光合放氢来获取氢能。

二、微生物工业对菌种的要求

目前，随着微生物工业原料的转换和新产品的不断出现，势必要求开拓更多新品种。尽管微生物工业用的菌种多种多样，但作为大规模生产，对菌种则有下列要求。

① 原料廉价、生长迅速、目标产物产量高。

② 易于控制培养条件，酶活性高，发酵周期较短。

③ 抗杂菌和噬菌体的能力强。

④ 菌种遗传性能稳定，不易变异和退化，不产生任何有害的生物活性物质和毒素，保证安全生产。

第二节 工业微生物菌种的衰退、复壮与保藏

一、菌种的衰退

1. 菌种衰退的原因

菌种衰退的原因有两个方面：一是菌种保藏不当；二是菌种生长的条件要求没有得到满足，或是遇到不利的条件，或是失去某些需要的条件。此外还有经诱变得来的新菌株发生回复突变，从而丧失新的特征等情况。

菌种的退化会使微生物个体和群体特征的各个方面发生变化，其中最重要的是使所需产物的产率下降、营养物质代谢和生长繁殖能力下降、发酵周期延长、抗不良环境条件的性能减弱等。菌种的退化不同于培养过程中由环境条件变化引起的表面的、暂时的变化，而是由个别、少数菌体细胞衰退后逐渐导致整个菌株退化的一个从量变到质变的遗传变异过程。

菌种连续传代是菌种发生退化的直接原因。由于连续传代使菌种经常处于旺盛的生长状态，且每次传代时营养和环境等培养条件都在不断地变化，与处于休眠状态的菌种相比，细胞的自发突变率要高得多。因此，菌株经过连续传代后，含突变基因的个体在数量上逐渐占优势，退化现象就逐渐显露出来。培养基灭菌升、降温的不同，培养基存放时间的不同，采用老龄菌和多核菌丝传代等都比较容易引起菌种退化。

菌种的保藏主要是通过控制低温、干燥、缺氧等条件，使微生物营养体或休眠体处于不活泼的状态，维持最低代谢水平，尽可能保证活力和不发生变异。但是，各种菌种的保藏方法对阻止菌种变异的效果不尽相同，用不当的方法保藏菌种时，菌种就较易发生退化。此外，保藏操作不当也会影响保藏效果，会影响到菌种的变异。

菌种自身突变引起菌种退化。菌种的自发突变和回复突变是引起菌种自身退化的主要原因。微生物细胞在每一世代中的突变概率一般为 $10^{-8} \sim 10^{-9}$，保藏在 $0 \sim 4℃$ 时这一突变概率更小，但仍然不能排除菌种退化的可能。诸如对营养缺陷型菌种未充足供给所需营养物，菌种就会发生突变而丧失已有的特性。

菌种的回复突变是指变异菌株因遗传组成的自身修复，使原有的遗传障碍解除，代谢途径发生变化，从而恢复原有的特性，表现出原育种过程中已获得的优良性状的退化。

突变不完全造成菌体遗传组成的差异。对于单核细胞的菌株，菌体内的 DNA 双链中仅有一条链发生位点突变，并复制成变异菌的 DNA 链，而未发生变化的一条链，复制成原菌的 DNA 链，结果形成不纯的菌落，经移植后表现出菌种的退化现象。同样，对于具有两个核以上细胞的菌株，如果只有一个或几个核发生变异，将会产生异核菌丝，不纯的异核菌丝分裂，便会形成性状不同的菌丝，而一旦性状不同的菌丝占优势，就将表现出菌株的退化，而不再具有优良的性状。

如果菌落不是由一个孢子或一个细胞形成，当其中只有一个高产突变的孢子或细胞，通过移植后，高产菌株数量就比较少，表现出菌种退化。

2. 菌种性能的改变

(1) 菌种遗传特性的改变　从菌种遗传机理这一微观角度来看，菌种遗传特性的改变主要有如下三个原因。①异核现象导致微生物群体发生变异。某些菌丝生长时会和邻近的菌丝细胞间发生吻合，形成异核菌丝体（简称异核体），即在一条菌丝里含有几个遗传特性不同的细胞核，共同生活在均一的细胞质里。异核体可以由遗传性不同的菌丝吻合后形成，也可由多核菌丝中个别核发生突变而产生。异核体所产生的单核或多核的孢子具有不同的遗传特性和不同的生长繁殖速度，其结果是伴随着菌种传代培养，菌种的遗传特性发生改变。在菌种选育过程中，许多从培养基中新分离出来的丝状菌是异核体。在抗生素生产中，从产生单核分生孢子的异核体进行单孢子自然分离，可以得到同核的单菌落，其中很多表现出稳定的生产能力。②自发突变导致菌种遗传特性改变。由于 DNA 在复制过程中会出现偶然的差错，以及环境中某些物质和某些微生物自身的代谢产物对微生物有刺激作用，菌种以很低的频率发生自发突变。③突变所产生的变种或杂交重组所形成的杂种往往不稳定，容易发生回复突变或产生分离子，以致在菌种这一群体中形成具有不同基因型的个体。

以上是导致菌种变异的遗传因素，这些因素将通过环境得以表现。生产菌种在使用过程中，需要在人工培养条件下进行传代，虽然原始斜面菌种是由单菌落发育而来，但菌落上的许多分生孢子已经具有不同的遗传基础，所以菌种的性状实际上是孢子群体的特征。较纯的群体，传代后变异较少；不纯的群体，传代后变异较多。在菌种传代培养过程中，导致菌种遗传特性改变的以上几个原因都可起作用，其结果使群体中变异菌株增多。传代培养还具有某种选择作用。通常所说的菌种优良性状和大量生成目标产物有关的高产菌株往往表现出生活力弱、生长繁殖速度慢的特点，因此传代培养实质上具有富集低产菌株的作用。所以，菌种传代次数过多会导致菌种衰退。此外，菌种保藏条件不当也会使菌种发生变异。在菌种保藏过程中采用的一些手段，例如冷冻干燥，会对菌体细胞的结构和 DNA 造成损伤，在修复这些损伤时，菌体就可能发生变异。

(2) 菌种生理状况的改变　菌种的遗传特性需要在一定条件下才能表现出来。由于培养条件不适当，使菌种处于不利于发酵生产的生理状况，其结果也表现为菌种衰退。菌种处于不利于发酵的生理状况有以下三个方面的原因。①一个菌种不是纯的群体，而是由一些变异株混合组成，这些变异株所占的比例决定该菌种的特性。一个单菌落在固体培养基上分离，可以长出多种形态特征的菌落 (colony)。这些不同的菌落类型在代谢和生长繁殖速度等方面有一定差异，培养条件可以影响各变异株在培养物中的比例而改变该菌种的特性。同一个菌种的单孢子分离在不同的培养基上，所生长出的单菌落，其形态特征有显著差异，各种类型菌落所占的比例也不同。如灰色链霉菌 (*Streptomyces griseus*) 在豌豆琼脂培养基上，单孢子分离呈现出 3~4 种菌落类型，而在黄豆粉培养基上仅出现两种菌落类型。在开始菌种选育工作时，要研究单菌落的营养需求，找出能呈现较多菌落类型的分离培养基。菌落类型和发酵产量之间存在着某种程度的相关性。在实践中，人们经过对菌落形态的考察，有意识地丢弃一些被认为是低产的菌落，挑选那些可能为高产的菌落。②培养基可通过影响菌种的生理状况而影响发酵产率。培养基营养过于丰富不利于孢子形成，因而影响发酵。培养基营养贫乏亦是如此。因为在营养贫乏培养基中多次传代，会使菌体细胞内缺乏某些生长因子而衰老甚至死亡。因此，自然选育或菌种培养所用的培养基应选择具有传代后生产能力下降不明显、菌落不易衰老和自溶的正常形态菌落、孢子丰富等培养基。③在某些培养条件下，菌体的某些基因处于活化状态或阻遏状态，而使菌种的生理状态改变。这种改变可能以类似于生理性迟延或细胞分化的机制保持较长一段时间。

由于菌种的退化将会引起发酵过程的产率急剧下降，一旦发生菌种退化，就必须采取有效的防治措施，防止菌种的优良性能降低。同时若发现某些优良性状退化，应及时进行分离纯化，使生产菌种保持稳定的优良特性。

3. 防止菌种衰退的措施

要防止菌种衰退，应该做好保藏工作，使菌种优良的特性得以保存，尽量减少传代次数。如果菌种已经发生退化，产量下降，则要进行分离复壮。

二、菌种的复壮

(1) 纯种分离　菌种的优良性能降低，并不是所有的菌株都衰退，其中未衰退的菌株往往是经过环境条件考验的、具有更强生命力的菌株。因此，采用纯种分离的措施，把退化菌种中的一部分仍保持原有典型性状的单细胞分离出来，经过培养，就可恢复原菌株的典型性。常用的菌种纯化方法很多，大体上可把它们归纳成两类。一类较粗放的方法，只能达到"菌落纯"的水平，即从种的水平上来说是纯的，即用稀释平板法或用平板划线法或表面涂布，以取得单细胞所长成的菌落，再通过菌落和菌体的特征分析和性能测定，就可获得具有原来性状、甚至性能更好的菌株。如对芽孢杆菌，可先将菌液用沸水处理几分钟以杀死营养细胞，再进行平板分离、培养，使孢子萌发，从中挑选出未衰退的菌株。如果遇到某些菌株即使进行单细胞分离，仍不能达到复壮的效果，则可改变培养条件，达到复壮的目的。如 AT3.942 栖土曲霉的产孢子能力下降，可适当提高培养温度，恢复其能力。同时通过实验选择一种有利于高产菌株而不利于低产菌株的培养条件。另一类是较精细的单细胞或单孢子分离方法，它可以达到"细胞纯"，即菌株纯的水平，简单地利用培养皿或凹玻片等做分离室，也有利用复杂的显微操纵器的菌株分离方法。如果遇到不长孢子的丝状菌，则可用无菌小刀取菌落边缘的菌丝尖端进行分离移植，也可用无菌毛细管插入菌丝尖端以截取单细胞而进行纯种分离。

（2）通过寄主体进行复壮　对于寄生性微生物的退化菌株，可通过接种到相应昆虫或动物寄主体内以提高菌株毒性。如经过长期人工培养的杀螟杆菌，会发生毒力减退、杀虫率降低等现象，这时可将退化的菌株去感染菜青虫的幼虫，然后再从病死的虫体内重新分离菌株。如此反复多次，就可提高菌株的杀虫率。

（3）淘汰已衰退的个体　有人曾对"5406"菌种采用在低温（−30～−10℃）下处理其分生孢子 7 天，使其死亡率达到 80％，结果发现在抗低温的存活个体中留下了未退化的健壮个体。

每一种方法均有一定的优越性，但是，在使用这类方法之前，还得仔细分析和判断菌种究竟是衰退、污染还是仅属一般性的表型改变。只有对症下药才能使复壮工作奏效。

三、菌种的保藏

一个优良的菌种被选育出来以后，要保持其生产性能的稳定、不污染杂菌、不死亡，这就需要对菌株进行保藏。

1. 菌种保藏的原理

菌种保藏主要是根据菌种的生理、生化特性，人工创造条件使菌体的代谢活动处于休眠状态。保藏时，一般利用菌种的休眠体（孢子、芽孢等），创造最有利于休眠状态的环境条件，如低温、干燥、隔绝空气或氧气、缺乏营养物质等，使菌体的代谢活性处于最低状态，同时也应考虑到经济、简便方法。由于微生物种类繁多，代谢特点各异，对各种外界环境因素的适应能力不一致，一个菌种选用何种方法保藏较好，要根据具体情况而定。

2. 菌种保藏方法

（1）斜面低温保藏法　本方法是利用低温降低菌种的新陈代谢，使菌种的特性在短时期内保持不变。将新鲜斜面上长好的菌体或孢子，置于 4℃冰箱中保存。一般的菌种均可用此方法保存 1～3 个月。保存期间要注意冰箱的温度，不可波动太大，不能在 0℃以下保存，否则培养基会结冰脱水，造成菌种性能衰退或死亡。

影响斜面保存时间的突出问题是培养基水分蒸发而收缩，使培养基成分浓度增大，造成"盐害"，更主要的是培养基表面收缩造成板结，对菌种造成机械损伤而使菌种致死。为了克服斜面培养基水分的蒸发，用橡皮塞代替棉塞，有比较好的效果，也可克服棉塞受潮而长霉污染的缺点。有人将 2 株枯草杆菌、1 株大肠杆菌和 1 株金黄色葡萄球菌，分别接种在 18mm×180mm 试管斜面上，当培养成熟后将试管口用喷灯火焰熔封，置于 4℃冰箱中保存了 12 年后，启封移种检查，结果除 1 株金黄色葡萄球菌已死亡外，其余 3 株仍生长良好，这说明对某些菌种采用这种保藏方法，可以保存较长的时间。

（2）液体石蜡封存保藏法　选用优质纯净的中性液体石蜡，经 121℃蒸汽灭菌 30min，在150～170℃烘箱中干燥 1～2h，使水分蒸发，石蜡变清，再在斜面菌种上加入灭菌后的液体石蜡，用量高出斜面 1cm，使菌种与空气隔绝，试管直立，置于 4℃冰箱保存。保存期约 1 年。此法适用于不能以石蜡为碳源的菌种。

（3）甘油管冷冻保藏法　首先在微量离心管中装入一定量的 50％的甘油溶液（生理盐水或纯净水制备），于 121℃，灭菌 20min。同时将分离纯化的待保存菌接种于肉汤培养基中，以一定的温度培养 18～24h，获得细胞悬液。将细胞悬液与甘油溶液以 1∶1 的比例加入到灭菌的小甘油离心管中（一般一个离心管装 1mL，可以同时制备多个保藏管），贴上标签，置于−86℃冰箱中保存。此法操作简便，不需要特殊设备，效果好，可以保存菌种 3 年左右，无变异现象，而且此方法还可以保存一些要求较高的特殊菌种，适用范围广。

（4）固体曲保藏法　这是根据我国传统制曲原理加以改进的一种方法，适用于产孢子的真菌。该法采用麸皮、大米、小米或麦粒等天然农产品为产孢子培养基，使菌种产生大量的休眠体（孢子）后加以保存。该法的要点是控制适当的水分，例如在采用大米孢子保藏时，先取大米充分吸水膨胀，然后倒入搪瓷盘内蒸 15min（使大米粒仍保持分散状态）。蒸毕，取出搓散团块，稍冷，分装于茄形瓶内，蒸汽灭菌 30min，最后抽查含水量，合格后备用。将要保存的菌种制成孢子悬浮液，取适量加入已灭菌的大米培养基中，敲散拌匀，铺成斜面状，在一定温度下培养，在培养过程中要注意翻动，待孢子成熟后，取出置冰箱保存，或抽真空至水分含量在 10％以下，放在盛有干燥剂的密封容器中低温或室温保存。保存期为 1～3 年。

（5）砂土管保藏法　本方法是用人工方法模拟自然环境使菌种得以栖息，适用于产孢子的放线菌、霉菌以及产芽孢的细菌。

砂土是砂和土的混合物，砂和土的比例一般为 3：2 或 1：1，将黄砂和泥土分别洗净，过筛，按比例混合后，装入小试管内，装料高度约为 1cm，经间歇灭菌 2～3 次，灭菌烘干，并作无菌检查后备用。将要保存的斜面菌种刮下，直接与砂土混合；或用无菌水洗下孢子，制成悬浮液，再与砂土混合。混合后的砂土管放在盛有五氧化二磷或无水氯化钙的干燥器中，用真空泵抽气干燥后，放在干燥低温环境下保存。此法保存期可达 1 年以上。

（6）冷冻干燥法　此法的原理是在低温下迅速地将细胞冻结以保持细胞结构的完整，然后在真空下使水分升华。这样菌种的生长和代谢活动处于极低水平，不易发生变异或死亡，因而能长期保存，一般为 5～10 年。此法适用于各种微生物。具体的做法是将菌种制成悬浮液，与保护剂（一般为脱脂牛奶或血清等）混合，放在安瓿瓶内，用低温酒精或干冰（－15℃以下）使之速冻，在低温下用真空泵抽干，最后将安瓿瓶真空熔封，低温保存备用。

（7）液氮超低温保藏法　前面几种菌种保藏方法，在保存过程中菌种都有不同程度的死亡，特别对一些不产孢子的菌体保存的效果不够理想。微生物在－130℃以下，新陈代谢活动停止，这种环境下可永久性保存微生物菌种。液氮的温度可达－196℃，用液氮保存微生物菌种已获得满意的结果。

液氮超低温保藏法简便易行，关键是要有液氮罐、冰箱设备。该方法要点是：将要保存的菌种（菌液或长有菌体的琼脂块）置于 10％甘油或二甲基亚砜保护剂中，密封于安瓿瓶内（安瓿瓶的玻璃要能承受很大温差而不致破裂），先将菌液降至 0℃，再以每分钟降低 1℃的速度，一直降至－35℃，然后将安瓿瓶放入液氮罐中保存。

3. 菌种保藏的注意事项

菌种保藏要获得较好的效果，需注意如下三个方面。

（1）菌种在保藏前所处的状态　绝大多数微生物的菌种均保藏其休眠体，如孢子或芽孢。保藏用的孢子或芽孢等采用新鲜斜面上生长丰满的培养物。菌种斜面的培养时间和培养温度影响其保藏质量。培养时间过短，保存时容易死亡，培养时间长，生产性能衰退。一般以稍低于生长最适温度培养至孢子成熟的菌种进行保存，效果较好。

（2）菌种保藏所用的基质　斜面低温保藏所用的培养基，碳源比例应少些，营养成分贫乏些较好，否则易产生酸，或使代谢活动增强，影响保藏时间。砂土管保藏需将砂和土充分洗净，以防其中含有过多的有机物，影响菌的代谢或经灭菌后产生一些有毒的物质。冷冻干燥所用的保护剂，有不少经过加热就会分解或变性的物质，如还原糖和脱脂乳，过度加热往往形成有毒物质，灭菌时应特别注意。

（3）操作过程对细胞结构的损害　冷冻干燥时，冻结速度缓慢易导致细胞内形成较大的冰晶，对细胞结构造成机械损伤。真空干燥程度也将影响细胞结构，加入保护剂就是为了尽量减轻冷冻干燥所引起的对细胞结构的破坏。细胞结构的损伤不仅使菌种保藏的死亡率增加，而且容易导致菌种变异，造成菌种性能衰退。

第三节　工业微生物菌种的选育

用发酵法生产产品，首先要有一个良好的菌种，因此必须进行菌种选育工作。菌种选育工作大幅度提高了微生物发酵的产量，促进了微生物发酵工业的迅速发展。通过菌种选育，抗生素、氨基酸、维生素、药用酶等产物的发酵产量提高了几十倍、几百倍，甚至几千倍。菌种选育在提高产品质量、增加品种、改善工艺条件和产生菌的遗传学研究等方面也发挥了重大作用。

菌种选育包括自然选育和诱变选育。在生产过程中，不经过人工诱变处理，根据菌种的自发突变而进行菌种筛选的过程，叫做自然选育或自然分离。由于野生菌株生产能力低，往往不能满足工业上的需要。因为在正常生理条件下，微生物依靠其代谢调节系统，趋向于快速生长和繁殖。但是，发酵工业生产，需要培养微生物使之积累大量的代谢产物，为此，采用种种措施来打破菌的正常代谢，对菌进行调节控制，从而大量积累所需要的代谢产物。例如青霉素的原始生产菌种产生黄色色素，使成品带黄色，经过菌种选育，产生菌不再分泌黄色色素；土霉素产生菌在培养过程中产生大量泡沫，经诱变处理后改变了遗传特性，发酵液泡沫减少，可节省大量消泡剂并增加培养液的装量；红霉素等品种发酵遇有噬菌体侵袭时，发酵产量大幅度下降，甚至被迫停产，菌种经诱变处理获得抗噬菌体的特性，就可保证发酵生产的正常进行。

一、自然选育

自然选育包括从自然界分离获得菌株和根据菌种的自发突变进行筛选而获得菌种。

1. 从自然界分离获得菌株

从自然界分离新菌种一般包括以下几个步骤：采样、增殖培养、纯种分离和性能测定等。菌种分离的程序如图 2-1 所示。

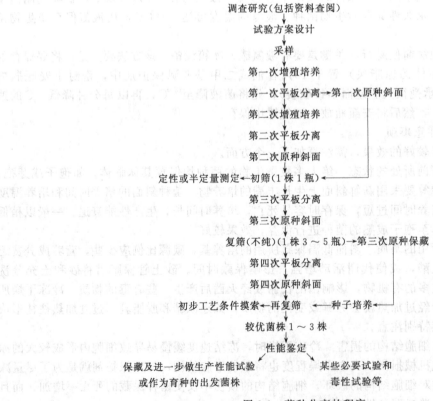

图 2-1　菌种分离的程序

（1）采样　采样地点的确定要根据筛选的目的、微生物的分布概况及菌种的主要特征与外界环境关系等，进行综合、具体地分析来决定。如果预先不了解某种生产菌的具体来源，一般可从土壤中分离。

采样的方法多是在选好地点后，用小铲去除表土，取离地面 5～15cm 处的土壤几十克，盛入预先消毒好的牛皮纸袋或塑料袋中，扎好，记录采样时间、地点、环境情况等，以备考查。一般土壤中芽孢杆菌、放线菌和霉菌的孢子忍耐不良环境的能力较强，不太容易死亡。但是，由于采样后的环境条件与天然条件有着不同程度的差异，一般应尽快分离。对于酵母类或霉菌类微生物，由于它们对碳水化合物的需要量比较多，一般又喜欢偏酸性环境，所以酵母类、霉菌类在植物花朵、瓜果种子及腐殖质含量高的土壤等上面比较多。

（2）增殖培养　收集到的样品，如含目标菌株较多，可直接进行分离。如果样品含目标菌种很少，就要设法增加该菌的数量，进行增殖（富集）培养。所谓增殖培养就是给混合菌群提供一些有利于所需菌株生长或不利于其他菌株生长的条件，以促使目标菌株大量繁殖，从而有利于分离它们。例如筛选纤维素酶产生菌时，以纤维素作为唯一碳源进行增殖培养，使得不能分解纤维素的菌不能生长；筛选脂肪酶产生菌时，以植物油作为唯一碳源进行增殖培养，能更快更准确地将脂肪酶生产菌分离出来。除碳源外，微生物对氮源、维生素及金属离子的要求也是不同的，适当地控制这些营养条件对提高分离效果是有好处的。另外，控制增殖培养基的 pH 值，有利于排除不需要的、对酸碱敏感的微生物；添加一些专一性的抑制剂，可提高分离效率，例如在分离放线菌时，可先在土壤样品悬液中加 10％的酚数滴，以抑制霉菌和细菌的生长；适当控制增殖培养的温度，也是提高分离效率的一条好途径。

（3）纯种分离　通过增殖培养还不能得到微生物的纯种，因为生产菌在自然条件下通常是与各种菌混杂在一起的，所以有必要进行分离纯化，才能获得纯种。纯种分离方法常选用单菌落分离法。把菌种制备成单孢子或单细胞悬浮液，经过适当的稀释后，在琼脂平板上进行划线分离。划线法是将含菌样品在固体培养基表面做有规则的划线（有扇形划线法、方格划线法及平行划线法等），菌样经过多次从点到线的稀释，最后经培养得到单菌落。也可以采用稀释法，该法是通过不断地稀释，使被分离的样品分散到最低限度，然后吸取一定量注入平板，使每一微生物都远离其他微生物而单独生长成为菌落，从而得到纯种。划线法简单且较快，稀释法在培养基上分离的菌落单一均匀，获得纯种的概率大，特别适宜于分离具有蔓延性的微生物。采用单菌落分离法有时会夹杂一些由两个或多个孢子所生长的菌落，另外不同孢子的芽管间发生吻合，也可形成异核菌落。要克服这些缺点，就要特别重视单孢子悬浮液的制备方法。为使单孢子悬浮液有良好的分散度，力求去除菌丝断片或粘接在一起的成串的孢子，可采用如下方法制备单孢子悬浮液：①对于细菌，因其在固体斜面培养基上常粘在一起，故要求转种到新鲜肉汤液体中进行培养，以取得分散且生长活跃的菌体；②对放线菌和霉菌的孢子采用玻璃珠或石英砂振荡打散孢子后，用滤纸或棉花过滤；对某些黏性大的孢子，常加入 0.05％的分散剂（如吐温 80）以获得分散的单个孢子。

为了提高筛选工作效率，在纯种分离时，培养条件对筛选结果影响也很大，可通过控制营养成分、调节培养基 pH 值、添加抑制剂、改变培养温度和通气条件及热处理等来提高筛选效率。平板分离后挑选单个菌落进行生产能力测定，从中选出优良的菌株。

（4）生产性能的测定　由于纯种分离后，得到的菌株数量非常大，如果对每一菌株都做全面或精确的性能测定，工作量十分巨大，而且是不必要的。一般采用两步法，即初筛和复筛，经过多次重复筛选，直到获得 1～3 株较好的菌株，供发酵条件的摸索和生产试验，进而作为育种的出发菌株。这种直接从自然界分离得到的菌株称为野生型菌株，以区别于用人工育种方法得到的变异菌株。

2. 从自发突变体中获得菌株

一般微生物可遗传的特性发生变化称为变异，又称突变，是微生物产生变种的根源，同时也是育种的基础。自然突变是指在自然条件下由于宇宙中各种短波辐射、低浓度的诱变物质、微生物自身代谢产生的诱变物质等微生物出现的基因变化，但微生物的自发突变频率很低，一般为 $10^{-6} \sim 10^{-8}$。自发突变有两种：一种是生长上不希望出现的，表现为菌株衰退和生产率下降，称为负突变；另一种是对生产有利的突变，一般正突变频率更低。目前，发酵工业中使用的生产菌种，几乎都是经过人工诱变处理后获得的突变株。这些突变株是以大量生成某种代谢产物（发酵产物）为目的的筛选出来的，因而它们属于代谢调节失控的菌株。微生物的代谢调节系统趋向于最有效地利用环境中的营养物质，优先进行生长和繁殖，而生产菌种常常是打破了原有的代谢调节系统的突变株，因此常常表现出生活力比野生菌株弱的特点。此外，生产菌种是经人工诱变处理而筛选获得的突变株，遗传特性往往不够稳定，容易继续发生变异，使得生产菌株呈现出自然变异的特性，如果不及时进行选育，通常会导致菌种性能变化，使发酵产量降低，但也有变异使菌种获得优良性能的情况。

自发突变的频率较低，因此自然选育筛选出来的菌种，不能满足育种工作的需要，不完全符合工业生产的要求，如产量低、副产物多、生长周期长等。因而不能仅停留在"选"种上，还要进行"育"种。如通过诱变剂处理菌株，就可以大大提高菌种的突变频率，扩大变异幅度，从中选出具有优良特性的变异菌株，这种方法就称为诱变育种。

二、诱变育种

诱变育种一般采用物理、化学诱变因素使微生物 DNA 的碱基排列发生变化，以使排列错误 DNA 模板形成异常的遗传信息，造成某些蛋白结构变异，而使细胞功能发生改变。由于诱变育种是一类特殊的突变型的选育工作，能够提高突变频率和扩大变异谱，具有速度快、方法简便等优点，是当前菌种选育的一种主要方法，在生产中使用得十分普遍。诱变育种不仅可以提高菌株的生产能力，而且还可以改进产品的质量，扩大品种，简化工艺。在科学实验和生产上都得到了广泛应用。诱发突变有可能出现多种多样变异性突变株，除了高产性状外，还要考虑其他有利性状。例如，生长速率快、产孢子多；消除某些色素或无益组分；能有效利用廉价发酵原材料；改善发酵工艺中某些缺陷（如泡沫过多、对温度波动敏感、菌丝量太多、自溶早、过滤困难等）。但是所定的筛选目标不可太多，要充分估计人力、物力和测试能力等，要考虑实现这些目标的可能性。要选出一个达到一定产量的高产菌株，往往要筛选数千个左右的突变株，经历多次诱变和筛选，才能达到目的。按照生产的要求，根据生物的遗传和变异的理论，用人工的方法造成菌种变异，再经过筛选而达到菌种选育的目的。即通过诱变改善菌种的特性，获得优良菌株。

（一）诱变育种的机理

1. 诱发突变

许多环境因素可以影响突变的诱发过程，突变的诱发还和基因所处的状态有关，而基因的状态又和培养条件有关。在培养基中加入诱导剂使基因处于转录状态，可能有利于诱变剂的作用。据认为在转录时，DNA 双链解开更有利于诱变作用。诱变剂可造成生物 DNA 分子的某一位置的结构改变，例如紫外线照射可形成胸腺嘧啶二聚体，进而通过影响 DNA 复制而发生真正的突变，也可以经过修复重新回到原有的结构，即不发生突变。

（1）诱变剂　能诱发基因突变并使突变率提高到超过自然突变水平的物理、化学因子都称为诱变剂，可分为物理诱变剂和化学诱变剂两大类。物理诱变剂主要为各种射线，如紫外线、X 射线、γ 射线、α 射线、β 射线和超声波等，其中以紫外线应用最广，紫外线作用光谱正好与细胞内核酸的吸收光谱相一致，因此在紫外线的作用下能使 DNA 链断裂、DNA 分子内和分子间发生交联，从而导致菌体的遗传形状发生改变。化学诱变剂的种类较多，常用的有硫酸二乙酯（DES）、甲基磺酸乙酯（EMS）、亚硝基胍（NTG）、亚硝酸、氮芥（NM）等。它们作用于微生物细胞后，能够特异地与某些基团起作用，即引起物质的原发损伤和细胞代谢方式的改变，失去亲株原有的特性，并建立起新的表型。诱变剂亚硝基胍和甲基磺酸乙酯虽然诱变效果好，但由于多数引起碱基对转换，得到的变异株回变率高。电离辐射、紫外线和吖啶类等诱变剂，能引起缺失、码组移动巨大损伤，则不易产生回复突变。各种化学诱变剂常用的浓度和处理时间见表 2-1。

表 2-1 各种化学诱变剂常用的浓度和处理时间

诱变剂	诱变剂的浓度	处理时间	缓冲剂	中止反应方法
亚硝酸 (HNO$_2$)	0.01～0.1mol/L	5～10min	pH4.5，1mol/L 醋酸缓冲液	pH8.6，0.07mol/L 磷酸二氢钠
硫酸二乙酯 (DES)	0.5%～1%(体积分数)	10～30min，孢子 18～24h	pH7.0，0.1mol/L 磷酸缓冲液	硫代硫酸钠或大量稀释
甲基磺酸乙酯 (EMS)	0.05～0.5mol/L	10～60min，孢子 3～6h	pH7.0，0.1mol/L 磷酸缓冲液	硫代硫酸钠或大量稀释
亚硝基胍 (NTG)	0.1～1.0mol/mL,孢子 3mg/mL	15～60min，孢子 90～120min	pH7.0，0.1mol/L 磷酸缓冲液或 Tris 缓冲液	大量稀释
亚硝基甲基胍 (NMU)	0.1～1.0mol/L	15～90min	pH6.0～7.0，0.1mol/L 磷酸缓冲液或 Tris 缓冲液	大量稀释
氮芥 (NM)	0.1～1.0mol/L	5～10min	NaHCO$_3$	甘氨酸或大量稀释
乙烯亚胺 (EL)	(1∶1000)～(1∶10000)	30～60min		硫代硫酸钠或大量稀释
羟胺 (NH$_2$OH·HCl)	0.1%～0.5%(体积分数)	数小时或生长过程中诱变		大量稀释
氯化锂 (LiCl)	0.3%～0.5%(体积分数)	加入培养基中，在生长过程中诱变		大量稀释
秋水仙碱 (C$_{22}$H$_{25}$NO$_6$)	0.01%～0.2%(体积分数)	加入培养基中，在生长过程中诱变		大量稀释

（2）诱变剂接触 DNA 分子　诱变剂要进入细胞才能诱发突变，因此细胞对诱变剂的透性将影响诱变结果。诱变剂在接触 DNA 之前要经过细胞质，细胞质的某些组分和某些酶可与诱变剂相互作用而影响诱变效果，因此，诱变剂接触 DNA 分子，造成 DNA 的损伤，突变才有可能发生。

（3）DNA 损伤的修复　DNA 损伤的修复和基因突变有着密切的关系。已发现微生物有 4 种修复 DNA 损伤方式，具体方式如下。

① 光复合作用　光复合作用是因为微生物等生物细胞内存在光复合酶（photoreactivating enzyme），即光裂合酶（photolyase）。光复合酶会识别胸腺嘧啶二聚体，并与之结合形成复合物，此时的光复合酶没有活性。可见光光能（300～500nm）可以激活光复合酶，使之打开二聚体，将 DNA 复原成两个胸腺嘧啶。与此同时，光复合酶也从复合物中释放出来，以便重新执行光复合功能，见图 2-2(a)。

② 切除修复　切除修复（excision repair）可不需要光激活，可修复由紫外线、γ射线和烷化剂等对 DNA 造成的损伤。切除修复系统由四种酶协同作用，均不需要可见光的激活。首先在胸腺嘧啶二聚体 5′端，在核酸内切酶的作用下造成单链断裂。其次在核酸外切酶的作用下切除胸腺嘧啶二聚体。然后在 DNA 多聚酶 I、DNA 多聚酶Ⅲ的作用下进行修补合成，最后在 DNA 连接酶的作用下形成一个完整的双链结构。见图 2-2(b)。

③ 重组修复　重组修复（recombination repair）必须在 DNA 进行复制的情况下进行，所

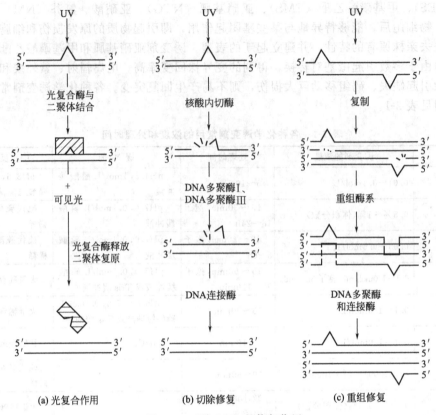

(a) 光复合作用　　　　(b) 切除修复　　　　(c) 重组修复

图 2-2　三种 DNA 的修复作用

以又称为复制后修复（postreplication repair）。重组修复是在不切除胸腺嘧啶二聚体的情况下进行修复作用，以带有二聚体的单链为模板合成互补单链，可在每一个二聚体附近留下一个空隙。一般认为通过染色体交换，空隙部位就不再面对二聚体，而是面对正常的单链，在这种情况下，DNA 多聚酶和连接酶就能把空隙部位修复好。见图 2-2(c)。重组修复中 DNA 的损伤并没有除去，当进行下一轮复制时，留在母链上的损伤仍会给复制带来困难，还需要重组修复来弥补，直到损伤被切除修复消除。

　　④ SOS 修复系统　这是一种能够造成误差修复的"呼救信号"修复系统。当 DNA 受到诱变剂损伤而阻断 DNA 复制过程时，DNA 损伤相当于一个呼救信号，促使细胞中的有关酶系解除阻遏，而进行 DNA 的修复。在修复过程中，DNA 多聚酶在无模板的情况下进行 DNA 的修复合成，并将合成的 DNA 片段插入受损 DNA 的空隙处。SOS 修复系统的修复作用容易导致基因突变，大多数经诱变所获得的突变来源于此修复系统的作用。

　　除了上述种种修复作用以外，细胞还具有对复制过程中出现的差错加以校正的功能。大肠杆菌中的 DNA 复制依赖于三种 DNA 多聚酶（DNA 多聚酶Ⅰ、DNA 多聚酶Ⅱ、DNA 多聚酶Ⅲ）的作用，这三种酶除了对于多核苷酸的多聚作用以外，还具有 $3'{\rightarrow}5'$ 核酸外切酶的作用。一般认为依靠 DNA 多聚酶的这一作用，能在复制过程中随时切除不正常的核苷酸。如果 DNA 多聚酶发生突变而使其核酸外切酶活性减弱，那么，它切除不正常核苷酸的能力减弱，菌体的突变率相应地提高，成为增变突变型。DNA 多聚酶为 DNA 修复作用所必需，所以增变突变型对于诱变剂的作用格外敏感。

　　2. 从前突变到突变

　　由于诱变剂的作用，使 DNA 分子结构发生改变，这种改变称为前突变。前突变能否转变为真正的突变，与 DNA 修复系统中酶的活性有关。可以认为，一切影响这些修复系统中的酶活性的因素都能影响由前突变转变到突变这一过程。例如，咖啡碱能抑制切除修复系统，因而增强诱变作用。氯霉素能抑制细菌的蛋白质合成，从而抑制了依赖于蛋白质合成的 SOS 修复系统和重组修复，降低突变率。相反地，一切有利于蛋白质合成的因素都有利于提高突变率。

与突变有关的一些酶的激活剂或抑制剂也会影响突变率。Ba^{2+} 对 DNA 多聚酶的 $3'$-核酸外切酶活性有抑制作用，从而可提高突变率。

从上述可以看出，诱变前后的处理可影响诱变的效果。其原因主要有两方面：一是通过影响与 DNA 修复作用有关的酶活性而影响诱变的效果；二是通过诱变使目的基因处于活化状态（复制或转录状态），使之更容易被诱变剂所作用，从而影响目的基因的突变率。

3. 从突变到突变型

突变基因的出现并不等于突变表型的出现，表型的改变落后于基因型改变的现象称为表型迟延。表型迟延有两种原因：分离性迟延和生理性迟延。分离性迟延实际上是经诱变处理后，细胞中的基因处于不纯的状态（野生型基因和突变型基因并存于同一细胞中），突变型基因由于属于隐性基因而暂时得不到表达，需经过复制、分离，在细胞中处于纯的状态（只有突变型基因，没有野生型基因）时，其性状才得以表达。大肠杆菌在对数生长期含有 2~4 个核质体，当其中一个核发生突变时，这个细胞变成异核体。如果突变表型表现为某个基因所控制的产物的丧失，那么这一突变在异核体内就是隐性的。因为其他的核继续生产该基因控制的产物。一般需要经历 1~2 个世代，通过细胞分裂而出现同一细胞的两个核中都带有这一突变基因时，突变表型才出现。突变基因由杂合状态变为纯合状态时，还不一定出现突变表型，新的表型必须等到原有基因的产物稀释到某一程度后才能表现出来。而这些原有基因产物的浓度降低到能改变表型的临界水平以前，细胞已经分裂多次，经过了几个世代。例如某个产酶基因发生了突变，可是细胞中原有的酶仍在起作用，细胞所表现的仍是野生型表型。只有通过细胞分裂，原有的酶已经足够稀释或失去活性时，才出现突变型的表型。生理性迟延最明显的例子是噬菌体抗性突变的表达。用诱变剂处理噬菌体敏感菌，将存活菌体立即分离到含噬菌体的培养基上，其抗性菌株不立即出现；而将存活菌先在不含噬菌体的培养基中繁殖几代后，再分离后接到含有噬菌体的培养基中，则可得到大量抗性菌。有些诱发突变要经历十几个世代才能表达。敏感菌对某一些噬菌体敏感是因为其细胞表面具有该噬菌体的受体，抗性菌因不产生该受体而对噬菌体具有抗性。但是基因发生了抗性突变而细胞表面具有受体的细胞仍会受到噬菌体的感染，抗性突变的表型必须等到经过多次细胞分离，细胞表面不再存在有噬菌体受体时才能表现出来。

（二）诱变育种的程序

诱变育种的主要环节：以合适的诱变剂处理大量而均匀分散的微生物细胞悬浮液（细胞或孢子），在引起绝大多数细胞致死的同时，使存活个体中 DNA 结构变异频率大幅度提高；用合适的方法淘汰负效应变异株，选出极少数性能优良的正变异株，以达到选育优良菌株的目的。诱变育种的程序如图 2-3 所示。

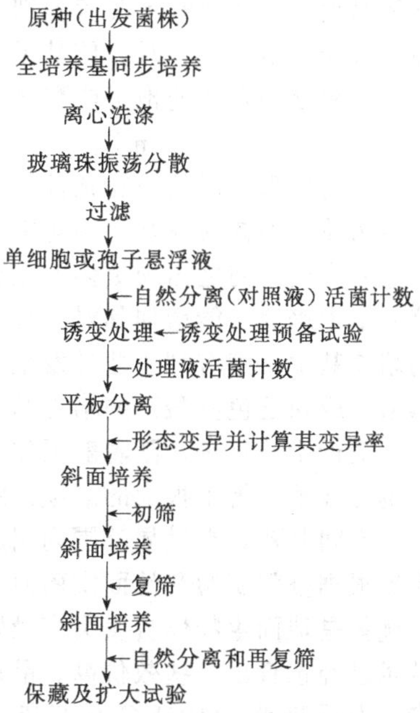

1. 出发菌株的选择

工业上用来进行诱变处理的菌株，称为出发菌株（parent strain）。在许多情况下，微生物的遗传物质具有抗诱变性，这类遗传性质稳定的菌株用来生产是有益的，但作

原种(出发菌株)
↓
全培养基同步培养
↓
离心洗涤
↓
玻璃珠振荡分散
↓
过滤
↓
单细胞或孢子悬浮液
↓←自然分离(对照液)活菌计数
诱变处理←诱变处理预备试验
↓←处理液活菌计数
平板分离
↓←形态变异并计算其变异率
斜面培养
↓←初筛
斜面培养
↓←复筛
斜面培养
↓←自然分离和再复筛
保藏及扩大试验

图 2-3 诱变育种的程序

为诱变育种材料是不适宜的。出发菌株的选择是诱变育种工作成败的关键，出发菌株的性能，如菌种的系谱、菌种的形态、生理、传代、保存等特性，对诱变效果影响很大。

出发菌株通常有三种：①从自然界分离得到的野生型菌株；②通过生产选育，即由自发突变经筛选得到的高产菌株；③已经诱变过的菌株，这类菌株作为出发菌株较为复杂。一般认为诱变获得高产菌株，再诱变易产生负突变，再度提高产率比较困难。采用连续诱变的方法，在每次诱变之后选出 3～5 株较好的菌株继续诱变，如果遇到高产菌株再诱变进一步提高产率效果不佳时，可以先行杂交，再作为诱变的出发菌株，这样有可能收到比较好的效果。

挑选出发菌株应考虑如下几点。

① 选择纯种作为出发菌株，借以排除异核体或异质体的影响。从宏观上讲，就是要选择发酵产量稳定、波动范围小的菌株为出发菌株。如果出发菌株遗传性不纯，可以用自然分离或用缓和的诱变剂进行处理，取得纯种作为出发菌株。这样虽然要花一些时间，但效果更好。

② 选择对诱变剂敏感的菌株作为出发菌株，不但可以提高变异频率，而且高产突变株的出现率也大。生产中经过长期选育的菌株，有时会对诱变剂不敏感。在此情况下，应设法改变菌株的遗传型，以提高菌株对诱变剂的敏感性。杂交、诱发抗性突变和采用大剂量的诱变剂处理均能改变菌株的遗传型而提高菌株对诱变剂的敏感性。

③ 选择出发菌株，不仅是选产量高的，还应该考虑其他因素。如产孢子早而多，色素多或少，生长速率快等有利于合成发酵产物的性状。特别重要的是选择的出发菌株应当具有所需要的代谢特性。例如，适合补料工艺的高产菌株是从糖、氮代谢速度较快的出发菌株得来的。用生活力旺盛而发酵产量又不是很低的形态回复突变株作为出发菌株，常可收到好的效果。

2. 菌悬液的制备及前培养

采用生理状态一致（用选择法或诱导法使微生物同步生长）的单细胞或孢子进行诱变处理，这样不但能均匀地接触诱变剂，还可减少分离现象的发生。处理前细胞尽可能达到同步生长状态，细胞悬液经玻璃珠振荡打散，并用脱脂棉或滤纸过滤，以达到单细胞状态。

一般处理细菌的营养细胞，采用生长旺盛的对数期，其变异率较高且重现性好。霉菌的菌株一般是多核的，因此对霉菌都用孢子悬浮液进行诱变，对放线菌亦如此。但孢子生理活性处于休眠状态，诱变时不及营养细胞好，因此最好采用刚刚成熟时的孢子，其变异率高。或在处理前将孢子培养数小时，使其脱离静止状态，则诱变率也会增加。

一般处理真菌的孢子或酵母时，其菌悬液的浓度大约为 10^6 个/mL，细菌和放线菌的孢子的浓度大约为 10^8 个/mL。

诱变处理前后的培养条件对诱变效果有明显的影响。为了提高诱变率，可在培养基中添加某些物质（如核酸碱基、咖啡因、氨基酸、氯化锂、重金属离子等）来影响细胞对 DNA 损伤的修复作用，使之出现更多的差错而达到目的。例如菌种在紫外线处理前，在富有核酸碱基的培养基中培养，能增加其对紫外线的敏感性。紫外线诱变处理后，将孢子液分离于富有氨基酸的培养基中，则有利于菌种发生突变。相反，如果菌种在进行紫外线处理以前，培养于含有氯霉素（或缺乏色氨酸）的培养基中，则会降低突变率。

最近十几年来，随着航天航空技术的不断发展，人们对太空的了解越来越多，微生物的太空诱变技术取得了很大的成绩。20 世纪 70 年代，美国宇航局提出开发利用空间微重力等资源进行空间制药，在世界范围内引起了广泛的重视。微生物经过空间诱变后，突变率大大提高。专家根据空间实验和地面实验对照结果，测算验证其变异量高出地面现有手段几个数量级，这个优势是地面生物体自发突变及物理化学诱变无法比拟的。通过神舟飞船搭载，航天诱变育种技术已经选育出一些效价高、品质优的抗生素和酶制剂菌种，如抗异性强的双歧杆菌、庆大霉素、泰乐菌素、NIKKO 霉菌产生菌、高纤维素酶饲料添加剂菌种、高蛋白饲料酵母，有的已在生产中应用，效果显著。1999 年，西安某制药公司首次将生产菌株 α-溶血链球菌 D33[#] 通过

"神州一号"飞船送上太空，之后，通过多次搭载，在太空条件下成功实现了多次诱变，获得了不可替代、无法模拟的累加效应。2002 年，4 种生产肥料的微生物菌株搭乘"神州四号"首次上天，7 天后，菌种随飞船顺利返回地面，通过对菌株各项性能的检测，从中成功选育出优良的菌种，解决了原有微生物在生产中存在的各种弊端，田间试验，效果显著。2011 年，福矛酒业集团将福矛酵母菌以及其他几种用于生产优质酒的酵母菌搭载"神州八号"、"神州九号"，筛选了优良菌种。搭乘飞船的微生物菌种有黑曲菌、小克银汉菌、掷孢酵母等药品、保健品菌种；还包括灵芝、平菇、虫草、双孢蘑菇、杏鲍菇、茶树菇；除此之外，还有制面包用的贝酵母、制葡萄酒用的葡萄汁酵母、酿造酱油用的鲁氏接合酵母和酿醋用的威氏醋酸杆菌等菌种；杂交水稻包括"洲 A"和"洲 B"两种等。随着神州系列载人飞船的不断发射，以及其他可利用的空间探测手段的应用，我国空间生物搭载的步伐将会不断地加快。总之，经过空间搭载的微生物变异幅度大，有益变异多，返回地面后经过科学的培养、筛选，可以从中获得在地面进行微生物诱变中较难得到的和可能有突破性的影响的罕见突变，从而选育出优良的生物品系，产生巨大的社会效益。

3. 诱变

诱变剂的选择主要是根据成功的经验，诱变作用不但决定于诱变剂，还与菌种的种类和出发菌株的遗传背景有关。一般对遗传上不稳定的菌株，可采用温和的诱变剂，或采用已见效果的诱变剂；对于遗传上较稳定的菌株则采用强烈的、不常用的、诱变谱广的诱变剂。要重视出发菌株的诱变系谱，不应常采用同一种诱变剂反复处理，以防止诱变效应饱和；但也不要频频变换诱变剂，以避免造成菌种的遗传背景复杂，不利于高产菌株的稳定。

选择诱变剂时，还应该考虑诱变剂本身的特点。例如紫外线主要作用于 DNA 分子的嘧啶碱基，而亚硝酸则主要作用于 DNA 分子的嘌呤碱基。紫外线和亚硝酸复合使用，突变谱宽，诱变效果好。

诱变效果除与出发菌株的遗传特性、诱变剂有关外，菌种的生理状态，被处理菌株的预培养和后培养条件以及诱变处理时的外界条件等都会影响诱变效果。

各类诱变剂的剂量表达方式有所不同，因此在育种工作中，常以杀菌率表示诱变剂的相对剂量。在产量性状诱变育种中，凡是在提高诱变率的基础上，既能扩大变异幅度，又能使变异移向正突变范围的剂量，即为合适的诱变剂量。在实际工作中，诱变率往往随着剂量的提高而提高，但达到一定程度后，再增加剂量，诱变率反而下降。因此在育种中应注意两条重要的实验曲线，并在筛选过程中合理运用，并充分利用复合处理的协同效应。

诱变处理剂量的选择是一个比较复杂的问题，一般正突变较多出现在偏低剂量中，而负突变则较多地出现于偏高剂量中。对于经过多次诱变而提高了产量的菌株，在较高剂量时负突变率更高。关于诱变剂的最适剂量，有人主张采用致死率较高的剂量，例如采用 90%～99.9% 致死率的剂量，认为高剂量虽然负变株多，但变异幅度大；也有人主张采用中等剂量如致死率 75%～80% 或更低的剂量，认为这种剂量不会导致太多的负变株和形态突变株，因而高菌株出现率较高。更为重要的是，采用低剂量诱变剂可能更有利于高产菌株的稳定。因此，目前处理量已从以前采用的致死率 90%～99% 减低为致死率 70%～80%。

菌种的生理状态与诱变效果有密切关系，例如有的碱基类似物、亚硝基胍（NTG）等只对分裂中的 DNA 有效，对静止的或休眠的孢子或细胞无效；而另外一些诱变剂，如紫外线、亚硝酸、烷化剂、电离辐射等能直接与 DNA 起反应，因此对静止的细胞也有诱变效应，但是对分裂中的细胞更有效。因此，放线菌、真菌的孢子诱变前经培养稍加萌发可以提高诱变率。

以紫外线诱变为例，说明诱变处理的过程。打开紫外灯（30W）预热 20min。取 5mL 菌悬液放于无菌的培养皿（9cm）中，放置在离紫外灯 30cm（垂直距离）处的磁力搅拌器上，照射 1min 后打开培养皿盖开始照射，同时打开磁力搅拌器进行搅拌，即时计算时间，照射时间分别为15s、30s、1min、2min、5min，计算致死率和突变率。照射后，诱变菌液在黑暗冷冻中保存1～2h，然后在红灯下稀释涂菌进行初筛。在计算某一诱变剂对微生物作用的最适剂量时，必须考虑到一切诱变剂都有杀菌和诱变的双重效应。当杀菌率不高时，诱变率常随剂量的提高而提高，剂量提高到一定的浓度后，诱变率反而下降了。如果以产量性状为标准，则诱变率的高低还有两种情况：一是产量提高的诱变率，称为正向突变；一是产量降低的诱变率，称为负向突变。因此，在使用诱变剂时要注意使用的剂量。紫外线诱变时，其剂量主要由紫外灯功率、照射时间、与紫外灯的距离决定。因此，可以通过调节紫外灯功率、照射时间和与紫外灯的距离来控制诱变剂的剂量，也就控制了诱变剂的诱变效果。

4. 变异菌株的分离和筛选

通过诱变处理，在微生物群体中出现各种突变型的个体，但其中多数是负突变体。为在短时间内获得好的效果，应采用效率较高的筛选方案或筛选方法。育种工作中常采用随机筛选和理性化筛选这两种筛选方法。实际工作中，一般分初筛和复筛两阶段进行，前者以量为主，后者以质为主。

（1）筛选的方法　随机筛选即菌种经诱变处理后，进行平板分离，随机挑选单菌落，从中筛选高产菌株。为了提高筛选效率，可采用下列方法增大筛选量。即可采用随机筛选，也可采用理性筛选。随机筛选包括摇瓶筛选法、琼脂块筛选法、筛选自动化和筛选工具微型化。①摇瓶筛选法是生产上一直使用的传统方法，优点是培养条件与生产培养条件相接近，但工作量大、时间长、操作复杂。即将挑出的单菌落传种斜面后，再由斜面接入模拟发酵工艺的摇瓶中培养，然后测定其发酵生产能力。选育高产菌株的目的是要在生产发酵罐中推广应用，因此，摇瓶的培养条件要尽可能和发酵生产的培养条件相近，但实际上摇瓶培养条件很难和发酵罐培养条件相同。②琼脂块筛选法是一种简便、迅速的初筛方法。将单菌落连同其生长培养基（琼脂块）用打孔器取出，培养一段时间后，置于鉴定平板以测定其发酵率。琼脂块筛选法的优点是操作简便、速度快。但是，固体培养条件和液体培养条件之间是有差异的，利用此法所取得的初筛结果必须经摇瓶复筛加以验证。③自动化筛选和筛选工具微型化使筛选实验实现了自动化和半自动化，省去了繁琐的劳动，大大提高了筛选效率。筛选工具的微型化也是很有意义的，例如将一些小瓶子取代现有的发酵摇瓶，在固定框架中振荡培养，可使操作简便，又可加大筛选量。④理性化筛选是随着遗传学、生物化学知识的积累而出现的筛选方法。理性化筛选意指运用遗传学、生物化学的原理，根据产物已知的或可能的生物合成途径、代谢调控机制和产物分子结构来进行设计和采用一些筛选方法，以打破微生物原有的代谢调控机制，获得能大量形成产物的高产突变株。

微生物的代谢产物不同，其筛选方法也有所不同。

① 初级代谢产物高产菌株的筛选　根据代谢调控的机理，氨基酸、核苷酸、维生素等小分子初级代谢产物的合成途径中普遍存在着反馈阻遏或反馈抑制，这对于产生菌本身是有意义的，因为可以避免合成过多的代谢物，而造成能量的浪费。但是，在工业生产中，需要产生菌产生大量的氨基酸、核苷酸、维生素等产物。因此，需要打破微生物原有的反馈调节系统。育种工作要达到此目的，可从以下两个方面着手。

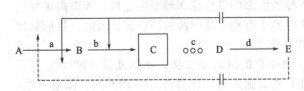

图2-4　在简单的代谢途径中积累中间产物
在一原始菌株中，其终点产物E反馈抑制（----）第一个酶，并反馈阻遏（——）第一个酶和第二个酶。获得了缺少（ooo）第三个酶的突变株，需供给E才生长。如果供给限量的E，就可打破（-||-）反馈调节，而产生大量的C

a. 营养缺陷型突变株的筛选　筛选终产物营养缺陷型，如图2-4所示。在图2-4中，假设所需要的发酵产物是C，而该生物合成途径的终产物是E，则可筛选E的营养缺陷

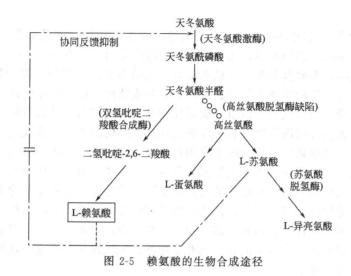

图 2-5　赖氨酸的生物合成途径

型，如果营养缺陷型是 C→D 的代谢被阻断，则可解除终产物 E 对发酵产物 C 生产的反馈阻遏或反馈抑制，而积累大量的发酵产物 C。类似的例子可见图 2-5。

筛选细胞膜透性改变的突变株，使之大量分泌排出终产物，以降低细胞内终产物浓度，从而避免终产物反馈调节。例如，用谷氨酸棒杆菌（*Corynebacterium glutamicum*）的生物素营养缺陷型（biotin deficiency）进行谷氨酸发酵，生物素是合成脂肪酸所必需的，而脂肪酸又是组成细胞膜类脂的必要成分。该缺陷型在生物素处于限量的情况下，不利于脂肪酸的合成，因而使细胞膜的渗透性发生变化，有利于将谷氨酸透过细胞膜分泌至体外的发酵液中。如果使用油酸缺陷型菌株或者甘油缺陷型菌株，即使在生物素过量的条件下，也可使谷氨酸在体外大量积累。

总之，筛选终产物营养缺陷型适合于下面三种情况：发酵产物为某一直线合成途径的中间产物，如图 2-4 所示；发酵产物为某一分支合成途径的中间产物；发酵产物为某一分支合成途径的一个终产物时，可筛选该分支合成途径的另一终产物的营养缺陷型，如图 2-5 所示。

b. 抗反馈突变菌株筛选　分离抗反馈突变株的最常用的方法是用与代谢产物结构类似的化合物（结构类似物）处理微生物细胞群体，杀死或抑制绝大多数细胞，选出能大量产生该代谢物的抗反馈突变株。结构类似物一方面具有和代谢物相似的结构，因而具有和代谢物相似的反馈调节作用，阻遏该代谢物的生成；另一方面它不同于代谢物，不具有正常的生理功能，对细胞的正常代谢有阻遏作用，会抑制菌的生长或导致菌的死亡。例如，一种氨基酸终产物，在正常的情况下，参与蛋白质合成，过量时可抑制或阻遏它自身的合成酶类。如果这种氨基酸的结构类似物也显示这种抑制或阻遏，但却不能用于蛋白质的合成，那么当用这种结构类似物处理菌株时，大多数细胞将由于缺少该种氨基酸而不能生长或者死亡，而有那些对该结构类似物不敏感的突变株，仍然能够合成该种氨基酸而继续生长。某些菌株所以能抵抗这种结构类似物，是因为被该氨基酸（或结构类似物）反馈抑制的酶的结构发生了改变（抗反馈抑制），或者被阻遏的酶的生成系统发生了改变（抗反馈阻遏）。由于突破了原有的反馈调节系统，这些突变株就可产生大量的该种氨基酸。

利用回复突变筛选抗反馈突变菌株：经诱变处理出发菌株，先选出对产物敏感的营养缺陷型，再将营养缺陷型进行第二次诱变处理得到回复突变株。筛选的目的不是要获得完全恢复原有状态的回复突变株，而是希望经过两次诱发突变，所得的回复突变株有可能改变了产物合成酶的调节位点的氨基酸的顺序，使之不能和产物结合，因而不受产物的反馈抑制。例如，谷氨酸棒杆菌的肌苷酸脱氢酶的回复突变株对其终产物鸟苷酸的反馈调节不敏感，从而提高了鸟苷酸的产量。

② 次级代谢产物（主要是抗生素）高产菌株的筛选 次级代谢是某些生物为了避免在初级代谢过程中某些中间产物积累所造成的不利作用而产生的一类有利于生存的代谢类型。次级代谢不同于初级代谢，因此其筛选方法也和初级代谢略有不同。次级代谢产物不是菌体生长、繁殖所必需的，往往不能简单地采用筛选营养缺陷型或结构类似物抗性菌株的方法来获得高产菌株。次级代谢又受到初级代谢的调节，次级代谢和初级代谢有一些共同的中间产物，这些中间产物可以进而合成初级代谢产物，也可以进而合成次级代谢产物，这取决于菌的遗传特性和生理状态。微生物的代谢调节系统趋向于平衡地利用营养物质，当环境中某些营养物质过剩，而某些营养物质缺乏时，菌体不能有效地摄入营养，在代谢调节系统作用下，菌的生长繁殖速率下降，并通过代谢途径的改变将过剩的营养物质转变成与生长繁殖无关的次级代谢产物。因此，可筛选某些营养缺陷型或初级代谢产物结构类似物抗性菌株以消除初级代谢产物对那些共同中间产物的反馈调节，使之大量积累而有利于次级代谢产物的合成。大多数菌株在被快速利用的碳、氮、磷源消耗至一定程度时才出现有活性的次级代谢酶，因此筛选解除分解代谢调节突变株，可以获得高产菌。

a. 营养缺陷型的筛选 抗生素产生菌的营养缺陷型大多为低产菌株，但是如果某些次级代谢和初级代谢处于同一分支合成途径时，筛选初级代谢产物的营养缺陷型常可使相应的次级代谢产物增产。例如，芳香族氨基酸营养缺陷型可能增产氯霉素。芳香族氨基酸和氯霉素的生物合成途径中有一个共同的中间代谢物莽草酸，当诱变处理使其生物合成出现遗传性阻遏时，菌体不能够合成芳香族氨基酸，从而避免了芳香族氨基酸对莽草酸生物合成的反馈调节，使莽草酸得以大量合成，进而合成大量的氯霉素。同样的道理，脂肪酸和制霉菌素、四环素、灰黄霉素有共同的中间代谢物丙二酰 CoA，脂肪酸营养缺陷型可以增产上述的抗生素。类似的例子还有头孢菌素产生菌的亮氨酸营养缺陷型可增产头孢菌素 C。亮氨酸和缬氨酸有共同的中间代谢物 α-酮基异戊酸，亮氨酸营养缺陷型使得缬氨酸的生成量增加，缬氨酸作为头孢菌素 C 合成的前体物质，参与头孢菌素 C 母核的合成，所以亮氨酸营养缺陷型可以提高头孢菌素 C 的发酵产量。一般来说，氨基酸营养缺陷型不适合工业发酵生产的要求，将这种氨基酸营养缺陷型和生产菌株（或另一种营养缺陷型）杂交或者回复突变，可能得到适合于工业生产的高产菌株。因为这样的杂交后代或回复突变株，可能既保留了营养缺陷型的代谢优点（生成较多的抗生素前体），又便于发酵生产的控制（不需要另外补充相应的营养物质）。而且，还可能通过杂交或回复突变获得具有和抗生素合成有关的基因的部分二倍体。

筛选渗漏缺陷型是一种值得重视的方法。所谓渗漏缺陷型（leaky mutant）是遗传性障碍不完全的营养缺陷型。基因突变使某一种酶的活性下降而不是完全丧失，所以这种缺陷型能够少量地合成某一代谢产物，能在基本培养基上少量地生长。由于渗漏缺陷型不会合成过多的终产物，所以不会造成反馈调节而影响中间代谢物的积累。大多数抗生素高产菌株的生长速率低于野生型菌株的生长速率，似乎可以认为它们在某种意义上属于渗漏缺陷型，生长速率降低可能有利于抗生素合成。

根据以上的推理，可设计如下筛选过程：先进行摇瓶发酵试验，选出对抗生素发酵产量有明显影响的初级代谢产物，据此诱变出相应的营养缺陷型，然后再诱发回复突变或将野生型菌株诱变成另一营养缺陷型，再与之杂交。如欲筛选渗漏缺陷型，则把营养缺陷型接种在基本培养基上，这上面出现的菌落是回复突变株，其中长得特别小的菌落可能是渗漏缺陷型。

b. 筛选负变株的回复突变株 选择经过诱变处理后抗生素生产能力明显降低或完全丧失，但其他性状仍近于正常的突变株作为实验材料，进行诱变，再挑选高产菌株。因为二次诱变都作用于与抗生素生物合成有关的基因上，动摇了抗生素合成的遗传基础。用此方法得到的突变株，其抗生素合成有关的酶受调节程度的影响，往往低于原出发菌株。此外，从负突变株中筛选回复突变株也比较容易，因为负突变株没有发酵产率或发酵产率很低，便于从中检出有较高抗生素产率的回复突变株。

c. 筛选去磷酸盐调节突变株 磷酸盐对许多抗生素的生物合成有抑制作用，筛选去磷酸盐调节突变株对于生产抗生素是很有意义的。因为要提高抗生素的产率，既要使产生菌生长到一定的量，又要使之产生较多的抗生素。这样培养基中必须加入一定量的磷酸盐，以供菌体生长的需要，但菌体生长所需要的磷酸盐浓度往往对抗生素有抑制作用，去磷酸盐调节突变株可消除或减弱这种抑制作用以获得高产。

筛选能在磷酸盐抑制浓度条件下，正常产生抗生素的突变株：将孢子悬浮液诱变处理后，将孢子接种于完全培养基上，使突变株得以表达，再由完全培养上的菌落影印接种于发酵培养基（含正常浓度的磷酸盐，加琼脂），待菌落长出后，用打孔器把长有单个菌落的琼脂块转移到一张浸有高浓度磷酸盐的滤纸上培养、发酵，然后进行生物测定，抑菌活力（抑菌圈直径/菌落直径）明显大于其他菌落的可能就是去磷酸盐调节突变株，从影印平板挑取相应的菌落，摇瓶发酵测定抗生素产量。

筛选磷酸盐结构类似物（如砷酸盐、钒酸盐）抗性突变株：磷酸盐结构类似物对菌体结构具有毒性，其抗性菌可能对磷酸盐调节不敏感。例如，钒酸钠是一种 ATP 酶的抑制剂，粗糙脉孢菌（*Neurospora crassa*）细胞内有两种磷酸盐转运系统。一是低亲和力的磷酸盐转运系统 I，二是高亲和力的磷酸盐转运系统 II，钒酸钠抗性突变株，缺失磷酸盐转运系统 II，因而避免了过多地吸收钒酸钠而导致菌的死亡，同时也避免了过多地吸收磷酸盐而导致磷酸盐抑制。

d. 筛选去碳源分解代谢调节突变株 能被菌快速利用的碳源在被快速分解利用时，往往对许多其他代谢途径中的酶（包括许多抗生素合成酶和其他的酶）有阻遏或抑制作用，成为抗生素发酵产率的限制因素，不利于发酵生产工艺的控制。筛选去碳源分解代谢调节突变株，对于提高抗生素发酵产率，简化发酵生产工艺具有重要意义。抗生素生产中最常见的碳源分解代谢调节是"葡萄糖效应"，葡萄糖被快速分解代谢，所积累的分解代谢产物在抑制抗生素合成的同时也抑制其他某些碳、氮源的分解利用。因此，可以利用这些碳（或氮）源作为唯一可供菌利用的碳（或氮）源，进行抗葡萄糖分解代谢调节突变株的筛选。例如，将菌在含有葡萄糖（阻遏性碳源）和组氨酸为唯一氮源的培养基中连续传代后，可选出去葡萄糖分解代谢调节突变株。正常的组氨酸分解酶类是被葡萄糖分解代谢物阻遏的，如果突变株能在这种培养基中生长，说明它具有能分解组氨酸而获得氮源的酶。这样的结果，可有两种解释：一是组氨酸分解酶发生了突变，不再受到原有的分解代谢物阻遏；二是葡萄糖分解代谢有关的酶发生了突变，不再产生或积累那么多的分解代谢阻遏物。第二种解释符合许多去葡萄糖分解代谢调节突变株的特性，因为同时有许多酶（受分解代谢调节的酶）的生成都不再受到葡萄糖分解代谢物阻遏。这种现象也是在抗生素育种工作中选择这种方法筛选去碳源分解代谢调节突变株的依据。

葡萄糖的毒性结构类似物也可用于筛选去碳源分解代谢调节突变株。例如，以半乳糖作为可供菌生长利用的唯一碳源，再于培养基中添加葡萄糖的毒性结构类似物，该毒性结构类似物不能为菌所利用，但可抑制菌利用半乳糖。所以，在这种培养条件下，只有去葡萄糖分解代谢调节突变株能够利用半乳糖进行生长，原始菌株由于不能利用半乳糖而不能生长。因而可选出去碳源分解代谢调节突变株。

筛选去碳源分解代谢调节突变株还应注意避免走向另一个极端，即片面追求葡萄糖分解代谢速率下降，因为保持合适的葡萄糖分解代谢速率是抗生素高产的关键。

此外，筛选淀粉酶活性高的突变株，以利于在发酵培养基中增加淀粉类物质作为补充碳源，也可以减弱碳分解代谢调节对抗生素生产的抑制作用。

e. 筛选前体或前体结构类似物抗性突变株 前体或前体结构类似物对某些抗生素产生菌

的生长有抑制作用，且可抑制或促进抗生素的生物合成。筛选对前体或前体结构类似物的抗性突变株，可以消除前体结构类似物对产生菌的生长及其抗生素合成的抑制作用，提高抗生素产率。例如，灰黄霉素发酵使用氯化物为前体，筛选抗氯化物的突变株，提高了灰黄霉素的产率；以苯氧乙酸为青霉素前体，选用抗苯氧乙酸突变株，提高了青霉素 V 的发酵产量；以青霉素的前体缬氨酸、α-氨基己二酸或半胱氨酸、缬氨酸的结构类似物，筛选抗性菌株，提高了青霉素的发酵产率。

依据前体特性的不同，筛选抗性突变株的增产机理也有所不同。第一类前体是产生菌不能合成或很少合成的化合物，这一类前体通常需要人为地添加到发酵培养基中以促进提高抗生素产率或提高抗生素某一组分的产率。例如青霉素侧链前体苯氧乙酸、苯乙酸等，这一类前体通常对产生菌的生长具有毒性作用。对这些前体具有抗性的高产菌株可以通过高活性的酰基转移酶将前体掺入青霉素分子的侧链中，以合成青霉素，并解除前体对产生菌的毒性，使产生菌在高浓度的毒性前体存在时也能生长。筛选这一类前体的抗性突变株应注意避免那些由于细胞膜透性下降使前体吸收减少的低产突变株或那些由于加强了对前体氧化分解的低产突变株。第二类前体是产生菌能够合成但不能大量积累的初级代谢中间产物，发酵生产中需要在发酵培养基中补充这一类前体以提高抗生素产量。例如红霉素发酵生产中添加丙醇以提高发酵产量。这一类物质过多会干扰产生菌的初级代谢而抑制菌的生长。抗性菌株的增产机理可能在于迅速将丙酸衍生物合成为红霉素，从而避免丙酸衍生物对初级代谢的干扰作用。第三类前体是初级代谢终产物，这一类前体一般对自身的合成有反馈调节作用，因而难以在细胞内大量积累。例如青霉素发酵生产中缬氨酸反馈抑制乙酰羟酸合成酶，从而抑制了缬氨酸的合成。筛选抗缬氨酸结构类似物抗性突变株，可使乙酰羟酸合成酶对缬氨酸的反馈抑制的敏感性减弱，促使细胞的内源缬氨酸的浓度增加而提高青霉素产量。

f. 筛选自身所产的抗生素抗性突变株　某些抗生素产生菌的不同生产能力的菌株，对其自身所产的抗生素的耐受能力不同，高产菌株的耐受能力大于低产菌株。因此，可用自产的抗生素来筛选高产菌株。例如有人把金霉素产生菌多次移种到金霉素浓度不断提高的培养基中去，最后获得一株提高生产能力 4 倍的突变株。此方法在抗生素高产菌株选育中有广泛应用，青霉素、链霉素、庆大霉素等抗生素的产生菌均有用此方法来提高产量的例子。此方法还适用于进一步纯化高产菌株。

用于菌种理性化筛选的还有各种类型的突变株，如组成型突变株、消除无益组分的突变株、能有效利用廉价碳源或氮源的突变株、细胞形态改变更有利于分离提取工艺的突变株、抗噬菌体的突变株等。这些突变株均有重大的经济价值，而且这些筛选目标虽然不以产量为唯一目标，但突变株所具有的优良特性却往往能导致产量的提高。例如红霉素生产中的抗噬菌体菌种，其红霉素产量表现出较大的变异范围，得到比原种产量高的突变株。这可能是由于发生了抗噬菌体突变后，动摇了菌种原有的遗传基础，使之更容易获得高产突变株。

（2）筛选操作　为了获得优良菌株，初筛可以采用琼脂块筛选法，也可以采用一个菌株进一个摇瓶的方法进行，经单菌落分离长出单菌落后，随机挑选单菌落进行生产能力测定。每一被挑选的单菌落传种斜面后在模拟发酵工艺的摇瓶中培养，然后测定其生产能力。筛选过程主要包括传种斜面、菌株保藏和筛选高产菌株这三项工作。初筛菌株的量要大，发酵和测试的条件都可粗放一些。随着以后一次一次的复筛，对发酵和测试条件的要求应逐步提高，复筛一般每个菌株进 3~5 个摇瓶，如果生产能力继续保持优异，再重复几次复筛。初筛和复筛均需有亲株作对照以比较生产能力是否优良。复筛后，对于有发展前途的优良菌株，可考察其稳定性、菌种特性和最适培养条件等。挑选生长良好的正常形态的菌落传种斜面，还可适当挑选少数形态或色素有变异的菌落。经诱变处理，形态严重变异的往往为低产菌株。经筛选挑出比对照生产能力高 10％以上的菌株，制成砂土管或冷冻管留种保藏。这一步非常重要，可保证高产菌株不会得而复失。孢子计数：诱变处理前后孢子要计数，以控制处理液的孢子数和统计诱变致死率，常用于处理的孢子液浓度为 $10^5 \sim 10^8$ 个孢子/mL。孢子计数采用血细胞计数法，在显微镜下直接计数。致死率是通过处理前后孢子液活菌计数来测定。

经过平皿初筛、确定营养缺陷或其他标记的变异性状后，即可进行发酵试验，检查其生产性状，经过生长性状比较，再进行平行试验比较，并结合生产的其他因素考虑，可确定用于生产或进一步改良诱变的菌株，进行保藏或扩大试验，直至用于生产等。

真正优良性能的菌株，往往需要经过产量提高的逐步累积过程，才能变得越来越明显。所以有必要多挑选一些出发菌株进行多步育种，以确保挑选出高产菌株，反复诱变和筛选，将会提高筛选效率，可参考如下方案进行筛选工作。①根据形态变异淘汰低产菌株：突变一旦发生，突变细胞能够突变的性状遗传给子代。如果诱变处理确实有效的话，在一定的培养基上，很容易发现一些菌落的性状或色泽等和亲代菌株不同，这可作为诱变效果的定性指标。某些菌落形态与生产性能有直接的相关性，可采取在平皿直接筛选。如在灰黄霉素生产菌的选育中，菌落暗红色变深者，产量就提高。但就目前的研究，多数变异其菌落外观形态与生理的相应关系尚未完全清楚。②根据平皿直接反应挑取高产菌株：所谓平皿直接反应是指每个菌落产生的代谢产物与培养基内的指示物作用后的变色圈或透明圈等，因其可表示菌株的生产活力高低，所以可以作为初筛的标志，常用的有纸片培养显色法、透明圈法、琼脂片法、深度梯度法。菌体细胞经诱变剂处理后，要从大量的变异菌株中，把一些具有优良性状的突变株挑选出来，这需要有明确的筛选目标和筛选方法，需要进行认真细致的筛选工作。

菌种的发酵产率决定于菌种的遗传特性和菌种的培养条件。突变株的遗传特性改变了，其培养条件也应该做出相应的改变。在菌种选育过程的每个阶段，都需不断改进培养基和培养条件，以鉴别带有新特点的突变株，寻找符合生产上某些特殊要求的菌株。高产菌株被筛选出来以后，要进行最佳发酵条件的研究，使高产基因能在生产规模下得以表达。例如，诱变处理四环素产生菌得到的突变株，在原培养基上与出发菌株相比较，发酵单位的提高并不明显，但是在原培养配方中增加碳、氮浓度，调整磷的浓度，该菌株就表现出代谢速度快、发酵产量高的特性。用该菌株进行生产，并采用通氨补料的工艺来适应该突变株代谢速度快的特点，使产物量有了新的突破。

第四节　生产菌种的改良

采用合适的筛选方法，诱变育种可以获得优良菌株，但还不能达到定向育种的目的。随着现代生物技术的发展，杂交育种（hybridization breeding）、原生质体融合（protoplast fusion）、DNA重组（DNA recombination）、定向突变、基因组重组等可达到改良菌种的目的。

杂交育种一般是选用已知性状的供体菌株和受体菌株作为亲本，把不同菌株的优良性状集中于组合体中，克服长期用诱变剂处理造成的菌株生活能力下降等缺陷，使两个不同基因型的菌株通过接合或原生质体融合使遗传物质重新组合，再从中分离和筛选出具有新性状的菌株。因此，杂交育种不仅能克服原有菌种生活力衰退的趋势，还可以消除某一菌种经长期诱变处理后所出现的产量上升缓慢的现象。通过杂交还可以改变产品质量和产量，甚至形成新的品种。杂交育种在我国药用微生物菌种的改良上获得成功，如20世纪60年代青霉素产生菌黄青霉和灰黄霉素产生菌荨麻青霉种间准性杂交成功；70年代青霉素产生菌的杂交亦获成功，得到了高产重组体菌株，提高了青霉素的发酵单位。杂交育种是一种重要的育种手段，真菌、放线菌和细菌均可进行，但对微生物育种来说，有性重组的局限性很大，迄今发现有杂交现象的微生物为数不多，有工业价值的微生物则更少，而且即使发酵杂交，遗传重组的频率并不高，重新形成的重组体，动摇了菌种的遗传基础，使得菌种对诱变剂更为敏感。另外由于操作方法较复杂、技术条件要求较高，其推广和应用受到一定程度的限制。近年来，一些新的技术不断出现，为菌种的改良提供更多的途径，常用的几种技术方法介绍如下。

一、原生质体融合技术

所谓原生质体融合就是把两个亲本的细胞壁分别使用生物酶制剂酶解，使菌体细胞在高渗环境中释放出只有原生质膜包裹着的球状体（即原生质体）。在融合剂聚乙二醇（PEG）的作用下，两亲本的原生质体在高渗条件下混合，使其相互聚集发生质配和核配，基因组由接触到交换，从而实现遗传重组。

原生质体融合技术首先应用于动植物细胞，以后才应用于微生物细胞。由于该技术能大大提高重组的频率，并扩大重组的幅度。因此，应用微生物原生质体融合技术获得新的菌种已受到国内外的重视，并在一些研究中有所突破，在发酵工业菌种的改良中表现出良好的应用前景。微生物原生质体融合技术用于菌种选育仍然属于一种半理性化筛选，尽管所采用的两亲株的特性已知，但它们基因组的交换、重组仍然是非定向的。

原生质体融合一般包括标记菌株的筛选、原生质体的制备、原生质体的融合、融合子的选择、实用性菌株的筛选等。图 2-6 为原生质体融合的基本过程示意图。

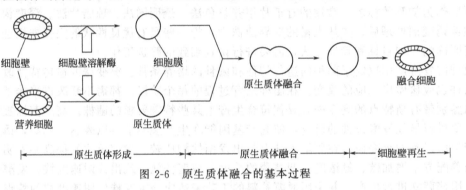

图 2-6　原生质体融合的基本过程

原生质体融合育种主要步骤如下。选择两个有特殊价值并带有选择性遗传标记的细胞作为亲本，在高渗透压溶液中，用适当的脱壁酶去除细胞壁，剩下的是由细胞膜包裹的原生质体。这时原生质体对溶液和培养基的渗透压非常敏感，必须在高渗透压或等渗透压的溶液或培养基中才能维持其生存，在低渗透压溶液中将会破裂而死亡。两种不同的原生质体在高渗透压条件下混合，在聚乙二醇（PEG）和 Ca^{2+} 作用下，发生细胞膜的结合，PEG 是一种脱水剂，由于脱水作用，原生质体开始聚集收缩，相邻的原生质体融合的大部分面积紧密接触。开始原生质体融合仅在接触部位的一小块区域，形成细小的原生质桥，继而逐渐变大导致两个原生质体融合。Ca^{2+} 可提高融合频率，在融合时两亲本基因组由接触到交换，从而实现遗传重组，再生的细胞菌落中就有可能获得具有理想状态的重组菌株。

原生质体无细胞壁，易于接受外来遗传物质，不仅可能将不同种的微生物融合在一起，而且可能使亲缘关系更远的微生物融合在一起。原生质体易于受到诱变剂的作用，而成为较好的诱变对象。实践证明，原生质体融合能使重组频率大大提高。因此，通过此项技术能使来自不同菌株的多种优良性状，通过遗传重组，组合到一个重组菌株中。原生质体融合作为一项新的生物技术，为微生物育种工作提供了一条新的途径。现将原生质体融合简介如下。

1. 标记菌株的筛选

供融合用的两个亲株要求性能稳定并带有遗传标记，以利于融合子的选择。采用的遗传标记一般以营养缺陷型和耐药性等遗传性状为标记。当然，所需的目标基因并不一定与标记基因连锁，但它毕竟可以大大减少工作量，提高育种效率。通过采用多种抗生素及其他药物，以梯度平板法进行粗选，再用具有抗性的抗性生物制备不同浓度的平板，进行较细的筛选。

2. 原生质体的制备

获得有活力、去壁较为完全的原生质体对于随后的原生质体融合和原生质体再生是非常重要的。对于细菌和放线菌，制备原生质体主要采用溶菌酶或青霉素处理；对于酵母菌和霉菌，则一般采用蜗牛酶和纤维素酶。影响原生质体制备的因素有许多，主要有以下几个方面。

（1）菌体的预处理　在使用脱壁酶处理菌体以前，先用某些化合物对菌体进行预处理，有利于原生质体制备。例如用 EDTA（乙二胺四乙酸）、甘氨酸、青霉素或 D-环丝氨酸等处理细菌，可使菌体的细胞壁对酶的敏感性增加。EDTA 能与多种金属离子形成配合物，避免金属离子对酶的抑制作用而提高酶的脱壁效果。甘氨酸可以代替丙氨酸参与细胞壁肽聚糖的合成，其结果干扰了细胞壁肽聚糖的相互交联，便于原生质体化。

（2）菌体的培养　为了使菌体细胞易于原生质体化，一般选择对数生长后期的菌体进行酶处理。这时的细胞正在生长，代谢旺盛，细胞壁对酶解作用最为敏感。采用这个时期的菌体制备原生质体，原生质体形成率高，再生率亦很高。

（3）酶浓度的确定　一般酶浓度增加，原生质体的形成率亦增大，超过一定范围，则原生质体形成率提高不明显，原生质体的再生率降低；酶浓度过低，则不利于原生质体的形成。为了兼顾原生质体形成率和再生率，有人建议以使原生质体形成率和再生率之乘积达到最大时的酶浓度为最适酶浓度。

（4）酶解温度与时间　温度对酶解作用有双重影响，一方面随着温度升高，酶解反应速率加快；另一方面，随着温度升高，酶蛋白变性而使酶失活。一般酶解温度控制在 $20\sim40^{\circ}\text{C}$。

充足的酶解时间是原生质体化的必要条件。但是如果酶解时间过长，则再生率随酶解时间的延长而显著降低。其原因是当酶解达到一定的时间后，绝大多数的菌体细胞均已形成原生质体，因此，再进行酶解作用，酶便会进一步对原生质体发生作用而使细胞质膜受到损伤，造成原生质体失活。

（5）渗透压稳定剂　原生质体对溶液和培养基的渗透压很敏感，必须在高渗透压或等渗透压的溶液或培养基中才能维持其生存，在低渗透压溶液中，原生质体将会破裂而死亡。对于不同的菌种，采用的渗透压稳定剂不同。对于细菌或放线菌，一般采用蔗糖、丁二酸钠等为渗透压稳定剂；对于酵母菌则采用山梨醇、甘露醇等；对于霉菌则采用 KCl 和 NaCl 等。稳定剂的使用浓度一般为 $0.3\sim0.8\text{mol/L}$。一定浓度的 Ca^{2+}、Mg^{2+} 等二价阳离子可增加原生质膜的稳定性，所以是高渗透压培养基中不可缺少的成分。

3. 原生质体的融合与再生

融合是把两个亲株的原生质体混合在一起，在融合剂 PEG 和 Ca^{2+} 作用下，发生原生质体的融合。获得有活力、脱壁较为完全的原生质体是原生质体融合的先决条件；而原生质体融合后的重组子要成为一个无性繁殖系，首先必须再生，即能重建细胞壁，恢复完整细胞并能生长、分裂，这是原生质体融合的必要条件。影响原生质体融合的因素主要有：菌体的前处理、菌体的培养时间、融合剂的浓度、融合剂作用的时间、阳离子的浓度、融合的温度及体系的 pH 值等。影响原生质体再生的因素有：菌种自身的再生性能、原生质体制备的条件、再生培养基成分、再生培养条件等。

检查原生质体形成和再生的指标有两个，即原生质体的形成率和原生质体的再生率，可以通过如下方法来求得。

① 将用酶处理前的菌体经无菌水系列稀释，涂布于完全培养基平板上培养，计出原菌数，设该数值为 A。

② 将用酶处理后得到的原生质体分别经如下两个过程的处理。

a. 用无菌水适当稀释　在完全培养基平板上培养计数，由于原生质体在低渗透压条件下会破裂失活，所以生长出的菌落数为未形成原生质体的原菌数，设该值为 B。

b. 用高渗透压液适当稀释　在再生培养基平板上培养计数，生长出的菌落数为原生质体再生的菌数和未形成原生质体的原菌数之和，设该数值为 C。

则

$$原生质体形成率 = \frac{A-B}{A} \times 100\%$$

$$原生质体再生率 = \frac{C-B}{A-B} \times 100\%$$

以原生质体形成率和再生率为指标，可确定原生质体制备的最佳条件。

原生质体自发融合的频率极低，为了提高原生质体的融合率，往往要加入融合剂——聚乙二醇（PEG）。PEG 可使原生质体的膜电位下降，然后原生质体通过 Ca^{2+} 交换而促进凝集。另外，PEG 渗透压的脱水作用，扰乱了分散在原生质体膜表面的蛋白质和脂质的排列，提高了脂质胶粒的流动性，从而促进了原生质体的相互融合。

4. 融合子的选择

融合子的选择主要依靠两个亲本的选择性遗传标记，在选择性培养基上，通过两个亲本的遗传标记互补而挑选出融合子。但是，由于原生质体融合后会产生两种情况，一种是真正的融合，即产生杂合二倍体或单倍重组体；另一种是暂时的融合，形成异核体。两者均可以在选择培养基上生长，一般前者较稳定，而后者不稳定，会分离成亲本类型，有的甚至可以异核状态移接几代。因此，要获得真正融合子，必须在融合体再生后，进行几代自然分离、选择，才能确定。

5. 灭活原生质体融合技术在育种中的应用

灭活原生质体融合技术是指采用热、紫外线、电离辐射以及某些生化试剂、抗生素等作为灭活剂处理单一亲株或双亲株的原生质体，使之失去再生的能力，经细胞融合后，由于损伤部位的互补可以形成能再生的融合体。灭活处理的条件应该适当温和一些，以保持细胞 DNA 的遗传功能和重组能力。例如，在一株链霉菌中，其原生质体用 55℃ 热处理 30min，存活率为零，种内单亲株灭活融合，能够得到融合子，而处理时间为 60min 时，则得不到融合子。

（1）单一亲株灭活　该方法可以采用灭活原养型亲株的原生质体，与另一带有营养缺陷型标记的非灭活亲株融合，然后筛选原养型重组体。例如有人在小单孢菌中用热灭活野生型亲株的原生质体，与另一营养缺陷型耐链霉素亲株融合，在再生群体中分离到的原养型菌株有 80% 为链霉素耐药菌。一般认为，被灭活的亲株在融合中起遗传物质供体的作用。

（2）双亲株或多亲株灭活　常规的杂交育种和原生质体融合，一般都要用诱变方法给双亲株进行遗传标记，这不仅要耗费很大的人力和时间，并且往往对亲株的生产性能有重大的不利影响。双亲株原生质体灭活，只要其致死损伤不一致，就有可能通过融合而互补产生活的重组体。有人将链霉素产生菌灰色链霉菌的高产菌株 81-36、84-102 和野生型菌株 4.181、4.139 四个亲株的原生质体等量混合后，均等分成两份，分别用热和紫外线灭活，然后进行融合，获得的融合子中有一株兼有生产菌株的效价高和野生型菌株生长快的双重优点。该方法由于可以不用遗传标记等优点，在育种工作中已初见成效。

二、DNA 重组技术

体外重组 DNA 技术或称基因工程、遗传工程，是以分子遗传学的理论为基础，综合分子生物学和微生物遗传学的最新技术而发展起来的一门新兴技术。它是现代生物技术的一个重要组成方面，是 20 世纪 70 年代以来生命科学发展的最前沿。随着 DNA 分子结构和遗传机制这一奥秘的揭示——特别是当人们了解到遗传密码通过转录表达和翻译成蛋白质以后，生物学家不再仅仅满足于探索揭示生命的奥秘，而是大胆设想在分子水平上控制生命。如将一种生物

DNA 中的某个遗传密码片段连接到另外一种生物的 DNA 链上，将 DNA 重新组织，不就可以按照人类的愿望，设计出新的遗传物质并创造出新的生物类型吗？这个目标在一些生物中已经实现。

利用基因工程能够使任何生物的 DNA 插入到某一细胞质复制因子中，进而引入寄主细胞进行成功表达。因而，在遗传学上开辟了一条崭新的研究 DNA 序列和功能的关系及基因表达调控机制的渠道，在工业微生物学上提供了巨大的创造具有工业应用价值的生产菌株的潜力。

（一）　第一代基因工程

第一代基因工程就是基因的克隆和蛋白质的表达。1973 年，美国斯坦福大学科恩从大肠杆菌里取出了两种不同的质粒，它们各自具有一个耐药的基因，分别对抗不同的药物。科恩把两种质粒上不同的耐药基因"裁剪"下来，再把这两种基因"拼接"在同一个质粒中。当这种杂合质粒进入大肠杆菌后，这些大肠杆菌就能抵抗两种药物，而且这种大肠杆菌的后代都具备双重耐药性。科恩从而拉开了基因工程时代的序幕，科恩本人也向美国专利局申报了世界上第一个基因工程的技术专利。在随后短短的几年内，世界上许多国家实验室相继开展了基因工程的研究。

体外重组 DNA 技术操作的对象是单个基因，它的发展应归功于以下几方面的发现：①在细菌中发现了染色体外能自主复制的质粒，它们可作为分子克隆的载体；②发现了许多识别序列不同的限制性核酸内切酶，使不同来源的 DNA 分子得以切割和连接；③在大肠杆菌中发现了质粒转化系统。

基因操作就是把外源 DNA 分子结合到病毒、质粒或其他载体系统中，组成新的遗传物质，并转入宿主细胞内继续繁殖的过程。通过 DNA 片段的分子克隆，可以从复杂的 DNA 分子中分离出单独的 DNA 片段，这是常规物理或化学方法难以办到的；可以大量生产高纯度的基因片段及其产物；可以在大肠杆菌中研究来自其他生物的基因；在高等动植物细胞中也可以发展和建立这种基因操作系统。

重组 DNA 技术一般包括四步，即目标 DNA 片段的获得、与载体 DNA 分子的连接、重组 DNA 分子引入宿主细胞及从中选出含有所需重组 DNA 分子的宿主细胞。作为发酵工业的工程菌在此四步之后还需加上外源基因的表达及稳定性的考查。

1. 目的基因的分离

DNA 的提取通常包括采用去垢剂（如 SDS）溶解细胞，用酚和蛋白酶去除蛋白质，核糖核酸酶去除 RNA，以及乙醇沉淀等步骤。但从总 DNA 中分离特异的目的基因，则是相当困难的，主要有物理分离法、互补 DNA 分离法和"鸟枪"法等。

DNA 分子的切割是由限制性核酸内切酶来实现的。限制性核酸内切酶主要是从原核生物中分离的，可分为三类。在分子克隆中应用的主要是 Ⅱ 类限制性核酸内切酶，其分子量较小，在 DNA 上有各种不同的识别顺序，被称为分子手术刀。它不仅对切点邻近的两个核苷酸有严格要求，而且对较远的核苷酸顺序也有严格要求。限制酶的识别顺序通常为 4～6 个核苷酸，这些位点的核苷酸都做旋转对称排列。DNA 片段的连接主要通过限制酶产生的黏性末端、末端转移酶合成的同聚物接尾以及合成的人工接头等，利用 DNA 连接酶来实现。大肠杆菌的 DNA 连接酶和 T_4 噬菌体感染大肠杆菌产生的 T_4 DNA 连接酶，都能修复互补黏性末端之间的单链缺口。T_4 连接酶还能连接平末端的双链 DNA 分子或连接上合成的人工接头等。

2. 载体与目的基因的连接

能够克隆外源 DNA 片段并能在大肠杆菌中繁殖的载体有四种类型：质粒（plasmids）、λ 噬菌体、黏粒（cosmids）和单链噬菌体 M13 等。这四类载体大小、结构以及生物特性各不相同，但具有以下的共同点：①能在大肠杆菌中自主复制，在共价连接了外源 DNA 片段后仍能自主复制，即载体本身就是一个单独的复制子；②对某些限制酶来说只有一个切口，并在酶作用后不影响其自主繁殖能力；③从细菌核酸中分离和纯化很容易；④在宿主中能以多拷贝形式存在，有利于插入的外源基因的表达，能在宿主中稳定地遗传。

3. 目的基因引入宿主细胞

外源 DNA 片段与载体连接形成的重组体必须进入宿主细胞才能进一步增殖和表达。以质粒为载体的重组 DNA 以转化的方式进入宿主细胞；以噬菌体为载体的重组 DNA 则以转染的方式进入宿主细胞；经体外包裹进噬菌体外壳的噬菌体载体重组子或柯斯质粒，则以转导的方式进入宿主细胞。

4. 重组体的选择和鉴定

从转化、转染或转导的受体细胞群体中选择被研究的重组体，一般分两步：①根据载体的遗传标记等选择出含有重组分子的转化细胞；②进一步根据外源 DNA（目标基因）的遗传特性进行鉴定。鉴定转化细胞的方法主要有：遗传学方法、免疫化学方法和核酸杂交方法等。

5. 外源目的基因的表达

外源基因引入受体后，能否很好地表达，表达所形成的外源蛋白能否分泌或到达催化反应的场所等，是关系到能否工业化应用的问题。影响外源基因表达的因素主要表现在以下几个方面：转录水平上，启动子和受体细胞中 RNA 聚合酶的统一；翻译水平上，mRNA 的核糖体结合部位与受体细胞核糖体的统一；外源基因插入方向对表达的影响；转录后修饰和翻译后修饰等。其中主要集中在转录、翻译及修饰三方面，任一步的失效均造成表达失败。

随着重组 DNA 技术的发展，将高等生物的基因克隆到大肠杆菌中，由大肠杆菌发酵生产人胰岛素、人生长激素和干扰素等高附加值药物产品已工业化生产。同时，在微生物发酵生产的其他产品中，重组 DNA 技术对产量的提高及性状的改良等也得到了广泛的研究和应用。

（二）第二代基因工程

蛋白质工程是以蛋白质结构与功能的关系为基础，通过周密的分子设计，把蛋白质改造为合乎人类需要的新型蛋白质。1983 年，美国生物学家额尔默首先提出了"蛋白质工程"的概念。其内容主要有两个方面：一是根据需要合成具有特定氨基酸序列和空间结构的蛋白质；二是确定蛋白质化学组成、空间结构与生物功能之间的关系。在此基础之上，实现从氨基酸序列预测蛋白质的空间结构和生物功能，设计合成具有特定生物功能的全新的蛋白质，这也是蛋白质工程最根本的目标之一。蛋白质工程的实践依据是 DNA 指导的蛋白质的合成，因此，人们可以根据需要对负责编码某种蛋白质的基因进行重新设计，使合成出来的蛋白质的结构符合人们的要求。由于蛋白质工程是在基因工程的基础上发展起来的，在技术方面有诸多同基因工程技术相似的地方，因此蛋白质工程也被称为第二代基因工程。

蛋白质工程第一个十分成功的范例是胰岛素（insulin）的人工合成。1965 年，中国科学院和北京大学生物系联手首次人工合成了牛胰岛素，成为轰动世界的大事。

定点诱变（site-directed mutagenesis, site-specific mutagenesis）一直是人们向往的目标。过去都是对一个群体进行诱变，随后对某些表型特征进行筛选，这样引起的突变是随机的，筛选的工作量非常大。但随着重组 DNA 技术、DNA 测序技术以及寡核苷酸的快速合成技术的出现，在一个插入了外源 DNA 片段的质粒上，对该 DNA 片段在预定位置上进行结构的改变已经实现，应用也日益广泛。例如人干扰素-β（IFN-β）有三个 Cys，分别位于 17、31、141位。天然的人体产生的 IFN-β 中的 Cys17 受糖基化保护，31 位与 141 位两个 Cys 形成正常的二硫键。在工程菌中，常以大肠杆菌为宿主，但大肠杆菌无法进行糖基化，就会使链内的 Cys17 与 Cys31 或 Cys141 形成二硫键，甚至与别的肽链上的 Cys 连接，其结果是产物活力下降，并且不稳定，因而有人将 Cys17 的密码子 TGT 定向诱变成 AGT（Ser）。突变后菌株产生的 IFN-β 活力由 3×10^7 U/mg 提高到 2×10^8 U/mg，而且稳定性大大提高。

定点诱变技术的成功，人们将可更自如地改造蛋白质、改造生物。有人设想通过蛋白质工程，有可能获得更加耐热、耐酸或耐碱、酶活更高、专一性更强和空间结构更加稳定的酶，有可能研制出新一代的疫苗。有可能改变品种，如蚕丝基因经过改造，也许能产生出强度更高的纤维等。由于蛋白质工程可以使人们按照自己的意愿通过改造基因获得蛋白质，其发展前景非常广阔。

（三） 第三代基因工程

第三代基因工程又称为代谢工程或途径工程（metabolic engineering 或 pathway engineering），是由美国加州理工学院化学工程系教授 J. E. Bailey 首先提出的。代谢工程是一门利用重组 DNA 技术对细胞物质代谢、能量代谢及调控网络信号进行修饰与改造，进而优化细胞生理代谢、提高或修饰目标代谢产物以及合成全新的目标产物的新学科，是一种提高菌体生物量或代谢物量的理性化方法。

代谢工程可以在以下几方面得到广泛应用：①改造由微生物合成的产物的得率和产率；②扩大可利用基质的范围；③合成对细胞而言是新的产物或全新产物；④改进细胞的普通性能，如耐受缺氧或抑制性物质的能力；⑤减少抑制性副产物的形成；⑥制备手性化合物的中间体；⑦整体器官和组织的代谢分析以及基因表达的分析和调节等。

1. 代谢工程遵循的原理

代谢工程是一个多学科高度交叉的新领域，其主要目标是通过定向性地组合细胞代谢途径和重构代谢网络，达到改良生物体遗传性状的目的。因此，它必须遵循下列基本原理。

① 涉及细胞物质代谢规律及途径组合的生物化学原理，它提供了生物体的基本代谢图谱和生化反应的分子机理。

② 涉及细胞代谢流及其控制分析的化学计量学、分子反应动力学、热力学和控制学原理，这是代谢途径修饰的理论依据。

③ 涉及途径代谢流推动力的酶学原理，包括酶反应动力学、变构抑制效应、修饰激活效应等。

④ 涉及基因操作与控制的分子生物学和分子遗传学原理，它们阐明了基因表达的基本规律，同时也提供了基因操作的一整套相关技术。

⑤ 涉及细胞生理状态平衡的细胞生理学原理，它为细胞代谢机能提供了全景式的描述，因此是一个代谢速率和生理状态表征研究的理想平台。

⑥ 涉及发酵或细胞培养的工艺和工程控制的生化工程和化学工程原理，化学工程对将工程方法运用于生物系统的研究无疑是最合适的渠道。从一般意义上来说，这种方法在生物系统的研究中融入了综合、定量、相关等概念。更为特别的是，它为速率过程受限制的系统分析提供了独特的工具和经验，因此在代谢工程领域中具有举足轻重的意义。

⑦ 涉及生物信息收集、分析与应用的基因组学、蛋白质组学原理，随着基因组计划的深入发展，各生物物种的基因物理信息与其生物功能信息汇集在一起，这为途径设计提供了更为广阔的表演舞台，这是代谢工程技术迅猛发展和广泛应用的最大推动力。

由此可见，代谢工程是一门综合性的科学，已成为生物工程领域研究的热点之一。

2. 代谢流（物流、信息流）的概念

代谢工程所采用的概念来自反应工程和用于生化反应途径分析的热力学，它强调整体的代谢途径而不是个别酶反应。代谢工程涉及完整的生物反应网络、途径合成问题、热力学的可行性、途径的物流及其控制。要想提高某一方面的代谢和细胞功能应从整个代谢网络的反应来考虑，其重点放在途径物流的放大或重新分配上。代谢工程常用的名词术语，解释如下。

（1）途径（pathway） 它是指催化总的代谢物的转化、信息传递和其他细胞功能的酶反应

的集合。实际上微生物细胞的代谢网络一直处于对环境的变动的响应之中，因此代谢网络的概念是虚拟的网络概念。网络中的离心途径的终端又可能成为向心途径的起点；网络中的中心途径不止一条，而且有分支，向心途径和离心途径也有多条，而且也有汇合或分支。途径与途径之间还可能存在横向联系（包括还原力和代谢能的平衡）。停止生长的状态下的代谢途径（如次生代谢的途径）的延伸，以及不同细胞空间对各种代谢因子的选择性分隔，使代谢网络更加复杂化。由于人类对代谢远远没有完全了解，目前对代谢网络的认识只是相对的，对代谢的认识还有待深入。

（2）通量/物流（flux）　处于一定环境条件下的微生物培养物中，参与代谢的物质在代谢网络的有关代谢途径中按一定规律流动，形成微生物代谢的物质流。代谢物质的流动过程是一种类似"流体流动"的过程，它具备流动的一切属性，诸如方向性、连续性、有序性、可调性等，并且可以接受疏导、阻塞、分流、汇流等"治理"，也可能发生"干枯"和"溢出（泛滥）"等现象。可以采用代谢工程提供的方法来推算代谢网络中代谢流的流量分布。通量是底物分配在各代谢途径上的反应的量，通量反映的是产物的得率，而非速率。

（3）代谢网络（metabolic network）　细胞中的生物分子成千上万，但它们最终都与几类基本代谢相联系，进入一定的代谢途径，从而使物质代谢有条不紊进行。不同的代谢途径又通过交叉点上的关键的共同中间代谢产物得以沟通，形成经济有效、运转良好的代谢网络。因此，代谢网络是由分解与组成代谢途径以及膜运输系统有机组成的，包括物质代谢、能量代谢，其组成取决于微生物的遗传性能与细胞的生理状况和所处的环境。

（4）节点（node）　微生物代谢网络中的途径交叉点（代谢流集散处）称为节点。在不同的条件下，代谢流分布变化较大的节点称为主节点，根据节点下游分支的可变程度，节点分为柔性、弱刚性和强刚性三种。柔性节点指流量分配容易改变并满足代谢需求的一类节点；如果一个节点流向某一分支或某些分支的代谢流分割率难以改变，则称为强刚性节点；若一个节点的流量分配由它的某一分支途径分支动力学所控制，则称为弱刚性节点。

（5）代谢物流分析（metabolic flux analysis）　一种计算流经各种途径的通量的技术，描述不同途径的相互作用和围绕支点的物流分布。

（6）代谢控制分析（metabolic control analysis）　即通过一途径的物流和物流控制系数来定量表示酶活之间的关系。物流控制被分布在途径中的所有步骤中，只是若干步骤的物流比其他的更大一些，其基础为一套参数，称为弹性系数，可用数学方程来描述反应网络内的控制机制。

（7）物流控制系数（flux control coefficient）　是系统的性质，大体上可用物流的百分比变化除以酶活（该酶能引起物流的改变）的百分比变化表示。

（8）推理性代谢工程（constructive metabolic engineering）　从对代谢系统的了解出发提出基因操纵的设想，以通过已知生化网络的改造达到目的，即确定代谢途径中的限速步骤，通过关键酶的过量表达解决限速瓶颈，对提出的问题用数学描述解答，被称为推理性代谢工程。

（9）逆代谢工程（inverse metabolic engineering）　也称反向代谢工程，是一种采用逆向思维方式进行代谢设计的新型代谢工程。就是先在异源生物或相关模型系统中，通过计算或推理确定所希望的表型，然后确定该表型的决定基因或特定的环境因子，然后通过基因改造或环境改造使该表型在特定的生物中表达。

（10）弹性系数（elaseity coefficient）　表示酶催化反应速率对代谢物浓度的敏感性，弹性系数是个别酶的特性。

（11）物流分担比（flux spit ratio）　是指途径 A 与途径 B 之比，如葡萄糖-6-磷酸节点上的物流分担比便是 EMP 途径物流与 PP 途径物流之比。

（12）物流求和理论（flux summation theory） 是指将一代谢系统中的某一物流的所有酶的物流控制系数加在一起，其和为 1。

（13）代谢流组（fluxomics） 研究细胞内分子随时间的动态变化规律，它实际上是更广泛更系统描述细胞内代谢流通量平衡分析的新词。目前常见的分析代谢流的方法是使用 ^{13}C 标记的底物（如葡萄糖）来分析代谢网络中的代谢流分布。生物合成代谢网络模型和中心碳代谢途径代谢流分析为菌种改良提供了有用的信息，代谢流分析已经运用在系统水平上的菌种改造。

（14）代谢物组学（metabolomics） 代谢物组学是对特定细胞过程遗留下的特殊化学指纹的系统研究，更具体地说，是对小分子代谢物组的整体研究，即对一个生物系统中所有的低分子量的代谢物全面的、定性的和定量的分析，通过考察生物体系受到刺激或扰动（如某一特定的基因变异或环境变化）后，其代谢产物变化或随时间的变化来研究生物体系的代谢途径。代谢物组学是继基因组学和蛋白质组学之后新近发展起来的一门学科，是系统生物学的重要组成部分。由英国伦敦帝国理工大学 JeremyNicholson 教授创立，之后得到迅速发展并渗透到多项领域，比如疾病诊断、医药研制开发、营养食品科学、毒理学、环境学、植物学等与人类健康护理密切相关的领域。通过代谢组学和转录组学数据（或其他组学数据）的关联分析，人们可以更加快速地解析参与代谢网络的基因功能。代谢物组定义为在一个生物体内所有的代谢物的集合，而这些代谢物是此生物体基因表达的终产物。因此，当信使 RNA 基因的表达数据和蛋白质组学的分析无法描述细胞体内的所有生理活动的时候，对代谢物组的表征是个非常重要的补充。

3. 代谢工程的研究内容和基本过程

代谢工程研究的主要目的是通过重组 DNA 技术构建具有能合成目标产物的代谢网络途径或具有高产能力的工程菌（细胞株、生物个体），并使之应用于生产。其研究的基本程序通常由代谢网络分析（靶点设计）、遗传操作和结果分析三方面组成。代谢工程研究的内容主要有：①在微生物体内建立新的代谢途径以获得新的代谢物；②改进已经存在的途径；③生产异源蛋白（如人胰岛素、人血清白蛋白）。其研究的方法有生理状态研究、代谢流分析、代谢流控制分析、代谢途径热力学分析和动力学模型构建。目前代谢工程的研究工作主要集中在代谢分析上，其要素是将分析方法运用于物流的定量化，用分子生物技术来控制物流以实现所需的遗传改造。

代谢工程的代谢网络分析方法主要有：①1973 年 Kacser 等人提出的重点研究对目标产物具有重大意义的关键代谢节点和关键酶的代谢控制分析（metabolic control analysis，MCA）；②Aiba 与 Matsuoka 于 1979 年提出的通过测定细胞代谢物质的流量变化，以拟稳态假设为前提应用数学模型推断细胞内代谢流分布的代谢流分析（metabolic flux analysis，MFA）；③1998年 Edwards 和 Palsson 提出的基于生理与环境限制的流基分析（flux-based analysis，FBA）。图 2-7 为代谢工程过程的基本流程。

代谢工程操作的设计思路主要体现如下：①提高限制步骤的反应速率，如 1989 年 Skalrwl 等人利用代谢工程手段提高头孢霉素产量的成功；②改变分支代谢流的优先合成，如 1987 年 Sano 及我国的吴汝平等人通过改变分支代谢流优先合成提高氨基酸的产量；③构建代谢旁路，如 Ariatidou 等人通过构建代谢旁路降低微生物中的乙酸积累；④引入转录调节因子，如 2000 年 Vander 等人在长春花悬浮细胞中引入转录调节因子导致吲哚生物碱的大量生成；⑤引入信号因子；⑥延伸代谢途径，如 1998 年 Shintaini 等克隆广生育酚甲基转移酶通过延伸代谢途径，使广生育酚转化成 α-生育酚；⑦构建新的代谢途径合成目标产物，如植物合成医药蛋白脑啡肽、抗原、抗体等；⑧代谢工程优化的生物细胞；⑨创造全新的生物体。

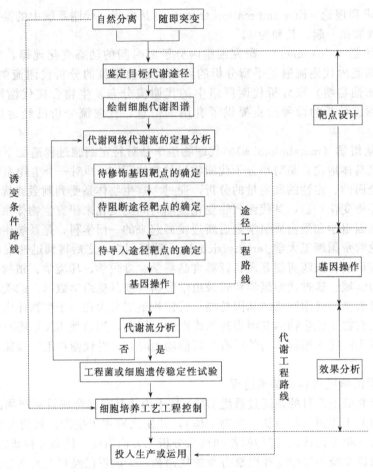

图 2-7 代谢工程过程的基本流程

代谢工程操作过程包括以下几部分。

(1) 靶点设计 虽然所有物种改良程序的目的性都是明确的。但相对于随机突变而言，代谢工程的一个显著特点是工作的定向性，它在修饰靶点选择、实验设计以及数据分析方面占据绝对优势。然而，从自然界分离具有特殊品质的野生型微生物菌种以及利用传统诱变程序筛选遗传性状优良的物种，恰恰是途径设计和靶点选择的重要信息资源和理论依据。事实上，迄今为止，代谢工程应用成功的范例无一不是从这一庞大的数据库中获得创作灵感而产生的，这个过程称为"反向途径工程"。虽然单纯为了获取一个理想代谢途径而采取传统的分离诱变程序并非最佳选择，但这种操作所积累的大量信息却具有重大使用价值。

生物化学家在长达数十年的研究中，已确定了相当数量的细胞代谢途径，并绘制出了较完整的代谢网络图，这为代谢工程的实施奠定了基础。然而，正确的靶点设计还必须对现有的代谢途径和网络信息进行更深入的分析。首先，根据化学动力学和计量学原理定量测定网络中的代谢流分布，即代谢流分析（MFA），其中最重要的是细胞内碳元素和氮元素的流向比例关系；其次，在代谢流分析的基础上研究其控制状态、机制和影响因素，即代谢控制分析（MCA）；最后，根据代谢流分布和控制的分析结果确定途径操作的合理靶点，通常包括拟修饰基因的靶点、拟导入途径的靶点或者拟阻断途径的靶点等。值得强调的是，靶点设计对代谢工程的成败起着关键作用，任何精细的靶点选择都必须经得起细胞生理特性以及代谢网络热力学平衡的检验。

(2) 基因操作 利用代谢工程战略修饰改造细胞代谢网络的核心是在分子水平上对靶基因

或基因簇进行遗传操作，其中最典型的形式包括基因或基因簇的克隆、表达、修饰、敲除、调控以及重组基因在目标细胞染色体 DNA 上的稳定整合。后者通常被认为是代谢工程中最重要的特征操作技术，因为在以高效表达目标基因编码产物为主要目标的基因工程和以生产突变体蛋白为特征的蛋白质工程中，重组 DNA 分子一般独立于宿主细胞染色体而自主复制。

在代谢工程的一些应用实例中，代谢流的分布和控制往往可绕过基因操作，直接通过发酵和细胞培养的工艺和工程参数控制改变细胞代谢流，并胁迫代谢流向所期望的目标产物方向进行。在此过程中，改变反应体系内的溶氧、pH、补料等因素，在酶或相关蛋白因子水平上激活靶基因的转录（诱导作用）、调节酶的活性（阻遏、变构、抑制或去抑制作用），进而实现改变和控制细胞代谢流的目的。这里必须指出的是，虽然就提高目标产物的产量而言，上述非基因水平的操作与典型的途径工程操作在效果上也许没有显著的差异，但在新产物的合成尤其是遗传性状的改良方面，基因操作是不可替代的。因为只有引入外源的基因或基因簇，才能从根本上改造细胞的代谢途径，甚至重新构建新的代谢旁路。

（3）效果分析　很多初步的研究结果显示，一次性的代谢工程设计和操作往往不能达到实际生产所要求的产量、速率或浓度，因为大部分实验涉及的只是与单一代谢途径有关的基因、操纵子或基因簇的改变。然而通过对新途径进行全面的效果分析，这种由初步途径操作构建出来的细胞所表现出的限制与缺陷可以作为新一轮实验的改进目标。正像蛋白质工程实验所采用的研究策略一样，如此反复进行遗传操作即有望获得优良物种。目前，通过这种代谢工程循环获得成功的范例已有不少，所积累的经验有助于鉴定和判断哪一类特定的遗传操作对细胞功能的期望改变是相对有效的。

基因打靶技术是一种定向改变生物活体遗传信息的实验手段。其主要操作是对生物活体的遗传信息进行定向修饰，包括基因灭活、点突变引入、缺失突变、外源基因定向引入、染色体组大片段删除等。人们还能使修饰后的遗传信息在生物体内稳定地遗传和表达，这就为研究基因功能等重大生命科学问题提供了帮助，此外，它还能向人们提供关于疾病治疗和新药筛选等方面的信息。如今，基因打靶技术的发展已使得对特定细胞、组织或动物个体进行遗传修饰成为可能。它的产生和发展建立在胚胎干细胞（embryonic stem cell，ESC）技术和同源重组技术成就的基础之上，并促进了相关技术的进一步发展。具体方法是：首先要获得 ES 细胞系，利用同源重组技术获得带有研究者预先设计突变的中靶 ES 细胞。通过显微注射或者胚胎融合的方法将经过遗传修饰的 ES 细胞引入受体胚胎内。经过遗传修饰的 ES 细胞仍然具有分化的全能性，可以发育为嵌合体动物的生殖细胞，使得经过修饰的遗传信息经生殖系统遗传。最终获得的带有特定修饰的突变动物为研究者提供了一个特殊的研究体系，可以在生物活体中研究特定基因的功能。目前，对 ES 细胞进行同源重组已经成为一种在小鼠染色体组上任意位点进行遗传修饰的常规技术。通过基因打靶获得的突变小鼠已超过千种，并正以每年数百种的速度增加。通过对这些突变小鼠的表型分析，许多与人类疾病相关的新基因的功能已得到阐明，并促进了现代生物学研究各个领域中许多突破性的进展。

三、基因组重排技术

近十几年里，工业菌株改造主要集中在代谢工程。该技术主要是运用现代基因手段，对微生物进行定向基因操作。虽然代谢工程育种较传统育种取得了一定成果，但是基因型和表型相应背景的欠缺会限制其更广范围的利用。基因组重排技术（genome shuffling）结合传统育种技术，基于原生质体融合技术之上，通过多亲本之间的 DNA 重组和全基因组片段交换，使不同基因组发生重排，从而将优良表型重组在一起，因此，它是一种典型的全面组合技术手段，也是全基因组代谢工程的延伸。基因组重排技术已经运用于改造弗氏链霉菌（*Streptomyces fradiae*），极大地提高了其合成泰乐菌素的能力。基因组重排技术具有菌株改造方面的优异表现，被认为是菌株选育和代谢工程上的一个重大里程碑。

基因组重排的主要机制在于利用原生质体融合达到全基因组片段交换、重组，经过多轮亲本之间的递归融合后促使正向突变表型聚集，多轮融合极大地提高了基因交换的概率。基因组重排技术扩大菌株的基因型，加速菌株进化速度，无需了解相关微生物的代谢途径、关键酶的表达基因、转录调控等知识背景，尤其适合微生物代谢途径的遗传改造。尽管 DNA 重组技术（DNA shuffling）可以在多亲本之间发生基因重排，但改变的是基因片段而不是整个基因组。微生物细胞的表型受代谢要求、能源利用、环境压力、全基因组水平表达而决定，所以通过几个特殊基因的定向改造很难达到菌株表型的优化。而基因组重排技术是全基因组工程策略，在无需知道基因组信息及代谢网络信息情况下，就可以运用于菌株改良。此外，基因组重排技术操作简单，容易推广，不需要昂贵的实验仪器，而且见效快。因此，基因组重排育种很适合工业菌株的改造工程，不仅体现成本经济效应，还具备高效性。

基因组重排技术过程主要分为三步：①不同亲本原生质体的制备；②诱导原生质体递归融合，每轮选的目的菌进入下轮融合；③根据目的表型需要设计特殊的选择培养基，每轮筛选的融合菌株，进入下轮的融合。

1. 亲本菌株的选择

作为筛选亲本菌株必须具有理想的目的表型，如特殊环境高耐受力、产物高产率和高生长率。亲本菌株基因的多样性可以扩大融合菌的基因型，在递归融合中促使不同优良表型汇集到融合菌中，创造亲本基因型的多样性是基因组重排技术过程的首要任务。随着研究的深入发展，亲本选择的方式逐渐灵活多样。研究者将德氏乳酸杆菌的诱变株和能分泌淀粉酶的芽孢杆菌进行基因组重排，结果获得了能在木薯渣废液中生长并能生产乳酸的融合菌。

2. 原生质体递归融合

基因组重排技术是基于原生质体融合技术之上的多轮递归融合。递归融合意义在于进行第一轮融合后筛选的融合菌株作为出发菌株，必须进入下轮融合。多轮递归融合确保了不同细胞之间的基因高转移频率，还保持了基因组重排的高效性。在原生质体递归融合过程中，首先要制备原生质体。随着生命科学技术的不断发展，一些新的工具开始运用于诱导细胞融合，如用激光诱导红发夫酵母进行细胞融合、运用微流体芯片技术作为诱导细胞融合的技术平台，明显提高了融合效率。

3. 融合子的筛选

目的融合菌的筛选与分离是整个基因组重排技术流程最为关键的步骤。筛选高产物的目的菌，经典的方法主要依靠产物的物理和化学性质，如在琼脂培养基上的抑菌圈、透明圈和水解圈。此外，添加遗传标记可以作为融合菌株的筛选标志，如利用革兰氏阴性细菌室，采用菌体营养缺陷型的遗传标记筛选目的融合子。也可以采用抗产物类似物筛选高产菌株方法，利用羟基柠檬酸的类似物反式环氧乌头酸来筛选融合菌。采用高通量筛选法（high throughput screening，HTS），以微孔板形式作为实验工具载体，以自动化操作系统执行试验过程，以灵敏快速的检测仪器采集实验结果数据，以计算机分析处理实验数据，在同一时间检测数以千万的样品，并以得到的相应数据库支持运转的技术体系，它具有微量、快速、灵敏和准确等特点。简而言之就是可以通过一次实验获得大量的信息，并从中找到有价值的信息。

中国科学院苏州纳米技术与纳米仿生研究所国际实验室的甘明哲博士设计开发了一种用于微生物平行悬浮培养的多通道微流控芯片，可以一次进行多个微生物培养实验。该芯片在 $7.5cm \times 5cm$ 面积上集成 32 个独立平行的微生物培养单元，每个单元的培养液需求量极少，仅为 50nL。在集成的气动微泵驱动下，培养单元内的液体能够循环流动，带动微生物在培养液中悬浮生长，且液体流速基本一致，适合进行平行实验。由于整个芯片材料透明，可以随时观察芯片内微生物的生长情况。在此芯片上，分别进行了大肠杆菌、枯草芽孢杆菌、施氏假单胞菌、运动发酵单胞菌等重要工业细菌的悬浮培养测试，证实了该芯片对于不同细菌培养的通用性。该芯片制作工艺简单、制作成本低，是一种高效的细菌悬浮培养解决方案。该芯片结构已申请专利，相关研究测试结果发表在 Lab on a chip 上。在此基础上，研究人员进一步开发了第二代微生物悬浮培养芯片。与前代芯片相比，该芯片的集成度更高，在相同的面积上培养单元数量提高到 120 个，且单元内的液体循环流速更高，这拓展了该芯片的微生物适用范围。运用微流控技术，开发用于微生物菌种高通量筛选和条件优化的芯片化系统（高效菌筛选检测系统），为以后进行微生物代谢物微量快速检测模块的设计构建奠定了坚实的基础。

基因组重排技术充分结合了细胞工程和代谢工程的优势，不仅可以进行菌种表型快速高效优化，还可为不同种类的微生物复杂的代谢和调控网络提供信息来源。目前，基因组重排技术主要应用于提高微生物代谢产物产率，增强菌株对环境的耐受性以及底物的利用率等。在微生物工业发酵过程中，产物的最终产量和产率直接决定着经济效益。基因组重排的对象是细胞内整套基因组，在许多情况下，参与次级代谢产物生物合成的结构基因在染色体上成簇排列，但控制结构基因表达的调节基因则位于生物合成基因簇外，因此将微生物整套基因组视作一个单元进行基因组重排更适合于微生物次级代谢产物产生菌的遗传改造。微生物在环境中的耐受力水平是极复杂的表型。环境耐受力的相关特征包括底物的耐受性、产物及副产物的耐受性、温度的耐受性、对 pH 和溶氧等因素的耐受性。已有的实例有乳酸杆菌对酸和葡萄糖的耐受性、产普纳霉素的 *Streptomyces pristinaespiralis* 对普纳霉素的耐受性以及酿酒酵母对热和乙醇的耐受性等均获得提高。底物利用效率和范围也是非常重要的目的表型，利用基因组重排技术对 *Sphingobium chlorophenolicum* 表型改良，经过三轮基因组重排后，筛选的融合菌比野生菌具有对五氯苯酚的更高利用率和耐受。

基因组重排技术可以快速达到改进细胞表型或优化代谢途径的目的，同时结合代谢工程中的各种分析工具对重排后所得到的进化产物（酶、代谢途径）进行比较分析，可以更好地阐明优化的原因或本质。基因组重排技术结合了细胞工程和代谢工程，通过循环的基因组重排筛选集多个改造基因于一体的细胞，这样可以极大地加快工程菌株的构建进程，减少对菌种进行多基因改造和组合的困难。基于基因组重排的代谢工程虽然处于刚刚起步的阶段，但它必将在功能基因组学的研究、揭示基因型和表型的关系以及工业微生物菌种的改进方面等发挥重要的作用。基因组重排技术的出现是细胞改良中的一个里程碑，将会进一步推动菌株育种工程的发展，更好地服务于生物经济产业。

四、基因工程技术的应用

（一）利用基因工程技术改良抗生素生产菌株

目前在生物制药的生产中，用传统的发酵法生产的药品仍占有较大的比例，其中以抗感染的抗生素最为突出。传统的抗生素发酵生产中，采用经典方法育种，盲目性高，且无法集合不同菌株的优良性状。而基因重组技术可以定向地改造菌种，且能集多个菌株的多种优良性状于同一菌株，达到简化工艺、提高产品质量和产量的目的。因此，积极采用基因工程技术，加速传统发酵工业的改造，提高生产技术水平，以增加新品种，提高产品产量和质量，节约能源和原料，减少污染，是当前我国生物制药产业的重要任务。

随着已知抗生素数量的不断增加，用传统的常规方法来筛选新抗生素的概率越来越低。为了能够获得更多的新型抗生素和优良的抗生素产生菌，20 世纪 80 年代人们就开始把重组DNA 技术应用于结构比较复杂的次级代谢产物的生物合成上。使得重组技术在筛选新微生物药物资源和药物的微生物代谢修饰中得到了应用。随着链霉菌分子生物学研究的深入和发展，利用重组 DNA 技术对链霉菌在筛选新微生物药物资源和药物的微生物代谢修饰方面，已经取得较大进展，利用基因工程技术使微生物产生新型抗生素和新的代谢产物已成为现实。

生物技术对抗生素的改造主要体现在，利用基因重组技术，提高现有菌种的生产能力和改造现有菌种使其产生新的代谢产物。抗生素生物合成基因重组的主要内容包括生物合成酶基因的分离、质粒的选择、基因重组与转移、宿主表达等。随着对一些抗生素的生物合成基因和抗性基因的结构、功能、表达和调控等的较深入了解，利用重组微生物来提高代谢物的产量和发现新产物的研究和应用受到了更多地重视，目前克隆的抗生素合成基因已经有23种之多。

1. 提高抗生素产量

长期以来，工业生产中使用的抗生素高产菌株都是通过物理或化学手段进行诱变育种得到的。尽管目前诱变育种技术仍是改良微生物工业生产菌种的主要手段，但是利用基因工程技术有目的地定向改造基因、提高基因的表达水平以改造菌种的生产能力已有成功的报道。利用基因工程技术提高抗生素产量可以从以下几个方面考虑。

(1) 将产生菌基因随机克隆至原株直接筛选高产菌株 其基本原理是在克隆菌株中，增加某一与产量有关的基因（限速阶段的基因或正调节基因）剂量，使产量得到提高。这一方法尽管是随机筛选，工作量较大，但如果检测产量的方法比较简便，仍是可以尝试的。

(2) 增加参与生物合成限速阶段基因的拷贝数 增加生物合成中限速阶段酶系基因剂量有可能提高抗生素的产量。抗生素生物合成途径中的某个阶段可能是整个合成中的限速阶段，识别位于合成途径中的"限速瓶颈"(rate-limiting bottle neck)，并设法导入能提高这个阶段酶系的基因拷贝数，如果增加的中间产物不对合成途径中某步骤产生反馈抑制，就有可能增加最终抗生素的产量。

(3) 强化正调节基因的作用 调节基因的作用可增加或降低抗生素的产量，在许多链霉菌中关键的调节基因嵌在控制抗生素产生的基因簇中，它常常是抗生素生物合成和自身抗性基因簇的组成部分。正调节基因可能通过一些正调控机制对结构基因进行正向调节，加速抗生素的产生。负调节基因可能通过一些负调控机制对结构基因进行负向调节，降低抗生素的产量。因此，增加正调节基因或降低负调节基因的作用，也是一种增加抗生素产量的可行方法。将额外的正调节基因引入野生型菌株中，为获得高产量产物提供了最简单的方法。

(4) 增加抗性基因 抗性基因不但通过它的产物灭活胞内或胞外的抗生素，保护自身免受所产生的抗生素的杀灭作用，有些抗性基因的产物还直接参与抗生素的合成。抗性基因经常和生物合成基因连锁，而且它们的转录有可能也是紧密相连的，是激活生物合成基因进行转录的必需成分。因此，抗性基因必须首先进行转录，建立抗性后，生物合成基因的转录才能进行。抗生素的产生与菌种对其自身抗生素的抗性密切相关。抗生素的生产水平是由抗生素生物合成酶对自身抗性的酶所共同确定的，这就为通过提高菌种自身抗性水平来改良菌种、提高抗生素产量提供了依据。

2. 改善抗生素组分

许多抗生素产生菌可以产生多组分抗生素，由于这些组分的化学结构和性质非常相似，而且生物活性有时却相差很大，这给有效组分的发酵、提取和精制带来很大不便。随着对各种抗生素合成途径的深入了解以及基因重组技术的不断发展，应用基因工程方法可以定向地改造抗生素产生菌，获得只产生有效组分的菌种，简化下游分离工艺。

3. 改进抗生素生产工艺

抗生素的生物合成一般对氧的供应较为敏感，不能大量供氧往往是高产发酵的限制因素。为了使细胞处于有氧呼吸状态，传统方法往往只改变操作条件、降低细胞生长速率或培养密度。提高供氧水平通常是着眼于提高溶氧水平或气液传质系数，提高发酵罐中无菌空气的通入量，并采用各种各样的搅拌装置，使空气分散，以满足菌体对氧的要求。

进入液相的氧分子，需穿过几层界膜，进入菌体后，再经物理扩散，才能到达消耗并产生能量的呼吸细胞器。如在菌体内导入与氧有亲和力的血红蛋白，呼吸细胞器就能容易地获得足够的氧，降低细胞对氧的敏感程度，改善发酵过程中对溶氧的控制强度。因此，利用重组技术克隆血红蛋白基因到抗生素产生菌中，在细胞中表达血红蛋白，可望从提高自身代谢功能入手解决溶氧供求矛盾，提高氧的利用率。例如，将一种丝状细菌——透明颤菌（*V. itreoscilla*）的血红蛋白基因克隆到放线菌中，就可促进有氧代谢、菌体生长和抗生素的合成。*V. itreoscilla* 为专性好氧细菌，生存于有机物腐烂的死水池塘，在氧限量下，透明颤菌血红蛋白（*V. itreoscilla* hemoglobin，VHb）受到诱导，合成量可扩增几倍。透明颤菌血红蛋白已经纯化，被证明含有两个亚基和 146 个氨基酸残基，相对分子质量为 1.56×10^5。透明颤菌血红蛋白基因（*V. itreoscilla* hemoglobin gene）已在大肠杆菌中得到克隆，经细胞内定位研究，证明大量的 VHb 存在于细胞间区，其功能是为细胞提供更多的氧。VHb 最大诱导表达是在微氧条件下（空气溶氧水平低于 20％饱和度时），调节发生在转录水平，转录在完全厌氧条件下降低很多，而在低氧又不完全厌氧的情况下诱导作用可达到最大，贫氧条件对细胞生长和蛋白合成有促进作用。

由于透明颤菌血红蛋白基因表达调控机制在专性或兼性好氧菌中相当保守，目前它已在多种微生物中获得表达应用前景，这预示着它有广泛的应用前景。血红蛋白基因工程的研究和应用必将大大降低抗生素工业和其他发酵工业的能耗。

在抗生素产生菌中引入耐高温的调节基因或耐热的生物合成基因，可以使发酵温度提高，从而降低生产中温度控制的成本。

4. 产生杂合抗生素

应用基因工程技术改造菌种，产生新的杂合抗生素，这为微生物提供了一个新的来源。杂合抗生素（hybrid antibiotic）是通过遗传重组技术产生的新的抗菌活性化合物。

（二）利用基因工程技术改良氨基酸生产菌株

发酵法生产的氨基酸是菌体的一系列酶作用的初级代谢产物。过去用经典的育种方法对其产生菌进行选育，工作量大、盲目性高，还不能把不同菌株中的优良性状组合起来。以大肠杆菌为主的基因工程技术在生产氨基酸方面的应用已初见成效，氨基酸合成酶基因的克隆和表达研究已取得明显进展，目前利用生物技术已得到了基因克隆的苏氨酸、组氨酸、精氨酸和异亮氨酸等生产菌种。

氨基酸工程菌构建的主要策略如下。①借助于基因克隆与表达技术，将氨基酸生物合成途径中的限速酶编码基因转入生产菌中，通过增加基因剂量提高产量。转入的限速酶基因既可以是生产菌自身的内源基因，也可以是来自非生产菌的外源基因。②降低某些基因产物的表达速率，最大限度地解除氨基酸及其生物合成中间产物对其生物合成途径可能造成的反馈抑制。③消除生产菌株对产物的降解能力，以及改善细胞对最终产物的分泌通透性。

1. 苏氨酸工程菌

1980 年已成功组建了苏氨酸工程菌，以大肠杆菌 K12 为供体，*thrB⁻* 的大肠杆菌 C600 为受体菌，pBR322 为载体，克隆到一个 6.5kb DNA 片段，其中含有苏氨酸的启动子、衰减子、操纵基因和结构基因 *thrA*、*thrB*、*thrC*（图 2-8），所组建的质粒命名为 pTH1。质粒 pTH1 转入大肠杆菌 C600 后，能产生 0.1g/L 的苏氨酸。然后经体外诱变，又获得解除反馈抑制的质粒 pTH2、pTH3，转化大肠杆菌 C600 后，使苏氨酸产量提高 20 倍以上。将这些质粒转入解除苏氨酸反馈抑制的菌株 A56-121 中，苏氨酸产量又明显提高，达 11g/L。目前苏氨酸基因工程菌通过发酵条件及菌种筛选研究，产生苏氨酸的水平已达 65g/L。

将大肠杆菌的苏氨酸生物合成操纵子导入黄色短杆菌中，也可改善受体菌的苏氨酸生产能力，将大肠杆菌的苏氨酸生物合成操纵子克隆在 pAJ220 质粒上，构成重组质粒 pAJ514，其中 *thrA* 基因编码的是天冬氨酸激酶-高丝氨酸脱氢酶的融合蛋白，两种酶均被改造成对苏氨酸反馈抑制产生抗性的变异形式。黄色短杆菌 BBIB-19（AHV^r、*Ile⁻*）是苏氨酸结构类似物氨基羟戊酸盐（AHV）抗性和异亮氨酸（Ile）缺陷型突变株，解除了苏氨酸对苏氨酸生物合成途径关键酶的反馈调节和苏氨酸生成异亮氨酸的能力。重组质粒 pAJ514 转入黄色短杆菌 BBIB-19 中，获得的一个转化子 HT-16 能产生 27g/L 苏氨酸，而原来受体菌的苏氨酸产量只

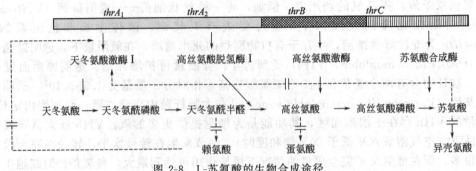

图 2-8　L-苏氨酸的生物合成途径

有 11.5g/L；与此同时，转化子中 *thrB* 基因编码的高丝氨酸激酶的活性增加了 4.5 倍。

2. 色氨酸工程菌

　　枯草芽孢杆菌产生 L-色氨酸的基因工程菌的构建主要通过增强从邻氨基苯甲酸到 L-色氨酸的合成酶（图 2-9）。首先从枯草芽孢杆菌中克隆色氨酸生物合成基因，将得到的重组质粒 pUTB2（*trpB、trpC、trpF*）、pUTB3（*trpB、trpF*）、pUTB4（*trpB*）分别转入产生邻氨基苯甲酸的突变菌株 AJ12264 中，都使重组菌邻氨基苯甲酸减少，L-色氨酸产量增加。

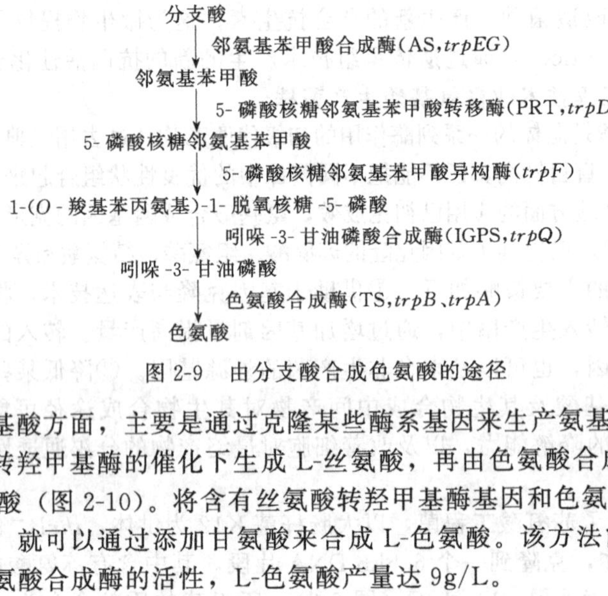

分支酸
　　　　　邻氨基苯甲酸合成酶（AS, *trpEG*）
邻氨基苯甲酸
　　　　　5-磷酸核糖邻氨基苯甲酸转移酶（PRT, *trpD*）
5-磷酸核糖邻氨基苯甲酸
　　　　　5-磷酸核糖邻氨基苯甲酸异构酶（*trpF*）
1-(*O*-羧基苯丙氨基)-1-脱氧核糖-5-磷酸
　　　　　吲哚-3-甘油磷酸合成酶（IGPS, *trpQ*）
吲哚-3-甘油磷酸
　　　　　色氨酸合成酶（TS, *trpB、trpA*）
色氨酸

图 2-9　由分支酸合成色氨酸的途径

　　在酶法生产氨基酸方面，主要是通过克隆某些酶系基因来生产氨基酸。由分支酸合成色氨酸的途径在丝氨酸转羟甲基酶的催化下生成 L-丝氨酸，再由色氨酸合成酶催化，将吲哚和 L-丝氨酸合成 L-色氨酸（图 2-10）。将含有丝氨酸转羟甲基酶基因和色氨酸合成酶基因的重组质粒转入大肠杆菌中，就可以通过添加甘氨酸来合成 L-色氨酸。该方法能同时加强丝氨酸转羟甲基酶的活性及色氨酸合成酶的活性，L-色氨酸产量达 9g/L。

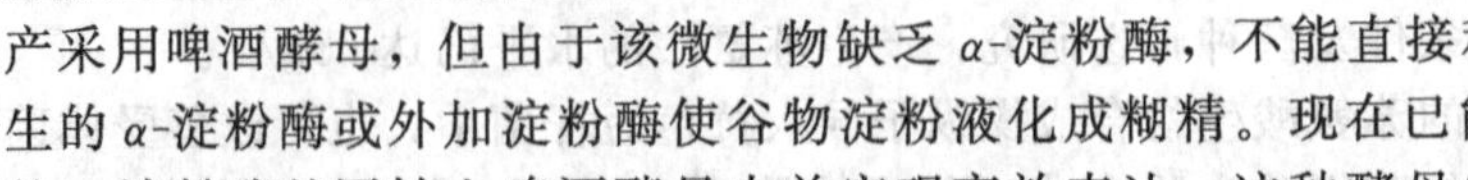

甲醛+甘氨酸 ———丝氨酸转羟甲基酶——→ 吲哚+L-丝氨酸 ———色氨酸合成酶——→ L-色氨酸

图 2-10　由吲哚和丝氨酸合成色氨酸的途径

（三）利用基因工程技术改良酿酒酵母菌株

　　啤酒发酵生产采用啤酒酵母，但由于该微生物缺乏 α-淀粉酶，不能直接利用淀粉，需要外加利用麦芽产生的 α-淀粉酶或外加淀粉酶使谷物淀粉液化成糊精。现在已能采用基因工程技术，将大麦中的 α-淀粉酶基因转入啤酒酵母中并实现高效表达。这种酵母便可直接利用淀粉进行发酵，缩短生产流程简化工序，提升啤酒的生产。

　　干啤酒具有纯正、爽口、低热值等特点，有益于人体健康。其发酵生产的特点是麦芽汁发酵度要高（75％以上）。要求提高麦芽汁可发酵性糖的比例，就必须外加糖化酶或异淀粉酶来解决，现在已有采用基因工程技术构建新的菌种，以期直接用于干啤的发酵生产。Lancashire 等把 *S. occidentalis* 或 *S. diastaticus* 的糖化酶基因导入到啤酒酵母中表达和分泌，便可直接发酵生产干啤酒和淡色啤酒。

基因工程技术已可将霉菌的淀粉酶基因转入 $E.coli$，并将此基因进一步转入酵母单细胞中，使之直接利用淀粉生产酒精，省掉了高压蒸煮工序，可节约 60% 的能源，缩短了生产周期。表 2-2 列举了部分基因工程技术改良的基因工程菌。

表 2-2 基因工程技术改良的基因工程菌

基因工程菌名称	改 良 之 处	用 途
Lactobacillus	修饰细菌素合成	乳制品生产、无污染物质的生产
Lactococcus	修饰蛋白酶活性 避免噬菌体感染 修饰溶菌酶合成	乳制品生产，加速干酪熟化 提高菌株的稳定性 干酪生产，预防杂菌感染
Saccharomyces carlsbergensis	来自 *Enterobacter aerogenes* 或 *Acetobacter pasteurianus* 的 α-乙酰乳酸脱羧酶基因，修饰麦芽汁发酵	啤酒生产，缩短发酵时间
	来自 *Aspergillus niger* 的葡萄糖淀粉酶基因，修饰麦芽糖化	淀粉的降解和低热量啤酒生产
	来自 *Bacillus subtilis*、*Trchoderma barzianum* 的 β-葡聚糖酶基因，修饰麦芽汁的制备	降解麦芽中 β-葡聚糖，便于啤酒的过滤澄清，提高浸出率

（四）利用基因工程技术改良产酶菌株

凝乳酶是第一个应用基因工程技术把小牛胃中的凝乳酶基因转移至细菌或真核微生物生产的一种酶，解决了凝乳酶供不应求的问题。1990 年美国 FDA 已批准用于干酪生产。由于这种酶不会残留在最终产品上，符合 GRAS (Generally Recognized as Safe) 标准，被认为是安全的。

对于糖化酶的研究，近年来已有将 *A. niger* 糖化酶、*A. shirosamii* 糖化酶和 *Rhizopus* 糖化酶基因引入到酵母中，并成功地得到表达的报道。同时，我国也对糖化酶的基因克隆、转化、表达进行了系列研究。有报道表明，从 *A. niger* 糖化酶高产菌株中克隆了糖化酶 cDNA，并对其序列进行分析，随后将合成的糖化酶 cDNA 的 5′端、3′端改造，然后克隆到酵母质粒 YFD_{18} 上，再将其转化到酿酒酵母中，获得了能高效分泌胞外糖化酶的工程菌。

采用基因工程手段改良产酶菌株，近年来还应用于超氧化物歧化酶（SOD）。另外还有报道生产高果葡糖浆的葡萄糖异构酶基因克隆入大肠杆菌后，获得了比原来高好几倍的酶产率。利用基因工程菌发酵生产食品酶制剂如表 2-3 所示。

表 2-3 基因工程菌发酵生产食品酶制剂

酶 名 称	基因供体	基因受体	用 途
α-淀粉酶	*Bacillus*, *Asp. niger*	*Bacillus subtilis*	酿造、淀粉修饰
葡萄糖氧化酶	*Aspergillus*	*Saccharomyces cerevisiae*	葡萄糖酸的生产、食品保鲜
葡萄糖异构酶	*Arthrobacter*, *A. niger*	*E. coli*	果葡糖浆生产
转化酶	*Asp. niger*	*S. cerevisiae*	转化糖生产
普鲁兰酶	*Klebsiella pneumoniae*	*S. cerevisiae*	淀粉脱支
脂肪酶	*Rhizopus miehei*	*Aspergillus oryzae*	特种脂肪生产
α-乙酰乳酸脱羧酶	*Bacillus brevis*	*Bacillus subtilis*	啤酒酿造、缩短加工时间
碱性蛋白酶	*A. oryzae*	*Zygosaccharomyces rouxii*	大豆制品加工

（五） 利用基因工程技术构建维生素 C 生产菌株

维生素是一类性质各异的低分子有机化合物，是维系人体正常生理生化功能不可缺少的营养物质。它们不能被人和动物的组织合成，必须从外界摄取。

维生素与人体的生长发育和健康有着密切的关系，缺乏不同类别的维生素，会引起相应的维生素缺乏症。例如，维生素缺乏会引起夜盲症；维生素 B_1 缺乏会患脚气病；维生素 C 缺乏会得坏血病；维生素 E 能保护细胞膜，增强细胞对废气的抵抗力，还能维持骨骼心肌、周围血管系统和脑细胞等的正常结构和功能，临床上用于进行性肌营养不良、心脏病、血管病的治疗。最近研究发现某些维生素能防治癌症和冠心病等，这使得人们对维生素更加重视。目前，尤其在解决 21 世纪人类老龄化问题，以及预防各种疾病方面，维生素将起着重要的作用。

基因工程技术在维生素改造方面主要用在构建维生素 C 的基因工程菌，使生产工艺大大简化。目前，维生素 C 生产方法有多种。世界上绝大多数国家仍采用"莱氏法"生产，莱氏法是以 D-葡萄糖为原料，经催化氢化生成 D-山梨醇，弱氧化醋酸杆菌 （*Acetobacter suboxydans*）将 D-山梨醇转化为 L-山梨糖，再经化学合成转化成维生素 C。20 世纪 70 年代，我国成功开发了"二步发酵法"，此法与莱氏法的 L-山梨糖之前的阶段相同，以条纹假单胞菌为伴生菌和氧化葡萄糖杆菌为主要产酸菌的自然混合菌株进行第二步发酵，将 L-山梨糖转化成 2-酮基-L-古龙酸 （2-keto-L-gulonic acid，2-KLG）。以后，人们又发现某些微生物能非常有效地直接把 D-葡萄糖经中间体 2,5-二酮基-D-葡萄糖酸 （2,5-diketo-D-glucinic acid，2,5-DKG）转化成 2-KLG，并建立起串联发酵法。但是由于 2,5-DKG 对热不稳定，作为进一步发酵的原料，只能用表面活性剂十二烷基磺酸钠灭菌，这给生产带来了麻烦，所以串联发酵法至今未用于生产。但串联发酵法的研究为工程菌的建立奠定了基础。

运用基因工程技术把后一步菌株中的相关基因转移到前一步的菌株中，构建成新的基因工程菌株，从而使 D-葡萄糖到 2-KLG 的生物转化过程只需一种菌株实现一步发酵而完成，使两步酶反应合并成一步，使维生素 C 一步发酵法获得成功。Anderson 等和 Sonoyama 等为此分离纯化了棒状杆菌中的 2,5-DKG 还原酶，并证实了此酶在 C5 位置上立体专一性地将 2,5-DKG 还原为 2-KLG。Anderson 等克隆了 2,5-DKG 还原酶基因，构建了表达载体，分别转入草生欧文菌和柠檬欧文菌中表达。新基因工程菌能使葡萄糖氧化成 2,5-DKG 以及 2,5-DKG 还原成为 2-KLG 的双重反应在同一菌株内进行，从而实现了从 D-葡萄糖到 2-KLG 的一步发酵。

第五节　种子的扩大培养

菌种的扩大培养是发酵生产的第一道工序，该工序又称为种子制备。种子制备不仅要使菌体数量增加，更重要的是，经过种子制备培养出具有高质量的生产种子供发酵生产使用。因此，如何提供发酵产量高、生产性能稳定、数量足够而且不被其他杂菌污染的生产菌种，是种子制备工艺的关键。

一、种子扩大培养的任务

由于工业生产规模的扩大，每次发酵所需的种子就增多。要使小小的微生物在几十小时的较短时间内，完成如此巨大的发酵转化任务，那就必须具备数量巨大的微生物细胞才行。菌种扩大培养的目的就是要为每次发酵罐的投料提供相当数量的代谢旺盛的种子。因为发酵时间的长短和接种量的大小有关，接种量大，发酵时间则短。将较多数量的成熟菌体接入发酵罐中，就有利于缩短发酵时间，提高发酵罐的利用率，并且也有利于减少染菌的机会。因此，种子扩大培养的任务，不但要得到纯而壮的培养物，还要获得活力旺盛的、接种数量足够的培养物。对于不同产品的发酵过程来说，必须根据菌种生长繁殖速度快慢决定种子扩大培养的级数，抗生素生产中，放线菌的细胞生长繁殖较慢，常常采用三级种子扩大培养。一般 50t 发酵罐多采用三级发酵，有的甚至采用四级发酵如链霉素生产。有些酶制剂发酵生产也采用三级发酵。而谷氨酸及其他氨基酸的发酵所采用的菌种是细菌，生长繁殖速度很快，所以采用二级发酵。

二、种子培养方法

种子培养要求一定量的种子在适宜的培养基中，控制一定的培养条件和培养方法，从而保证种子正常生长。

工业微生物种子培养法分为静置培养和通气培养两大类型，其静置培养法即将培养基盛于发酵容器中，在接种后，不通空气进行培养。而通气培养法的生产菌种以好氧菌和兼性好氧菌居多，它们生长的环境必须供给空气，以维持一定的溶解氧水平，使菌体迅速生长和发酵，又称为好氧性培养。

1. 表面培养法

表面培养法是一种好氧静置培养法。针对容器内培养基物态又分为液态表面培养和固体表面培养。相对于容器内培养基体积而言，表面积越大，越易促进氧气由气液界面向培养基内传递。菌的生长速率与培养基的深度有关，单位体积的表面积越大，生长速率越快。

2. 固体培养法

固体培养又分为浅盘固体培养和深层固体培养，统称为曲法培养。它起源于我国酿造生产特有的传统制曲技术。其最大特点是固体曲的酶活力高。

3. 液体深层培养

液体深层种子罐从罐底部通气，送入的空气由搅拌桨叶分散成微小气泡以促进氧的溶解。这种由罐底部通气搅拌的培养方法，相对于由气液界面靠自然扩散使氧溶解的表面培养法来讲，称为深层培养法。其特点是容易按照生产菌种对于代谢的营养要求以及不同生理时期的通气、搅拌、温度与培养基中氢离子浓度等条件，选择最佳培养条件。

液体深层培养基本操作的三个控制点如下。

① 灭菌 发酵工业要求纯培养，因此在种子培养前必须对种子培养基进行加热灭菌。所以种子罐具有蒸汽夹套，以便将培养基和种子罐进行加热灭菌，或者将培养基由连续加热灭菌器灭菌，并连续地输送到种子罐内。

② 温度控制 培养基灭菌后，冷却至培养温度进行种子培养，由于随着微生物的生长和繁殖会产生热量，搅拌也会产生热量，所以要维持温度恒定，需在夹套中或盘管中通冷却水循环。

③ 通气、搅拌 空气进入种子罐前先经过空气过滤器除去杂菌，制成无菌空气，而后由罐底部进入，再通过搅拌将空气分散成微小气泡。为了延长气泡滞留时间，可在罐内装挡板产生涡流。搅拌的目的除增加溶解氧以外，可使培养液中的微生物均匀地分散在种子罐内，促进热传递，并使加入的酸和碱均匀分散等。

三、种子制备阶段

种子制备是将斜面菌株或固体培养基上的孢子逐步扩大培养，使其生产繁殖成大量菌丝或菌体的过程。种子制备所使用的培养基和其他工艺条件，都要有利于孢子发芽、菌丝繁殖和菌体生长。

1. 实验室种子制备

某些孢子发芽和菌丝繁殖速度缓慢的菌种，需将孢子经摇瓶培养成菌丝后再进入种子罐，这就是摇瓶种子。摇瓶相当于微缩了的种子罐，其培养基配方和培养条件与种子罐相似。

放线菌的孢子培养一般采用琼脂斜面培养基，培养基中含有一些适合产孢子的营养成分，如麸皮、豌豆浸汁、蛋白胨和一些无机盐等，碳源和氮源不要太丰富（碳源约为 1%，氮源不超过 0.5%），碳源丰富容易造成生理酸性的营养环境，不利于放线菌孢子的形成，氮源丰富则有利于菌丝繁殖而不利于孢子形成。一般情况下，干燥和限制营养可直接或间接诱导孢子形成。放线菌斜面的培养温度大多数为28℃，少数为37℃，培养时间为5～14天。

放线菌发酵生产的种子培养过程：

菌种→母斜面(孢子)→子斜面(孢子)→摇瓶种子(菌丝)→种子罐→发酵罐

采用哪一代的斜面孢子接入液体培养，视菌种特性而定。采用母斜面孢子接入液体培养基有利于防止菌种变异，采用子斜面孢子接入液体培养基可节约菌种用量。菌种进入种子罐有两种方法。一种为孢子进罐法，即将斜面孢子制成孢子悬浮液直接接入种子罐。此方法可减少批与批之间的差异，具有操作方便、工艺过程简单、便于控制孢子质量等优点，孢子进罐法已成为发酵生产的一个方向。另一种方法为摇瓶菌丝进罐法，适用于某些生长发育缓慢的放线菌，此方法的优点是可以缩短种子在种子罐内的培养时间。

霉菌的孢子培养，一般以大米、小米、玉米、麸皮、麦粒等天然农产品为培养基。这是由于这些农产品中的营养成分较适合霉菌的孢子繁殖，而且这类培养基的表面积较大，可获得大量的孢子。霉菌的培养一般为25～28℃，培养时间为4～14天。

细菌的斜面培养基多采用碳源限量而氮源丰富的配方，牛肉膏、蛋白胨常用作有机氮源。细菌培养温度大多数为37℃，少数为28℃，细菌菌体培养时间一般1～2天，产芽孢的细菌则需培养5～10天。

2. 车间种子培养

车间种子制备的目的是为发酵罐提供活力健壮的、一定数量和质量的菌体细胞。种子罐的级数主要决定于菌种的性质和菌体生长速度及发酵设备的合理应用。孢子发芽和菌体开始繁殖时，菌体量很少，在小型罐内即可进行。种子罐级数减少，有利于生产过程的简化及发酵过程的控制，可以减少因种子生长异常而造成发酵的波动。车间种子制备的工艺过程，因菌种不同而异，一般可分为一级种子、二级种子和三级种子制备。实验室种子被接入到体积较小的种子罐中，经培养后形成大量的菌丝或细胞，这样的种子称为一级种子。如果将一级种子接入体积较大的种子罐内，经过培养形成更多的培养液，这样制备的种子称为二级种子。把一级种子转入发酵罐内发酵，称为二级发酵；将二级种子转入发酵罐内发酵，称为三级发酵；同样道理，使用三级种子的发酵，称为四级发酵。

四、影响种子质量的因素

种子质量与许多因素有关，如培养基、培养条件、种龄和接种量等。摇瓶种子的质量主要以外观颜色、菌体浓度或黏度以及碳氮代谢、pH变化等为指标，符合要求方可进罐。种子的质量是发酵能否正常进行的重要因素之一。种子质量的优劣，主要取决于菌种本身的遗传特性和培养条件两个方面。这就是说既要有优良的菌种，又要有良好的培养条件才能获得高质量的种子。种子制备不仅是要提供一定数量的菌体，更为重要的是要为发酵生产提供适合发酵、具有一定生理状态的菌体。影响种子质量的各种因素，相互联系、相互影响，因此必须全面考虑各种因素，认真加以控制。

(1) 培养基　种子培养基的营养成分应适合种子培养的需要，有利于孢子发芽和菌丝生长。一方面，在营养上易于被菌体直接吸收和利用，营养成分要丰富和完全，氮源和维生素含量较高，这样可以使菌体健壮，并具有较强的活力。另一方面，培养基的营养成分要尽可能地和发酵培养基接近，这样的种子一旦移入发酵罐后也能比较容易适应发酵罐的培养条件。发酵的目的是为了获得尽可能多的发酵产物，其培养基一般比较浓，而种子培养基以略稀薄为宜。种子培养基的pH要比较稳定，以适合菌的生长和发育。pH的变化会引起各种酶活力的改变，对菌丝形态和代谢途径影响很大。例如，种子培养基的pH控制对四环素发酵有显著影响。生产过程中常有孢子质量不稳定的现象，常常是原材料质量不稳定所造成的。原材料产地、品种和加工方法的不同，会导致培养基中的微量元素和其他营养成分含量的变化。例如，由于生产蛋白胨所用的原材料及生产工艺的不同，蛋白胨的微量元素含量、磷含量、氨基酸组分均有所不同，而这些营养成分对于菌体生长和孢子形成有重要作用。琼脂的牌号不同，对种子质量也有影响，这是由于不同牌号的琼脂含有不同的无机离子造成的。此外，水质的影响也不能忽视。地区的不同、季节的变化和水源的污染，均可成为水质波动的原因。为了避免水质波动对种子质量的影响，可在蒸馏水或无盐水中加入适量的无机盐，供配制培养基使用。例如在配制四环素斜面培养基时，有时在无盐水内加入 0.03%（NH_4)$_2$$HPO_4$、0.028% KH_2PO_4 及 0.01% $MgSO_4$，确保孢子质量，提高四环素发酵产量。

（2）培养温度和溶氧　种子培养应选择最适条件，培养温度、溶氧等均是很重要的，各级种子罐或者同级种子罐的各个不同时期的需氧量不同，应区别控制，一般前期需氧量较少，后期需氧量较多，应适当加大供氧量。一般来说，提高培养温度，可使菌体代谢活动加快，缩短培养时间，但是，菌体的糖代谢和氮代谢的各种酶类对温度的敏感性是不同的。因此，培养温度不同，菌的生理状态也不同，如果不是用最适温度培养的孢子，其生产能力就会下降。不同的菌株要求的最适温度不同，需经实践考察确定。例如，龟裂链霉菌斜面最适温度为 36.5～37℃，如果高于37℃，则孢子成熟早，易老化，接入发酵罐后，就会出现菌丝对碳氮利用缓慢、氨基氮回升提前、发酵产量降低等现象。培养温度控制低一些，则有利于孢子的形成。龟裂链霉菌斜面先放在 36.5℃培养 3 天，再放在 28.5℃培养 1 天，所得的孢子数量比在 36.5℃培养 4 天所得的孢子数量增加 3～7 倍。在青霉素生产的种子制备过程中，充足的通气量可以提高种子质量。例如，将通气充足和通气不足两种情况下得到的种子都接入发酵罐内，它们的发酵单位可相差 1 倍。但是，在土霉素发酵生产中，一级种子罐的通气量小一些却对发酵有利。通气搅拌不足可引起菌丝结团、菌丝粘壁等异常现象。生产过程中，有时种子培养会产生大量泡沫而影响正常的通气搅拌，此时应严格控制，甚至可考虑改变培养基配方，以减少发泡。对青霉素生产的小罐种子，可采用补料工艺来提高种子质量，即在种子罐培养一定时间后，补入一定量的种子培养基，结果种子罐放罐体积增加，种子质量也有所提高，菌丝团明显减少，菌丝内积蓄物增多，菌丝粗壮，发酵单位增高。

（3）培养时间　种子培养时间称为种龄。在种子罐内，随着培养时间延长，菌体量逐渐增加。但是菌体繁殖到一定程度，由于营养物质消耗和代谢产物积累，菌体量不再继续增加，而是逐渐趋于老化。由于菌体在生长发育过程中，不同生长阶段的菌体的生理活性差别很大，接种种龄的控制就显得非常重要。在工业发酵生产中，一般都选在生命力极为旺盛的对数生长期，菌体量尚未达到最高峰时移种，此时的种子能很快适应环境，生长繁殖快，可大大缩短在发酵罐中的调整期，缩短在发酵罐中的非产物合成时间，提高发酵罐的利用率，节省动力消耗。如果种龄控制不适当，种龄过于年轻的种子接入发酵罐后，往往会出现前期生长缓慢、泡沫多、发酵周期延长以及因菌体量过少而菌丝结团，引起异常发酵等；而种龄过老的种子接入发酵罐后，则会因菌体老化而导致生产能力衰退。在土霉素生产中，一级种子的种龄相差 2～3h，转入发酵罐后，菌体的代谢就会有明显的差异。

最适种龄因菌种不同而有很大的差异。细菌的种龄一般为 7～24h，霉菌种龄一般为 16～50h，放线菌种龄一般为 21～64h。同一菌种的不同罐批培养相同的时间，得到的种子质量也不完全一致，因此最适的种龄应通过多次试验，特别要根据本批种子质量来确定。

（4）接种量　移入的种子液体积和接种后培养液体积的比例，称为接种量。发酵罐的接种量的大小与菌种特性、种子质量和发酵条件等有关。不同的微生物其发酵的接种量是不同的，如制霉菌素发酵的接种量为 0.1%～1%，肌苷酸发酵接种量 1.5%～2%，霉菌的发酵接种量一般为 10%，多数抗生素发酵的接种量为 7%～15%，有时可加大到 20%～25%。

接种量的大小与该菌在发酵罐中生长繁殖的速度有关。有些产品的发酵以接种量大一些较

为有利，采用大接种量，种子进入发酵罐后容易适应，而且种子液中含有大量的水解酶，有利于对发酵培养基的利用。大接种量还可以缩短发酵罐中菌体繁殖至高峰所需的时间，使产物合成速度加快。但是，过大的接种量往往使菌体生长过快、过稠，造成营养基质缺乏或溶解氧不足而不利于发酵；接种量过小，则会引起发酵前期菌体生长缓慢，使发酵周期延长，菌丝量少，还可能产生菌丝团，导致发酵异常等。但是，对于某些品种，较小的接种量也可以获得较好的生产效果。例如，生产制霉菌素时用1%的接种量，其效果较用10%的为好，而0.1%接种量的生产效果与1%的生产效果相似。接入种子罐的孢子接种量对发酵生产也有影响。例如，青霉素产生菌之一的球状菌的孢子数量对青霉素发酵产量影响极大，因为孢子数量过少，则进罐后长出的球状体过大，影响通气效果；若孢子数量过多，则进罐后不能很好地维持球状体。

近年来，生产上多以大接种量和丰富培养基作为高产措施。如谷氨酸生产中，采用高生物素、大接种量、添加青霉素的工艺。为了加大接种量，有些品种的生产采用双种法，即2个种子罐的种子接入1个发酵罐。有时因为种子罐染菌或种子质量不理想，而采用倒种法，即以适宜的发酵液倒出部分对另一发酵罐作为种子。有时2个种子罐中有1个染菌，此时可采用混种进罐的方法，即以种子液和发酵液混合作为发酵罐的种子。以上三种接种方法运用得当，有可能提高发酵产量，但是其染菌机会和变异机会增多。

五、种子质量标准

不同产品、不同菌种以及不同工艺条件的种子质量有所不同，况且，判断种子质量的优劣尚需要有丰富的实践经验。发酵工业生产上常用的种子质量标准，大致有如下几个方面。

(1) 形态特征 种子培养的目的是获得健壮和足够数量的菌体。因此，菌体形态、菌体浓度以及培养液的外观，是种子质量的重要指标。

菌体形态可通过显微镜观察来确定，以单细胞菌体为种子的质量要求是菌体健壮、菌形一致、均匀整齐，有的还要求有一定的排列或形态。以霉菌、放线菌为种子的质量要求是菌丝粗壮，对某些染料着色力强、生产旺盛、菌丝分枝情况和内含物情况良好。

菌体的生长量也是种子质量的重要指标，生产上常用离心沉淀法、光密度法和细胞计数法等进行测定。种子液外观如颜色、黏度等也可作为种子质量的粗略指标。

(2) 菌种的稳定性 生产中使用的菌种必须保持稳定的生产能力，因此定期检查菌种生产能力。采用琼脂培养基进行梯度稀释划线培养，挑选形态整齐、均匀一致的菌落进行摇瓶实验，测定其生产能力，以不低于原有的生产能力为原则，并取生产能力较高者备用。

(3) 生化指标 种子液的糖、氮、磷含量的变化和pH值变化是菌体生长繁殖、物质代谢的反映，不少产品的种子液质量是以这些物质的利用情况及变化为指标的。

(4) 产物生成量 种子液中产物的生成量是多种发酵产品发酵中考察种子质量的重要指标，因为种子液中产物生成量的多少是种子生产能力和成熟程度的反映。

(5) 酶活力 测定种子液中某种酶的活力，作为种子质量的标准，是一种较新的方法。如土霉素生产的种子液中的淀粉酶活力与土霉素发酵单位有一定的关系，因此种子液淀粉酶活力可作为判断该种子质量的依据。

(6) 无菌检验 为了保证菌种的质量，在种子制备过程中，每一步均需进行杂菌检验。可采用镜检、肉汤以及琼脂平板培养等方法，还可以对种子液进行理化分析。无菌检验是判断杂菌污染的主要依据。

此外，种子应确保无任何杂菌污染。

六、种子异常的分析

在生产过程中，种子质量受各种各样因素的影响，种子异常的情况时有发生，会给发酵带来很大的困难。种子异常往往表现为菌种生长发育缓慢或过快、菌丝结团、菌丝粘壁三个方面。

（1）菌种生长发育缓慢或过快　此种现象的出现与孢子质量以及种子罐的培养条件有关。生产中，通入种子罐的无菌空气的温度较低或者培养基的灭菌质量较差是种子生长、代谢缓慢的主要原因。生产中，培养基灭菌后需取样测定其 pH 值，以判断培养基的灭菌质量。

（2）菌丝结团　在液体培养条件下，繁殖的菌丝并不分散舒展而聚成团状称为菌丝团。这时从培养液的外观就能看见白色的小颗粒，菌丝聚集成团会影响菌的呼吸和对营养物质的吸收。如果种子液中的菌丝团较少，进入发酵罐后，在良好的条件下，可以逐渐消失，不会对发酵产生显著影响。如果菌丝团较多，种子液移入发酵罐后往往形成更多的菌丝团，影响发酵的正常进行。菌丝结团和搅拌效果差、接种量小有关，一个菌丝团可由一个孢子生长发育而来，也可由多个菌丝体聚集一起逐渐形成。

（3）菌丝粘壁　菌丝粘壁是指在种子培养过程中，由于搅拌效果不好，泡沫过多以及种子罐装料系数过小等原因，使菌丝逐步粘在罐壁上。其结果使培养液中菌丝浓度减少，最后就可能形成菌丝团。以真菌为产生菌的种子培养过程中，发生菌丝粘壁的机会较多。

思考与练习题

1. 微生物有哪些特点？试举例说明微生物的工业应用。

2. 工业生产中使用的微生物菌种为什么会发生衰退？菌种衰退表现在哪些方面？防止菌种衰退的措施有哪些？

3. 简要说明诱变育种的步骤。诱变育种应注意哪些问题？

4. 试比较诱变育种技术、原生质体融合技术、DNA 重组技术三种育种方法的优点和缺点。

5. 简要说明基因组重组技术的意义？

6. 影响种子质量的因素有哪些？如何控制种子质量？

7. 以生产实际为例，说明种子异常的原因。

8. 什么是发酵级数？其影响因素有哪些？

9. 实验室种子培养和生产车间种子培养在培养基组成上有哪些不同？

第三章 发酵培养基及其制备

第一节 发酵培养基的选择

培养基是提供微生物生长繁殖和生物合成各种代谢产物所需要的、按一定比例配制的多种营养物质的混合物。培养基组成对菌体生长繁殖、产物的生物合成、产品的分离精制乃至产品的质量和产量都有重要的影响。微生物的营养活动是依靠向外界分泌大量的酶,将周围环境中大分子蛋白质、糖类、脂肪等营养物质分解成小分子化合物,借助于细胞膜的渗透作用,吸收这些小分子营养物质来实现的。工业生产中选择的培养基俗称发酵培养基,不同的微生物的生长情况不同或合成不同的发酵产物时所需的发酵培养基有所不同,但是一个适宜于大规模发酵的培养基应该具有以下几个共同特点:①培养基中营养成分的含量和组成能够满足菌体生长和产物合成的需求;②发酵副产物尽可能地少;③培养基原料价格低廉,性能稳定,资源丰富,便于运输和采购;④培养基的选择应能满足总体工艺的要求。因此对发酵培养基应进行科学设计,首先应对发酵培养基成分及原辅材料的特性有详细的了解,其次结合具体微生物及其发酵产物的代谢特点对培养基的成分进行合理化选择和优化。

一、发酵培养基选择的依据

不同的微生物对培养基的需求是不同的,因此,不同微生物培养过程对原料的要求也是不一样的。应根据具体情况,从微生物营养要求的特点和生产工艺的要求出发,选择合适的营养基,使之既能满足微生物生长的需要,又能获得较高的产品得率,同时也要符合增产节约、因地制宜的原则。

1. 根据微生物的特点来选择培养基

用于大规模生产的微生物主要有细菌、酵母菌、霉菌和放线菌等四大类。它们对营养物质的要求不尽相同,有共性也有各自的特性。在实际应用时,要依据微生物的不同特性及营养需求来选择培养基的组成,对典型的培养基配方需做必要的调整。

2. 根据不同用途选择培养基

液体培养基和固体培养基各有不同的用途,也各有其优点和缺点。在液体培养基中,营养物质以溶质状态溶解于水中,这样微生物就能更充分接触和利用营养物质,更有利于微生物的生长和更好地积累代谢产物。工业上,利用液体培养基进行的深层发酵具有发酵效率高,操作方便,便于机械化、自动化,降低劳动强度,占地面积小,产量高等优点,所以发酵工业中大多采用液体培养基培养种子和进行发酵,并根据微生物对氧的需求,分别做静置培养或通气培养。而固体培养基则常用于传统的白酒生产及部分酶制剂的生产,亦用于微生物菌种的保藏、分离、菌落特征鉴定、活细胞数测定等方面。此外,工业上也常用一些固体原料,如小米、大米、麸皮、马铃薯等直接制作成斜面或茄形瓶来培养霉菌、放线菌。

3. 根据生产实践和科学试验的不同要求选择培养基

生产过程中,由于菌种的保藏、种子的扩大培养到发酵生产等各个阶段的目的和要求不同,因此,所选择的培养基成分配比也应该有所区别。一般来说,种子培养基主要是供微生物菌体的生长繁殖。为了在较短的时间内获得数量较多的强壮的种子细胞,种子培养基要求营养丰富、完全,氮源、维生素的比例应较高,所用的原料也应是易于被微生物菌体吸收利用。常用葡萄糖、硫酸铵、尿素、玉米浆、酵母膏、麦芽汁、米曲汁等作为原料配制培养基。而发酵培养基除需要维持微生物菌体的正常生长外，主要目的是合成预定的发酵产物，所以，发酵培养基碳源物质的含量往往要高于种子培养基。当然，如果产物是含氮物质，相应地增加氮源的供应量。除此之外，发酵培养基还应考虑便于发酵操作以及不影响产物的提取分离和产品的质量。

4. 根据经济效益分析选择培养基

从科学的角度出发，培养基的经济性通常是不被那么重视。而对于生产过程来讲，由于配制发酵培养基的原料大多是粮食、农副产品等，且工业发酵消耗原料量大，因此，在工业发酵中选择培养基原料时，除了必须考虑容易被微生物利用并满足生产工艺的要求外，还应考虑到经济效益，必须以价廉、来源丰富、运输方便、就地取材以及没有毒性等为原则选择培养基的原料。

二、发酵培养基选择的原则

不同的微生物所需要的培养基成分是不同的，要确定一个合适的培养基，就需要了解生产用菌种的来源、生理生化特性和一般的营养要求，根据不同生产菌种的培养条件、生物合成的代谢途径、代谢产物的化学性质等确定培养基。基本原则是明确目标，协调营养，条件适宜，经济合理。

1. 菌体的同化能力

微生物能够利用复杂的大分子是由于微生物能够分泌各种各样的水解酶类，在体外将大分子物质水解为微生物能够直接利用的小分子物质。由于微生物来源和种类的不同，所能分泌的水解酶系是不一样的。因此有些微生物由于水解酶系的缺乏只能够利用简单物质，如酵母菌只能利用简单的糖类，不能利用多糖，因此酿造行业用粮食原料制酒时，对原材料必须经过一系列的处理，最终获得酵母能够利用的碳源。以中国为代表的酒曲中含有丰富的淀粉酶和糖化酶，可以将淀粉转化为糖，国外以麦芽（麦芽中含有丰富的淀粉水解酶类，可以将淀粉转化为麦芽糖）制酒为代表的酿酒工艺，这些都是在实践中发展起来的结果。有些微生物则可以利用较为复杂的物质。因而在考虑培养基成分选择的时候，必须充分考虑菌种的同化能力，从而保证所选用的培养基成分是微生物能够利用的。许多碳源和氮源都是复杂的有机大分子，如豆饼粉、黄豆饼粉等。用这类原料作为培养基，微生物必须具备分泌胞外淀粉酶和蛋白酶的能力，但不是所有的微生物都具备这种能力。

葡萄糖是几乎所有的微生物都能利用的碳源，因此在培养基选择时一般都优先加以考虑。但工业上由于直接选用葡萄糖作为碳源，成本相对较高，一般采用淀粉水解糖。为了保证发酵正常生产，水解糖液必须达到一定的质量指标。

微生物利用氮源的能力因菌种、菌龄的不同而有差异。多数能分泌胞外蛋白酶的菌株，在有机氮源（蛋白质）上可以良好地生长。常用的有大豆饼、花生饼粉。有些微生物，如大多数氨基酸生产菌，缺乏蛋白质分解酶，不能直接分解蛋白质，必须将有机氮源水解后才能被利用。同一微生物处于生长不同阶段时，对氮源的利用能力不同，在生长早期容易利用易同化的铵盐和氨基氮，在生长中期则由于细胞的代谢酶系已经形成，则利用蛋白质的能力增强。因此在培养基中有机氮源和无机氮源应当混合使用。

2. 代谢物的阻遏和诱导作用

对于快速利用的碳源如葡萄糖来讲，当菌体利用葡萄糖时产生的分解代谢产物会阻遏或抑制某些产物合成所需酶系的形成或酶的活性，即发生"葡萄糖效应"。因此在次级代谢产物发酵生产时，作为种子培养基所含的快速利用的碳源和氮源，往往比发酵培养基多，而发酵培养基需考虑慢速利用的碳源/氮源与快速利用的氮源/氮源的合理搭配。当然也可以考虑分批补料或连续补料的方式，以及在基础培养基中添加诸如磷酸镁等称为铵离子捕捉剂的化合物，来控制微生物对底物合适的利用速率，以解除所谓的"葡萄糖效应"，生产更多的目标产物。

3.经济性

工业生产中必须考虑成本因素。因此制备发酵培养基尽可能选择廉价原料，在保证产物合成不受影响的前提下，"以粗代精"、"以废代好"。

对于酶制剂生产，应考虑碳源的分解代谢阻遏的影响，对许多诱导酶来说易被利用的碳源（如葡萄糖与果糖等）不利于产酶，而一些难被利用的碳源（如淀粉、糊精等）对产酶是有利的。因而淀粉糊精等多糖也是常用的碳源，特别是在酶制剂生产中几乎都选用淀粉类原料作为碳源。

有些产物会受氮源的诱导与阻遏，这在蛋白酶的生产中表现尤为明显，除个别外，例如黑曲霉生产酸性蛋白酶需高浓度的铵盐，通常蛋白酶的生产受培养基中蛋白质或多肽的诱导，而受铵盐、硝酸盐、氨基氮的阻遏。这时在培养基氮源选取时应考虑以有机氮源（蛋白质类）为主。

第二节　发酵培养基的设计与优化

发酵培养基的设计必须考虑为微生物细胞生长和发酵产物合成提供最基本组成成分，同时要有利于提高单位培养基中产物的浓度，以提高单位容积发酵罐的生产能力，缩短发酵周期，减少对发酵过程中通气搅拌的影响，提高氧的利用率，降低能耗，并尽量减少副产物的形成，有利于产品的分离和纯化，减少"三废"处理的负荷。

一、发酵培养基设计应注意的问题

1.原材料的质量及生产成本

在培养基碳源的选择上，要考虑原料成本占生产总成本的比例，最好采用来源广泛、价格低廉的原料。例如，赖氨酸（Lys）生产中用山芋淀粉，后改为用山芋粉为碳源，这样不仅价廉，而且山芋粉中还含有生物素、镁盐等，省去了原来所加的玉米浆、硫酸镁，并使整个成本降低15％。对于有机氮源，特别要注意原材料的来源、加工方法和有效成分的含量以及储存方法。如有机氮源大部分为农副产品，其中所含的成分受产地、加工、储存等的影响较大。因此，发酵工厂对这些原料都应进行定点采购和加工；如原料有变化，应事先进行试验，一般不得随意更换原料。对所有的培养基组成都要有一定的质量标准。

在使用糖蜜时，要特别注意，由于糖蜜中含有大量的无机盐、胶体物质和灰分，对于有些产品的生产，必须进行预处理。例如在柠檬酸生产中，由于糖蜜中富含铁离子会导致异柠檬酸的形成，所以糖蜜要预先加入黄血盐除铁；在发酵产酒精时，由于糖蜜中干物质浓度大、糖分高、产酸菌多、灰分和胶体物质也很多，酵母无法生长，因此必须经过稀释、酸化、灭菌、澄清和添加营养盐等处理后才能使用。在使用生物素缺陷型菌株发酵生产谷氨酸时，要考虑糖蜜中的生物素含量。

发酵培养基碳氮比对微生物生长繁殖和产物合成的影响极为显著。因此，在设计发酵培养基时，要注意快速利用的碳（氮）源和慢速利用的碳（氮）源的相互配合，发挥各自优势，避其所短，选用适当的碳氮比。碳源过多，则容易形成较低的 pH；碳源不足，菌体衰老和自溶。另外碳氮比不当还会影响菌体按比例地吸收营养物质，直接影响菌体生长和产物的形成。菌体在不同生长阶段，对其碳氮比的最适要求也不一样。由于碳既做碳架又作能源，所以用量要比氮多。氮源过多，则菌体繁殖旺盛，pH 偏高，不利于代谢产物的积累；氮源不足，则菌体繁殖量少，从而影响产量。从元素分析来看，酵母细胞中碳氮比约为 100∶20，霉菌约为 100∶10。一般发酵工业中碳氮比约为 100∶（0.2～2.0），但在氨基酸发酵中，因为产物中含有氮，所以碳氮比就相对高一些。如谷氨酸发酵的 C∶N=100∶（15～21），若碳氮比为 100∶（0.2～2.0），则会出现只长菌体，几乎不产谷氨酸的现象。C/N 随碳水化合物及氮源的种类以及通气搅拌等条件而异，很难确定统一的比值，要视生产的具体情况确定。

2. 发酵的特性

培养基中各成分的含量往往是根据经验和摇瓶试验或小罐试验结果来决定的。但在大规模发酵时要综合考虑。有些主要代谢产物因为它们的代谢途径较清楚，所以根据物料平衡计算来加以确定。

如酒精发酵

$$(C_6H_{10}O_5)_n + H_2O \xrightarrow{\text{水解}} nC_6H_{12}O_6$$

$$C_6H_{12}O_6 \xrightarrow{\text{发酵}} 2C_2H_5OH + 2CO_2 + H_2O$$

100kg 淀粉理论上可以产酒精

$$X = \frac{2 \times 46 \times 100}{182} = 56.79 \text{kg}$$

对于次级代谢产物，生物合成途径了解有限，根据化学计算比较困难，但也有人根据物料平衡计算了碳源转化为青霉素的得率。Cooney（1979）根据化学反应计量关系和经验数据得出下式：

$$\frac{10}{6}C_6H_{12}O_6 + 2NH_3 + \frac{1}{2}O_2 + H_2SO_4 + C_8H_8O_{12} \longrightarrow C_{16}H_{18}N_2S + 2CO_2 + 9H_2O$$

上式计算青霉素 G 的理论得率为每克葡萄糖得 1.1g 青霉素 G。在确定培养基中碳源数量时，还要考虑用于菌体生长和维持所需的消耗。

使用淀粉时，如果浓度过高培养基会很黏稠，所以培养基中淀粉的含量大于 2.0% 时，应该先用淀粉酶糊化，然后再混合、配制、灭菌，以免产生结块现象。糊精的作用和淀粉极为相似，因其在热水中的溶解性，所以补料中一般不补淀粉而是补糊精。在红霉素摇瓶发酵中，提高基础培养基中的淀粉含量能够延缓菌丝自溶、提高发酵单位，但在工业生产中，由于淀粉含量过高不仅成本增加且发酵液黏稠影响氧的传质，进而影响红霉素的生物合成和后工段的处理。因此在发酵生产中往往喜欢所谓的"稀配方"，它既降低成本、灭菌容易，且使氧传递容易而有利于目的产物的生物合成。如果营养成分缺乏，则可通过中间补料方法予以弥补。

3. 水质的影响

水是发酵培养基的主要组成成分。配制发酵培养基一般用深井水，有的工厂还用地表水。水中含的无机离子和其他杂质与环境有关。深井水的水质可因地质情况、水源深度、采水季节及环境不同而不同，地表水的水质受环境污染的影响更大。对于发酵工厂来说，恒定的水源是至关重要的，因为在不同水源中存在的各种因素对微生物发酵代谢影响甚大。

4. pH 的影响

微生物的生长和代谢除了需要适宜的营养环境外，其他环境因子也应处于适宜的状态。其 pH 是极为重要的一个环境因子。设计培养基要注意生理酸、碱性盐和 pH 缓冲剂的加入和搭配，根据该菌种在现有工艺设备的条件下，其生长和合成产物时 pH 的变化情况以及最适 pH 所控制范围等，综合考虑选用什么生理酸、碱性物质及用量，从而保证在整个发酵过程中 pH 都能维持在最佳状态。培养基的碳氮比与培养基的 pH 值密切相关，在选取培养基营养成分时，除了考虑营养的需求外，也要考虑其代谢后引起培养体系 pH 的变化，从而保证发酵过程中 pH 能满足工艺的要求。微生物在利用营养物质后，由于酸碱物质的积累或代谢，酸碱物质的形成会造成培养体系 pH 的波动。因此，在工业上，以改变培养基成分的配比使在发酵过程中的 pH 变化适合菌种的代谢要求，或者直接用酸或碱来进行调节。

5. 灭菌操作

不适当的灭菌操作除了降低营养物质的有效浓度外，还会带来其他有害物质的积累，进一步抑制产物的合成。所以有时为避免营养物质在加热的条件下相互作用，可以将营养物质分开灭菌。如培养基中钙盐过多时，会形成磷酸钙沉淀，降低了培养基中可溶性磷的含量。因此，当培养基中磷和钙均要求较高浓度时，可将二者分别灭菌或逐步补加。

有些物质由于挥发和对热非常敏感，就不能采用湿热灭菌方法。如氨水可用过滤除菌的方法进行灭菌。在配制发酵培养基时保持一个干净、整洁的环境十分重要。如果配制培养基的地点靠近发酵车间，一定要意识到营养成分的泄漏可能会导致环境中微生物的生长。被孢子严重污染的培养基会降低灭菌的效果，所以对配制培养基的地点应保持清洁，并及时处理泄漏的培养基。化学消毒剂可以用来帮助控制污染，而且配制培养基的地点应该定期用合适的消毒剂擦洗。配制时可以制定一个各个组分加入顺序的标准方法，并且在操作中严格遵守。因为配制培养基时各种成分相互之间会发生复杂的化学反应和物理反应，如沉淀反应、吸收反应、转化为气体，例如将 $(NH_4)_2SO_4$ 和石灰混合会生成氨气，造成 pH 的改变等，同时了解有关培养基化学性质的知识是很重要的。许多培养基成分是粉末，这些物质在进行灭菌前都应该分散良好，否则会因为结块而影响灭菌过程中的传热，因此应单独灭菌后再加入到发酵培养基中，否则不仅会造成染菌的可能，还会降低培养基的营养价值。

如果培养基使用的成分中有在自然条件下极易染菌的物质（如糖蜜），则这种物质应该最后加入。细菌的繁殖时间一般为 1～2h，所以如果培养基配制与灭菌之间间隔时间太长，则污染物会有明显生长而降低灭菌效果，或者降低培养基的营养价值，甚至可能引入有毒物质。

二、发酵培养基的优化

一般来讲，发酵培养基成分确定后，再决定各成分之间如何达到最佳的复配。由于培养基的组分（包括这些组分的来源和加工方法）、配比、缓冲能力、黏度、灭菌的效果、灭菌后营养破坏的程度以及原料中杂质的含量都对菌体生长和产物形成有影响，但目前还不能完全从生化反应的基本原理来推断和计算出适合某一菌种的培养基配方，只能从生物化学、细胞生物学、微生物学等的基本理论，参照前人所使用的较适合某一类菌种的经验配方，再结合所用菌种和产品的特性，采用摇瓶、发酵罐等小型发酵设备，按照一定的实验设计和实验方法选择出较为适合的培养基。

1. 发酵培养基优化的目的

任何一种培养基均需根据具体情况进行设计，抓主要环节，使其既满足微生物的营养要求，又能获得优质高产的产品，同时也符合增产节约、因地制宜的原则。发酵培养基的主要目的是为了获得预期的发酵产物，因此必须根据产物特点和菌体的特征来设计培养基，营养要适当丰富和完备，菌体迅速生长和健壮，整个代谢过程 pH 值平稳；碳、氮代谢能完全符合高单位罐、批的要求，能充分发挥生产菌种合成代谢产物的能力；此外还要求成本降低。

一个适宜的培养基首先必须满足产物最经济的合成，也就是说所配制的培养基中原材料的利用率要高，这就是一个转化率（单位质量的原料所产生的产物的量）的问题。考察发酵过程的转化率一般有两个值：理论转化率和实际转化率。所谓理论转化率是指理想状态下根据微生物的代谢途径进行物料衡算所得出的转化率的大小；实际转化率是指实际发酵过程中转化率的大小。由于实际发酵过程中副产物的形成、原材料的利用不完全等因素的存在，实际转化率往往要小于理论转化率。因此如何使实际转化率接近于理论转化率是发酵控制的一个目标。

2. 发酵培养基优化的方法

选择培养基的成分，设计培养基配方虽然有一些理论依据，但最终的确定是通过实验的方法获得的。一般一个培养基设计的过程大约经过以下几个步骤：①根据前人的经验和培养基成分确定必须考虑的问题，初步确定可能的培养基成分；②通过单因素实验最终确定出适宜的培养基成分；③当培养基成分确定后，再确定各成分最适的浓度。由于培养基成分很多，为减少实验次数常采用一些合理的实验设计方法。

（1）培养基成分的设计方法　为了减少实验次数，考虑用"正交实验设计"等数学方法来确定培养基组分和浓度，它可以通过比较少的实验次数而得到较满意的结果，另外，还可通过方差分析，了解哪些因素影响较大，以引起人们的注意。

正交实验设计是多因子实验安排的一种常用方法，通过合理的实验设计，可用少量的具有代表性的实验来代替全面实验，较快地取得实验结果。正交实验的实质就是选择适当的正交表，合理安排实验和分析实验结果的一种实验方法。具体可以分为下面四步：①根据问题的要求和客观的条件确定因子和水平，列出因子水平表；②根据因子和水平数选用合适的正交表，设计正交表头，并安排实验；③根据正交表给出的实验方案，进行实验；④对实验结果进行分析，选出较优的"实验"条件以及对结果有显著影响的因子。一般来讲，对实验结果的分析有两种方法：极差分析法和方差分析法。

虽然正交实验设计是多因子实验安排中最常用的实验设计方法，其他实验设计方法还有很多，特别是一些实验方法结合计算机统计分析软件，使实验的安排和对结果的分析较正交设计更加完善和方便，这里仅仅举响应面分析法做一介绍。

响应面分析法（response surhce analysis）是数学与统计学相结合的产物，和其他统计方法一样，由于采用了合理的实验设计，能以最经济的方式，用很少的实验数量和时间对实验进行全面研究，科学地提供局部与整体的关系，从而取得明确的、有目的的结论。它与"正交设计法"不同，响应面分析方法以回归方法作为函数估算的工具，将多因子实验中因子与实验结果的相互关系用多项式近似，把因子与实验结果（响应值）的关系函数化，依此可对函数的面进行分析，研究因子与响应值之间、因子与因子之间的相互关系，并进行优化。Box 及其合作者于 20 世纪 50 年代完善了响应面方法学，后广泛应用于化学、化工、农业、机械工业等领域。

（2）培养基设计在发酵过程优化中的作用与地位　一个批式发酵（包括流加发酵）过程从开始到结束经历着不同的阶段，对于大多数产品的发酵过程可以分为生长期和产物生成期两个阶段。生长阶段表现为微生物快速生长，并很快积累到较高的浓度，而产物几乎不合成或仅少量合成；产物生成阶段一般在整个生产过程中占据较多的时间，在这一阶段微生物菌体的浓度仅有少量的变化，而产物浓度在快速地积累。

因此对于分批发酵（包括流加发酵）过程的优化控制应当分为两个阶段，而且各个阶段的控制应当有所侧重。目的是使长好的菌体能够处于最佳的产物合成状态，即如何控制有利于微生物催化产物合成所需酶系的形成。这一阶段虽然占整个发酵过程中的时间较少，但却是发酵过程好坏和成功的关键，因为微生物酶系的形成往往是不可逆的。这一阶段的研究必须从产物合成的代谢调控机制入手，具体分析每个产品制约着产物合成的主要代谢调控机制，来分析发酵开始的营养条件（包括供氧）和环境条件（如温度、pH 等），找出主要的影响因素对其进行控制，从而保证菌体长好后，有利于产物合成和分泌的酶系开启，而不利于产物合成的酶系关闭，使之处于最佳的产物合成阶段。

产物合成阶段由于微生物体内的酶系相对稳定，这就有可能从反应速率的研究入手，分析底物对反应速率的影响，找出对反应速率影响最显著的底物，以此建立动力学方程，进行优化控制，并保证其他底物浓度能维持在一个恰当的水平，使产物的合成过程最为经济。

围绕上面发酵过程两个阶段的分析，对于一个分批发酵过程研究的重点和控制的目的应当是：在菌体生长阶段找出影响产物分泌酶系的主要因素，并加以控制使菌体长好后处于最佳的产物合成阶段；在产物生成阶段找出影响反应速率变化的主要因素并加以控制，使产物的生成速率处于最佳或底物的消耗最经济。这两个阶段由于控制本质不同，其关键控制因子常常是不一样的。

对于生长阶段的控制，适宜的培养基配制是最重要的手段，也可以说是成功的关键。正如前面分析指出，生长阶段控制的目的是使生长量好的菌体处于最有利于产物合成的状态。因而必须找出影响产物分泌最适酶系形成的关键因子加以控制。目前已经有一些非常成功的报道，最典型的是谷氨酸发酵中生物素的亚适量添加。但是由于微生物代谢调控机制的复杂性，对于大多数产品仍然要做相当细致的工作。由于这些关键控制因子常常是一些微量的物质，这在一般培养基的设计和优化过程往往被忽略。这就造成了发酵前期控制的困难，发酵过程的控制常处于一种不确定的状态，如原材料产地的变化、原材料加工方法的变化等，都对发酵有着重要的影响。因此可以说目前培养基的设计对大多数产品仍处于一个较低层次的研究水平上，随着发酵过程动力学研究和计算机自动控制应用的深入，它越来越成为发酵过程优化控制研究中的瓶颈问题。

第三节　发酵培养基的成分及来源

从微生物的营养要求来看，所有的微生物都需要碳源、氮源、无机元素、水、能源和生长物质，如果是好氧微生物则还需要氧气。碳源是供给菌体生命活动所需的能量和构成菌体细胞以及代谢产物的基础。氮源主要是构成菌体细胞物质和代谢产物，即蛋白质、氨基酸等之类的含氮代谢物。微生物生长发育过程和生物合成过程也需要大量元素和微量元素，如镁、硫、磷、钾、锰等。一些特殊的微量生长因子如生物素、硫胺素、肌醇等，对营养缺陷型微生物是必不可少的。生物体内各种生化作用必须在水溶液中进行，营养物质必须溶解于水中，才能透过细胞膜被微生物利用。另外有些产品的生产还需要使用诱导剂、前体和促进剂。在实验室规模上配制含有纯化合物的培养基是相当简单的，虽然它能满足微生物的生长要求，但在大规模生产上往往是不适合的。在发酵工业中，必须使用廉价的原料来配制培养基，使之尽可能地满足下列条件：①消耗每克底物将产生最大的菌体得率或产物得率；②能产生最高的产品或菌体的浓度；③能最大速率得到产物；④副产品的得率最小；⑤价廉并具有稳定的质量；⑥来源丰富且供应充足；⑦通气和搅拌、提取、纯化、废物处理等生产工艺过程都比较容易。

用甘蔗糖蜜、甜菜糖蜜、谷物淀粉等作为碳源，用铵盐、尿素、硝酸盐、玉米浆及发酵的残余物作为氮源，使之能较好地满足上述配制培养基的条件。几种产品发酵培养基的例子见表 3-1。

表 3-1　发酵培养基例子

代谢产物	培养基
衣康酸	甘蔗糖蜜，150g/L；$ZnSO_4$，1.0g/L；$MgSO_4$，3.0g/L；$CuSO_4$，0.01g/L
赤霉素	葡萄糖，20g/L；$MgSO_4$，1.0g/L；NH_4NO_3，1.0g/L；KH_2PO_4，5.0g/L；$FeSO_4 \cdot 7H_2O$，0.01g/L；$MnSO_4 \cdot 4H_2O$，0.01g/L；$ZnSO_4 \cdot 7H_2O$，0.01g/L；$CuSO_4 \cdot 5H_2O$，0.01g/L；玉米浆(干固形物)，7.5g/L
核黄素	大豆油，20mL/L；甘油，20mL/L；葡萄糖，20g/L；玉米浆，12mL/L；酪蛋白，12g/L；KH_2PO_4，1.0g/L
青霉素	葡萄糖或糖蜜，总量的 10%；玉米浆，总量的 4%～5%；苯乙酸，总量的 0.5%～0.8%；猪油或植物油、消泡剂，总量的 0.5%

值得注意的是培养基的选择还会影响到发酵罐的设计。例如用甲醇和氨生产单细胞蛋白是用气升式反应器代替普通的机械通用搅拌罐，从而克服了由于高速通气和高速搅拌所产生的热量问题，并节约了能源。同样如果发酵罐是现成的，则明显限制了培养基的选择。

一个过程从实验室放大到中试规模，最后到工业生产，由于放大效应还会产生各种各样的问题。比如实验室使用的培养基在大型发酵罐中使用，由于此时气液传递速率降低不是最理想的，高黏度的培养基显然要消耗更高的搅拌功率。除了能满足生长和产品形成的要求外，培养基也会影响到 pH 值的变化、泡沫的形成、氧化还原电位和微生物的形态。在培养基中，有时也需要添加前体物质或代谢的抑制剂，有时需加促进剂，以促进产物的形成。

一、工业上常用的碳源

在微生物发酵生产中，普遍以碳水化合物作为碳源。使用最广的碳水化合物是玉米淀粉，也可使用其他谷物，如马铃薯、木薯淀粉。淀粉可用酸法或酶法水解产生葡萄糖，满足生产使用。表3-2是工业上常用的碳源及其来源。

表3-2 工业上常用的碳源及来源

碳 源	来 源
葡萄糖	纯葡萄糖、水解淀粉
乳糖	纯乳糖、乳清粉
淀粉	大麦、花生粉、燕麦粉、黑麦粉、大豆粉等
蔗糖	甜菜糖蜜、甘蔗糖蜜、粗红糖、精白糖等

大麦经发芽制成麦芽，除了淀粉外，麦芽还含有许多糖分。麦芽是啤酒生产的主要原料，其碳水化合物组成见表3-3。麦芽汁也可由发芽的其他谷物制备得到。

表3-3 麦芽的碳水化合物组成（总干重） %

碳水化合物	含 量	碳水化合物	含 量
淀粉	58～60	其他糖	2
蔗糖	3～5	半纤维素	6～8
还原糖	3～4	纤维素	5

蔗糖一般来自甘蔗或甜菜，在发酵培养基中常用的甜菜或甘蔗糖蜜是在糖精制作过程中留下的残液。

现在人们对诸如酒精、简单的有机酸、烷烃等含碳物质在发酵过程中作为碳源越来越感兴趣，虽然它们的价格比相等数量的粗碳水化合物要昂贵得多，但由于纯度较高，便于发酵结束后产物的回收和精制。甲烷、甲醇和烷烃已经用于微生物菌体的生产，例如将甲醇作为底物生产单细胞蛋白，用烷烃进行有机酸、维生素等的生产。工业发酵过程碳源的选择主要取决于发酵的产品，当然也会受到政府法规等因素的影响。

二、工业上常用的氮源

工业生产上所用的微生物都能利用无机或有机氮源，无机氮源包括氨水、铵盐或硝酸盐等；有机氮源包括玉米浆（corn steep liquor, CSL）、豆饼粉、花生饼粉、棉籽粉、鱼粉、酵母浸出液等。其功能是构成菌体成分，作为酶的组分或维持酶的活性，调节渗透压、pH值、氧化还原电位等。除玉米浆外，还有其他的一些原料如豆饼粉等，它们既能作氮源又能作能源。表3-4是工业常用的氮源及含氮量。

表3-4 工业常用的氮源及含氮量（质量分数） %

氮 源	含 氮 量	氮 源	含 氮 量
大麦	1.5～2.0	花生粉	8.0
甜菜糖蜜	1.5～2.0	燕麦粉	1.5～2.0
甘蔗糖蜜	1.5～2.0	大豆粉	8.0
玉米浆	4.5	乳清粉	4.5

三、无机盐

无机盐是微生物生命活动所不可缺少的物质。其主要功能是构成菌体成分、作为酶的组成部分、酶的激活剂或抑制剂、调节培养基渗透压、调节pH值和氧化还原电位等。一般微生物所需要的无机盐为硫酸盐、磷酸盐、氯化物和含钾、钠、镁、铁的化合物。还需要一些微量元素，如铜、锰、锌、钼、碘、溴等。微生物对无机盐的需要量很少。但无机盐含量对菌体生长和产物的生成影响很大。

1. 磷酸盐

磷是某些蛋白质和核酸的组分。腺苷二磷酸（ADP）、腺苷三磷酸（ATP）是重要的能量传递者，参与一系列的代谢反应。磷酸盐在培养基中还具有缓冲作用。微生物对磷的需要量一般为 $0.005\sim0.01mol/L$。工业生产上常用 $K_3PO_4 \cdot 3H_2O$、K_3PO_4 和 $Na_2HPO_4 \cdot 12H_2O$、$NaH_2PO_4 \cdot 2H_2O$ 等磷酸盐，也可用磷酸。$K_3PO_4 \cdot 3H_2O$ 含磷 13.55%，当培养基中配用 $1\sim1.5g/L$ 时，磷浓度为 $0.0044\sim0.0066mol/L$。$Na_2HPO_4 \cdot 12H_2O$ 含磷 8.7%，当培养基中配用 $1.7\sim2.0g/L$ 时，磷浓度为 $0.0048\sim0.00565mol/L$。另外，玉米浆、糖蜜、淀粉水解糖等原料中还有少量的磷。磷酸（H_3PO_4）含磷为 3.16%，当培养基中配用 $0.5\sim3.7g/L$ 时，磷浓度为 $0.005\sim0.007mol/L$。如果使用磷酸，应先用 NaOH 或 KOH 中和后加入。

磷含量对谷氨酸发酵影响很大。磷浓度过高时，菌体转向合成缬氨酸；但磷含量过低，菌体生长不好。

2. 硫酸镁

镁是某些细菌的叶绿素的组分。虽并不参与任何细胞结构物质的组成，但它的离子状态是许多重要的酶（如已糖磷酸化酶、异柠檬酸脱氢酶、羧化酶等）的激活剂。如果镁离子含量太少，就影响基质的氧化。一般革兰阳性菌对 Mg^{2+} 的最低要求量是 $25mg/L$。革兰阴性菌为 $4\sim5mg/L$。$MgSO_4 \cdot 7H_2O$ 中含 Mg^{2+} 9.87%，发酵培养基配用 $0.25\sim1g/L$ 时，Mg^{2+} 浓度 $25\sim90mg/L$。

硫存在于细胞的蛋白质中，是含硫氨基酸的组分。硫是构成一些酶的活性基。培养基中的硫已在硫酸镁中供给，不必另加。

3. 钾盐

钾不参与细胞结构物质的组成。它是许多酶的激活剂。谷氨酸发酵产物生成所需要的钾盐比菌体生长需要量高。菌体生长需钾量约为 $0.1g/L$（以 K_2SO_4 计，下同），谷氨酸生成需钾量为 $0.2\sim1.0g/L$。钾对谷氨酸发酵有影响，钾盐少长菌体，钾盐足够产谷氨酸。当培养基中配用 $1g/L$ $K_3PO_4 \cdot 3H_2O$ 时，其钾浓度约为 $0.38g/L$。如果采用 $Na_2HPO_4 \cdot 12H_2O$ 时，应配用 $0.3\sim0.6g/L$ KCl，钾浓度为 $0.35\sim0.7g/L$。

4. 微量元素

还有许多元素，微生物需要量十分微小，但又是不可缺少的，称为微量元素。例如锰是某些酶的激活剂，羧化反应必须有锰参与，如谷氨酸生物合成途径中，草酰琥珀脱羧生成 α-酮戊二酸是在 Mn^{2+} 存在下完成的。一般培养基配用 $2mg/L$ $MnSO_4 \cdot 4H_2O$。铁是细胞色素氧化酶、过氧化氢酶的成分，又是若干酶的激活剂，也是铁细菌的能源。锌是醇脱氢酶、乳酸脱氢酶、肽酶和脱羧酶的辅因子；钴参与维生素 B_{12} 的合成；钼是固氮酶的组分。

一般作为碳源、氮源的农副产物天然原料中，本身就含有某些微量元素，不必另加。必须指出，某些金属离子，特别是汞离子和铜离子，具有明显的毒性，抑制菌体生长和影响谷氨酸的合成，因此，必须避免有害离子加入培养基中。

四、生长因子

从广义来说，凡是微生物生长不可缺少的微量有机物质，如氨基酸、嘌呤、嘧啶、维生素等均称为生长因子。其功能是构成细胞的组分，促进生命活动的进行。生长因子不是所有微生物都必需的，它只是对于某些自己不能合成这些成分的微生物才是必不可少的营养物。

目前以糖质原料为碳源的谷氨酸产生菌均为生物素缺陷型（biotin auxotroph），以生物素为生长因子。有些菌株还可以硫胺素为生长因子，有些变异株油酸缺陷型以油酸为生长因子。

1. 生物素

生物素（biotin）的作用主要影响谷氨酸产生菌细胞膜的通透性，同时也影响菌体的代谢途径。使用生物素缺陷型菌株进行谷氨酸生产时，生物素浓度对菌体生长和谷氨酸积累都有影响，大量合成谷氨酸所需的生物素浓度比菌体生长的需要量低，即为菌体生长需要的"亚适量"。谷氨酸发酵最适的生物素浓度随菌种、碳源种类和浓度以及供氧条件不同而异，一般为 $5\mu g/L$ 左右。如果生物素过量，就大量繁殖而不产或少产谷氨酸，而产乳酸或琥珀酸，在生产中表现为长菌快，pH 值低，尿素消耗多。若生物素不足，菌体生长不好，谷氨酸产量也低，表现为长菌慢，耗糖慢，发酵周期长。当供氧不足、生物素过量时，则发酵向乳酸发酵转换。供氧充足，生物素过量，糖代谢倾向于完全氧化。菌体从培养液中摄取生长素的速度是很快的，远远超过菌体繁殖所消耗的生物素量，因此，培养液中残留的生物素量很低，在发酵过程中菌体内生物素含量由"丰富转向贫乏"过渡。有人试验得出结果，当菌体内生物素从 $20\mu g/g$ 干菌体降到 $0.5\mu g/g$ 干菌时，菌体就停止生长，继续发酵，在适宜条件下就大量积累谷氨酸。

生物素是 B 族维生素的一种，又叫做维生素 H 或辅酶 R。结构式如下：

生物素是一种弱一元酸（$K_a = 6.3 \times 10^{-8}$），在 25℃ 时，在水中的溶解度为 $22mg/100mL$。在酒精中为 $80mg/100mL$。它的钠盐溶解度很大。在酸性或中性水溶液中对热较稳定。

生物素存在于动植物的组织中，多与蛋白质呈结合状态存在，用酸水解可以分开。生产上作为生物素来源的原料及其生物素含量见表 3-5。此外，米糠中含量为 $270\mu g/kg$，酵母中含量为 $600\sim1800\mu g/kg$，豆饼水解液中含量为 $120\mu g/kg$。

表 3-5 生产上作为生物素来源的原料及其生物素含量

成 分	玉米浆	麸 皮	甘蔗糖蜜	甜菜糖蜜
干物质	>45%		81%	70%
水分		13%		
蛋白质	>40%	16.4%	4.4%	5.5%
脂肪		3.58%		
淀粉		9.03%		
还原糖	8%			
转化糖			50%	51%
灰分	<24%		10%	11.5%
生物素/（$\mu g/kg$）	180	200	1200	53
维生素 B_1/（$\mu g/kg$）	2500	1200	8300	1300

2. 维生素 B_1（硫胺素）

维生素 B_1 对某些谷氨酸菌种的发酵有促进作用。在水中的溶解度为 $100g/100mL$。其 1% 水溶液的 pH 值为 3.13；0.1% 水溶液 pH 值为 3.58。pH 值 5.5 的硫胺素盐酸盐水溶液在

120℃加热稳定，pH 值 5.5 以上易破坏，有氧化剂或还原剂存在时易失活性。

3. 提供生长因子的农副产品原料

（1）玉米浆　玉米浆是用亚硫酸浸泡玉米而得的浸泡液的浓缩物，也是玉米淀粉生产的副产品，它的主要成分见表 3-6。

表 3-6　玉米浆的成分

总 固 形 物		灰 分		维生素/(µg/g)	
乳酸 15%		K	20%	硫胺素	41～49
还原糖 5.6%		P	1%～5%	生物素	0.34～0.38
水解后的自由还原糖 6.8%		Na	0.3%～1%	叶酸	0.26～0.6
总氮 4%		Mg	0.003%～0.3%	烟酰胺	30～40
其中氨基氮占总氮含量/%		Fe	0.01%～0.3%	核黄素	3.9～4.7
Ala	25	Cu	0.01%～0.3%		
Arg	8	Ca	0.01%～0.3%		
Glu	8	Zn	0.003%～0.8%		
Leu	6	Pb	0.003%～0.1%		
Pro	5	Si	0.003%～0.1%		
Thr	3.5	Cl	0.003%～0.1%		
Ile	3.5				
Val	3.5				
Phe	2.0				
Met	1.0				
Cys	1.0				

玉米浆的成分因玉米原料来源及处理方法而变动。每批原料变动时均需进行小型试验，以确定用量。玉米浆用量还应根据淀粉原料不同、糖浓度及发酵条件不同而异。一般用量为 0.4%～0.8%。

虽然玉米浆主要用作氮源，但它含有乳酸、少量还原糖和多糖，含有丰富的氨基酸、核酸、维生素、无机盐等，因此常作为提供生长因子的物质。

（2）麸皮水解液　可以代替玉米浆，但蛋白质、氨基酸等营养成分比玉米浆少。用量一般为 1%（以干麸皮计）左右。麸皮水解条件如下。①以干麸皮：水：HCl=4.6：26：1 配比混合，装入水解锅中以 0.07～0.08MPa 表压加热水解 70～80min。②以干麸皮：水＝1：20，用盐酸调 pH 值 1.0，以 0.25MPa 表压加热水解 20min。然后过滤取滤液，即为麸皮水解液。

（3）糖蜜　甘蔗糖蜜和甜菜糖蜜均可代替玉米浆，但甘蔗糖蜜生物素含量高，氨基酸等有机氮含量较低。发酵时甘蔗糖蜜用量为 0.1%～0.4%。

（4）酵母　酵母膏、酵母浸出液或酵母粉，均可提供一定的生长因子。

事实上，许多作为碳源和氮源的天然成分，如麦芽汁、牛肉膏、麸皮、米糠、马铃薯汁等本身就含有极为丰富的生长因子，一般在这类培养基中无需再另外添加。

五、前体物质和促进剂

随着原料转换，生产菌种不断更新，为了进一步大幅度提高发酵产率，在某些工业发酵过程中，发酵培养基除了碳源、氮源、无机盐、生长因子和水分等五大成分外，考虑到代谢控制方面，还需要添加某些特殊功用的物质。这些物质加入到培养基中有助于调节产物的形成，而并不促进微生物的生长。例如某些氨基酸、抗生素、核苷酸和酶制剂的发酵需要添加前体物质（precursor）、促进剂（promoter）、抑制剂（inhibitor）及中间补料等。添加这些物质往往与菌种特性和生物合成产物的代谢控制有关，目的在于大幅度提高发酵产率、降低成本。

1. 前体物质

某些化合物加到发酵培养基中，能直接被微生物在生物合成过程结合到产物分子中去，而其自身的结构并没有多大变化，但产物的量却因加入而有较大的提高。有些氨基酸、核苷酸和抗生素发酵必须添加前体物质才能获得较高的产率。例如丝氨酸、色氨酸、异亮氨酸及苏氨酸发酵时，培养基中分别添加各种氨基酸的前体物质如甘氨酸、吲哚、2-羟基-4-甲基硫代丁酸、α-氨基丁酸及高丝氨酸等，这样可避免氨基酸合成途径的反馈和抑制作用，从而获得较高的产率。目前应用添加前体物质的方法大规模发酵丝氨酸在日本已经实现，色氨酸和蛋氨酸的生产也可望工业化。又如$5'$-核苷酸可以由糖在加有化学合成的腺嘌呤为前体情况下，用腺嘌呤或鸟嘌呤缺陷变异菌株直接发酵生成。此外，抗生素合成的前体物质更是抗生素分子的前身或其组成的一部分，它直接参与抗生素合成而自身无显著变化，在一定条件下前体物质可控制生产菌的合成方向和增加抗生素的产量。氨基酸发酵的前体物质如表 3-7 所示。

表 3-7　氨基酸发酵的前体物质

氨　基　酸	菌　　　　株	前　体　物　质	产率/%
丝氨酸	嗜甘油棒状杆菌	甘氨酸	1.6
色氨酸	异常汉逊酵母	氨茴酸	0.8
色氨酸	麦角菌	吲哚	1.3
蛋氨酸	脱氮极毛杆菌	2-羟基-4-甲基硫代丁酸	1.1
异亮氨酸	黏质赛杆菌	α-氨基丁酸	0.8
异亮氨酸	阿氏棒状杆菌(Corynamagasahi)	D-苏氨酸	1.5
苏氨酸	谷氨酸小球菌	高丝氨酸	2.0

在青霉素的生产过程中，人们发现加入玉米浆后，青霉素的单位提高，进一步研究发现单位增长的原因是玉米浆中含有苯乙胺。抗生素发酵常用前体物质如表 3-8 所示。苯乙酸、丙酸均可以在生产过程中使用，但要注意这些前体加入过多对菌体会产生毒性。因此在发酵过程中，加入前体不但可使其青霉素 G 比例大为增加（占总青霉素量的 99% 以上），且使青霉素的产量有所提高（由于前体物质的存在，可使培养基的硫酸盐中的硫原子更多地结合到青霉素分子中去）。

表 3-8　抗生素发酵常用的前体物质

抗生素	前　体　物　质	抗生素	前　体　物　质
青霉素 G	苯乙酸或在发酵中能形成苯乙酸的物质，如乙基酰胺等	金霉素	氯化物
		溴四环素	溴化物
青霉素 O	烯丙基硫基乙酸	红霉素	丙酸、丙醇、丙酸盐、乙酸盐
青霉素 V	苯氧乙酸	灰黄霉素	氯化物
链霉素	肌醇、精氨酸、甲硫氨酸	放线菌素 C_3	肌氨酸

前体物质的利用往往与菌种的特性和菌龄有关，如两种青霉素产生菌对苯乙酸的利用率不同，形成青霉素 G 的比例也不同，较老的菌丝对前体的利用较大。前体物质越易被氧化，用于构成青霉素分子的比例就越少。

一般来说，当前体物质是合成过程中的限制因素时，前体物质加入量越多，抗生素产量就越高（见表 3-9）。但前体物质的浓度越大，利用率越低。在抗生素发酵中大多数的前体物质对生产菌体有毒，故一次加入量不宜过大。为了避免前体物质浓度过大，一般采取间隙分批添加或连续滴加的方法加入。

表 3-9 不同浓度的前体物质对青霉素产量的影响

苯乙酸用量/%	青霉素产量/(U/mL)	青霉素 G 的比例/%	苯乙酸用量/%	青霉素产量/(U/mL)	青霉素 G 的比例/%
0.1	7750	57.5	0.3	9630	90.6
0.2	8515	73.0	0.4	9200	95.6

2. 发酵过程中的促进剂和抑制剂

(1) 发酵促进剂 在氨基酸、抗生素和酶制剂发酵生产过程中，可以在发酵培养基中加入某些对发酵起一定促进作用的物质，称为促进剂或刺激剂。例如在酶制剂发酵过程中，加入某些诱导物、表面活性剂及其他一些产酶促进剂，可以大大增加菌体的产酶量。

在培养基中添加微量的促进剂可大大地增加某些微生物酶的产量。常用促进剂有各种表面活性剂（洗净剂、吐温80、植酸等）、二乙胺四乙酸、大豆油抽提物、黄血盐、甲醇等。如栖土曲霉 3942 生产蛋白酶时，在发酵 2～8h 添加 0.1％ LS 洗净剂（即脂肪酰胺磺酸钠），就可使蛋白酶产量提高 50％ 以上。添加培养基 0.02％～1％ 的植酸盐可显著地提高枯草杆菌、假单胞菌、酵母、曲霉等的产酶量。3536 葡萄糖氧化酶发酵时，加入金属螯合剂二乙胺四乙酸（EDTA）对酶的形成有显著影响，酶活力随二乙胺四乙酸用量而递增。又如添加大豆油抽提物，米曲霉蛋白酶可提高 187％ 的产量，脂肪酶可提高 150％ 的产量。在酶制剂发酵过程中添加促进剂能促进产量增加的原因主要是改进了细胞的渗透性，同时增强了氧的传递速度，改善了菌体对氧的有效利用。

在不同的情况下，不同的促进剂所起的作用也各不相同。①起生长因子的作用，如加入微量的"九二零"可以促进某些放线菌的生长，缩短发酵周期，提高抗生素的产量。②推迟菌体自溶，如巴比妥药物能增加链霉素产生菌的菌丝抗自溶能力。③调节代谢使之向抗生素合成途径转化，如在四环素发酵中加入硫氰化苄，可降低其产生菌在三羧酸循环中某些酶的活力，而增加戊糖代谢，有利于四环素的合成。④改变发酵液的物理性质，使之有利于抗生素的生物合成。如加入合成消沫剂聚丙烯甘油醚等来改善通气条件，从而提高发酵单位。⑤与抗生素形成复盐，降低发酵液中抗生素浓度，有利于抗生素的继续合成。如四环素发酵过程中，添加 N, N'-二苄基乙烯二胺碱土金属盐类，能与四环素形成复盐，从而促进产生菌继续合成四环素。

在发酵过程中添加促进剂的量极微。选择得好，可以起到非常好的效果。

(2) 代谢调节剂 代谢调节剂包括抑制剂和诱导剂。当一种抑制剂加入到发酵液中，它能抑制一种代谢途径而使另一种代谢途径活跃，因而，使目标产物的产率提高。例如，在四环素发酵过程中，加入溴化物能抑制金霉素的形成，从而增加四环素的产量。抗生素发酵过程的抑制剂见表 3-10。在发酵过程中也会由于抑制剂的加入，而导致副产物增加的现象，如在果酒的发酵过程中由于加入亚硫酸盐，从而使甘油含量较高。亚硫酸盐在果酒生产中起杀菌的作用，但它可以和乙醛结合形成乙醛亚硫酸加成物，这样，乙醛就不能成为酒精发酵中氢的受体，迫使糖酵解中的磷酸二羟丙酮接受氢而被还原，最终得到甘油。

表 3-10 抗生素的抑制剂

抗 生 素	被抑制的产物	抑 制 剂
链霉素	甘露糖链霉素	甘露聚糖
去甲基链霉素	链霉素	乙硫氨酸
四环素	金霉素	溴化物、巯基苯并噻唑、硫脲嘧啶、硫脲
去甲基金霉素	金霉素	磺胺化合物、乙硫氨酸
头孢菌素 C	头孢霉素 N	L-蛋氨酸
利福霉素 B	其他利福霉素	巴比妥药物

在酶制剂的生产过程中，对于诱导酶来说常常需要加入诱导物以提高酶的产率，这在生产酶制剂新品种时尤为明显。一般的诱导物可以是酶作用的底物，也可以是底物类似物，这些物质可以"启动"微生物内的产酶机构，如果没有这些物质，这种机构通常是没有活性的，产酶是受阻遏的。不同的酶有不同的诱导物，有时可使用安慰性诱导物（gratuitous inducer），它能高效诱导酶的合成，但又不被所诱导的酶分解。如在大肠杆菌乳糖操纵子（lac）体系中，当有乳糖供应时，在无葡萄糖培养基中生长的 lac$^+$ 细菌将同时合成 β-半乳糖苷酶和透过酶。但是，培养基中的乳糖会被诱导合成的 β-半乳糖苷酶催化降解，从而使其浓度不断发生变化。因此，实验室里常用两种含硫的乳糖类似物——异丙基巯基半乳糖苷（IPTG）和巯甲基半乳糖苷（TMG）。另外，在酶活性分析中常用的 O-硝基半乳糖苷（ONPG）也是安慰性诱导物。

第四节　淀粉水解糖的制备

淀粉是由葡萄糖组成的生物大分子，大多数的微生物都不能直接利用淀粉，如氨基酸的生产菌、酒精酵母等。因此，在氨基酸、抗生素、有机酸、有机溶剂等的生产中，都要求将淀粉进行糖化，制成淀粉水解糖使用。不管是淀粉水解糖中的葡萄糖还是糖蜜中的蔗糖，它们都是菌体发酵最基本的碳源以及菌体生长和繁殖的能量及碳素来源，也是组成产物分子结构的碳架成分。

在工业生产中，将淀粉水解为葡萄糖的过程称为淀粉的糖化，制得的溶液叫淀粉水解糖。在淀粉水解糖液中，主要糖分是葡萄糖，另外，根据水解条件的不同，尚有数量不等的少量麦芽糖及其他一些二糖、低聚糖等复合糖类。除此以外，原料带来的杂质（如蛋白质、脂肪等）以及其分解产物也混入糖液中。葡萄糖、麦芽糖和蛋白质、脂肪分解产物（氨基酸、脂肪酸等）等是生产菌生长的营养物，在发酵中易被各种菌利用；而一些低聚糖类、复合糖等杂质则不能被利用，它们的存在，不但降低了淀粉的利用率，增加粮食消耗，而且常影响到糖液的质量，降低糖液中可发酵成分。在谷氨酸发酵中，淀粉水解糖液质量的高低，往往直接关系到谷氨酸菌的生长速率及谷氨酸的积累。因此，如何提高淀粉的出糖率，保证水解糖液的质量，满足发酵高产酸的要求，是一个不可忽视的重要环节。能够作为谷氨酸发酵工业原料的水解糖液，必须具备以下条件。

① 糖液中还原糖的含量要达到发酵用糖浓度的要求。

② 糖液洁净，是否黄色或黄绿色，有一定的透光度。水解糖液的透光度在一定程度上反映了糖液质量的高低。透光度低，常常是由于淀粉水解过程中发生的葡萄糖复合反应程度高，产生的色素等杂质多，或者由于糖液中的脱色条件控制不当所致。

③ 糖液中不含糊精。糊精并不能被谷氨酸菌利用，它的存在使发酵过程泡沫增多，易于逃料，发酵难以控制，也容易引起杂菌污染。

④ 糖液不能变质。这就要求水解糖液的放置时间不宜太长，以免长菌、发酵而降低糖液的营养成分或产生其他的抑制物，一般现做现用。

目前，由淀粉经水解制备葡萄糖（或葡萄糖液）除了应用于氨基酸发酵外，制药工业（如抗生素类的发酵），在葡萄糖的生产中也普遍使用，而且也发展成为一门独立的工业——葡萄糖工业。

一、淀粉水解糖的制备方法

可以用来制备淀粉水解糖的原料很多，主要有薯类、玉米、小麦、大米等含淀粉原料。根据原料淀粉的性质及采用的水解催化剂的不同，水解淀粉为葡萄糖的方法有下列三种。

1. 酸解法 (acid hydrolysis method)

酸解法又称酸糖化法。它是以酸（无机酸或有机酸）为催化剂，在高温高压下将淀粉水解转化为葡萄糖的方法。

用酸解法生产葡萄糖，具有生产方便、设备要求简单、水解时间短、设备生产能力大等优点。但由于水解作用是在高温、高压及一定酸度条件下进行的，因此，酸解法要求有耐腐蚀、耐高温、耐高压的设备。此外，淀粉在酸水解过程中所发生的化学变化是很复杂的，除了淀粉的水解反应外，尚有副反应的发生，这将造成葡萄糖的损失而使淀粉的转化率降低。酸水解法对淀粉原料要求较严格，淀粉颗粒不宜过大，大小要均匀。颗粒大，易造成水解不完全；淀粉乳浓度也不宜过高，浓度高，淀粉转化率低，这些是酸解法存在的待解决的问题。

2. 酶解法 (enzyme hydrolysis method)

酶解法是用专一性很强的淀粉酶及糖化酶将淀粉水解为葡萄糖的工艺。利用 α-淀粉酶将淀粉液化转化为糊精及低聚糖，使淀粉的可溶性增加，这个过程称为液化 (liquification)。利用糖化酶将糊精及低聚糖进一步水解转化为葡萄糖，这个过程在生产中称为糖化 (saccharification)。淀粉的液化和糖化都是在酶的作用下进行的，故酶解法又有双酶（或多酶）水解法之称 (double-enzyme hydrolysis method)，优点如下。

① 采用酶法制备葡萄糖，酶解反应条件较温和。因此，不需耐高温、高压、耐酸的设备，便于就地取材，容易运作。

② 微生物酶作用的专一性强，淀粉水解的副反应少，因而水解糖液的纯度高，淀粉转化率（出糖率）高。

③ 可在较高淀粉乳浓度下水解，而且可采用粗原料。

④ 用酶解法制得的糖液颜色浅，较纯净，无异味，质量高，有利于糖液的充分利用。

但酶解反应时间较长（48h），需要的设备较多，需要具有专门培养酶的条件，而且酶本身是蛋白质，易引起糖液过滤困难。但是，随着酶制剂生产及应用技术的提高，酶制剂的大量生产，酶法制糖逐渐取代酸法制糖已是淀粉水解制糖的一个发展趋势。

3. 酸酶结合法 (acid-enzyme hydrolysis method)

酸酶结合水解法是集中酸法和酶解法制糖的优点而采用的结合生产工艺。根据原料淀粉性质可采用酸酶水解法或酶酸水解法。

(1) 酸酶法　是先将淀粉酸水解成糊精或低聚糖，然后再用糖化酶将其水解成葡萄糖的工艺。如玉米（corn）、小麦（wheat）等谷类原料的淀粉，淀粉颗粒坚硬，如果用 α-淀粉酶液化，在短时间内作用，液化反应往往不彻底。工厂采用将淀粉用酸水解到一定的程度（用 DE 表示，一般为 $10\% \sim 15\%$），再降温中和后，用糖化酶进行糖化，此法的优点是酸液化速度快，糖化时可采用较高的淀粉乳浓度，提高生产效率。酸用量少，产品颜色浅，糖液质量高。DE 值表示淀粉水解的程度，指的是葡萄糖（所测的还原糖都以葡萄糖计算）占干物质的百分比。

(2) 酶酸法　将淀粉乳先用 α-淀粉酶液化到一定的程度，然后用酸水解成葡萄糖的工艺。有些淀粉原料，颗粒大小不一（如碎米淀粉），如果用酸法水解，则常使水解不均匀，出糖率低。生产中应用酶酸法，可采用粗原料淀粉，淀粉浓度较酸法要高，生产易控制，时间短，而且酸水解时 pH 值可稍高些，以减轻淀粉水解副反应的发生。

总之，采用不同的水解制糖工艺。各有其优点和缺点，但从水解糖液的质量和降低糖耗、提高原料利用率方面来考虑，酶解法最好，其次是酸酶法，酸法最差。从淀粉水解整个过程所需的时间来看，酸法最短，酶解法最长。表 3-11 为酸法与双酶法糖液质量的比较。

表 3-11 酸法与双酶法糖液质量比较

项目	酸水解法	双酶水解法	项目	酸水解法	双酶水解法
葡萄糖值(DE 值)	91%	98%	过程能耗	多	少
葡萄糖含量(干基)	86%	97%	副产物	多	少
灰分	1.6%	0.1%	生产周期	短	长
蛋白质	0.08%	0.1%	设备规模	小	大
羟甲基糠醛	0.30%	0.003%	防腐要求	高	低
色度	10.0	0.2	葡萄糖收得率	较低	较酸法高10%
淀粉转化率	90%	98%	适合发酵生产工艺情况	差	有利
工艺条件	高温加压	高温			

二、酸水解法制糖

淀粉是由数目众多葡萄糖单位[$(C_6H_{10}O_5)_n$]经由糖苷链缩合脱水而成的多糖。用淀粉质原料生产葡萄糖,很早以来,人们就采用无机酸(通常用盐酸)为催化剂,在高温高压条件下使淀粉发生水解反应,转变为葡萄糖。

1. 淀粉水解过程中的变化

淀粉酸水解反应过程的变化是复杂的。淀粉的颗粒结构被破坏,α-1,4-糖苷键及 α-1,6-糖苷键被切断。这种作用是在酸催化下进行的。水解过程中不仅有葡萄糖,尚有其他的二糖、三糖、四糖等更高的糖,只是水解反应的总趋势是大分子向小分子转化,即淀粉→糊精→低聚糖→葡萄糖。淀粉水解的中间产物糊精,是若干分子大于低聚糖的碳水化合物的总称,具有还原性、旋光性、能溶于水,不溶于酒精,因分子大小的不同,糊精遇碘可呈不同的颜色。随着淀粉水解程度的增加,糖化液的还原性不断增加,糖液的甜味越来越浓。这是由于生成的葡萄糖、麦芽糖及低聚糖等具有还原性基团。当葡萄糖值超过 60 时,由于葡萄糖的复合分解反应产生其他有味物质(如龙胆二糖有苦味)及色泽加深。

$$(C_6H_{10}O_5)_n \longrightarrow (C_6H_{10}O_5)_x \longrightarrow C_{12}H_{22}O_{11} \longrightarrow C_6H_{12}O_6$$

淀粉　　　　　各种糊精　　　　麦芽糖　　　　葡萄糖

2. 淀粉水解反应动力学

参与淀粉水解反应的物质,除淀粉本身以外,还有水和无机催化剂,反应进行的速度理应取决于这三种物质。无机酸是催化剂,其氢离子对于反应具有催化作用,但是在反应过程中并不消耗,酸的浓度应该不变化。水解实际上是淀粉分子与水分子之间的双分子反应,反应进行的速度取决于两者的浓度。但在水解情况下,淀粉乳浓度一般较低,水的量较大,虽有一部分水参与反应,但是水的量变化很少,不影响反应速率,于是水解的速率只决定于淀粉的浓度,反应则属于单分子反应的一级化学反应类型。其反应速率常数 k 可由式(3-1)推算

$$k = \frac{2.303}{t} \lg \frac{c_0}{c_0 - c_t} \tag{3-1}$$

式中,c_0 为水解开始的浓度;c_t 为经过 t 时间后反应的浓度;$c_0 - c_t$ 为经过 t 时间后,所剩下的未起反应的浓度;t 为时间。

一级化学反应速率与反应物质的浓度成正比关系,用 c 表示淀粉乳浓度,则浓度的降低为

$$\frac{-dc}{dt} \propto c$$

式(3-1)中,若 k 为反应速率常数,即在该温度或压力下,某种催化剂催化,在 t 时间内的水解速率常数。k 越高,则反应速率越快。

写成等式
$$-\frac{\mathrm{d}c}{\mathrm{d}t}=kc \tag{3-2}$$

设经过 t 时间后反应的浓度为 c_t，则未起反应的浓度为 c_0-c_t。

则式(3-2) 写为
$$\frac{-\mathrm{d}(c_0-c_t)}{\mathrm{d}t}=k(c_0-c_t) \tag{3-3}$$

$$\frac{\mathrm{d}c_t}{\mathrm{d}t}=k(c_0-c_t) \tag{3-4}$$

表示在任何时间，水解速度等于反应速率常数 k 与浓度 c_0-c_t 的乘积，将式(3-4) 积分得式(3-1)。将实验测得的 c_0、c_0-c_t 和 t 的数据代入式(3-1) 即可求得反应速率常数 k。

据研究，水解反应速率常数 k 与下列几个因素有关，并建立关系式如下。

$$k=\alpha c_N \delta \lambda$$

式中，α 为催化剂的活性常数，因不同种类的酸，其 H^+ 解离程度不同，由实验测定 HCl 的 H^+ 能够 100% 解离，其 $\alpha=1$，H_2SO_4 为 $0.5\sim0.52$，H_3PO_4 为 0.3，CH_3COOH 为 0.025，HBr 为 1.7，因此，盐酸是一种良好的催化剂；c_N 为酸性物质的物质的量浓度；δ 为多糖的水解性常数，可以衡量各种多糖水解的难易程度，如棉花为 1，则淀粉为 400，稻草为 $20\sim25$，半纤维素为 $10\sim4000$，蔗糖为 100000；λ 为温度对水解速率影响的常数，即在水解过程中，温度可加速淀粉水解的完成，这个数值可由实验测定。

有人曾以 0.1% 的 HCl 于不同温度下水解淀粉，计算反应速率常数 k 值，发现温度升高 10℃，反应速率增加 3 倍。

从上述情况可以看出，淀粉水解所用催化剂的种类、浓度、反应温度均对水解反应速率有很大的影响，是水解中必须注意的主要因素。除以上因素外，淀粉水解时，葡萄糖的复合和分解反应也需加以考虑。

3. 淀粉水解过程中的副反应

(1) 葡萄糖的复合反应　在淀粉的酸水解过程中，水解生成的葡萄糖受到酸和热的催化影响，能通过糖苷键相聚合，失掉水分，生成二糖、三糖和其他低聚糖，这种反应称为复合反应。复合反应是可逆的。

两个葡萄糖分子通过复合反应相聚合，并不是经过 α-1,4-糖苷键聚合成麦芽糖，而是经过 α-1,6-糖苷键聚合成异麦芽糖和经过 β-1,6-糖苷键聚合成龙胆二糖。对葡萄糖生产来说，复合反应是有害的，它降低葡萄糖的收率，影响葡萄糖的结晶，1 份复合糖（或非葡萄糖物质）能阻止 2 份葡萄糖结晶。而且水解液中多数复合糖并不能被微生物利用。另外，复合糖的存在也将使谷氨酸发酵的残糖（residual sugar）增加，并抑制谷氨酸菌的生长繁殖，使糖酸转化率降低，增加谷氨酸的提取和精制的困难。

(2) 葡萄糖的分解反应　葡萄糖受到酸和热的影响发生分解反应，生成 5′-羟甲基糠醛。5′-羟甲基糠醛的性质不稳定，可进一步分解成乙酰丙酸、蚁酸和有色物质等，这些分解物又能聚合成其他物质，反应是很复杂的。

在淀粉的酸糖化过程中，葡萄糖因分解反应所损失的量并不多，经实验测定约在 1% 以下，但所生成的 5′-羟甲基糠醛是产生色素的根源，有色物质的存在，将增加糖化液精制的困难。试验结果表明，5′-羟甲基糠醛和有色物质的生成规律是一致的。当 5′-羟甲基糠醛含量高时，色素加深，色素的生成量随葡萄糖浓度的增加而增加，随反应时间的延长而增加。且与 pH 值有关系，pH=3 时，色素物质形成得最少，pH>3 或 pH<3，色素物质形成都多。在上述反应的同时，由于淀粉原料中尚含有少量的蛋白质、脂肪等物质，通过水解生成氨基酸、甘

油和脂肪酸等非糖物质，氨基酸与葡萄糖化合生产氨基糖。氨基糖会引起细菌细胞收缩，对菌体发酵不利。

淀粉经水解反应生成葡萄糖，同时在整个水解过程中，由于受到酸和热的作用，一部分葡萄糖发生复合反应和分解反应，如下所示。

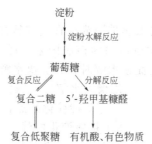

在淀粉的糖化过程中，这三种反应同时进行，淀粉的水解反应是主要的，葡萄糖的复合和分解反应是次要的。复合反应和分解反应的发生对葡萄糖的生产是不利的。不仅影响葡萄糖的产率，而且影响氨基酸发酵的产酸及工厂的生产成本。如何掌握淀粉糖化过程所发生的变化，合理控制水解条件，尽可能降低复合、分解反应的发生，是糖化过程中需要加以解决的问题。

4. 淀粉酸水解工艺

淀粉的酸水解过程，必须先将原料调成粉浆，保持一定的浓度及 pH 值，然后将料液打入糖化锅，在一定的条件下进行水解糖化。由于淀粉的浓度、酸的浓度及糖化时间对淀粉的水解反应、葡萄糖的复合反应、葡萄糖的分解反应都有直接的影响。因此，在酸法糖化中，必须合理地加以调节控制。希望将淀粉水解完全转变为葡萄糖，限制复合反应和分解反应的发生，使其达到最低程度。

淀粉酸水解的工艺流程

原料 {淀粉 水 盐酸} →调浆→酸水解→冷却→中和、脱色→过滤除杂→糖液

（1）淀粉乳浓度的选择　淀粉水解时，淀粉乳的浓度越低，水解液的葡萄糖值越高，色泽越淡。因浓度低，有利于淀粉的水解反应，而不利葡萄糖的复合反应；淀粉乳的浓度高，则有利于复合、分解反应的发生。表 3-12 是葡萄糖生产中淀粉乳浓度与水解糖液中葡萄糖值（DE值）的关系。

表 3-12　淀粉乳浓度与 DE 值之间的关系

淀粉乳浓度/°Bx	26	24	22	20	19	18	17	16
DE 值/%	89.17	89.27	89.92	91.10	91.3	92.77	92.81	93.01

可以看出，随着淀粉乳浓度的降低，糖液中葡萄糖值增加。当淀粉乳浓度从 19°Bx 降到 18°Bx 时，水解糖液 DE 值变化幅度最大，约上升 1.47%；若淀粉乳浓度继续下降，糖液 DE 值虽然继续上升，但上升的幅度不太显著。相反，淀粉乳浓度越高，糖液的 DE 值越低。

在工业生产中，各厂都根据淀粉质原料的情况，制定自己的水解淀粉浆浓度范围。薯类淀粉较易水解，浓度可稍高一些；精制淀粉比粗淀粉的浓度可高些；在设备充分的条件下，水解浓度可低些。根据表 3-12 的关系，淀粉水解操作中，淀粉乳浓度一般可采用 18～19°Bx(10.5～12°Bé)。

（2）酸的种类和用量　许多酸对淀粉的水解反应均有催化作用，但工业上普遍使用的是催化效率较高的盐酸、硫酸及草酸。

酸在糖化过程中是一种催化剂，从理论上说，糖化前后其量保持不变。但由于淀粉中有杂质，如蛋白质、脂肪、灰分等成分都能降低酸的有效浓度。蛋白质分解成氨基酸，是两性化合物，消耗一部分酸与之中和；灰分中的磷酸盐也能与酸起反应，消耗一部分酸；糖化中蒸汽也能带走一部分酸。因此，致使实际耗酸量大大超过理论量。一般用盐酸量占干淀粉的 $0.6\% \sim 0.7\%$，pH 值调至 1.5 左右。

（3）糖化的压力和时间　淀粉水解是用蒸汽直接进行加热的，温度与压力为相同的指标，温度随压力升高而升高。因此，常以压力为控制因素。压力与水解反应速率成正比，压力升高，水解反应速率加快。因此，在淀粉水解时，为加快水解速率，提高设备的生产能力，可采用增大水解反应压力的方法。

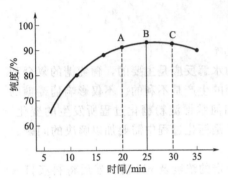

图 3-1　酸糖化曲线

掌握糖化终点，控制糖化时间，是十分重要的。图 3-1 是酸糖化曲线。可看出，当糖液的葡萄糖值达到最高点后即不再上升，相反会随着糖化时间的延长而稍有下降。这时如果不及时放料，势必事倍功半。糖化终点可根据糖化曲线而确定，但糖化结束后，放料需一定的时间，因此，放料的时间不能确定在 B 点，而应当根据放料所需的时间，提前放料。如放料需 10min，则应从 A 点开始放料至 C 点结束。这样才能保证整个糖化锅内的糖液有最高的葡萄糖值，即葡萄糖浓度最高。

淀粉水解反应都是在糖化锅内进行的。糖化锅的结构对糖液质量有影响。为了保证糖化均匀，使糖液达到最高葡萄糖纯度后，能迅速从锅内放出，糖化锅的容量一般不宜过大。容积过大，会延长进出料的时间，淀粉水解时间差别大，部分先水解葡萄糖将易发生复合、分解反应；蒸汽量不足和不稳定的情况下，常使水解时间加长，带来不良后果；锅体太高，会造成锅内上下部的水解速率相差较大，放料时难以保证下部的先出料；锅体太矮，必须增大锅体直径而造成锅内死角区，使糖化不均匀而使局部淀粉结块，影响糖化进行。

一般谷氨酸厂采用的糖化锅径高比 1：1.5 左右。另外，糖化锅的附属管道应保证进出料迅速，物料受热均匀，有利于升压，有利于消灭死角，尽量缩短加料、放料、升温、升压等辅助时间。实践证明，辅助时间缩短，糖液的葡萄糖值高，色素浅。

（4）水解糖液的处理　在淀粉水解的糖液中，除了淀粉的水解产物葡萄糖、麦芽糖等单糖及低聚糖外，淀粉原料中还含有其他物质（如蛋白质、脂肪、纤维素、无机盐等复合物），它们在水解过程中也发生变化。如蛋白质的水解产物——氨基酸能与葡萄糖反应，使糖液色泽加深。蛋白质及其他胶体物质的存在将使谷氨酸发酵时泡沫增加。同时糖化是在较高酸度下进行的，糖化液的 pH 值低，因此，必须加以中和、脱色、除杂，才能供发酵使用。

从糖化锅出来的糖化液温度很高（$140 \sim 150℃$），需经冷却才能进行中和。中和的目的是降低糖液的酸度，调节 pH 值，使糖液中胶体物质析出，便于过滤除去。生产中使用的中和剂有纯碱和烧碱。纯碱（Na_2CO_3）温和，糖液质量好，但产生的泡沫多，生产中难控制。使用烧碱，应将烧碱配成 NaOH 溶液，浓度过高易造成局部过碱，葡萄糖焦化而产生焦糖，焦糖能抑制谷氨酸菌的生长，增加色泽，难以精制。

中和时应将 Na_2CO_3 化成碱水缓慢进行，否则由于局部碱性过大，复合物和分解物易形成，造成糖的损失，增加提取的困难。要求边中和边测 pH 值，保持 pH 值在 $4.6 \sim 5.0$。一般在中和操作中注意控制中和温度为 $60 \sim 70℃$。温度高，脱色效果较差；温度低，将使糖黏度增大，难过滤。

水解糖液中存在杂质，对菌体发酵不利，也影响产品的提炼，需进行脱色除杂处理。其方法有活性炭吸附法、离子交换法、新型磺化煤脱色。

活性炭表面积大，有无数微小的孔隙，它可将杂质、尘埃、色素吸附掉；同时，活性炭也有过滤作用。活性炭吸附工艺简单，脱色效果好，操作容易。一般活性炭用量相当于淀粉量的0.6%～0.8%。脱色温度一般为65℃。因温度影响吸附，温度高，吸附能力差，脱色较长，杂质除不干净；反之，温度过低，料液中杂质发黏，不易吸附，过滤困难。脱色pH值为4.6～5.0，在酸性条件下，活性炭脱色能力强。脱色时加活性炭后，搅拌30min，混匀使活性炭与杂质充分接触。活性炭用后可用水洗涤，可在下次掺入新活性炭继续使用，降低成本。

离子交换树脂，具有选择性强，脱色效果较好，便于管道化、连续化及自动化操作，减轻劳动强度的优点。由于目前国产树脂选择性较差，脱色能力较低，而且价格高，故尚未大量应用于糖液脱色。

新型磺化煤不同于一般的磺化煤，它具有粒度细（40～120目）、脱色力强的特点。这种磺化煤尚可直接用于淀粉糖化。在淀粉加酸糖化时，加入淀粉量1.8%的磺化煤粉一起糖化。当糖化完成时，糖液即可直接过滤，滤液透光率达97%～98%。但使用磺化煤直接糖化，会造成阀门磨损及堵塞管道，故此法尚未被采用。

除杂、脱色后的糖液，要进行过滤，以除去蛋白质等胶体物质，但由于糖液在温度低时过滤困难，生产中采用60～70℃压滤为好。

三、双酶水解法制糖

以淀粉为原料采用酸水解法制备糖液，由于需要高温、高压和酸催化剂，会产生一些非发酵性糖及有色物质，这不仅降低了淀粉转化率，而且生产出来的糖液质量差。自20世纪60年代以来，国外在酶水解理论研究上取得了新进展，使淀粉水解取得了重大突破，日本率先实现工业化生产，随后其他国家相继采用了这种先进的制糖方法。酶法制糖以作用专一性的酶制剂作为催化剂，反应条件温和、复合和分解反应减少，不仅可以提高淀粉的转化率及糖液的浓度，而且还可大幅度地改善糖液的质量，是目前最为理想、应用最广的制糖方法。双酶法制糖工艺流程见图3-2。

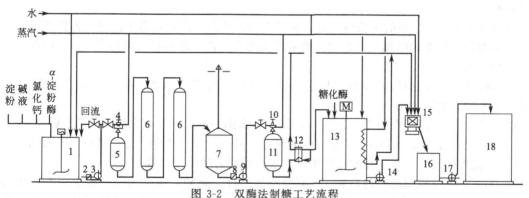

图 3-2 双酶法制糖工艺流程

1—调浆配料槽；2,8—过滤器；3,9,14,17—泵；4,10—喷射加热器；5—缓冲器；
6—液化层流罐；7—液化液贮槽；11—灭酶罐；12—板式换热器；13—糖化罐；
15—压滤机；16—糖化暂贮槽；18—贮糖槽

（一）液化

1. α-淀粉酶（amylase）及其水解作用

α-淀粉酶可由微生物发酵生产，也可从植物和动物中提取，目前工业生产上都是以微生物发酵法进行大规模生产的α-淀粉酶。在1908年和1917年，德国先后由细菌中生产出α-淀粉酶，用于纺织品退浆。1937年日本的福本获得了生产α-淀粉酶的枯草芽孢杆菌。第二次世界大战后，由于抗生素发酵的成功，使得微生物工业大步前进，1949年，α-淀粉酶开始采用深层通风培养法进行生产。1973 年，耐热性 α-淀粉酶投入了生产。随着 α-淀粉酶用途的日益扩大，产量日渐增多，生产水平也逐步提高。近年来我国酶制剂行业发展较快，目前生产酶制剂的厂家已发展到 120 多个，其中约有 40％的工厂生产 α-淀粉酶，产品也由单一地常温工业用 α-淀粉酶，发展到现在既有工业用酶也有食品级，既有常温也有耐热的，剂型上既有固体也有液体。

α-淀粉酶在 （EC 3.2.1.1）作用于淀粉与糖源时，可从底物分子内部不规则地切开 α-1,4-糖苷键，不能切开支链淀粉分支点的 α-1,6-糖苷键，也不能切开紧靠分支点附近的 α-1,4-糖苷键，但能越过 α-1,6-葡萄糖苷键继续水解 α-1,4-葡萄糖苷键，而将 α-1,6-葡萄糖苷键留在水解产物中。由于 α-淀粉酶能切开淀粉及其产物内部的 α-1,4-糖苷键，从而使淀粉黏度减小，因此 α-淀粉酶又称液化淀粉酶。它的水解产物中除含麦芽糖、麦芽寡糖外，还残留一系列具有 α-1,6-糖苷键的界限糊精和含多个葡萄糖残基的带 α-1,6-糖苷键的低聚糖。因为所产生的还原糖在光学结构上是 α 型的，故将此酶称作 α-淀粉酶。

α-淀粉酶水解淀粉是从淀粉分子内部进行的，故此酶属于内酶，水解中间地段的 α-1,4-糖苷键，水解先后次序没有规律，断裂发生在 C1—O 之间。水解产物随淀粉种类及作用时间而异，直链淀粉分子水解产物为葡萄糖、麦芽糖和麦芽三糖。高酶量时麦芽三糖可进一步水解成葡萄糖。支链淀粉最终产物除了前述的几种外，还有异麦芽糖及含有 α-1,6-葡萄糖苷键的低聚糖，α-1,6-葡萄糖苷键的存在常使水解速度下降。

有实用价值的 α-淀粉酶产生菌有枯草芽孢杆菌、地衣芽孢杆菌、嗜热脂肪芽孢杆菌、凝聚芽孢杆菌、淀粉液化芽孢杆菌、嗜碱芽孢杆菌等。虽然这些微生物都能产生 α-淀粉酶，但不同菌株产生的酶在耐热性、作用 pH、对淀粉的水解程度以及产物的性质方面均有差异。α-淀粉酶通常在 pH5.5～8.0 时是稳定的，大多数淀粉酶的最适温度是 50～60℃，尖镰孢淀粉酶的最适温度最低，为 25℃，地衣芽孢杆菌生产的 α-淀粉酶最适温度最高，为 90℃。α-淀粉酶可分为耐热型、耐酸型、耐碱型和耐盐型，唯有耐热型的 α-淀粉酶在工业生产中大规模使用，地衣芽孢杆菌、湿热脂肪芽孢杆菌和凝聚芽孢杆菌产生的 α-淀粉酶的耐热性较强。

α-淀粉酶是一种重要的生物催化剂，它是有活性的蛋白质，具有蛋白质的各种性质，具有活性中心和特殊的空间结构，对作用底物有严格的选择性，即具有极强的专一性。除此之外还具有下列性质。

① 热稳定性　在 60℃以下较为稳定，超过 60℃，酶明显失活；在 60～90℃，温度升高，反应速率加快，失活也加快。

② 作用温度　最适作用温度为 60～70℃，耐高温酶的最适作用温度 90～110℃。

③ pH 稳定性　在 pH6.0～7.0 时较为稳定，pH5.0 以下失活严重。最适 pH 为 6.0。

④ 与淀粉浓度的关系　淀粉乳的浓度增加，酶活力的稳定性提高。

⑤ 钙离子浓度对酶活力的影响　α-淀粉酶是一种金属酶，每个酶分子至少含有一个钙离子，有的可达 10 个钙离子，钙离子使酶分子保持适当的构象，从而可维持其最大活性与稳定性。另外，在钙离子存在的情况下，酶活力的 pH 范围广。

2. 淀粉液化的条件及液化程度的控制

（1）淀粉的糊化与老化　由于淀粉颗粒的结晶性结构对酶作用的抵抗力非常强，不能使淀粉酶直接作用于淀粉，而需要先加热淀粉乳，使淀粉颗粒吸水膨胀、糊化，破坏其结晶性的结构。

淀粉的糊化是指淀粉受热后，淀粉颗粒膨胀，晶体结构消失，互相接触变成糊状液体，即使停止搅拌，淀粉也不会再沉淀的现象。发生糊化现象时的温度称为糊化温度，一般来讲，糊化温度有一个范围。不同的淀粉有不同的糊化温度，表 3-13 为各种淀粉的糊化温度。

表 3-13 各种淀粉的糊化温度范围

淀粉来源	淀粉颗粒大小/μm	糊化温度范围/℃		
		开 始	中 点	终 点
玉米	5～25	62.0	67.0	72.0
蜡质玉米	10～25	63.0	68.0	72.0
高直链玉米(55%)		67.0	80.0	
马铃薯	15～100	50.0	63.0	68.0
木薯	5～35	52.0	59.0	64.0
小麦	2～45	58.0	61.0	64.0
大麦	5～40	51.5	57.0	59.5
黑麦	5～50	57.0	61.0	70.0
大米	3～8	68.0	74.5	78.0
豌豆(绿色)		57.0	65.0	70.0
高粱	5～25	68	73.0	78.0
蜡质高粱	6～30	67.5	70.5	74.0

淀粉的老化实际上是分子间氢键已断裂的糊化淀粉又重新排列形成新的氢键的过程，也就是复结晶过程。在糖化过程中，淀粉酶很难进入老化淀粉的结晶区起作用，使淀粉很难液化，更不能进一步糖化，必须采用相应的措施控制糊化淀粉的老化。淀粉糊的老化与淀粉的种类、酸碱度、温度及加热方式、淀粉糊的浓度等有关。老化程度可以通过冷却结成的凝胶体强度来表示，见表 3-14。

表 3-14 各种淀粉糊的老化程度比较

原 料	淀粉糊丝长度	直链淀粉含量	冷却时结成的凝胶体强度
小麦	短	25%	很强
玉米	短	26%	强
高粱	短	27%	强
黏高粱	长	0	不结成凝胶体
木薯	长	17%	很弱
马铃薯	长	20%	很弱

(2) 液化的方法与选择　淀粉液化是在淀粉酶的作用下完成的，而酶是一种具有生物活性的蛋白质，酶的作用受很多条件的影响，如酶的作用底物（淀粉原料）、pH 值、温度等，这些条件直接影响酶的活力、酶反应速率和酶的稳定性。

液化的分类方法很多，以水解动力不同可分为酸法、酸酶法、酶法以及机械液化法；以生产工艺操作方式不同可分为间歇式、半连续式和连续式；以设备不同可分为管式、罐式、喷射式；以加酶方式分为一次加酶、二次加酶、三次加酶液化法；以酶制剂耐热性不同可分为中温酶法、高温酶法、中温酶与高温酶混合法等。各类液化方法的比较见表 3-15。

作为发酵工业碳源使用的糖液，其黏度的高低会直接影响或决定后道发酵、提取工艺的难易，因此这种糖液的过滤速度一定要求特别快。在液化方法上一般选用两次加酶法，以求降低糖液的黏度。从国内的条件来看，通常选用一次加酶或两次加酶的蒸汽喷射液化法较为合适。

表 3-15 各类液化方法的比较

液化方法		基 本 条 件	优 点	缺 点
酸法液化		淀粉乳含量 30%，pH 值 1.8～2.0，液化温度 135℃，10min，液化 DE 值 15%～18%	适合任何精制淀粉，所得的糖化液过滤性能好	有色物质及复合糖类生成，淀粉转化率低，糖液质量差，糖化液中含有微量醇和不溶性糊精
酶法液化	间歇液化法（直接升温液化法）	淀粉乳含量 30%，pH 值 6.5，Ca²⁺ 0.01mol/L，液化温度 85～90℃，30～60min，液化 DE 值 15%～18%	设备要求低，操作容易	液化效果一般，经糖化后的糖化液过滤性差，糖浓度低
	半连续液化法（高温液化法或喷淋液化法）	淀粉乳含量 30%，pH 值 1.8～2，液化温度 90℃，30～60min，液化 DE 值 15%～18%	设备要求低，操作容易，效果比直接升温好	料液容易溅出，操作安全性差，蒸汽用量大，液化温度未达到高温酶的最适温度，液化效果一般，糖化液过滤性能差
	喷射液化法	淀粉乳含量 30%，pH 值 6.5，液化温度 95～140℃，10～120min，液化 DE 值 15%～17%	液化效果好，液化液清亮、透明、质量好，葡萄糖的收率高	

（3）蒸汽喷射液化工艺及条件

① 工艺流程

调浆 → 配料 → 一次喷射液化 → 液化保温 → 二次喷射 → 高温维持 → 二次液化 → 冷却 → 糖化

在配料罐内，将淀粉加水调制成淀粉乳，浓度控制在 17～25°Bé，用 Na₂CO₃ 调 pH 值，使 pH 值处于 5.0～7.0，加入 0.15% 的氯化钙作为淀粉酶的保护剂和激活剂，再加入耐温 α-淀粉酶（0.5L/t 淀粉，相当于 10U/干淀粉），料液经搅拌匀后用泵打入喷射液化器，在喷射液化器中，料液和高温蒸汽直接接触，料液在很短时间内升温，控制出料温度 95～105℃。此后料液进入层流罐保温 30～60min，温度维持在 95～97℃，然后进行二次喷射，在第二只喷射器内料液和蒸汽直接接触，使温度迅速升至 120～145℃，并在维持罐内维持该温度 3～5min，使淀粉进一步分散，蛋白质进一步凝固。然后料液经真空闪急冷却系统进入二次液化罐，将温度降低到 95～97℃，在二次液化罐内加入耐高温 α-淀粉酶，液化约 30min，用碘呈色试验合格后，结束液化。

此工艺的特点是利用喷射器将蒸汽喷射入淀粉乳薄膜，在短时间内通过喷射器快速升温到要求的温度，完成糊化、液化，使形成的不溶性淀粉颗粒在高温下分散，从而使所得的液化液既透明又易于过滤，淀粉的出糖率也高，同时采用了真空闪急冷却，增大了液化液的浓度。从生产的情况可以看出，此法液化效果较好，蛋白质杂质凝结在一起，使糖化过滤性好，同时设备简单，便于连续化操作。

② 淀粉液化条件 淀粉是以颗粒状态存在的，具有一定的结晶性结构，不容易与酶充分发生作用，如淀粉酶水解淀粉颗粒和水解糊化淀粉的速度比为 1：20000。因此必须先加热淀粉乳，使淀粉颗粒吸水膨胀，使原来排列整齐的淀粉层结晶结构被破坏，变成错综复杂的网状结构。这种网状会随温度的升高而断裂，加之淀粉酶的水解作用，淀粉链结构很快被水解为糊精和低聚糖分子，这些分子的葡萄糖单位末端具有还原性，便于糖化酶的作用。由于不同原料来源的淀粉颗粒结构不同，液化程度也不同，薯类淀粉比谷类淀粉易液化。

淀粉酶的液化能力与温度和 pH 值有直接关系。每种酶都有最适的作用温度和 pH 值范围，而且 pH 值和温度是互相依赖的，一定温度下有较适宜的 pH 值。图 3-3 表示在 37℃ 时，酶活力在 pH 值 5.0～7.0 较高，在 pH 值 6.0 时最高，过酸过碱都会降低酶的活性。α-淀粉酶一般在 pH 值 6.0～7.0 较稳定。图 3-4 表明 α-淀粉酶活力与温度的关系。

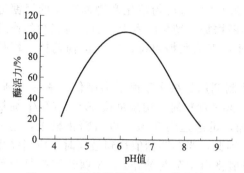

图 3-3 α-淀粉酶活力与 pH 值的关系

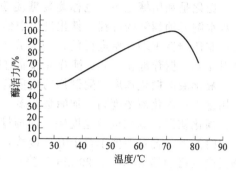

图 3-4 α-淀粉酶活力与温度的关系

酶活力的稳定性还与保护剂有关，生产中可通过调节加入的 $CaCl_2$ 的浓度，提高酶活力稳定性。一般控制钙离子浓度 0.01mol/L。钠离子对酶活力稳定性也有作用，其适宜浓度为 0.01mol/L 左右。

工业生产上，为了加速淀粉液化速度，多采用较高温度液化，例如 85～90℃或者更高温度，以保证糊化完全，加速酶反应速率。但是温度升高时，酶活力损失加快。因此，在工业上加入 Ca^{2+} 或 Na^+，使酶活力稳定性提高。

不同来源的酶对热的稳定性也不同，国产 BF-7658 淀粉酶在 30%～35% 淀粉含量下，85～87℃时活力最高，当温度达到 100℃时，10min 后，则酶的活力全部消失。谷类的淀粉酶热稳定性较低，曲霉淀粉酶热稳定性则更低。国外曾报道一种丹麦生产的淀粉酶，在 30%～40% 淀粉乳中，短时间（5～10min）能耐受 110℃高温，比一般枯草杆菌淀粉酶要高 20℃，且只需要很少量的 Ca^{2+} 就可维持其活力。目前在工业生产中广泛使用耐高温的 α-淀粉酶效果很好。在淀粉的液化过程中，需要根据酶的不同性质，控制反应条件，保证酶反应能在活力最高、最稳定的条件下进行。

③ 液化程度控制　淀粉经液化后，分子量逐渐减少，黏度下降，流动性增强，给糖化酶的作用提供了有利条件。但是，假如让液化继续下去，虽然最终水解产物也是葡萄糖和麦芽糖等，但这样所得糖液葡萄糖值低；而且淀粉的液化是在较高的温度下进行的，液化时间加长，一部分已液化的淀粉又会重新结合成硬束状态，使糖化酶难以作用，影响葡萄糖的产率，因此必须控制液化进行程度。

在液化过程中，液化程度太低，液化液的黏度就大，难以操作。葡萄糖淀粉酶属于外酶，水解只能由底物分子的非还原性末端开始，底物分子越小，水解的机会就越小，因此就会影响到糖化的速度。液化程度低，淀粉易老化，不利于糖化，特别是会使糖化液的过滤性相对较差。同时液化过程的液化程度也不能太高，因为葡萄糖淀粉酶是先与底物分子生成配位结构，而后发生水解催化作用。液化超过一定程度，不利于糖化酶与液化淀粉生成配位结构，影响催化效率，使糖化液的最终 DE 值偏低。

淀粉液化的目的是为了给糖化酶的作用创造条件，而糖化酶水解糊精及低聚糖等分子时，需先与底物分子生成配位结构，然后才发生水解作用，使葡萄糖单位从糖苷键中裂解出来。这就要求被作用的底物分子有一定的大小范围，才有利于糖化酶生成这种结构，底物分子过大或过小都会妨碍酶的结合和水解速度。根据发酵工厂的生产经验，在正常液化条件下，控制淀粉水解程度在 DE 值为 10%～20% 为好（即此时保持较多量的糊精及低聚糖，较少量的葡萄糖）。而且，液化温度较低时，液化程度可偏高些，这样经糖化后糖化液的葡萄糖值较高。淀粉酶液化的终点常可以碘液显色来控制。

（二）糖化

1. 糖化酶的水解作用

糖化是利用糖化酶（也称葡萄糖淀粉酶，EC 3.2.1.3）将淀粉液化产物糊精及低聚糖进一步水解成葡萄糖的过程。糖化过程中葡萄糖含量不断增加。糖化酶属于外酶，对底物的作用是从非还原性末端开始进行的，一个分子一个分子地切下葡萄糖单位，产生 α-葡萄糖。糖化酶对 α-1,4-糖苷键和 α-1,6-糖苷键都能进行水解。

液化液的糖化速度与酶制剂的用量有关，糖化酶制剂用量决定于酶活力高低。酶活力高，则用量少；液化液浓度高，加酶量要多。生产上采用30%淀粉时，用酶量按80～100U/g淀粉计。糖化初期，糖化进行速度快，葡萄糖值不断增加，迅速达到95%，以后糖化较慢，达到一定时间后，葡萄糖值不再上升，接着就稍有下降。因此，当葡萄糖值达到最高时，应当停止酶反应（可加热至80℃，20min灭酶），否则葡萄糖值将由于葡萄糖经 α-1,6-糖苷键起复合反应而降低。复合反应发生的程度与酶的浓度及底物浓度有关。提高酶的浓度，缩短糖化时间，最终葡萄糖值也高；但酶浓度过高反而能促使复合反应的发生，导致葡萄糖值降低。而糖化的底物浓度（即液化液浓度）大，也使复合反应增强。因此，在糖化的操作中，必须控制糖化酶的用量及糖化底物的性质，才能保证糖液的质量。

糖化的温度和pH值决定于所用糖化剂的性质。采用曲霉糖化酶，一般温度为60℃，pH值4.0～5.0；根霉糖化酶一般在55℃，pH值5.0。在大生产中，根据酶的特性，尽量选用较高的温度糖化，这样糖化速度快些，也可减少杂菌污染的可能性。采用较低的pH值可使糖化液颜色浅，便于脱色。如应用黑曲霉3912-12的酶制剂，糖化在50～64℃，pH值4.3～4.5下进行；根霉3092糖化酶，糖化在54～58℃，pH值4.3～5.0下进行，糖化时间24h，一般DE值都可达到95%以上；采用UV-11糖化酶，在pH值3.5～4.2，55～60℃温度下糖化，DE值可达到99%。

采用酶法糖化，糖化液的质量比酸法糖化已大大提高，但由于糖化酶对 α-1,6-糖苷键的水解速度慢，对葡萄糖的复合反应有催化作用，致使糖化生成的葡萄糖又经 α-1,6-糖苷键结合成为异麦芽糖等，影响葡萄糖的得率。为了解决这个问题，国外曾报道，在糖化过程中加入能水解 α-1,6-糖苷键的葡萄糖苷酶，与糖化酶一起糖化，并选用较高的糖化pH值（6.0～6.2），抑制糖化酶催化复合反应的作用，可提高葡萄糖的产率，所得糖化液含葡萄糖可达99%。而单独采用糖化酶时糖化液含葡萄糖一般都不超过96%。

2. 糖化工艺条件及控制

糖化是在一定浓度的液化液中，调整适当温度与pH值，加入需要量的糖化酶制剂，保持一定时间，使溶液达到最高的葡萄糖值。

液化结束后，迅速将液化液用酸调pH值至4.2～4.5，同时迅速降温至60℃，然后加入糖化酶，60℃保温数小时后，用无水酒精检验无糊精存在时，将料液pH值调至4.8～5.0，同时加热到90℃，保温20min，然后将料液温度降低到60～70℃时开始过滤，滤液进入贮罐，在60℃以上保温待用。

四、水解糖液的质量要求

淀粉水解糖液是生产菌的主要碳源，而且也是合成产物的碳架来源。它的质量好坏直接影响发酵，关系到生产菌产率的高低。一般条件下应做到现用现制备，以保证水解糖液的新鲜、纯净。如果必须暂时贮存备用，糖液贮桶一定要保持清洁，防止酵母菌等浸入滋生。一旦浸入杂菌，便可利用糖产酸、产气、产酒精，使pH值降低，糖液含量减少。有的厂在贮糖桶内设置加热管加热，使水解糖液保持50～60℃，有效地防止酵母菌等的滋生。

1. 淀粉水解糖质量对发酵的影响

若淀粉水解不完全，有糊精存在，不仅造成浪费，而且糊精存在使发酵过程中产生大量泡沫，影响发酵正常进行，甚至引起染菌的危险。

若淀粉水解过度，葡萄糖发生复合反应生成龙胆二糖、异麦芽糖等非发酵性糖；葡萄糖还会发生分解反应生成羟甲基糠醛，并进一步与氨基酸作用生成类黑素。这些物质不仅造成浪费，而且还抑制菌体生长。

若淀粉原料中蛋白质含量多，当糖液中和、过滤时除去不彻底，培养基中含有蛋白质及水解产物时，会使发酵液产生大量泡沫，造成逃液和染菌。

淀粉原料不同，水解工艺条件不同，水解糖液中含生物素量不同会影响发酵过程中生物素量的控制。

2. 淀粉制糖过程考察指标

（1）葡萄糖的理论收率　淀粉经完全水解生成葡萄糖可以用下面的反应式来表示。

$$(C_6H_{10}O_5)_n + nH_2O \longrightarrow nC_6H_{12}O_6$$

从该化学反应式可知，由于水解过程中水参与了反应，产物有化学增生，淀粉转化为葡萄糖的理论收率为

$$\frac{180.16}{162.14} \times 100\% = 111.11\%$$

（2）实际收率　从理论上讲，淀粉水解时可达到完全水解的程度，但是由于水解时存在复合、分解等一系列副反应以及生产过程中的一些损失，葡萄糖的实际收率不能达到理论收率，而仅有105%左右。葡萄糖的实际收率可按下式计算。

$$实际收率 = \frac{糖液量(L) \times 葡萄糖含量(\%)}{投入淀粉量(kg) \times 原料淀粉中含纯淀粉的含量(\%)} \times 100\%$$

（3）淀粉转化率　淀粉的转化率是指100份淀粉中有多少份淀粉转化成葡萄糖。淀粉转化率的计算可按下式进行。

$$转化率 = \frac{糖液量(L) \times 糖液中葡萄糖含量(\%)}{投入淀粉量(kg) \times 原料淀粉中含纯淀粉的含量(\%) \times 1.11} \times 100\%$$

（4）葡萄糖值——DE值（dextrose equivalent value）　工业上用DE值（也称葡萄糖值）表示淀粉水解程度或糖化程度。液化液或糖化液中的还原糖含量（所测得的糖以葡萄糖计算）占干物质的百分率为DE值。

$$DE值 = \frac{还原糖含量(\%)}{干物质含量(\%)} \times 100\%$$

（5）DX值　糖化液中葡萄糖含量占干物质的百分率为DX值。

$$DX值 = \frac{葡萄糖含量(\%)}{干物质含量(\%)} \times 100\%$$

糖液中葡萄糖的实际含量稍低于葡萄糖值，因为还有少量的还原性低聚糖存在，随着糖化程度的增高，二者的差别减少。

不管哪种方法制得水解糖，必须达到一定的质量指标，方能满足微生物生产产品的需要。因为，淀粉水解糖是生产菌的主要碳源，它的质量好坏直接影响发酵，关系到产品产率的高低。因此，应合理选择水解工艺，确定相应的水解工艺条件，提高葡萄糖的质量和得率。

第五节　糖蜜原料

糖蜜是很好的发酵原料，用糖蜜原料发酵生产，可降低成本，节约能源，简化操作，便于实现高糖发酵工艺，有利于产品得率和转化率的提高。糖蜜原料中，有些成分不适用于发酵，所以在使用糖蜜原料时，可先进行处理，以满足不同发酵产品的需求。

一、糖蜜原料的分类

生物发酵工业所用的糖蜜，主要是指制糖工业上的废糖蜜（waste molasses），它是甘蔗

糖厂或甜菜糖厂的一种副产品。糖蜜是一非结晶糖分，本身含有相当数量的发酵性糖，因此是生物工业大规模生产的良好原料。

根据来源不同，糖蜜分为甘蔗糖蜜（cane molasses）、甜菜糖蜜（beet molasses）和高级糖蜜（high test molasses）等。甘蔗糖蜜是以甘蔗为原料糖厂的一种副产品，它的产量约为原料甘蔗的 2.5%～3%，甘蔗糖蜜中含有 30%～36% 的蔗糖和 20% 转化糖。甜菜糖蜜是甜菜为原料糖厂的一种副产品，它的产量约占甜菜量的 3%～4%，含蔗糖 5%，转化糖 1%。高级糖蜜是指甘蔗榨汁（糖浆）加入适量的硫酸或用酵母转化酶（invertase）处理，制成转化糖，该糖蜜由于提高了溶解度，可使糖浓度提高 70%～85%。此外还有两种废糖蜜，一种是精制粗糖时，所分离出的糖蜜，称为粗糖蜜（raw sugar molasses）；另一种是葡萄糖工业上，不能再结晶葡萄糖的母液，称为葡萄糖蜜（glucose molasses）。

二、糖蜜原料的性质和组成

糖蜜的外观是一种黏稠、黑褐色、呈半流动状的物体，pH 值 5.5 左右，相对密度 1.43。糖蜜的组成，因制糖原料的种植、贮藏及加工方法等条件的不同而有差异。其一般组成见表 3-16。各种糖蜜中的糖类的组成也不相同。除含有发酵性的糖分外，还含有胶体物质、灰分、维生素、氨基酸。甘蔗糖蜜中的生物素较甜菜糖蜜中高。

表 3-16　糖蜜的一般组成

成分/% ＼ 种类	甜菜糖蜜	甘蔗糖蜜	高级糖蜜
总固形物	78～85	78～85	86～92
总糖分	48～58	50～58	70～86
N	0.2～2.8	0.08～0.5	0.05～0.25
总灰分	4～8	3.5～7.5	1.8～3.6
K_2O	2.2～4.5	0.8～2.2	0.2～0.7
CaO	0.15～0.7	0.15～0.8	0.15～0.35
SiO_2	0.1～0.5	0.05～0.3	0.07～0.25
P_2O_5	0.02～0.01	0.009～0.07	0.03～0.22
MgO	0.01～0.1	0.25～0.8	0.12～0.25

三、糖蜜的预处理

糖蜜的预处理，包括澄清和脱钙处理，对生物素缺陷型菌体生产来说（如谷氨酸），还应该进行脱生物素处理，一般所说的预处理是指澄清处理和脱钙处理。

1. 糖蜜澄清处理的目的

糖蜜中由于含有大量的灰分和胶体，不但影响菌体生长，也影响产品的纯度，特别是胶体的存在，致使发酵中产生大量的泡沫，影响发酵生产。因此，应进行适当的澄清处理。一般有加酸法、加热加酸法和添加絮凝剂澄清处理法几种。

2. 谷氨酸发酵中糖蜜的预处理

目前，谷氨酸发酵中，使用生物素缺陷型菌株，发酵培养基中的生物素为 $5\mu g/L$ 左右，而糖蜜中特别是甘蔗糖蜜中的生物素含量为 $1\sim10\mu g/g$，显然不适合谷氨酸的发酵。因此，在使用糖蜜原料发酵生产谷氨酸时，必须想方设法降低糖蜜中生物素含量。一般有活性炭处理法、树脂法以吸附生物素；用化学药剂拮抗生物素或使用其他营养缺陷型菌株（如氨基酸缺陷型、甘油或油酸缺陷型、精氨酸缺陷型等菌株）。还可能通过改进生产工艺如添加青霉素，改变细胞的渗透性，即使培养基中生物素含量高，细胞膜仍成为谷氨酸向外渗透模式，因而不影响谷氨酸产量。

第六节 植物纤维原料

植物生物体（biomass）是地球上各类植物利用阳光的能量进行光合作用的产物。全世界植物生物体的年生成量高达 1.55×10^{11} t 干物质。这些生物体储存的总能量是当前全世界能耗总量的 10 倍，因此，它是一种十分巨大的潜在能源。而且它会年复一年地生成，所以是一种再生资源，永远不会枯竭。植物生物体主要组成是纤维素，为此，利用纤维素原料或其他原料来进行发酵生产是人类长期以来就关注并研究的课题。第一次世界大战期间，德国就研究成功纤维素酸水解生产酒精的工艺。现代的生物质产业概念，是指利用可再生的有机物质，包括农作物、树木等植物及其残体、畜禽粪便、有机废弃物，通过工业加工转化，进行生物基产品（biobasedproducts）、生物燃料（biofuels）和生物能源（bioenergy）生产的一种新兴产业。我国每年有 7 亿吨作物秸秆、2 亿吨林地废弃物、25 亿吨畜禽粪便及大量有机废弃物，另外每年有 1000 多万公顷农田因覆盖石油基塑料地膜而导致土壤肥力衰退，尚有 1 亿多公顷（稍少于现耕地面积）不宜垦为农田，但可种植高抗逆性能源植物的边际性土地。这些农林废弃物和边际性土地，对生物质产业而言，是一笔宝贵的物质财富。植物纤维是由纤维素、半纤维素和木质素构成。纤维素是由葡萄糖和果糖这些六碳糖连接而成的，半纤维素是由木糖和阿拉伯糖这样的五碳糖构成的，木质素是含有芳香族化合物的网状结构的高分子。将这三种高分子物质分解成糖和芳香族化合物，并以此为原料利用微生物和化学合成技术将其转化成附加值高的化工产品，这就是纤维素原料生物炼制的基本思路。

一、纤维素原料的生物炼制

根据我国生物质资源的特点和技术潜在优势，可以将燃料乙醇、生物柴油、生物塑料以及沼气发电和固化成型燃烧作为主导产品。如果能利用全国每年 50% 的作物秸秆、40% 的畜禽粪便、30% 的林业废弃物，开发 5%（约 550 万公顷）的边际性土地种植能源植物，建设约 1000 个生物质转化工厂，那么其生产能力可相当于 5000 万吨石油的年生产能力，即一个大庆油田（年产 4800 万吨）。而且每增加 1000 万公顷能源植物的种植与加工，就相当于增加 4500 万吨石油的年生产能力，可见生物质产业的潜力之大。

利用生物法转化木质纤维原料的工艺路线主要包括 3 个关键步骤：①原料预处理，获得易于降解的纤维素和半纤维素；②纤维素酶制备和酶水解，将纤维素和半纤维素降解成糖液；③糖液发酵获得目标产品。由于戊糖在水解糖液中占有较高比重，戊糖的高效利用已成为纤维素原料生物炼制的关键之一。

生物炼制的主要原料是生物质，五碳糖和六碳糖是生物质的主要成分，也是细胞工厂的基本原料，其成分的多样性导致很难被微生物完全利用，因此进一步发掘五碳糖和六碳糖合成特殊化合物的基因与蛋白，阐明 $C_2/C_3/C_4$ 的平台化合物合成网络与流量关系的本质，逐步解决微生物代谢的分子基础及其相互关系的科学问题，有助于解析代谢网络结构，发现定向优化微生物功能中需要改变的因素，提高生物炼制细胞工厂的转化与合成能力，对于提高生物炼制的技术水平具有重要的意义。植物纤维素材料水解液中，葡萄糖占 65%，木糖约占 25%，从纤维素水解液中将葡萄糖和木糖分别分离出来非常困难，操作成本昂贵，因此实现微生物对五碳糖的利用，尤其是实现对五碳糖、六碳糖的同步利用，将降低生物炼制过程的成本。纤维原料中的戊糖资源尚未得到同等的利用，原因是微生物对戊糖的分解转化速度慢，转化率低，高效利用木质纤维素的技术关键之一就是提高微生物对戊糖的利用能力，实现戊糖和己糖的同等发酵。只有充分利用原料中的多组分，才能降低生产成本。因而，当前把微生物改造成细胞工厂的研究正面临着从利用精细原料到复杂原料的挑战。美国和澳大利亚研究人员将五碳糖途径导入运动发酵单胞菌，实现不同糖代谢途径的重组，工程菌可利用木屑水解液生产乙醇。最近发现梭菌（*Clostridia*）中存在与纤维素代谢关系密切的有两个属：一是 *C. thermocllum*，分泌纤维素酶和半纤维素酶、木质素酶，将纤维素转变为纤维二糖、木糖和木二糖，利用纤维二糖生产乙醇；二是 *C. thermosaccharolyticum*，不具有分解酶系，但能将纤维二糖、木糖和木二糖转变成乙醇。如果将两者混合培养，乙醇产率明显提高。由于梭菌中同时存在乙酸、乳酸等其他重要的平台化合物的代谢途径，从长远看，梭菌可能是一个木质素生物炼制生产乙醇、乳酸等系列产品的潜在的细胞工厂。荷兰科学家在酵母中引入外源的木糖异构酶，工程菌可以在合成培养基中利用木糖生长，达到与葡萄糖培养相当的产量。日本利用基因重组技术，即通过基因的导入使一种酵母就可以表达多种酶，利用这种酵母就可以直接将纤维素变成化工产品，这就是所谓的"超级酵母"的开发。稻草用水热处理后再用酶处理将其切断成纤维素，以这种纤维素为原料用基因重组的酵母发酵，取得 80g 乙醇/L 发酵液的成绩。

目前，国际上纤维素乙醇产业化仍存在三大瓶颈：①秸秆等木质纤维素类原料降解产生的木糖难以发酵生成乙醇；②纤维素酶生产成本仍然偏高；③原料要进行复杂的预处理。

二、木质纤维素基化学品

木质纤维素生物质（如稻草、木材、秸秆、芦苇等）是一种取之不尽的，而且是可再生的能源和各种化学品的资源。木质纤维素是由半纤维素和纤维素以及木质素组成的复合物，其中转化为糖的纤维素和半纤维素含量高达 80%。人们利用生物炼制技术可从木质纤维素原料中生产出纤维素、半纤维素和木质素的产品链，为开发高附加值和经济高效的生物基工业化生产开辟一条新途径。

1. 纤维素基产品

纤维素是最常见的有机化合物，它是工业生产最重要的原材料之一，被广泛用在多种行业，如造纸和纺织业、食品行业、医药业等，纤维素也是塑料制品、人造纤维（人造丝）、玻璃纸等的原材料。它的衍生物用于棉絮、火棉、纤维素基涂料、色谱用吸附材料。纤维素用作食品工业中的过滤介质、乳化剂、分散剂和过滤添加剂。还通过纤维素化学转化成的产品有葡萄糖、山梨醇、葡糖苷、果糖、乙醇、羟甲基糠醛、乙酰丙酸等。

2. 半纤维素基产品

半纤维素的结构单元包括葡萄糖、木糖、甘露糖、半乳糖、阿拉伯糖和鼠李糖。为了充分发挥半纤维素在化学和生物技术领域的潜力，一般是将半纤维素水解为戊糖和己糖，然后将戊糖分离、纯化后，再通过氧化、还原或酯化反应生成所需的产品。如甘露糖/甘露糖产品链（如甘露醇、甘露糖甲苷、甘露糖二硫化钠、甘露庚糖酸等）、木聚糖/木糖产品链（如木糖醇、木糖酸、唾液酸、糖酸等）、糠醛/糠醛基化学品（如糠醇、呋喃、四氢呋喃、己二腈和呋喃酸等）。

3. 木质素基产品

木质素的应用潜力最大，更能广泛地发挥其重要作用。木质素的实际利用主要有四类工艺：①以聚合的形式加以利用，如作为木材黏合剂和耐低温水泥添加剂等；②作为聚合物的组分利用，作为聚合物和树脂的共反应物；③分离出低分子量物质或单体，如从针叶材的木质素磺酸盐中生产香草醛；④通过热解将其完全降解为煤气、油和煤。木质素通过碱性水解、氧化、碱熔融、聚合、碱性脱甲基化、氢化等分离技术可得具体的产品为：香草酸、香草醛、紫丁香醛、酚类、羧酸、DMS、焦油、能量、甲烷、CO、炭、乙烷、苯、乙炔等。

三、纤维素原料的来源

目前用于生物炼制的纤维素原料可分为：农作物纤维下脚料，森林和木材加工工业下脚料，工厂纤维和半纤维素下脚料及城市废纤维物质四类。

1. 农作物纤维下脚料

每生产 1kg 谷物就会产生 1～1.5kg 的纤维质下脚料。常见的纤维质下脚料如麦草、稻草、玉米秆、玉米芯、高粱秆、花生壳、棉籽壳、稻壳等。我国每年农作物的秸秆产量接近 5×10^8 t。世界几种主要谷物下脚料的产量见表 3-17。

表 3-17 世界有代表性的谷物及其下脚料年产量

谷物品种	年生产面积/10^2ha[①]	年生产量/10^3t	下脚料比例/(t/ha)	年下脚料产量/10^3t	相当葡萄糖产率/10^3t
小麦	224111	363945	3.0	672333	208420～342890
大米	137395	329358	7.4	1016700	325340～538850
玉米	112346	311030	5.6	629140	220200
甘蔗	11667	57850	1.8	21000	9450～11550
燕麦	32250	54374	4.0	129000	43473

① 1ha(公顷)=10^4m^2。

天然纤维原料由纤维素、半纤维素和木质素三大成分组成。一些植物的纤维组成见表 3-18。

表 3-18 植物纤维原料的组成

名　称	半纤维素/%	纤维素/%	木质素/%
单子叶植物			
茎	25～50	25～40	10～30
叶	80～85	15～20	
纤维	5～20	80～90	
树木			
硬木	24～40	40～55	18～25
软木	25～35	45～55	25～35

从表 3-18 可见许多植物体中半纤维素的含量接近或略少于纤维素。半纤维素的开发利用对整个植物纤维素利用的意义将更为重要。

常见农作物下脚料的组成见表 3-19 和表 3-20。

表 3-19 有代表性农作物下脚料的组成（干物质）　　　　　　　　　%

原料	己糖			戊糖		木质素	灰分	酸不溶解物	其他
	葡萄糖	甘露糖	半乳糖	木糖	阿拉伯糖				
大麦草	37.5	1.26	1.71	15.0	3.96	13.8	10.8	2±1	—
玉米秆	35.1	0.25	0.75	13.0	2.8	15.1	4.3	1±1	4(蛋白质)
稻草	36.9	1.6	0.4	13.0	4.0	9.9	12.4	2±1	—
稻壳	36.1	3.0	0.1	14.0	2.6	19.4	20.1	—	—
高粱秆	32.5	0.8	0.2	15.0	3.0	14.5	10.1	1±1	1(蛋白质)
小麦草	32.9	0.72	2.16	16.9	2.1	14.5	9.6	3±1	3(蛋白质)

表 3-20 农作物下脚料中纤维素的组成成分

农作物下脚料	占总糖的百分率/%			
	木糖	阿拉伯糖	葡萄糖	其他
玉米下脚料				
玉米芯	65.1	9.6	25.3	—
玉米秆	70.5	9.0	14.5	5.9
小麦草	57.9	9.1	28.1	5
大豆				
秆与叶	59.9	6.6	6.1	27.4
荚	26.6	12.7	21	39.7
向日葵				
秆	60.6	2.2	32.6	4.6
髓	10.7	11.8	63.6	14
亚麻秆	64.6	12.8	1.2	21.4
花生壳	46.3	5	46.6	2.1
甘蔗渣	59.5	14.5	26	—

注：其他是指蔗糖和半乳糖。

2. 森林和木材加工工业下脚料

森林采伐时，有许多纤维素下脚料产生，如树枝、树梢（占整个树的 4%～12%）、树桩（占木材产量的 4%～5%）。另外，森林中不成材的树木和枯杆也占整个木材贮藏量的 15%，三者相加达木材贮量的 23%～32%。

木材加工工业中，边角料和木屑占加工木材量的 25%～30%，其中木屑占 1/3。森林和木材加工工业的下脚料都是制造发酵产品的纤维素原料。前苏联和北欧等森林资源丰富的国家也有用木材直接加工制酒精的例子。我国森林资源不富裕，用这一部分纤维素原料制酒精的发展前景不佳。迄今为止，除新中国成立初期在东北建设了两个木材水解酒精厂外，没有新的发展。

3. 工厂纤维和半纤维素下脚料

糖厂的甘蔗渣、纸厂的废纸浆、编织厂的废料等是主要的工厂纤维素下脚料；甘蔗渣、废甜菜丝、造纸用草料等中的纤维素则是主要的半纤维素下脚料。

我国年产约 $6×10^6$ t 甘蔗渣，如果全部用来制酒精，将甘蔗渣中的纤维素和半纤维素都计算在内，至少可生产 $7×10^5$ t 酒精。我国每年用于造纸的草料约 $588×10^4$ t，按含半纤维素 20% 计，至少可生产近 $35×10^4$ t 酒精。

问题是这些下脚料可以造纸、作饲料、作锅炉燃料等用途，是否能用于酒精生产是一个竞争性问题。利用下脚料中半纤维素生产酒精，剩下的纤维素仍可利用，这个途径具有应用的潜力。

4. 城市废纤维物质

城市生活垃圾中，有相当一部分是纤维垃圾，而且，纤维质垃圾在整个垃圾中的比例会随着人们生活水平的提高而增加。在发达国家，它已经成为一个数量可观、来源稳定的纤维质资源。从某种意义上讲，它也是一种再生资源。美国全国每天的纤维质垃圾量达 $2.8×10^7$ t，英国每年生活纤维垃圾数量是整个纤维下脚料的 58%。城市垃圾最大的优点是有现成的回收系统，而且，它又不是天然纤维，容易接受酶和酸水解。其缺点是纤维素垃圾要经过机械分离或其他手段才能从生活垃圾中分离出来，而且容易污染到有害物质或昆虫，这是要十分注意的。美国许多城市已将生活垃圾分类，得到的纤维垃圾送去作酒精生产原料。许多纤维质原料酒精工厂也是以纤维垃圾为基本原料而设计的。以美国马里兰州巴尔的摩县为例，该县有一个废料处理厂，每天处理 15000t 废料，可得到 1125t 高纤维物料（RDF），它可以散装或加工成直径 2.5cm，高 5～7cm 的小圆柱体后，送往酒精厂。RDF 的几个指标见表 3-21。

表 3-21 高纤维废料（RDF）指标

指　标	数　值	指　标	数　值
生产方法	机械分离或气流分离	塑料和其他惰性物料	<3.4%（质量分数）
RDF 占垃圾比例	70%～75%（质量分数）	灰分	6%～12%（质量分数）
水分	10%～30%	热值（湿）	15240J/kg
含硫量	约 0.2%（质量分数）	热值（干）	18757J/kg

5. 亚硫酸盐废液

为了从木材中将纤维素分离出来，可以采用各种方法，亚硫酸盐法即是其中之一。该法用亚硫酸盐在 130～140℃和一定压力下蒸煮木材碎片，将半纤维素、木质素、树脂、油脂和无机盐等都转入溶液。这些物质占木材质量的比例不少于 50%。蒸煮结束后，将纤维素和蒸煮液体分开。纤维素经仔细漂洗后送去进一步加工处理，所得的蒸煮液就是亚硫酸盐废液，含有五碳糖和六碳糖，它可用于生产酒精、酵母等。

6. 淀粉工业废渣

　　甘薯渣是甘薯淀粉加工过程中的副产品，经过有关部门检验分析发现，工业化生产的甘薯废渣中除了水分外，还含有 $40\%\sim50\%$ 的残余淀粉，$20\%\sim30\%$ 的纤维素、半纤维素和木质素。马铃薯淀粉渣中含有大量的淀粉、纤维素、半纤维素、果胶等可利用成分，同时含有少量蛋白质，可作为发酵培养基，具有很高的开发利用价值。因此，对马铃薯淀粉渣进行综合开发利用，不仅能减少环境污染，而且具有较好的经济效益和社会效益。利用马铃薯淀粉渣中的纤维素和半纤维素发酵生产微生物蛋白质，如国内一些学者采用半固态发酵利用马铃薯淀粉渣生产高蛋白质饲料，通过微生物发酵处理可将马铃薯淀粉渣的蛋白质含量明显提高，同时微生物发酵可改善马铃薯淀粉渣粗纤维结构，饲料的适口性得到了很好改善。

思考与练习题

1. 简述发酵培养基的配制原则。配制时应注意哪些问题？
2. 简述培养基的碳氮比对菌体的生长和产物生成的影响。
3. 试比较各种水解糖制备方法的优点和缺点。
4. 简述酸法水解制糖的原理及工艺，并分析其影响因素。
5. 写出双酶法制糖的工艺，并说明应注意的问题。
6. 简要说明纤维素原料生物炼制的意义。

第四章 培养基灭菌与空气的净化

在工业微生物发酵过程中，只允许生产菌存在和生长繁殖，不允许其他微生物共存，因此所有发酵过程，必须进行纯种培养（pure culture）。特别是在种子移植、扩大培养过程以及发酵前期，如果杂菌侵入生产系统，就会在短期内与生产菌争夺养分，严重影响生产菌正常生长和发酵作用，以致造成发酵异常。所以整个发酵过程必须牢固树立无菌观念，严格无菌操作。除了设备应严格按规定保证没有死角，没有构成染菌可能的因素外，必须对培养基和生产环境进行严格的灭菌和消毒，防止杂菌和噬菌体的污染。在好氧发酵时，通入发酵系统的空气，如果夹带有各类其他的微生物，这些微生物便会在培养系统合适的条件下大量繁殖，从而干扰纯种发酵过程的正常进行，使培养过程彻底失败，甚至导致倒罐，造成严重的经济损失。空气除菌不彻底是发酵染菌的主要原因之一。比如一个通气量为 $40m^3/min$ 的发酵罐，一天所需要的空气量高达 $5.76 \times 10^4 m^3$，假如所用的空气中含菌量 10^4 个/m^3，那么一天将有 5.76×10^8 个微生物细胞进入发酵系统，这么多杂菌的带入，完全可导致发酵失败。因此，空气的灭菌是好氧培养过程中的一个重要环节。

第一节 灭 菌

一、灭菌的方法

灭菌指利用物理和化学的方法杀灭或除去物料及设备中一切生命物质的过程。而消毒是指用物理或化学的方法杀死物料、容器、器具内外的病源微生物，一般只能杀死营养细胞而不能杀死芽孢。消毒不一定能达到灭菌的要求，而灭菌则可达到消毒的目的。在发酵工业生产中，为了保证纯种培养，在生产菌种接种培养之前，要对培养基、空气系统、消泡剂、流加物料、设备、管道等进行灭菌，还要对生产环境进行消毒，防止杂菌和噬菌体的大量繁殖。只有不受杂菌污染，发酵过程才能正常进行。

灭菌的方法有：干热灭菌法，湿热灭菌法，火焰灭菌法，电磁波、射线灭菌法，化学药剂灭菌法及过滤除菌法。根据灭菌对象和要求不同选用不同的方法。

1. 干热灭菌法

进行干热灭菌时，微生物细胞发生氧化，微生物体内蛋白质变性和电解质浓缩引起中毒等作用，氧化作用导致微生物死亡是主要依据。由于微生物对干热的耐受力比对湿热强得多，故干热灭菌所需的温度要高，时间要长，一般 160~170℃，1~1.5h。实际应用时，对一些要求保持干燥的实验器具和材料可以采用干热灭菌法。

2. 火焰灭菌法

利用火焰直接杀死微生物的灭菌法称为火焰灭菌法。该方法简单，灭菌彻底，但使用范围有限，仅适用于接种针、玻璃棒、三角瓶口等的灭菌。

3. 电磁波、射线灭菌法

利用电磁波、紫外线、X 射线、γ 射线或放射性物质产生的高能粒子进行灭菌，以紫外线最常用。紫外线对芽孢和营养细胞都能起作用，但细菌芽孢和霉菌孢子对紫外线的抵抗力强。紫外线的穿透力低，仅适用于表面灭菌和无菌室、培养间等空间的灭菌，对固体物料灭菌不彻底，也不能用于液体物料的灭菌。250~270nm 杀菌效率高，以波长在 260nm 左右灭菌效率最高。除紫外线外也可利用 X 射线和 γ 射线进行灭菌。

4. 湿热灭菌法

利用饱和蒸汽进行灭菌的方法称为湿热灭菌法。其原理是借助于蒸汽释放的热能使微生物细胞中的蛋白质、酶和核酸分子内部的化学键，特别是氢键受到破坏，引起不可逆的变性，使微生物死亡。从灭菌的效果来看，由于蒸汽有很强的穿透能力，湿热灭菌对耐热芽孢杆菌来说，温度升高10℃时，灭菌速率常数可增加8～10倍，对营养细胞更高。同时，蒸汽来源方便，价格低廉，灭菌效果可靠，是目前最为常用的培养基灭菌方法。一般的湿热灭菌条件为121℃，30min。

5. 化学药剂灭菌法

某些化学药剂能与微生物发生反应而具有杀菌的作用。化学药剂适于生产车间环境的灭菌，接种操作前小型器具的灭菌等。化学药品的灭菌使用方法，根据灭菌对象的不同有浸泡、添加、擦拭、喷洒、气态熏蒸等。下面介绍常用的化学药剂。

（1）高锰酸钾　高锰酸钾溶液的灭菌作用是使蛋白质、氨基酸氧化，使微生物死亡，一般用0.1%～0.25%的溶液。

（2）漂白粉　漂白粉的化学名称是次氯酸盐［次氯酸钠（NaClO）］，它是强氧化剂，也是廉价易得的灭菌剂。它的杀菌作用是次氯酸钠分解为次亚氯酸，后者不稳定，在水溶液中分解为新生态氧和氯，使细菌受强烈氧化作用而导致死亡，对杀死细菌和噬菌体均有效。漂白粉是发酵工业生产环境最常用的化学杀菌剂。但应注意，并非所有噬菌体对漂白粉敏感，因此应该轮流用药。

（3）75%酒精溶液　75%酒精溶液的杀菌作用在于使细胞脱水，引起蛋白质凝固变性。对营养细胞、病毒、霉菌孢子均有杀死作用，但对细菌的芽孢杀死作用较差。常用于皮肤和器具表面杀菌。

（4）新洁尔灭　新洁尔灭是表面活性剂类洁净消毒剂。它在水溶液中以阳离子形式与菌体表面结合，引起菌体外膜损伤和蛋白变性。10min能杀死营养细胞，但对细菌芽孢几乎没有杀灭作用。一般用于器具和生产环境的消毒，不能与合成洗涤剂合用，不能接触铝制品。使用0.25%的溶液。

（5）甲醛　甲醛（HCHO）是强还原剂，它能与蛋白质的氨基结合，使蛋白质变性，对氨基和蛋白质的变性有较强活性，这是用甲醛作为灭菌剂的根据。使用时可以以2份37%甲醛溶液与1份KMnO₄混合，或者将37%甲醛溶液直接加热，产生气态甲醛用于灭菌。甲醛灭菌的缺点是穿透力差。

（6）过氧乙酸　过氧乙酸是强氧化剂，它是广谱、高效、速效的化学杀菌剂，对营养细胞、细菌芽孢、真菌孢子和病毒都有杀灭作用。一般使用0.02%～0.2%的溶液。

（7）戊二醛　戊二醛是近几十年来广泛使用的一种广谱、高效、速效的杀菌剂，使用范围将逐渐扩大。在酸性条件下，不具有杀死芽孢的能力，只有在碱性条件下（加入碳酸氢钠或碳酸钠），才具有杀死芽孢的能力，常用2%的溶液，常用于器具、仪器和工具等灭菌。

（8）酚类　苯酚作为消毒和杀菌剂已有百年历史，但苯酚毒性较大，易污染环境，且水溶性差，使应用受到限制，而酚类衍生物的使用，扩大了作为消毒剂的使用范围。如甲酚经磺化得到甲酚磺酸，水溶性有所提高，且毒性降低，使用0.1%～0.15%的溶液，作用10～15min，可杀灭大肠杆菌。

6. 过滤除菌法

利用过滤方法阻留微生物，也可达到除菌的目的，这就是过滤除菌法。此法仅适用于澄清液体和气体的除菌。工业上常用过滤法大量制备无菌空气，供好氧微生物培养过程使用。

二、培养基湿热灭菌的原理

1. 微生物的热阻

每一种微生物都有一定的最适生长温度范围，如一些嗜冷菌的最适温度为5～10℃（最低限 0℃，最高限 20～30℃）；大多数微生物的最适温度为 25～37℃（最低限为 5℃，最高限为 45～50℃）；另有一些嗜热菌的最适温度为 50～60℃（最低限为 30℃，最高限为 70～80℃）。当微生物处于最低限温度以下时，代谢作用几乎停止而处于休眠状态。当温度超过最高限度时，微生物细胞中的原生质体和酶的基本成分——蛋白质发生不可逆的变化，即凝固变性，使微生物在很短时间内死亡。湿热灭菌就是根据微生物的这种特性进行的。

一般无芽孢细菌，在 60℃下经过 10min 即可全部杀灭。而芽孢细菌的芽孢能经受较高的温度，在 100℃下要经过数分钟至数小时才能杀死。某些嗜热菌能在 120℃温度下，耐受 20～30min，但这种菌在培养基中出现的机会不多。一般讲，灭菌的彻底与否以能否杀死芽孢细菌为准。

杀死微生物的极限温度称为致死温度。在致死温度下，杀死全部微生物所需的时间称为致死时间。在致死温度以上，温度愈高，致死时间愈短。由于一般微生物细胞、细菌芽孢、微生物孢子，对热的抵抗力不同，因此，它们的致死温度和致死时间也有差别。微生物对热的抵抗力常用"热阻"表示，它指微生物在某一特定条件（主要是温度和加热方式）下的致死时间。相对热阻是指某一微生物在某条件下的致死时间与另一微生物在相同条件下的致死时间的比值，表 4-1 是几种微生物对湿热的相对抵抗力。由表 4-1 可见，细菌的芽孢比大肠杆菌对湿热的抵抗力约大 3000000 倍。

表 4-1 微生物对湿热的相对抵抗力

微生物名称	大肠杆菌	细菌芽孢	霉菌孢子	病　毒
相对抵抗力	1	3000000	2～10	1～5

2. 微生物的热死规律——对数残留定律

微生物热死是指微生物受热失活直到死亡。微生物受热死亡主要是由于微生物细胞内酶蛋白受热凝固，丧失活力所致。在一定温度下，微生物受热后，其死活细胞个数的变化如化学反应的浓度变化一样，遵循分子反应速率理论。在微生物受热失活的过程中，微生物不断被杀死，活菌数不断被减少。因此，微生物热死速率可以用分子反应速率来表示，即微生物个数减少的速度与任一瞬间残存的菌数成正比。

$$\frac{\mathrm{d}N}{\mathrm{d}t} = -kN \tag{4-1}$$

式中，N 为培养基中残留活菌数，个；t 为受热时间，min；k 为反应速率常数，也可称比死亡速率常数，$\min^{-1}$。

式(4-1) 中的反应速率常数 k 是微生物耐热性的一种特征，它随微生物的种类和灭菌温度而异。在相同的温度下，k 值越小，则此微生物越耐热。细菌芽孢的 k 值比营养细胞小得多，即细菌芽孢耐热性比营养细胞大。同一种微生物在不同的灭菌温度下，k 值不同，灭菌温度越低，k 值越小；温度越高，k 值越大。如硬脂嗜热芽孢杆菌 FS1518 在 104℃，k 值为 0.0342$\min^{-1}$，121℃时 k 值为 0.77$\min^{-1}$，131℃时 k 值为 15$\min^{-1}$。因此，提高灭菌温度，k 值增大，灭菌时间显著缩短。某些细菌在 121℃时的 k 值见表 4-2。

表 4-2 121℃某些细菌的 k 值

细　菌　名　称	k 值/$\min^{-1}$	细　菌　名　称	k 值/$\min^{-1}$
枯草芽孢杆菌	3.8～2.6	硬脂嗜热芽孢杆菌 FS617	2.9
硬脂嗜热芽孢杆菌 FS1518	0.77	产气梭状芽孢杆菌 PA3679	1.8

反应速率常数 k 随微生物的种类和加热温度而变化。从 $0 \to t$，$N_0 \to N_t$，积分式(4-1) 得

$$\int_{N_0}^{N_t} \frac{\mathrm{d}N}{N} = -k \int_0^t \mathrm{d}t \tag{4-2}$$

$$N_t = N_0 \mathrm{e}^{-kt} \tag{4-3}$$

$$t = \frac{1}{k} \ln \frac{N_0}{N_t} \quad 或 \quad t = \frac{2.303}{k} \lg \frac{N_0}{N_t} \tag{4-4}$$

式中，N_0 为开始灭菌时原菌数，个；N_t 为经时间 t 后残留菌数，个。

式(4-4) 即表示对数残留定律，可以根据残留菌数 N 的要求用式(4-4) 计算灭菌时间 t。将存活率 $\frac{N_t}{N_0}$ 对时间 t 在半对数坐标上绘图，可以得到一条直线，其斜率的绝对值为比死亡速率 k。灭菌时间有时也采用 1/10 衰减时间 t' 表示，即活菌数在受热过程中减少到原菌数的 1/10 时所需的时间。从式(4-3) 得

$$\frac{N_t}{N_0} = \frac{1}{10} = \mathrm{e}^{-kt} \tag{4-5}$$

$$t' = \frac{2.303}{k} \tag{4-6}$$

随时间的延长，加热灭菌后的残存菌数呈对数减少，且温度越高，死亡越快。通常必要的灭菌条件是 110～130℃，5～20min。芽孢对热耐受力强，为此需要更高的温度并维持更长的时间。对细菌芽孢来说，并不始终符合对数残留规律，特别是在受热后很短的时间内，培养液中油脂、糖类及一定浓度的蛋白质会增加微生物的耐热性；高浓度盐类、色素能削减其耐热性。随着灭菌条件的加强，培养基成分的热变质加速，特别是维生素。因此培养液灭菌一般都采用高温短时间加热的方式，这样可以达到彻底灭菌和把营养成分的破坏减少到最低限度的目的。

从式(4-4) 可见，灭菌时间取决于污染的程度（N_0）、灭菌的程度（残留菌数 N_t）和 k 值。在培养基中有各种各样的微生物，不可能逐一加以考虑。如果将全部微生物作为耐热的细菌芽孢来考虑计算灭菌时间和温度，就得延长加热时间和提高灭菌温度。因此，一般只考虑芽孢细菌和细菌的芽孢之和作为计算依据较为合理。另一个问题就是灭菌的程度，即残留菌数，如果要达到彻底灭菌，即 $N_t = 0$，则 t 为 ∞，这在实际操作中是不可能的。因此，在设计时常采用 $N_t = 0.001$（也就是说 1000 次灭菌中有一次失败的机会）。

微生物的比死亡速率常数 k 除了取决于菌体的抗热性能，还明显地受灭菌温度 T 的影响。实验表明 k 与灭菌热力学温度 T 的关系可用 Arrhenius 方程表征，即

$$k = A \mathrm{e}^{-\frac{\Delta E}{RT}} \tag{4-7}$$

式中，A 为频率因子，7.94×10^{38}，min^{-1}；ΔE 为活化能，J/mol；R 为通用气体常数，8.28J/(mol·K)。

从式 (4-7) 可以看出：① 活化能 ΔE 的大小对 k 值有重大影响。其他条件相同时，ΔE 愈高，k 值愈低，热死速率愈慢。②不同菌的孢子加热死亡所需的 ΔE 不相同，在相同的 T 条件下灭菌，尚不能肯定 ΔE 低的孢子热死速率一定比 ΔE 高的快，因为 k 值并不唯一地取决于 ΔE，还与 T 有关。③灭菌速率常数 k 是 ΔE 和 T 的函数，k 对 T 的变化率与 ΔE 有关。对式(4-7) 两边取自然对数，可得

$$\ln k = -\frac{\Delta E}{RT} + \ln A \tag{4-8}$$

对式 (4-8) 两边取 T 的导数，得

$$\frac{\mathrm{d}\ln k}{\mathrm{d}T}=\frac{\Delta E}{RT^2} \tag{4-9}$$

由式（4-9）得出的重要结论：反应的 ΔE 愈高，$\ln k$ 对 T 的变化率愈大，亦即 T 的变化对 k 的影响愈大。

3. 培养基灭菌温度的选择

在培养基灭菌的过程中，除微生物被杀死外，还伴随着营养成分的破坏。实验证明，在高压加热情况下，氨基酸和维生素极易破坏，仅 20min，就有 50% 的赖氨酸、精氨酸及其他碱性氨基酸被破坏，蛋氨酸和色氨酸也有相当数量被破坏。因此，必须选择一个既能达到灭菌的目的，又能使培养基中营养成分破坏至最小的灭菌工艺条件。

在培养基灭菌时，杂菌不断地死亡，杂菌死亡属于一级动力学类型，$\frac{\mathrm{d}N}{\mathrm{d}t}=-kN$，其速率常数 k 与温度的关系也可用阿累尼乌斯（Arrhenius）方程式表示：

$$k=A\mathrm{e}^{-\frac{\Delta E}{RT}} \tag{4-7}$$

式中，ΔE 为杀死微生物所需的活化能，J/mol。

在灭菌的过程中，伴随微生物的死亡，培养基中的营养成分也遭到破坏。由于大部分培养基的破坏为一级分解反应，其反应动力学方程式为

$$\frac{\mathrm{d}c}{\mathrm{d}t}=-k'c \tag{4-10}$$

式中，c 为反应物的浓度，mol/L；t 为反应时间，min；k' 为化学反应速率常数（随温度及反应类型而变），min^{-1}。

在灭菌的同时，培养基中的营养成分也遭到破坏，其他条件不变，则反应速率常数和温度的关系可用阿累尼乌斯方程表示

$$k'=A'\mathrm{e}^{-\frac{\Delta E'}{RT}} \tag{4-11}$$

式中，A' 为比例常数；$\Delta E'$ 为反应所需的活化能，J/mol；R 为气体常数，8.314 J/(mol·K)；T 为热力学温度，K。

式(4-7) 也可以写成如下形式

$$\lg k=\frac{-\Delta E}{2.303RT}+\lg A \tag{4-12}$$

若以 $\lg k$ 与 $1/T$ 作图，得一直线，如图 4-1 所示，从此直线的斜率及截距中可求得 ΔE 及 A 值。

式(4-11) 也可以写成

$$\lg k'=\frac{-\Delta E'}{2.303RT}+\lg A' \tag{4-13}$$

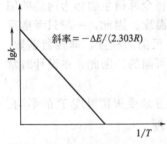

图 4-1 温度与速率常数的
关系曲线

以 $\lg k'$ 对 $\frac{1}{T}$ 作图，也得一直线，其斜率为 $\frac{-\Delta E'}{2.303R}$，截距为 $\lg A'$，从斜率和截距可求得 A' 和 $\Delta E'$ 的值。

在灭菌时，温度由 T_1 升高到 T_2，杂菌死亡的速率常数 k

$$k_1=A\mathrm{e}^{-\frac{\Delta E}{RT_1}} \tag{4-14}$$

$$k_2=A\mathrm{e}^{-\frac{\Delta E}{RT_2}} \tag{4-15}$$

两式相除得

$$\ln\frac{k_2}{k_1}=\frac{\Delta E}{R}\left(\frac{1}{T_1}-\frac{1}{T_2}\right) \tag{4-16}$$

同理，当温度由 T_1 升高到 T_2，培养基成分破坏的速率常数为 k'，也可得类似的关系

$$\ln\frac{k_2'}{k_1'}=\frac{\Delta E'}{R}\left(\frac{1}{T_1}-\frac{1}{T_2}\right) \tag{4-17}$$

将式(4-16)和式(4-17)相除得

$$\frac{\ln\dfrac{k_2}{k_1}}{\ln\dfrac{k_2'}{k_1'}}=\frac{\Delta E}{\Delta E'} \tag{4-18}$$

通过实际测定，一般杀灭微生物营养细胞的 ΔE 值约为 $2.09\times10^5\sim2.71\times10^5$ J/mol，杀死微生物芽孢的 ΔE 值约为 4.48×10^5 J/mol，一般酶及维生素等营养成分分解的 $\Delta E'$ 值为 $8.36\times10^3\sim8.36\times10^4$ J/mol。

微生物细胞死亡的活化能 ΔE 大于培养基营养成分破坏的活化能 $\Delta E'$，因此，$\ln\dfrac{k_2}{k_1}>\ln\dfrac{k_2'}{k_1'}$，即随着温度升高，灭菌速率常数增加的倍数大于培养基中营养成分分解的速率常数增加的倍数。

当灭菌温度升高时，微生物死亡速率提高，且超过了培养基营养成分破坏的速率。据测定，每升高10℃，速率常数的增加倍数为 Q_{10}，一般的化学反应 Q_{10} 为1.5～2.0，杀灭芽孢的反应 Q_{10} 为5～10，杀灭微生物细胞的反应 Q_{10} 为35左右。从上述情况可以看出，在热灭菌的过程中，同时发生微生物死亡和培养基成分破坏两个过程。温度均能加速其过程进行的速率，当温度升高时，微生物死亡的速率更快。因此，可以采用较高的温度，较短的灭菌时间，以减少培养基营养成分的破坏，这就是通常所说的"高温瞬时灭菌法"。

生产实践亦说明：灭菌温度较高而时间较短，要比温度较低而时间较长效果好。如对同样的培养基进行 126～132℃、5～7min 连续灭菌，其所得的培养基的质量要比采用120℃、30min 的实罐灭菌好，可以得到较高的发酵水平；又如同一类培养基进行 120℃、20min 的实罐灭菌，其所得培养基的发酵水平高于120℃、30min 的对照，而同样达到灭菌的要求。不同灭菌条件下培养基营养成分的破坏见表4-3。

表 4-3 不同灭菌条件下培养基营养成分破坏情况

温度/℃	灭菌时间/min	营养成分破坏/%	温度/℃	灭菌时间/min	营养成分破坏/%
100	400	99.3	130	0.5	8
110	30	67	140	0.08	2
115	15	50	150	0.01	<1
120	4	27			

高温灭菌所得培养基的质量比较好，并不意味着连续灭菌比实罐灭菌好。培养基灭菌方法的选择，必须从工艺、设备、操作、成本核算以及培养基的性质等具体条件来考虑决定。

三、发酵培养基的灭菌

1. 培养基湿热灭菌方法

(1) 间歇灭菌 间歇灭菌即实消，是在每批培养基全部流入发酵罐后，就在罐内通入蒸汽加热至灭菌温度，维持一定时间，再冷却到接种温度。实罐灭菌时，发酵罐与培养基一起灭菌。其他灭菌设备一般采用蒸汽灭菌，如设备十分耐压，则可采用较高的温度，但必须注意设备内部的凹处及露出的小配管等蒸汽不能到达的部位。有些设备也可采用 SO_2 熏蒸灭菌，如葡萄酒发酵池、罐等。

(2) 连续灭菌　连续灭菌 (continuous sterilization) 也叫连消，其温度一般以 126～132℃为宜，总蒸汽压力要求达到 $4.4×10^4～4.9×10^4$ Pa。培养基采用连续灭菌时，需在培养基进入发酵罐前，直接用蒸汽进行空罐灭菌，用无菌空气保压，待培养基流入罐后，开始冷却。灭菌时对培养基的加热可采用各种加热器。培养基的冷却方式有喷淋冷却式、真空冷却式、薄板换热器式几种方式，其过程均包括加热、维持和冷却。喷淋冷却优点是能一次冷却到发酵温度。真空冷却只能冷却到一定温度，需在发酵罐中继续冷却，但它可以减少冷却用水，占地面积也少。板式换热器效率高，且利用冷培养液作冷却剂，既冷却了热培养基，又预热了冷培养液，节约用水和蒸汽。图 4-2 为连消塔-喷淋冷却连续灭菌流程。

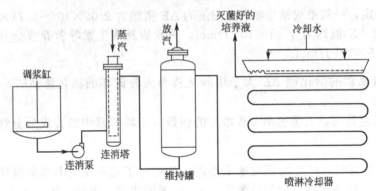

图 4-2　连消塔-喷淋冷却连续灭菌流程

连续灭菌采用连消塔时，可在 20～30s 达到预定灭菌温度，由维持罐来保持必需的杀菌时间。采用喷射杀菌设备，蒸汽直接喷入培养液，温度几乎立即上升到预定杀菌温度，由保温段管子的长度来保证必要的杀菌时间。采用板式换热器，可在 20s 内达到杀菌温度，经保温保持必要的杀菌时间，然后在板式热交换器另一段 20s 内冷却到发酵温度。

(3) 固体培养基灭菌　固体培养基也和液体培养基一样，要先蒸煮灭菌，但固体培养基呈粒状、片状或粉状，流动性差，不易翻动，吸水加热易成团，冷却困难。针对这些特点设计的转鼓式灭菌机常用于酒厂、酱油厂。该设备能承受一定压力，装料后旋紧进出口盖，就如同密封容器。转鼓以 0.5～1r/min 徐徐转动，培养基得到翻动，蒸汽沿轴中心通入加热培养基，达到一定温度后，进行保温灭菌。灭菌完毕用真空泵抽真空，转鼓内压力降低，培养基冷却。

2. 影响培养基灭菌的因素

影响培养基灭菌的因素除了所污染杂菌的种类、数量、灭菌温度和时间外，培养基成分、pH 值、培养基中颗粒、泡沫等对培养基灭菌也有影响。

(1) 培养基成分　油脂、糖类及一定浓度的蛋白质增加微生物的耐热性，高浓度有机物会包于细胞的周围形成一层薄膜，影响热的传递，因此在固形物含量高的情况下，灭菌温度可高些。例如，大肠杆菌在水中加热 60～65℃便死亡；在 10%糖液中，需 70℃ 4～6min；在 30%糖液中需 70℃ 30min。但大多数糖类在加热杀菌时均发生某种程度的改变，并且形成对微生物有毒害作用的产物。因此，灭菌时应考虑这一因素。

低质量分数 (1%～2%) 的 NaCl 溶液对微生物有保护作用，随着质量分数的增加，保护作用减弱，当质量分数达 8%～10%则减弱微生物的耐热性。

(2) pH 值　pH 值对微生物的耐热性影响很大。pH 值 6.0～8.0，微生物最耐热；pH<6.0，氢离子易渗入微生物细胞内，从而改变细胞的生理反应促使其死亡。所以培养基 pH 值越低，灭菌所需的时间越短，见表 4-4。

(3) 培养基中的颗粒　培养基中的颗粒小，灭菌容易，颗粒大，灭菌难。一般含有小于 1mm 的颗粒对培养基灭菌影响不大，但颗粒大时，影响灭菌效果，应过滤除去。

表 4-4　pH 值对灭菌时间的影响

温度/℃	孢子数/(个/mL)	灭菌时间/min				
		pH6.1	pH5.3	pH5.0	pH4.7	pH4.5
120	10000	8	7	5	3	3
115	10000	25	25	12	13	13
110	10000	70	65	35	30	24
100	10000	740	720	180	150	150

（4）泡沫　培养基的泡沫对灭菌极为不利，因为泡沫中的空气形成隔热层，使传热困难，热难穿透进去杀灭微生物。对易产生泡沫的培养基在灭菌时可加入少量消泡剂。对有泡沫的培养基进行连续灭菌时更应注意。

（5）其他　如培养基中微生物的数量、微生物细胞的含水量、菌龄、微生物的耐热性等，均会影响培养基灭菌的效果。

3. 培养基灭菌时间计算

（1）间歇灭菌（实罐灭菌）　如果不计升温阶段所杀灭的菌数，把培养基中所有的菌均看作是在保温阶段（灭菌温度）被杀灭，这样可以简单地利用式(4-4)粗略地求得灭菌所需的时间。

【例 4-1】　有一发酵罐内装 40m³ 培养基，在 121℃下进行实罐灭菌。原污染程度为 1mL 有 $2×10^5$ 个耐热细菌芽孢，121℃时灭菌速率常数为 1.8min⁻¹。求灭菌失败概率为 0.001 时所需要的灭菌时间。

解　$N_0 = 40×10^6×2×10^5 = 8×10^{12}$（个）

$N_t = 0.001$ 个，$k = 1.8min^{-1}$

灭菌时间：$t = \dfrac{2.303}{k}\lg\dfrac{N_0}{N_t} = \dfrac{2.303}{1.8}\lg(8×10^{15}) = 20.34$（min）

但是实际上，培养基在加热升温时（即升温阶段）就有部分菌被杀灭，特别是当培养基加热至 100℃以上，这个作用较为显著。因此，保温灭菌时间实际上比上述计算的时间要短。严格地讲，在降温阶段也有杀菌作用，但降温时间较短，在计算时一般不考虑。

在升温阶段，培养基温度不断升高，菌死亡速率常数也不断增大，速率常数与温度的关系见式(4-19)。当以某耐热杆菌的芽孢为灭菌对象时，此时 $A = 1.34×10^{36}s^{-1}$，$E = 2.84×10^4$ J/mol，因此，式(4-12)可写为

$$\lg k = \dfrac{-14845}{T} + 36.12 \tag{4-19}$$

利用式(4-19)可求得不同温度下的灭菌速率常数。若求得升温阶段（如温度从 T_1 升至 T_2）的平均菌死亡速率常数，可以用式(4-20)求得

$$k_m = \dfrac{\displaystyle\int_{T_1}^{T_2} k\,dT}{T_2 - T_1} \tag{4-20}$$

式(4-20)中的积分值也可利用图解积分法求得。

若培养基加热时间（一般以 100℃至保温的升温时间）t_p 已知，k_m 已求得，则升温阶段结束时，培养基中残留菌数（N_P）可从式(4-21)求得

$$N_P = \dfrac{N_0}{e^{k_m t_p}} \tag{4-21}$$

再由式(4-22)求得保温所需的时间

$$t = \frac{2.303}{k} \lg \frac{N_P}{N_t} \tag{4-22}$$

【例 4-2】 例 4-1 中，灭菌过程的升温阶段，培养基从 100℃上升至 121℃，共需 15min。求升温阶段结束时，培养基中芽孢数和保温所需时间。

解 $T_1 = 373K$，$T_2 = 394K$

根据式(4-19)求得 373~394K 若干 k 值，k-T 关系如表 4-5 所示。

表 4-5 k-T 关系

T/K	373	376	379	382	385	388	391	394
k/s^{-1}	2.35×10^{-4}	4.57×10^{-4}	1.03×10^{-4}	2.09×10^{-4}	4.08×10^{-4}	8.14×10^{-4}	1.62×10^{-4}	2.87×10^{-4}

由此可得

$$k_m = \frac{\int_{T_1}^{T_2} k \, dT}{T_2 - T_1} = \frac{0.128}{394 - 373} = 0.0061 \ (\mathrm{s}^{-1})$$

根据式(4-21)，求升温阶段结束时培养基中残留的芽孢数为

$$N_P = \frac{N_0}{e^{k_m t_p}} = \frac{8 \times 10^{12}}{e^{0.0061 \times 15 \times 60}} = \frac{8 \times 10^{12}}{e^{5.46}} = 3.3 \times 10^{10} \ (\text{个})$$

根据式(4-22)，求得保温所需的时间

$$t = \frac{2.303}{k} \lg \frac{N_P}{N_t} = \frac{2.303}{1.8} \lg \frac{3.3 \times 10^{10}}{10^{-3}} = 17.3 \ (\text{min})$$

(2) 连续灭菌　连续灭菌的灭菌时间，仍可用式(4-4)计算，但培养基中的含菌数，应改为 1mL 培养基的含菌数，则式(4-4)变换为式(4-23)。

$$t = \frac{2.303}{k} \lg \frac{c_0}{c_s} \tag{4-23}$$

式中，c_0 为单位体积培养基灭菌前的含菌数，个/mL；c_s 为单位体积培养基灭菌后的含菌数，个/mL。

【例 4-3】 若将例 4-1 中的培养基采用连续灭菌，灭菌温度为 131℃，此温度下灭菌速率常数为 15min^{-1}，求灭菌所需的维持时间。

解 $c_0 = 2 \times 10^5$ 个/mL

$$c_s = \frac{1}{40 \times 10^6 \times 10^3} = 2.5 \times 10^{-11} \ (\text{个}/\mathrm{mL})$$

$$t = \frac{2.303}{15} \lg \frac{2 \times 10^5}{2.5 \times 10^{-11}} = 0.15 \times 15.8 = 2.37 \ (\text{min})$$

4. 分批灭菌和连续灭菌比较

连续灭菌与分批灭菌比较具有很多优点，尤其是当生产规模大时，优点更为显著。主要体现在以下几方面：①可采用高温短时灭菌，培养基受热时间短，营养成分破坏少，有利于提高发酵产率；②发酵罐利用率高；③蒸汽负荷均衡；④采用板式换热器时，可节约大量能量；⑤适宜采用自动控制，劳动强度小。

但当培养基中含有固体颗粒或培养基有较多泡沫时，以采用分批灭菌为好，因为在这种情况下用连续灭菌容易导致灭菌不彻底。对于容积小的发酵罐，连续灭菌的优点不明显，而采用分批灭菌比较方便。

四、培养基与设备、管道灭菌条件

（1）杀菌锅内灭菌　固体培养基灭菌蒸汽压力 0.098MPa，维持 20～30min；液体培养基灭菌蒸汽压力 0.098MPa，维持 15～20min；玻璃器皿及用具灭菌，压力 0.098MPa，30～60min。

（2）种子罐、发酵罐、计量罐、补料罐等的空罐灭菌及管道灭菌　从有关管道通入蒸汽，使罐内蒸汽压力达 0.147MPa，维持 45min，灭菌过程从阀门、边阀排出空气，并使蒸汽通过达到死角灭菌。灭菌完毕，关闭蒸汽后，待罐内压力低于空气过滤器压力时，通入无菌空气保持罐压 0.098MPa。

（3）空气总过滤器和分过滤器灭菌　排出过滤器中的空气，从过滤器上部通入蒸汽，并从上、下排气口排气，维持压力 0.174MPa 灭菌 2h。灭菌完毕，通入压缩空气吹干。

（4）种子培养基实罐灭菌　从夹层通入蒸汽间接加热至 80℃，再从取样管、进风管、接种管进蒸汽，进行直接加热，同时关闭夹层蒸汽进口阀门，升温 121℃，维持 30min。谷氨酸发酵的种子培养基实罐灭菌为 110℃，维持 10min。

（5）发酵培养基实罐灭菌　从夹层或盘管进入蒸汽，间接加热至 90℃，关闭夹层蒸汽，从取样管、进风管、放料管三路进蒸汽，直接加热至 121℃，维持 30min。谷氨酸发酵培养基实罐灭菌为 105℃，维持 25min。

（6）发酵培养基连续灭菌　一般培养基为 130℃，维持 5min，谷氨酸发酵培养基为 115℃，维持 6～8min。

（7）消泡剂灭菌　直接加热至 121℃，维持 30min。

（8）补料实罐灭菌　根据料液不同而异，淀粉料液为 121℃，维持 5min。

（9）尿素溶液灭菌　105℃，维持 5min。

第二节　空气的净化

空气（即大气）是一种气态物质的混合物，除氧和氮外，还含有惰性气体、二氧化碳和水蒸气等。此外，尚有悬浮在空气中的灰尘，主要由构成地壳的无机物质微粒、烟灰、植物的花粉以及种类繁多的细菌和其他微生物所组成。空气中常见的微生物大致有金黄色小球菌、产气杆菌等，见表 4-6。

表 4-6　空气中常见的微生物种类及其大小

微生物（菌种）	宽/μm	长/μm	微生物（菌种）	宽/μm	长/μm
产气杆菌	1.0～1.5	1.0～2.5	枯草芽孢杆菌	0.5～1.1	1.6～4.8
蜡状芽孢杆菌	1.3～2.0	8.1～25.8	金黄色小球菌	0.5～1.0	0.5～1.0
普通变形杆菌	0.5～1.0	1.0～3.0	酵母菌	3.0～5.0	5.0～19.0
地衣芽孢杆菌	0.5～0.7	1.8～3.3	病毒	0.001 5～0.225	0.001 5～0.28
巨大芽孢杆菌	0.9～2.1	2.0～10.0	霉状分枝杆菌	0.6～1.6	1.6～13.6
蕈状芽孢杆菌	0.6～1.6	1.6～13.6			

空气中微生物的数量与环境有密切的关系。一般干燥寒冷的北方，空气中含微生物量较少，而潮湿温暖的南方空气中含微生物量较多，城市空气中的微生物含量比人口稀少的农村多，地平面空气微生物含量比高空多。

空气中的微生物是依附在尘埃上的，空气中的尘埃数与细菌数的关系见式(4-24)。

$$y = 0.003x - 2.6 \tag{4-24}$$

式中，y 为空气中的微生物数量，个/m³；x 为空气中的尘埃颗粒数量，个/m³。

一、空气净化的方法

各种不同的培养过程，鉴于其所用菌种的生长能力强弱、生长速率的快慢、培养周期的长短以及培养基中 pH 值差异，对空气灭菌的要求也不相同。所以，对空气灭菌的要求应根据具体情况而定，但一般仍可按 10^{-3} 的染菌概率，即在 1000 次培养过程中，只允许一次是由于空气灭菌不彻底而造成染菌，致使培养过程失败。空气净化的方法大致有如下几种。

1. 热灭菌法

空气热灭菌法是基于加热后微生物体内的蛋白质（酶）热变性而得以实现。它与培养基的加热灭菌相比，虽都是用加热法把微生物杀死，但两者的本质是有区别的。

鉴于空气在进入培养系统之前，一般均需用压缩机压缩，提高压力，所以，空气热灭菌时所需的温度，就不必用蒸汽或其他载热体加热，而可直接利用空气压缩时的温度升高来实现。

空气经压缩后温度能够升到 200℃以上，保持一定时间后，便可实现干热杀菌。利用空气压缩时所产生的热量进行灭菌的原理对制备大量无菌空气具有特别的意义。但在实际应用时，对培养装置与空气压缩机的相对位置，连接压缩机与培养装置的管道的灭菌以及管道长度等问题都必须加以仔细考虑。

2. 静电除菌

近年来一些工厂已使用静电除尘器除去空气中的水雾、油雾、尘埃，同时也除去了空气中的微生物。

静电除菌是利用静电引力来吸附带电粒子而达到除尘灭菌的目的。悬浮于空气中的微生物，其孢子大多数带有不同的电荷，没有带电荷的微粒进入高压静电场时都会被电离成带电微粒。但对于一些直径很小的微粒，它所带的电荷很小，当产生的引力等于或小于微粒布朗扩散运动的动量时，则微粒就不能被吸附而沉降，所以静电除尘灭菌对很小的微粒效率较低。图4-3为静电除尘灭菌器的示意。

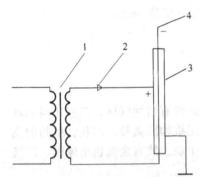

图 4-3 静电除尘灭菌器示意
1—升压变压器；2—整流器；
3—沉淀电极；4—电晕电极

3. 介质过滤除菌法

过滤除菌法是让含菌空气通过过滤介质，以阻截空气中所含微生物，而取得无菌空气的方法。通过过滤除菌处理的空气可达到无菌，并有足够的压力和适宜的温度以供好氧培养过程之用。该法是目前广泛应用来获得大量无菌空气的常规方法。在空气的除菌方法中，介质过滤除菌生产中使用最多。

二、空气净化的流程

空气净化一般是把吸气口吸入的空气先经过压缩前的过滤，然后进入空气压缩机。从空压机出来的空气（一般压力在 1.96×10^5 Pa 以上，温度 120～150℃），先冷却到适当的温度(20～25℃)除去油和水，再加热至 30～35℃，最后通过总过滤器和分过滤器除菌，从而获得洁净度、压力、温度和流量都符合要求的无菌空气。具有一定压力的无菌空气可以克服空气在预处理、过滤除菌及有关设备、管道、阀门、过滤介质等的压力损失，并在培养过程中能够维持一定的罐压。因此过滤除菌的流程必须有供气设备——空气压缩机，对空气提供足够的能量，同时还要具有高效的过滤除菌设备以除去空气中的微生物颗粒。对于其他附属设备则要求尽量采用新技术以提高效率，精简设备流程，降低设备投资、运转费用和动力消耗，并简化操作。但流程的制订要根据具体所在地的地理、气候环境和设备条件来考虑。如在环境污染比较严重的地方要改变吸风的条件（如采用高空吸风），以降低过滤器的负荷，提高空气的无菌程度；而在温暖潮湿的地方则要加强除水设施以确保和发挥过滤器的最大除菌效率。

要保持过滤器在比较高的效率下进行过滤，并维持一定的气流速度和不受油、水的干扰，则要有一系列的加热、冷却及分离和除杂设备来保证。空气净化的一般流程如下。

空气过滤除菌有多种工艺流程，下面分别介绍几种较典型流程。

1. 两级冷却、加热除菌流程

图 4-4 为两级冷却、加热除菌流程示意。它是一个比较完善的空气除菌流程。可适应各种气候条件，能充分地分离油水，使空气达到较低的相对湿度下进入过滤器，以提高过滤效率。该流程的特点是两次冷却、两次分离、适当加热。两次冷却、两次分离油水的好处是能提高传热系数，节约冷却用水，油水分离得比较完全。经第一冷却器冷却后，大部分的水、油都已结成较大的雾粒，且雾粒浓度较大，故适宜用旋风分离器分离。第二冷却器使空气进一步冷却后析出一部分较小雾粒，宜采用丝网分离器分离，这样发挥丝网能够分离较小直径的雾粒和分离效果高的作用。通常，第一级冷却到 30～35℃，第二级冷却到 20～25℃。除水后，空气的相对湿度仍是 100%，须用丝网分离器后的加热器加热将空气中的相对湿度降低至 50%～60%，以保证过滤器的正常运行。

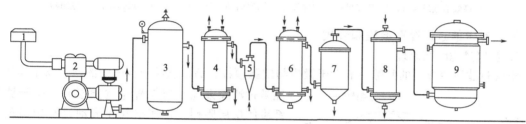

图 4-4　两级冷却、加热除菌流程

1—粗过滤器；2—压缩机；3—贮罐；4,6—冷却器；
5—旋风分离器；7—丝网分离器；8—加热器；9—过滤器

两级冷却、加热除菌流程尤其适用于潮湿的地区，其他地区可根据当地的情况，对流程中的设备做适当的增减。

2. 冷热空气直接混合式空气除菌流程

图 4-5 为冷热空气直接混合式空气除菌流程示意。从流程图可以看出，压缩空气从贮罐出来后分成两部分，一部分进入冷却器，冷却到较低温度，经分离器分离水、油雾后与另一部分未处理的高温压缩空气混合，此时混合空气已达到温度为 30～35℃，相对湿度为 50%～60% 的要求，再进入过滤器过滤。该流程的特点是可省去第二冷却后的分离设备和空气再加热设备，流程比较简单，利用压缩空气来加热析水后的空气，冷却水用量少。该流程适用于中等

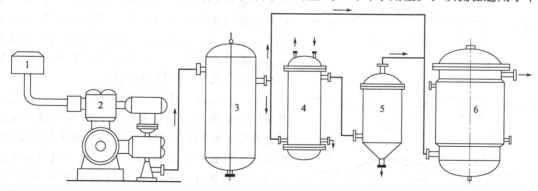

图 4-5　冷热空气直接混合式空气除菌流程

1—粗过滤器；2—压缩机；3—贮罐；4—冷却器；5—丝网分离器；6—过滤器

湿含量地区，但不适合于空气湿含量高的地区。

3. 高效前置过滤空气除菌流程

图 4-6 为高效前置过滤空气除菌的流程示意。它采用了高效率的前置过滤设备，利用压缩机的抽吸作用，使空气先经中、高效过滤后，再进入空气压缩机，这样就降低了主过滤器的负荷。经高效前置过滤后，空气的无菌程度已经相当高，再经冷却、分离，入主过滤器过滤，就可获得无菌程度很高的空气。此流程的特点是采用了高效率的前置过滤设备，使空气经多次过滤，因而所得的空气无菌程度很高。

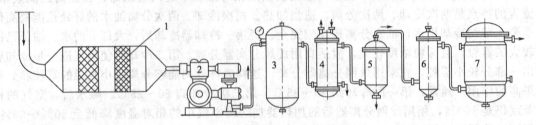

图 4-6　高效前置过滤空气除菌流程

1—高效前置过滤器；2—压缩机；3—贮罐；4—冷却器；5—丝网分离器；6—加热器；7—过滤器

三、空气的过滤除菌原理和介质

1. 空气过滤除菌原理

空气过滤所用介质的间隙一般大于微生物细胞颗粒，那么悬浮于空气中的微生物菌体何以

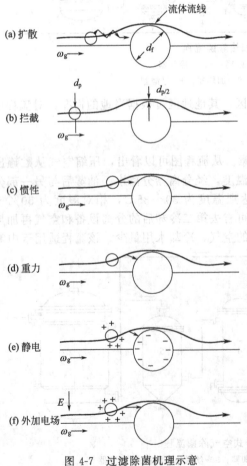

图 4-7　过滤除菌机理示意

能被过滤除去呢？当气流通过滤层时，基于滤层纤维的层层阻碍，迫使空气在流动过程中出现无数次改变气速大小和方向的绕流运动，从而导致微生物微粒与滤层纤维间产生撞击、拦截、布朗扩散、重力及静电引力等作用，从而把微生物微粒截留、捕集在纤维表面上，实现了过滤的目的。如图 4-7 为过滤除菌时各种除菌机理的示意。

（1）布朗扩散截留作用　直径很小的微粒在很慢的气流中能产生一种不规则的直线运动称为布朗扩散。布朗扩散的运动距离很短，在较大的气速、较大的纤维间隙中是不起作用的，但在很慢的气流速度和较小的纤维间隙中，布朗扩散作用大大增加微粒与纤维的接触滞留机会。假设微粒扩散运动的距离为 x，则离纤维表面距离小于或等于 x 的气流微粒都会因为扩散运动而与纤维接触，截留在纤维上。由于布朗扩散截留作用的存在，大大增加了纤维的截留效率。

（2）拦截截留作用　在一定条件下，空气速度是影响截留效率的重要参数，改变气流的流速就是改变微粒的运动惯性力。通过降低气流速度，可以使惯性截留作用接近于零，此时的气流流速称为临界气流速度。气流速度在临界速度以下，微粒不能因惯性截留于纤维上，截留效率显著下降，但实践证明，随着气流速度的继续下降，纤维对微粒的截留效率又回升，说明有另一种机理在起作用，这就是拦截截留作用。

因为微生物微粒直径很小，质量很轻，它随气流流动慢慢靠近纤维时，微粒所在主导气流流线受纤维所阻改变流动方向，绕过纤维前进，并在纤维的周边形成一层边界滞留区。滞留区的气流流速更慢，进到滞留区的微粒慢慢靠近和接触纤维而被黏附截留。拦截截留的截留效率与气流的雷诺数和微粒同纤维的直径比有关。

（3）惯性撞击截留作用　过滤器中的滤层交织着无数的纤维，并形成层层网格，随着纤维直径的减小和填充密度的增大，所形成的网格也就越细致、紧密，网格的层数也就越多，纤维间的间隙就越小。当含有微生物颗粒的空气通过滤层时，空气流仅能从纤维间的间隙通过，由于纤维纵横交错，层层叠叠，迫使空气流不断地改变它的运动方向和速度大小。鉴于微生物颗粒的惯性大于空气，因而当空气流遇阻而绕道前进时，微生物颗粒未能及时改变它的运动方向，其结果便将撞击纤维并被截留于纤维的表面。

惯性撞击截流作用的大小取决于颗粒的动能和纤维的阻力，其中尤以气流的流速显得更为重要。惯性力与气流流速成正比，当空气流速过低时惯性撞击截留作用很小，甚至接近于零；当空气的流速增大时，惯性撞击截留作用起主导作用。

（4）重力沉降作用　重力沉降起到一个稳定的分离作用，当微粒所受的重力大于气流对它的拖带力时微粒就沉降。就单一的重力沉降情况来看，大颗粒比小颗粒作用显著，对于小颗粒只有气流速度很慢才起作用。一般它是配合拦截截留作用而显著出来的，即在纤维的边界滞留区内微粒的沉降作用提高了拦截截留的效率。

（5）静电吸引作用　当具有一定速度的气流通过介质滤层时，由于摩擦会产生诱导电荷。当菌体所带的电荷与介质所带的电荷相反时，就会发生静电吸引作用。带电的微粒会受带异性电荷的物体所吸引而沉降。此外表面吸附也归属于这个范畴，如活性炭的大部分过滤效能是表面吸附的作用。

在过滤除菌中，有时很难分辨上述各种机理各自所做贡献的大小。随着参数的变化，各种作用之间有着复杂的关系，目前还未能作准确的理论计算。一般认为惯性撞击截留、拦截截留和布朗扩散截留的作用较大（见图4-8），而重力沉降和静电吸引的作用则很小。

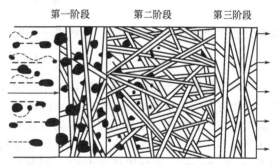

图 4-8　利用直接拦截、惯性冲撞和布朗扩散作用除去液滴或颗粒的纤维工作原理

假定颗粒一旦被截获就不再逃逸，而且在与气流垂直的截面上颗粒是均匀分布的，那么在任何单位厚度介质层中颗粒被捕截的比例相同。即

$$\frac{\mathrm{d}c}{\mathrm{d}x}=-Kc \tag{4-25}$$

式中，c 为颗粒浓度，个/m³；x 为介质层中某一截面深度，m；K 为除菌常数，m⁻¹。

将式（4-25）积分后得

$$\ln\frac{N}{N_0}=\ln\frac{c}{c_0}=-KL \tag{4-26}$$

式中，c_0, c 为进口、出口空气的菌浓度，个/m³；N_0, N 为一定体积空气在除菌前后的总菌数，个；L 为过滤介质厚度，m。

式（4-26）表示穿透的菌数与原菌数之比的对数值与介质厚度成正比，因此也称对数穿透定律。将 N/N_0 与相应介质层厚度在半对数坐标上标绘，可得到一条直线，如图4-9所示。

图4-9中直线斜率的绝对值为除菌常数。若 $N/N_0=0.1$，即颗粒的90%被捕获截留，

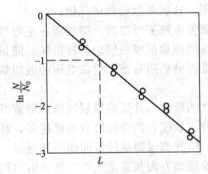

图 4-9　穿透率与介质厚度的关系

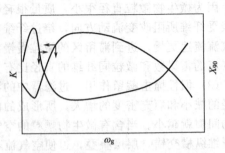

图 4-10　空气流速与 K、X_{90} 的关系

10％穿透，相应的介质层厚度用 X_{90} 表示。则由式(4-26) 可得

$$\ln 0.1 = -KX_{90} \tag{4-27}$$

因此

$$X_{90} = \frac{2.303}{K} \tag{4-28}$$

在式(4-26) 中，$c/c_0 = N/N_0$，称为穿透率，而

$$\eta = 1 - \frac{c}{c_0} = 1 - \frac{N}{N_0} \tag{4-29}$$

则称为过滤器的效率或颗粒的捕获截留率。根据式(4-26) 有

$$\eta = 1 - \exp(-KL) \tag{4-30}$$

过滤器的效率与操作条件有密切关系。图 4-10 是除菌常数 K 及 X_{90} 与空气流速 ω_g 的关系。由此可见，过低和过高的空气流速都会使 K 值下降。因此，在设计过滤器时应取 K 最低时的流速以保证空气过滤器有良好的除菌效率。例如一个发酵罐每分钟用空气量为 $10m^3$，空气在过滤器中的线速度为 $0.15m/s$，这时过滤器的除菌常数 $K = 153.5m^{-1}$，空气中的微生物浓度为 200 个$/m^3$，发酵周期为 $100h$，则总微生物个数为

$$N_0 = 10 \times 60 \times 100 \times 200 = 1.2 \times 10^7 \text{（个）}$$

若过滤器出口空气中的含菌量取 0.001，则介质厚度应为

$$L = \frac{1}{K} \ln \frac{N_0}{N} = \frac{1}{153.5} \ln \frac{1.2 \times 10^7}{10^{-3}} = 0.151 \text{（m）}$$

空气过滤器的直径

$$D = \sqrt{\frac{4Q}{\pi \omega_g}} = \sqrt{\frac{4 \times 10}{3.14 \times 60 \times 0.15}} = 1.19 \text{（m）}$$

若空气流速因故变为 $0.03m/s$，在此流速下除菌常数为 $20.0m^{-1}$，这时每分钟进入过滤器的微生物数为

$$N_0' = \frac{\pi}{4} \times 1.19^2 \times 0.03 \times 60 \times 200 = 400 \text{（个）}$$

每分钟从过滤器出口的微生物数为

$$N' = N_0' \exp(-K'L) = 400 \times \exp(-20.0 \times 0.151) = 19.5 \ (\text{个})$$

要在此操作条件下，使 100h 内从过滤器穿透的微生物数为 10^{-3}，则介质层厚度为

$$L' = \frac{1}{20.0} \ln \frac{400 \times 60 \times 100}{10^{-3}} = 1.08 \ (\text{m})$$

2. 空气过滤除菌的介质

用于空气过滤的过滤介质有纤维状或颗粒状物、过滤纸、微孔滤膜等各种类型。

（1）纸类过滤介质 玻璃纤维纸属于深层过滤技术。一般应用时需将 3～6 张滤纸叠在一起使用，这类过滤介质的过滤效率相当高，对于大于 $0.3\mu m$ 的颗粒的去除率为 99.99% 以上，同时阻力也比较小，压降较小。其缺点是强度不大，特别是受潮后强度更差。为了增加强度，在纸浆中加入 7%～50% 的木浆。玻璃纤维纸很薄，纤维间的孔隙约为 $1～1.5\mu m$，厚度约为 $0.25～0.4mm$，密度为 $2600kg/m^3$，堆积密度为 $384kg/m^3$，填充率为 14.8%。

（2）纤维状或颗粒状过滤介质

① 棉花 常用的过滤介质，通常使用的是脱脂棉，它的特点是有弹性，纤维长度适中。使用时一般填充密度是 $130～150kg/m^3$，填充率为 8.5%～10%。

② 玻璃纤维 其优点是纤维直径小，不易折断，过滤效果好。纤维直径约为 $5～19\mu m$，填充密度为 $130～280kg/m^3$，填充率为 5%～11%。

③ 活性炭 要求活性炭质地坚硬，不易压碎，颗粒均匀，装填前应将粉末和细粒筛去。常用小圆柱体的颗粒活性炭，大小为 $\phi(3 \times 10)～(3 \times 15)mm$，密度 $1.140kg/m^3$，填充密度为 $470～530kg/m^3$，填充率为 44%。

实际应用过程中通过过滤介质的气流速度一般为 $0.2～0.5m/s$，压力降为 $0.01～0.05MPa$。纤维状或颗粒状过滤介质过滤除菌靠惯性、拦截、布朗运动、静电吸引等作用。对 $0.3\mu m$ 以下的颗粒的过滤效率仅为 99%，难以满足发酵工业的无菌要求，需要多次过滤。该类过滤介质的缺点是体积大，占有空间大，操作困难，装填介质费时费力，介质装填的松紧程度不易掌握，空气压降大，介质灭菌和吹干耗用大量蒸汽和空气。

（3）微孔滤膜类过滤介质 微孔滤膜类过滤介质的空隙小于 $0.5\mu m$，甚至小于 $0.1\mu m$，能将空气中的细菌真正滤去，也即绝对过滤，它的特点是易于控制过滤后的空气质量，节约能量和时间，操作简便。微孔滤膜类过滤介质对空气中的细菌和尘埃除有滤除作用外，还有静电作用。通常在空气过滤之前应将空气中的油、水除去，以提高此类过滤介质的过滤效率和使用寿命。

3. 介质过滤效率

介质过滤效率是指被介质层捕集的尘埃颗粒与空气中原有颗粒数之比，即

$$\eta = \frac{N_1 - N_2}{N_1} = 1 - \frac{N_2}{N_1} = 1 - P \tag{4-31}$$

式中，N_1 为过滤前空气中的尘埃颗粒数；N_2 为过滤后空气中的尘埃颗粒数；η 为过滤效率，%；P 为穿透率，即过滤后空气中残留颗粒数与原有颗粒数之比。

应用式(4-31)时，进入过滤器的空气中的颗粒数以大气中颗粒数为计算基准。根据屠天强等多次测定，在他们工作条件下，大气中大于 $0.3\mu m$ 尘埃颗粒数一般为 100000 个/L，以此为计算基准，经过滤器后空气中 $0.3\mu m$ 颗粒残留量为 1 个/L 时，其过滤效率为

$$\eta = \frac{N_1 - N_2}{N_1} \times 100\% = \frac{100000 - 1}{100000} \times 100\% = 99.999\%$$

如果过滤后空气中尘埃颗粒数 N_2 为 10 个/L 时，其过滤效率仅为 99.99%。当进口空气含尘埃颗粒数相同时，可用此方法计算的结果比较过滤器的过滤效率。但是当进口空气颗粒数

不相同时，如进口空气中颗粒数为 10000 个/L 时，过滤后空气中残留颗粒数也为 1 个/L 时，过滤效率仅为 99.99%。从表面看前者的过滤效率比后者高，但两者出口空气中的含尘埃数是相同的，在这种情况下，用空气中颗粒数为计算基准来评价过滤器是不够准确的。

根据式(4-26) 有

$$L = \frac{1}{K} \ln \frac{N_0}{N} \tag{4-32}$$

在式(4-32) 中，常数 K 值与气流速度、纤维直径、介质填充密度以及空气中颗粒大小等有关。K 值可通过实验测定，也可通过计算求得，可参考有关资料。从式(4-32) 可知，当 $N=0$ 时，$L=\infty$，事实上是不可能的，一般取 $N=10^{-3}$。

式(4-32) 说明介质过滤不能长期获得 100% 的过滤效率，即经过滤的空气不是长期无菌。当气流速度达到一定值或过滤介质使用时间长，滞留的带菌微粒就有可能穿过，所以过滤器必须定期灭菌。

4. 影响介质过滤效率的因素

介质过滤效率与介质纤维直径关系很大，在其他条件相同时，介质纤维直径越小，过滤效率越高。对于相同的介质，过滤效率与介质滤层厚度、介质填充密度和空气流速有关。介质填充厚度越高，过滤效率越高；介质填充密度越大，过滤效率越高。

表 4-7 为当空气流速为 0.4m/s 时，不同纤维直径、不同填充密度和厚度的玻璃纤维的过滤效率。

表 4-7 玻璃纤维的过滤效率

纤维直径/μm	填充密度/(kg/m³)	填充厚度/cm	过滤效率	纤维直径/μm	填充密度/(kg/m³)	填充厚度/cm	过滤效率
20	72	5.08	22%	18.5	224	10.16	99.3%
18.5	224	5.08	97%	18.5	224	15.24	99.7%

表 4-7 表明，玻璃纤维的过滤效率随填充密度和填充厚度增大而提高。

图 4-11 和表 4-8 为过滤器内径、介质厚度、介质填充密度相同条件下，棉花、腈纶、涤纶、维尼纶、丙纶、玻璃棉和涤-腈无纺布等纤维过滤介质，在不同空气流量时的过滤效率。图 4-11 和表 4-8 表明，以棉花和维尼纶的过滤效率较好。当空气流量小于 42L/min 时，维尼纶的过滤效率高于棉花；当空气流量大于 48L/min 时，棉花的过滤效率高。

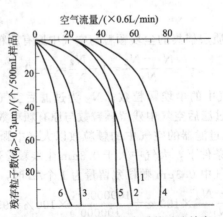

图 4-11 各种纤维过滤介质的过滤效率
1—棉花；2—腈纶；3—涤纶；4—维尼纶；5—玻璃棉；6—涤-腈无纺布

表 4-8　各种纤维过滤介质的过滤效率① $(d_p > 0.3\mu m$②$)$

材料	空气流量/(L/min)									
	10×0.6	20×0.6	30×0.6	40×0.6	50×0.6	60×0.6	70×0.6	80×0.6	90×0.6	100×0.6
	残存粒子数/(个/500mL 样品)									
棉花	1.0	0.7	1.9	14.5	29.5	83.4	242.1	268.7	429.7	597
腈纶	4.4	6.2	13.5	21.8	66.6	106.3	202.2	320.4	241.2	372.8
涤纶	5.3	34.6	198.8	874.5	1961.3	2908.7	5738	4063	3510	5757.5
维尼纶	0.5	0.7	0.5	4.6	8.4	18	48	401	1345	15867
丙纶	6.5	10.7	21.7							
玻璃棉	3.2	1.2	3.1	15.8	135	424				
涤-腈无纺布	18.8	91.5	181.2	80.7	147.3	155.5	143	185.1	119.2	140

① 过滤器内径 ϕ50mm，介质厚度 195mm，重 70g。

② 以 $d_p > 0.3\mu m$ 粒子数作为空气洁净程度指标，作为各种介质性能比较（d_p 为粒子直径）。

图 4-12 为各种超细玻璃纤维纸、无纺布、硅酸铝盐滤纸和蒙乃尔金属烧结板 MGP₄ 在不同空气流量时的过滤效率。结果表明，Ju 滤纸和红光滤纸的过滤效率大于其他滤纸和蒙乃尔金属烧结板 MGP₄，在一定空气流量时，Ju 滤纸优于红光滤纸。

四川抗生素工业研究所和四川造纸研究所协作，研制 S-06 过滤纸，经油雾法测定过滤效率达 99.9999%。在较大空气流量范围，用粒子计数仪测试，不透过 0.3μm 的粒子。这种滤纸具有弹性，抗湿性能较佳。

据介绍，英国 Domnick Hunter 公司采用直径为 0.5μm 的玻璃纤维制造的过滤介质和聚四氟乙烯为介质过滤膜，能滤除 0.01μm 的颗粒，用油雾法（Dop，用一种油喷成雾状，油滴大小分布从 1.3μm 到 0.01μm，平均 0.3μm）测试，过滤效率达 99.9999%。

图 4-13 和图 4-14 是介质填充密度与过滤效率的关系，从图中可以看出增加填充密度，可以提高过滤效率。

另外，空气流速对过滤效率也有影响，在空气流速很低时，过滤效率随气流流速增加而降低，当气流流速增加至临界值后，过滤效率随气流流速增加而提高。空气流经过滤层所产生的压力降，直接影响操作和通气发酵效率。因此，在选择过滤介质时，要考虑到

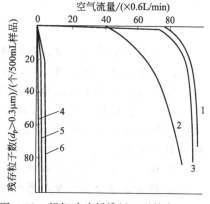

图 4-12　超细玻璃纤维纸、无纺布、硅酸铝盐滤纸和蒙乃尔金属烧结板 MGP₄ 的过滤效率

1—红光滤纸；2—Ju 滤纸；3—02 滤纸；4—硅酸铝盐滤纸；5—蒙乃尔金属烧结板 MGP₄；6—涤-腈无纺布

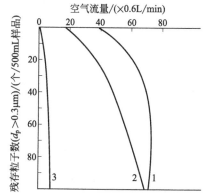

图 4-13　维尼纶填充密度与过滤效率的关系

1—70g；2—58g；3—45.8g

过滤器内径 ϕ50mm；介质厚度 195mm；d_p 为粒子直径

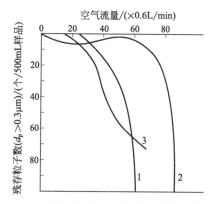

图 4-14　棉花填充密度与过滤效率的关系

1—70g；2—58g；3—44.8g

过滤器内径 ϕ50mm；介质厚度 195mm；d_p 为粒子直径

过滤效率高，又要使压力降小。

5. 提高过滤除菌效率的措施

鉴于目前所采用的过滤介质均需要干燥条件下才能进行除菌，因此需要围绕介质来提高除菌效率。提高除菌效率的主要措施如下。

① 设计合理的空气预处理设备，选择合适的空气净化流程，以达到除油、水和杂质的目的。

② 设计和安装合理的空气过滤器，选用除菌效率高的过滤介质。

③ 保证进口空气清洁度，减少进口空气的含菌数。方法有：加强生产场地的卫生管理，减少生产环境空气中的含菌数；正确选择进风口，压缩空气站应设上风向；提高进口空气的采气位置，减少菌数和尘埃数；加强空气压缩前的预处理。

④ 降低进入空气过滤器的空气相对湿度，保证过滤介质能在干燥状态下工作。其方法有：使用无油润滑的空气压缩机；加强空气冷却和去油去水；提高进入过滤器的空气温度，降低其相对湿度。

思考与练习题

1. 根据对数残留定律，如何确定培养基的灭菌时间？

2. 试根据阿累尼乌斯方程，说明工业生产中采用高温瞬时灭菌的理论依据。

3. 比较分析分批灭菌与连续灭菌的优点和缺点。

4. 有一发酵罐，内装 80t 培养基，在 121℃下进行实罐灭菌。设每毫升培养基中含有耐热菌的芽孢数为 1.8×10^7 个，121℃时灭菌速率常数为 $0.0287 s^{-1}$。试求灭菌失败概率为 0.001 时所需的灭菌时间。

5. 设计一空气净化流程并对其进行分析。

6. 分析过滤除菌机理与影响过滤除菌的因素，考虑如何提高过滤除菌的效率。

第五章　发酵机制与代谢调控

　　微生物的代谢产物很多，主要有乙醇、丙酮、乳酸、氨基酸、酶制剂、抗生素等，在这些产物中，乙醇、丙酮、乳酸等，微生物可以在特定的外部环境下生成，这类发酵称为自然发酵。而有些产物诸如氨基酸、酶制剂等，正常的微生物不能在培养基中大量合成与积累，需要通过化学的、物理的、生物的方法人为地控制微生物代谢，使之能够分泌并积累特定的产物，这类发酵称为代谢控制发酵。

　　微生物发酵是一个错综复杂的过程，尤其是大规模工业发酵，要达到预定目标，更是需要采用和研究开发各式各样的发酵技术，发酵的方式就是最重要的发酵技术之一。通常按发酵中某一方面的情况，人为地分类为如下几种方式：

　　工业发酵 {
　　是否需氧 { 好氧发酵 / 厌氧发酵
　　培养基状态 { 液态发酵 / 固态发酵
　　发酵是在培养基表面还是在深层进行 { 表面发酵 / 深层发酵
　　发酵方式 { 分批发酵 / 连续发酵
　　菌种是否被固定在载体上 { 游离发酵 / 固定化发酵
　　菌种是单一还是混合的菌种 { 单一纯种发酵 / 混合发酵
　　}

　　高等动物、植物和绝大多数微生物都能利用葡萄糖作为能源和碳源，有氧和无氧的条件下进行葡萄糖的分解代谢。葡萄糖经过 1,6-二磷酸果糖生成 3-磷酸甘油酸，3-磷酸甘油酸再降解生成丙酮酸并产生 ATP 的代谢过程称为糖酵解。在生物体内 ATP 和 ADP 是有一定比例的，糖代谢受细胞内能量水平的控制。由于细胞内维持一定的能量，可对糖酵解进行有效调节。当体系中 ATP 含量高时，ATP 抑制磷酸果糖激酶和丙酮酸激酶的活性，使酵解减少。当需能反应加强时，ATP 分解为 ADP 和 AMP，ATP 减少，ADP、AMP 增加，ATP 的抑制作用被解除，同时 ADP、AMP 激活己糖激酶和磷酸果糖激酶，使 6-磷酸葡萄糖、1,6-二磷酸果糖、3-磷酸甘油醛浓度增加，它们都是丙酮酸激酶的激活剂，使糖酵解加快。无机磷也是糖酵解的调节者，它解除 6-磷酸葡萄糖对己糖激酶的抑制，使更多的葡萄糖酵解。柠檬酸、脂肪酸和乙酰 CoA 对糖酵解系统也有调节作用。

　　糖酵解（glycolysis）分为三个阶段：①由葡萄糖到 1,6-二磷酸果糖，该过程包括三步反应，是需能过程，消耗 2 分子 ATP；②1,6-二磷酸果糖降解为 3-磷酸甘油醛，包括两步反应；③3-磷酸甘油醛经 5 步反应生成丙酮酸，这是氧化产能步骤。

　　糖酵解途径（也叫 EMP 途径）从葡萄糖到丙酮酸共有 10 步反应，分别由 10 种酶催化。这些酶均在细胞内，组成了可溶性的多酶体系。

　　从葡萄糖经糖酵解到丙酮酸总反应式为

$$\begin{array}{c} \text{CHO} \\ | \\ \text{(CHOH)}_4 \\ | \\ \text{CH}_2\text{OH} \end{array} + 2\text{H}_3\text{PO}_4 + 2\text{ADP} + 2\text{NAD}^+ \longrightarrow 2\begin{array}{c} \text{COOH} \\ | \\ \text{C}=\text{O} \\ | \\ \text{CH}_3 \end{array} + 2\text{ATP} + 2\text{NADH} + 2\text{H}^+ + 2\text{H}_2\text{O}$$

　　EMP 途径是多种微生物所具有的一条主流代谢途径，虽然产能效率低，但具有重要的生理功能。①供应 ATP 形式的能量和 $NADH_2$ 形式的还原力；②是连接其他几个重要代谢途径的桥梁，包括三羧酸（TCA）循环、HMP 途径和 ED 途径等；③产生的多种中间产物为合成反应提供原材料；④通过逆向反应可进行多糖合成。若从 EMP 途径与人类生产实践的关系来看，则它与乙醇、乳酸、甘油、丙酮、丁醇和柠檬酸等的发酵生产关系密切。

糖酵解的特点概括如下：①糖酵解（EMP）途径是单糖分解的一条重要途径，它存在于各种细胞中，它是葡萄糖有氧、无氧分解的共同途径；②糖酵解（EMP）途径的每一步都是由酶催化的，其关键酶有己糖激酶、磷酸果糖激酶、丙酮酸激酶；③当以其他糖类作为碳源和能源时，先通过少数几步反应转化为糖酵解途径的中间产物，这时从葡萄糖合成细胞基体的标准反应序列同样有效。糖酵解产生的丙酮酸和还原型辅酶都不是代谢终产物，它们的去路因不同生物和不同条件而异。

在缺氧条件下，细胞进行无氧酵解（即无氧呼吸），仅获得有限的能量以维持生命活动，丙酮酸继续进行代谢可产生酒精及其他厌氧代谢产品。

在有氧条件下，细胞进行有氧代谢生成丙酮酸后，进入 TCA 循环，其发酵产品有柠檬酸、氨基酸及其他有机酸等。

第一节　厌氧发酵机制与代谢调控

在糖代谢过程中，丙酮酸是 EMP 途径的关键产物，它处在不同代谢的分支点上。葡萄糖经 EMP 途径，降解为丙酮酸是厌氧和兼性厌氧微生物进行葡萄糖的无氧降解的共同途径。由于不同微生物具有不同的酶系统，使它们具有多种发酵类型。例如，由酿酒酵母（*Saccharomyces cerevisiae*）进行的酵母型酒精发酵；由德氏乳杆菌（*Lactobacillus delbrueckii*）等进行的同型乳酸发酵；由谢氏丙酸杆菌（*Propionbacterium shermanii*）进行的丙酸发酵；由产气肠杆菌（*Enterobacter aerogenes*）等进行的 2,3-丁二醇发酵；由丁酸梭菌（*Clostridium butyricum*）、丁醇梭菌（*Cl. butylicum*）和丙酮丁醇梭菌（*Cl. acetobutylicum*）等各种厌氧梭菌进行的丁酸型发酵等。通过这些发酵，微生物可获得其生命活动所需的能量，还可以通过发酵手段大规模地生产微生物的代谢产物。

通过 HMP 途径和 PK 或 HK 途径进行的发酵有异型乳酸发酵。异型乳酸发酵与同型乳酸发酵不同，发酵后除生成乳酸外，还有乙醇（或乙酸）和 CO_2 等多种发酵产物。一些短乳杆菌（*Lactibacillus brevis*）、发酵乳杆菌（*L. fermentum*）、两歧双歧杆菌（*Bifidobacterium bifidum*）、肠膜明串珠菌（*Leuconostoc mesenteroides*）、乳脂明串珠菌（*L. cremoris*）、根霉（*Rhizopus*）等进行异型乳酸发酵。因它们缺乏 EMP 途径中的关键性酶——果糖二磷酸醛缩酶和异构酶，其葡萄糖的降解完全依赖 HMP 途径。不同的微生物虽然都进行异型乳酸发酵，但其发酵途径和产物稍有差异。例如，肠膜明串珠菌通过 PK 途径利用葡萄糖时的发酵产物为乳酸、乙醇、CO_2，利用核糖时的发酵产物为乳酸和乙酸，利用果糖时的发酵产物为乳酸、乙酸、CO_2 和甘露醇等。

一、酵母菌的酒精发酵

1. 乙醇生成机制

在酵母体内，葡萄糖经酵解途径生成丙酮酸，在无氧条件下，由丙酮酸脱羧酶催化作用，丙酮酸脱羧生成乙醛，反应如下。

$$丙酮酸 \xrightleftharpoons{丙酮酸脱羧酶} 乙醛 + CO_2$$

丙酮酸脱羧酶需要焦磷酸硫胺素为辅酶，并需要 Mg^{2+}，所生成的乙醛在乙醇脱氢酶作用下成为受氢体，被还原成乙醇，反应如下。

$$乙醛 \xrightleftharpoons[NADH+H^+ \longrightarrow NAD^+]{} 乙醇$$

由葡萄糖生成乙醇的总反应式为

$$C_6H_{12}O_6 + 2ADP + 2H_3PO_4 \longrightarrow 2CH_3CH_2OH + 2CO_2 + 2ATP$$

则1mol葡萄糖生成2mol乙醇，理论转化率为

$$\frac{2 \times 46.05}{180.1} \times 100\% = 51.1\%$$

式中，46.05为乙醇相对分子质量；180.1为葡萄糖相对分子质量。

但是在生产中约有5%葡萄糖用于合成酵母细胞和副产物，实际上乙醇生成量约为理论值的95%，则乙醇对糖转化率约为48.5%。

酵母菌在无氧条件下，通过十几步反应，1分子葡萄糖可以分解成2分子乙醇、2分子CO_2和2分子ATP。整个过程可用下面的简图来表示。

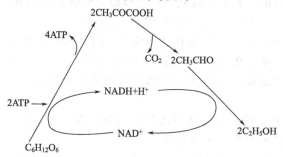

酵母菌乙醇发酵的过程总结如下。

① 葡萄糖分解为乙醇的过程中，并无氧气参与，是一个无氧呼吸过程。

② 过程中有脱氢反应，脱下的氢由辅酶Ⅰ携带，但细胞中的辅酶量是极少的，已被还原的辅酶Ⅰ（$NADH+H^+$）必须经过某种方式将所带的氢除去，方能再接受脱氢反应中的氢。酵母菌在无氧的情况下，$NADH+H^+$是通过与乙醛反应而重新被氧化的。

③ 葡萄糖到乙醇和CO_2，用去了2分子ATP，生成了4分子ATP，所以净得2分子ATP。

④ 葡萄糖无氧分解时有热量放出，这种热量虽然不能直接参与细胞的需能反应，但可以维持体温，使体内的反应速率加快，促进新陈代谢。

⑤ 发酵过程的某些反应需要辅酶和辅因子参加。

在好气条件下，酵母发酵能力降低，这个事实很早就被巴斯德发现，称为巴斯德效应。巴斯德效应，与其说是乙醇的积累在好氧条件下减少，不如说是细胞内糖代谢降低。

关于巴斯德效应的机制，很早就提出了许多学说，已经证实第一个调节点是磷酸果糖激酶，此酶是变构酶，它为ATP、柠檬酸及其他高能化合物所抑制，受AMP、ADP激活。在好氧条件下，糖代谢进入三羧酸循环（TCA），产生柠檬酸等，并通过氧化磷酸化生成大量ATP，细胞内柠檬酸生成量增加，反馈阻遏磷酸果糖激酶的合成，这种阻遏作用由于ATP存在而加强，同时ATP反馈抑制此酶的活性。由于磷酸果糖激酶受抑制，导致6-磷酸果糖积累，由于6-磷酸葡萄糖到6-磷酸果糖反应达平衡时，醛糖∶酮糖为7∶3，因此导致6-磷酸葡萄糖积累，6-磷酸葡萄糖反馈抑制己糖激酶，抑制葡萄糖进入细胞内，最终导致葡萄糖利用率降低。

2. 酒精发酵中副产物的生成

在酒精发酵中，主要产物是乙醇和CO_2，但也伴随着生成达40多种的副产物，主要是

醇、醛、酸和酯等。副产物生成一方面耗用了糖分，另一方面影响了产品的质量。为了使糖分最大限度地用于合成乙醇和提高产品质量，应尽量减少副产物的生成，但在饮料酒的发酵生产中，酒精发酵的副产物形成特定的风味物质。

(1) 高级醇的生成　高级醇是碳原子数大于2的脂肪族醇类的统称，主要由正丙醇、异丁醇（2-甲基-1-丙醇）、异戊醇（3-甲基-1-丁醇）和活性戊醇（d-戊醇、2-甲基-1-丁醇）组成。这些高级醇是构成酒类风味的重要组成物质之一，当其过量时会影响产品质量，是酒类产品中质量指标之一，应予以控制。

① 酒精发酵中高级醇的形成途径

a. 氨基酸氧化脱氨作用　早在1907年Ehrlish提出了高级醇的形成来自氨基酸的氧化脱氨作用。后来Sentheshani Nuganthan（1960）根据以啤酒酵母无细胞抽出液研究从氨基酸形成高级醇的机理，提出一定的氨基酸经过脱氨、脱羧，生成比原来碳链少一个碳原子的醇。试验证明转氨基是在 α-酮戊二酸间进行。同时证明了在天冬氨酸、异亮氨酸、缬氨酸、蛋氨酸、苯丙氨酸、色氨酸、酪氨酸等均有此转氨作用。根据此机制，由缬氨酸产生异丁醇、异亮氨酸产生活性戊醇、酪氨酸产生酪醇、苯丙氨酸产生苯乙醇等。

b. 由葡萄糖直接生成　酵母通过糖代谢生成的中间产物 α-酮酸（C原子较低），与活性乙醛缩合，再经过还原、异构、脱水作用形成相应的 α-酮酸（C原子较高），此 α-酮酸脱羧、加氢形成少一个碳原子的高级醇，或者此 α-酮酸经加氨形成缬氨酸、亮氨酸和异亮氨酸等，再进一步生成相应的醇。

正丙醇的形成是由苏氨酸在苏氨酸脱水酶作用下生成 α-氨基-2-丁烯酸，经脱氨生成 α-丁酮酸，经脱羧生成醛再还原而生成正丙醇的。

② 影响高级醇形成的条件　在酿酒过程中，影响高级醇生成的原因主要是酵母菌种、培养基组成和发酵条件。

a. 菌种　在同样条件下，不同菌种的高级醇生成量相差很大，如啤酒酵母，有些高级醇生成量仅 40×10^{-6}，有些高达 200×10^{-6}。有人试验在白酒生产中，南阳酒精酵母高级醇产量比脂球拟酵母高3倍多。酵母的高级醇生成量与醇脱氢酶活性关系密切，该酶活力高，高级醇生成量大。

b. 培养基组成　培养基中支链氨基酸（亮氨酸、异亮氨酸、缬氨酸）存在，通过Ehrlish反应增加相应的高级醇（异戊醇、活性戊醇和异丁醇）的生成量。有人经过试验后提出，培养基中氮水平高，则形成高级醇量少，高级醇总形成量因氮水平高而降低。因为高级醇的形成与酮酸溢流机理有关系，酵母为自身的生长将葡萄糖降解为酮酸，在缺少氮源条件下，酮酸无法转变成氨基酸而积累，过量的酮酸经脱羧、还原而生成少一个碳原子的高级醇；当无机氮源丰富时，所生成的酮酸就转变成相应的氨基酸，用于合成蛋白质，使酮酸的量减少。高级醇的形成也与原料中蛋白质的氨基酸组成有关，如玉米蛋白质中异亮氨酸、亮氨酸含量高，因此玉米醪的异戊醇和活性戊醇含量比麦芽醪的高。

　　c. 发酵条件　一般发酵温度高，高级醇生成量高，通风有利于高级醇生成。高级醇生成与乙醇生成是平行的，随乙醇的生成而生成。

　　(2) 琥珀酸的生成　琥珀酸的生成与谷氨酸存在有关系，当在发酵醪中加入谷氨酸时，可增加琥珀酸的产量。其总反应式如下。

$$C_6H_{12}O_6 + HOOC(CH_2)_2\underset{\underset{NH_2}{|}}{C}HCOOH + H_2O \longrightarrow HOOC(CH_2)_2COOH + 2CH_2OHCH\overset{\overset{HO}{|}}{C}HCH_2OH + CO_2 + NH_3$$

　　在此反应中由于受氢体是磷酸甘油醛，所以反应产物除琥珀酸外，还有甘油。

　　(3) 酯类的生成　由于发酵过程中产生的醇类和酸类，经酯化反应生成各种酯类，这种酯类叫生化酯类。

　　(4) 糠醛、甲醇等的生成　糠醛是采用淀粉原料在高压高温蒸煮时，由糖脱水生成的。甲醇是原料中的果胶质受果胶酯酶的水解而生成的。

二、细菌的酒精发酵

　　少数假单胞杆菌（*Pscudomonas*），如林氏假单胞菌（*Ps. lindneri*）能利用葡萄糖经 ED 途径进行酒精发酵，总反应式为

$$C_6H_{12}O_6 + ADP + H_3PO_4 \longrightarrow 2C_2H_5OH + 2CO_2 + ATP$$

　　在 ED 途径中生成的 2 分子丙酮酸脱羧生成乙醛，乙醛还原生成乙醇。

　　ED 途径由部分 EMP、部分 HMP 和两个特有的酶组成。两个特征性酶分别为 6-磷酸葡萄糖酸脱水酶和脱氧酮糖酸醛缩酶。

　　在末端假单胞菌中能使 2 分子丙酮酸脱羧，然后还原乙醛生成 2 分子乙醇和 2 分子 CO_2；而在其他假单胞菌中氢载体氧化后，生成 1 分子乙醇、1 分子乳酸和 1 分子 CO_2。

　　细菌酒精发酵是 20 世纪 70 年代出现的。其特点是代谢速率快、发酵周期短，比酵母菌的酒精产率高，该类菌具有厌氧和耐高温的特点，且能利用各种糖类。目前处于实验阶段。

三、乳酸发酵

　　乳酸发酵有同型乳酸发酵和异型乳酸发酵两种类型。前者在发酵产物中只有乳酸，后者的产物中除乳酸外，还有乙醇和 CO_2。两者的发酵菌种不同，发酵机制也不同。

　　1. 同型乳酸发酵

　　同型乳酸发酵是乳酸菌利用葡萄糖经酵解途径生成丙酮酸。由于大多数乳酸菌不具有脱羧酶，因此，丙酮酸不能脱羧生成乙醛，而在乳酸脱氢酶催化下（需要还原型辅酶Ⅰ），丙酮酸为受氢体被还原为乳酸。见图 5-1。

　　根据这一途径，由葡萄糖合成乳酸的总反应式为

$$C_6H_{12}O_6 + 2ADP + 2H_3PO_4 \longrightarrow 2CH_3CHOHCOOH + 2ATP$$

则 1mol 葡萄糖生成 2mol 乳酸，理论转化率为

$$\frac{90 \times 2}{180} \times 100\% = 100\%$$

　　进行同型乳酸发酵的细菌主要有乳酸链球菌（*Streptococcus Lactis*）、乳酪杆菌（*Lactobacillus Casei*）、保加利亚乳杆菌（*Lac bulgaricus*）、德氏乳杆菌（*Lac. delbriickii*）等。工业生产上多用后者为菌种。

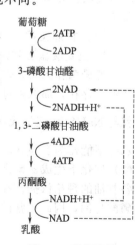

图 5-1　葡萄糖的
同型乳酸发酵

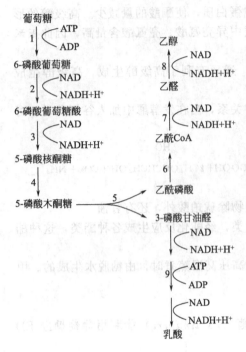

图 5-2　6-磷酸葡萄糖酸生成乳酸和乙醇
1—己糖激酶；2—6-磷酸葡萄糖脱氢酶；
3—6-磷酸葡萄糖酸脱氢酶；4—5-磷酸
核酮糖-3-差向异构酶；5—磷酸解酮酶；
6—磷酸转乙酰酶；7—乙醛脱氢酶；8—醇脱
氢酶；9—与同型乳酸发酵机制上的一些酶一致

2. 异型乳酸发酵

依磷酸解酮酶途径进行糖代谢的微生物，葡萄糖发酵产物，除生成乳酸之外还有比例较高的乙酸、乙醇和 CO_2，其生物合成途径有两种。

（1）6-磷酸葡萄糖酸途径　葡萄糖经 6-磷酸葡萄糖生成 5-磷酸核酮糖，再经差向异构作用生成 5-磷酸木酮糖。后者经磷酸解酮酶催化，分解为 3-磷酸甘油醛和乙酰磷酸。乙酰磷酸经磷酸转乙酰酶作用变为乙酰-CoA，再经乙醛脱氢酶和醇脱氢酶作用生成乙醇。而 3-磷酸甘油醛经 EMP 途径生成丙酮酸。后者经乳酸脱氢酶催化还原为乳酸。如图 5-2 所示。

这是一条磷酸解酮酶途径，1mol 葡萄糖生成 1mol 乳酸和 1mol 乙醇。乳酸对糖的理论转化率是 50%。

肠膜明串珠菌（*Leuconotoc mesenteroides*）和葡聚糖明串珠菌（*L. dextranicum*）等通过该途径进行异型乳酸发酵。

（2）双歧（bifidus）途径　双歧途径为两歧双歧杆菌（*Bifidobacterium bifidum*）分解葡萄糖生成乳酸的途径，这也是一条磷酸解酮酶途径。该途径的特点是：①有两个磷酸解酮酶（PK）参与；②在没有氧化作用和脱氢反应参与下，2 分子葡萄糖分解为 3 分子 3-磷酸甘油醛，接着在 3-磷酸甘油醛脱氢酶和乳酸脱氢酶的参与下，3-磷酸甘油醛转变为乳酸。

微生物的代谢途径一般都不是单一的，因此，不论同型发酵还是异型发酵，实际代谢产物都不像代谢途径中那样单纯，所以，两类乳酸发酵的产物并没有不可逾越的界限。在微生物的分类研究中，通常把发酵 1mol 葡萄糖产生的乳酸少于 1.8mol，同时还产生较多的乙醇、CO_2 或乙酸、甘油、甘露醇等产品的乳酸菌称为异型乳酸菌。同型乳酸发酵的微生物已经用来发酵产生乳酸。异型乳酸发酵的微生物，例如双歧杆菌，已经用于发酵生产活菌饮料，并越来越受重视。

四、甘油发酵

1. 亚硫酸盐法甘油发酵

酵母菌在无氧条件下所生成的乙醇是由乙醛还原而形成。如果改变条件，使乙醛这个中间产物不存在，那么酵母菌就不会产生乙醇。如在发酵液中加入亚硫酸氢钠（$NaHSO_3$），乙醛就与 $NaHSO_3$ 起加成作用，生成难溶的结晶状亚硫酸氢钠加成物 $\left(\begin{array}{c} CH_3CHOSO_2Na \\ | \\ OH \end{array}\right)$，这样就使乙醛不能作为受氢体，而迫使磷酸二羟丙酮作为受氢体，在 α-磷酸甘油脱氢酶（NAD 为辅酶）催化下生成 α-磷酸甘油，α-磷酸甘油水解便生成 α-甘油，这就是工业上用酵母菌发酵法制备甘油的理论依据。在不加亚硫酸氢钠时，磷酸二羟丙酮也可作为还原辅酶 I 的氢受体，形成磷酸甘油，因此正常的酵母菌也有极少量的甘油生成。

$$C_6H_{12}O_6 + NaHSO_3 \longrightarrow \begin{array}{c} CH_2OH \\ | \\ CHOH \\ | \\ CH_2OH \end{array} + \begin{array}{c} OH \\ | \\ CH_3CHOSO_2Na \end{array} + CO_2$$

$$CH_2O\textcircled{P} \quad\quad CH_2O\textcircled{P} \quad CH_2OH$$
$$C=O \ +NADH+H^+\longrightarrow CHOH\longrightarrow CHOH$$
$$CH_2OH \quad\quad CH_2OH \quad CH_2OH$$

1mol 葡萄糖只产生 1mol 甘油，不产生 ATP，整个过程无 ATP 积余，可见在甘油发酵过程中亚硫酸氢钠不能加得太多，否则会使酵母菌因得不到能量而终止发酵，必须留一部分酒精发酵，以便获得一些能量，供生命活动所需。

在果酒的发酵中，由于使用亚硫酸作为杀菌剂，故副产物甘油量较大，甘油具有调味功能，使酒口感圆润。

2. 碱法甘油发酵

酒精酵母的发酵液在保持碱性（pH 值 7.6 以上）的条件下，发酵产生的乙醛不能作为正常的受氢体，而是 2 分子乙醛之间发生歧化反应，相互氧化还原，生成等量的乙醇和乙酸。此时，由 3-磷酸甘油醛脱氢生成的 $NADH_2$ 用来还原磷酸二羟丙酮，并进而生成甘油。

$$CH_2OH$$
$$2C_6H_{12}O_6 + H_2O\longrightarrow 2CHOH +C_2H_5OH + CH_3COOH + 2CO_2$$
$$CH_2OH$$

碱法甘油发酵的产品有甘油、乙醇、乙酸，也不产生 ATP，所以此法只能在酵母的非生长情况下进行发酵。此过程也称为酵母菌的Ⅲ型发酵。

五、丙酸和丁酸发酵

1. 丙酸发酵

自 1923 年以来，微生物发酵生产丙酸的专利很多，所用的微生物集中在丙酸杆菌属（*Propionibacterium*）。丙酸细菌多见于动物肠道及乳制品中。除丙酸杆菌外，还有白喉棒状杆菌及丙酸梭菌等也可产生丙酸。丙酸生产的代谢途径一般认为经 EMP 途径和 Wood-Werkman 途径而得到的。

葡萄糖
|
EMP
|
乳酸←丙酮酸→草酰乙酸→苹果酸→富马酸→琥珀酸→丙酸＋CO_2
|
乙酸＋CO_2

丙酸发酵常生成乙酸、CO_2 和少量琥珀酸等副产物。丙酸和乙酸的生成比例，以菌种、培养条件而变化，以葡萄糖、乳酸为基质发酵丙酸和乙酸的生成比大多在 2：1 左右。丙酸发酵是一条较难进行的代谢途径，而丙酸杆菌生产丙酸受终产物（丙酸和乙酸）抑制，故难以使产物积累到较高程度。同时由于发酵液中丙酸浓度低，大量副产物存在使产物分离提取较困难，这也是发酵法丙酸难以和化学合成法生产丙酸竞争的原因。但由于近年来丙酸供不应求，世界石油价格上涨，使合成法成本上升，同时合成法污染大，操作条件苛刻，加上消费者对天然有机品的兴趣，使人们把目光转向微生物发酵法生产丙酸，原料大多是食品工业副产品，如乳清渗透液、纤维素水解液和其他廉价原料。一批新型有效的发酵工艺和反应器的出现使人们对在不久将来用发酵法大规模生产丙酸充满信心。

2. 丁酸发酵

丁酸型发酵是梭状芽孢杆菌所进行的一类发酵，是专性厌氧发酵。丁酸型发酵的产物有：丁醇、丙酮、乙醇、CO_2、H_2、乙酸和丁酸等。产物中各种成分的比例受发酵条件及培养时间的影响。发酵早期，丁酸、乙酸是主要产物，随着酸的积累，pH 值下降，转向醇的积累，若加酸，可提高醇的产量。至于哪一种或哪几种产物生成量最大，取决于菌种和培养条件。根据所生产的产物不同分为：丙酮-丁醇发酵；丁醇-异丙醇发酵；丙酮-乙醇发酵；丁酸发酵。化学反应式如下。

$$12C_6H_{12}O_6 \longrightarrow 6CH_3CH_2CH_2CH_2OH+4CH_3COCH_3+2CH_3CH_2OH+$$
$$CH_3COCHOHCH_3+18H_2+28CO_2+2H_2O$$

六、己酸发酵

己酸乙酯是浓香型大曲酒的主体香气成分，是由己酸和乙醇酯化形成的。浓香型的五粮液、酱香型茅台、兼香型西凤、清香型汾酒，均有其各自典型的特征。己酸的形成属于合成发酵，在发酵过程中，乙醇和乙酸结合生成丁酸，丁酸再与乙醇结合生成己酸。由于乙醇与己酸发生反应形成化学酯类，其形成速度较慢，故在白酒生产中，需长期贮存。白酒中的酯还有生化酯类，即在发酵过程形成的酯类物质。若乙醇和乙酸的比率不同，则丁酸和己酸形成的比率也不同。

乙酸多时主要产物为丁酸：

$$CH_3CH_2OH+CH_3COOH \longrightarrow CH_3CH_2CH_2COOH+H_2O$$

乙醇多时主要产物为己酸：

$$CH_3CH_2OH+CH_3COOH \longrightarrow CH_3CH_2CH_2CH_2COOH+2H_2O$$

在乙醇含量远高于乙酸的酒醅（fermenting grains）中，这个过程实际上是极其复杂的代谢过程。

在大曲酒发酵过程中，淀粉质原料首先被糖化，然后由己酸菌将糖转化成己酸、乙酸、CO_2 和 H_2。

己酸与乙醇酯化主要通过酰基辅酶 A 的形式进行，反应式如下。

$$CH_3CH_2CH_2CH_2CH_2COOH+ATP+CoASH \longrightarrow CH_3CH_2CH_2CH_2CH_2COSCoA+AMP+Pi+H_2O$$
$$CH_3CH_2CH_2CH_2CH_2COSCoA+CH_3CH_2OH \longrightarrow CH_3CH_2CH_2CH_2CH_2COOC_2H_5+CoASH$$

但在大曲发酵中，通过上述途径生成的己酸乙酯只是一部分，另一部分则是通过芽孢杆菌利用乙酸乙酯为承受体，加入乙醇生成丁酸乙酯，然后再与乙醇反应生成己酸乙酯。

$$CH_3COOC_2H_5+CH_3CH_2OH \longrightarrow CH_3CH_2CH_2COOC_2H_5+H_2O$$
$$CH_3CH_2CH_2COOC_2H_5+CH_3CH_2OH \longrightarrow CH_3CH_2CH_2CH_2CH_2COOC_2H_5+H_2O$$

可以看出，乙醇、乙酸和乙酸乙酯是成香的前体物质，其含量变化会导致酒质量的波动。

七、甲烷（沼气）发酵

甲烷（methane）发酵是有机物厌氧分解过程中的主要过程，它在有机废物处理中起重要作用。甲烷气体（沼气）是生物燃气的主要成员。有机物的甲烷发酵不是由单一的甲烷产生菌能完成的，甲烷发酵至少由三个阶段组成。第一个阶段是有机聚合物水解生成单体化合物，进而分解成各种脂肪酸、CO_2 和 H_2。第二阶段是各类脂肪酸进行分解，生成乙酸、CO_2 和 H_2。前两个阶段也可统称为产酸阶段，产酸阶段也叫液化阶段，参与这一阶段反应的微生物大部分是兼性厌氧细菌，如只有少量的原生动物、霉菌和酵母参与这一反应。发酵液中这一类非甲烷产生菌的数量大体上与甲烷产生菌相等，达 $10^6 \sim 10^8$ 个/mL。第三阶段是由乙酸和 CO_2 及 H_2 反应生成甲烷，这个阶段也叫产气阶段或者产甲烷阶段，这个阶段主要是由对基质特异性很强的甲烷产生菌参与反应。甲烷菌是严格厌氧菌，不产孢子。采用新的厌氧培养技术，可以分离得到 20 种以上的甲烷产生菌。1979 年 Balch 将甲烷菌分成三类：第一类包括甲烷杆菌属（*Methanobacterium*）和甲烷短杆菌属（*Methanobrevibacter*）在内的甲烷杆菌目（*Methanobacteriales*）；第二类包括甲烷球菌属（*Methanococcus*）在内的甲烷球菌目（*Methanococcales*）；第三类为甲烷微菌目（*Methanomicrobiales*），分为两科，第一科包括甲烷微菌属（*Methanomicrobium*）、产甲烷菌属（*Methanogenium*）、甲烷螺菌属（*Methanospirillum*），第二科包括巴氏甲烷八叠球菌（*Methanosarcina barkeri*）等细菌。各种甲烷菌之间在 RNA 排列顺序上都很相似，它们都具有嗜盐性，而且比典型的细菌耐温和耐酸。所以有人将甲烷菌和嗜盐菌、嗜热菌、嗜酸菌等一起分类属于古细菌。甲烷菌与真细菌的一个主要区别在于它能抵

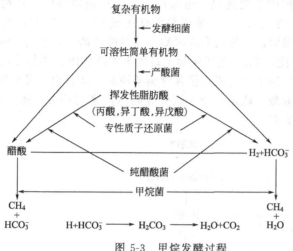

图 5-3 甲烷发酵过程

抗破坏真细菌细胞壁的抗生素的作用。甲烷发酵可用图 5-3 表示，可见，甲烷发酵是由许多厌氧细菌同时进行的产酸和产气的复合发酵。

复杂的有机物受到各类微生物的作用，生成简单的可溶性有机物，可溶性有机物经产酸菌的代谢生成 H_2、醋酸和其他脂肪酸（3～5 个碳）。丙酸等 3～5 个碳的脂肪酸不能直接被甲烷菌转化生成甲烷，而先要有一种专性质子还原菌或醋酸菌将它们转化为醋酸和氢，甲烷菌再将 H_2、HCO_3^-（生成碳酸盐）或醋酸转化为甲烷（CH_4），并产生 ATP。生成碳酸盐在溶液中和碳酸相平衡，后者与溶解态的 CO_2 相平衡，液相 CO_2 又与气相 CO_2 相平衡。最终的产物是生物气体（$CH_4 + CO_2$）。两者比例与基质、细菌分解途径、pH 和发酵液的缓冲能力有关，CH_4 占的比例为 50%～90%。

甲烷发酵也叫沼气发酵。甲烷发酵过程的甲烷菌和非甲烷菌均叫沼气菌（biogas producing bacteria）。甲烷发酵的三个阶段是相互依赖和连续进行的，并保持动态平衡。如果平衡遭到破坏，沼气发酵就受到影响，甚至停止。农村的作物秸秆、人畜粪便、城市工厂的有机废物、生活污水都可以进行沼气发酵，从中获得沼气，并使废物得到一定程度的处理。

甲烷发酵属于厌氧消化处理，是利用厌氧菌将工厂废水、下水污泥中等所含有的有机物进行分解。甲烷发酵（厌氧消化法）可发酵绝大多数的有机物，可采用混合菌培养，可以实现连续操作，不用对培养基进行灭菌、纯种培养和接种操作，作为好氧处理的前阶段处理。它的特点是动力消耗少，能回收甲烷作为燃料使用，节省处理费用。

第二节 好氧发酵与代谢调控

葡萄糖经 EMP 或 HMP 生成丙酮酸，由丙酮酸经过一系列循环式反应而彻底氧化、脱羧，形成 CO_2、H_2O 和 $NADH_2$ 的过程称为三羧酸循环（tricarboxylic acid cycle），简称 TCA 循环，又称柠檬酸循环。TCA 循环是大多数动、植物和微生物在有氧条件下将葡萄糖完全氧化最终生成 CO_2 和 H_2O 并产生能量的过程，该途径是由 H. A. Krebs 提出的。

一、柠檬酸发酵

TCA 循环除了产生提供微生物生命活动的大量能量外，还有许多生理功能。①循环中的某些中间代谢产物是一些重要的细胞物质。如各种氨基酸、嘌呤、嘧啶和脂类等生物合成前体物，例如乙酰 CoA 是脂肪酸合成的起始物质；α-酮戊二酸可转化为谷氨酸；草酰乙酸可转化为天冬氨酸，而且上述这些氨基酸还可转变为其他氨基酸，并参与蛋白质的生物合成。

②TCA循环是糖类有氧降解的主要途径，也是脂肪、蛋白质降解的必经途径。例如脂肪酸经β-氧化途径生成乙酰CoA可进入TCA循环彻底氧化成CO_2和H_2O；又如丙氨酸、天冬氨酸、谷氨酸等经脱氨基作用后，可分别形成丙酮酸、草酰乙酸、α-酮戊二酸等，它们都可进入TCA循环被彻底氧化。因此，TCA循环实际上是微生物细胞内各类物质的合成和分解代谢的中心枢纽，不仅可为微生物的生物合成提供各种碳架原料，而且也与微生物大量发酵产物，例如柠檬酸、苹果酸、延胡索酸、琥珀酸和谷氨酸等的生产密切相关。图5-4是TCA循环、乙醛酸循环与柠檬酸合成的关系。

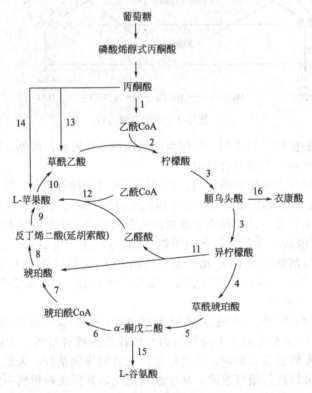

图 5-4　TCA循环、乙醛酸循环与柠檬酸合成的关系

1—丙酮酸脱氢酶；2—柠檬酸合成酶；3—顺乌头酸酶；4,5—异柠檬酸脱氢酶；6—α-酮戊二酸脱氢酶；
7—琥珀酰CoA合成酶；8—琥珀酸脱氢酶；9—延胡索酸酶；10—L-苹果酸脱氢酶；11—异柠檬酸裂解酶；
12—苹果酸合成酶；13—丙酮酸羧化酶；14—苹果酸酶；15—谷氨酸脱氢酶；16—乌头酸脱羧酶

由于EMP途径和TCA循环研究得比较清楚，在发酵工业中得到了广泛应用。用诱变育种等方法阻止某一代谢支路的进行，就必然异常积累某些中间产物。据此，发酵工业上已筛选出优良生产菌株进行柠檬酸、异柠檬酸、α-酮戊二酸、谷氨酸、苹果酸等的发酵。例如，利用黑曲霉生产柠檬酸时，由于菌体内顺乌头酸水解酶的活力极低，可积累大量柠檬酸。

黑曲霉可以由糖类、乙醇和醋酸发酵生产柠檬酸，这是一个非常复杂的生理生化过程。对柠檬酸的发酵机理长期以来基于假设，直到酵母菌酒精发酵机制被揭示以后，Krebs等许多科学家发现了黑曲霉中存在TCA循环所有的酶，柠檬酸发酵机制才被认识。

柠檬酸合成酶是TCA循环的关键酶，其活力受ATP终产物的抑制，ATP降低此酶对乙酰CoA的亲和力，在某些细菌中受$NADH_2$的抑制，AMP能促进反应加快，该酶催化草酰乙酸与乙酰CoA合成柠檬酸，该反应是TCA循环中的限速反应。TCA循环的速度取决于该酶促反应的速度，该反应又取决于两个底物的浓度和酶的活力。乙酰CoA可来自于EMP途径、脂肪酸的β-氧化，与其调节有关。

异柠檬酸脱氢酶和延胡索酸酶都受 ATP 抑制，为 AMP 激活，草酰乙酸抑制苹果酸脱氢酶的活力。顺乌头酸酶活力对柠檬酸发酵影响很大，该酶的抑制剂有单氟乙酸、三氟乙酸、邻二氮杂菲等，而 Fe^{2+} 对该酶有促进作用。丙乙酸是琥珀酸脱氢酶的抑制剂。

每分子葡萄糖经 EMP 途径与 TCA 循环彻底氧化时，共产生 38 分子 ATP，可提供生物体利用的能量，是生物体生命活动能量的主要来源。EMP 途径和 TCA 循环中的一系列中间产物提供了合成其他生物物质的原料。如反应中放出 CO_2，可参与嘌呤和嘧啶的合成；乙酰CoA 可合成脂肪酸；α-酮戊二酸可转化为谷氨酸；草酰乙酸可转化为天冬氨酸，这两种氨基酸都可能参与蛋白质的合成。反之，核酸、脂肪、蛋白质的分解代谢最终也都可以进入 TCA 循环而被彻底氧化。TCA 循环是联系各类物质代谢的枢纽。

1. 柠檬酸的生物合成途径

柠檬酸的合成被认为是葡萄糖经 EMP 途径生成丙酮酸，丙酮酸在有氧的条件下，一方面氧化脱羧生成乙酰 CoA，另一方面丙酮酸羧化生成草酰乙酸，草酰乙酸与乙酰 CoA 在柠檬酸合成酶的作用下缩合生成柠檬酸。

细胞的正常代谢途径都遵循细胞经济学原理并受调控系统的精确控制，中间产物一般不会超常积累。因此，在三羧酸循环中，要使柠檬酸大量积累，就必须解决两个基本问题。第一，设法阻断代谢途径，即使柠檬酸不能继续代谢，实现积累。第二，代谢途径被阻断部位之后的产物，必须有适当的补充机制，满足代谢活动的最低需求，维持细胞生长，才能维持发酵持续进行。柠檬酸的合成途径如图 5-5 所示。

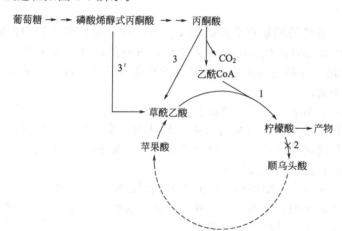

图 5-5　柠檬酸合成途径

1—柠檬酸合成酶；2—顺乌头酸酶；3—丙酮酸羧化酶；3′—磷酸烯醇式丙酮酸羧化酶

在柠檬酸积累的条件下，三羧酸循环已被阻断，不能由此来提供合成柠檬酸所需要的草酰乙酸，必须由另外途径来提供草酰乙酸。根据 Feri 和 Suzuki（1969）、Wongchai 和 Jeflernon（1974）、Woronick 和 Johnson（1960）、Johnoson 和 Bloom（1962）等的研究证实草酰乙酸是由丙酮酸（PYR）或磷酸烯醇式丙酮酸（PEP）羧化生成的。Johnoson 认为，黑曲霉有两种 CO_2 固定酶系，两种系统均需 Mg^{2+}、K^+，其一是丙酮酸（PYR）在丙酮酸羧化酶作用下羧化，生成草酰乙酸，此酶催化的反应如下。

$$丙酮酸+CO_2+ATP \longrightarrow 草酰乙酸+ADP+Pi$$

其二是磷酸烯醇式丙酮酸（PEP）在 PEP 羧化酶的作用下羧化，生成草酰乙酸，其反应如下。

$$磷酸烯醇式丙酮酸+CO_2+ADP+Pi \longrightarrow 草酰乙酸+ATP$$

这两种酶中，其中丙酮酸羧化酶对 CO_2 的固定反应作用更大，已从黑曲霉中提纯获得此酶，并证实该酶是组成型酶。在黑曲霉中不存在苹果酸酶，故不可能由此催化丙酮酸还原羧化生成苹果酸。

根据柠檬酸的合成途径，由葡萄糖生成柠檬酸的总反应式如下。

$$2C_6H_{12}O_6 + 3O_2 \longrightarrow 2C_6H_8O_7 + 4H_2O$$

柠檬酸发酵对糖的理论转化率为 106.7%，以含一个结晶水的柠檬酸计为 116.7%。

2. 柠檬酸积累的代谢调节

柠檬酸是微生物好氧代谢途径的中间产物，正常情况下并不积累。为了积累柠檬酸，柠檬酸合成酶、磷酸烯醇式丙酮酸羧化酶和丙酮酸羧化酶要强，顺乌头酸水合酶、异柠檬酸脱氢酶、异柠檬酸裂解酶、草酰乙酸水解酶等与柠檬酸及其底物草酰乙酸分解有关的酶要微弱。顺乌头酸水合酶失活是阻断 TCA 循环积累柠檬酸的必要条件之一。

(1) 糖酵解及丙酮酸代谢的调节　黑曲霉生长时 EMP 与 HMP 途径比率为 2:1，生产柠檬酸时为 4:1。因此，EMP 的调节对柠檬酸发酵非常重要。

在 EMP 途径中，第一个调节酶是磷酸果糖激酶（PFK），它的存在，就意味着该生物有 EMP 途径。AMP、无机磷、NH_4^+ 对 PFK 有活化作用，ATP 对该酶有抑制作用，NH_4^+ 能有效解除 ATP、柠檬酸对 PFK 的抑制。第二个调节酶为丙酮酸激酶。它使磷酸烯醇式丙酮酸的高能磷酸基团转移给 ADP 生成 ATP 和丙酮酸。这个底物水平磷酸化，需要 Mg^{2+}、K^+ 或 Mn^{2+} 参与。该酶是四聚体变构蛋白，乙酰 CoA、ATP、丙酮酸是其变构抑制剂。

黑曲霉在缺锰的培养基中培养时，可减少 HMP 和 TCA 循环中有关酶的活性；更重要的是可提高 NH_4^+ 浓度，这种胞内高浓度的 NH_4^+ 可使柠檬酸对 PFK 的抑制作用解除，使之增产。

CO_2 固定反应对柠檬酸积累有重要的意义。CO_2 固定反应可保持中间物的及时补充，保证柠檬酸的积累。丙酮酸是糖代谢的重要分叉点，丙酮酸即可脱羧生成乙酰 CoA，又可以固定 CO_2 生成草酰乙酸，保持反应的平衡是获得柠檬酸高产的手段。黑曲霉的丙酮酸羧化酶已被提纯，它是组成型酶。

(2) 三羧酸循环的调节　柠檬酸合成酶是该途径的第一个限速酶，由乙酰 CoA 中的高能硫酯键水解释放大量能量，推动合成柠檬酸。另外由柠檬酸到异柠檬酸，即柠檬酸→顺乌头酸→异柠檬酸，两步反应均由顺乌头酸酶催化。该酶需要 Fe^{2+}，若用配位剂除去反应液中的铁，则酶活性被抑制，造成柠檬酸积累。

在柠檬酸的发酵过程中，阻断柠檬酸向下的代谢是柠檬酸的积累关键，即阻断顺乌头酸酶的催化反应。可使用抑制剂，该酶是个含铁的非血红素蛋白，以 Fe_4S_4 作为辅基，催化底物脱水、加水反应，因此，在菌体生长到足够菌数时，适量加入亚铁氰化钾（黄血盐），使铁硫中心的 Fe^{2+} 生成配合物，则该酶失活或活性减少，而积累柠檬酸。也通过诱变或其他方法，造成生产菌种顺乌头酸酶缺损或活力很低，同样可积累柠檬酸。

(3) 及时补加草酰乙酸　给培养液中添加草酰乙酸，这种方式常不经济，另外就是使用回补途径旺盛的菌种，保证草酰乙酸的及时补充。综上所述，柠檬酸积累机理可概括如下。

① 由锰缺乏抑制了蛋白质的合成，而导致细胞内的 NH_4^+ 浓度升高和一条呼吸活性强的侧系呼吸链不产生 ATP，这两方面的因素分别解除了对磷酸果糖激酶的代谢调节，促进了 EMP 途径畅通。

② 由组成型的丙酮酸羧化酶源源不断地提供草酰乙酸。

③ 在控制 Fe^{2+} 含量的情况下，顺乌头酸水合酶活性低，从而使柠檬酸积累，顺乌头酸水合酶在催化时建立如下平衡，柠檬酸:顺乌头酸:异柠檬酸为 90:3:7。

④ 丙酮酸氧化脱羧生成乙酰 CoA 和 CO_2 固定两个反应平衡，以及柠檬酸合成酶不被调节，增强了合成柠檬酸能力。

⑤ 柠檬酸积累增多，pH 低，在低 pH 时，顺乌头酸水合酶和异柠檬酸脱氢酶失活，从而

进一步促进了柠檬酸自身的积累。

二、醋酸发酵

食醋是一种酸性调味料，历史悠久。食醋酿造分为固态发酵和液态发酵两大类，传统食醋多为固态发酵。近年来，采用液体深层发酵新工艺，提高了原料利用率。醋酸的发酵又分为三个阶段：①原料的液化与糖化；②酒精发酵；③醋酸发酵。

1. 醋杆菌发酵酒精成醋酸

醋杆菌为革兰阴性（G^-）好氧菌，理论上可以将 1mol 乙醇转化成 1mol 醋酸，转化率为130%。乙醇转化是分两步进行的，中间产物是乙醛。其反应式如下。

$$CH_3CH_2OH \xrightarrow{E_1} CH_3CHO \xrightarrow{E_2} CH_3COOH$$

E_1 是乙醇脱氢酶或乙醇氧化酶，它依赖于 NAD，对乙醛不起作用。E_2 是乙醛脱氢酶。

2. 热醋酸梭菌生产醋酸

热醋酸梭菌在发酵糖类时，可以将 CO_2 还原成醋酸，该菌没有氢化酶活性，不能利用氢气。CO_2 是通过甲酰四氢叶酸（THF）和类咕啉蛋白形成醋酸的。其途径如下。

$$C_6H_{12}O_6 + 2H_2O \longrightarrow 2CH_3COOH + 2CO_2 + 8H^+ + 8e^-$$

$$2CO_2 + 8H^+ + 8e^- \longrightarrow CH_3COOH + 2H_2O$$

净反应 $\qquad\qquad C_6H_{12}O_6 \longrightarrow 3CH_3COOH$

若戊糖为原料，反应式为 $\quad 2C_5H_{10}O_5 \longrightarrow 5CH_3COOH$

上述反应是在厌氧条件下进行的，理论产量为100%。

热醋酸梭菌产芽孢为革兰阳性菌（G^+），严格厌氧，周生鞭毛，最佳生长温度为 55～60℃。具有转化率高，由糖到醋酸一步完成，发酵过程不需通氧，可以利用戊糖等优点。但这种方法发酵时须中和剂，因此，只适于生产醋酸盐。

三、衣康酸发酵

微生物发酵生产衣康酸首先是由日本人发现的。利用土曲霉（*Asp. terreus*）表面培养生产衣康酸。20 世纪 70 年代后用酵母菌发酵生产衣康酸（itaconic acid）。衣康酸及其酯类是制造合成树脂、合成纤维、塑料、柠檬酸、离子交换树脂、表面活性剂和高分子螯合剂等的良好添加剂和单体原料。

作为交联剂和乳化剂，1%～5%时，生产的苯乙烯-丁二烯共聚物是质轻、易塑、绝缘、防水、抗蚀性能均好的塑料和涂料。加入多价金属氧化物（如锌和镁的硅铝酸盐或氧化物）交联的衣康酸、丙烯酸制成的牙科黏合剂具有良好的抗压性能和黏结强度，有很好的生理适应性。衣康酸和丙烯酸的共聚物是一种高分子螯合剂，用于作为水处理中的除垢剂，对防止碱性钙、镁垢的形成特别有效。由衣康酸与芳香二胺生成的吡咯烷酮衍生物是润滑剂的增稠剂。与其他各种胺生成的吡咯烷酮衍生物可用于洗涤剂、医药和除草剂之中。

我国衣康酸的生产尚属空缺。金其荣教授等人于 1984 年开始研究衣康酸生产菌的选育和工艺条件。衣康酸的生物合成机理至今尚无统一的看法，现将两种主要学说介绍如下。

1. Bentley 学说

Bentley（1957）认为，葡萄糖经 EMP 途径和 TCA 循环合成柠檬酸之后，再脱水脱羧生成衣康酸。衣康酸对糖的转化率为72%。

葡萄糖→丙酮酸→柠檬酸→顺乌头酸→衣康酸

Larsen（1955）发现土曲霉 Nkkl 1960 在葡萄糖培养基中，pH 值 2.1 以下摇瓶发酵，能将柠檬酸转化为衣康酸。Jezzen（1956）从无细胞抽提物中检出了乌头酸酶，因此，抽提物可转化柠檬酸为衣康酸。Bentley 等（1956）也发现乌头酸酶和顺乌头酸酶的存在，因此，抽提物可以转化柠檬酸为衣康酸。Winskil（1983）的研究也证实柠檬酸是衣康酸发酵的中间产物。

2. Shimi 学说

Shimi 等认为，葡萄糖经 EMP 途径后由乙醇转化为乙酸和琥珀酸，缩合后脱氢脱羧生成衣康酸，简式如下。

$$1.5\text{葡萄糖} \xrightarrow{\text{EMP}} 3\text{乙醇} \begin{cases} \text{乙酸} \\ \\ \text{琥珀酸} \end{cases} \!\! \begin{matrix} \\ \text{衣康酸} \\ \\ \end{matrix}$$

衣康酸对糖理论转化率 48%。

四、葡萄糖酸发酵

1. 真菌葡萄糖酸发酵

黑曲霉（*Asp. niger*）和青霉（*Penicillium*）均可以发酵葡萄糖为葡萄糖酸。首先由葡萄糖氧化酶催化将葡萄糖（环式）氧化成葡萄糖酸-δ-内酯，后者可自发水解成葡萄糖酸。生成的过氧化氢被真菌的过氧化氢酶分解。

$$\text{葡萄糖(环式)} \xrightarrow{\text{葡萄糖氧化酶}} \text{葡萄糖酸 -}\delta\text{- 内酯} + H_2O_2$$
$$\downarrow \text{自发水解}$$
$$\text{葡萄糖酸}$$

2. 细菌葡萄糖酸发酵

产葡萄糖酸的细菌主要有葡萄糖酸杆菌，此外，还有数种假单胞菌（*Pseudoncones*）、芽生菌（*Pullularia*）、微球菌（*Micrococcus*）等均可产生葡萄糖酸。将葡萄糖转化为葡萄糖酸是糖的醛基直接氧化为羧基，反应过程如下。

$$\text{葡萄糖 (醛式)} \xrightarrow{\text{葡萄糖氧化酶}} \text{葡萄糖酸}$$

$$\text{葡萄糖 (环式)} \underset{\text{自发}}{\rightleftharpoons} \text{葡萄糖 (醛式)} \xrightarrow{\text{葡萄糖氧化酶}} \text{葡萄糖酸}$$

由于理论上 1mol 葡萄糖可以生成 1mol 葡萄糖酸或它的内酯，所以包括内酯在内，理论产率为 108.8%。

五、氨基酸发酵

氨基酸发酵工业是利用微生物的生长和代谢活动生产各种氨基酸的现代工业。氨基酸发酵是典型的代谢控制发酵。由发酵所生成的产物——氨基酸，都是微生物的中间代谢产物，它的积累是建立于对微生物正常代谢的抑制。也就是说，氨基酸发酵的关键是取决于其控制机制是否能够被解除，是否能打破微生物的正常代谢调节，人为地控制微生物的代谢。

1. 氨基酸发酵的代谢控制

氨基酸发酵的代谢控制，一般采取下列措施。

（1）控制发酵的环境条件 氨基酸发酵受菌种的生理特征和环境条件的影响，对专性需氧菌来说后者的影响更大。例如谷氨酸发酵必须严格控制菌体生长的环境条件，否则就几乎不积累谷氨酸。表 5-1 表示谷氨酸生产菌因环境条件改变而引起的发酵转换，即琥珀酸、α-酮戊二酸、谷氨酰胺、N-乙酰谷氨酰胺、缬氨酸和脯氨酸等的发酵，这也就是说氨基酸发酵是人为地控制环境条件而使发酵发生转换的一个典型例子。

（2）控制细胞渗透性 代谢产物的细胞渗透性是氨基酸发酵必须考虑的重要因素。谷氨酸发酵是引起人们注意的一个典型例子。生物素是谷氨酸发酵的关键物质，当细胞内的生物素水平高时，谷氨酸不能透过细胞膜，因而得不到谷氨酸。要使菌体大量积累谷氨酸必须采取各种措施，如通过加表面活性剂或青霉素来增进细胞膜通透性，使细胞内的谷氨酸渗透到细胞外，解除胞内谷氨酸的反馈抑制，以利大量积累谷氨酸。生物素是油酸生物合成所必需的物质，它使细胞膜通透性变化是在合成油酸以后才起作用的。对于生物素缺陷型的菌种来说，必须通过限量控制生物素，增加细胞分泌，提高谷氨酸产量。图 5-6 是谷氨酸的积累与细胞膜渗透性的关系。

表 5-1　谷氨酸生产菌因环境条件改变引起的发酵转换

环境因子	发酵产物转换
溶解氧	乳酸或琥珀酸 ←— 谷氨酸 —→ α-酮戊二酸 （通气不足）　（适中）　（通气过量，转速过快）
NH_4^+	α-酮戊二酸 ←— 谷氨酸 ←— 谷氨酰胺 （缺乏）　（适量）　（过量）
pH	谷氨酰胺，N-乙酰谷氨酰胺 ←— 谷氨酸 （pH5～8，NH_4^+过多）　（中性或微碱性）
磷酸	缬氨酸 ←—→ 谷氨酸 （高浓度磷酸盐）　（磷酸盐适中）
生物素	乳酸或琥珀酸 ←— 谷氨酸 （过量）　（限量）
生物素、醇类、NH_4Cl	脯氨酸 ←—→ 谷氨酸 （生物素 50～100μg/L）　（正常条件生物素亚适量） NH_4Cl 6% 乙醇 1.5%～2%

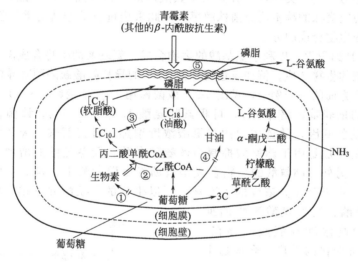

图 5-6　谷氨酸的积累与细胞膜渗透性的关系

①丧失生物素合成能力；②乙酰 CoA 缩化酶；③油酸缺陷型；④甘油缺陷型；⑤青霉素抑制细胞壁的合成

　　影响谷氨酸产生菌细胞膜通透性的物质可分两大类：一类是生物素、油酸和表面活性剂，其作用是引起细胞膜的脂肪酸成分的改变，从而改变细胞膜通透性；另一类是青霉素，其作用是抑制细胞壁的合成，由于细胞膜失去细胞壁的保护，细胞膜受到物理损伤，从而使渗透性增强。使用生物素缺陷型菌株进行谷氨酸发酵时，生产中可通过控制培养基中生物素的亚适量（biotin suboptimal concentration）来达到提高谷氨酸产率的目的。

　　（3）控制旁路代谢　有些氨基酸发酵依赖于控制旁路代谢来进行。例如 L-异亮氨酸的生物合成，但是 L-苏氨酸脱氢酶受异亮氨酸的抑制，当异亮氨酸积累到某种程度时反应即停止。为了打破此调节机制，使之积累异亮氨酸，可采用黏质赛杆菌以 D-苏氨酸为底物进行发酵，L-苏氨酸在 L-苏氨酸脱氢酶作用下生成 α-酮基丁酸，进一步生成 L-异亮氨酸。如图 5-7 所示，D-苏氨酸脱氢酶不受异亮氨酸的抑制，故反应能顺利进行，并可大量积累异亮氨酸。

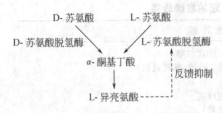

图 5-7　黏质赛杆菌由 D-苏氨酸
生成 L-异亮氨酸的代谢机制

（4）降低反馈作用物的浓度　控制反馈作用物浓度是克服反馈抑制和阻遏，使氨基酸的生物合成反应能顺利进行的一种手段。大部分营养缺陷型突变株的氨基酸发酵就是通过这种方法来进行的。利用营养缺陷型突变株进行氨基酸发酵必须限制所要求的氨基酸量，这样就将反馈作用物浓度控制在反馈机制的浓度之下。例如利用谷氨酸棒状杆菌（*Corynebacterium glutamicum*）（瓜氨酸缺陷型）进行的鸟氨酸发酵，由于此菌缺乏将鸟氨酸变为瓜氨酸的酶，限制培养液中的精氨酸浓度可解除精氨酸的反馈抑制，实现鸟氨酸的生物合成。

（5）消除终产物的反馈抑制与阻遏作用　消除终产物的反馈抑制与阻遏作用，是通过使用抗氨基酸结构类似物突变株的方法来进行的。许多氨基酸发酵采用这种方法，并得到较好的效果。例如 S-(β-氨基乙基)-L-半胱氨酸（即 AEC）是赖氨酸的结构类似物，当它单独存在时不抑制菌的生长，但是当其与 L-苏氨酸共存时，则强烈抑制菌的生长，而 L-赖氨酸可解除其抑制作用。根据图 5-8 L-赖氨酸发酵代谢控制机制，可以设想 AEC 抗性株可大量积累 L-赖氨酸。实际上通过亚硝基胍处理，用含 AEC 和 L-苏氨酸各 $1\sim5\text{mg/mL}$ 的平板分离抗性株，具有较强的赖氨酸生产能力。当从突变株中分离天冬氨酸激酶，并研究 L-赖氨酸和 L-苏氨酸的协同抑制效果时，发现突变株的酶不比原菌株敏感。因此采用抗氨基酸结构类似物突变株的方法，也是改变酶或酶的生物合成的方法。

（6）促进 ATP 的积累，以利于氨基酸的生物合成　氨基酸的生物合成需要能量，ATP 的积累可促进氨基酸的生物合成。例如黄色短杆菌 2247 的异亮氨酸缺陷型变异株 NO14-15 的 L-脯氨酸发酵就是这方面的一个例子，见图 5-9。该菌株用 10％葡萄糖、5.5％（NH₄）₂SO₄ 和 $450\mu\text{g/L}$ 等组成的培养基，培养 72h，可积累脯氨酸 1.2％～1.5％。该菌株的突变位置是缺失苏氨酸脱水酶的基因，故菌体内的苏氨酸浓度增加，且蛋氨酸、天冬氨酸的浓度也比原株高。蛋氨酸的增加是由于苏氨酸抑制高丝氨酸激酶，天冬氨酸的增加是由于受苏氨酸和赖氨酸的抑制。另外，脯氨酸的生物合成是借助谷氨酸激酶由谷氨酸生成 γ-谷氨酰磷酸的途径来进行的，由于存在高浓度的生物素，所以生成的谷氨酸并不排出细胞外。又由于上述天冬氨酸激酶、高丝氨酸激酶的抑制，过剩 ATP 和高浓度谷氨酸的存在，促进谷氨酸激酶所催化的反应，合成易于向细胞外分泌的脯氨酸。这个推测可通过将不进行脯氨酸发酵的原株细胞破碎后加入 ATP，并进行保温，从而生成大量脯氨酸的实验来证实。

上述氨基酸发酵的代谢控制方法，是氨基酸发酵工艺控制和选育氨基酸高产菌株的依据。

2. 谷氨酸发酵机制

谷氨酸族氨基酸的生物合成途径有 EMP 途径、HMP 途径、TCA 循环、乙醛酸循环和 CO₂ 固定反应。葡萄糖先生成谷氨酸，再从谷氨酸依次经鸟氨酸、谷氨酸生物合成精氨酸。谷氨酸的生物合成途径见图 5-10。

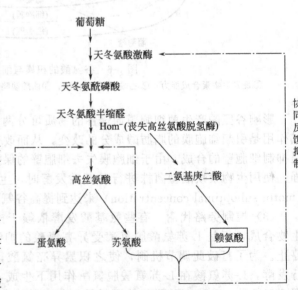

图 5-8　谷氨酸棒杆菌（高丝氨酸缺陷型）的
L-赖氨酸发酵代谢控制机制

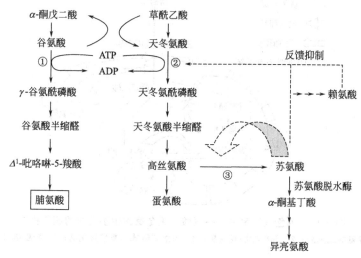

图 5-9　黄色短杆菌（*Bvev. flavam*）（异亮氨酸缺陷型）的 L-脯氨酸发酵机制
①谷氨酸激酶；②天冬氨酸激酶；③高丝氨酸激酶

在微生物的代谢中，谷氨酸比天冬氨酸优先合成。谷氨酸合成过量时，谷氨酸抑制谷氨酸脱氢酶的合成，使代谢转向合成天冬氨酸；天冬氨酸合成过量后，反馈抑制磷酸烯醇式丙酮酸羧化酶的活力，停止草酰乙酸的合成。所以，在正常情况下，谷氨酸并不积累。如图 5-11 所示。

谷氨酸产生菌大多为生物素缺陷型，谷氨酸发酵时通过控制生物素亚适量，使最后一代细菌细胞变形、拉长，改变了细胞膜的通透性，引起代谢失调，使谷氨酸得以积累。谷氨酸高产菌应丧失或仅有微弱的 α-酮戊二酸脱氢酶活力，使 α-酮戊二酸不能继续氧化。而 CO_2 固定反应的酶系强，使四碳二羧酸全部是由 CO_2 固定反应提供，而不走乙醛酸循环，以提高对糖的利用率。谷氨酸脱氢酶的活力很强，并丧失谷氨酸对谷氨酸脱氢酶的反馈抑制和反馈阻遏，同时 $NADPH_2$ 再氧化能力弱，这样就使 α-酮戊二酸到琥珀酸的过程受阻，在有过量铵离子存在的条件下，α-酮戊二酸经氧化还原共轭的氨基化反应而生成谷氨酸，生成的谷氨酸不形成蛋白质，而分泌泄漏于菌体外。谷氨酸产生菌不利用体外的谷氨酸，谷氨酸成为最终产物。

3. 鸟氨酸、瓜氨酸、精氨酸发酵机制

鸟氨酸作为生物体内尿素及精氨酸生物合成途径上的中间体而具有重要的意义。鸟氨酸发酵是 1957 年由木下祝郎等使用谷氨酸棒杆菌的瓜氨酸缺陷型变异株而开始的。由 1mol 葡萄糖能产生 0.36mol（26g/L）的鸟氨酸。如果再选育精氨酸结构类似物抗性突变株，遗传性地解除精氨酸的反馈抑制，鸟

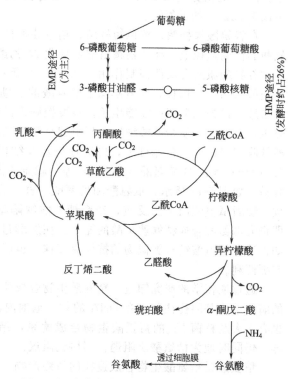

图 5-10　由葡萄糖生物合成谷氨酸的代谢途径

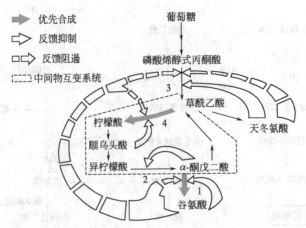

图 5-11　黄色短杆菌中，谷氨酸、天冬氨酸生物合成的调节机制

1—谷氨酸脱氢酶；2—异柠檬酸脱氢酶；3—磷酸烯醇式丙酮酸羧化酶；4—柠檬酸合成酶

氨酸产量还会提高。鸟氨酸是由尿素环合成的，它除了作为碱性氨基酸成为蛋白质的重要构成材料外，还是合成肌苷酸所不可缺少的氨基酸，是人体中一种重要的氨基酸。

由于精氨酸是生物合成途径的终点氨基酸，故不能像鸟氨酸、瓜氨酸那样用营养缺陷型变异株进行生产，而只能选育精氨酸结构类似物抗性突变株，以解除精氨酸对其关键酶的反馈调节。

瓜氨酸和鸟氨酸一样，是精氨酸生物合成的中间体，所以可由各种菌的精氨酸缺陷型变异株进行瓜氨酸发酵。近年来，从提高生产率和便于发酵管理出发，也有用精氨酸缺陷型、抗精氨酸结构类似物及抗嘧啶结构类似物相组合的突变株发酵瓜氨酸的报道。奥树等选育的枯草芽孢杆菌 K 的精氨酸缺陷菌株，在含有葡萄糖 13％的培养基中，限量添加精氨酸，发酵 3 天，生成 16.5g/L 的瓜氨酸。

在谷氨酸棒杆菌、黄色短杆菌、枯草芽孢杆菌中，由谷氨酸生物合成鸟氨酸、瓜氨酸、精氨酸的代谢途径上，终产物精氨酸对催化 N-乙酰谷氨酸生成 N-乙酰谷氨酰磷酸的关键酶 N-乙酰谷氨酸激酶有反馈抑制作用。如图 5-12 所示，切断鸟氨酸向下反应的途径，选育瓜氨酸缺陷型（Cit⁻）菌株，这就解除了精氨酸的反馈抑制。在发酵培养基中，必须供应瓜氨酸或精氨酸，该缺陷型菌株才能生长。只要控制供给菌体生长的亚适量精氨酸（或瓜氨酸），使菌体生长，但又不使精氨酸浓度高到引起反馈抑制的程度，即能大量生成、积累鸟氨酸。在瓜氨酸缺陷型（Cit⁻）的基础上，再选育精氨酸结构类似物抗性突变株，如选育抗精氨酸氧肟酸（ArgHx）和抗 D-精氨酸（D-Arg）等，就能遗传性地解除精氨酸的反馈调节，使发酵控制更容易。如图 5-12 所示，瓜氨酸和鸟氨酸一样，也是精氨酸生物合成的中间产物，根据前述道理，切断瓜氨酸向下的反应，选育精氨酸缺陷型（Arg⁻）的菌株，丧失精氨琥珀酸合成酶，即丧失瓜氨酸合成精氨琥珀酸的能力。在发酵过程中，控制精氨酸亚适量，就会积累瓜氨酸。如再选育精氨酸结构类似物的抗性突变株，也就会遗传性地解除精氨酸的反馈调节，使发酵控制更便利。

通过遗传学的研究知道，精氨酸生物合成酶系的控制，在一些细菌中，几种具有密切关系的酶的结构基因往往集中在 DNA 的某一范围内，且被同一个调节基因所控制。但分散的情况也有，大肠杆菌 K₁₂ 的精氨酸生物合成酶系，结构基因就分散于染色体的各种位置。即使这样，仍同时地为精氨酸所阻遏，属协调阻遏。

精氨酸是精氨酸生物合成途径的最终产物。精氨酸自身是其合成代谢的调节因子，并且精氨酸生物合成途径中没有分支，所以精氨酸发酵不能用阻断代谢流、营养缺陷型来进行。主要

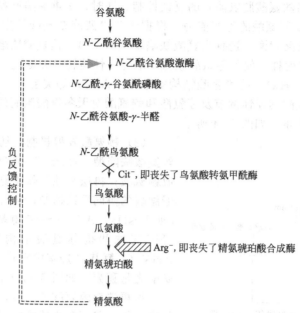

图 5-12 鸟氨酸发酵与瓜氨酸发酵的遗传缺陷位置（谷氨酸棒杆菌为生产菌）
╳鸟氨酸发酵与瓜氨酸发酵遗传缺陷位置；▨ 瓜氨酸发酵的遗传缺陷位置

应用抗反馈调节突变株，选育 L-精氨酸结构类似物突变株（如 D-Arg^r、ArgHx 等），以解除精氨酸的自身调节，使精氨酸得以积累。

4. 天冬氨酸族氨基酸的生物合成途径

天冬氨酸族氨基酸的生物合成途径见图 5-13。

葡萄糖经 EMP 途径生成丙酮酸，丙酮酸经 CO_2 固定反应生成四碳二羧酸，后经氨基化反应生成天冬氨酸；天冬氨酸在天冬氨酸激酶等酶的作用下，经几步反应生成天冬氨酸半醛。天冬氨酸半醛一方面可在二氢吡啶-2,6-二羧酸合成酶等酶的催化下经几步反应生成赖氨酸，另一方面可在高丝氨酸脱氢酶的催化作用下生成高丝氨酸。高丝氨酸一部分经 O-琥珀酰-高丝氨酸转琥珀酰酶等酶的催化下经几步反应生成蛋氨酸，另一部分经高丝氨酸激酶的催化生成苏氨酸。苏氨酸在苏氨酸脱氢酶的催化下经几步反应生成异亮氨酸。

（1）苏氨酸发酵机制 苏氨酸是必需氨基酸之一，化学结构有 4 种立体异构体，化学分离天然的 L-苏氨酸很容易。苏氨酸的代谢控制比赖氨酸略为复杂，不仅要解除终产物对关键酶天冬氨酸激酶的反馈调节，还必须解除终产物对关键酶高丝氨酸脱氢酶的反馈调节。大肠杆菌 W（DAP$^-$，Met$^-$，Ile$^-$）的多重缺陷型，在含有 7.5% 果糖的培养基中，能生成 14g/L 的苏氨酸。但在谷氨酸棒杆菌中，由于苏氨酸对高丝氨酸脱氢酶的反馈抑制，上述同样缺陷型突变株不能产生大量苏氨酸。在苏氨酸的生产中，应选育抗苏氨酸、赖氨酸结构类似物突变株，遗传性地解除对苏氨酸生物合成途径关键

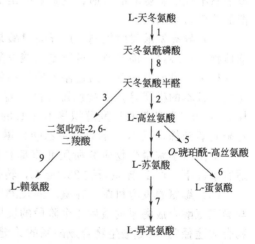

图 5-13 天冬氨酸族氨基酸生物合成途径
1—天冬氨酸激酶；2—高丝氨酸脱氢酶；3—二氢吡啶-2,6-二羧酸还原酶；4—高丝氨酸激酶；5—O-琥珀酰-高丝氨酸转琥珀酰酶；6—半胱氨酸脱硫化氢酶；7—苏氨酸脱氢酶；8—天冬氨酸半醛脱氢酶；9—二氢吡啶-2,6-二羧酸合成酶

酶（天冬氨酸激酶、高丝氨酸脱氢酶）的反馈抑制。同时，多重缺陷型和结构类似物抗性相结合的突变株，能增加 L-苏氨酸的生产能力。根据天冬氨酸族氨基酸的生物合成途径及代谢调节机制，首先要切断支路代谢，选育蛋氨酸缺陷型（Met⁻）、赖氨酸缺陷型（Lys⁻）、异亮氨酸缺陷型（Ile⁻）的突变株，使天冬氨酸族氨基酸专一性地转向苏氨酸；再选育抗苏氨酸结构类似物（如 AHV、ThrHx）、抗赖氨酸结构类似物（AEC）等突变株，遗传性地解除苏氨酸对关键酶高丝氨酸脱氢酶的反馈调节及苏氨酸和赖氨酸对天冬氨酸激酶的协同反馈抑制，使苏氨酸得以大量生成和积累。如图 5-14 所示。

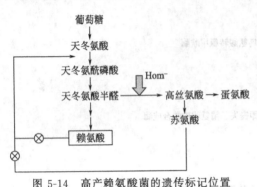

图 5-14　高产赖氨酸菌的遗传标记位置

⬇ 遗传缺陷位置；⊗ 解除反馈调节

(2) 赖氨酸发酵机制　切断支路代谢，选育高丝氨酸缺陷型（Hom⁻）突变株，使代谢流转向合成赖氨酸；再遗传性解除赖氨酸和苏氨酸对天冬氨酸激酶的协同反馈抑制，选育抗赖氨酸结构类似物〔如 LysHx、AEC（S-(β-氨基乙基)-L-半胱氨酸）〕等突变株和抗苏氨酸结构类似物〔如 ThrHx、AHV（α-氨基-β-羟基戊酸）〕等突变株，就会使赖氨酸大量积累。如图 5-14 所示。

如再选育丙氨酸缺陷型，抗天冬氨酸结构类似物突变株，谷氨酸敏感等突变株，增加前体物的生物合成，选育亮氨酸缺陷型，抗亮氨酸结构类似物突变株，解除代谢互锁，赖氨酸的产量还会增加。

同赖氨酸发酵机制一样，增强天冬氨酸的生物合成，也会使苏氨酸的产量增加。

(3) 蛋氨酸发酵机制　蛋氨酸生物合成途径中，不仅关键酶天冬氨酸激酶受赖氨酸和苏氨酸的协同反馈抑制，高丝氨酸脱氢酶受苏氨酸的反馈抑制，为蛋氨酸所具阻；而且从高丝氨酸合成蛋氨酸的途径中的高丝氨酸-O-转乙酰酶强烈地受 S-腺苷蛋氨酸（SAM）的反馈抑制。同时在往培养基中添加过剩 SAM 时，该酶的合成完全被阻遏，只有在 SAM 限量下不受阻遏。反之，在 SAM 限量下，即使添加过量的蛋氨酸也仅引起对该酶的部分阻遏。即蛋氨酸生物合成酶系不仅受蛋氨酸的阻遏，更重要的是受 SAM 的反馈抑制与反馈阻遏。这就给蛋氨酸产生菌的选育带来困难。

(4) 异亮氨酸发酵机制　L-异亮氨酸是价格很高的必需氨基酸之一。异亮氨酸发酵是添加前体物，以绕过反馈调节，进行氨基酸发酵的典型例子。20 世纪 60 年代前期，日本采用枯草芽孢杆菌、黏质赛杆菌，通过添加前体物氨基丁酸、D-苏氨酸发酵生产异亮氨酸。20 世纪 70 年代，日本的椎尾等，由黄色短杆菌选育抗 α-氨基-β-羟基戊酸及抗 O-甲基-L-苏氨酸的突变株，由 10% 葡萄糖直接发酵积累 14g/L 的异亮氨酸；又由同一菌种的苏氨酸生产菌株选育抗乙硫氨酸菌株，以 10% 的收率由乙酸积累 34g/L 异亮氨酸。

中国科学院微生物研究所用北京棒杆菌 AS1.299，通过添加溴丁酸以绕过反馈调节，在适宜条件下，产 L-异亮氨酸 23.0g/L，转化率为 24%。

(5) 缬氨酸发酵机制　在氨基酸发酵中，缬氨酸生物合成途径是较特殊的，它的各个阶段与异亮氨酸合成酶系的最后 4 个阶段的反应，分别为共同的酶所催化，形成所谓的"共系的生物合成途径"。缬氨酸生物合成酶系的关键酶是 α-乙酰乳酸合成酶，它催化缬氨酸合成途径中由丙酮酸生成α-乙酰乳酸。α-乙酰乳酸合成酶是以 TPP、Mg²⁺、FAD、Fe²⁺ 为辅基的变构酶，受缬氨酸的反馈抑制，对缬氨酸生物合成起限速作用。苏氨酸脱氨酶受异亮氨酸的反馈抑制。异亮氨酸、缬氨酸合成酶系受异亮氨酸、缬氨酸、亮氨酸的多价阻遏。

缬氨酸发酵机制为：①切断支路代谢，选育异亮氨酸、亮氨酸、生物素缺陷型突变株；②解除异亮氨酸、缬氨酸合成酶系的反馈阻遏；③解除缬氨酸对 α-乙酰乳酸合成酶的反馈抑制。

六、核苷酸发酵

核苷酸（nucleotide）发酵是在研究氨基酸发酵的基础上发展起来的又一个典型的代谢控制发酵。在利用微生物直接发酵生产核酸类物质的研究中，参照了氨基酸发酵的成功经验，研究了核苷酸的生物合成途径及代谢调节机制，设法获得从遗传角度解除了正常代谢控制机制的突变菌株，从而大量生成和积累核苷酸。

1. 嘌呤核苷酸的生物合成途径

核苷酸的生物合成途径有利用葡萄糖等碳源和氮源，以 5-磷酸核糖为出发物质的全合成途径，也称"从无到有"途径；还有由嘌呤碱基伴随核糖基化及磷酸化而合成的补救合成途径。在发酵生产中，补救合成途径同样具有重要的功能。

① 嘌呤核苷酸的全合成途径 图 5-15(a)、(b) 表示，从磷酸核糖开始，和谷氨酰胺、甘氨酸、CO_2、天冬氨酸等代谢物质逐步结合，最后将环闭合起来形成肌苷酸（IMP）。IMP 继续向下代谢，转化为腺嘌呤核苷一磷酸（AMP）及鸟嘌呤核苷一磷酸（GMP）。从 IMP 转化为 AMP 及 GMP 的途径，在枯草芽孢杆菌中，分出两条环形路线：一条是经过 XMP（黄嘌呤核苷一磷酸）合成 GMP，再经过 GMP 还原酶的作用生成 IMP；另一条经过 SAMP（腺苷琥珀酸）合成 AMP，再经过 AMP 脱氨酶的作用生成 IMP。这表明 GMP 和 AMP 可以互相转变。SAMP 裂解酶是双功能酶，也催化从 SAICAR 生成 AICAR 的反应。在产氨短杆菌中，从 IMP 开始分出的两条路线不是环形的，而是单向分支路线。GMP 和 AMP 不能相互转变。

② 嘌呤核苷酸的补救合成途径 微生物可从培养基中取得完整的嘌呤、戊糖和磷酸，通过酶的作用直接合成单核苷酸。当全合成途径受阻时，微生物可通过此途径来合成核苷酸，所以称为补救途径。嘌呤碱基、核苷和核苷酸之间还能通过分段合成相互转变。如图 5-16 所示。

2. 嘌呤核苷酸的代谢调节机制

嘌呤核苷酸生物合成的关键酶（key enzyme）是 PRPP 转酰胺酶，此酶催化是在谷氨酰胺参与下，从 PRPP 生成 PRA 的反应。该酶受 GMP、IMP、AMP、GDP、ADP 等的抑制。抑制 PRPP 转酰胺酶的嘌呤核苷酸可分为 GMP、AMP 等 6-羟基嘌呤核苷酸与 AMP、ADP 等 6-氨基嘌呤核苷酸两类。即使同时添加多种同一类核苷酸，其抑制作用也决不超过各类核苷酸添加之和；但是如果同时添加属于不同类型的两种嘌呤核苷酸，抑制作用就会相对提高。这种现象叫做合作终产物抑制。两类抑制物质以各自不同的变相部位与酶结合。图 5-17 表示嘌呤核苷酸终产物能相互转换时，IMP 生物合成中的代谢调节控制。

以 IMP 为中心形成的两个循环，各反应实际上是不可逆的。假使没有严密的调节机制，IMP-XMP-GMP-IMP 的反应，除伴随 XMP 氨基化发生的 ATP 损失以外，不造成什么结果。即使在 IMP-SAMP-AMP-IMP 的反应中也只是因为 AMP 的脱氨产生能量损失。这种现象对于生物来说是经济的。在 IMP 合成系中（图 5-18），IMP 脱氢酶受 GMP 的反馈抑制，也被 GMP 阻遏；GMP 还原酶受 ATP 的反馈抑制。同样，AMP 抑制 SAMP 合成酶；GTP 抑制 AMP 脱氨酶。并且，GTP 作为 SAMP-AMP 反应的供能体，ATP 作为 XMP-GMP 反应的供能体。根据上述机制，若细胞中的 GMP 水平提高，从 IMP 的代谢流就会自动地转向 AMP 方向。反之，若细胞的 AMP 水平提高，从 IMP 的代谢流就会自动转向 GMP 方向。此外，核苷酸的代谢不定期与组氨酸的生物合成有关。AICAR-IMP-AMP-ATP-PRATP-AICAR 形成一个循环，由 PRATP 经咪唑甘油磷酸生成组氨酸。组氨酸抑制 ATP-PRATP 的反应。

在培养基中添加腺嘌呤、鸟嘌呤碱基时，由于腺嘌呤、鸟嘌呤对 PRPP 转酰胺酶的阻遏作用，使嘌呤核苷酸的全合成途径受阻，而通过补救途径生成核苷酸，但是即使在补救途径中也有代谢控制。在有些细菌中，腺嘌呤比鸟嘌呤利用得快些。如果同时供给这两种嘌呤碱基，就各自仅合成专门对应的核苷酸。在由嘌呤碱基合成嘌呤核苷酸的所需酶中，最主要的是嘌呤核苷酸焦磷酸化酶。

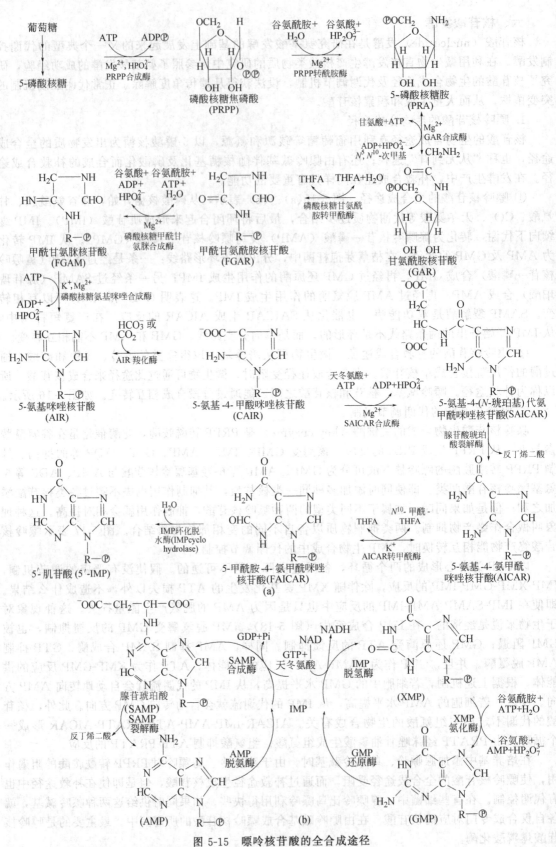

图 5-15 嘌呤核苷酸的全合成途径

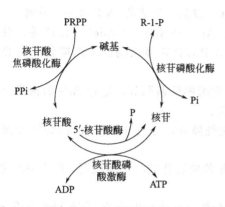

图 5-16 嘌呤碱基、核苷和核苷酸的相互转换

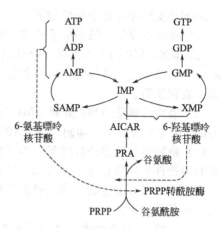

图 5-17 IMP 合成系的代谢控制

在枯草芽孢杆菌中，IMP 脱氢酶不受腺嘌呤、次黄嘌呤、黄嘌呤衍生物阻遏，仅受鸟嘌呤衍生物阻遏。SAMP 合成酶仅特异性地受腺嘌呤衍生物阻遏。PRPP 转酰胺酶、IMP 转甲酰酶、腺苷琥珀酸酶强烈地受 AMP 和 GMP 的阻遏，略微受次黄嘌呤衍生物的阻遏，却完全不为黄嘌呤衍生物所阻遏。

3. 肌苷发酵

根据上述嘌呤核苷酸生物合成途径及代谢调节，首先要切断支路代谢，即切断肌苷酸向黄苷酸和腺苷酸的支路代谢，选育腺嘌呤缺陷型和黄嘌呤缺陷型的双重缺陷型突变株（Ade⁻＋Xan⁻）。但在切断 IMP 向 GMP 和 AMP 的代谢中要注意：①选育 Xan⁻ 而不选Gu⁻，否则要大量积累 XMP；②选育 Ade⁻ 时，要丧失 SAMP 合成酶，而不丧失 SAMP 裂解酶，因为SAMP 裂解酶是双功能酶，否则将同时切断由 SA-ICAR 到 AICAR 的反应，而不能积累肌苷。通过限量控制腺嘌呤和鸟嘌呤来解除腺嘌呤与鸟嘌呤的化合物对 IMP 生物合成的反馈调节。并通过进一步选育抗腺嘌呤、鸟嘌呤结构类似物突变株，选育从遗传上解除正常代谢控制的理想菌体。这样即可以枯草芽孢杆菌、产氨短杆菌等为出发菌株，由葡萄糖经 5-磷酸核糖、PRPP 等生物合成肌苷酸，而在肌苷酸酶的催化作用下，分解为肌苷，从而使肌苷大量

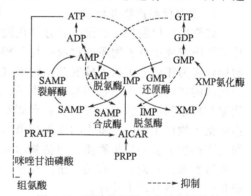

图 5-18 嘌呤核苷酸互变的代谢控制

生成和积累。但要注意出发菌株肌苷酸酶活性要强，肌苷酸化酶越弱越好或缺陷，以便生成的肌苷不再分解。

4. 肌苷酸发酵

根据肌苷发酵机制，IMP 很难透过正常细菌的细胞膜。即使细菌能够大量生成肌苷酸，由于透不过细胞膜，而不能排出体外。日本的奈良等发现，锰离子对于产氨短杆菌核苷酸的膜透性起着关键性作用。锰离子可引起细胞形态变化，造成细胞伸长和膨胀的异常状态。Mn^{2+}过高时，菌体呈小球状或卵圆形，补救途径的酶向胞外的分泌受抑制，肌苷酸的积累急剧减少。Mn^{2+}限量时，细胞伸长和膨胀，补救途径的酶分泌于培养基中，培养初期积累的 IMP 合成的前体次黄嘌呤（Hx）和 5-磷酸核糖（R-5-P）也分泌于培养基中，在细胞外形成 IMP。通过补救途径合成 IMP 是产氨短杆菌合成 IMP 的重要途径。在培养后期，通过全合成途径生成的 IMP 也是分泌于细胞外。Mn^{2+}过量时，添加表面活性剂也可改善细胞膜渗透性。

5-IMP 发酵应具备的条件如下。

（1）首先选择肌苷酸酶弱或丧失的菌株为出发菌株，以防止生成的 IMP 进一步分解。

（2）切断 IMP 向下的两条支路代谢，选育 Ade⁻、Ade⁻＋Xan⁻ 或 Ade⁻＋Gu⁻ 等，发酵时限量添加腺嘌呤、鸟嘌呤，以解除腺苷酸和鸟苷酸对 PRPP 转酰胺酶的反馈抑制，使 IMP 大量生成和积累。

（3）遗传性解除 AMP 类和 GMP 类对 PRPP 转酰胺酶的反馈调节，选育 Ade 结构类似物和 Gu 结构类似物的反馈抑制，使 IMP 大量生成和积累。

（4）解除细胞膜渗透性障碍。为了解除细胞膜渗透性障碍，可通过限量添加 Mn^{2+} 或选育核苷酸膜透性强的菌株或添加表面活性剂。

根据嘌呤核苷酸生物合成途径及代谢调节机制，并参照肌苷酸的发酵机制，$5'$-GMP 发酵应具备的条件如下。

（1）选择 $5'$-核苷酸酶活性弱或丧失的菌株为出发菌株，以防止生成的 GMP 再被分解。

（2）切断支路代谢，选育 Ade⁻ 突变株，但要和上两个核苷酸类发酵机制一样，切断 IMP-SAMP 的反应，而保留 SAMP 裂解酶的合成及活性。发酵时限量添加 Ade。

（3）解除 GMP 自身对 PRPP 转酰胺酶的反馈抑制和 GMP 类和 AMP 类核苷酸对 PRPP 转酰胺酶的合作终产物的反馈抑制。

（4）解除细胞膜对核苷酸渗透性障碍。发酵时限量添加 Mn^{2+} 或 Mn^{2+} 过量时添加三聚磷酸钠、水杨醛、硬脂酰胺等或抗生素，或者选育核苷酸膜透性强的菌株。

另外，也有依据核苷酸的相互转化由 $5'$-XMP 制造 $5'$-GMP 和将 $5'$-XMP 产生菌与 $5'$-XMP→$5'$-GMP 转化菌混合发酵生产 GMP 的报道。

七、抗生素发酵

1. 次级代谢产物及特征

就微生物代谢类型来说，有分解代谢与合成代谢两类：分解代谢是指菌体把培养基中的大分子物质变成小分子物质的过程；与其相反，合成代谢是指菌体把吸收到细胞内的一种或数种物质合成为相对分子较大较复杂的物质（如蛋白质、核酸、多糖和抗生素等）的过程。菌体合成代谢的产物又可根据它们与菌体生长、繁殖的关系分为初级代谢产物和次级代谢产物。初级代谢产物是指微生物产生的，生长和繁殖所必需的物质，如蛋白质、核酸等；次级代谢产物是指由微生物产生的，与微生物生长和繁殖无关的一类物质。其生物合成至少有一部分是和与初级代谢产物无关的遗传物质（包括核内和核外的遗传物质）有关，同时也与这类遗传信息产生的酶所控制的代谢途径有关。抗生素是从糖代谢或氨基酸合成代谢途径中分支出来形成的。次级代谢产物具有以下特征。

（1）次级代谢产物是由微生物产生的，不参与微生物的生长和繁殖。

（2）次级代谢产物的生物合成是与初级代谢产物合成无关的遗传物质有关。

（3）抗生素的产生大多数是基于菌种的特异性来完成的。

（4）次级代谢产物发酵经历两个阶段，即营养增殖期（trophophase）和生产期（idiophase）。在菌体活跃增殖阶段几乎不产生抗生素；接种一定时间后细胞停止生长，进入到恒定期才开始活跃地合成抗生素，称为生产期。

（5）一般都同时产生结构上相类似的多种副组分。

（6）生产能力受微量金属离子（Fe^{2+}、Fe^{3+}、Mn^{2+}、Co^{2+}、Zn^{2+}、Ni^{2+} 等）和磷酸盐的影响。

（7）次级代谢酶的特异性不一定比初级代谢酶的特异性高，次级代谢酶的底物特异性在某种程度上说是比较广的。因此，如果供给底物类似物，则可以得到与原有产物不同的次级代谢产物。

（8）培养温度过高或菌种移植次数过多，会使抗生素的生产能力下降，其原因可能是参与抗生素合成的菌种的质粒脱落之故。

（9）次级代谢中与一个酶相对应的底物和产物也可以成为其他酶的底物。也就是说，在代谢过程中不一定都按每个阶段固有的顺序进行，一个生产物可由多种中间体和途径来取得，因此也可通过所谓"代谢纲目"或叫"代谢格子"这一系列途径来完成。

（10）在多数条件下，增加前体是有效的。

总之，微生物次级代谢，其目标产物的生物合成途径取决于微生物的培养条件和菌种的特异性。

2. 生物合成抗生素与初级代谢的关系

（1）从菌体生化代谢方面分析　许多抗生素的基本结构是由少数几种初级代谢产物构成的，所以次级代谢产物是以初级代谢产物为母体衍生出来的，次级代谢途径并不是独立的，而是与初级代谢途径有密切关系的，如图 5-19 所示。

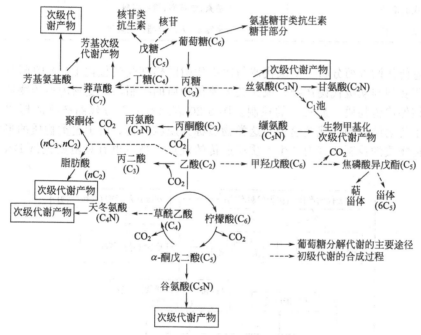

图 5-19　次级代谢与初级代谢的关系

糖代谢中间体，既可用来合成初级代谢产物，又可用来合成次级代谢产物，这种中间体叫做分叉中间体。如丙二酰 CoA，它可由葡萄糖经 EMP 或 HMP 途径生成的乙酰 CoA 进一步羧化生成，在初级代谢中经脂肪酸合成酶系的催化作用可合成脂肪酸，而在次级代谢中则经重复缩合、环化或闭环等生化反应，形成四环类或其他抗生素。类似的分叉中间体见表 5-2。

表 5-2　初级代谢和次级代谢的分叉中间体

分叉中间体	初级代谢终产物	次级代谢终产物
α-氨基己二酸	赖氨酸	青霉素、头孢菌素
丙二酰 CoA	脂肪酸	利福霉素族、四环素族
乙酰 CoA		大环内酯族、多烯族抗生素、灰黄霉素、橘霉素、环己酰亚胺、棒曲霉素
莽草酸	对氨基苯丙氨酸	氯霉素
	苯丙氨酸	绿脓菌素
	酪氨酸、对氨基苯甲酸、色氨酸	新生霉素

由初级代谢产物衍生的次级代谢产物的基本途径有七种，见表 5-3。在这些次级代谢途径中所涉及的酶有的是初级代谢酶，有的是次级代谢所特有的酶。初级代谢与次级代谢都受菌体的代谢调节，在调节控制上是相互影响的，当与抗生素合成有关的初级代谢途径受到控制时，抗生素的生物合成必然受阻。

表 5-3 生物合成途径与次级代谢产物

生物合成途径	次级代谢产物
葡萄糖碳架掺入途径	氨基糖苷类抗生素(链霉素,卡那霉素等)
莽草酸途径	氯霉素,新生霉素,绿脓菌素,灰藤黄菌素
与核苷有关的途径	杀结核菌素,蛹虫草菌素
聚酮糖和聚丙酸途径	四环素,制霉菌素,灰黄霉素,展开青霉素,环己酰亚胺
由氨基酸衍生的途径	青霉素类,头孢菌素类,杆菌肽,短杆菌肽 S
甲羟戊酸途径	赤霉素,蜡黄酸,棱链孢酸
其他复合途径	博来霉素,大环内酯抗生素等

(2) 从遗传代谢方面分析　初级代谢与次级代谢同样都受到核内 DNA 的调节控制，而次级代谢产物还受到与初级代谢产物合成无关的遗传物质的控制，即受核内遗传物质（染色体遗传物质）和核外遗传物质（质粒）的控制。图 5-20 表示有一部分代谢产物的形成，取决于由质粒信息产生的酶所控制的代谢途径，这类物质称为质粒产物。由于这类物质的形成直接或间接受质粒遗传物质的控制，因而产生了质粒遗传的观点。当然也有只由染色体 DNA 控制的抗生素产物。

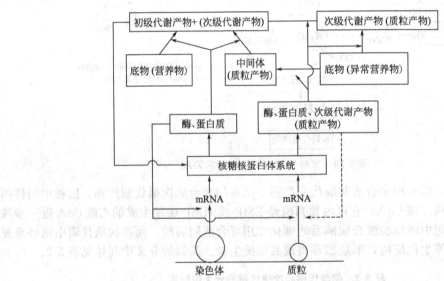

图 5-20　次级代谢产物生物合成与初级代谢产物的关系
(带括号的为与核内遗传物质有关)

3. 抗生素生产菌的主要代谢调节机制

研究生物的代谢调节（metabolic regulation）机制，可从 DNA 水平研究酶合成的调节机制和从酶化学观点研究酶活性的调节机制两方面着手。对微生物来说，细胞的通透性与代谢调节的关系也是很密切的。因此，微生物的代谢调节机制可分为：①受 DNA 控制的酶合成调节机制，包括酶的诱导和酶的阻遏（有终点产物的阻遏和分解产物的阻遏）；②酶活性的调节机制，包括终产物的抑制或活化，利用辅酶的酶活调节、酶原的活化和潜酶的活化；③细胞膜透性的调节。现就影响抗生素形成的主要代谢调节机制略述如下。

（1）诱导调节　细胞产生的酶通常分为结构酶（structural enzyme）和诱导酶（inductive enzyme）。结构酶是菌体生长繁殖所必需的酶系，它的产生一般不受培养基成分的影响；诱导酶是仅当培养基中含有一定量的诱导物（一般为酶的底物或底物类似物）时才能形成，以适应底物的特殊需要。底物诱导可能控制单个酶的形成，也可能控制一组酶，这是由于加入的小分子诱导物能够与控制酶产生的调节基因所产生的阻遏蛋白发生特异性结合，使阻遏蛋白失去原有的构型，因而失去了原有的调节功能，使诱导酶的结构基因得以解除阻遏，开始转录而产生酶。在抗生素生物合成过程中，参与次级代谢的酶，有些是诱导酶，需要有诱导物存在才能形成。如把甘露糖链霉素变为链霉素和甘露糖的甘露糖链霉素酶，需要有 α-甲基甘露糖苷、甘露聚糖等诱导物的作用。在顶芽孢菌的头孢菌素 C 生物合成中，甲硫氨酸具有促进抗生素生产的作用。

（2）反馈调节　反馈调节包括反馈阻遏（feedback repression）和反馈抑制（feedback inhibition），前者作用于基因水平，控制酶的合成量，是终产物抑制生物合成途径中的一种或多种酶形成的调节过程；后者作用于分子水平，控制酶的活性，是合成途径的终点产物抑制该过程中第一步酶的活性作用。两者作用方式各异，功能也有所不同，目的都是防止产生过量的物质，保证快速有效地适应变换了的外界环境，对生长有利。在抗生素的生物合成途径中，一方面抗生素本身的积累就能起反馈调节作用；另一方面初级代谢产物的形成受到反馈调节，也必然影响抗生素的合成。如缬氨酸是合成青霉素的前体，其生物合成受到反馈调节，必然对青霉素合成的次级代谢产生影响。

（3）碳、氮及其分解代谢物的调节　碳分解代谢产物调节指能迅速利用的碳源（葡萄糖）或其分解代谢产物，对其他代谢中的酶（包括分解酶和合成酶）的调节，可分为分解产物阻遏和抑制两种。葡萄糖是菌体生长良好的碳源和能源，但对青霉素、头孢菌素、卡那霉素、新霉素、丝裂霉素等都有明显降低产量的作用。葡萄糖对泰乐菌素的抑制作用最为明显，而长链脂肪酸能促进泰乐菌素的合成，这是由于脂肪酸能提供大环内酯合成所需的前体。葡萄糖抑制脂肪酸的降解，从而抑制泰乐菌素的合成。2-脱氧葡萄糖可被菌体吸收和磷酸化，但不被进一步代谢，对泰乐菌素的合成有抑制作用。

氮分解代谢产物调节是指迅速利用的氮源（氨）对一些酶如蛋白酶、硝酸盐还原酶、酰胺酶、脲酶、组氨酸酶等合成的抑制作用。在次级代谢中，其阻遏作用也确实存在。在抗生素生产中使用慢速利用氮源黄豆饼粉就是由于它的缓慢利用降低了氮分解代谢产物阻遏作用的结果。

（4）磷酸盐的调节　磷酸盐不仅是菌体生长的主要限制性营养成分，还是调节抗生素生物合成的重要因素。其机制按效应剂来说有直接作用，即磷酸盐自身影响抗生素合成；间接作用，即磷酸盐调节胞内其他效应剂（如 ATP、腺苷酸能量负荷和 cAMP），进而影响抗生素合成。磷酸盐的耗竭被看作是生产菌的初级代谢转向次级代谢的信号，实际上不是磷酸盐的缺乏启动次级代谢，而是由于添加 cAMP 或腺苷环化酶激活剂，如氟化钠，可逆转已启动的抗生素合成作用。抗生素生产中无机磷酸盐所需的浓度如表 5-4。

磷酸盐是一些次级代谢的限制因素，已发现过量磷酸盐对四环素、氨基糖苷类和多烯大环内酯类等 32 种抗生素的合成产生抑制作用。例如，磷酸盐浓度从 5mmol/L 提高到 10mmol/L 会减少泰乐菌素的合成 80%，但不影响菌体的生长。这是由于磷酸盐使甲基丙二酰 CoA 羧基转移酶的活性降低（对照 60%～70%）所致。磷酸盐对螺旋霉素生物合成的抑制作用的敏感性比其他抗生素差一些。磷酸镁具有捕集氨的作用，使发酵液中的 NH_4^+ 浓度降低，从而解除易利用氮源对抗生素合成的抑制作用，用这种办法可提高螺旋霉素的发酵单位。磷酸盐过高固然不利于螺旋霉素的合成，发酵过程中补入适量的磷能显著提高菌的生产能力。根据静息细胞实验结果推测，适量的磷酸盐能减少螺旋霉素对其自身合成的反馈阻遏，提供产物合成时所需的 ATP，促进己糖和大环内酯的合成以及它们之间的连接。

表 5-4　抗生素合成时无机磷酸盐的正常浓度

抗生素	产生菌	允许浓度/(mmol/L)
链霉素(streptomycin)	灰色链霉菌(S. griseus)	1.5～15
杀念珠菌素(candicidin)		0.5～5
新生霉素(novobiocin)	雪白链霉菌(S. niveus)	9～40
金霉素(chlorotetracyclin)	金霉素链霉菌(S. aureofaciens)	1～5
四环素(tetracyclin)		0.14～0.2
土霉素(oxytetracycline)	龟裂链霉菌(S. rimosus)	2～10
万古霉素(vancomycin)	东方链霉菌(S. orientalis)	1～7
杆菌肽(bccitracin)	地衣芽孢杆菌(B. licheniformis)	0.1～1
放线菌素(actinomycin)	抗生素链霉菌(S. antibioticus)	1.4～17
卡那霉素(kanamycin)	卡那霉素链霉菌(S. kanamyceticus)	2.2～5.7
短杆菌肽 S(gramicidin S)	短小芽孢杆菌(B. pumilus)	10～60
两性霉素 B(amphotericin B)	结节链霉菌(S. nodosus)	1.5～2.2
制霉菌素(nystatin)	诺尔斯链霉菌(S. noursei)	1.6～2.2

(5) 细胞膜透性的调节　　外界物质的吸收或代谢产物的分泌都需经过细胞膜出入细胞，如有障碍，则胞内合成代谢物不能分泌出来，影响发酵产物收获，或胞外营养物不能进入胞内，也影响产物合成，使产量下降。如在青霉素发酵中，生产菌细胞膜输入硫化物能力的大小影响青霉素发酵单位的高低。如果输入硫化物能力增大，硫供应充足，合成青霉素的量就增多。

4. 抗生素的生物合成

(1) β-内酰胺类抗生素　　这类抗生素是氨基酸的衍生物，至少分为 6 族，都包含一个四元内酰胺环，其中青霉素族和头孢菌素族是临床上最重要的抗生素。

自从发现产黄青霉和头孢菌的菌体含有少量的由 α-氨基己二酸、L-半胱氨酸和 L-缬氨酸构成的三肽以来，这种三肽一直是 β-内酰胺类抗生素合成的关键中间体，属 LLD 构型。此三肽是头孢菌发酵中青霉素 N 和头孢素 C 合成的前体，而异青霉素 N 才是青霉素的前体。

产黄青霉所产生的天然青霉素随提供的前体侧链不同而有青霉素 G（$C_6H_5CH_2CO—$）、青霉素 V（$C_6H_5OCH_2CO—$）、青霉素 X（$p\text{-}HOC_6H_5CH_2CO—$）、青霉素 F（$CH_3CH_2CH=CHCH_2CO—$）、青霉素 K [$CH_3(CH_2)_4CO—$] 等。

青霉素的化学结构由两部分组成，即带酰基的侧链和 6-氨基青霉烷酸（6-APA，即青霉素的母核）。可作为青霉素 G 的侧链前体有苯乙酸、苯乙胺、苯乙酰胺和苯乙酰甘氨酸等。这些化合物经少许改动或直接掺入青霉素分子中，它们还具有促进青霉素生产的作用。前体浓度较高时对菌体的生长和产物的合成有影响。苯乙酸除被用于青霉素的合成外还可能被氧化，其氧化速度随菌龄、发酵液的 pH 提高而增加。

青霉素的生物合成主要涉及两种酶：一种是三肽合成酶，另一种是三肽形成后的青霉素环化酶。对三种氨基酸（赖氨酸、半胱氨酸和缬氨酸）的调节直接影响青霉素的合成。研究发现，赖氨酸对三肽合成酶有直接的抑制作用，同时对青霉素合成的间接作用是夺走青霉素合成的前体——α-氨基己二酸，因此，筛选对赖氨酸抑制不敏感的突变株是提高青霉素生产能力的办法之一。硫代谢也影响青霉素的生物合成，高产菌株比野生型菌株从培养基吸收更多无机硫。高产突变株体内无机硫浓度至少是亲株的 2 倍。

头孢菌素 C 也是由两部分组成的，即 α-氨基己二酸侧链和 7-氨基头孢霉烷酸（α-7-ACA）母核。它们都有相同的 β-内酰胺环。头孢菌素生物合成途径异青霉素 N 的前面几步和青霉素一样，此后，经头孢菌素霉产生的异构酶的作用，将异青霉素 N 转化为青霉素 N，再由扩环酶（脱乙酰氧头孢菌素 C 合成酶）催化扩环生成脱乙酰氧头孢菌素 C，最后通过羟化和转乙酰基反应得到头孢菌素 C。扩环和羟化是头孢菌素 C 生物合成中的关键反应和限速反应阶段。在头孢菌素生物合成过程中具有青霉素合成相同的中间体（α-氨基己二酰、半胱氨酰、缬氨酸），所不同的是组成青霉素母核的另一个环是噻唑环，而头孢菌素的另一个环是双氢噻唑环。

研究头孢菌素的氮代谢调节发现，氯化铵具有抑制头孢菌素合成的作用，其原因可能在于抑制了头孢菌素合成酶或与此有关的其他步骤。甲硫氨酸，尤其是 D-异构体，对头孢菌素 C 和青霉素 N 合成有明显的促进作用。甲硫氨酸可通过逆向转流作用为头孢菌素 C 的合成提供硫的中间体——高半胱氨酸，这种作用不能用其他化合物代替。正亮氨酸是甲硫氨酸的非硫结构类似物，可代替甲硫氨酸促进头孢霉素 C 的合成。

青霉素 G（苄青霉素）、青霉素 N 和头孢菌素生物合成的推测途径如图 5-21 所示。青霉素 G 生物合成的化学计量式：$1.5G + 2NH_3 + H_2SO_4 + 2NADH_2 + PAA + 5ATP \longrightarrow$ 青霉素 G。

（2）大环内酯类抗生素的生物合成　大环内酯类抗生素是以一个大环内酯（也称糖苷配基）为母核，通过糖苷键与糖分子连接的一类有机化合物。如红霉素、螺旋霉素、麦迪霉素等。依据结构分为大环内酯抗生素和多烯大环内酯抗生素。

红霉素族抗生素含有一大环内酯和两种糖，脱氧氨基己糖和红霉糖。红霉素是由红霉内酯环、红霉糖和红霉糖胺 3 个亚单位构成的十四元大环内酯抗生素。内酯的生物合成是由丙酰 CoA 作为引物开始的，1 个丙酰 CoA 与 6 个甲基丙二酰 CoA 是通过丙酸盐头部（—COOH）至中部（C_2）的共价键相连接缩合而形成的。

红霉素族有 5 种天然组分，A、B、C、D 和 E，红霉素 A 是临床使用的抗生素。红霉素 A 对红霉素转甲基酶（把红霉素 C 转化为红霉素的酶）有强烈的抑制作用。表明可能存在对转甲基酶的反馈抑制作用。选育对固有的代谢调节不敏感的突变株，例如，甲硫氨酸营养缺陷型的回复突变株或分离甲硫氨酸结构类似物抗性变异株，可能有助于筛选红霉素高产菌株。工业菌株不积累红霉素 C，说明其转甲基酶对红霉素 A 的反馈作用不敏感，向红霉素发酵生产期的发酵液添加黄豆粉会显著降低抗生素的合成速率，标记丙酸掺入红霉素分子中的量减少。

螺旋霉素的十六元大环内酯由 6 个乙酸、1 个丙酸和 1 个丁酸前体构成。研究者采用静息细胞培养系统测试含有这些有机酸的洗脱液对螺旋霉素生物合成的影响时发现，螺旋霉素的生物合成均有明显的提高，除丙酮酸和草酰乙酸外，螺旋霉素生物效价的增长幅度随添加量的增加而提高，但对生长物的影响不明显，浓度过高，丙酮酸的促进作用不那么明显，草酰乙酸反而对合成不利。

（3）氨基糖苷类抗生素　链霉素是由链霉胍、链霉糖和 N-甲基-L-氨基葡萄糖组成的三糖，其分子结构见图 5-22。链霉素属于氨基糖苷类抗生素，分子中的 3 个亚单位的碳架直接来源于 D-葡萄糖，胍基碳原子来自 D-葡萄糖的降解产物。

① 链霉胍的生物合成　从链霉素的分子结构可知，链霉胍部分是由 2 个胍基和环己六醇组成的。利用同位素试验证明环己六醇是由 D-葡萄糖经 6-磷酸酯环化生成环己六醇-1-磷酸酯，再经脱磷酸生成肌环己六醇，肌环己六醇经过氧化作用、氨基化作用、磷酸化作用、胍化作用

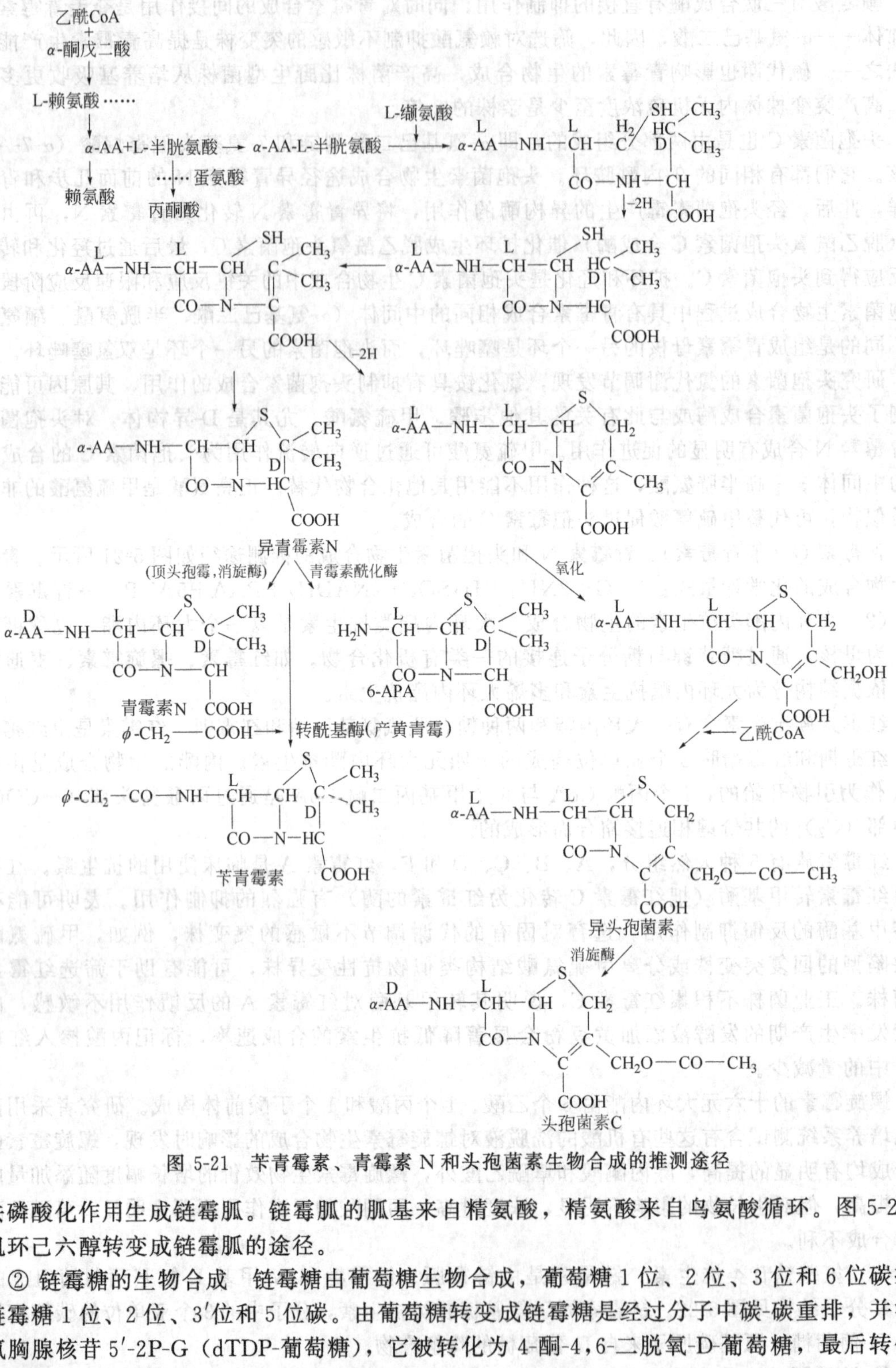

图 5-21　苄青霉素、青霉素 N 和头孢菌素生物合成的推测途径

和去磷酸化作用生成链霉胍。链霉胍的胍基来自精氨酸，精氨酸来自鸟氨酸循环。图 5-23 是由肌环己六醇转变成链霉胍的途径。

② 链霉糖的生物合成　链霉糖由葡萄糖生物合成，葡萄糖 1 位、2 位、3 位和 6 位碳提供了链霉糖 1 位、2 位、3′位和 5 位碳。由葡萄糖转变成链霉糖是经过分子中碳-碳重排，并涉及脱氧胸腺核苷 5′-2P-G（dTDP-葡萄糖），它被转化为 4-酮-4,6-二脱氧-D-葡萄糖，最后转化为二氢链霉糖和鼠李糖。

③ N-甲基-L-氨基葡萄糖的生物合成　利用不同位置的带有 [14]C 标记的 D-葡萄糖试验证明了 N-甲基氨基葡萄糖的各个碳来自 D-葡萄糖相对的碳原子，并且 D-氨基葡萄糖-1-[14]C 也可以

进入 N-甲基-L-氨基葡萄糖的相应部分，用同位素证明了其甲基来自蛋氨酸。

L-链霉糖和 N-甲基-L-氨基葡萄糖分别从它们的核苷二磷酸衍生物输送至链霉胍的 6-磷酸，接着输送到 O-2-L-链霉糖（1→4）-链霉胍-6-磷酸，形成链霉素-6-磷酸，经过脱磷酸作用生成链霉素。

（4）四环类抗生素的生物合成 四环素类抗生素是放线菌产生的一类广谱抗生素，包括金霉素（chlortetracycline）、土霉素（oxytetracycline）、四环素（tetracycline）及半合成四环素类抗生素多西环素（doxycycline）、米诺环素（minocycline）等。它们的化学结构极为相似，含有十二氢化四并苯基结构，具有共同的 A、B、C、D 四个环的母核，仅在 5 位、6 位、7 位上有不同的取代基，见图 5-24。

四环类抗生素的四并苯母核是由乙酸或丙二酸单位缩合形成的四联环，其氨甲酰基和 N-甲基分别

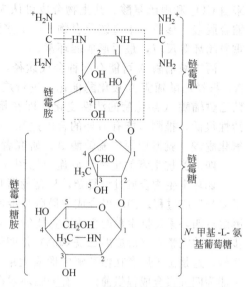

图 5-22 链霉素的分子结构

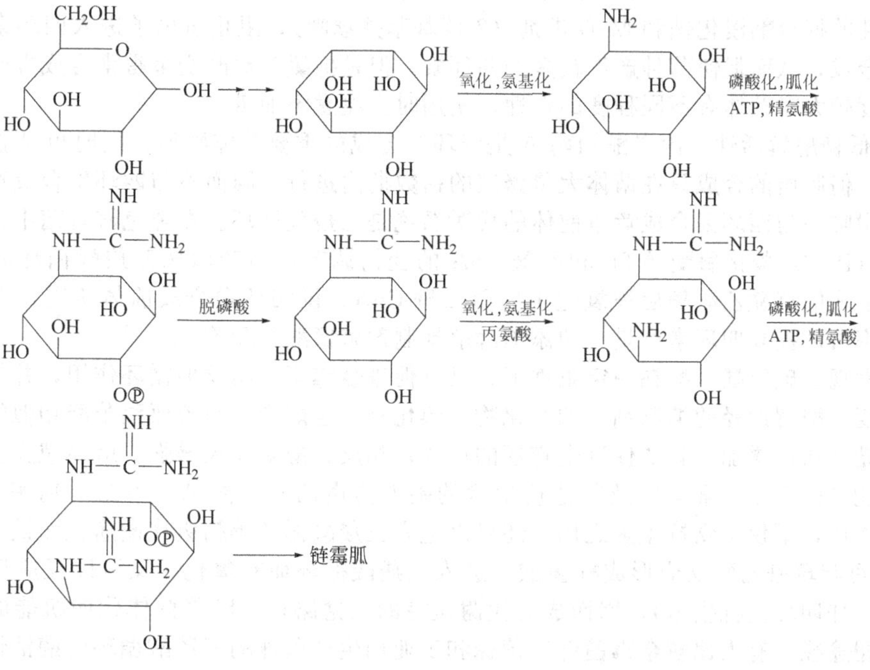

图 5-23 肌环己六醇转变为链霉胍的途径

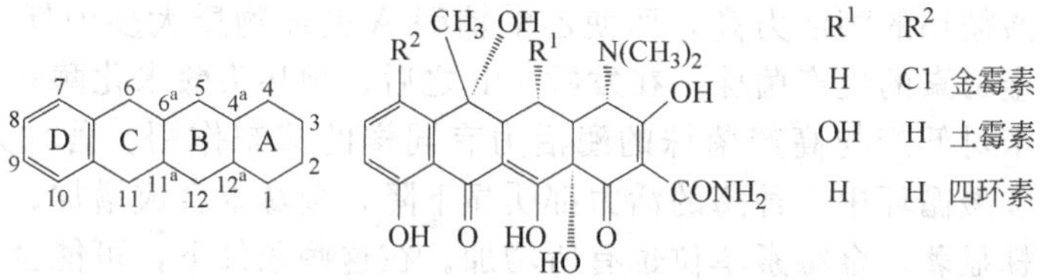

图 5-24 四环类抗生素的结构

来自 CO_2 和甲硫氨酸。其生物合成可认为是由糖代谢产生的乙酰 CoA 与 8 个丙二酰辅酶 A 重缩合脱羧，形成一个直链化合物——β-多酮次甲基链（β-polyketomethylene chain），然后经过重复闭环等反应，最后形成四环素。

丙二酰辅酶 A 可能有两种合成途径，"经典"的说法认为丙酮酸经氧化脱羧生成乙酰辅酶A，再经乙酰辅酶 A 羧化酶催化，进行羧化反应，即可形成丙二酰辅酶 A；另外根据金色链霉菌乙酰辅酶 A 羧化酶的活性变化，即在培养前期和组成代谢中活性达到最大值，在生产期中活性很低，推测可能有另外的合成途径——磷酸烯醇式丙酮酸经羧化反应形成草酰乙酸，再经氧化脱羧，就形成丙二酰辅酶 A。研究者认为，后者的可能性大一些。

四环类抗生素的生物合成途径见图 5-25。

四环素生物合成过程复杂，从葡萄糖开始，约有二十多步酶反应，还有其他的中间体和辅因子参与反应过程。四环素合成的最后几步是利用无细胞酶系统研究中间体的转化作用阐明的。糖酵解对四环素类抗生素的合成有重要的意义，因它为四环素的合成提供前体。四环素合成的头几步反应的完整性（形成丙二酰 CoA）是四环素高产的先决条件。高产菌株的糖酵解速率低于低产菌株，这是由于后者在糖酵解中形成大量乙酰 CoA，随后在三羧酸循环中被氧化生产 ATP，而不能为四环素合成提供前体。有关四环素在实际生产中的控制可以通过以下两个方面。

① 添加抑氯剂　四环素主要由金色链霉菌（*Streptomyces aureofaciens*）产生，金霉素比四环素只多一个氯原子，所以在发酵中要控制发酵向四环素合成的方向进行。一般在发酵液中添加竞争性的抑氯剂溴化钠和 M-促进剂（2-巯基苯并噻唑），阻止氯离子进入四环素分子，抑制金霉素合成，从而促使菌种产生较多的四环素。但是抑氯剂对改变金霉素合成方向有一定作用，但浓度较大对菌体有不同程度的毒性，使用时要注意添加量。

② 降低糖酵解活性　丙二酰辅酶 A 是四环素合成的重要前体物质，同时也是脂质合成的基本物质，但脂质的合成只在菌体大量繁殖的指数期内进行，因而不与四环素合成竞争同一前体，细胞中唯一与四环素合成竞争前体的代谢系统是三羧酸循环。在金色链霉菌中，磷酸烯醇式丙酮酸（PEP）羧化酶受 ATP 和乙酰 CoA 的变构调节，高产菌株三羧酸循环的酶类比较低，因此形成的草酰乙酸随后被氧化生成丙二酰 CoA，供四环素合成前体所需。因此适当降低酵解速率可以提高四环素产量，如添加酵解抑制剂硫氰酸苄酯等。

有人发现，硫氰酸苄酯在一定条件下，具有促进金霉素走向戊糖循环作用，并能加快金霉素合成速度。酵解途径的抑制剂，如氟化物、碘化物，也能产生与硫氰酸苄酯相似的结果。总之，戊糖循环活性增加，就能促进金霉素的形成；相反，酵解途径增强，就会减少金霉素的合成。这可能是由于四环素类以及其他抗生素的碳架是由乙酰辅酶 A、丙二酰辅酶 A 合成的，这些前体物质，不仅可供抗生素之用，还可以进入三羧酸循环等初级代谢途径而被消耗。乙酰辅酶 A 既可与草酰乙酸反应形成柠檬酸，进入三羧酸循环而被氧化，又可以反应形成脂肪酸和聚酮体（如四环类抗生素），因而成为代谢途径的三岔路口，随着菌体代谢机能的差异而调节它的代谢途径。有人比较金霉菌低产菌株和工业用生产菌株的三羧酸循环的酶活性，发现低产菌株的三羧酸循环中 5 个酶的活力都比高产菌株的高。这 5 个酶是柠檬酸合成酶、顺乌头酸水化酶、异柠檬酸脱氢酶、延胡索酸水化酶和苹果酸脱氢酶。低产菌株合成抗生素能力所以较低，可能是其三羧酸循环的酶活力高，而使乙酰辅酶 A 前体物质大多消耗在三羧酸循环中的缘故。又有人发现金霉素的生产菌株，在发酵 48h 之后，顺乌头酸水化酶和异柠檬酸脱氢酶的活力降低。硫氰化苄对低产与高产菌株的酶活力有同样的抑制作用。若加入 5×10^{-5} 硫氰化苄，则低产菌株三羧酸循环中 5 种酶的活力都明显下降，金霉素合成增加；对高产菌株，酶活力降低不如低产菌株显著，金霉素单位也有所增加。在这些条件下，可能会引起柠檬酸部分堆积，乙酰辅酶 A 羧化酶的活性提高，因而使丙二酰辅酶 A 浓度增加，为生成四环类抗生素的缩合反应创造有利条件。

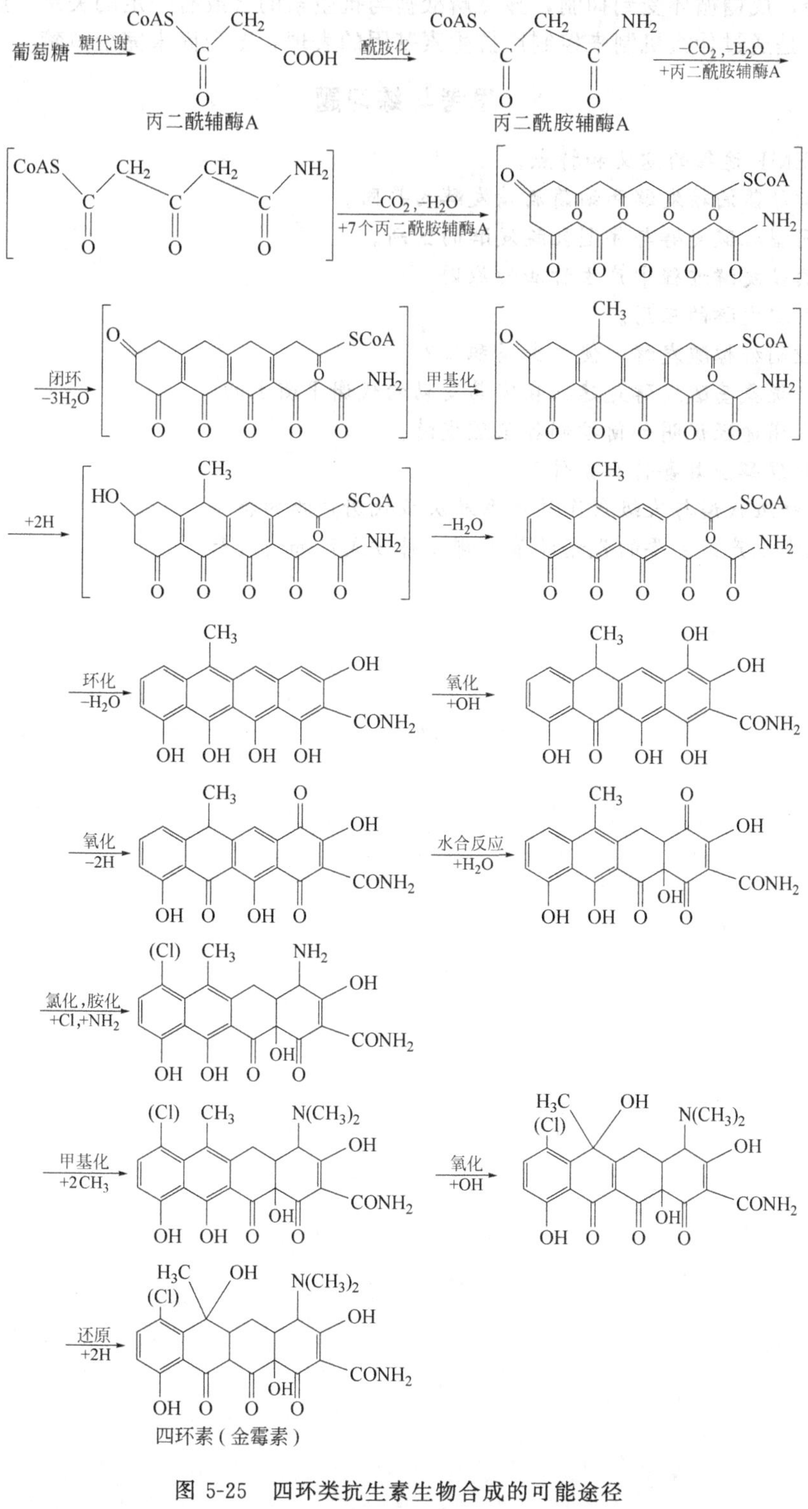

图 5-25　四环类抗生素生物合成的可能途径

实际生产中发现发酵后期控制磷酸盐的浓度也可以降低酵解活性。在抗生素的发酵过程中，不同时期的糖代谢途径是不同的，从菌体生长期转为抗生素的分泌期，糖代谢的途径也发生变化。当培养基中磷酸盐浓度增加时，金霉素的合成受到抑制，同时糖代谢途径发生变化，转向酵解途径，戊糖循环受到抑制，显然磷酸盐与抗生素的合成有一定的关系。然而磷酸盐这个营养信息，是通过什么机制来控制产抗生素基因的表现，至今尚未完全清楚。

思考与练习题

1. 简述 EMP 途径的意义和特点。
2. 比较酵母菌酒精发酵和细菌酒精发酵的异同。
3. 简述同型乳酸发酵与异型乳酸发酵的区别。
4. 说明酒精发酵过程中产生甘油的原因。
5. 简述甲烷发酵的应用。
6. 如何控制柠檬酸发酵，使之大量积累？
7. 为什么说氨基酸发酵是建立在容易变动的代谢平衡上的？
8. 试从代谢途径说明如何控制谷氨酸发酵。
9. 5-IMP 发酵应具备什么条件？
10. 简述初级代谢与次级代谢的关系及次级代谢产物的特征。
11. 抗生素生产菌主要的代谢调节有哪几种方式？如何进行？

第六章　微生物反应动力学

生物反应动力学研究生物反应的规律。生物反应基本上有两种情况：一种是使底物在酶（游离酶或固定化酶）的作用下进行反应，如淀粉的液化、异构糖的生产、无侧链青霉素（6-APA）的制造等；另一种是通过细胞的培养，利用细胞中的酶系，把培养基中的物质通过复杂的生物反应转化成新的细胞及其代谢产物。本章主要讨论后一种情况，即微生物发酵生产过程中菌体生长、基质消耗、产物生成的动态平衡及其内在规律，具体内容有微生物生长过程中质量的平衡、发酵过程中菌体的生长速率、基质消耗速率和产物生成速率的相互关系、环境因素对三者的影响以及影响反应速率的因素。

通过对生物反应动力学的研究，建立菌体浓度、基质浓度、温度、pH 值、溶解氧等工艺参数的控制方案，进行最佳发酵生产工艺条件的控制。另外设计合理的发酵过程，也必须以发酵动力学模型作为依据，利用计算机进行程序设计、模拟最合适的工艺流程和发酵工艺参数，从而使生产控制达到最优化。发酵动力学的研究还在为试验工厂比拟放大，为分批发酵过渡到连续发酵提供理论依据。

第一节　微生物反应概论

一、微生物反应过程的主要特征

1. 微生物反应本质是复杂的酶催化反应体系

微生物体内所进行的一切反应，统称为代谢作用。在反应过程中，一方面在体内经过各种化学反应把从外界摄取的营养物质转化为微生物自身的组成物质，即同化作用；另一方面微生物体内的组成物质不断分解成代谢物而排出体外，即异化作用。从简单的小分子物质转化为较复杂或较大物质的合成过程是需要能量的；而分解作用所形成的小分子物质又可作为合成作用的原料，同时伴随着能量的释放。因此，通过分解与合成作用，使生物体内保持物质和能量的自身平衡。生物体内的代谢作用正是由这种无数错综复杂的反应组成的，而且生物体内的一切反应几乎都是在酶的催化作用下进行的，没有酶生物反应就无法进行。但是微生物反应与酶反应有着明显的不同，酶催化反应如同化学催化反应一样，仅为分子水平的反应，而且在酶催化反应过程中，酶本身不能进行再生产；而微生物反应为细胞与分子之间的反应，并且在反应过程中，细胞能自己进行再生产，在反应进行的同时，细胞也得到了生长。

2. 微生物是生物反应的主体

在微生物反应过程中，极小的微生物却扮演着重要的角色。微生物是反应过程的生物催化剂，它通过细胞膜摄取发酵培养基中的营养物质，通过体内的特定酶系进行复杂的生化反应，把基质转化为有用的产品。同时，所有的生物化学反应都是在细胞内进行的，反应产物又通过细胞膜被释放出来。因此，微生物的特征及其在反应过程中的变化，将是影响微生物反应过程中的关键因素。

3. 微生物反应极其复杂

在微生物反应体系中，有细胞生长、基质消耗和产物形成三个方面，这三者的动力学规律既有联系，又有明显的差别，它们各自有自己的最佳反应条件。如青霉素生产中，菌体生长的最适温度为 30℃，而产物合成的最适温度为 24.7℃，因此，在发酵过程中应分别控制温度，满足不同时期的需求。在微生物反应过程中，由于存在多种代谢途径，因而在不同的条件下，会得到不同的产物,这对菌种的选择和培养、反应条件的确定等都提出了苛刻的要求,增加了反应过程的复杂性。此外,在微生物反应中,细胞的形态、组成、活性都处在一动态变化过程。从细胞的组成分析,它包含有蛋白质、脂肪、碳水化合物、核酸等,这些成分含量大小也随着环境条件的变化而发生变化。

二、微生物反应过程基本概念

由于众多组分参与反应过程以及微生物代谢途径错综复杂性,并且在微生物生长的同时还伴随着代谢物生成的反应,因此要用标以正确系数的反应方程式表示反应组分转化为生成物的反应几乎是不可能的,并且微生物反应也不能用摩尔-摩尔的对应关系来表示其计量关系。

若把微生物反应视为生成多种产物的复合反应,将所有产物分为细胞本身和代谢产物两大类,则微生物反应可定性地表示为

$$营养物 \longrightarrow 细胞 + 代谢物$$
$$(C源、N源、O_2、无机盐等) \qquad (目的产物、CO_2、细胞、其他副产物)$$

上式只表示物质变化的情况。但对于由 C、H、O 构成的碳源与以 NH_3 作为氮源组成的培养基,通过需氧微生物反应,只生成 CO_2、HO_2 和另外一种产物时,只能建立关于化学元素的平衡方程式。用元素平衡的方法来寻求其计量关系将是十分复杂的。因此,在微生物的生长和产物的形成过程中,发酵培养基中的营养物质被微生物细胞所利用,生成细胞和形成代谢产物,人们提出了一种简单的方法,通过引入得率系数 Y 的概念,用于描述微生物生长过程计量关系的宏观参数。得率系数 Y 即生成的细胞或产物与消耗的营养物质之间的关系。在实际工作中,最常用的是细胞得率系数 ($Y_{X/S}$) 和产物得率系数 ($Y_{P/S}$),分别定义为消耗 1g 营养物质生成的细胞的质量 (g) 和生成产物的质量 (g)。

(一) 维持因子

维持指细胞没有实质性的增长和胞外代谢产物的合成情况下的生命活动。用于"维持"的物质代谢称为维持代谢,代谢释放的能量称为维持能,此时没有物质的净合成。维持因子 (m) 是菌种的一种特性,指的是单位质量的干菌体在单位时间内因维持代谢消耗的基质量 $[mol/(g \cdot h)]$。对于特定条件,m 是一个常数,其值越低,菌株的能量代谢效率越低。维持因子可表示为 $m = \dfrac{1}{c(X)}\left(-\dfrac{dc(S)}{dt}\right)_m$。

(二) 得率系数

细胞反应的得率系数,常用 $Y_{i/j}$ 来表示,意指在细胞反应中,细胞利用基质所产生的细胞物质和代谢产物与基质消耗量之间的一种数量比值。最常用的是细胞得率系数 ($Y_{X/S}$) 和产物得率系数 ($Y_{P/S}$)。利用细胞得率系数,不仅能对细胞消耗基质并将其转化为细胞自身的代谢产物的能力进行评价,还可以将细胞生长、基质消耗和产物形成动力学之间进行关联。因此,得率系数是描述细胞反应过程的一个重要参数。对于特定的微生物而言,得率系数是一个常数,有的情况下,可以明确说明是对于某种基质的消耗而言的得率系数,最常用的得率系数有对基质的细胞得率 $Y_{X/S}$、对碳的细胞得率 Y_G 等。因此,不同得率系数意义不同。

1. 细胞生长的得率系数

以基质消耗为基准的细胞生长的得率系数,可表示为 $Y_{X/S}$,$Y_{X/S} = \dfrac{生成细胞的质量}{消耗底物的质量} = \dfrac{\Delta c(m_X)}{-\Delta c(m_S)}$,单位 g/g 或 g/mol (细胞/基质)。分批发酵时,发酵液中的细胞浓度和基质浓度均随反应时间而变化,$Y_{X/S}$ 一般不为常数,在某一瞬间的细胞得率称为瞬时得率 (或称为微分得率),其定义式:$Y_{X/S} = \dfrac{dc(m_X)}{-dc(m_S)}$,总的细胞得率可以写成:$Y_{X/S} = \dfrac{c_t(X) - c_0(X)}{c_t(S) - c_0(S)}$,

$c_0(X)$、$c_0(S)$分别为反应开始时细胞和基质的质量浓度，$c_t(X)$、$c_t(S)$分别为反应结束时细胞和基质的质量浓度。$Y_{X/S}$值与微生物和基质的种类以及反应条件等因素有关。在不同的培养环境下，对于相同的菌种同一培养基，好氧培养的$Y_{X/S}$值往往大于厌氧培养，如无乳链球菌（*Streptococcus agalactiac*），好氧培养条件下$Y_{X/S}$为51.6g/mol，而厌氧培养却为21.4g/mol。同一菌株在复合培养基中所得的细胞得率值最大，其次是合成培养基，最小为基本培养基。几种微生物的细胞得率如表6-1。

表 6-1　一些微生物的得率系数

微生物	碳源	$Y_{X/S}$/(g/g)	$Y_{X/O}$/(g/g)
产气杆菌（*Aerobacter aerogenes*）	麦芽糖	0.46	1.50
	甘露糖醇	0.52	1.18
	果糖	0.42	1.46
	葡萄糖	0.40	1.11
	核糖	0.35	0.98
	琥珀酸	0.25	0.62
	甘油	0.45	0.97
	乳酸	0.18	0.37
	丙酮酸	0.20	0.48
	醋酸	0.18	0.31
产朊假丝酵母菌（*Candida utilis*）	葡萄糖	0.51	1.32
	醋酸	0.36	0.70
	乙醇	0.68	0.61
产黄青霉菌（*Penicillium chrysogenum*）	葡萄糖	0.43	1.35
荧光假单胞菌（*Pseudomonas fluorescens*）	葡萄糖	0.38	0.85
	醋酸	0.28	0.46
	乙醇	0.49	0.42
红假胞单菌属（*Rhodopseudomonas spheroides*）	葡萄糖	0.45	1.46
酿酒酵母（*Sacharomyces cerevisiae*）	葡萄糖	0.50	0.97
克雷伯氏菌属（*Klebsiella* sp.）	甲醇	0.38	0.56
甲基单胞菌（*Methylomonas* sp.）	甲醇	0.48	0.53
	甲烷	1.01	0.29
假单胞菌属（*Pseudomonas* sp.）	甲醇	0.41	0.44
	甲烷	0.80	0.20
甲烷假单胞杆菌（*Pseudomonas methanica*）	甲烷	0.56	0.17

当培养基为碳源时，不管培养条件如何，一部分碳源被同化为细胞的组成成分，其余被异化分解为CO_2和代谢产物。如果从碳源到菌体的同化作用来看，可用Y_G表示以碳源的消耗为基准的细胞得率，即：$Y_G = \dfrac{\text{细胞生产量} \times \text{细胞含碳量}}{\text{基质消耗量} \times \text{基质含碳量}} = \dfrac{\Delta c(m_X)\sigma_X}{-\Delta c(m_S)\sigma_S} = Y_{S/X}\dfrac{\sigma_X}{\sigma_S}$，$Y_G$值一般小于1，在1.4~0.9之间，其中$\sigma_X$和$\sigma_S$分别表示单位质量细胞和单位基质中所含碳元素的量。由于Y_G定义式中细胞的生成与基质的消耗都是对同一种基准物质碳而言的，因此，Y_G要比$Y_{X/S}$更加合理。

类似的还有以氧的消耗为基准的菌体生产的得率系数，可表示为$Y_{X/O} = \dfrac{\Delta c(X)}{\Delta c(O_2)}$或$Y_{G/O} = \dfrac{\Delta c(X)}{\Delta c(O_2)}$。

在微生物进行细胞合成、物质代谢和能量输送等活动中，所需能量是由基质的氧化而获得的，但这些能量并不能全部被利用，在基质氧化所产生的自由能中仅 ATP 形式回收的能量才可作为生命活动的能量，其余作为反应热（代谢热）排出反应系统。因此，以基质异化代谢产生 ATP 为基准生成的细胞量的细胞得率可表示为 $Y_{ATP} = \dfrac{\Delta c(\text{X})}{\Delta c(\text{ATP})}$。通过 Y_{ATP}，则能把细胞生长得率与细胞内的代谢相关联。在复合培养基进行厌氧培养，以葡萄糖为能源，氨基酸为碳源，则求得基于葡萄糖的细胞得率为 21g/mol 葡萄糖。若葡萄糖通过糖酵解途径（EMP），每分子葡萄糖可得 2ATP，所以，$Y_{ATP} = \dfrac{21\text{g 细胞/mol 葡萄糖}}{2\text{ATP/mol 葡萄糖}} = 10.5\text{g 细胞/ATP}$。

经有关研究发现，许多微生物的 Y_{ATP} 值大致相同，即 Y_{ATP} 值与微生物、底物种类无关，可近似认为 $Y_{ATP} \approx 10\text{g 细胞/mol ATP}$，并将该值视为细胞生长的普遍特征值，因此，$Y_{X/S} = Y_{ATP}\dfrac{dc(\text{ATP})}{dc(\text{S})} = 10Y_{ATP/S}$。在这种条件下，可以认为细胞生长与能量代谢相偶联，即 ATP 的生长速率为细胞合成的限制因素。而在另一些条件下，如培养基中缺乏维生素或微量元素或存在有毒物质的积累，则 ATP 的消耗与细胞生长之间不需偶联，Y_{ATP} 将低于 10g/mol。

好氧反应中，除底物水平磷酸化生成 ATP 外，还通过氧化磷酸化生产大量的 ATP。氧化磷酸化反应的速率常采用其被酯化的无机磷酸分子数和此时消耗的原子数之比（简称 P/O）来表示，即每消耗 1 个原子氧生成 ATP 分子数的数量来表示。一般酵母的 P/O 约等于 1.0，细菌为 0.5～1.0。

在微生物发酵过程中，可以用 Y_{kj} 表示微生物对能量的利用情况，以能量消耗为基准的菌体生长的得率系数。

$$Y_{kj} = \frac{\Delta c(\text{X})}{\Delta c(\text{E})} = \frac{\text{细胞生产量}}{\text{细胞储存的自由能}(E_a) + \text{分解代谢所释放的自由能}(E_b)}$$

其中 E_a 采用干细胞的燃烧热，其值 ΔH_a 为 -22.15kJ/g，E_b 可采用所消耗的碳源和代谢产物各自的燃烧热之差来计算。多数微生物在好氧培养时的 Y_{kj} 值为 0.028g/kJ，在厌氧培养时为 0.031g/kJ。

2. 产物形成的得率系数

以基质消耗为基准的产物形成的得率系数，可表示为 $Y_{P/S}$，$Y_{P/S} = \dfrac{\Delta c(\text{P})}{-\Delta c(\text{S})}$。在某一瞬间的产物得率称为瞬时得率（或称为微分得率），其定义式：$Y_{P/S} = \dfrac{dc(\text{P})}{-dc(\text{S})}$。总的产物得率可以写成：$Y_{P/S} = \dfrac{c_t(\text{P}) - c_0(\text{P})}{c_t(\text{S}) - c_0(\text{S})}$，$c_0(\text{P})$、$c_0(\text{S})$ 分别为发酵开始时产物和基质的质量浓度，$c_t(\text{P})$、$c_t(\text{S})$ 分别为反应结束时细胞和基质的质量浓度。由于发酵开始时没有产物，因此 $c_0(\text{P})$ 为零，$Y_{P/S} = \dfrac{c_t(\text{P})}{c_t(\text{S}) - c_0(\text{S})}$。

如果以碳源的消耗为基准评价得率系数时，可以简写成 Y_P。$Y_P = \dfrac{\text{产物生产量} \times \text{产物含碳量}}{\text{基质消耗量} \times \text{基质含碳量}} = \dfrac{\Delta c(\text{P})\delta_P}{-\Delta c(\text{S})\delta_S} = Y_{P/X}\dfrac{\delta_P}{\delta_S}$，$\delta_P$ 和 δ_S 分别为单位质量产物和单位基质中所含碳元素的量。

产物形成的得率系数是对碳源等基质消耗后生成产物的潜力进行定量评价的重要参数。若以细胞的生长为基准，则得率系数可表示为 $Y_{P/X} = \dfrac{\Delta c(\text{P})}{\Delta c(\text{X})}$。

同理，以基质消耗为基准的 CO_2 形成的得率系数，可表示为 $Y_{CO_2/S} = \dfrac{\Delta c(CO_2)}{-\Delta c(S)}$。

三、微生物反应动力学的描述方法

微生物反应动力学包括细胞生长动力学、基质消耗动力学和产物形成动力学，其中细胞生长动力学是其核心。

（一）模型简化

细胞生长、繁殖代谢是一个复杂的生物化学过程，既包括细胞内的生化反应，也包括胞内与胞外的物质交换，还包括胞外的物质传递及反应。体系具有多相、多组分、非线性的特点。同时，细胞的培养和代谢还是一个复杂的群体的生命活性，通常 1mL 的培养液中含有 $10^4 \sim 10^6$ 个细胞，每个细胞均经历生长、成熟直至衰老的过程，同时还伴随有退化、变异，因此，要对这样一个复杂的体系进行精确描述几乎是不可能的。为了工程上的应用，首先需要进行合理的简化，在简化的基础上建立过程的物理模型，再据此推出数学模型。简化的内容有几点：第一，微生物反应动力学是对细胞菌体的动力学行为的描述，而不是对单一细胞。所谓细胞群体是指细胞在一定条件下大量聚集在一起组成的群体。第二，不考虑细胞之间的差别，而是取其性质上的平均值。在此基础上建立的模型称为确定论模型，否则为概率论模型，目前一般取前者。第三，细胞组成复杂，含有蛋白质、脂肪、碳水化合物、核酸、维生素等，而且成分的含量随环境发生变化，如果考虑这些因素建立模型，则称为结构模型，能够从机理上描述细胞的动态行为，一般选取 RNA、DNA、糖类及蛋白质的含量作为过程变量，将其表示为细胞组成的函数。但是，由于微生物反应过程极其复杂，加上检测手段的限制，以至于缺乏可直接用于确定反应系统状态的传感器，给动力学研究带来了困难，致使结构模型的应用受到了限制。

如果把菌体视为单组分，则环境的变化对菌体组成的影响可被忽略，在此基础上建立的模型称为非结构模型。它是在实验研究的基础上，通过物料衡算建立起经验或半经验的关联模型。在细胞生长的过程中，如果细胞内各种成分均以相同的比例增加则称为均衡生长。如果由于细胞各组分的合成速度不同而使各组分增加的比例也不同，则称为非均衡生长。从模型的简化考虑一般采用均衡生长的非结构模型。

（二）反应速率的定义

要对一个微生物反应过程进行动力学描述，其有关变量必须是可测量的，如基质量、耗氧量、细胞量、产物量、CO_2 以及反应热等。要描述它们的消耗速率和积累速率，常用两种速率的概念，即绝对速率和比速率。绝对速率表示在恒温和恒容的情况下，这些组分的生长、消耗和生成的绝对速率值。而比速率是为了对不同反应的动力学进行比较而定义的。

1. 菌体比生长速率

微生物进行生物反应，其动力学描述常采用群体来表示。微生物群体的生长速率反映群体生物量的生长速率，因此，菌体量的生长概念是生产速率的核心。菌体量一般指其干重，在液体培养基中的群体生长速率通常用单位体积来表示，指单位体积、单位时间里生长的菌体量。在表面上的群体生长，其生长速率应以单位表面积来表示，生长的微生物群体存在着细胞大小的分布。由于单细胞的生长速率与细胞的大小直接相关，因此也存在生长速率分布。下面所讨论的微生物生长速率是指具有这种分布的群体平均值。群体的繁殖速率是群体的各个新单体的生长速率。微生物菌体的生长速率可表示如下：

$$r_X = \frac{dc(X)}{dt} \tag{6-1}$$

式（6-1）即瞬时微生物的增量。微生物的生长速率 r_X 与微生物的浓度的变化率成正比，r_X 单位为 g/（L·h）。

若以比生长速率表示单个菌体的变化，则在平衡条件下，比生长速率 μ 的定义式为：

$$\mu = \frac{1}{c(X)} \frac{dc(X)}{dt} \tag{6-2}$$

由式（6-2）可得$\frac{dc(X)}{dt} = \mu c(X)$，可见比生长速率$\mu$除受细胞自身遗传信息支配外，还受环境因素的影响。

2. 基质比消耗速率

以菌体得率系数为媒介，可确定基质的消耗速率与生长速率的关系。基质的消耗速率r_S可表示为：

$$-r_S = \frac{dc(S)}{dt} = \frac{r_X}{Y_{X/S}} \tag{6-3}$$

式中，$Y_{X/S}$是以基质消耗为基准的菌体生长的得率系数，g/mol。

基质的消耗速率常以单位菌体来表示，称为基质的比消耗速率，以r来表示：

$$r = \frac{r_S}{c(X)} \tag{6-4}$$

根据式（6-2）和式（6-3），可得式（6-5）：

$$-r = \frac{\mu}{Y_{X/S}} \tag{6-5}$$

当以氮源、无机盐、维生素等为基质时，由于这些成分只能构成菌体的组成成分，不能成为能源，$Y_{X/S}$近似一定，所以上式能够成立。但当基质既是能源又是碳源时，就应考虑维持能量。

碳源总消耗速率 ＝ 用于生长的消耗速率 ＋ 用于维持代谢的消耗速率

$$-r_S = \frac{1}{Y_G} r_X + mc(X) \tag{6-6}$$

式中，m为基质维持代谢系数，mol/(g 菌体·h)；$-r_S$为碳源总消耗速率，mol/(L·h)；r_X为菌体生成速率，g/(L·h)；Y_G为消耗碳源用于菌体生长的得率系数，g/mol。

两边同除以$c(X)$，则：

$$-r_S = \frac{1}{Y_G} \mu + m \tag{6-7}$$

式（6-7）作为连接r和μ的关联式，可看作是含有两个参数的线性模型。r_S对μ的依赖关系可一般化为：

$$-r_S = g(\mu) \tag{6-8}$$

式（6-8）也间接表明了r对环境的依赖关系。

氧是微生物细胞成分之一，同时也是一种基质，氧的消耗速率与生长速率有如下关系：

$$r_{O_2} = \frac{dc(O_2)}{dt} = \frac{r_X}{Y_{X/O}} \tag{6-9}$$

式（6-9）中，$dc(O_2)$为溶解氧浓度。在好氧微生物发酵过程中对氧的衡算式为：

$$\frac{dc(O_2)}{dt} = k_L a(c^* - c_L) - Q_{O_2} c(X) \tag{6-10}$$

式中，k_L为液膜氧传质系数，m/h；a为比表面积，m²/m³；c^*为氧在水中的饱和浓度，mmol/L；c_L为发酵液中氧浓度，mmol/L；Q_{O_2}为氧的比消耗速率，也称比呼吸速率或呼吸强度。

Q_{O_2}可以用下式表示：

$$Q_{O_2} = \frac{\mu}{Y_{G/O}} + m_O \tag{6-11}$$

式中，$Y_{G/O}$为相对氧的生长得率系数，g/mol；m_O为氧维持常数，h⁻¹。

3. 代谢产物的比生成速率

由微生物反应生成的代谢产物种类很多，并且微生物细胞内的生物合成途径与代谢调节机制各有特色，因此很难用统一的生成速率模式来表示。代谢产物有分泌于培养液中，也有保留在细胞内，因此讨论代谢生成速率时有必要区分不同的情况。

与生长速率与底物消耗速率相同，代谢产物的生成速率，可记为 r_P；当以单位重量为基准时，称为产物的比生成速率，记为 Q。相关式为：

$$Q \equiv \frac{r_P}{c(X)} \tag{6-12}$$

CO_2 不是目的代谢产物，但是，在微生物反应中是一定会产生的。CO_2 的 Q 值，常表示为 Q_{CO_2}。好氧微生物反应中 CO_2 相对于氧的消耗，又称为呼吸商 RQ。

$$RQ \equiv \frac{\Delta CO_2}{-\Delta O_2} = \frac{r_{CO_2}}{-v_{O_2}} \equiv \frac{Q_{CO_2}}{-Q_{O_2}} \tag{6-13}$$

一般 Q 是 μ 的函数，考虑到生长偶联与非生长偶联两种情况，Q 与 μ 的关系式可写成：

$$Q = A + B\mu$$

另外，作为一般形式，产物生成的动力学可认为是二次方程，即：

$$Q = A + B\mu + C\mu^2 \tag{6-14}$$

式中，A、B、C 为常数。某些酶的生产和氨基酸的合成属于这种类型。

第二节 微生物反应模式与发酵操作方法

为了获得生物反应过程变化的第一手资料，第一，要尽可能寻找能反映过程变化的理化参数；第二，将各种参数变化和现象与发酵代谢规律联系起来，找出它们之间的相互关系和变化；第三，建立各种数学模型以描述各参数随时间变化的关系；第四，通过计算机的在线控制，反复验证各种模型的可行性与适用范围。

一、生物反应动力学分类

现将各种发酵动力学分类列于表 6-2。

表 6-2 发酵动力学分类

分类依据及类型		判 断 因 素	例 子
根据产物生成与基质消耗关系	Ⅰ	产物生成直接与基质(糖类)消耗有关	酒精发酵、葡萄糖酸发酵、乳酸发酵、酵母培养等
	Ⅱ	产物生成与基质(糖类)消耗间接有关	柠檬酸、衣康酸、谷氨酸、赖氨酸、丙酮、丁醇等的发酵
	Ⅲ	产物生成与基质(糖类)消耗无关	青霉素、链霉素、糖化酶、核黄素等的发酵
根据生长有否偶联	偶联型	产物生成与生长有紧密联系	酒精发酵
	混合型	产物生成与生长只有部分联系	乳酸发酵
	非偶联型	产物生成与生长无紧密联系	抗生素发酵
根据反应进程	简单型	营养成分以固定的化学量转化为产物，无中间物积累	黑曲霉葡萄糖酸发酵、阴沟产气杆菌的生长
	并行型	营养成分以不定的化学量转化为一种以上的产物，且产物生成速度随营养成分浓度而异，也无中间物积累	黏红酵母的生长
	串联型	形成产物前积累有一定程度的中间物的反应	极毛杆菌的葡萄糖酸发酵
	分段型	营养成分在转化为产物前全转变为中间物或以优先顺序选择性地转化为产物，反应过程由两个简单反应段组成	大肠杆菌的两段生长，弱氧化醋酸杆菌的 5-酮基葡萄糖酸发酵
	复合型	大多数的发酵过程是一个复杂的联合反应	青霉素发酵

1. 根据细胞生长与产物生成是否偶联进行分类

(1) 偶联型　产物生成速率与细胞生长速率有紧密联系，合成的产物通常是分解代谢的直接产物，如葡萄糖厌氧发酵生成乙醇，或者好氧发酵生成中间代谢物（氨基酸或维生素）。这类初级代谢产物的生产速率与生长直接有关。如式(6-15)所示。

$$\frac{dc(P)}{dt} = Y_{P/X} \frac{dc(X)}{dt} = Y_{P/X} \mu c(X) \quad 或 \quad Q_P = \mu Y_{P/X} \tag{6-15}$$

式中，$Y_{P/X}$为以菌体细胞量为基准的产物生成系数，g/g 细胞；$c(P)$为产物浓度，g/L；$c(X)$为菌体浓度，g/L；μ为比生长速率，h^{-1}；$\frac{dc(P)}{dt}$为产物生成速率，g/(L·h)；Q_P为产物比生成速率，h^{-1}；$\frac{dc(X)}{dt}$为细胞生长速率，g/(L·h)。

(2) 非生长偶联型　在生长和产物无关联的发酵模式中，细胞生长时，无产物，但细胞停止生长后，则有大量产物积累，产物生成速率只与细胞积累量有关。产物合成发生在细胞生长停止之后（即产生于次级生长），故习惯上把这类与生长无关联的产物称为次级代谢产物，但不是所有次级代谢产物一定是与生长无关联的。大多数抗生素和微生物毒素的发酵都是非生长偶联的例子，非偶联型发酵的生产速率只与已有的菌体量有关，而比生产（产物）速率为一常数，与比生长速率没有直接关系。因此，其产率和浓度高低取决于细胞生长期结束时的生物量。产物生成与细胞浓度关系如下

$$\frac{dc(P)}{dt} = \beta c(X) \tag{6-16}$$

式中，β为非生长偶联的比生成速率，g/(g 细胞·h)。

(3) 混合型　生长与产物生成部分相关（如乳酸、柠檬酸、谷氨酸等的发酵），发酵产物生成速率可由式(6-17)描述。

$$\frac{dc(P)}{dt} = \alpha \frac{dc(X)}{dt} + \beta c(X) = \alpha \mu c(X) + \beta c(X) \quad 或 \quad Q_P = \alpha \mu + \beta \tag{6-17}$$

式中，α为与生长偶联的产物生成系数，g/g 细胞；β为非生长偶联的比生成速率，g/(g 细胞·h)。该复合模型复杂的形成是将常数 α、β 作为变数，它们在分批生长的四个时期分别具有特定的数值。

2. 根据产物生成与基质消耗的关系分类

(1) 类型Ⅰ　产物的形成直接与基质（糖类）的消耗有关，这是一种产物合成与利用糖类有化学计量关系的发酵，糖提供了生长所需的能量。糖耗速度与产物合成速度的变化是平行的，如利用酵母菌的酒精发酵和酵母菌的好氧生长。在厌氧条件下，酵母菌生长和产物合成是平行的过程；在通气条件下培养酵母时，底物消耗的速度和菌体细胞合成的速度是平行的。这种形式也叫做有生长联系的培养。

(2) 类型Ⅱ　产物的形成间接与基质（糖类）的消耗有关，例如柠檬酸、谷氨酸发酵等。即微生物生长和产物合成是分开的，糖既满足细胞生长所需能量，又充作产物合成的碳源。但在发酵过程中有两个时期对糖的利用最为迅速，一个是最高生长时期，另一个是产物合成最高的时期。如在用黑曲霉生产柠檬酸的过程中，发酵早期糖被用于满足菌体生长，直到其他营养成分耗尽为止，然后代谢进入使柠檬酸积累的阶段，产物积累的数量与利用糖的数量有关，这一过程仅得到少量的能量。

(3) 类型Ⅲ　产物的形成显然与基质（糖类）的消耗无关，例如青霉素、链霉素等抗生素发酵。即产物是微生物的次级代谢产物，其特征是产物合成与利用碳源无准量关系，产物合成在菌体生长停止时才开始。此种培养类型也叫做无生长联系的培养。图 6-1 示意了一个典型的

分批发酵过程，其产物不是细胞本身。纵坐标分别为微生物细胞浓度 $c(X)$，产物浓度 $c(P)$ 及底物浓度 $c(S)$；横坐标是发酵时间 t。在时间 $t=t_1$ 时的生长速率，产物比生成速率和底物消耗比速率都明确地表示在图上，由图 6-1 可知，各比速率是分批发酵过程时间 t 的函数，与对数生长期相一致，即

$$\mu = \frac{1}{c(X)}\frac{dc(X)}{dt} = \frac{d\ln c(X)}{dt}$$

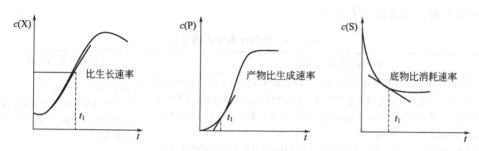

图 6-1　比生长速率、产物比生成速率及底物比消耗速率的定义

二、发酵操作方法

微生物发酵过程根据发酵条件要求分为好氧发酵和厌氧发酵。好氧发酵法有液体表面培养发酵、在多孔或颗粒状固体培养基表面上发酵和通氧深层发酵几种方法。厌氧发酵采用不通氧的深层发酵。因此，无论好氧与厌氧发酵都可以通过深层培养来实现，这种培养均在具有一定径高比的圆柱形发酵罐内完成，就其操作方法可分为以下几种。

（1）分批式操作　底物一次装入罐内，在适宜条件下接种进行反应，经过一定时间后，将全部反应物取出。

（2）半分批式操作　也称流加式操作。是指先将一定量底物装入罐内，在适宜条件下接种使反应开始。反应过程中，将特定的限制性底物送入反应器，以控制罐内限制性底物浓度在一定范围，反应终止将全部反应物取出。

（3）反复分批式操作　分批操作完成后取出部分反应系，剩余部分重新加入底物，再按分批式操作进行。

（4）反复半分批式操作　流加操作完成后，取出部分反应系，剩余部分重新加入一定量底物，再按流加式操作进行。

（5）连续式操作　反应开始后，一方面把底物连续地供给到反应器中，同时又把反应液连续不断地取出，使反应过程处于稳定状态，反应条件不随时间变化。

（一）分批发酵法

发酵工业中常见的分批发酵（batch fermentation，BF）法是单罐深层分批发酵法。每一个分批发酵过程都经历接种、生长繁殖、菌体衰老进而结束发酵，最终提取出产物。这一过程在某些培养液的条件支配下，微生物经历着由生到死的一系列变化阶段，在各个变化的进程中都受到菌体本身特性的制约，也受周围环境的影响。只有正确认识和掌握这一系列变化过程，才有利于控制发酵生产。

分批发酵的特点是：微生物所处的环境是不断变化的，可进行少量多品种的发酵生产，发生杂菌污染能够很容易终止操作，当运转条件发生变化或需要生产新产品时，易改变处理对策，对原料组成要求较粗放等。

分批培养过程菌体的生长，可分为调整期（又称停滞期、延滞期、适应期）、对数生长期（指数期）、平衡（稳定）期和衰亡期四个阶段。研究细胞的代谢和遗传宜采用生长最旺盛的对数生长期细胞。在发酵工业生产中，使用的种子应处于对数生长期，把它们接种到发酵罐新鲜

培养基时，几乎不出现调整期，这样可在短时间内获得大量生长旺盛的菌体，有利于缩短生产周期。在研究和生产中，常需延长细胞对数生长阶段。

（二）补料分批发酵法

补料分批发酵（fed-batch fermentation，FBF）或补料分批培养又称半连续发酵或半连续培养，是指在分批培养过程中，间歇或连续地补加新鲜培养基的培养方法，是分批培养和连续培养之间的一种过渡培养方式，是一种控制发酵的好方法，现已广泛用于发酵工业。补料分批培养（FBC）的一些优点见表6-3。

表 6-3　补料分批培养的优点

与分批培养方式比较	与连续培养方式比较
可以解除培养过程中的底物抑制、产物的反馈抑制和葡萄糖的分解阻遏效应； 对于耗氧过程，可以避免分批培养过程中因一次性投糖过多造成的细胞大量生长、耗氧过多以致通风搅拌设备不能匹配的状况；在某种程度上可减少微生物细胞的生成量、提高目标产物的转化率； 微生物细胞可以被控制在一系列连续的过渡态阶段，可用来控制细胞的质量；并可重复某个时期细胞培养的过渡态，可用于理论研究	不需要严格的无菌条件； 不会产生微生物菌种的老化和变异； 最终产物浓度较高，有利于产物的分离； 使用范围广

FBC的操作比较简单，效果也是比较明显的。但是这种控制方法是建立在什么理论基础上？对微生物的生理和产物的合成又能产生什么作用？对此应该有个基本了解。已有研究结果表明，FBC对微生物发酵有下列几个基本作用。

1. 可以控制抑制性底物的浓度

在许多发酵过程中，微生物的生长受到基质浓度的影响。要想得到高密度的生物量，需要投入几倍的基质。按 Monod 方程，当营养浓度增加到一定量时，生长就显示饱和型动力学，再增加底物浓度，就可能发生一种基质抑制区，停滞期延长，比生长速率减小，菌体浓度下降等。所以高浓度营养物对大多数微生物生长是不利的。抑制微生物生长有多种原因：①有的基质过浓使渗透压过高，细胞因脱水而死亡；②高浓度基质能使微生物细胞热致死（thermal death），如乙醇浓度达 10％时，就可使酵母细胞热致死；③有的是因某种或某些基质对代谢关键酶或细胞组分产生抑制作用，如高浓度苯酚（3％～5％）可凝固蛋白；④高浓度基质还会改变菌体的生化代谢而影响生长等。

在微生物发酵中，有的基质又是合成产物必需的前体物质，浓度过高，就会影响菌体代谢或产生毒性，使产物产量降低。如苯乙酸、丙醇（或丙酸）分别是青霉素、红霉素的前体物质，浓度过大，就会产生毒性，使抗生素产量减少。有的是受底物溶解度小的限制，达不到应有的浓度而影响转化率。如甾类化合物转化中，因它们的溶解度小，使基质的浓度低，造成转化率不高。

为了在分批培养中，获得高浓度菌体或产物，必须在基础培养基中防止有过高浓度的基质或抑制性底物，采用 FBC 方式，就可以控制适当的基质浓度，解除其抑制作用，又可得到高浓度的产物。

2. 可以解除或减弱分解代谢物的阻遏

在微生物合成初级或次级代谢产物中，有些合成酶受到易利用的碳源或氮源的阻遏，特别是葡萄糖，它能够阻抑多种酶或产物的合成，如纤维素酶、赤霉素、青霉素等。已知这种阻遏作用不是葡萄糖的直接作用，而是由葡萄糖的分解代谢产物所引起的。通过补料来限制基质的浓度，就可解除酶或其产物的阻遏，提高产物产量。如缓慢流加葡萄糖，纤维素酶的产量几乎增加 200 倍；将葡萄糖浓度控制在 0.02％水平，赤霉素浓度可达 905mg/L；采用滴加葡萄糖的技术，可明显提高青霉素的发酵单位等。这都是利用发酵技术解决分解产物阻遏的实际应用。在植物细胞培养中，也采用该技术来提高产量。

3. 可以使发酵过程最佳化

分批发酵动力学的研究，阐明了各个参数之间的相互关系。利用 FBC 技术，就可以使菌种保持在最大生产力的状态。随着 FBC 补料方式的不断改进，为发酵过程的优化和反馈控制奠定了基础。随着计算机、传感器等的发展和应用，已有可能用离线方式计算或用模拟复杂的数学模型在线方式实现最优化控制。

（三） 连续发酵法

连续发酵（continuous fermentation）过程是当微生物培养到对数生长期时，在发酵罐中一方面以一定速度连续不断地流加新鲜液体培养基，另一方面又以同样的速度连续不断地将发酵液排出，使发酵罐中微生物的生长和代谢活动始终保持旺盛的稳定状态，而 pH 值、温度、营养成分的浓度、溶解氧等都保持一定，并从系统外部予以调整，使菌体维持在恒定生长速率下进行连续生长和发酵，这样就大大提高了发酵的生长效率和设备利用率。连续发酵优点和缺点见表 6-4。连续发酵有多种类型，如表 6-5 所示。

表 6-4　连续发酵的优点和缺点

优　点	缺　点
1. 提供了一个微生物在恒定状态下高速生长的环境，便于进行微生物的代谢、生理、生长和遗传特性的研究	1. 在长时间的培养过程中，微生物菌种容易发生变异，发酵过程易染菌
2. 在工业生产上可减少分批培养中每次清洗、装料、消毒、接种、放罐等的操作时间，提高生产效率	2. 新加入的培养基与原有的培养基不易完全混合，影响培养和营养物质的利用
3. 中间及最终产物的生产稳定；由于系统化而产生综合效果；可以节省人力、物力、降低生产费用	必须和整个作业的其他工序连续一致
4. 产物质量比较稳定	4. 收率及产物浓度比分批法稍低
5. 可以作为分析微生物的生理、生态及反应机制的有效手段	5. 有可能被杂菌污染及变异；诸因素对生物反应的影响和动力学关系不能充分解释
6. 所需的设备和投资较少，便于实现自动化	

表 6-5　连续发酵类型

类　型		开放式（菌体取出）		封闭式（菌体不取出）	
		单罐	双罐	单罐	双　罐
均匀混合	无循环	搅拌发酵罐	搅拌罐（串联）	透析膜培养	
	有循环	搅拌发酵罐（菌体部分重复使用）	搅拌罐串联（菌体部分重复使用）	搅拌发酵罐（菌体 100% 重复使用）	搅拌发酵罐串联（菌体 100% 重复使用）
非均匀混合	无循环	管道发酵器 塔式发酵罐	塔式发酵罐 装有隔板的管道发酵器（卧式、立式）	塔式发酵罐（菌体 100% 重复使用）	塔式发酵罐（菌体 100% 重复使用）
	有循环	管道发酵器 塔式发酵罐（菌体部分重复使用）	塔式发酵罐 装有隔板的管道发酵器（菌体部分重复使用）	管道发酵罐（菌体 100% 重复使用）	塔式发酵罐 装有隔板的管道发酵器（菌体 100% 重复使用）

现分别介绍开放式和封闭式连续发酵系统。

1. 开放式连续发酵

在开放式连续发酵系统中，培养系统中的微生物细胞随着发酵液流出，细胞流出速度等于新细胞生成速度。因此在这种情况下，可使细胞浓度处于某种稳定状态。另外，最后流出的发酵液如部分返回（反馈）发酵罐进行重复使用，则该装置叫做循环系统，发酵液不重复使用的装置叫做不循环系统。

(1) **单罐均匀混合连续发酵**　见图 6-2，培养液以一定的流速不断地流加到带机械搅拌的发酵罐中，与罐内发酵液充分混合，同时带有细胞和产物的发酵液又以同样流速连续流出。如果用一个装置将流出的发酵液中部分细胞返回发酵罐，就构成循环系统（图 6-2 中虚线所示）。

(2) **多罐均匀混合连续发酵**　将若干搅拌发酵罐串联起来，就构成多罐均匀混合连续发酵装置。新鲜培养液不断流入第一只发酵罐，发酵液以同样流速依次流入下一只发酵罐，在最后一只罐中流出。多级连续发酵可以在每个罐中控制不同的环境条件以满足微生物生长各阶段的不同需要，并能使培养液中的营养成分得到较充分的利用，最后流出的发酵液中产物的浓度较高，所以是最经济的连续方法。

(3) **管道非均匀混合连续发酵**　管道的形式有多种，如直线形、S 形、蛇形管等。培养液和从种子罐出来的种子不断流入管道发酵器内，使微生物在其中生长、繁殖和积累代谢产物（如图 6-3 所示）。这种连续发酵的方法主要用于厌氧发酵。如在管道中用隔板加以分隔，每一个分隔等于一台发酵罐，就相当于多罐串联的连续发酵。

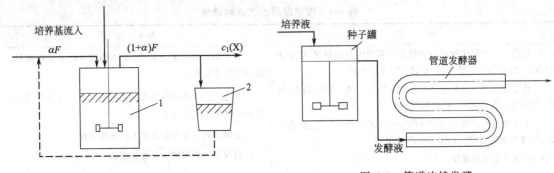

图 6-2　单罐连续发酵
1—发酵罐；2—分离器

图 6-3　管道连续发酵

(4) **塔式非均匀混合连续发酵**　塔式发酵罐有两种：一种是用多孔板将其分隔成若干室，每个室等于一台发酵罐，这样一台多孔板塔式发酵罐就相当于一组多级串联的连续发酵装置；另一种是在罐内装设填充物，使菌体在上面生长，这种形式仍然属于单罐式。图 6-4 是一种气液并流型连续发酵装置，培养液和空气从塔底部并流进入，在用多孔板分隔的多段发酵室中培养后由塔顶流出。

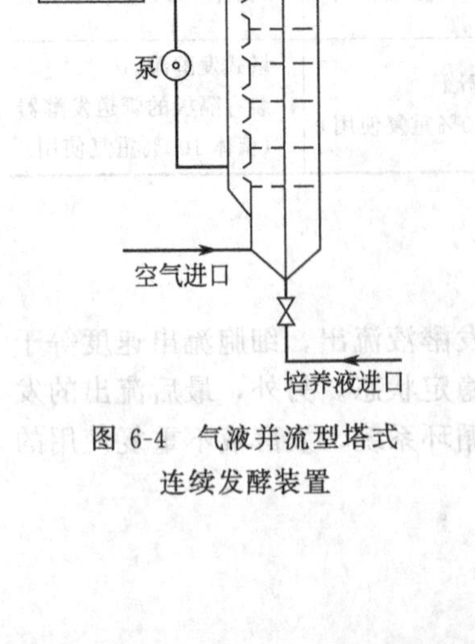

2. 封闭式连续发酵

在封闭式连续发酵系统中，运用某种方法使细胞一直保持在培养器内，并使其数量不断增加。这种条件下，某些限制因素在培养器中发生变化，最后大部分细胞死亡。因此在这种系统中，不可能维持稳定状态。另一种方法是采用间隔物或填充物置于设备内，使菌体在上面生长，发酵液流出时不带细胞或所带细胞极少。

（四）　耦合发酵

图 6-4　气液并流型
连续发酵装置

在微生物发酵过程中，随着代谢产物的逐渐积累，当某些代谢产物的浓度达到一定程度时，会对菌体的生长或产物的形成产生抑制作用，影响目标产物的进一步提高。这种影响在目标产物本身具有抑制作用时更为严重，提高产物的得率，就有一定的困难，如乳酸发酵、乙醇发酵、水杨酸发酵等。一些代谢产物还可能产生消极作用，如基因工程大肠杆菌在培养中产生乙酸，当乙酸浓度达到一定程度时，不但抑制大肠杆菌的生长，而且影响目标基因的表达。如果能在发酵过程中除去有毒代谢产物，就可以改善细胞生长环境条件，最大可能地保证目标产物的大量形成。分离产物，还可避免其降解。因此，培养与分离耦合的发酵方法就成为研究的热点，下面简单介绍几种方法。

1. 透析与培养的耦合

用透析膜将发酵液与透析液隔开，随着培养的进行，小分子代谢产物通过透析膜进入透析液，从而降低了在发酵液中的浓度，有利于解除产物抑制作用。如果在透析液中加入营养物质，则营养物质可以从相反的方向进入发酵液，供菌体利用。图 6-5 是透析与培养的耦合装置。

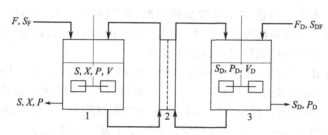

图 6-5　透析与培养的耦合装置

1—反应器；2—透析器；3—透析液贮罐

根据反应器和透析器的操作方式，可以分为连续培养-连续透析、分批培养-分批透析（$F=0$，$F_D=0$）、分批培养-连续透析（$F=0$）、连续培养-分批透析（$F_D=0$）以及补料分批培养-连续透析等多种操作方式。将补料分批发酵与透析操作耦合起来，可以实现高密度发酵。另外，透析也可以直接在反应器中进行，这样做的好处是可以避免外置式透析器中可能发生的供氧限制问题，但也增加了反应器结构的复杂性。如 Fuchs 采用外置式透析器进行大肠杆菌的透析培养，发酵罐工作体积为 2L，透析液体积为发酵液体积的 0.5～5 倍，培养方式为补料分批培养-分批透析，由于采用外置式透析器，为了避免发酵液中大肠杆菌在透析器中发生缺氧的现象，采用向透析罐中的透析液充氧的方法，使透析液中的溶氧水平达到 80%，因而在透析器中透析液可以通过透析膜向发酵液的菌体供氧。当培养的大肠杆菌不诱导外源基因的表达，且透析液体积与发酵液体积之比为 5 时，菌体浓度可达到 210～220g/L，而不进行透析操作时，菌体浓度只能达到 45g/L。当发酵中用 IPTG 诱导外源基因表达时，菌体浓度只能达到 140g/L，但外源蛋白表达量为不透析时的 370%。

2. 过滤与培养的耦合

在发酵进行过程中，将发酵液进行过滤，此时，发酵液中的培养基成分和溶解的胞外产物都随滤液排出，同时发酵液的体积减小。为了有效降低发酵液中的产物浓度，应保持较高的过滤速率，同时补充培养液和营养物质的损失，因而需要不断添加培养基。图 6-6 为过滤与培养耦合的补料分批培养示意图。

在培养过程中，补充两种培养基，一种是基础培养基，含各种培养基成分，其中限制性底物的浓度为 S_m，流量为 F_m；另一种是高浓度培养基，含限制性底物浓度为 S_F，流量为 F；通过过滤器流出的滤液流量为 F_F，其中限制性底物与产物浓度和反应器相同，分别为 S 和 P。在这种操作方式下，发酵过程不能进入稳态。如果维持发酵液体积不变，则 $F+F_m=F_F$。此时若要维持产物浓度不变，则产物浓度与流出的滤液流量 F_F 成反比关系。

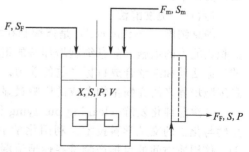

图 6-6　过滤与培养耦合的补料分批培养示意

因此，产物的比生成速率越大，菌体浓度越高，发酵液的体积越大，发酵液中要求维持的产物浓度越低，需要的过滤速度越高，如果维持比生长速率恒定，菌体浓度随时间呈指数增长，则过滤速率也需要随时间呈指数增大。

（五）微胶囊发酵法

微胶囊技术是一种用成膜材料把固体或液体包覆使之形成微小粒子的技术。得到的微小粒子叫微胶囊。生物微胶囊是一种新兴的细胞固定化技术，具有固定化发酵所具有的特点。与普通固定化不同的是，它有一层可渗透的囊膜。微胶囊的制备方法有界面聚合法、原位聚合法及超临界法等。

在细胞微囊化技术中，目前主要采取聚赖氨酸/海藻酸（PLL/ALG）的方法，但也进行了一些新方法的探索。主要是两方面，一是 PLL/ALG 的改进，二是全新的方法。在发酵中，不管是哪一种都还处在实验研究阶段，还很不成熟。

（1）海藻酸钙微囊　这是一种以甲基纤维素代替 PLL 的方法，是由 Vorlop 等提出的。他将动物细胞与 1.1% 甲基纤维素的 $CaCl_2$（1.3%）溶液以 1:3 的比例混合，然后将混合液滴入 0.75% 的海藻酸钠溶液中，反应 15min 后在液滴四周就形成了一层海藻酸钙的膜，细胞在囊内，一般微囊直径约 2.5mm。此方法简单，但强度不够，容易破碎。

（2）脱乙酰几丁质/海藻酸钠微囊　Pha 等研究将脱乙酰几丁质引入到动物细胞微囊化中。他们用 1g/L 的脱乙酰几丁质（pH 6.5）代替 PLL/ALG 法中的 PLL，在脱乙酰几丁质与海藻酸钠反应 20min 后再用 0.05mol/L 柠檬酸钠处理，使微囊内重新液化。膜的孔径受脱乙酰几丁质溶液的离子强度的影响，此法同样也存在强度不够的问题。

（3）PLL/脱乙酰几丁质/海藻酸钠双层膜微囊　包有细胞的海藻酸钠凝胶珠与脱乙酰几丁质液反应成膜后，用生理盐水洗涤再加入到 0.3g/L 海藻酸钠中反应 4min，再经生理盐水与 0.5g/L 的 PLL（相对分子质量 22000）反应 6min 以稳定膜。

（4）脱乙酰几丁质/羧甲基纤维素钠盐（CMC）微囊　这是一种利用脱乙酰几丁质与 CMC 形成半透膜使细胞微囊化的方法。将含有细胞的羧甲基纤维素钠盐（CMC）溶液发生器喷射入脱乙酰几丁质溶液中，反应 2~5min，然后倒入磷酸缓冲液中以减少黏度，用离心的方法收集微囊，培养。

（5）甲基丙烯酸羟基乙酯/甲基丙烯酸甲酯（HEMA/MMA）共聚物微囊　1983 年，Siegel 等首先提出了用 HEMA/MMA 微囊化人血红细胞的方法，随后经 Dauglas 等进一步研究，使方法得到完善而用于动物细胞的微囊化。

（6）纤维素硫酸钠（NaCS）-聚二甲基二烯丙基氯化铵（PDMDAAC）生物微胶囊　是 20 世纪 80 年代开发出的固定化技术，近年来在微生物固定化培养上有不少成功的应用。与固定化体系相比，NaCS-PDMDAAC 微胶囊膜层较薄（20~100μm），生物相容性良好，传递和截留性质适宜以及物化性质稳定。更重要的是，该体系制备只需一个步骤即可完成，大大减少了染菌的概率。

（六）其他发酵法

静息细胞（resting cell）是指细胞在培养液内虽基本停止生长，但却能维持其生存以及产品积累能力的细胞。静息细胞培养基的组成应采用尽可能简单的已知成分的原料，能维持菌种的生命活动和继续合成目标产物的能力。限制生长常可通过限制磷、氨或生长因子实现。用静息细胞培养来研究酶生物合成的影响最显著的优点是克服了由生长引起的调控作用的干扰。

共渗漏纯化发酵（leaking purifying fermentation），将发酵技术与分离技术结合起来，是生物与化工的交叉学科技术。利用化学手段在发酵的适当时期加入适当增加细胞渗透性的试剂，使周质空间的目标产物选择性地泄漏于培养基中，在合理设计的培养基上，高纯度地获取目标产物。研究者将此技术成功地使人甲状旁腺激素分泌于培养基中，其产量达 600mg/L 以上，目标蛋白在60％以上。该技术的原理在于：①改变细胞的渗透性，由于大肠杆菌的细胞外膜是磷脂双分子层，故可通过添加适当的脂溶剂或表面活性剂，破坏磷脂双分子层，使周质间的目标蛋白质选择性地分泌于培养基中，同理，破坏细胞壁的完整性也有助于目标产物分泌于培养基中；②优化培养基，使目标产物与培养基组成的理化性质有一便于分离的特性差异；③针对热稳定性目标产物，通过热处理，即可进一步促进目标产物的分泌，也可去除不稳定性杂质。

第三节　微生物发酵动力学

　　发酵的生产水平高低除了取决于生产菌种本身的性能外，还要受到发酵条件、工艺等的影响。只有深入了解生产菌种在合成产物过程中的代谢调控机制以及可能的代谢途径，弄清生产菌种对环境条件的要求，掌握菌种在发酵过程中的代谢变化规律，才能有效控制各种工艺条件和参数，以使生产菌种能始终处于生产和产物合成的优化环境之中，从而最大限度地发挥生产菌种的合成产物的能力，进而取得最大的经济效益。

　　生物反应动力学是研究生物反应过程中菌体生长、基质消耗、产物生成的动态平衡及其内在规律。研究内容包括了解发酵过程中菌体生长速率、基质消耗速率和产物生成速率的相互关系，环境因素对三者的影响，以及影响其反应速率的条件。

　　根据微生物的生长和培养方式即分批培养、连续培养和补料分批培养三种类型，分别介绍其反应动力学。

一、分批发酵动力学

1. 分批发酵的不同阶段

　　分批发酵又称分批培养，是指在一个密闭系统内投入有限数量的营养物质后，接入少量的微生物菌种进行培养，使微生物生长繁殖，在特定的条件下只完成一个生长周期的微生物培养方法。该法在发酵开始时，将微生物菌种接入已灭菌的培养基中，在最适宜的培养条件下进行培养，在整个培养过程中，除氧气的供给、发酵尾气的排出、消泡剂的添加和控制pH值需加入酸或碱外，整个培养系统与外界没有其他物质的交换。分批培养过程中随着培养基中营养物质的不断减少，微生物生长的环境条件也随之不断变化，因此，微生物分批培养是一种非稳态的培养方法。

　　在分批培养过程中，随着微生物生长和繁殖，细胞量、底物、代谢产物的浓度等均不断发生变化。微生物的生长可分为停滞期、对数生长期、稳定期和衰亡期四个阶段，图6-7为典型的细菌生长曲线。表6-6为细菌细胞在分批培养过程中各个生长阶段的细胞特征。

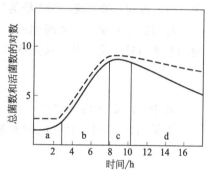

图 6-7　分批培养过程中典型的
细菌生长曲线
——活菌数；- - - -总菌数
a—停滞期；b—对数生长期；
c—稳定期；d—衰亡期

表 6-6　细菌细胞在分批培养过程中各个生长阶段的细胞特征

生长阶段	细 胞 特 征
停滞期	为适应新环境的过程，细胞个体增大，合成新的酶及细胞物质，细胞数量很少增加，微生物对不良环境的抵抗力降低。当接种的是饥饿或老龄的微生物细胞，或新鲜培养基营养不丰富时，停滞期将延长
对数生长期	细胞活力很强，生长速率达到最大值且保持稳定，速率大小取决于培养基的营养和环境
稳定期	随着营养物质的消耗和产物的积累，微生物的生长速率下降，并等于死亡速率，系统中活菌的数量基本稳定
衰亡期	在稳定期开始以后的不同时期内出现，由于自溶酶的作用或有害物质的影响，使细胞破裂死亡

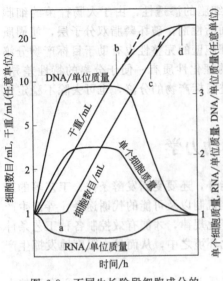

图 6-8 不同生长阶段细胞成分的
变化曲线
a—停滞期；b—对数生长期；
c—稳定期；d—衰亡期

处于不同生长阶段的细胞成分也有很大的差异。图 6-8 为不同生长阶段细胞成分的变化曲线。

（1）停滞期 停滞期是微生物细胞适应新环境的过程。此时，微生物细胞从一个培养基被转移至另外一个培养基中，细胞需要有一个适应过程，在该过程中，系统的微生物细胞数量并没有增加，处于一个相对的停止生长的状态。但细胞内却在诱导产生新的营养物质运输系统，可能有一些基本的辅因子会扩散到细胞外，同时参与初级代谢的酶类在调节状态以适应新的环境。

实际上，接种物的生理状态和浓度是停滞期长短的关键。如果接种物处于对数生长期，那么就很有可能不存在停滞期，微生物细胞立即开始生长。反过来，如果接种物本身已经停止生长，那么微生物细胞就需要有更长的停滞期，以适应新的环境。

（2）对数生长期 处于对数生长期的微生物细胞的生长速率大大加快，单位时间内细胞的数目或质量的增加维持恒定，并达到最大值。如在半对数坐标上用细胞数目或细胞质量的对数值对培养时间作图，将可得到一条直线，该直线的斜率就等于 μ。

在对数生长期，随着时间的推移，培养基中的成分不断发生变化。在此期间，细胞的生长速率基本维持恒定，其生长速率可用数学方程表示

$$\frac{dc(X)}{dt}=\mu c(X) \tag{6-18}$$

式中，$c(X)$ 为细胞浓度，g/L；t 为培养时间，h；μ 为细胞的比生长速率，h^{-1}。

如果当 $t=0$ 时，细胞的浓度为 $c_0(X)(g/L)$，式(6-18) 积分后就为

$$\ln \frac{c(X)}{c_0(X)}=\mu t \tag{6-19}$$

微生物的生长有时也可用"倍增时间"（t_d）表示，定义为微生物细胞浓度增加一倍所需要的时间，即

$$t_d=\frac{\ln 2}{\mu}=\frac{0.693}{\mu} \tag{6-20}$$

微生物细胞比生长速率和倍增时间因受遗传特性及生长条件的控制，有很大的差异。表 6-7 列出了几种不同的微生物受培养基和碳源综合影响时的比生长速率和倍增时间。应该指出的是，并不是所有微生物的生长速率都符合上述方程。如当用碳氢化合物作为微生物的营养物质时，营养物质从油滴表面扩散的速率会引起对生长的限制，使生长速率不符合对数规律。某些丝状微生物的生长方式是顶端生长，营养物质在细胞内的扩散限制也使其生长曲线偏离上述规律。

（3）稳定期 在微生物的培养过程中，随着培养基中营养物质的消耗和代谢产物的积累或释放，微生物的生长速率也就随之下降，直至停止生长。当所有微生物细胞分裂或细胞增加的速率与死亡的速率相当时，微生物的数量就达到平衡，微生物的生长也就进入了稳定期。在微生物生长的稳定期，细胞的质量基本维持稳定，但活细胞的数量可能下降。

表 6-7　微生物的比生长速率和倍增时间

微生物	碳　　　源	比生长速率/h^{-1}	倍增时间/min
大肠杆菌	复合物	1.2	35
	葡萄糖＋无机盐	2.82	15
	醋酸＋无机盐	3.52	12
	琥珀酸＋无机盐	0.14	300
中型假丝酵母	葡萄糖＋维生素＋无机盐	0.35	120
	葡萄糖＋无机盐	1.23	34
	C_6H_{14}＋维生素＋无机盐	0.13	320
地衣芽孢杆菌	葡萄糖＋水解酪蛋白	1.2	35
	葡萄糖＋无机盐	0.69	60
	谷氨酸＋无机盐	0.35	120

由于细胞的自溶作用，一些新的营养物质，诸如细胞内的一些糖类、蛋白质等被释放出来，又作为细胞的营养物质，从而使存活的细胞继续缓慢地生长，出现通常所称的二次或隐性生长。

（4）衰亡期　当发酵过程处于衰亡期时，微生物细胞内所贮存的能量已经基本耗尽，细胞开始在自身所含的酶的作用下死亡。

需要注意的是，微生物细胞生长的停滞期、对数生长期、稳定期和衰亡期的时间长短取决于微生物的种类和所用的培养基。

2. 微生物分批培养的生长动力学方程

分批培养过程中，虽然培养基中的营养物质随时间的变化而变化，但通常在特定条件下，其比生长速率往往是恒定的。从 20 世纪 40 年代以来，许多学者提出了描述微生物生长过程比生长速率和营养物质浓度之间的关系，其中 1942 年，Monod 提出了在特定温度、pH 值、营养物类型、营养物浓度等条件下，微生物细胞的比生长速率与限制性营养物的浓度之间存在如下的关系式

$$\mu = \frac{\mu_m c(S)}{K_S + c(S)} \tag{6-21}$$

式中，μ_m 为微生物的最大比生长速率，h^{-1}；$c(S)$ 为限制性营养物质的浓度，g/L；K_S 为饱和常数，mg/L。

在 Monod 方程式（6-21）中，K_S 的物理意义为当比生长速率为最大比生长速率一半时的限制性营养物质浓度，它的大小表示了微生物对营养物质的吸收亲和力大小。K_S 越大，表示微生物对营养物质的吸收亲和力越小；反之就越大。对于许多微生物来说，K_S 值是很小的，一般为 0.1～120mg/L 或 0.01～3.0mmol/L，这表示微生物对营养物质有较高的吸收亲和力。一些微生物的 K_S 值见表 6-8。

表 6-8　一些微生物的 K_S 值

微　生　物	限制性底物	K_S 值/(mg/L)	微　生　物	限制性底物	K_S 值/(mg/L)
产气肠道细菌	葡萄糖	1.0	多形汉逊酵母	甲醇	120
大肠杆菌	葡萄糖	2.0～4.0	产气肠道细菌	氨	0.1
啤酒酵母	葡萄糖	25.0	产气肠道细菌	镁	0.6
多形汉逊酵母	核糖	3.0	产气肠道细菌	硫酸盐	3.0

Monod 方程为典型的均衡生长模型，其基本假设如下。①细胞生长为均衡式生长，因此描述细胞生长的唯一变量是细胞浓度；②培养基中只有一种基质是生长限制性基质，而其他组分为过量，不影响细胞生长；③细胞的生长为简单的单一反应，细胞得率为一常数。

微生物生长的最大比生长速率 μ_m 在工业生产上有很大的意义，μ_m 随微生物的种类和培养条件的不同而不同，通常为 $0.09 \sim 0.65 h^{-1}$。一般来说，细菌的 μ_m 大于真菌。而就同一细菌而言，培养温度升高，μ_m 增大；营养物质的改变，μ_m 也要发生变化。通常容易被微生物利用的营养物质，其 μ_m 较大；随着营养物质碳链的逐渐加长，μ_m 则逐渐变小。

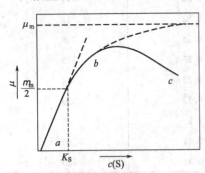

图 6-9 比生长速率与
底物之间的关系

微生物比生长速率与底物之间有一定的关系。图 6-9 表明两者的关系。图中线段 a 表示营养物质浓度很低，即 $c(S) \ll K_S$ 时，微生物的比生长速率与营养物质的关系为线性关系，此时 Monod 方程可写为 $\mu = \dfrac{\mu_m}{K_S} c(S)$；线段 b 为适合 Monod 方程段；线段 c 表示营养物质浓度很高，即 $c(S) \gg K_S$ 时，微生物的比生长速率与营养物质的关系。正常情况下，$\mu \approx \mu_m$，但这也正是由于营养物质或代谢产物导致抑制作用的区域，目前尚没有相应的动力学方程描述此区域的情况，但有时可按式(6-22)表达

$$\mu = \frac{\mu_m c(S)}{K_I + c(S)} \tag{6-22}$$

式中，K_I 为抑制常数。

因此，实践上为了避免发生营养物质的抑制作用，分批培养不应在高营养物质浓度下进行。

Monod 方程纯粹是基于经验观察得出的。在纯培养情况下，只有当微生物细胞生长受一种限制性营养物质制约时，Monod 方程才与实验数据相一致。而当培养基中存在多种营养物质时，Monod 方程必须加以修改，如改写成为式(6-23)才能与实验数据相符合。如果所有的营养物质都过量时，$\mu = \mu_m$，此时细胞处于对数生长期，生长速率达到最大值。

$$\mu = \mu_m \left[\frac{K_1 c_1(S)}{K_1 + c_1(S)} + \frac{K_2 c_2(S)}{K_2 + c_2(S)} + \cdots + \frac{K_i c_i(S)}{K_i + c_i(S)} \right] \frac{1}{\sum\limits_{i=1}^{n} K_i} \tag{6-23}$$

除 Monod 方程外，还有其他一些类似的微生物生长速率方程式，但在大多数情况下，实验数据与 Monod 方程较为接近，因此 Monod 方程的应用也更为广泛。

3. 分批培养时基质的比消耗速率

在微生物的生长和产物的形成过程中，发酵培养基中的营养物质被微生物细胞所利用，生成细胞和形成代谢产物，发酵培养基中基质的减少是由于细胞和产物的形成。

用于生长细胞的基质消耗可表示为：

$$-\frac{dc(S)}{dt} = \frac{\mu c(X)}{Y_{X/S}} \tag{6-24}$$

用于产物形成的基质消耗可表示为：

$$-\frac{dc(S)}{dt} = \frac{1}{Y_{P/S}} Q_P c(X) \tag{6-25}$$

如果限制性的基质是碳源，消耗掉的碳源中一部分形成细胞物质，一部分形成产物，还有一部分维持生命活动，即有：

$$-\frac{\mathrm{d}c(S)}{\mathrm{d}t}=\frac{\mu c(X)}{Y_G}+mc(X)+\frac{1}{Y_P}Q_Pc(X)+\cdots \tag{6-26}$$

式中，Y_G 为菌体生长得率系数，g/g；m 为维持常数；Y_P 为产物形成的得率系数，g/g。$Y_{X/S}$、$Y_{P/S}$ 分别是对基质总消耗而言的。Y_G 和 Y_P 是分别对用于生长和产物形成所消耗的碳源基质而言的，如果用比速率来表示基质的消耗和产物的形成，则有：

$$r=-\frac{1}{c(X)}\frac{\mathrm{d}c(S)}{\mathrm{d}t} \tag{6-27}$$

$$Q_P=\frac{1}{c(X)}\frac{\mathrm{d}c(P)}{\mathrm{d}t} \tag{6-28}$$

式中，r 为基质消耗比速率，mol/(g 菌体·h)；Q_P 为产物生成比速率，mol/(g 菌体·h)。将式（6-26）变换可得下式：

$$-r=\frac{\mu}{Y_G}+m+\frac{1}{Y_P}Q_p \tag{6-29}$$

若产物可忽略，根据 $-r=\dfrac{\mu}{Y_{X/S}}$，则式（6-29）可写成下式：

$$\frac{1}{Y_{X/S}}=\frac{1}{Y_G}+\frac{m}{\mu} \tag{6-30}$$

由于 Y_G、m 很难直接测定，只要得出细胞在不同比生长速率下的 $Y_{X/S}$，可根据式（6-30）用图解法求 Y_G、m 的值，从而可得到基质消耗的速率。

4. 分批培养中产物生成速率

在微生物的分批培养中，产物的形成与微生物细胞生长关系的动力学模式有三种，如图 6-10 表示营养物质以化学计量关系转化为单一产物（P）、产物生成速率与生长速率的关系。

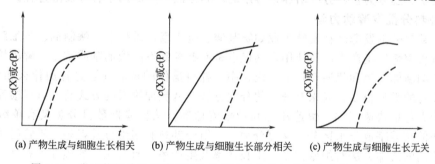

(a) 产物生成与细胞生长相关　(b) 产物生成与细胞生长部分相关　(c) 产物生成与细胞生长无关

图 6-10　微生物的分批培养中微生物细胞的生长与产物生成的动力学模式

（1）产物生成与细胞生长相关　在该模式中，产物生成速率与生长速率的关系可表示为

$$\frac{\mathrm{d}c(P)}{\mathrm{d}t}=\mu Y_{P/X}c(X) \tag{6-31}$$

（2）产物生成与细胞生长无关

$$\frac{\mathrm{d}c(P)}{\mathrm{d}t}=\beta c(X) \tag{6-32}$$

（3）产物生成与细胞生长部分相关　这时，产物生成与细胞生长的关系可表达为

$$\frac{\mathrm{d}c(P)}{\mathrm{d}t}=\alpha\frac{\mathrm{d}c(X)}{\mathrm{d}t}+\beta c(X) \tag{6-33}$$

5. 分批培养过程的生产率

在评价发酵过程的成本、效率时，应利用生产率（P）这个概念。发酵过程中的生产率可定义为

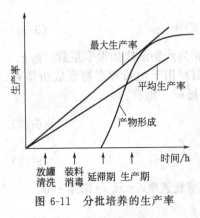

图 6-11　分批培养的生产率

$$生产率 = \frac{产物浓度}{发酵时间}$$

式中，生产率单位为 g/(h·L)，产物浓度单位为 g/L，发酵时间单位为 h。

生产率是个综合指标，在讨论分批培养时，必须考虑所有的因素。在计算时间时，不仅包括发酵时间，还包括放罐、清洗、装料和消毒时间以及延滞所消耗的时间。如图 6-11 表示整个过程所经历的时间的典型分析，并显示出了平均生产率和最大生产率。发酵总时间为

$$t = \frac{1}{\mu_m} \ln \frac{c_t(X)}{c_0(X)} + t_c + t_f + t_1 \qquad (6\text{-}34)$$

式中，t_c 为放罐清洗时间；t_f 为装料消毒时间；t_1 为延滞时间；$c_0(X)$ 为细胞初始浓度；$c_t(X)$ 为细胞最终浓度。

如令 $t_L = t_c + t_f + t_1$，以细胞生产为例，平均生产率 P 可表示为

$$P = \frac{c_t(X) - c_0(X)}{\dfrac{1}{\mu_m} \ln \dfrac{c_t(X)}{c_0(X)} + t_L} \qquad (6\text{-}35)$$

通过方程可以估算发酵过程中各种因素的变化对平均生产率的影响。接种量大，$c_0(X)$ 大，发酵时间短，减少 t_c 和 t_f，也能缩短发酵周期。对于短发酵周期（18～70h）而言（如谷氨酸发酵），t_c 和 t_f 非常重要；而对长发酵周期（3 天以上）而言（如抗生素生产），t_c 和 t_f 就不太重要了。迄今为止，分批培养是常用的培养方法，广泛用于各种发酵过程。

二、补料分批发酵动力学

目前，补料分批发酵已在发酵工业如氨基酸、抗生素、维生素、酶制剂、单细胞蛋白、有机酸以及有机溶剂等生产中广泛使用，其优点是能够控制发酵液的基质浓度，解决培养基成分浓度过高影响菌体得率和代谢产物的生成速率。补料操作的核心问题是补加什么和怎么补加。补料分批发酵的类型很多，尚未有统一的分类方法。从流加物料的方式看，有反馈流加和无反馈流加，前者包括快速流加、恒速流加和指数流加等；从反应器数目分类又有单级和多级之分；从补加的培养基成分来区分，又可分为单一组分补料和多组分补料等。不管哪种方式，发酵过程中不同的流加方法对细胞密度、生长速率及生产率均有影响，如表 6-9 所示。

表 6-9　补料方式对发酵的影响

微生物	培养基	搅拌通气	补料方式	细胞浓度 /(g/L)	比生长速率 /h⁻¹	生产率 /[g/(L·h)]
大肠杆菌	完全培养基	O_2	补加葡萄糖，提高最低溶氧浓度	26	0.46	2.3
大肠杆菌	完全培养基	O_2	改变加入蔗糖的量，控制最低溶氧浓度	42	0.36	4.7
大肠杆菌	完全培养基	O_2	按比例加入葡萄糖和铵盐，控制 pH 值	35	0.23	3.9
大肠杆菌	完全培养基	O_2	按比例加入葡萄糖和铵盐，控制 pH 值，低温维持最低溶氧浓度大于 10%	47	0.58	3.6
大肠杆菌	完全培养基	O_2	补加碳源，维持恒定的浓度；以适当比例加入盐和铵盐，控制 pH 值	138	0.55	5.8
大肠杆菌	完全培养基	空气	以恒定的速度（不导致 O_2 的供应受到限制）补加碳源	43	0.38	0.8
大肠杆菌	完全培养基	空气	补加碳源，限制细胞生长，避免乙酸产生	65	0.10～0.14	1.3
大肠杆菌	完全培养基	空气	补加碳源，控制细胞生长	80	0.2～1.3	6.2

1. 补料分批发酵的理论基础

单一补料分批培养是补料分批培养中的一种类型，其特点是补料一直到培养液达到额定值为止，只有料液输入，没有输出，就是培养过程中不取出培养液，因此发酵液的体积在增加。假定 $c_0(S)$ 为开始时培养基中限制性营养物质的浓度，g/L；F 为培养基的流速，L/h；V 为培养基的体积，L；F/V 为稀释率，h^{-1}，常用 D 表示；刚接种时培养液中的微生物细胞浓度为 $c_0(X)$。若在发酵过程中，细胞生长受一种基质浓度的限制，则在任意时间菌体浓度可用式 (6-36) 表示：

$$c(X) = c_0(X) + Y_{X/S}[c_0(S) - c(S)] \tag{6-36}$$

由式 (6-36) 可知，当 $c(S) = 0$ 时，微生物细胞的最终浓度为 $c_{max}(X)$，假如 $c_{max}(X) \gg c_0(X)$，则：

$$c_{max}(X) = Y_{X/S}c_0(S) \tag{6-37}$$

在进行补料分批发酵时，由于培养基的加入，培养液的体积不断发生变化，在整个反应系统中，细胞数量、限制性基质浓度和产物浓度变化可以进行这样的描述：假设菌体浓度为 $c'(X)$，基质浓度为 $c'(S)$，产物浓度为 $c'(P)$。

令：$c'(X) = c(XV)$，$c'(S) = c(SV)$，$c'(P) = c(PV)$。

因此，补料分批培养菌体生长速率、基质消耗速率和产物形成速率分别可用式 (6-38) ～ 式 (6-40) 表示。

$$\begin{cases} \dfrac{dc(XV)}{dt} = \mu c(XV) & (6\text{-}38) \\[2mm] \dfrac{dc(SV)}{dt} = Fc_0(S) - \dfrac{1}{Y_{X/S}}dc(XV) & (6\text{-}39) \\[2mm] \dfrac{dc(PV)}{dt} = Q_P c(XV) & (6\text{-}40) \end{cases}$$

就细胞的变化而言，由式 (6-38)，细胞总量的变化率为：

$$\frac{dc(XV)}{dt} = V\frac{dc(X)}{dt} + c(X)\frac{dc(V)}{dt} \tag{6-41}$$

由于：

$$\frac{dc(XV)}{dt} = \mu c(XV)$$

如果进行恒速流加，培养基的流速为 F，$\dfrac{dc(V)}{dt} = F$，稀释率为 D，$D = \dfrac{F}{V}$，

则

$$V\frac{dc(X)}{dt} + c(X)F = \mu c(XV)$$

$$\frac{dc(X)}{dt} = \mu c(X) - \frac{F}{V}c(X) = (\mu - D)c(X)$$

即菌体生长速率：

$$\frac{dc(X)}{dt} = (\mu - D)c(X) \tag{6-42}$$

同理可得出基质消耗速率：

$$\frac{dc(S)}{dt} = D[c_0(S) - c(S)] - \frac{\mu c(X)}{Y_{X/S}} \tag{6-43}$$

产物形成速率：

$$\frac{dc(P)}{dt} = Q_P c(X) - Dc(P) \tag{6-44}$$

随着基质的流加，细胞浓度逐渐增加，限制性基质浓度逐渐降低，最后趋于零，而细胞浓度趋于定值，即 $\dfrac{dc(X)}{dt} \approx 0$，$\dfrac{dc(S)}{dt} \approx 0$，此时，细胞进入拟稳态，这时，$\mu \approx D$，但因培养液体积在逐渐增加，所以，稀释率和比生长速率逐渐减少。

由于恒速补料，$\dfrac{dc(S)}{dt} \approx 0$，因此由式（6-43）得：

$$D\,[c_0(S) - c(S)] = \frac{\mu c(X)}{Y_{X/S}}$$

$$F\,[c_0(S) - c(S)] = \frac{\mu c(XV)}{Y_{X/S}} \tag{6-45}$$

如果在 $c(X) = c_0(X)$ 时，以恒定的速度补加培养基，这时，稀释率 D 小于 μ_m，发酵过程中随着补料的进行，所有限制性营养物质都很快被消耗。此时，$c(S) \approx 0$，有：

$$Fc_0(S) \approx \frac{\mu c(XV)}{Y_{X/S}} = \frac{\mu c'(X)}{Y_{X/S}} \tag{6-46}$$

式中，F 为补料的培养基流速，h^{-1}；$c'(X)$ 为培养液中微生物细胞浓度，$c'(X) = c(XV)$，g/L；V 为时间 t 时培养基的体积，L。

从式（6-45）可以看出补加的营养物质与细胞消耗掉的营养物质相等，因此 $\dfrac{dc(S)}{dt} = 0$。随着时间的延长，培养液中微生物细胞的量 $c'(X)$ 增加，但细胞的浓度却保持不变，即 $\dfrac{dc(X)}{dt} = 0$，因而 $\mu \cong D$。这种 $\dfrac{dc(S)}{dt} = 0$、$\dfrac{dc(X)}{dt} = 0$、$\mu \cong D$ 时微生物细胞的培养状态，就称为"准恒定状态"。

根据 Monod 方程：$\mu = \dfrac{\mu_m c(S)}{K_S + c(S)}$，有 $D = \dfrac{\mu_m c(S)}{K_S + c(S)}$

即：

$$c(S) \approx \frac{DK_S}{\mu_{max} - D} \tag{6-47}$$

因此，残留的基质应随着 D 的减少而减少，导致细胞浓度的增加。但在分批补料操作中，$c_0(S)$ 将远大于 K_S，因此，在所有实际操作中残留基质变化非常小，可当作是零。故只要 $D < \mu$ 和 $K_S \geqslant c_0(S)$，便可达到准稳态。

此时细胞浓度为：

$$c'(X) = c_0(X) + FY_{X/S} c_0(S) t \tag{6-48}$$

在补料分批发酵过程中，虽然存在 $\mu \cong D$，但随着时间的延长，D 与 μ 以相同的速率降低，$D = \dfrac{F_t}{V_0 + F_t t}$，$V_0$ 为原来的体积。要使发酵液中限制性营养物质的浓度保持一定，就不能采用恒速流加，而需要进行变速流加，加料速度随时间呈指数变化，这样，细胞浓度将达到很高的程度，对细胞生长有利。

2. 补料分批发酵的优化

补料分批发酵过程中，补料策略影响发酵的产率，也是发酵过程控制的关键问题。为了获得最大的产率，需要优化补料策略。通过某一描述比生长速率与比生产速率之间的关系的数学模型，借最大原理可容易获得比生长速率的最佳方案。在补料分批发酵过程中，有三个主要的优化目标。①产物的总浓度和总活性最大化；②底物向产物的转化百分比最大化；③产物在单位时间和单位发酵液体积下的产量最大化。显然，这三项互相矛盾的优化目标不可能同时取得最大的数值，因此补料分批发酵的多目标优化问题就更加复杂。但是补料分批发酵中最大的目标是在一定的运转时间下使产量最大化，因此优化的关键问题就是补料优化问题，往往以基质糖补料速率为主控制量，pH 值和溶解氧为辅助控制量，求取优化控制，使得发酵终止时产物量最高。补料分批发酵优化一般分为三个步骤，即过程建模、最佳解法的计算和解法实现，为此，需要考虑模型与真实过程之间的差异和优化计算的难易。在建模阶段需要考虑的问题之一就是怎样定量描述包括质量平衡中的反应速率。补料分批发酵过程建立数学模型非常困难，目前主要有基于动力学机理分析建模、基于人工神经网络建模、基于支持向量机理建模以及其他建模方法。不过在长期的工业生产过程中，积累了大量的发酵过程批报数据，可以利用那些发酵时间短、产量高的批报数据，来寻找最适宜的基质补料速率、pH 值和溶解氧变化的轨迹。比生长速率是补料分批发酵过程中重要的参数之一，这可以从实际补料分批发酵中改变补料的速率，如边界控制实现。在发酵前期，μ 应维持其最大值 μ_m；之后 μ 应保持在 μ_c 以上。这种控制策略可以理解为细胞生长和产物合成的两阶段生产步骤。

三、连续发酵动力学

连续发酵是指以一定的速度向培养系统内添加新鲜的培养基，同时以相同的速度流出培养液，从而使培养系统内培养液的量维持恒定，使微生物细胞能在近似恒定状态下生长的微生物发酵培养方式。连续发酵又称连续培养，它与封闭系统中的分批培养方式相反，是在开放的系统中进行的培养方式。

在连续发酵过程中，微生物细胞所处的环境条件，如营养物质的浓度、产物的浓度、pH值以及微生物细胞的浓度、比生长速率等可以自始至终基本保持不变，甚至还可以根据需要来调节微生物细胞的生长速率，因此连续发酵的最大特点是微生物细胞的生长速率、产物的代谢均处于恒定状态，可达到稳定、高速培养微生物细胞或产生大量的代谢产物的目的。但是这种恒定状态与细胞周期中的稳定期有本质不同。

1. 单罐连续发酵的动力学

（1）细胞的物料平衡 为了描述恒定状态下生物反应器的特性，必须求出细胞和限制性营养物质的浓度与培养基流速之间的关系方程。对发酵反应系统来说，细胞的物料平衡可表示为

$$流入的细胞-流出的细胞+生长的细胞-死去的细胞=积累的细胞$$

即

$$\frac{Fc_0(X)}{V} - \frac{F}{V}c(X) + \mu c(X) - kc(X) = \frac{dc(X)}{dt} \tag{6-49}$$

式中，$c_0(X)$ 为流入发酵罐的细胞浓度，g/L；$c(X)$ 为流出发酵罐的细胞浓度，g/L；F 为培养基的流速，L/h；V 为发酵罐内液体的体积，L；μ 为比生长速率，h^{-1}；k 为比死亡速率，h^{-1}；t 为时间，h。

对普通单级连续发酵而言，$c_0(X)=0$，在多数连续培养中 $\mu \gg k$，所以方程可简化为

$$-\frac{F}{V}c(X) + \mu c(X) = \frac{dc(X)}{dt} \tag{6-50}$$

定义稀释率 $D = \dfrac{F}{V}$，单位为 h^{-1}。在恒定状态时，$\dfrac{dc(X)}{dt}=0$，所以

$$\mu = \frac{F}{V} \tag{6-51}$$

即在恒定状态时，比生长速率等于稀释率

$$\mu = D \tag{6-52}$$

这就表明，在一定范围内，人为调节培养基的流加速率，可以使细胞按所希望的比生长速率来生长。

（2）限制性营养物质的物料平衡 对生物反应器（发酵罐）而言，营养物的物料平衡可表示为

$$流入的营养物-流出的营养物-生长消耗的营养物-维持生命需要的营养物-形成产物消耗的营养物=积累的营养物$$

即

$$\frac{F}{V}c_0(S) - \frac{F}{V}c(S) - \frac{\mu c(X)}{Y_{X/S}} - mc(X) - \frac{Q_P c(X)}{Y_{P/S}} = \frac{dc(S)}{dt} \tag{6-53}$$

式中，$c_0(S)$ 为流入发酵罐的营养物的浓度，g/L；$c(S)$ 为流出发酵罐的营养物的浓度，g/L；$Y_{X/S}$ 为细胞生长的得率系数；Q_P 为产物比生成速率，g 产物/(g 细胞·h)；$Y_{P/S}$ 为产物得率系数。

在一般条件下，$mc(X) \ll \mu c(X)/Y_{X/S}$，而形成产物很少，可忽略不计。在恒定状态下，$\dfrac{dc(S)}{dt}=0$，式(6-53) 为

$$D[c_0(S)-c(S)]=\mu c(X)/Y_{X/S} \tag{6-54}$$

因为 $\mu = D$，所以

$$c(X)=Y_{X/S}[c_0(S)-c(S)] \tag{6-55}$$

(3) 细胞浓度与稀释率的关系　为了使细胞浓度、营养物的浓度与稀释率之间关联，需要将 Monod 方程应用于连续培养，则为

$$D=\frac{D_c c(S)}{K_S+c(S)}=\frac{\mu_m c(S)}{K_S+c(S)} \tag{6-56}$$

式中，D_c 为临界稀释率，即在恒化器中可能达到的最大稀释率。

$$c(S)=\frac{DK_S}{\mu_m-D} \tag{6-57}$$

除极少数外，D_c 相当于分批培养中的 μ_m，由式(6-55)、式(6-57) 可得到

$$c(X)=Y_{X/S}\left[c_0(S)-\frac{DK_S}{\mu_m-D}\right] \tag{6-58}$$

式(6-57) 和式(6-58) 分别表示了 $c(S)$ 和 $c(X)$ 对培养基稀释率（也就是 D）的依赖关系。当稀释率低时，即 D 小时，营养物被细胞利用，$c(S) \to 0$，细胞浓度 $c(X)=c_0(S)Y_{X/S}$。如果 D 增加，开始 $c(X)$ 呈线性慢慢下降，然后，当 $D=D_c=\mu_m$ 时，$c(X)$ 下降到 0。开始时，$c(S)$ 随 D 的增加而缓慢增加。当 $D=\mu_m$ 时，$c(S) \to c_0(S)$。在方程式(6-58) 中，当 $c(X)=0$ 时，达到"清洗点"，即有

$$c_0(S)=\frac{DK_S}{\mu_m-D} \tag{6-59}$$

由此可得

$$D_c=\frac{\mu_m c_0(S)}{K_S+c_0(S)} \tag{6-60}$$

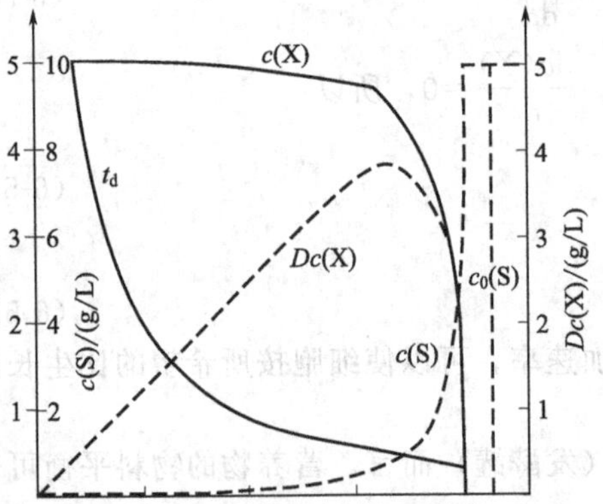

D_c 受 μ_m、K_S 和 $c_0(S)$ 的影响，$c_0(S)$ 越大，D_c 越接近 μ_m。

如果，$\dfrac{c_0(S)}{K_S+c_0(S)}=1$，所以 $D_c=\mu_m$。

当 D 在 μ_m 以上时，不可能达到恒定状态。如果 D 只稍稍低于 μ_m，那么整个系统对外界环境变化是非常敏感的。随着 D 的微小变化，$c(X)$ 将发生巨大的变化。图 6-12 显示了稀释率对 $c(S)$、$c(X)$、t_d（倍增时间）和细胞产率的影响。

2. 连续培养生产率与分批培养生产率的比较

目前在工业生产中，连续培养主要用于生产微生物菌体。以此为例，比较以下连续培养的生产率与分批培养的生产率。连续培养的生产率可表示如下

图 6-12　稀释率对营养物浓度 $[c(S)]$、细胞浓度 $[c(X)]$、倍增时间 (t_d) 和细胞产率 $[Dc(X)]$ 的影响

$$P = Dc(X) \tag{6-61}$$

将式(6-57)代入式(6-61)得

$$P = DY_{X/S}\left[c_0(S) - \frac{DK_S}{\mu_m - D}\right] \tag{6-62}$$

为求出最大生产率所需要的稀释率,可求式(6-62)的一阶导数并使其为零来计算。由此得到

$$D_m = \mu_m\left[1 - \sqrt{\frac{K_S}{K_S + c_0(S)}}\right] \tag{6-63}$$

将式(6-63)代入式(6-58)得到

$$c_m(X) = Y_{X/S}\left[c_0(S) + K_S - \sqrt{K_S[c_0(S) + K_S]}\right] \tag{6-64}$$

由此得到连续培养生产率和分批培养生产率之比为

$$\frac{P_c}{P_b} = \frac{D_m X_m}{P_b} = \frac{\mu_m Y_{X/S}\left(\sqrt{\frac{K_S + S_0}{S_0}} - \sqrt{\frac{K_S}{S_0}}\right)^2}{(X_m - X_0)\Big/\left(\frac{1}{\mu_m}\ln\frac{X_m}{X_0} + t_L\right)} \tag{6-65}$$

因为 $c_0(S) \gg K_S$,所以 $[K_S + c_0(S)]/c_0(S) \approx 1$,$K_S/c_0(S) \approx 0$,方程式(6-65)可以简化为

$$\frac{P_c}{P_b} = \frac{\ln\frac{X_m}{X_0} + \mu_m t_1}{X_m - X_0} Y_{X/S} c_0(S) \tag{6-66}$$

由式(6-66)可见:μ_m 越大,连续培养生产率与分批培养生产率之比越大,采用连续培养越有利;如 μ_m 过小,则不宜采用连续培养。

3. 带有细胞再循环的单级连续发酵

在单级连续发酵的培养过程中,若将流出液用离心分离,将流出液中的微生物细胞再部分地回加到发酵罐内,形成再循环系统。这样可以增加系统的稳定性,而且可使恒化器内细胞的浓度增加。$c_1(X)$、$c_2(X)$ 分别代表从发酵罐和离心机流出的细胞浓度,F 和 F_1 分别代表充入发酵罐的培养基流速和流出离心机的培养液的流速。如果引入再循环比率 α 和浓缩因子 C 两个参数,再采取与前述类似方法可推导出在恒定状态下

$$\mu = (1 + \alpha - \alpha C)D$$
$$c(X) = \frac{Y_{X/S}[c_0(S) - c(S)]}{1 + \alpha - \alpha C} \tag{6-67}$$

由此可见,当存在细胞再循环时,μ 不再等于 D,因为 $C > 1$,所以 $1 + \alpha - \alpha C$ 永远小于1,则 μ 永远小于 D。这就表明,在带有细胞再循环的单级连续发酵中,有可能达到很高的稀释率,而细胞没有被"清洗"的危险。同样,在恒定状态下细胞浓度与不带再循环的恒化器相比,大一个因子 $\left(\dfrac{1}{1 + \alpha - \alpha C}\right)$。

将式(6-67)代入 Monod 方程,则

$$c(S) = \frac{K_S \mu}{\mu_m - \mu} = K_S \frac{D(1 + \alpha - \alpha C)}{\mu_m - D(1 + \alpha - \alpha C)} \tag{6-68}$$

$$c_1(X) = \frac{Y_{X/S}}{1 + \alpha - \alpha C} c_0(S) - \frac{K_S D(1 + \alpha - \alpha C)}{\mu_m D(1 + \alpha - \alpha C)} \tag{6-69}$$

式(6-68)、式(6-69)是在带有循环的单级连续发酵中基质浓度与细胞浓度的表达式,说明该系统有利于增加细胞浓度。

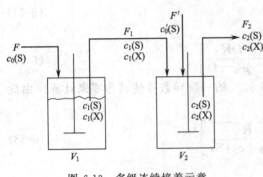

图 6-13　多级连续培养示意

4. 多级连续培养

图 6-13 显示简单的一种多级连续培养。图中 F_1 为由第一个发酵罐流出的培养液的流速（单位为 L/h），V_1 和 V_2 分别为第一个和第二个发酵罐的体积（单位为 L），F' 为补加到第二个发酵罐的新鲜培养基的流速（单位为 L/h），$F_2 = F_1 + F'$，$c_0(S)$ 和 $c'_0(S)$ 分别为加到第一个和第二个发酵罐内限制性营养物浓度，$c_1(S)$ 和 $c_2(S)$ 分别为第一个和第二个发酵罐内剩余限制性营养物的浓度，$c_1(X)$ 和 $c_2(X)$ 分别为第一个和第二个发酵罐内细胞浓度。采用与前述类似的方法，可以推导出在恒定状态下，两级串联恒化器中每个发酵罐内物料平衡的结果。

由表 6-10 可见，在第二个发酵罐内 $\mu_2 \neq D_2$，如果不向第二个发酵罐补加新鲜培养基，则第二个发酵罐的净生长速率就会很小；如果向第二个发酵罐内补加新鲜培养基，不仅可以促进细胞的生长，而且可以使 D 选定在比 μ_m 更大的数值。

表 6-10　恒定状态下两级串联恒化器中每个发酵罐内的物料平衡

发　酵　罐	细胞物料平衡	限制性营养物料平衡
第一个发酵罐	$\mu_1 = D_1$	$c_1(X) = Y_{X/S}[c_0(S) - c_1(S)]$
第二个发酵罐 （不补加新鲜培养基）	$\mu_2 = D_2\left[1 - \dfrac{c_1(X)}{c_2(X)}\right]$	$c_2(X) = \dfrac{D_2}{\mu_2}Y_{X/S}[c_1(S) - c_2(S)]$
第二个发酵罐 （补加新鲜培养基）	$\mu_2 = D_2 - \dfrac{F_1 c_1(X)}{V_2 c_2(X)}$	$c_2(X) = \dfrac{Y_{X/S}}{\mu_2}\left[\dfrac{F_1}{V_2}c_1(S) + \dfrac{F'}{V_2}c'_0(S) - D_2 c_2(S)\right]$

第四节　微生物生长代谢过程中的质量平衡

一、微生物生长代谢过程中基质与产物之间碳元素平衡

微生物的元素成分是相对稳定的。表 6-11 是酵母和细菌的元素组成。

表 6-11　酵母、细菌的元素组成

微生物 \ 元素	C/%	N/%	O/%	P(PO$_4^{3-}$)/%	S/%	Mg/%	H/%	总灰分[①]/%
细菌	53	12	20	3.0	1	7	7	7
酵母菌	47	7.5	30	1.5	1	0.5	6.5	8
g 干菌体/g 元素	—	8～13	—	33～66	100	200	—	

① 总灰分包括 Cu、Co、Fe、Mn、Mo、Zn、Ca、K、Na、Mg、P。

根据基质（S）、菌体（X）、产物（P）和二氧化碳元素的数量可以写出微生物生长代谢过程碳元素的平衡关系：

$$\left[-\frac{dc(S)}{dt}\right]\alpha_1 = \left[\frac{dc(X)}{dt}\right]\alpha_2 + \left[\frac{dc(CO_2)}{dt}\right]\alpha_3 + \left[\frac{dc(P)}{dt}\right]\alpha_4 + \cdots \tag{6-70}$$

或

$$r\alpha_1 = \mu\alpha_2 + Q_{CO_2}\alpha_3 + Q_P\alpha_4 + \cdots$$

式中，r 为基质比消耗速率，$r=-\dfrac{1}{c(\mathrm{X})}\left[\dfrac{\mathrm{d}c(\mathrm{S})}{\mathrm{d}t}\right]$，mol 基质/(g 菌体·h)；$\mu$ 为微生物比

生长速率，$\mu=\dfrac{1}{c(\mathrm{X})}\left[\dfrac{\mathrm{d}c(\mathrm{X})}{\mathrm{d}t}\right]$，$\mathrm{h}^{-1}$；$Q_{\mathrm{CO_2}}$ 为二氧化碳比生成速率，$Q_{\mathrm{CO_2}}=\dfrac{1}{c(\mathrm{X})}\left[\dfrac{\mathrm{d}c(\mathrm{CO_2})}{\mathrm{d}t}\right]$，

$\mathrm{molCO_2}$/(g 菌体·h)；Q_{P} 为代谢产物比生成速率，$Q_{\mathrm{P}}=\dfrac{1}{c(\mathrm{X})}\left[\dfrac{\mathrm{d}c(\mathrm{P})}{\mathrm{d}t}\right]$，mol 产物/(g 菌体·h)；

α_1 为 1mol 基质中碳的含量，如 $\alpha_1=72\mathrm{g}$ 碳/mol 葡萄糖；α_2 为 1g 干菌中碳的含量，如 $\alpha_2=$ 0.5g 碳/g 菌体；α_3 为 1mol 二氧化碳内碳的含量，如 $\alpha_3=12\mathrm{g}$ 碳/molCO₂；α_4 为 1mol 产物内碳的含量，如 $\alpha_4=24\mathrm{g}$ 碳/mol 乙醇 或 $\alpha_4=24\mathrm{g}$ 碳/mol 乙酸。

二、微生物生长代谢过程中的碳源平衡

1. 碳源平衡

以糖为碳源的微生物生长代谢过程中，碳源主要用于：①满足菌体生长的消耗，可用 $[\Delta c(\mathrm{S})]_{\mathrm{G}}$ 表示；②维持菌体生存的消耗（如微生物的运动、物质的传递，其中包括营养物质的摄取和代谢产物的排泄），用 $[\Delta c(\mathrm{S})]_{\mathrm{m}}$ 表示；③代谢产物积累的消耗，用 $[\Delta c(\mathrm{S})]_{\mathrm{P}}$ 表示。

$$\Delta c(\mathrm{S})=[\Delta c(\mathrm{S})]_{\mathrm{G}}+[\Delta c(\mathrm{S})]_{\mathrm{m}}+[\Delta c(\mathrm{S})]_{\mathrm{P}}+\cdots$$

或
$$-\frac{\mathrm{d}c(\mathrm{S})}{\mathrm{d}t}=\left[-\frac{\mathrm{d}c(\mathrm{S})}{\mathrm{d}t}\right]_{\mathrm{G}}+\left[-\frac{\mathrm{d}c(\mathrm{S})}{\mathrm{d}t}\right]_{\mathrm{m}}+\left[-\frac{\mathrm{d}c(\mathrm{S})}{\mathrm{d}t}\right]_{\mathrm{P}}+\cdots \tag{6-71}$$

设 Y_{G} 表示用于生长的碳源对菌体的得率常数，则有

$$\left[-\frac{\mathrm{d}c(\mathrm{S})}{\mathrm{d}t}\right]_{\mathrm{G}}=\frac{1}{Y_{\mathrm{G}}}\frac{\mathrm{d}c(\mathrm{X})}{\mathrm{d}t} \tag{6-72}$$

设 m 表示微生物的碳源维持常数，则有

$$\left[-\frac{\mathrm{d}c(\mathrm{S})}{\mathrm{d}t}\right]_{\mathrm{m}}=mc(\mathrm{X})$$

设 Y_{P} 表示碳源对代谢产物的得率常数，则有

$$\left[-\frac{\mathrm{d}c(\mathrm{S})}{\mathrm{d}t}\right]_{\mathrm{P}}=\frac{1}{Y_{\mathrm{P}}}\frac{\mathrm{d}c(\mathrm{P})}{\mathrm{d}t}$$

所以

$$-\frac{\mathrm{d}c(\mathrm{S})}{\mathrm{d}t}=\frac{1}{Y_{\mathrm{G}}}\frac{\mathrm{d}c(\mathrm{X})}{\mathrm{d}t}+mc(\mathrm{X})+\frac{1}{Y_{\mathrm{P}}}\frac{\mathrm{d}c(\mathrm{P})}{\mathrm{d}t}+\cdots \tag{6-73}$$

或
$$r=\frac{1}{Y_{\mathrm{G}}}\mu+m+\frac{1}{Y_{\mathrm{P}}}Q_{\mathrm{P}}+\cdots \tag{6-74}$$

在以生产细胞物质为目的的发酵过程中（如面包酵母生产和单细胞蛋白生产及污水处理等），在代谢产物的积累可以忽略不计的情况下，式(6-74) 可简化为

$$r=\frac{1}{Y_{\mathrm{G}}}\mu+m+\cdots \tag{6-75}$$

虽然式(6-75) 是一直线方程。当通过实验求得微生物比生长速率 μ 所对应的基质比消耗速率 r 的关系进行作图时，可以得到一直线。如图 6-14 所示，以直线在纵坐标上的截距即为维持常数 m，其斜率即为碳源对菌体生长得率常数 Y_{G} 的倒数。

2. 细胞物质生产过程中碳源的化学平衡

面包酵母与单细胞蛋白工业是典型的细胞物质生产。用

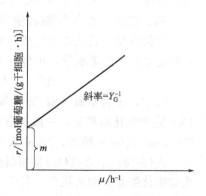

图 6-14　μ 对 r 作图

葡萄糖为碳源通风培养面包酵母时可建立下列化学平衡

$$6.6C_6H_{12}O_6 + 2.10O_2 \longrightarrow C_{3.92}H_{6.5}O_{1.94} + 2.75CO_2 + 3.42H_2O$$

$$\quad\quad 200 \quad\quad\quad 6.2 \quad\quad\quad\quad 84.6 \quad\quad\quad 121 \quad\quad 61.6$$

如果计入酵母菌体内除碳、氢、氧三元素以外的其他元素如磷、氮以及其他灰分，则每200g 葡萄糖约可得到100g 干酵母，这就是说在酵母生产中若葡萄糖浓度控制适当，通风供给充足的溶解氧的情况下，葡萄糖消耗对酵母的得率是 $Y_{X/S}=0.5$。实际上在不同情况下，$Y_{X/S}$ 有很大的不同。众所周知，当限制性基质浓度较高时，微生物的比生长速率较大，这时基质的维持消耗相对要小得多。$m \ll \dfrac{1}{Y_G}\mu$，于是

$$r=\frac{1}{Y_G}\mu; \quad Y_{X/S}=\frac{\mu}{r}\approx Y_G \tag{6-76}$$

3. 碳源平衡的意义

① 碳源是微生物生长和代谢过程必不可少和最重要的物质，无论哪一种发酵，碳源的利用情况或碳源对产物的转化率都是一项极为重要的经济指标。通过碳平衡可以了解碳源在微生物生长和代谢过程中的动向，通过实验和理论计算得到碳源对产物的最大得率，为生产水平不断提高提供可靠的依据。

② 对于一般发酵过程，可以用菌体的生产速率、产物的积累速率和基质的消耗速率三个模型进行描述。基质消耗的数学模型就是以碳平衡得到的方程式为依据的。

③ 对于生产细胞物质为目的的微生物培养过程，由于代谢产物可以忽略不计，而二氧化碳的生成速率可以通过发酵废气分析得到，再根据基质（碳源）的消耗速率，通过碳平衡，就可计算出微生物细胞的生成速率。但这一项目前还没有有效的变送器，可直接自培养液内进行测量得到。

三、微生物生长代谢过程中的氮平衡

基质中可同化的氮在发酵中的转移可用以下模式描述：

基质中的氮 $\longrightarrow$ 菌体中的氮 ＋ 产物中的氮 ＋ ······

或

$$\sum_{i=1}^{n}\beta_{iS}(N)\frac{-dc_i(S)}{dt}=\beta_X(N)\frac{dc(X)}{dt}+\sum_{j=1}^{m}\beta_{jP}(N)\frac{dc_j(P)}{dt} \tag{6-77}$$

式中，$\beta_{iS}(N)$ 为第 i 项基质含氮量，g/mol；$\beta_X(N)$ 为干菌体含氮量，g/g；$\beta_{jP}(N)$ 为第 j 项产物含氮量，g/g。

在分批发酵中，菌体含氮量一般随发酵时间推移而下降。这是由于培养基中的氮源被消耗，使细胞摄入的氮减少；或者由于生长速率的下降，使细胞老化，造成蛋白质丢失。加强补氮，维持一定比生成速率和稳定的摄氧率，可使含氮量稳定。

四、微生物生长代谢过程中的氧平衡

有机物完全氧化被分解成二氧化碳和水。根据单一碳源培养基内微生物生长代谢的基质和产物完全氧化的需氧量，可建立下列平衡

$$A[-\Delta c(S)]=B[\Delta c(X)]+\Delta n(O_2)+C\Delta c(P) \tag{6-78}$$

式中，A 为基质（S）完全氧化的需氧量，如葡萄糖 $A=61$mol 氧/mol 葡萄糖；B 为菌体（X）完全氧化需氧量，一般可取 $B=0.042$mol 氧/g 菌体；C 为代谢产物完全氧化需氧量，如 $C=2$mol 氧/mol 醋酸，3mol 氧/mol 乙醇，3mol 氧/mol 乳酸。

式(6-78) 中 $\Delta n(O_2)$ 是指微生物生长代谢的消耗氧量。它由两部分组成，一部分用于微生物维持生命活动的耗氧，若以 $c(X)$ 为菌体的浓度，m_O 为氧的维持常数，它在 Δt 时间内维持耗氧量应为 $m_X\Delta t$；另一部分为生长菌体的消耗，若用 Y_{GO} 表示用于菌体生长的氧对菌体的

得率常数，则生长 $\Delta c(X)$ 菌体相应的耗氧量为 $\Delta c(X)/Y_{GO}$。则有

$$\Delta n(O_2)=m_O c(X)\Delta t+\frac{1}{Y_{GO}}\Delta c(X)+\cdots \tag{6-79}$$

代入式(6-78) 得

$$A\frac{1}{c(X)}\left[\frac{\Delta c(S)}{\Delta t}\right]=B\frac{1}{c(X)}\left[\frac{\Delta c(X)}{\Delta t}\right]+\frac{1}{c(X)}\left[\frac{\Delta n(O_2)}{\Delta t}\right] \tag{6-80}$$

即

$$Ar=B\mu+Q_{O_2}$$

在好氧发酵中，氧的消耗可分为菌体生长的消耗，维持菌体的消耗和产物合成的氧消耗 3 个部分，即

$$-\Delta n(O_2)=[\Delta n(O_2)]_{GO}+[\Delta n(O_2)]_m+[\Delta n(O_2)]_P$$

或

$$-\frac{dn(O_2)}{dt}=\left[-\frac{dn(O_2)}{dt}\right]_{GO}+\left[-\frac{dn(O_2)}{dt}\right]_m+\left[-\frac{dn(O_2)}{dt}\right]_P \tag{6-81}$$

$$-\frac{dn(O_2)}{dt}=\frac{1}{Y_{GO}}\frac{dc(X)}{dt}+m_O c(X)+\frac{1}{Y_{PO}}\frac{dc(P)}{dt}$$

$$-\frac{1}{c(X)}\frac{dn(O_2)}{dt}=\frac{1}{Y_{GO}}\frac{1}{c(X)}\times\frac{dc(X)}{dt}+m_O+\frac{1}{Y_{PO}}\frac{dc(P)}{dt}$$

即

$$Q_{O_2}=\frac{1}{Y_{GO}}\mu+\frac{1}{Y_{PO}}Q_P+m_O \tag{6-82}$$

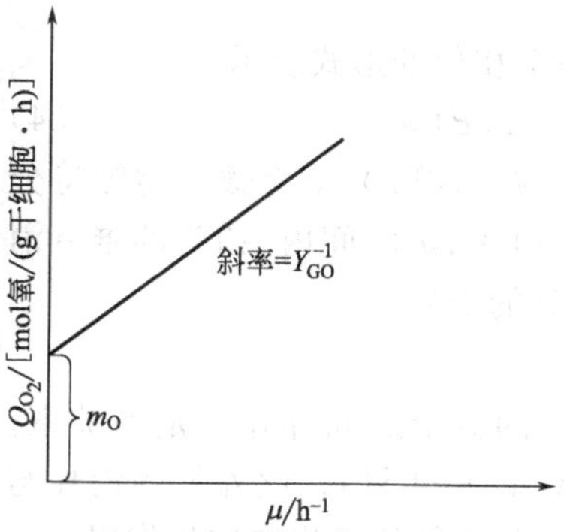

图 6-15　μ 对 Q_{O_2} 作图

式中，Q_{O_2} 为氧的比消耗速率，$Q_{O_2}=\frac{1}{c(X)}\frac{\Delta n(O_2)}{\Delta t}$，mol 氧/(g 菌体·h)；$Y_{GO}$ 为用于菌体生长的氧对菌体的得率系数，g/mol；Y_{PO} 为用于菌体生长的氧对产物的得率系数，g/mol。

当无产物生长时，式(6-82) 变为式(6-83)

$$Q_{O_2}=\frac{1}{Y_{GO}}\mu+m_O \tag{6-83}$$

显然式(6-83) 为一直线方程。当在实验中求得微生物的比生长速率 μ 所对应的比耗氧速率 Q_{O_2} 后作图，可得一直线，如图 6-15 所示，直线在纵坐标上的截距为微生物生长代谢过程中氧的维持常数 m。其斜率即为氧对微生物生长的得率常数 Y_{GO} 的倒数。

五、Y_{ATP} 与 ATP 平衡

ATP 在微生物生长代谢过程中起到贮存能量的作用。但在微生物生长过程中只有 ATP 还是不够的，因为它仅仅是能量的来源，同时还必须存在合成细胞的材料。

在微生物生长过程中可能出现两种情况。一种是合成细胞所需要的材料大量存在，而分解碳源所生成的 ATP 为限制因素，这时生物合成的情况取决于 ATP 的数量，这种状态为能量偶联型生产过程。若用 Y_{ATP} 表示每消耗 1mol ATP 所生成的菌体的质量（g），则称做 ATP 消耗对菌体的得率。对于能量偶联型生长 Y_{ATP} 约等于 10g 菌体/mol ATP。另一种情况是 ATP 过量存在，而合成细胞材料为限制因素，或存在其他阻遏物质致使生物合成不能顺利进行。这时 ATP 不能充分和有效地用于生物的合成，于是过量的 ATP 将会被相应的酶分解，能量以废热的形式放出，这时微生物的生长为非能量偶联型。这种情况下 ATP 对细胞的得率 Y_{ATP} 将大大低于 10g 菌体/mol ATP，有时低到只有 1~2。与此同时，细胞的生长速率与菌体内 ATP 数量无关。一般，当微生物缺乏合成细胞材料（如氨基酸、维生素或酵母膏等）时，Y_{ATP} 比较低。

当微生物缺乏合成细胞所必需的物质——泛酸时，菌体比生长速率取决于泛酸的数量。若

基质的比消耗速率 r 变化不大时，ATP 的生成速率变化也不大，当比生长速率由于泛酸增加而加快时，需要消耗较多的 ATP，故使细胞内 ATP 含量下降。表 6-12 是用泛酸作为限制因子的培养基中培养运动发酵单胞菌的 $Y_{X/S}$、μ、r 及 ATP。

表 6-12 用泛酸作为限制因子的培养基在好氧条件下培养运动发酵单胞菌

培养基	泛酸 /(mg 泛酸/mL)	$Y_{X/S}$ /(g 菌体/mol 葡萄糖)	r/[mol 葡萄糖/ (g 菌体·h)]	μ/h^{-1}	ATP /(mgATP/g 菌体)
复合		7	0.054	0.37	1.54
合成	5×10^{-3}	6.4	0.061	0.39	1.55
合成	1×10^{-2}	2.8	0.067	0.20	3.15
最低	5×10^{-3}	4.5	0.064	0.28	3.55
最低	1×10^{-6}	2.9	0.057	0.16	4.52

注：1. 最低培养基为无机盐与葡萄糖组成，合成培养基在最低培养基内加入 20 种氨基酸。
2. 在培养进程的对数生长期内菌体内 ATP 浓度保持稳定。

微生物的非能量偶联型生长，使 ATP 在细胞内积累，最终被相应酶所分解，能量被释放，这种情况对细胞物质生产显然不利，但对污水生物处理很有价值，污水内的有机污染物可以以废物热的形式被消耗，以此来减少污泥的产量。

对于微生物生长代谢过程的 ATP 平衡可以用氧平衡和碳平衡相似的形式表示

$$[\Delta N_S(\text{ATP})]_S = [\Delta N_S(\text{ATP})]_m + [\Delta N_S(\text{ATP})]_G \tag{6-84}$$

式中，$[\Delta N_S(\text{ATP})]_S$ 为基质分解所生成的 ATP 数量；$[\Delta N_S(\text{ATP})]_m$ 为微生物维持分解需消耗 ATP 的数量，设 m_A 为 ATP 的维持常数，则菌体 $c(X)$ 在 Δt 时间内 ATP 的维持消耗应为 $m_A c(X)\Delta t$；$[\Delta N_S(\text{ATP})]_G$ 为用于菌体生长相应 ATP 的消耗。

六、通风培养时氧的消耗与 ATP 数量之间的关系

在通风培养微生物时，氧的消耗与基质氧化生成（ATP$_S$）的数量之间存在一定的关系。设氧消耗对 ATP 得率 $Y_{A/O} = [\Delta N_S(\text{ATP})]_S/\Delta n(O_2)$（mol ATP/mol 氧），此外氧的消耗与生成 ATP 之间关系也常用 P/O（mol ATP/g 原子氧）表示。细胞进行的氧化磷酸化作用，一个氧原子接受两个电子与两个质子结合生成 1mol 水的同时，形成了 3mol 的 ATP，因此 P/O=3，这是在哺乳动物肝脏细胞中才能达到。对于酵母菌大致 P/O=1，对于一般微生物 P/O=0.5~1。这两种得率之间的关系为

$$Y_{A/O} = 2P/O \quad \text{或} \quad P/O = \frac{1}{2}Y_{A/O}$$

P/O 比值不仅在发酵动力学研究工作中有用，在微生物的生物化学研究方面也很有用，它是一个特征常数，目前还没有直接测定的方法。但是可以通过下面推导的关系计算得到。若用 $Y_{\text{ATP}}^{\max}$ 表示微生物生长能量偶联型 ATP 对菌体的最大得率常数，单位为 g 菌体/mol ATP，即

$$Y_{\text{ATP}}^{\max} = \frac{\Delta c(X)}{[\Delta N_S(\text{ATP})]_G} \quad \text{或} \quad [\Delta N_S(\text{ATP})]_G = \frac{\Delta c(X)}{Y_{\text{ATP}}^{\max}}$$

根据式（6-84）可得

$$[\Delta N_S(\text{ATP})]_S = m[c(X)\Delta t + \Delta c(X)/Y_{\text{ATP}}^{\max}]$$

或

$$Q_{\text{ATP}} = m_A + \mu \frac{1}{Y_{\text{ATP}}^{\max}} \tag{6-85}$$

式中，Q_{ATP} 为基质分解形成 ATP 的比速率。

$$Q_{ATP} = \frac{1}{c(X)} \times \frac{[\Delta N_S(ATP)]_S}{\Delta t} \quad [\text{mol ATP}/(\text{g 菌体 · h})]$$

根据 $Y_{A/O}$ 定义得到：$[\Delta N_S(ATP)]_S = Y_{A/O}\Delta n(O_2)$，并代入式(6-85)

可得 $$Y_{A/O}\Delta n(O_2) = m_A c(X)\Delta t + \Delta c(X)/Y_{ATP}^{max}$$

$$Q_{O_2} = \frac{m_A}{Y_{A/O}} + \frac{\mu}{Y_{ATP}^{max} Y_{A/O}} \tag{6-86}$$

将式(6-86) 与式(6-82) 比较得到

$$m_O = \frac{m_A}{Y_{A/O}}; \quad Y_{GO} = Y_{A/O} Y_{ATP}^{max}$$

即

$$Y_{A/O} = \frac{Y_{GO}}{Y_{ATP}^{max}} \tag{6-87}$$

由式(6-85) 和式(6-86) 得

$$Q_{ATP} = Q_{O_2} Y_{A/O} \tag{6-88}$$

同时还可得到

$$P/O = \frac{1}{2} Y_{A/O} = \frac{1}{2} Y_{GO}/Y_{ATP}^{max} \tag{6-89}$$

以上推导所得到的在微生物生长代谢过程中的各种关系，对于了解生产规模发酵过程的微观和动态的本质是很有帮助的。

第五节　微生物生长代谢过程的数学模型

一、分批培养微生物生长的数学模型

为了保证发酵时有一定的接种量，生产中使用的种子均采用逐级扩大培养的方式。因此培养各级种子的目的就是培养生长一定数量的微生物菌体，以供发酵过程接种的需要。设某发酵过程是由细菌进行的，种子罐开始接入细胞浓度为 $c_0(X)$，在 1h 内有部分细胞分裂，一分为二。设分裂细胞的分率为 μ，则 1h 分裂的细胞数为 $\mu c(X)$，而未分裂的细胞应为 $c(X)(1-\mu)$ 可得

经 1h 后细胞浓度为 $c_1(X)$
$$c_1(X) = 2\mu c_0(X) + c_0(X)(1-\mu) = c_0(X)(1+\mu)$$

经 2h 后细胞浓度为 $c_2(X)$
$$c_2(X) = c_1(X)(1+\mu) = c_0(X)(1+\mu)^2$$

则经 t h 后细胞浓度应为 $c_t(X)$
$$c_t(X) = c_0(X)(1+\mu)^t$$

若将 1h 分为 ξ 个无穷小的单位时间，则在此无穷小的时间内分裂细胞的分率应为 $\varepsilon = \mu/\xi$ 则有
$$c_1(X) = c_0(X)(1+\varepsilon)^t; \quad c_t(X) = c_0(X)[(1+\varepsilon)^\xi]^t = c_0(X)(1+\varepsilon)^{\xi t}$$

现用 μ/ε 代去 ξ 可得
$$c_t(X) = c_0(X)(1+\varepsilon)^{\mu t/\varepsilon} = c_0(X)[(1+\varepsilon)^{\frac{1}{\varepsilon}}]^{\mu t}$$

ε 为无限小的单位时间内分裂细胞的分率，亦为无限小，所以

$$\lim_{\varepsilon \to 0}(1+\varepsilon)^{\frac{1}{\varepsilon}} = e$$

因此得到种子罐内对数生长期菌体浓度与培养时间的关系式
$$c_t(X) = c_0(X)e^{\mu t}$$

由此可以得到对数生长期细胞的生长速率

$$\frac{\mathrm{d}c(X)}{\mathrm{d}t} = c_0(X)\mu$$

为了排除原始菌体浓度这个因素，描述菌体真正生长速率，引出相对生长速率即前面提到的比生长速率，则有：$\frac{1}{c_0(X)}\frac{\mathrm{d}c(X)}{\mathrm{d}t} = \mu$。从这里可以得微生物比速率的另一含义：单位时间内分裂细胞的分率，单位为 h^{-1}。

但是在种子罐内（或分批培养情况下），培养基内营养物质供应不是无限的，实际上在这种情况下，比生长速率将随菌体浓度的增加有所降低，故应该存在下列关系

$$\text{实际比生长速率} = \mu - kc(X) \quad \text{或} \quad \frac{1}{c(X)}\frac{\mathrm{d}c(X)}{\mathrm{d}t} = \mu - kc(X) \tag{6-90}$$

其中 k 为常数。要得到种子罐培养时间对菌体浓度的表达式必须解微分方程。

设

$$u = \frac{1}{c(X)}$$

所以

$$\frac{\mathrm{d}c(X)}{\mathrm{d}t} = \frac{\mathrm{d}c(X)}{\mathrm{d}u}\frac{\mathrm{d}u}{\mathrm{d}t} = -\frac{1}{u^2}\frac{\mathrm{d}u}{\mathrm{d}t}$$

则式（6-90）化为

$$u\left(-\frac{\mathrm{d}u}{u^2\,\mathrm{d}t}\right) = \mu - k\frac{1}{u}$$

对其求解

$$\frac{\mathrm{d}u}{\mathrm{d}t} + \mu u = k$$

$$u = \mathrm{e}^{\int \mu\,\mathrm{d}t}\left[A + \int k\mathrm{e}^{\int \mu\,\mathrm{d}t}\,\mathrm{d}t\right] = \mathrm{e}^{-\mu t}\left[A + k^{\mu\,\mathrm{d}t}\,\mathrm{d}t\right] = A\mathrm{e}^{-\mu t} + \frac{k}{\mu}$$

即

$$\frac{1}{c(X)} = A\mathrm{e}^{-\mu t} + \frac{k}{\mu} \tag{6-91}$$

确定边界条件求出积分常数 A。当 $t = 0$，$c(X) = c_0(X)$，则求得

$$c(X) = \frac{\dfrac{\mu}{k}}{1 + \left[\dfrac{\dfrac{\mu}{k} - c_0(X)}{c_0(X)}\right]\mathrm{e}^{-\mu t}} \tag{6-92}$$

式（6-92）即为种子罐内培养时间对菌体浓度的数学表达式。实际上此表达式不只是适合于任何微生物的分批培养。同时还符合动植物的生长过程，因此它描述了生物生长的共同规律。

根据式（6-92）描述生长曲线，以曲线的形式正好是分批发酵过程菌体生长曲线。对于任何分批发酵，菌体浓度随时间变化都是遵循这个形式的，不同的微生物，不同的培养基以及不同的培养条件常数 μ 和 k 有所不同。

在生产中随时取样测定所培养微生物的浓度，在大量数据的基础上，可以做出正常情况下种子罐（或发酵罐）的生长曲线，从而求出常数 μ 和 k。

二、连续培养微生物生长的数学模型

在微生物连续培养时，以葡萄糖作为生长的限制性基质，不同的葡萄糖浓度，就得到相应的葡萄糖被利用的比消耗速率 r。将 $\frac{1}{c(S)}$ 对 $\frac{1}{r}$ 作图，所得到的图形与米氏方程的非线性函数关系经置换后成为具有线性函数关系的莱因威尔-伯克方程 $\left[\dfrac{1}{r} = \dfrac{1}{V_m} + \dfrac{K_m}{V_m} \times \dfrac{1}{c(S)}\right]$ 图形是一致的，如图 6-16 所示。因此得到限制性基质浓度与比消耗速率的关系式

$$r = \frac{r_{max}c(S)}{K_S + c(S)} \tag{6-93}$$

式中，r_{max} 为葡萄糖最大的比消耗速率；K_S 为饱和常数。

由基质消耗对细胞得率 $Y_{X/S}$ 的定义得

$$\frac{dc(X)}{dt} = Y_{X/S}\left[-\frac{dc(S)}{dt}\right] \qquad \left[\frac{dc(X)}{dt}\right]_{max} = Y_{X/S}\left[-\frac{dc(S)}{dt}\right]_{max}$$

则微生物细胞比生长速率 μ 与基质比消耗速率 r 之间存在下列关系

$$\mu = \frac{1}{c(X)}\frac{dc(X)}{dt} = \frac{1}{c(X)}Y_{X/S}\left[-\frac{dc(S)}{dt}\right] = Y_{X/S}r$$

相应地，$\mu_{max} = Y_{X/S}r_{max}$，将此关系代入式(6-92) 得

$$\mu = \mu_{max}\frac{c(S)}{K_S + c(S)} \tag{6-94}$$

式(6-94) 便是莫诺得（Monod）在1942年根据微生物细胞比生长速率与限制性基质浓度有关这个事实提出的微生物生长与限制性基质浓度之间关系的数学模型，称为莫诺得方程。当用同一种微生物在不同浓度的限制性基质下测定它们的比生长速率，发现 $c(S)$ 在低浓度时，μ 随 $c(S)$ 的增加而增加，呈线性关系；而当 $c(S)$ 为高浓度时，μ 则趋近于纵坐标为 μ_{max} 的一水平线，如图6-17所示。在纵坐标 $\frac{1}{2}\mu_{max}$ 处生长曲线对应的横坐标，即为饱和常数 K_S。不同限制性基质，有不同的生长曲线，其所对应的 K_S 的大小表示微生物对基质的亲和力，K_S 越大，则微生物对基质的亲和力越不同，这时菌体生长对基质浓度变化较不敏感。当采用 $\frac{1}{c(S)}$ 对 $\frac{1}{\mu}$ 作图时，所得的图形与图6-16完全一致，可以准确求得 μ_{max} 和 K_S。

在葡萄糖作为限制性基质连续培养酵母时，加入不同浓度的山梨醇，在每一种山梨醇浓度 $c(I)$ 下分别测定限制性基质浓度 $c(S)$ 对基质比消耗速率 r 之间的关系，并将 $\frac{1}{c(S)}$ 对 $\frac{1}{r}$ 作图，如图6-18所示。这个图形与酶反应的竞争性抑制图形是一致的，则有

$$r = \frac{r_{max}c(S)}{K_S\left[1 + \dfrac{c(I)}{K_i} + c(S)\right]} \tag{6-95}$$

根据微生物比生长速率与限制性基质比消耗速率之间的关系可得

$$\mu = \frac{r_{max}c(S)}{K_S\left[1 + \dfrac{c(I)}{K_i} + c(S)\right]} \tag{6-96}$$

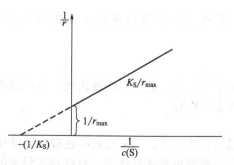

图 6-16　微生物连续培养过程限制性基质浓度
与比消耗速率的关系 $\left[\dfrac{1}{c(S)}\text{对}\dfrac{1}{r}\text{作图}\right]$

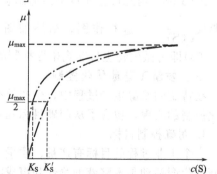

图 6-17　限制性基质浓度与微生物
比生长速率之间的关系

式中，K_i 为山梨醇抑制反应的平衡常数。

式（6-96）便是微生物生长竞争性抑制的数学模型。

微生物生长也存在非竞争抑制的情况。在酵母进行酒精发酵时，产物酒精对酵母菌体生长就是非竞争性抑制，可以通过实验得到证明。当在培养基内添加酵母膏、维生素以及低分子核酸作为组成细胞的材料时，以葡萄糖作为能源是限制性基质。在加入不同量的酒精情况下（浓度为 $10\sim50g/L$），在连续培养过程中分别测定酵母的最大比生长速率（μ_{max}），将酒精浓度 c_P 对酵母最大比生长速率的倒数 $\left(\dfrac{1}{\mu_{max}}\right)$ 作图得到一直线（图 6-19），根据所得的图形可以写出此直线方程为

$$\frac{1}{\mu_{max}}=\frac{1}{\mu_{max}^*}+\frac{c_P}{\mu_{max}^*K_P} \tag{6-97}$$

式中，μ_{max}^* 为当 $c_P=0$ 时，酵母最大比生长速率。

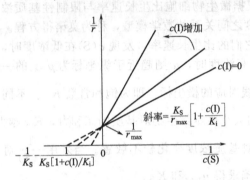

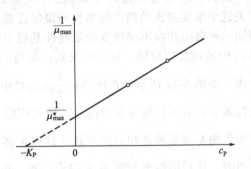

图 6-18　不同浓度的山梨醇情况下，
用葡萄糖作为限制性基质连续培养
酵母 $\left[\dfrac{1}{c(S)}对\dfrac{1}{r}作图\right]$

图 6-19　不同酒精浓度与酵母的
最大比生长速率之间的关系
$\left(c_P 对\dfrac{1}{\mu_{max}}作图\right)$

由式（6-97）可得

$$\mu_{max}=\frac{\mu_{max}^*}{1+c_P/K_P}$$

将式（6-97）代入式（6-94）

$$\mu=\frac{\mu_{max}c(S)}{K_S+c(S)}=\frac{\mu_{max}}{1+c_P/K_P}\frac{c(S)}{K_S+c(S)}=\frac{\mu_{max}^*c(S)}{[K_S+c(S)]\left(1+\dfrac{c_P}{K_P}\right)} \tag{6-98}$$

式（6-98）与酶反应非竞争性抑制动力学模型的形式一样，若将此实验过程中所得的数据换算成 $\dfrac{1}{c(S)}$ 对 $\dfrac{1}{\mu}$ 进行作图，结果如图 6-20 所示，其中 K_P 为酒精抑制反应的平衡常数，式（6-98）即为微生物生长非竞争性抑制的数学模型。

三、发酵工艺最优化控制

在特定的发酵生产过程中，生产效率的高低取决于工艺和工艺控制的最优化。生产过程最优化控制的实现，包含了从明确目标到目标值实施等全部内容。

1. 明确控制目标

一个工业过程的目标有产量、质量、单一指标或综合指标等。通常在发酵过程中，微生物的新陈代谢活动是发酵液的物性和组成随时间的变化不断发生变化的过程。对这种不稳定的动态过程最优化控制所需明确的目标，必然是以一定时间内积分的形式出现的值。由于发酵生产过程的主要目的是获得最大量、最佳质量的发酵产物，最优化控制的目标应是得到最大产物比

生成速率，其次才是最短的生产周期，并由此获得最佳的经济效益。

2. 明确影响因素

为了最优化控制发酵过程，必须充分地了解影响目标值的各种因素，并通过动力学关系获得发酵过程的各项最佳参数。影响产物比生成速率的因素主要有营养物质的浓度、种类、比例、溶解氧浓度以及氧化还原电位、CO_2、发酵液黏度、温度、pH 值、泡沫、促进剂、前体、酶、代谢产物等理化因素，此外，还有菌体浓度、生长速率、死亡速率、细胞状态等生物因素。

3. 确定实现目标值的方法

由于发酵产物不易瞬时测定，因此产物比生成速率不易算出，同样由于菌体浓度测定比较复杂并有一定的局限性，即使产物的生成量可由菌体数量来体现，但是从菌体浓度方面确定目标值也存在相当的困难。

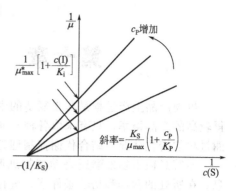

图 6-20 不同酒精浓度情况下，限制性基质浓度与酵母比生长速率之间的关系 $\left[\dfrac{1}{c(\mathrm{S})}\,对\,\dfrac{1}{\mu}\,作图\right]$

实际生产过程中，基于产物的生成与营养物质的消耗之间有着平行的关系，因此可用营养物质转化成产物的得率或效率、转化率作为目标值。通过大量的试验，比较不同浓度下某一营养物质的最大转化率，再从这些数值中找出最大值，那么与此最大值相对应的浓度便是该营养物质的最佳浓度，即应该控制的该营养物质的最佳浓度。为了计算转化率，必须测定各种营养物质的消耗量和产物的生成量，工作量非常大。由于葡萄糖通常是最主要和数量最多的限制性营养物质，为了减少测定工作量，可以先测定葡萄糖的消耗量，获得最佳的葡萄糖浓度参数，之后便可按原培养基的配比，试验各种营养物质与葡萄糖的最佳比例，由此得到最佳的营养物质参数。

由于发酵过程可以分为以生长为主的生长阶段和以产物生成为主的产物生成阶段，因此目标值还应包括最大比生长速率。在生长阶段需提供获得最大比生长速率的条件，而在产物生成阶段、菌体衰老前需提供最大转化率条件，分别确定和控制各阶段的最佳参数。

4. 确定最佳工艺

由实验得到的最佳营养条件和环境条件，需要变成工艺控制条件，才能对发酵过程进行最优控制。例如，营养物质的种类、浓度和比例需转化成培养基原料的种类、浓度和比例；溶解氧浓度需转化为搅拌转速和通气量；前体物质、促进剂和流加补料的方式和时间。根据最佳的参数来确定生产工艺。

5. 实施最佳工艺

实施最佳工艺就是通过优化管理，严格执行发酵工艺，将发酵控制在最佳状态，从而最终实现目标值，达到最大的产物比生成速率。要实现最佳工艺必须对诸如温度、pH 值、溶解氧浓度、泡沫等进行控制。

思考与练习题

1. 比较不同发酵方法的优点和缺点。
2. 简述比生长速率、基质比消耗速率、产物比生成速率的区别。
3. 简述各种得率系数的意义。
4. 简述微生物生长过程中碳源平衡的意义。
5. 分析分批培养中产物比生成速率的表达式，说明在生产过程中如何提高产品的产率。
6. 简述生物反应动力学研究的意义。
7. 什么是 Monod 方程？使用条件是什么？各参数的意义。

第七章 生物工艺过程控制

生物产品生产过程是非常复杂的生物化学反应过程。为了使生产过程达到预期的目的，获得较高的产品得率，只有采取各种不同方法测定生物代谢过程中代谢变化的各种参数，掌握代谢过程的变化情况，结合代谢控制理论，才能有效控制发酵过程。

不管是微生物发酵还是动植物细胞的培养过程，均是细胞按照生命固有的一系列遗传信息，在所处的营养和培养条件下，进行复杂而细微的各种动态的生化反应的集合。为了充分表达生物细胞的生产能力，对某一特定的生物来讲，就要研究细胞的生长发育和代谢等生物过程以及各种生物、理化和工程环境因素对这些过程的影响。因此研究菌体的生长规律、外界控制因素对过程影响及如何优化条件、达到最佳产物得率是发酵工程的重要任务。本章主要介绍微生物发酵的工艺过程控制。

第一节 发酵过程中的代谢变化与控制参数

前已述及微生物发酵有三种方式，即分批发酵（batch fermentation）、补料分批发酵（fedbatch fermentation）和连续发酵（continuous fermentation）。工业上为了防止出现菌种衰退和杂菌污染等实际问题，大都采用分批发酵或补料分批发酵这两种方式。其中补料分批发酵已被广泛采用，因为它的技术介于分批发酵和连续发酵之间，兼有两者的优点，又克服了它们的缺点。各种不同发酵方式菌体代谢变化也不相同，但为了了解其基本变化，仍以分批发酵为基础来说明其代谢规律。

微生物的分批发酵过程，因其代谢产物的种类不同而有一定的差异，但大体上是相同的。产生菌经过一定时间不同级数的种子培养，达到一定菌体量后，移种到发酵罐进行纯种发酵，对于好氧微生物来说，发酵过程需要通风，当培养基中基质消耗完后，即可结束发酵。

如在霉菌、放线菌的发酵过程中，随着菌体的生长和繁殖，培养液的物理性质、菌体形态和生理状态都可能会发生显著的变化，如培养液的表观黏度可能增大，液体的流变学特性改变，进而影响罐内的氧传递、热传递和液体混合等过程。细胞在初期和后期的生理活性也不相同。因此，了解各种不同菌体在发酵过程中的生长曲线及代谢变化，有利于对发酵过程进行控制。

从产物生成来说，代谢变化就是反映发酵中的菌体生长、发酵参数的变化（培养基和培养条件）和产物生成速率这三者之间的关系。

按照菌体生长、碳源的利用、产物的生成速率的变化以及这三者之间的动力学关系来考虑，Gaden 把微生物发酵过程分为三种类型（参见第六章）。

微生物的代谢产物，从其与菌体生长、繁殖的关系来说，又分为初级代谢产物（primary metabolite）和次级代谢产物（secondary metabolite）。对微生物酶、药物来说，这两类产物都有，特别是抗生素这类次级代谢产物在微生物药物中占有最大的比重。

一、初级代谢的代谢变化

众所周知，初级代谢是生物细胞在生命活动过程中所进行的代谢活动，其产物即为初级代谢产物。发酵中的菌体、基质和产物三者变化的基本过程是：菌体进入发酵罐后就开始生长、繁殖，直到一定的菌体浓度。其生长过程仍显示调整（停滞）期、对数生长期、平衡（稳定）期和衰亡期等生长史的特征。但在发酵过程中，即使同一菌种，由于菌体的生理状态与培养条件的不同，各个时期时间长短也不尽相同。如调整期的长短就随培养条件而有所不同，并与接种菌的生理状态有关。对数生长期的菌种移植到与原培养基组成完全相同的新培养基中，就不会出现调整期，仍以对数生长期的方式继续繁殖下去。另外，用平衡期以后的菌体接种，即使接种的菌体能够全部生长，也要出现调整期。因此，工业发酵中往往要接入处于对数生长期（特别是中期）的菌体，以尽量缩短调整期。为了获得代谢产物，菌体尚未达到衰退期即行放罐处理。由于菌体生长繁殖和产物的形成，基质（如葡萄糖）浓度的变化一般是随发酵时间的延长而不断下降，溶解氧浓度也随发酵过程变化而发生变化。初级代谢产物由于没有明显的产物生成期，所以它是随菌体生长不断地进行的，有的与菌体生长成平行关系，如乳酸、醋酸、氨基酸和核酸等。

图 7-1 表示初级代谢产物谷氨酸发酵过程的代谢变化。变化的根本原因在于菌体的代谢活动引起环境的变化，而环境的变化又反过来影响菌体的代谢。在发酵初期种子刚接入发酵罐中，菌体处于调整期，以适应新的环境。细胞进行呼吸作用，利用贮存物质合成大分子物质和所需的能量，菌体个体长大，但没有分裂，此时糖等基质基本不消耗或很少消耗，pH 值稍有上升是尿素被分解放出氨所致。菌体经过调整期之后就开始繁殖，并很快进入对数生长期，代谢逐渐旺盛，菌体大量繁殖，个体生长和群体繁殖循环交替进行，培养物的混浊度（以光密度表示）与菌体增殖情况基本一致，OD（光密度）直线增长，菌体形态与二级种子相同，绝大多数为"V"形分裂。耗糖速度加快，糖作为碳源和能源用于合成细胞成分和合成反应所需要的能量。尿素被脲酶分解放出氨使 pH 值上升，氨被菌体利用可使 pH 值下降，这时需及时补加尿素，补充氮源和调节 pH 值。由于菌体代谢活动放出热，温度开始上升，一般发酵 5h 左右温度上升，应注意降温。由于菌体不断增加，代谢旺盛，产生 CO_2，排气中 CO_2 浓度显著增加。耗氧量很快增加，培养基中的溶解氧下降，排气中的 O_2 浓度也下降，应根据情况提高风量，特别是在对数生长期的末期，应注意风量，促进菌体转化。此时为长菌阶段，极少产谷氨酸，控制发酵条件以有利于长菌。但在对数生长期的末期要加大风量，供给充足的氧，并及时流加尿素，供给充分的氮源，促进增殖型菌体向生产型菌体转化。在生物素限量的情况下，部分菌体内的生物素含量由"丰富转向贫乏"，此部分菌就停止繁殖，在条件适宜时，开始伸长、膨胀，形成生产型细胞，开始积累谷氨酸。但是由于菌体增殖并非完全同步，还有部分菌体为增殖型，这是菌体由增殖型向生产型转化的时期，需 10~18h。在此期间，菌体数量达到最大值，培养液的 OD 值与菌体增殖不一致，OD 值除反映菌体增殖外，还反映了菌体的伸长、膨大。这是代谢最旺盛的时期，耗糖加快，谷氨酸生成迅速增加，耗氧速率加快，并接近最大值。发酵控制方面必须充分供氧，风量达最大值，充分供给氮源。对发酵控制来讲，此时以前的控制是发酵成败的关键。此时期的变化受生物素和风量的明显影响。一般来说，加大风量对菌体的伸长、膨大有促进作用。菌体完成由增殖型向生产型转化后，菌形几乎都伸长、膨大、边缘不整齐、像花生形状。大量积累谷氨酸，耗糖与产酸相适应，产酸达最大值，对糖的转化率达50%~56%，应继续流加尿素，保证充足的氮源，pH 值维持 7.0~7.2。为加快产酸速度适当提高温度，一般为 36~37℃。根据菌体耗氧速率继续供氧，随着发酵的延长，糖已耗尽，产酸增加，菌体活力逐渐降低。发酵后期耗氧减少，可适当降低风量。流加尿素以少量为好，控制 pH6.8~7.0。当残糖降到 1% 时，根据发酵情况可将风量降到最低，促进中间产物转向谷氨酸。

二、次级代谢的代谢变化

次级代谢产物包括大多数的抗生素（antibiotic）、生物碱（alkaloid）和微生物毒素（microbial toxin）等物质。按动力学模型分类，它们的发酵属于菌体的生长与产物非偶联的类型，也就是说，菌体生长繁殖阶段（又称生长期）与产物生成阶段（又称生产期）是分开的。

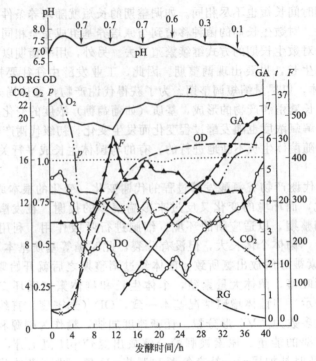

图 7-1 谷氨酸发酵过程的代谢变化

—·—·— 糖(RG)/(g/100mL)；—●—谷氨酸(GA)/(g/100mL)；—·—光密度(OD)；—×—×—排气中 CO_2/%；
——·—— 排气中 O_2/%；—○—溶解氧(DO)/(mg/L)；—▲—空气流量(F)/(m³/h)；—— 温度(t)/℃；
—— pH；········ 压力(p)/(kgf/cm²)
注：1kgf/cm²=98.0665Pa

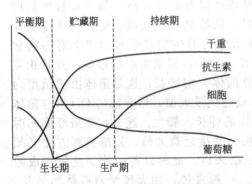

图 7-2 抗生素发酵的代谢曲线模式

次级代谢的变化（以抗生素发酵为代表）如图 7-2 所示，一般分为菌体生长、产物合成和菌体自溶三个阶段。

1. 菌体生长阶段

产生菌接种至发酵培养基后，在合适的培养条件下，经过一定时间的适应就开始生长和繁殖，直至达到菌体的临界浓度。其代谢变化主要是，碳源（包括糖类、脂肪等）和氮源等进行分解代谢，菌体进行合成代谢，结果碳源、氮源和磷酸盐等营养物质不断被消耗，浓度明显减少，而新菌体不断被合成，菌体浓度明显增加。随着菌体浓度不断增加，摄氧率也不断增大，溶氧浓度不断下降。当菌体浓度达到临界值时，溶氧浓度降至最小。由于基质的代谢变化，pH 值也发生一定改变，有时先开始下降，而后上升，这是糖代谢先产生酮酸等有机酸而后被利用的结果；有时先开始上升而后下降，这是菌体先以培养基中的氨基酸作为碳源而被利用，释放出氨，使 pH 值上升，而后氨又被利用使 pH 值下降的结果。

当营养物质消耗到一定程度，或者菌体达到一定浓度，或者供氧受到限制而使溶解氧浓度降到一定水平时，其中某一参数可能成为菌体生长的限制性因素，使菌体生长速率减慢。同时，在大量合成菌体期间，积累了相当量的某些代谢中间体，原有酶的活力下降（或消失），出现了与次级代谢有关的酶或其酶被解除了控制等原因，导致菌体的生理状态发生改变，发酵就从菌体生长阶段转入产物合成阶段。

这个阶段一般又称为菌体生长期或发酵前期，也有人称为平衡期。

2. 产物合成阶段

这个阶段主要是合成次级代谢产物。在此期间，产物的产量逐渐增多，直至达到高峰，生产速率也达到最大，直至产物合成能力衰退。

如果以菌体 DNA 含量作为菌体生长繁殖的标准来划分菌体生长阶段和产物合成阶段，它们的阶段界限是很明显的，即菌体的生长达到恒定后（即 DNA 含量达到定值）就进入产物合成阶段，开始形成产物。如果以菌体干重作为划分阶段的标准，它们之间就有交叉，见图 7-2。这是由于菌体在产物合成阶段中虽然没有进行繁殖，但多元醇、脂类等细胞内含物仍在积累，使菌体干重增加，因此，就形成了这样的表观现象。

在这个阶段中，产生菌的呼吸强度一般无显著变化，菌体物质的合成仍未停止，使菌体的质量有所增加，但基本不繁殖。这个阶段的代谢变化是以碳源和氮源的分解代谢和产物的合成代谢为主，碳、氮等营养物质不断被消耗，产物不断被合成。外界环境的变化很容易影响这个阶段的代谢，碳源、氮源和磷酸盐等的浓度必须控制在一定的范围内，发酵条件也要严格控制，才能促使产物不断地被合成。如果这些营养物质过多，则菌体就要进行生长繁殖，抑制产物的合成，使产量降低；如果过少，菌体就易衰老，产物合成能力下降，产量减少。发酵液的 pH 值、培养温度和溶氧浓度等参数的变化，对该阶段的代谢变化都有明显的影响，也须严格控制。

这阶段一般称为产物分泌期或发酵中期。也有人把生产期划分为贮藏期和持续期，前者是细胞积累脂肪和糖，使干重继续增加，开始形成产物；后者是细胞干重不变，但继续耗糖和分泌产物。

3. 菌体自溶阶段

这个阶段的菌体衰老、细胞开始自溶，氨氮含量增加，pH 值上升，产物合成能力衰退，生产速率下降。发酵到此期必须结束，否则产物不仅受到破坏，还会因菌体自溶而给发酵液过滤和提取带来困难。

这个阶段一般称为菌体自溶期或发酵后期。

根据发酵过程中的参数变化绘制出的次级代谢的代谢曲线，可清楚地说明过程中的代谢变化，并反映出碳源、氮源的利用和 pH 值、菌体浓度和产物浓度等参数之间的相互关系。分析研究代谢曲线，还有利于掌握发酵代谢变化的规律和发现工艺控制中存在的问题，有助于改进工艺，提高产物的产量。

三、发酵过程的主要控制参数

微生物发酵是在一定条件下进行的，其代谢变化是通过各种检测参数反映出来的。特别是菌体生长代谢过程中 pH 值的变化，它是菌体生长和代谢的综合表现。一般发酵过程控制主要参数有以下几种。

（1）pH 值（酸碱度） 发酵液的 pH 值是发酵过程中各种生化反应的综合结果，它是发酵工艺控制的重要参数之一。pH 值的高低与菌体生长和产物合成有着重要的关系。

（2）温度 这是指发酵整个过程或不同阶段中所维持的温度。它的高低与发酵中的酶反应速率、氧在培养液中的溶解度和传递速率、菌体生长速率和产物合成速率等有密切关系。不同菌种、不同产品、不同发酵阶段所维持的温度亦不同。

（3）溶解氧浓度 溶解氧是需氧菌发酵的必备条件。氧是微生物体内的一系列经细胞色素氧化酶催化产能反应的最终电子受体，也是合成某些代谢产物的基质，所以，溶氧浓度大小的影响是多方面的。利用溶氧浓度的变化，可了解产生菌对氧利用的规律，反映发酵的异常情况，也可作为发酵中间控制的参数及设备供氧能力的指标。溶氧浓度一般用绝对含量（mg/L）来表示，有时也用在相同条件下氧在培养液中饱和度的百分数（%）来表示。

(4) 基质含量　这是发酵液中糖、氮、磷等重要营养物质的浓度。它们的变化对产生菌的生长和产物的合成有着重要的影响，也是提高代谢产物产量的重要控制手段。因此，在发酵过程中，必须定时测定糖（还原糖和总糖）、氮（氨基氮或铵氮）等基质的浓度。

(5) 空气流量　这是指 1min 内单位体积发酵液通入空气的体积，也可叫通风比，是需氧发酵的控制参数。它的大小与氧的传递和其他控制参数有关，一般控制在 $0.5\sim1.0L/(L \cdot min)$。

(6) 压力　这是发酵过程中发酵罐维持的压力。罐内维持正压可以防止外界空气中的杂菌侵入而避免污染，以保证纯种的培养。同时罐压的高低还与氧和 CO_2 在培养液中的溶解度有关，间接影响菌体代谢。罐压一般维持在 $(0.2\sim0.5)\times10^5Pa$。

(7) 搅拌转速　对好氧性发酵，在发酵的不同阶段控制不同的转数，以调节培养基中的溶氧。搅拌转速是指搅拌器在发酵过程中的转动速度，通常以每分钟的转数来表示。它的大小与氧在发酵液中的传递速率和发酵液的均匀性有关。

(8) 搅拌功率　这是指搅拌器搅拌时所消耗的功率，常指每立方米发酵液所消耗的功率（kW/m^3）。它的大小与体积溶氧系数 K_La 有关。

(9) 黏度　黏度大小可以作为细胞生长或细胞形态的一项标志，也能反映发酵罐中菌丝分裂过程的情况，通常用表观黏度表示。它的大小可改变氧传递的阻力，又可表示相对菌体浓度。

(10) 浊度　浊度是能及时反映单细胞生长状况的参数，对氨基酸、核苷酸等产品的生产是极其重要的。

(11) 料液流量　这是控制流体进料的参数。

(12) 产物的浓度　这是发酵产物产量高低或合成代谢正常与否的重要参数，也是决定发酵周期长短的根据。

(13) 氧化还原电位　培养基的氧化还原电位是影响微生物生长及其生化活性的因素之一。对各种微生物而言，培养基最适宜的与所允许的最大电位值，应与微生物本身的种类和生理状态有关。氧化还原电位常作为控制发酵过程的参数之一，特别是某些氨基酸发酵是在限氧条件下进行的，氧电极已不能精确使用，这时用氧化还原参数控制则较为理想。

(14) 废气中的氧含量　废气中的氧含量与产生菌的摄氧率和 K_La 有关。从废气中的氧和 CO_2 的含量可以算出产生菌的摄氧率、呼吸商和发酵罐的供氧能力。

(15) 废气中的 CO_2 含量　废气中的 CO_2 就是产生菌呼吸放出的 CO_2。测定它可以算出产生菌的呼吸商，从而了解产生菌的呼吸代谢规律。

(16) 菌丝形态　丝状菌发酵过程中菌丝形态的改变是生化代谢变化的反映。一般都以菌丝形态作为衡量种子质量、区分发酵阶段、控制发酵过程的代谢变化和决定发酵周期的依据之一。

(17) 菌体浓度　菌体浓度是控制微生物发酵的重要参数之一，特别是对抗生素次级代谢产物的发酵。它的大小和变化速度对菌体的生化反应都有影响，因此测定菌体浓度具有重要意义。菌体浓度与培养液的表观黏度有关，间接影响发酵液的溶氧浓度。在生产上，常常根据菌体浓度来决定适合的补料量和供氧量，以保证生产达到预期的水平。

根据发酵液的菌体量和单位时间的菌体浓度、溶氧浓度、糖浓度、氮浓度和产物浓度等的变化值，即可分别算出菌体的比生长速率、氧比消耗速率、糖比消耗速率、氮比消耗速率和产物比生成速率。这些参数也是控制产生菌的代谢、决定补料和供氧工艺条件的主要依据，多用于发酵动力学的研究中。

除上述外，还有跟踪细胞生物活性的其他化学参数，如 NAD-NADH 体系、ATP-ADP-AMP 体系、DNA、RNA、生物合成的关键酶等，需要时可查有关资料。

第二节　温度对发酵的影响及其控制

一、温度对发酵的影响

微生物发酵所用的菌体绝大多数是中温菌，如霉菌、放线菌和一般细菌。它们的最适生长温度一般在 20～40℃。在发酵过程中，需要维持适当的温度，才能使菌体生长和代谢产物的合成顺利地进行。

温度对发酵有很大的影响。它会影响各种酶反应的速率，改变菌体代谢产物的合成方向，影响微生物的代谢调控机制，影响发酵液的理化性质，进而影响发酵的动力学特性和产物的生物合成。

温度对化学反应速率的影响常用温度系数（Q_{10}）（每增加 10℃，化学反应速率增加的倍数）来表示，在不同温度范围内，Q_{10} 的数值是不同的，一般是 2～3。而酶反应速率与温度变化的关系也完全符合此规律，也就是说，在一定范围内，随着温度的升高，酶反应速率也增加，但有一个最适温度，超过这个温度，酶的催化活力下降。温度对菌体生长的酶反应和代谢产物合成的酶反应的影响往往是不同的。

有人考察了不同温度（13～35℃）对青霉菌的生长速率、呼吸强度和青霉素合成速率的影响，结论是温度对这三种代谢的影响是不同的，按照阿伦尼乌斯方程计算，青霉菌生长的活化能 $E=34$kJ/mol，呼吸活化能 $E=71$kJ/mol，青霉素合成的活化能 $E=112$kJ/mol。从这些数据得知：青霉素合成速率对温度的变化最为敏感，微小的温度变化，就会引起生产速率产生明显的改变，偏离最适温度就会引起产物产量发生比较明显的下降，这说明次级代谢发酵温度控制的重要性。因此温度对菌体的生长和合成代谢的影响是极其复杂的，需要考察它对发酵的影响。

温度还能改变菌体代谢产物的合成方向。如在高浓度 Cl^- 和低浓度 Cl^- 的培养基中利用金霉素链霉菌 NRRL B-1287 进行四环素发酵，随着发酵温度的提高，有利于四环素的合成，30℃以下时合成的金霉素增多，在 35℃时就只产四环素，而金霉素合成几乎停止。

温度变化还对多组分次级代谢产物的组分比例产生影响。如黄曲霉产生的多组分黄曲霉毒素，在 20℃、25℃和 30℃发酵所产生的黄曲霉毒素（aflatoxin）G_1 与黄曲霉毒素 B_1 比例分别为 3∶1、1∶2、1∶1。又如赭曲霉在 10～20℃发酵时，有利于合成青霉素，在 28℃时则有利于合成赭曲毒素 A。这些例子，都说明温度变化不仅影响酶反应的速率，还影响产物的合成方向（当然，这也是酶反应）。据近期报道，温度还能影响微生物的代谢调控机制，在氨基酸生物合成途径中的终产物对第一个合成酶的反馈抑制作用，在 20℃低温时就比在正常生长温度 37℃时控制更严格。

除上述直接影响外，温度还对发酵液的物理性质产生影响，如发酵液的黏度、基质和氧在发酵液中的溶解度和传递速率、某些基质的分解的吸收速率等，都受温度变化的影响，进而影响发酵动力学特性和产物的生物合成。

二、影响发酵温度变化的因素

在发酵过程中，既有产生热能的因素，又有散失热能的因素，因而引起发酵温度的变化。产热的因素有生物热（$Q_{生物}$）和搅拌热（$Q_{搅拌}$）；散热因素有蒸发热（$Q_{蒸发}$）、辐射热（$Q_{辐射}$）和显热（$Q_{显}$）。产生的热能减去散失的热能，所得的净热量就是发酵热 $[Q_{发酵}$，kJ/$(m^3 \cdot h)]$，即 $Q_{发酵}=Q_{生物}+Q_{搅拌}-Q_{蒸发}-Q_{显}-Q_{辐射}$。它就是发酵温度变化的主要因素。现将这些产热和散热的因素分述于下。

1. 生物热（$Q_{生物}$）

产生菌在生长繁殖过程中产生的热能，叫做生物热，营养基质被菌体分解代谢产生大量的热能，部分用于合成高能化合物 ATP，供给合成代谢所需要的能量，多余的热量则以热能的形式释放出来，形成了生物热。

生物热的大小，随菌种和培养基成分不同而变化。一般来说，对某一菌株而言，在同一条件下，培养基成分越丰富，营养被利用的速度越快，产生的生物热就越大。生物热的大小还随培养时间不同而不同：当菌体处于孢子发芽和停滞期，产生的生物热是有限的；进入对数生长期后，就释放出大量的热能，并与细胞的合成量成正比；对数期后，就开始减少，并随菌体逐渐衰老而下降。因此，在对数生长期释放的发酵热最大，常作为发酵热平衡的主要依据。例如，四环素发酵在 20～50h 的发酵热最大，最高值达 29330kJ/(m³·h)，其他时间的最低值约为 8380kJ/(m³·h)，平均为 16760kJ/(m³·h)。另外还发现抗生素高产量批号的生物热高于低产量批号的生物热。这说明抗生素合成时菌的新陈代谢十分旺盛。

生物热的大小与菌体的呼吸强度有对应关系，呼吸强度越大，所产生的生物热也越大。在四环素发酵中，这两者的变化是一致的，生物热的高峰也是碳利用速度的高峰。有人已证明，在一定条件下，发酵热与菌体的摄氧率 Q_{O_2} 成正比关系，即 $Q_{发酵} = 0.12 Q_{O_2}$。

2. 搅拌热（$Q_{搅拌}$）

搅拌器转动引起的液体之间及液体与设备之间的摩擦所产生的热量，即搅拌热。搅拌热可根据下式近似算出来。

$$Q_{搅拌} = 3600 \frac{P}{V} \tag{7-1}$$

式中，P/V 为通气条件下单位体积发酵液所消耗的功率，kW/m³；3600 为热功当量，kJ/(kW·h)。

3. 蒸发热（$Q_{蒸发}$）

空气进入发酵罐与发酵液广泛接触后，排出引起水分蒸发所需的热能，即为蒸发热。水的蒸发热和废气因温度差异所带的部分显热（$Q_{显}$）一起都散失到外界。由于进入的空气温度和湿度随外界的气候和控制条件而变化，所以 $Q_{蒸发}$ 和 $Q_{显}$ 是变化的。

4. 辐射热（$Q_{辐射}$）

由于罐外壁和大气间的温度差异而使发酵液中的部分热能通过罐体向大气辐射的热量，即为辐射热。辐射热的大小取决于罐内温度与外界气温的差值，差值越大，散热越多。

由于 $Q_{生物}$、$Q_{蒸发}$ 和 $Q_{显}$，特别是 $Q_{生物}$ 在发酵过程中是随时间变化的，因此发酵热在整个发酵过程中也随时间变化，引起发酵温度发生波动。为了使发酵能在一定温度下进行，故要设法进行控制。

三、温度的控制

1. 最适温度的选择

最适发酵温度是既适合菌体的生长，又适合代谢产物合成的温度。但最适生长温度与最适生产温度往往是不一致的。各种微生物在一定条件下，都有一个最适的温度范围。微生物种类不同，所具有的酶系不同，所要求的温度不同。同一微生物，培养条件不同，最适温度不同。如谷氨酸产生菌的最适生长温度为 30～34℃，产生谷氨酸的温度为 36～37℃。在谷氨酸发酵的前期长菌阶段和种子培养阶段应满足菌体生长的最适温度。若温度过高，菌体容易衰老。在发酵的中后期菌体生长已经停止，为了大量积累谷氨酸，需要适当提高温度。又如初级代谢产物乳酸的发酵，乳酸链球菌的最适生长温度为 34℃，而产酸最多的温度为 30℃，但发酵速度最高的温度达 40℃。次级代谢产物发酵更是如此，如在 2% 乳糖、2% 玉米浆和无机盐的培养基中对青霉素产生菌产黄青霉进行发酵研究，测得菌体的最适生长温度为 30℃，而青霉素合成的最适温度又为 24.7℃。因此需要选择一个最适的发酵温度。

最适发酵温度随着菌种、培养基成分、培养条件和菌体生长阶段不同而改变。理论上，整个发酵过程中不应只选一个培养温度，而应根据发酵不同阶段，选择不同的培养温度。

在生长阶段，应选择最适生长温度；在产物分泌阶段，应选择最适生产温度。发酵温度可根据不同菌种，不同产品进行控制。

有人试验青霉素变温发酵，其温度变化过程是，起初 5h，维持在 30℃，以后降到 25℃ 培养 35h，再降到 20℃ 培养 85h，最后又提高到 25℃，培养 40h 放罐。在这样条件下所得青霉素产量比在 25℃ 恒温培养条件提高 14.7%。又如四环素发酵，在中后期保持稍低的温度，可延长产物分泌期，放罐前的 24h，培养温度提高 2～3℃，就能使最后这天的发酵单位增加率提高 50% 以上。这些都说明变温发酵产生的良好结果。但在工业发酵中，由于发酵液的体积很大，升降温度都比较困难，所以在整个发酵过程中，往往采用一个比较适合的培养温度，使得到的产物产量最高，或者在可能条件下进行适当的调整。实际生产中，为了得到很高的发酵效率，获得满意的产物得率，生产上往往采用二级或三级管理温度。

2. 温度的控制

工业生产上，所用的大发酵罐在发酵过程中一般不需要加热，因发酵中释放了大量的发酵热，需要冷却的情况较多。利用自动控制或手动调整的阀门，将冷却水通入发酵罐的夹层或蛇形管中，通过热交换来降温，保持恒温发酵。如果气温较高（特别是我国南方的夏季气温），冷却水的温度又高，致使冷却效果很差，达不到预定的温度，就可采用冷冻盐水进行循环式降温，以迅速降到最适温度。因此大工厂需要建立冷冻站，提高冷却能力，以保证在正常温度下进行发酵。

第三节　pH 值对发酵的影响及其控制

一、pH 值对发酵的影响

发酵培养基的 pH 值，对微生物生长具有非常明显的影响，也是影响发酵过程中各种酶活的重要因素。pH 值对微生物的繁殖和产物合成的影响有以下几个方面：①影响酶的活性，当 pH 值抑制菌体中某些酶的活性时，会阻碍菌体的新陈代谢；②影响微生物细胞膜所带电荷的状态，改变细胞膜的通透性，影响微生物对营养物质的吸收和代谢产物的排泄；③影响培养基中某些组分的解离，进而影响微生物对这些成分的吸收；④pH 值不同，往往引起菌体代谢过程的不同，使代谢产物的质量和比例发生改变。

培养基中营养物质的代谢，是引起 pH 值变化的主要原因，发酵液 pH 值的变化乃是菌体代谢的综合效果。由于 pH 值不当，可能严重影响菌体的生长和产物的合成，因此对微生物发酵来说有各自的最适生长 pH 值和最适生产 pH 值。各种不同的微生物，对 pH 值的要求不同。多数微生物生长都有最适 pH 值范围及其变化的上下限：上限都在 pH 8.5 左右，超过此上限，微生物将无法忍受而自溶；下限以酵母为最低（pH 2.5）。但菌体内的 pH 值一般认为是在中性附近。pH 值对产物的合成有明显的影响，因为菌体生长和产物合成都是酶反应的结果，仅仅是酶的种类不同而已，因此代谢产物的合成也有自己最适的 pH 值范围，如合成青霉素的最适 pH 值范围为 6.5～6.8。这两种 pH 值的范围对发酵控制来说都是很重要的参数。另外，pH 值还会影响某些霉菌的形态。

一般认为，细胞内的 H^+ 或 OH^- 能影响酶蛋白的解离度和电荷情况，改变酶的结构和功能，引起酶活性的改变。但培养基的 H^+ 或 OH^- 并不是直接作用在胞内酶蛋白上，而是首先作用在胞外的弱酸（或弱碱）上，使之成为易于透过细胞膜的分子状态的弱酸（或弱碱），它们进入细胞后，再行解离，产生 H^+ 或 OH^-，改变胞内原先存在的中性状态，进而影响酶的结构和活性。所以培养基中 H^+ 或 OH^- 是通过间接作用来产生影响的。pH 值还影响菌体对基质的利用速度和细胞的结构，影响菌体的生长和产物的合成。Collnig 等人发现产黄曲霉的细胞壁的厚度就随 pH 值的增加而减小；其菌丝直径在 pH=6.0 时为 2～3μm；pH=7.4 时为 2～18μm，并呈膨胀酵母状；pH 值下降后菌丝形态又会恢复正常。pH 值还影响菌体细胞膜的电荷状况，引起膜透性发生改变，因而影响菌体对营养物质的吸收和代谢产物的形成等。

如同温度对发酵影响一样，pH 值对产物稳定性也有影响。如在 β-内酰胺抗生素沙纳霉素（thienamycin）的发酵中，考察 pH 值对产物生物合成的影响时，发现 pH=6.7～7.5，抗生素的产量相近，高于或低于这个范围，合成就受到抑制。在这个 pH 值范围内，沙纳霉素的稳定性未受到严重影响，半衰期也无大的变化；但 pH>7.5 时，稳定性下降，半衰期缩短，发酵单位也下降。青霉素在碱性条件下发酵单位低，也与青霉素的稳定性有关。

由于 pH 值的高低对菌体生长和产物的合成产生明显的影响，所以在工业发酵中，维持最适 pH 值已成为生产成败的关键因素之一。

二、发酵过程 pH 值的变化

在发酵过程中，pH 值的变化决定于所用的菌种、培养基的成分和培养条件。在产生菌的代谢过程中，菌本身具有一定的调整周围 pH 值的能力，构建最适 pH 值的环境。曾以产生利福霉素 SV 的地中海诺卡菌进行发酵研究，采用 pH 值为 6.0、6.8、7.5 三个出发值，结果发现 pH 值在 6.8、7.5 时，最终发酵 pH 值都达到 7.5 左右，菌丝生长和发酵单位都达到正常水平；但 pH 值为 6.0 时，发酵中期 pH 值只达 4.5，菌体浓度仅为 20%，发酵单位为零。这说明菌体仅有一定的自调能力。

培养基中的营养物质的代谢，也是引起 pH 值变化的重要原因，发酵所用的碳源种类不同，pH 值变化也不一样。如灰黄霉素发酵的 pH 值变化，就与所用碳源种类有密切关系，如以乳糖为碳源，乳糖被缓慢利用，丙酮酸堆积很少，pH 值维持在 6～7；如以葡萄糖为碳源，丙酮酸迅速积累，使 pH 值下降到 3.6，发酵单位很低。

发酵液的 pH 值变化是菌体代谢反应的综合结果。从代谢曲线的 pH 值变化就可以推测发酵罐中的各种生化反应的进展和 pH 值变化异常的可能原因。在发酵过程中，要选择好发酵培养基的成分及其配比，并控制好发酵工艺条件，才能保证 pH 值不会产生明显的波动，维持在最佳的范围内，得到良好的结果。实践证明，维持稳定的 pH 值，对产物的形成有利。

三、发酵 pH 值的确定和控制

1. 发酵 pH 值的确定

微生物发酵的最适 pH 值范围一般是在 5～8，如谷氨酸发酵的最适 pH 值为 7.5～8.0。但发酵的 pH 值又随菌种和产品不同而不同。由于发酵是多酶复合反应系统，各酶的最适 pH 值也不相同，因此，同一菌种，生长最适 pH 值可能与产物合成的最适 pH 值是不一样的。例如，黑曲霉 pH=2～3 时合成柠檬酸，在 pH 值接近中性时积累草酸。谷氨酸生产菌在中性和微碱性条件下积累谷氨酸，在酸性条件下形成谷氨酰胺。谷氨酸发酵在不同阶段对 pH 值的要求不同，发酵前期控制 pH=7.5 左右，发酵中期 pH=7.2 左右，发酵后期 pH=7.0，在将近放罐时，为了后工序提取谷氨酸，以 pH=6.5～6.8 为好。如初级代谢产物丙酮丁醇的梭状芽孢杆菌发酵，pH 值在中性时，菌种生长良好，但产物产量很低，实际发酵合适 pH 值为 5～6。次级代谢产物抗生素的发酵更是如此，链霉素产生菌生长的合适 pH 值为 6.2～7.0，而合成链霉素的合适 pH 值为 6.8～7.3。因此，应该按发酵过程的不同阶段分别控制不同的 pH 值范围，使产物的产量达到最大。

最适 pH 值是根据实验结果来确定的。将发酵培养基调节成不同的出发 pH 值进行发酵，在发酵过程中，定时测定和调节 pH 值，以分别维持出发 pH 值，或者利用缓冲液配制培养基来维持。到时观察菌体的生长情况，以菌体生长达到最高值的 pH 值为菌体生长的合适 pH 值。以同样的方法，可测得产物合成的合适 pH 值。但同一产品的合适 pH 值，还与所用的菌种、培养基组成和培养条件有关。如合成青霉素的合适 pH 值，先后报告有 7.2~7.5、7.0 左右和 6.5~6.6 等不同数值，产生这样的差异，可能是由所用的菌株、培养基组成和发酵工艺不同引起的。在确定合适发酵 pH 值时，不定期要考虑培养温度的影响，若温度提高或降低，合适 pH 值也可能发生变动。

2. pH 值的控制

在各种类型的发酵过程中，实验所得的最适 pH 值在微生物生长和产物生成中 3 个参数的相互关系有四种情况（见图 7-3）：①第一种情况是菌体的比生长速率（μ）和产物比生成速率（Q_P）的最适 pH 值都在一个相似的较宽的适宜范围内（a），这种发酵过程易于控制；②第二种情况是 Q_P（或 μ）的最适 pH 值范围很窄，而 μ（或 Q_P）的范围较宽（b）；③第三种情况是 μ 和 Q_P 对 pH 值都很敏感，它们的最适 pH 值又是相同的（c），第二、第三模式的发酵 pH 值应严格控制；④第四种情况更复杂，μ 和 Q_P 有各自的最适 pH 值（d），应分别严格控制各自的最适 pH 值，才能优化发酵过程。

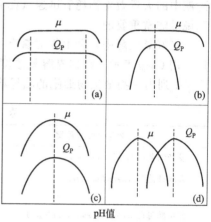

图 7-3　pH 值与比生长速率和比生成速率之间的几种关系

在了解发酵过程中合适 pH 值的要求之后，就要采用各种方法来控制。首先需要考虑和试验发酵培养基的基础配方，使它们有个适当的配比，使发酵过程中的 pH 值变化在合适的范围内。因为培养基中含有代谢产酸

〔如葡萄糖产生酮酸、$(NH_4)_2SO_4$〕和产碱（如 $NaNO_3$、尿素）的物质以及缓冲剂（如 $CaCO_3$）等成分，它们在发酵过程中要影响 pH 值的变化，特别是 $CaCO_3$ 能与酮酸等反应，而起到缓冲作用，所以它的用量比较重要。在分批发酵中，常采用这种方法来控制 pH 值的变化。

利用上述方法调节 pH 值的能力是有限的，如果达不到要求，可以用在发酵过程中直接补加酸或碱和补料的方式来控制，特别是补料的方法，效果比较明显。过去是直接加入酸（如 H_2SO_4）或碱（如 $NaOH$）来控制，但现在常用的是以生理酸性物质〔$(NH_4)_2SO_4$〕和碱性物质来控制。它们不仅可以调节 pH 值，还可以补充氮源。当发酵的 pH 值和氨氮含量都低时，补加氨水，就可达到调节 pH 值和补充氨氮的目的；反之，pH 值较高，氨氮含量又低时，就补加 $(NH_4)_2SO_4$。在加多了消泡剂的个别情况下，还可采用提高空气流量来加速脂肪酸的代谢，以调节 pH 值。通氨一般是使压缩氨气或工业用氨水（浓度 20% 左右），采用少量间歇添加或连续自动流加，可避免一次加入过多造成局部偏碱。氨极易和铜反应产生毒性物质，对发酵产生影响，故需避免使用铜制的通氨设备。

目前，已比较成功地采用补料的方法来调节 pH 值，如氨基酸发酵采用流加尿素的方法，特别是次级代谢产物抗生素发酵，更常用此法。这种方法，既可以达到稳定 pH 值的目的，又可以不断补充营养物质，特别是能产生阻遏作用的物质。少量多次补加还可解除对产物合成的阻遏作用，提高产物产量。也就是说，采用补料的方法，可以同时实现补充营养、延长发酵周期、调节 pH 值和培养液的特性（如菌体浓度等）等几个目的。最成功的例子就是青霉素的补料工艺，利用控制葡萄糖的补加速率来控制 pH 值的变化范围（现已实现自动化），其青霉素产量比用恒定的加糖速率和加酸或碱来控制 pH 值的产量高 25%。

第四节 溶解氧对发酵的影响及其控制

一、溶解氧对发酵的影响

对于好氧发酵来说，氧是构成细胞组成成分和各种产物的重要元素之一，细胞生长速率又与发酵液中溶解氧的浓度有关，细胞代谢能的产生又直接与氧化速度有关，因此，氧是好氧细胞反应中的重要底物，氧只有溶解于发酵液中，才能被微生物所利用。在 25℃，一个大气压下，空气中的氧在水中的溶解度为 0.25mmol/L，在发酵液中的溶解度为 0.22mmol/L，而发酵液中的大量微生物耗氧迅速（耗氧速率大于 25～100mmol/L），因此，供氧对于好氧微生物来说是非常重要的。

在好氧发酵中，微生物对氧有一个最低要求，满足微生物呼吸的最低氧浓度叫临界溶氧浓度，用 $C_{临界}$ 表示。在临界溶氧浓度以下，微生物的呼吸速率随溶解氧浓度降低而显著下降。表 7-1 列出一些微生物细胞的临界溶氧浓度。

表 7-1 某些微生物细胞的 $C_{临界}$ 值

微生物细胞种类	温度/℃	临界溶氧浓度/(mmol/L)
发光细菌（*Photobacterium*）	24.0	0.0100
大肠杆菌（*Escherichia coli*）	37.8	0.0082
	15.0	0.0031
面包酵母（*Saccharomyces cerevisiae*）	34.8	0.0460
	20.0	0.0037
米曲霉（*Aspergillus oryzae*）	30.0	0.0200
产黄青霉菌（*Penicillium chrysogenum*）	24.0	0.0220
	30.0	0.0090
维涅兰得固氮菌（*Azotobacter vinelandii*）	30.0	0.0180～0.0490

从表 7-1 可以看出，一般好氧微生物临界溶氧浓度很低，为 0.003～0.015mmol/L，需氧量一般为 25～100mmol/(L·h)，其临界溶氧浓度大约是饱和浓度的 1%～25%。一般情况下，发酵行业用空气饱和度来表示溶氧（DO）含量的单位。各种微生物的临界溶氧值以空气氧饱和度表示，如细菌和酵母菌为 3%～10%，放线菌为 5%～30%，霉菌为 10%～15%。

当不存在其他限制性基质时，溶解氧浓度高于临界值，细胞的比耗氧速率保持恒定；如果溶解氧浓度低于临界值，细胞的比耗氧速率就会大大下降。细胞处于半厌氧状态，代谢活动受到阻遏。培养液中维持微生物呼吸和代谢所需的氧保持供氧与耗氧的平衡，才能满足微生物对氧的利用。液体中的微生物只能利用溶解氧，气液界面处的微生物还能利用气相中的氧。强化气液界面也将有利于供氧。

溶氧是需氧发酵控制最重要的参数之一。由于氧在水中的溶解度很小，在发酵液中的溶解度亦如此，因此，需要不断通风和搅拌，才能满足不同发酵过程对氧的需求。溶氧的大小对菌体生长和产物的形成及产量都会产生不同的影响。如谷氨酸发酵，供氧不足时，谷氨酸积累就会明显降低，产生大量乳酸和琥珀酸。又如薛氏丙酸菌发酵生产维生素 B_{12} 中，维生素 B_{12} 的组成部分咕啉醇酰胺（cobinamide，又称 B 因子）的生物合成前期的两种主要酶就受到氧的阻遏，限制氧的供给，才能积累大量的 B 因子，B 因子又在供氧的条件下才转变成维生素 B_{12}，因而采用厌氧和供氧相结合的方法，有利于维生素 B_{12} 的合成。在天冬酰胺酶的发酵中，前期是好氧培养，而后期转为厌氧培养，酶的活力就能大为提高。掌握好转变时机颇为重要。据实验研究，当溶氧浓度下降到 45% 时，就从好氧培养转为厌氧培养，酶的活力可提高 6 倍，这就说明利用控制溶氧的重要性。对抗生素发酵来说，氧的供给就更为重要。如金霉素发酵，在生长期中短时间停止通风，就可能影响菌体在生产期的糖代谢途径，由 HMP 途径转向 EMP 途径，使金霉素合成的产量减少。金霉素 C_6 上的氧还直接来源于溶解氧，所以，溶氧对菌体代谢和产物合成都有影响。

从上所知，需氧发酵并不是溶氧越大越好。溶氧高虽然有利于菌体生长和产物合成，但溶氧太大有时反而抑制产物的形成。为避免发酵处于限氧条件下，需要考查每一种发酵产物的临界氧浓度和最适溶氧浓度（optimal dissolved oxygen concentration），并使发酵过程保持在最适溶氧浓度。最适溶氧浓度的大小与菌体和产物合成代谢的特性有关，可由实验确定。据报道，青霉素发酵的临界氧浓度为 5%～10%，低于此值就会对青霉素合成带来损失，时间越长，损失越大。而初级代谢的氨基酸发酵，需氧量的大小与氨基酸的合成途径密切相关。根据发酵需氧要求不同可分为三类（见图 7-4）：第一类有谷氨酸（Glu）、谷氨酰胺（Gln）、精氨酸（Arg）和脯氨酸（Pro）等谷氨酸系氨基酸，它们在菌体呼吸充足的条件下，产量才最大，如果供氧不足，氨基酸合成就会受到强烈的抑制，大量积累乳酸和琥珀酸；第二类，包括异亮氨酸（Ile）、赖氨酸（Lys）、苏氨酸（Thr）和天冬氨酸（Asp），即天冬氨酸系氨基酸，供氧充足可得最高产量，但供氧受限，产量受影响并不明显；第三类，有亮氨酸、缬氨酸（Val）和苯丙氨酸（Phe），仅在供氧受限、细胞呼吸受抑制时，才能获得最大量的氨基酸，如果供氧充足，产物生成反而受到抑制。

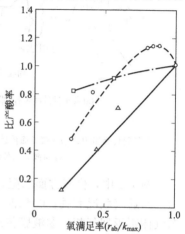

图 7-4　氨基酸的相对产量与氧满足程度之间的相关性

△ L-谷氨酸；□ L-赖氨酸；○ L-亮氨酸；r_{ab}—菌体呼吸速率；k_{max}—最大呼吸速率

氨基酸合成的需氧程度产生上述差别的原因，是由它们的生物合成途径不同所引起的，不同的代谢途径产生不同数量的 NAD(P)H，当然再氧化所需要的溶氧量也不同。第一类氨基酸是经过乙醛酸循环和磷酸烯醇式丙酮酸羧化系统两个途径形成的，产生的 NADH 量最多。因此 NADH 氧化再生的需氧量为最多，供氧越多，合成氨基酸当然也越顺利。第二类的合成途径是产生 NADH 的乙醛酸循环或消耗 NADH 的磷酸烯醇式丙酮酸羧化系统，产生的 NADH 量不多，因而与供氧量关系不明显。第三类，如苯丙氨酸的合成，并不经 TCA 循环，NADH 产量很少，过量供氧，反而起到抑制作用。肌苷发酵也有类似的结果。由此可知，供氧大小与产物的生物合成途径有关。

在抗生素发酵过程中，菌体的生长阶段和产物合成阶段都有一个临界氧浓度，分别为 $c'_{临}$ 和 $c''_{临}$。两者的关系有：①大致相同；②$c'_{临} > c''_{临}$；③$c'_{临} < c''_{临}$。

目前，发酵工业中，氧的利用率（oxygen utilization rate）还很低，只有 40%～60%，抗生素发酵工业更低，只有 2%～8%。好氧微生物的生长和代谢活动都需要消耗氧气，它们只有在氧分子存在的情况下才能完成生物氧化作用。因此，供氧对于需氧微生物是必不可少的。

二、供氧与微生物呼吸代谢的关系

好氧微生物生长和代谢均需要氧气，因此供氧必须满足微生物在不同阶段的需要。由于各种好氧微生物所含的氧化酶系（如过氧化氢酶、细胞色素氧化酶、黄素脱氢酶、多酚氧化酶等）的种类和数量不同，在不同的环境条件下，各种不同的微生物的吸氧量或呼吸强度是不同的。

1. 发酵过程中氧的传递

在好氧发酵中，微生物的供氧过程是气相中的氧首先溶解在发酵液中，然后再传递到细胞内呼吸酶的位置上而被利用的，这一系列的传递过程可分为供氧和好氧两个方面。供氧是指空气中的氧气从通过气膜、气液界面和液膜扩散到液体主流中。耗氧是指氧分子自液体主流通过液膜、菌丝丛、细胞膜扩散到细胞内。氧在传递过程中必须克服一系列的阻力，才能到达反应部位，被微生物所利用。氧传递的过程如图 7-5 所示。

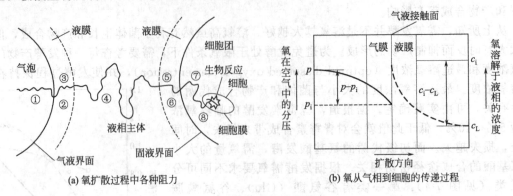

(a) 氧扩散过程中各种阻力　　　　　　(b) 氧从气相到细胞的传递过程

图 7-5　氧传递的过程示意

①气膜传递阻力；②气液界面传递阻力；③液膜传递阻力；④液相传递阻力；⑤细胞或细胞团表面的液膜阻力；⑥固液界面传递阻力；⑦细胞团内的传递阻力；⑧细胞膜与细胞壁阻力

图 7-5 中，供氧方面的阻力有：①气膜传递阻力，即气体主流及气液界面间的气膜传递阻力，与通气状况有关；②气液界面传递阻力，只有具备高能量的氧分子才能透到液相中，而其余气体则返回气相；③液膜传递阻力，即从气相界面至液体主流间的液膜阻力，与发酵液的成分和浓度有关；④液相传递阻力，与发酵液的成分有关，通常不作为一项重要的阻力，因液体主流中氧的浓度假定是不变的，当然这只是在适当的搅拌情况下才成立。

图 7-5 中，耗氧方面的阻力：⑤细胞或细胞团表面的液膜阻力，与发酵液成分和浓度有关；⑥固液界面传递阻力，与发酵液特性和微生物的生理特征有关；⑦细胞团内的传递阻力，这种阻力与微生物的种类、生理特性有关，单细胞微生物不存在这种阻力，丝状菌的这种阻力最为突出；⑧细胞膜与细胞壁阻力，即氧分子与细胞内呼吸酶系反应时的阻力，与微生物的种类和生理特征有关。

以上阻力的相对大小取决于流体力学特征、温度、细胞的活性和浓度、液体的组成、界面特征以及其他因素。显然，氧从空气泡到细胞的总传递阻力为以上各项传递阻力的总和。

从氧的溶解过程可知，供氧方面的主要阻力是气膜和液膜阻力，所以在工业上常将通入培养液的空气分散成细小的泡沫，尽可能增大气液两相的接触时间，以促进氧的溶解。耗氧方面的主要阻力是细胞团和细胞膜的阻力，搅拌可减少逆向扩散的梯度，因此也可以降低这方面的阻力。

2. 氧传递方程

描述气-液两相间物质传递速率的主要模型有 Whitman 提出的稳态模型和 Higbie 提出的非稳态模型，它们分别以双膜理论和渗透理论为代表。在发酵过程中，常用基于双膜理论的模型来描述氧在气-液两相间的传递速率。双膜理论的基本假设如下：①气泡与包围着气泡的液体之间存在着界面，在界面的气泡一侧存在着一层气膜，在界面的液体一侧存在着一层液膜；气膜内的气体分子和液膜内的液体分子都处于层流状态，气体在双膜内以分子扩散的机制传递，其推动力为浓度差；气泡内除气膜以外的气体分子处于对流状态，称为气相主体，任何一点的氧浓度和氧分压相等；液膜以外的液体分子处于对流状态，称为液相主体，任何一点的氧浓度亦相同。②溶解的气体在双膜内的浓度分布不随时间变化，为一稳定状态。③气-液两相界面上，气相氧分压和液相中氧浓度之间达到平衡状态，因此在界面上没有物质传递的阻力。

气体溶解于液体是一个复杂的过程，气体中的氧在克服各种阻力进行传递的过程中需要有一定的推动力，如图 7-5 (b) 所示。氧从空气扩散到气液界面这一段的推动力是空气中氧的分压与界面处氧分压之差，即 $p - p_i$；氧穿过界面溶解于液体，继续扩散到液体中的推动力是界面处氧的浓度与液体中氧浓度之差，即 $c_i - c_L$。与两个推动力相对应的阻力是气膜阻力和液膜阻力。传质达到稳定时，总的传质速率与串联的各部传质速率相等。通常情况下，不可能测定界面处的氧分压和氧浓度，所以可使用总传质系数 K_G 或 K_L 和总推动力 $p - p^*$ 或 $c^* - c_L$。在稳定状态时，单位接触界面氧的传递速率为

$$OTR = K_G(p - p^*) = K_L(c^* - c_L) \tag{7-2}$$

式中，K_G 为以氧分压差为总推动力的总传质系数，$kmol/(m^2 \cdot h \cdot MPa)$；$K_L$ 为以氧浓度差为总推动力的总传质系数，m/h；p^* 为与液相中氧浓度 c_L 相平衡时氧的分压，MPa；c^* 为与气相中氧分压平衡时的液相氧的浓度，$kmol/m^3$。

传质系数 K_L 并不包含传质界面积，在气液传质过程中，通常将 $K_L a$ 作为一项处理，称为体积溶氧系数或液相体积氧传递系数。在单位体积培养液中氧的传递速率 OTR 可表示为

$$OTR = K_G a(p - p^*) = K_L a(c^* - c_L) \tag{7-3}$$

式中，OTR 为单位体积培养液的氧传递速率，$kmol/(m^3 \cdot h)$；$K_L a$ 为以浓度差为推动力的体积溶氧系数，h^{-1}。

3. 供氧与耗氧的动态关系

培养液中的溶解氧浓度对好氧发酵有很大的影响，而溶解氧浓度取决于氧传递和氧被微生物利用两个方面的相对浓度之差，即溶解氧浓度是供氧与耗氧平衡的结果。

微生物的吸氧量常用呼吸强度 (respiratory strength) 和耗氧速率 (oxygen uptake rate) 两种方法来表示，呼吸强度是指单位质量的干菌体在单位时间内所吸取的氧量，以 Q_{O_2} 表示，单位为 $mmol\ O_2/(g\ 干菌体 \cdot h)$。耗氧速率是指单位体积培养液在单位时间内的吸氧量，以 OUR (简称 r_{O_2}) 表示，单位为 $mmol\ O_2/(L \cdot h)$。呼吸强度可以表示微生物的相对吸氧量，但是，当培养液中有固体成分存在时，对测定有困难，这时可用耗氧速率来表示。微生物在发酵过程中的耗氧速率取决于微生物的呼吸强度和单位体积菌体浓度。

$$r_{O_2} = Q_{O_2} c(X) \tag{7-4}$$

式中，r_{O_2} 为微生物的耗氧速率，$mmol\ O_2/(L \cdot h)$；Q_{O_2} 为菌体的呼吸强度，$mmol\ O_2/(g \cdot h)$；$c(X)$ 为发酵液中菌体的浓度，g/L。

在发酵生产中，供氧的多少应根据不同的菌种、发酵条件和发酵阶段等具体情况决定。例如谷氨酸发酵在菌体生长期，希望糖的消耗最大限度地用于合成菌体，而在谷氨酸生成期，则希望糖的消耗最大限度地用于合成谷氨酸。因此，在菌体生长期，供氧必须满足菌体呼吸的需氧量，即 $r_{O_2} = Q_{O_2} c(X)$，若菌体的需氧量得不到满足，则菌体呼吸受到抑制，而抑制生长，引起乳酸等副产物的积累，菌体收率降低。但是供氧并非越大越好，当供氧满足菌体需要，菌体的生长速率达最大值，如果再提高供氧，不但不能促进生长，造成浪费，而且由于高氧水平抑制生长。同时高氧水平下生长的菌体不能有效地产生谷氨酸。

与菌体的生长期相比，谷氨酸生成期需要大量的氧。谷氨酸的发酵在细胞最大呼吸速率时，谷氨酸产量大。因此，在谷氨酸生成期要求充分供氧，以满足细胞最大呼吸的需氧量。在条件适当时，谷氨酸生产菌将 60% 以上的糖转化为谷氨酸。

在发酵过程中，影响耗氧的因素有以下几方面：①培养基的成分和浓度显著影响耗氧。培养液营养丰富，菌体生长快，耗氧量大。发酵浓度高，耗氧量大。发酵过程补料或补糖，微生物对氧的摄取量随着增大。②菌龄影响耗氧。呼吸旺盛，耗氧力强，发酵后期菌体处于衰老状态，耗氧能力自然减弱。③发酵条件影响耗氧。在最适条件下发酵，耗氧量大。发酵过程中，排除有毒代谢产物如二氧化碳、挥发性的有机酸和过量的氨，也有利于提高菌体的摄氧量。

发酵过程中，溶氧的任何变化都是供氧与需氧不平衡的结果。故控制溶氧水平可以从氧的供需着手。供氧方面可从式（7-5）考虑。

$$\frac{dc(O_2)}{dt}=k_La(c^*-c_L) \tag{7-5}$$

式中，$dc(O_2)/dt$ 为单位时间内发酵液中溶氧浓度的变化，$mmol/(L \cdot h)$。

如果发酵液中溶氧浓度暂时不变，即供氧等于需氧，则有：

$$k_La(c^*-c_L)=Q_{O_2}c(X) \tag{7-6}$$

显然，那些使这一方程，即供氧和需氧失去平衡的因子都会改变溶氧浓度。

三、发酵过程溶解氧的变化

在发酵过程中，在已有设备和正常发酵条件下，每种产物发酵的溶氧浓度变化都有自己的规律。

如图 7-6 和图 7-7 中，在谷氨酸和红霉素发酵的前期，产生菌大量繁殖，需氧量不断增加。此时的需氧量超过供氧量，使溶氧浓度明显下降，出现一个低峰，产生菌的摄氧率同时出现一个高峰。发酵液中的菌体浓度也不断上升，对谷氨酸发酵来说，菌体仍在生长繁殖，抗生素发酵的菌体浓度也出现一个高峰。黏度一般在这个时期也会出现一高峰阶段。这都说明产生菌正处在对数生长期。过了生长阶段，需氧量有所减少，溶氧浓度经过一段时间的平稳阶段（如谷氨酸发酵）或随之上升（如抗生素发酵）后，就开始形成产物，溶氧浓度也不断上升。谷氨酸发酵的溶氧低峰约在 6～20h，而抗生素的都在 10～70h，低峰出现的时间和低峰溶氧浓度随菌种、工艺条件和设备供氧能力不同而异。

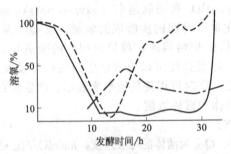

图 7-6　谷氨酸发酵时正常和异常的溶氧曲线

——正常发酵溶氧曲线；----异常发酵溶氧曲线；—·—异常发酵光密度曲线

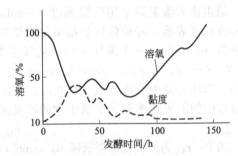

图 7-7　红霉素发酵过程中溶氧和黏度的变化

发酵中后期，对于分批发酵来说，溶氧浓度变化比较小。因为菌体已繁殖到一定浓度，进入平衡期，呼吸强度变化也不大，如不补加基质，发酵液的摄氧率变化也不大，供氧能力仍保持不变，溶氧浓度变化也不大。但当外界进行补料（包括碳源、前体、消沫油），则溶氧浓度就会发生改变，变化的大小和持续时间的长短，则随补料时的菌龄、补入物质的种类和剂量不同而不同。如补加糖后，发酵液的摄氧率就会增加，引起溶氧浓度下降，经过一段时间后又逐步回升；如继续补糖，甚至降至临界氧浓度以下，而成为生产的限制因素。

在生产后期，由于菌体衰老，呼吸强度减弱，溶氧浓度也会逐步上升，一旦菌体自溶，溶氧浓度更会明显上升。

在发酵过程中，有时出现溶氧浓度明显降低或明显升高的异常变化，常见的是溶氧下降。造成异常变化的原因有两方面：耗氧或供氧出现了异常因素或发生了障碍。据已有资料报道，引起溶氧异常下降，可能有下列几种原因：①污染好氧杂菌，大量的溶氧被消耗掉，可能使溶氧在较短时间内下降到零附近，如果杂菌本身耗氧能力不强，溶氧变化就可能不明显；②菌体代谢发生异常现象，需氧要求增加，使溶氧下降；③某些设备或工艺控制发生故障或变化，也可能引起溶氧下降，如搅拌功率消耗变小或搅拌速度变慢，影响供氧能力，使溶氧降低。又如消泡剂因自动加油器失灵或人为加量太多，也会引起溶氧迅速下降。其他影响供氧的工艺操作，如停止搅拌、闷罐（罐排气封闭）等，都会使溶氧发生异常变化。

引起溶氧异常升高的原因，在供氧条件没有发生变化的情况下，主要是耗氧出现改变，如菌体代谢出现异常，耗氧能力下降，使溶氧上升。特别是污染烈性噬菌体，影响最为明显，产生菌尚未裂解前，呼吸已受到抑制，溶氧有可能上升，直到菌体破裂后，完全失去呼吸能力，溶氧就直线上升。

由上可知，从发酵液中的溶解氧浓度的变化，就可以了解微生物生长代谢是否正常，工艺控制是否合理，设备供氧能力是否充足等问题，帮助查找发酵不正常的原因和控制好发酵生产。

四、溶解氧浓度控制

发酵液的溶氧浓度，是由供氧和需氧两方面所决定的。也就是说，当发酵的供氧量大于需氧量，溶氧浓度就上升，直到饱和；反之就下降。因此要控制好发酵液中的溶氧浓度，需从这两方面着手。

在供氧方面，主要是设法提高氧传递的推动力和液相体积氧传递系数 K_La 值。结合生产实际，在可能的条件下，采取适当的措施来提高溶氧浓度，如调节搅拌转速或通气速率来控制供氧。但供氧量的大小还必须与需氧量相协调，也就是说要有适当的工艺条件来控制需氧量，使产生菌的生长和产物生成对氧的需求量不超过设备的供氧能力，使产生菌发挥出最大的生产能力。这对生产实际具有重要的意义。

发酵液的需氧量，受菌体浓度、基质的种类和浓度以及培养条件等因素的影响，其中以菌体浓度的影响最为明显。发酵液的摄氧率随菌体浓度增加而按比例增加，但氧的传递速率是随菌体浓度的对数关系减少的，因此可以控制菌的比生长速率比临界值略高一点的水平，达到最适浓度。这是控制最适溶氧浓度的重要方法。最适菌体浓度既能保证产物的比生成速率维持在最大值，又不会使需氧大于供氧。如何控制最适的菌体浓度？这可以通过控制基质的浓度来实现。如青霉素发酵，就是通过控制补加葡萄糖的速率达到最适菌体浓度。现已利用敏感型的溶氧电极传感器来控制青霉素发酵，利用溶氧浓度的变化来自动控制补糖速率，间接控制供氧速率和 pH 值，实现菌体生长、溶氧和 pH 值三位一体的控制体系。

除控制补料速度外，在工业上，还可采用调节温度（降低培养温度可提高溶氧浓度）、中间补水、添加表面活性剂等工艺措施，来改善溶氧水平。

第五节　菌体浓度与基质对发酵的影响及其控制

一、菌体浓度对发酵的影响及其控制

菌体（细胞）浓度（简称菌浓，cell concentration）是指单位体积培养液中菌体的含量。无论在科学研究上，还是在工业发酵控制上，它都是一个重要的参数。菌浓的大小，在一定条件下，不仅反映菌体细胞的多少，而且反映菌体细胞生理特性不完全相同的分化阶段。在发酵动力学研究中，需要利用菌浓参数来算出菌体的比生长速率和产物的比生成速率等有关动力学参数，以研究它们之间的相互关系，探明其动力学规律，所以菌浓仍是一个基本参数。

菌浓的大小与菌体生长速率有密切关系。比生长速率（μ）大的菌体，菌浓增长也迅速，反之就缓慢。而菌体的生长速率与微生物的种类和自身的遗传特性有关，不同种类的微生物的生长速率是不一样的。它的大小取决于细胞结构的复杂性和生长机制，细胞结构越复杂，分裂所需的时间就越长。典型的细菌、酵母、霉菌和原生动物的倍增时间分别为 45min、90min、

3h 和 6h 左右，这说明各类微生物增殖速度的差异。菌体的增长还与营养物质和环境条件有密切关系。营养物质包括各种碳源和氮源等成分及它们的浓度。按照 Monod 关系式来看，生长速率取决于基质的浓度（各种碳源的基质饱和系数 K_S 在 $1\sim10\text{mg/L}$），当基质浓度 $c(S)>10K_S$ 时，比生长速率就接近最大值。所以营养物质均存在一个上限浓度，在此限度以内，菌体比生长速率则随浓度增加而增加，但超过此上限，浓度继续增加，反而会引起生长速率下降。这种效应通常称为基质抑制作用（substrate inhibiting action）。这可能是由于高浓度基质形成高渗透压，引起细胞脱水而抑制生长。这种作用还包括某些化合物（如甲醇、苯酚等）对一些关键酶的抑制，或使细胞结构成分发生变化。一些营养物质的上限浓度（g/L）如下：葡萄糖为 100；NH_4^+ 为 5；PO_4^{3-} 为 10。在实际生产中，常用丰富培养基，促使菌体迅速繁殖，菌浓增大，引起溶氧下降。所以，在微生物发酵的研究和控制中，营养条件（含溶解氧）的控制至关重要。影响菌体生长的环境条件有温度、pH 值、渗透压和水分活度等因素。这些因素对微生物生长的影响，可参阅有关书籍。

菌浓的大小，对发酵产物的得率有着重要的影响。在适当的比生长速率下，发酵产物的产率与菌体浓度成正比关系，即发酵产物的产率 $P=Q_{Pm}c(X)$ [Q_{Pm}——最大比生成速率；$c(X)$——菌体浓度]。菌浓越大，产物的产量也越大，如氨基酸、维生素这类初级代谢产物的发酵就是如此。而对抗生素这类次级代谢产物来说，菌体的比生长速率（μ）等于或大于临界生长速率时，也是如此。但是菌浓过高，则会产生其他的影响，营养物质消耗过快，培养液的营养成分发生明显的改变，有毒物质的积累，就可能改变菌体的代谢途径，特别是对培养液中的溶解氧，影响尤为明显。因为随着菌浓的增加，培养液的摄氧率（OUR）按比例增加 [$OUR=\gamma=Q_{O_2}c(X)$]，表观黏度也增加，流体性质也发生改变，使氧的传递速率（OTR）成对数地减少，当 OUR>OTR 时，溶解氧就减少，并成为限制性因素。菌浓增加而引起的溶氧浓度下降，会对发酵产生各种影响。早期酵母发酵，出现过代谢途径改变、酵母生长停滞、产生乙醇的现象；抗生素发酵中，也受溶氧限制，使产量降低。为了获得最高的生产率，需要采用摄氧速率与传氧速率相平衡时的菌体浓度，也就是传氧速率随菌浓变化的曲线和摄氧率随菌浓变化的曲线的交点所对应的菌体浓度，即临界菌体浓度（critical value of cell concentration）。菌体超过此浓度，抗生素的比生成速率和体积产率都会迅速下降。

发酵过程中除要有合适的菌体浓度外，还需要设法控制菌浓在合适的范围内。菌体的生长速率，在一定的培养条件下，主要受营养基质浓度的影响，所以要依靠调节培养基的浓度来控制菌浓。首先要确定基础培养基配方中各成分要有适当的配比，避免产生过浓（或过稀）的菌体量。然后通过中间补料来控制，如当菌体生长缓慢、菌浓太稀时，则可补加一部分磷酸盐，促进生长，提高菌浓；但补加过多，则会使菌体过分生长，超过临界菌浓，对产物合成有抑制作用。在生产上，还可利用菌体代谢产生的 CO_2 量来控制生产过程的补糖量，以控制菌体的生长和浓度。总之，可根据不同的菌种和产品，采用不同的方法来控制最适的菌体浓度。

二、基质对发酵的影响及其控制

基质即培养微生物的营养物质。对于发酵控制来说，基质是生产菌代谢的物质基础，既涉及菌体的生长繁殖，又涉及代谢产物的形成。因此基质的种类和浓度与发酵代谢有着密切的关系。所以选择适当的基质和控制适当的浓度，是提高代谢产物产量的重要方法。

在分批发酵中，当基质过量时，菌体的生长速率与营养成分的浓度无关。但生长速率是基质浓度的函数，如 Monod 方程

$$\mu=\mu_{max}\frac{c(S)}{K_S+c(S)} \tag{7-7}$$

式中，K_S 为饱和常数，物理意义是当比生长速率为最大比生长速率一半时的基质浓度。在 $c(S)\ll K_S$ 的情况下，比生长速率与基质浓度呈线性关系。在 $c(S)\gg10K_S$ 时，此生长

速率可达到最大，然而，由于代谢产物及其基质过浓，而导致抑制作用，出现比生长速率下降的趋势。当葡萄糖浓度低于 100～150g/L，不出现抑制；当葡萄糖浓度高于 350～500g/L，多数微生物不能生长，细胞脱水。因此，营养物质均存在一个上限浓度。

就产物的形成来说，培养基过于丰富，有时会使菌体生长过旺，黏度增大，传质差，菌体不得不花费较多的能量来维持其生存环境，即用于非生产的能量大量增加。所以，在分批发酵中，控制合适的基质浓度不但对菌体的生长有利，对产物的形成也有益处。这里主要说明碳源、氮源和无机盐等的影响及控制。

1. 碳源对发酵的影响及控制

碳源，按利用快慢而言，分为迅速利用的碳源和缓慢利用的碳源。前者能较迅速地参与代谢、合成菌体和产生能量，并产生分解产物（如丙酮酸等），因此有利于菌体生长，但有的分解代谢产物对产物的合成可能产生阻遏作用；缓慢利用的碳源，多数为聚合物（也有例外），为菌体缓慢利用，有利于延长代谢产物的合成，特别有利于延长抗生素的分泌期，也为许多微生物药物的发酵所采用。例如，乳糖、蔗糖、麦芽糖、玉米油及半乳糖分别是青霉素、头孢菌素 C、盐霉素、核黄素及生物碱发酵的最适碳源。因此选择最适碳源对提高代谢产物产量是很重要的。

在青霉素的早期研究中，就认识到了碳源的重要性。在迅速利用的葡萄糖培养基中，菌体生长良好，但青霉素合成量很少；相反，在缓慢利用的乳糖培养基中，青霉素的产量明显增加，它们的代谢变化见图 7-8。从图 7-8 可见，糖的缓慢利用是青霉素合成的关键因素。所以缓慢滴加葡萄糖以代替乳糖，仍然可以得到良好的结果。这就说明乳糖之所以是青霉素发酵的良好碳源，并不是它起着前体作用，只是它被缓慢利用的速度恰好适合青霉素合成的要求，其他抗生素发酵也有类似情况。在初级代谢中也有类似情况，如葡萄糖完全阻遏嗜热脂肪芽孢杆菌产生胞外生物素——同效维生素（vitamer，化学构造及生理作用与天然维生素相类似的化合物，叫同效维生素）的合成。因此，控制使用能产生阻遏作用的碳源是非常重要的。在工业上，发酵培养基中常采用含迅速和缓慢利用的混合碳源，就是根据这个原理来控制菌体的生长和产物的合成。

碳源的浓度也有明显的影响。由于营养过于丰富所引起的菌体异常繁殖，对菌体的代谢、产物的合成及氧的传递都会产生不良的影响。若产生阻遏作用的碳源用量过大，则产物的合成会受到明显的抑制；反之，仅仅供给维持量的碳源，菌体生长和产物合成就都停止。所以控制合适的碳源浓度是非常重要的。如在产黄青霉Wis54-1255 发酵中，给以维持量的葡萄糖 0.022g/(g·h)，菌的比生长速率和青霉素的比生成速率都为零，所以必须供给适当量的葡萄糖，方能维持青霉素的合成速率。因此，控制适当量的碳源浓度，对工业发酵是很重要的。

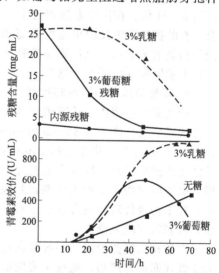

图 7-8 糖对青霉素生物合成的影响试验

控制碳源的浓度，可采用经验法和动力学法，即在发酵过程中采用中间补料的方法来控制。这要根据不同代谢类型来确定补糖时间、补糖量和补糖方式。动力学方法是要根据菌体的比生长速率、糖比消耗速率及产物的比生成速率等动力学参数来控制。

2. 氮源的种类和浓度的影响和控制

氮源有无机氮源和有机氮源两类。它们对菌体代谢都能产生明显的影响，不同的种类和不同的浓度都能影响产物合成的方向和产量。如谷氨酸发酵，当 NH_4^+ 供应不足时，就促使形成

α-酮戊二酸；过量的 NH_4^+，反而促使谷氨酸转变成谷氨酰胺。控制适当量的 NH_4^+ 浓度，才能使谷氨酸产量达到最大。又如在研究螺旋霉素的生物合成中，发现无机铵盐不利于螺旋霉素的合成，而有机氮源（如鱼粉）则有利于其形成。

氮源像碳源一样，也有迅速利用的氮源和缓慢利用的氮源。前者如氨基（或铵）态氮的氨基酸（或硫酸铵等）和玉米浆等；后者如黄豆饼粉、花生饼粉、棉籽饼粉等蛋白质。它们各有自己的作用，快速利用氮源容易被菌体所利用，促进菌体生长，但对某些代谢产物的合成，特别是某些抗生素的合成产生调节作用，影响产量。如链霉菌的竹桃霉素发酵中，采用促进菌体生长的铵盐浓度，能刺激菌丝生长，但抗生素产量下降。铵盐还对柱晶白霉素、螺旋霉素、泰洛星等的合成产生调节作用。缓慢利用的氮源对延长次级代谢产物的分泌期、提高产物的产量是有好处的。但一次投入，也容易促进菌体生长和养分过早耗尽，以致菌体过早衰老而自溶，从而缩短产物的分泌期。综上所述，对微生物发酵来说，也要选择适当的氮源和适当的浓度。

发酵培养基一般是选用含有快速和慢速利用的混合氮源。如氨基酸发酵用铵盐（硫酸铵或醋酸铵）和麸皮水解液、玉米浆；链霉素发酵采用硫酸铵和黄豆饼粉。但也有使用单一的铵盐或有机氮源（如黄豆饼粉）。它们被利用的情况与快速和慢速利用的碳源情况相同。为了调节菌体生长和防止菌体衰老自溶，除了基础培养基中的氮源外，还要在发酵过程中补加氮源来控制浓度。生产上采用的方法有如下几种。

(1) 补加有机氮源　根据产生菌的代谢情况，可在发酵过程中添加某些具有调节生长代谢作用的有机氮源，如酵母粉、玉米浆、尿素等。如土霉素发酵中，补加酵母粉，可提高发酵单位；青霉素发酵中，后期出现糖利用缓慢、菌浓变稀、pH 值下降的现象，补加尿素就可改善这种状况并提高发酵单位；氨基酸发酵中，也可补加作为氮源和 pH 值调节剂的尿素。

(2) 补加无机氮源　补加氨水或硫酸铵是工业上的常用方法。氨水既可作用无机氮源，又可调节 pH 值。在抗生素发酵工业中，通氨是提高发酵产量的有效措施，如与其他条件相配合，有的抗生素的发酵单位可提高 50% 左右。但当 pH 值偏高而又需补氮时，就可补加生理酸性物质的硫酸铵，以达到提高氮含量和调节 pH 值的双重目的。还可补充其他无机氮源，但需根据发酵控制的要求来选择。

3. 磷酸盐浓度的影响和控制

磷是微生物菌体生长繁殖所必需的成分，也是合成代谢产物所必需的。微生物生长良好所允许的磷酸盐浓度为 $0.32 \sim 300 mmol/L$，但对次级代谢产物合成良好所允许的最高平均浓度仅为 $1.0 mmol/L$，若提高到 $10 mmol/L$，就明显地抑制其合成。相比之下，菌体生长所允许的浓度比次级代谢产物合成所允许的浓度就大得多，两者平均相差几十倍至几百倍。因此控制磷酸盐浓度对微生物次级代谢产物发酵来说是非常重要的。磷酸盐浓度调节代谢产物合成机制，对于初级代谢产物合成的影响，往往是通过促进生长而间接产生的，对于次级代谢产物来说，机制就比较复杂。

磷酸盐浓度的控制，一般是在基础培养基中采用适当的浓度。对于初级代谢来说，要求不如次级代谢那样严格。对抗生素发酵来说，常常是采用生长亚适量（对菌体生长不是最适合但又不影响生长的量）的磷酸盐浓度。其最适浓度取决于菌种特性、培养条件、培养基组成和来源等因素，即使同一种抗生素发酵，不同地区不同工厂所用的磷酸盐浓度也不一致，甚至相差很大。因此磷酸盐的最适浓度，必须结合当地的具体条件和使用的原材料进行实验确定。培养基中的磷含量，还可能因配制方法和灭菌条件不同，引起含量的变化。据报道，利用金霉素链霉菌 949 （$S.\ aureofaciens$ 949）进行四环素发酵，菌体生长最适的磷浓度为 $65 \sim 70 \mu g/mL$，而四环素合成最适浓度为 $25 \sim 30 \mu g/mL$。青霉素发酵，以用 0.01% 的磷酸二氢钾为好。在发酵过程中，有时发现代谢缓慢的情况，还可补加磷酸盐。在四环素发酵中，间歇、微量添加磷酸二氢钾，有利于提高四环素的产量。

除上述主要基质外，还有其他培养基成分影响发酵。如 Cu^{2+}，在以醋酸为碳源的培养基中，能促进谷氨酸产量的提高，Mn^{2+} 对芽孢杆菌合成杆菌肽等次级代谢产物具有特殊的作用，必须使用足够的浓度才能促进它们的合成等。

总之，发酵过程中，控制基质的种类及其用量是非常重要的，是发酵能否成功的关键，必须根据产生菌的特性和各个产品合成的要求，进行深入细致的研究，方能取得良好的结果。

第六节　CO_2 和呼吸商

二氧化碳是微生物的代谢产物，同时，它也是合成所需的一种基质。对微生物生长和发酵具有刺激作用，它是细胞代谢的可贵指标。有人把细胞量与累积尾气 CO_2 生成关联。把 CO_2 生成作为一种手段，通过碳质量平衡来估算生长速率和细胞量。溶解在发酵液中的 CO_2 对氨基酸、抗生素等微生物发酵具有抑制和刺激作用。对许多产品的生产菌亦有影响。

一、CO_2 对菌体生长和产物生成的影响

CO_2 对菌体的生长有直接作用，可使碳水化合物的代谢及微生物的呼吸速率下降。大量实验表明，CO_2 对生产过程具有抑制作用。当 CO_2 分压为 $0.08 \times 10^5 Pa$ 时，青霉素合成速度降低 40%，发酵液中溶解 CO_2 浓度 $1.6 \times 10^{-2} mol/L$ 时，会严重抑制酵母生长。当进气口 CO_2 含量占混合气体充量的 80% 时，酵母活力只达到对照组的 80%。

一般以 $1L/(L \cdot min)$ 的水平通气，发酵液中溶解 CO_2 只达到抑制水平的 10%。

当微生物生长受到抑制时，也阻碍了基质的异化和 ATP 的生成，由此而影响产物的合成。

在氨基糖苷类抗生素紫苏霉素（sisomycin）生产中，在 300L 发酵罐在空气进口通以 1% CO_2，发现微生物对基质的代谢极慢，菌丝增长速度降低，紫苏霉素的产量比对照组降低 33%。通入 2% 紫苏霉素的产量比对照降低 85%，CO_2 的含量超过 3%，则不产生紫苏霉素。

CO_2 会影响产黄青霉（*Penicillium chrysogenum*）的形态。研究者将产黄青霉菌接种到溶解 CO_2 浓度不同的培养基中，发现菌丝形态发生变化。CO_2 0～8% 时，菌丝主要是丝状；CO_2 15%～22%，则膨胀，粗短的菌丝占优势；CO_2 为 $0.08 \times 10^5 Pa$ 时，则出现球状或酵母状细胞，致使青霉素合成受阻，其比生成速率降低 40% 左右。

CO_2 对细胞作用机制是怎样的呢？二氧化碳及 HCO_3^- 都会影响细胞膜结构，它们分别作用于细胞膜的不同位点。CO_2 主要作用在细胞膜的脂肪核心部位。HCO_3^- 则影响磷脂，亲水头部带电荷表面及细胞膜表面的蛋白质。当细胞膜的脂质相中 CO_2 浓度达临界值时，使膜的流动性及表面电荷密度发生变化，这将导致许多基质的膜运输受阻，影响细胞膜的运输效率，使细胞处于"麻醉"状态，细胞生长受到抑制，形态发生了改变。

CO_2 对发酵的影响很难进行估算和优化，估计在大规模发酵中 CO_2 的作用将成为突出的问题。因发酵罐中 CO_2 的分压是液体深度的函数，10m 深的发酵罐在 $1.01 \times 10^5 Pa$ 气压下操作，底部 CO_2 分压是顶部 CO_2 分压的 2 倍。为了排除 CO_2 的影响，必须考虑 CO_2 在培养液中的溶解度、温度及通气情况。CO_2 溶解度大，对菌生长不利。

二、排气中 CO_2 浓度与菌体量、pH 值、排气氧之间的关系

1. 检测菌体的生长

分析尾气中 CO_2 的含量，记录培养基体积及通气量的变化，用计算机计算 CO_2 的积累量，与合成培养基培养菌体的干重比较，得出对数期菌体生长速率与 CO_2 释放率成正比关系（一般空气进口 O_2 占 20.85%、CO_2 占 0.03%、惰性气体占 79.12%）。

如果，连续测得排气氧和 CO_2 浓度，可计算出整个发酵过程中 CO_2 的释放率（carbon dioxide release ratio，CRR）。

$$CRR = Q_{CO_2}c(X) = \frac{F_{进}}{V}\left[\frac{C_{惰进}C_{CO_2出}}{1-(C_{O_2出}+C_{CO_2出})}-C_{CO_2进}\right]f \tag{7-8}$$

式中，Q_{CO_2} 为比二氧化碳释放率，$mol\ CO_2/(g\ 菌 \cdot h)$；$c(X)$ 为菌体干重，g/L；$F_{进}$ 为进气流量，mol/h；$C_{惰进}$、$C_{CO_2进}$ 分别为进气中惰性气体、CO_2 的体积分数；$C_{CO_2出}$、$C_{O_2出}$ 分别为排气中 CO_2、氧的体积分数；V 为发酵液的体积，L；f 为系数，$f = \frac{273}{273+t_{进}}p_{进}$；$t_{进}$ 为进气温度，℃；$p_{进}$ 为进气绝对压强，Pa。

从测定排气 CO_2 浓度的变化，采用控制流加基质的方法来实现对菌体的生长速率和菌体量的控制。

2. 控制补糖速度

发酵液中补加葡萄糖，即增加碳源，排气 CO_2 浓度增加，pH 值下降。随着糖耗的增加，CRR（CO_2 的释放率）增加。原因是葡萄糖被菌利用产生 CO_2，其中溶解的 CO_2 使培养液 pH 值下降；此外葡萄糖被菌利用产生有机酸，使 pH 值下降。

糖、CO_2、pH 值三者的相关性，被青霉素工业生产上用于补料控制的参数，并认为排气二氧化碳的变化比 pH 值变化更为敏感，所以通过测定排气 CO_2 释放率来控制补糖速率。

三、呼吸商与发酵的关系

发酵过程中菌的耗氧速率（oxygen uptake rate，OUR）可通过热磁氧分析仪或质谱仪测量进气和排气中的氧含量计算而得

$$OUR = Q_{O_2}c(X) = \frac{F_{进}}{V}\left[C_{O_2进}-\frac{C_{惰进}C_{O_2出}}{1-(C_{CO_2出}+C_{O_2出})}\right]f \tag{7-9}$$

式中，Q_{O_2} 为呼吸强度，$mol\ O_2/(g \cdot h)$；OUR 为菌耗氧速率，$mol\ O_2/(L \cdot h)$。

$$RQ(呼吸商) = \frac{CRR}{OUR}\left(\frac{CO_2\ 释放率}{菌耗氧速率}\right)$$

RQ（respiratory quotient）可以反映菌的代谢情况，酵母发酵 RQ＝1，糖有氧代谢，仅生成菌体，无产物生成；RQ＞1.1，糖经 EMP 生成乙醇。

不同基质，菌的 RQ 不同。$E.coli$ 以延胡索酸为基质，RQ＝1.44；以丙酮酸为基质，RQ＝1.26；琥珀酸 RQ＝1.12；乳酸、葡萄糖 RQ 分别为 1.02 和 1.00。

在抗生素发酵中，由于存在菌体生长，维持及产物生成的不同阶段，其 RQ 值也不一样。青霉素发酵的理论呼吸商，菌体生长 0.909；菌体维持 RQ＝1，青霉素生产 RQ＝4。从上述情况看，发酵早期，主要是菌生长，RQ＜1；过渡期菌体维持其生命活动产物逐渐形成，基质葡萄糖的代谢不足仅用于菌体生长，RQ 比生长期略有增加。产物生成对 RQ 的影响较为明显，如产物还原性比基质大，RQ 增加；产物氧化性比基质大，RQ 就减少。其偏离程度决定于每单位菌体利用基质所生成的产物量。

实际生产中测定的 RQ 值明显低于理论值，说明发酵过程中存在着不完全氧化的中间代谢物和除葡萄糖以外的其他碳源。如发酵过程中加入消泡剂，由于它具有不饱和性和还原性，使 RQ 值低于葡萄糖为唯一碳源时的 RQ 值（青霉素发酵中，试验结果表明，RQ 为 0.5～0.7，且随葡萄糖与消泡剂加入量之比而波动）。

四、CO_2 浓度的控制

CO_2 在发酵液中的浓度变化与溶氧不同，没有一定的规律。它的大小受到许多因素的影响，如菌体的呼吸强度、发酵液流变学特性、通气搅拌程度和外界压力大小等因素。设备规模大小也有影响，由于 CO_2 的溶解度随压力增加而增大，大发酵罐中的发酵液的静压可达 1×10^5 Pa 以上，又处在正压发酵，致使罐底部压强可达 1.5×10^5 Pa。因此 CO_2 浓度增大，如不改变搅拌转数，CO_2 就不易排出，在罐底形成碳酸，进而影响菌体的呼吸和产物的合成。为

了控制 CO_2 的影响，必须考虑 CO_2 在培养液中的溶解度、温度和通气情况。在发酵过程中，如遇到泡沫上升而引起"逃液"时，采用增加罐压的方法来消泡。但这样会增加 CO_2 的溶解度，对菌体生长是不利的。

CO_2 浓度的控制应随它对发酵的影响而定。如果 CO_2 对产物合成有抑制作用，则应设法降低其浓度；若有促进作用，则应提高其浓度。通气和搅拌速率的大小，不但能调节发酵液中的溶解氧，还能调节 CO_2 的溶解度，在发酵罐中不断通入空气，既可保持溶解氧在临界点以上，又可随废气排出所产生的 CO_2，使之低于能产生抑制作用的浓度。因而通气搅拌也是控制 CO_2 浓度的一种方法，降低通气量和搅拌速率，有利于增加 CO_2 在发酵液中的浓度；反之就会减小 CO_2 浓度。在 $3m^3$ 发酵罐中进行四环素发酵试验，发酵 40h 以前，通气量减小到 $75m^3/h$，搅拌为 80r/min，以此来提高 CO_2 的浓度；40h 以后，通气量和搅拌分别提高到 $110m^3/h$ 和 140r/min，以降低 CO_2 浓度，使四环素产量提高 25%～30%。CO_2 形成的碳酸，还可用碱来中和，但不能用 $CaCO_3$。罐压的调节，也影响 CO_2 的浓度，对菌体代谢和其他参数也产生影响。

CO_2 的产生与补料工艺控制密切相关，如在青霉素发酵中，补糖会增加 CO_2 的浓度和降低培养液的 pH 值。因为补加的糖用于菌体生长、菌体维持和青霉素合成三方面，它们都产生 CO_2，使 CO_2 产量增加。溶解的 CO_2 和代谢产生的有机酸，又使培养液 pH 值下降。因此，补糖、CO_2、pH 值三者具有相关性，被用于青霉素补料工艺的控制参数，其中以排气中的 CO_2 量的变化比 pH 值变化更为敏感，所以，采用 CO_2 释放率作为控制补糖参数。

补料方式有很多种情况，有连续流加、不连续流加或多周期流加。每次流加又可分为快速流加，恒速流加，指数速率流加和变速流加。从补加培养基的成分来分，又可分为单组分补料和多组分补料。

流加操作控制系统又分为有反馈控制和无反馈控制两类。这两类的数学模型在理论上没有什么差别。反馈控制系统由传感器、控制器和驱动器三个单元所组成。根据控制依据的指标不同，又分为直接方法和间接方法。

间接方法是以溶氧、pH 值、呼吸商、排气中 CO_2 分压及代谢产物浓度等作为控制参数。对间接方法来说，选择与过程直接相关的可检参数作为控制指标，是研究的关键。这就需要详尽考查补料分批发酵的代谢曲线和动力学特性，获得各个参数之间有意义的相互关系，来确定控制参数。对于通气发酵，利用排气中 CO_2 含量作为 FBC 反馈控制参数是较为常用的间接方法。如控制青霉素生产所用的葡萄糖流加的质量平衡法，就是利用 CO_2 的反馈控制。它是依靠精确测量 CO_2 的逸出速度和葡萄糖的流动速度，达到控制菌体的比生长速率和菌浓。pH 值也已用作糖的流加控制的参数。由于长期缺乏可靠的适时测定手段，无法控制适时补料，所以直接法一直没有用于发酵控制。目前出现了各种类型生物传感器，可供底物和产物的在线分析。但其应用仍然存在一些问题（如耐热性差），尚待解决。随着一系列技术障碍的克服，该法将会得到迅速普及。反馈控制的 FBC，常常是依据个别指标来进行，在许多情况下，并不能奏效，尚需进行多因子分析。

为了改善发酵培养基的营养条件和去除部分发酵产物，FBC 还可采用"放料和补料"（withdraw and fill）方法，也就是说，发酵一定时间，产生了代谢产物后，定时放出一部分发酵液（可供提取），同时补充一部分新鲜营养液，并重复进行。这样就可以维持一定的菌体生长速率，延长发酵产物分泌期，有利于提高产物产量，又可降低成本。所以这也是另一个提高产量的 FBC 方法。但要注意染菌等问题。

在发酵生产中，补料策略对发酵至关重要，优化补料速率要根据微生物对养分的消耗速率以及所设定的发酵液中最低维持浓度而定。不同发酵产品依据不同，一般以发酵液中残糖浓度为指标。对次级代谢产物的发酵，还原糖浓度控制在 5g/L 左右水平。也有用产物的形成来控制补料，如现代酵母生产时借自动测量尾气中的微量乙醇来严格控制糖蜜的流加，这种方式导致低的生长速率，但其细胞得率接近理论值。

不同的补料方式会产生不同的效果。以大肠杆菌为例，通过补料控制溶氧不低于临界值，可使细胞密度大于 40g/L，补入葡萄糖、蔗糖及适当的盐类，并通氨控制 pH 值，对产率提高有利；用补料方法控制生长速率在中等水平有利于细胞密度和发酵产率的提高。在谷氨酸发酵中某一生长阶段，生产菌的摄氧速率与基质消耗速率之间存在着线性关系。据此，补料速率可用于控制摄氧速率，将其控制在与基质消耗速率相等的状态。测定补料分批发酵加糖过程中尾气氧浓度，可求得摄氧速率。

青霉素发酵的补料系统是次级代谢物生产补料的范例。在补料分批发酵中总菌量、黏度和氧需求一直在增加，直到氧受到限制。因此，可通过调节补料速率来控制菌体生长和氧的消耗，使菌处于半饥饿状态，发酵液中有足够的氧，从而达到高的青霉素生产得率。加糖可控制对数生长期和生产期的代谢。在对数生长期加入过量的葡萄糖会导致酸的积累，使氧的需求大于发酵的供氧能力；加糖不足又会使发酵液中的有机氮当作碳源利用，导致 pH 值上升和菌体量失调。因此，控制加糖速率使青霉素发酵处于半饥饿状态对青霉素的合成有利。在对数生产期采用计算机控制加糖来维持溶氧和 pH 值在一定范围内可显著提高青霉素产率。青霉素发酵的生产期溶氧比 pH 对青霉素合成的影响更大，因在此期溶氧为控制因素。

苯乙酸是青霉素的前体，对合成青霉素起重要的作用，但发酵液中前体含量过多对菌体有危害，故宜少量多次补加，控制在亚抑制水平，以减少前体的氧化，提高前体结合到产物中的比例。如菌种 RA18 生产青霉素，以苯乙酸为前体，其最适维持浓度在 1.0～1.2g/L 范围。

第七节　泡沫对发酵的影响及其控制

一、泡沫的形成及其对发酵的影响

发酵过程中因通风搅拌、发酵产生的 CO_2 以及发酵液中的糖、蛋白质和代谢物等稳定泡沫的物质存在，使发酵液中含有一定量的泡沫，这是正常现象。在大多数微生物发酵过程中，由于培养基中有蛋白质类表面活性剂存在，在通气条件下，培养液中就形成了泡沫。泡沫的多少一方面与搅拌、通风有关；另一方面，与培养基性质有关。培养基的组成成分玉米浆、蛋白胨、花生饼粉、酵母粉以及糖蜜等是引起泡沫产生的主要因素，其起泡力随品种、产地以及加工储藏条件而有所不同，另外，还和培养基的配比以及发酵操作有关。糖类本身起泡力较低，但在丰富培养基中高浓度糖增加了发酵液的黏性，起稳定泡沫的作用。糊精含量多也引起泡沫的形成。培养基的灭菌方法、灭菌温度和时间也会改变培养基的性质，从而影响培养基的起泡能力。当发酵感染杂菌和噬菌体时，泡沫异常多。发酵过程形成的泡沫有两种类型：一种是发酵液液面上的泡沫，气相所占的比例特别大，与液体有较明显的界限，如发酵前期的泡沫；另一种是发酵液中的泡沫，又称流态泡沫（fluid foam），分散在发酵液中，比较稳定，与液体之间无明显的界限。

发酵过程产生少量的泡沫是正常的，泡沫的存在可以增加气液接触面积，有利于氧的传递。但泡沫过多，会造成大量逃液，发酵液从排气管路或轴封逃出而增加染菌机会等，会给发酵带来许多不利因素。发酵过程中泡沫过多：①降低了发酵罐的装料系数，一般发酵罐装料系数为 70% 左右，泡沫约占所需培养基的 10%，泡沫的组成与主体培养基成分不完全相同；②增加了菌体的非均一性，由于泡沫高低变化和处在不同生长周期的微生物随泡沫漂浮，或黏附在罐壁上，使这部分菌体有时在气相环境中生长，引起菌的分化甚至自溶，从而影响了菌群的整体效果；③增加了污染杂菌的机会，发酵液溅到轴封处，容易染菌；④降低氧的传递，严重时通气搅拌也无法进行，菌体呼吸受到阻碍，导致代谢异常或菌体自溶，降低产物得率；⑤消泡剂的加入不但增加成本，有时还会影响发酵或影响产物的分离提取。所以，控制泡沫乃是保证正常发酵的基本条件。

二、泡沫的控制

泡沫的控制，可以采用三种途径：①调整培养基中的成分（如少加或缓加易起泡的原材料）或改变某些物理化学参数（如 pH 值、温度、通气和搅拌）或者改变发酵工艺（如采用分次投料）来控制，以减少泡沫形成的机会，但这些方法的效果有一定的限度；②筛选不产生流态泡沫的菌种，来消除起泡的内在因素，如用杂交方法选出来不产生泡沫的土霉素生产菌株；③对于已形成的泡沫，工业上可以采用机械消泡和化学消泡剂消泡或两者同时使用。

1. 机械消泡

这是一种物理消泡的方法，利用机械强烈振动或压力变化而使泡沫破裂。有罐内消泡和罐外消泡两种方法。前者是靠罐内消泡桨转动打碎泡沫；后者是将泡沫引出罐外，通过喷嘴的加速作用或利用离心力来消除泡沫。该法的优点是：节省原料，减少染菌机会。但消泡效果不理想，仅可作为消泡的辅助方法。

2. 消泡剂消泡

这是利用外界加入消泡剂，使泡沫破裂的方法。消泡剂的作用，或者是降低泡沫液膜的机械强度，或者是降低液膜的表面黏度，或者兼有两者的作用，达到破裂泡沫的目的。消泡剂都是表面活性剂，具有较低的表面张力。如聚氧乙烯氧丙烯甘油（GPE）的表面张力仅为 $33 \times 10^{-3} N/m$，而青霉素发酵液的表面张力为 $(60 \sim 68) \times 10^{-3} N/m$。

作为生物工业理想的消泡剂，应具备下列条件：①应该在气液界面上具有足够大的铺展系数，才能迅速发挥消泡作用，这就要求消泡剂有一定的亲水性；②应该在低浓度时具有消泡活性；③应该具有持久的消泡或抑泡性能，以防止形成新的泡沫；④应该对微生物、人类和动物无毒性；⑤应该对产物的提取不产生任何影响；⑥不会在使用、运输中引起任何危害；⑦来源方便，成本低；⑧应该对氧传递不产生影响；⑨能耐高温灭菌。

常用的消泡剂主要有天然油脂类、脂肪酸和酯类、聚醚类及聚硅氧烷类 4 大类。其中以天然油酯类和聚醚类在生物发酵中最为常用。

天然油脂类中有豆油、玉米油、棉籽油、菜籽油和猪油等。油不仅用作消泡剂，还可作为碳源和发酵控制的手段，它们的消泡能力和对产物合成的影响也不相同。例如，土霉素发酵，豆油、玉米油较好；而亚麻油则会产生不良的作用。油的质量还会影响消泡效果，碘价（表示油分子结构中含有不饱和键的多少）或酸价高的油脂，消泡能力差并产生不良的影响。所以，要控制油的质量，并要进行发酵试验检验。油的新鲜程度也有影响，油越新鲜，所含的天然抗氧化剂越多，形成过氧化物的机会少，酸价也低，消泡能力强，副作用也小。植物油与铁离子接触能与氧形成过氧化物，对四环素、卡那霉素的合成不利。故要注意油的贮存保管。

聚醚类消泡剂的品种很多。它们是氧化丙烯或氧化丙烯和环氧乙烷与甘油聚合而成的聚合物。氧化丙烯与甘油聚合而成的，叫聚氧丙烯甘油（简称 GP 型）；氧化丙烯、环氧乙烷与甘油聚合而成的叫做聚氧乙烯氧丙烯甘油（简称 GPE 型），又称泡敌。它们的分子结构式如下：

$$CH_2-O(C_3H_6O)_mH \qquad CH_2-O(C_3H_6O)_m-(C_2H_4O)_mH$$
$$| \qquad\qquad\qquad\qquad\quad |$$
$$CH-O(C_3H_6O)_mH \qquad CH-O(C_3H_6O)_m-(C_2H_4O)_mH$$
$$| \qquad\qquad\qquad\qquad\quad |$$
$$CH_2-O(C_3H_6O)_mH \qquad CH_2-O(C_3H_6O)_m-(C_2H_4O)_mH$$

聚氧丙烯甘油   聚氧乙烯氧丙烯甘油

GP 的亲水性差，在发泡介质中的溶解度小，所以，用于稀薄发酵液中要比用于黏稠发酵液中的效果好。其抑泡性能比消泡性能好，适宜用于基础培养基中，以抑制泡沫的产生。如用于链霉素的基础培养基中，抑泡效果明显，可全部代替食用油，也未发现不良影响，消泡效力一般相当于豆油的 60～80 倍。

GPE 的亲水性好，在发泡介质中易铺展，消泡能力强，作用又快，而溶解度相应也大，所以消泡活性维持时间短，因此，用于黏稠发酵液的效果比用于稀薄的好。GPE 用于四环类抗生素发酵中，消泡效果很好，用量为 0.03%～0.035%，消泡能力一般相当于豆油的 10～20 倍。

其他的消泡剂，如聚乙二醇等高碳醇消泡剂多适用于霉菌发酵，聚硅氧烷类较适用于微碱性的细菌发酵。所以，应结合具体产品发酵，试验上述各种消泡剂的消泡效果，以获得良好的消泡作用。

消泡剂多数是溶解度小、分散性不十分好的高（大）分子化合物，所以在使用时，要考虑如何降低它的黏度和提高它的分散性，来增强它们的消泡效果。使用的增效方法有：①加载体增效，即用惰性载体（如矿物油、植物油等）使消泡剂溶解分散，达到增效的目的；②消泡剂并用增效，取各种消泡剂的优点进行互补，达到增效，如 GP 和 GPE 按 1∶1 混合使用于土霉素发酵，结果比单独使用 GP 的效力提高 2 倍；③乳化消泡剂增效，用乳化剂（或分散剂）将消泡剂制成乳剂，以提高分散能力，增强消泡效力，一般只适用于亲水性差的消泡剂。如用吐温-80 制成的乳剂，用于庆大霉素发酵，效力提高 1～2 倍。

在生产过程中，消泡的效果除了与消泡剂种类、性质、分子量大小、消泡剂亲油亲水基因等密切关系外，还和消泡剂使用时加入方法、使用浓度、温度等有很大的关系。

消泡剂的选择和实际使用还有许多问题，应结合生产实际加以注意和解决。

第八节　发酵终点的判断

微生物发酵终点的判断，对提高产物的生产能力和经济效益是很重要的。生产能力是指单位时间内单位罐体积的产物积累量。生产过程不能只单纯追求高生产力，而不顾及产品的成本，必须把二者结合起来，既要有高产量，又要降低成本。

发酵过程中的产物生成，有的是随菌体的生长而生产，如初级代谢产物氨基酸等；有的代谢产物的产生与菌体生长无明显的关系，生长阶段不产生产物，直到生长末期，才进入产物分泌期，如抗生素的合成就是如此。但是无论是初级代谢产物还是次级代谢产物发酵，到了发酵末期，菌体的分泌能力都要下降，产物的生产能力相应下降或停止。有的产生菌在发酵末期，营养耗尽，菌体衰老而进入自溶，释放出体内的分解酶会破坏已形成的产物。

要确定一个合理的放罐时间，需要考虑下列几个因素。

一、经济因素

发酵时间需要考虑经济因素，也就是要以最低的成本来获得最大生产能力的时间为最适发酵时间。在实际生产中，发酵周期缩短，设备的利用率提高。但在生产速率较小（或停止）的情况下，单位体积的产物产量增长就有限，如果继续延长时间，使平均生产能力下降，而动力消耗、管理费用支出，设备消耗等费用仍在增加，因而产物成本增加。所以，需要从经济学观点确定一个合理时间。

二、产品质量因素

发酵时间长短对后续工艺和产品质量有很大的影响。如果发酵时间太短，势必有过多的尚未代谢的营养物质（如可溶性蛋白、脂肪等）残留在发酵液中。这些物质对下游操作提取、分离等工序都不利。如果发酵时间太长，菌体会自溶，释放出菌体蛋白或体内的酶，又会显著改变发酵液的性质，增加过滤工序的难度，这不仅使过滤时间延长，甚至使一些不稳定的产物遭到破坏。所有这些影响，都可能使产物的质量下降，产物中杂质含量增加，故要考虑发酵周期长短对提取工序的影响。

三、特殊因素

在个别特殊发酵情况下，还要考虑个别因素。对已有品种的发酵来说，放罐时间都已掌握，在正常情况下，可根据作业计划，按时放罐。但在异常情况下，如染菌、代谢异常（糖耗缓慢等），就应根据不同情况，进行适当处理。为了能够得到尽量多的产物，应该及时采取措施（如改变温度或补充营养等），并适当提前或拖后放罐时间。

合理的放罐时间是由实验来确定的，即根据不同的发酵时间所得的产物产量计算出的发酵罐的生产能力和产品成本，采用生产力高而成本又低的时间，作为放罐时间。

不同的发酵类型，要求达到的目标不同，因而对发酵终点的判断标准也应有所不同。

一般对发酵和原材料成本占整个生产成本主要部分的发酵产品，主要追求提高生产率 [kg/(m³·h)]、得率（kg 产物/kg 基质）和发酵系数 [kg 产物/(m³ 罐容·h 发酵周期)]。下游技术成本占的比重较大、产品价格较贵，除了高的产率和发酵系数外，还要求高的产物浓度。因此，考虑放罐时间时，还应考虑下列因素，如体积生产率 [每升发酵液，每小时形成的产物量（g）表示] 和总生产率（放罐时发酵单位除以总发酵生产时间）。这里总发酵生产时间包括发酵周期和辅助操作时间，因此要提高总的生产率，则有必要缩短发酵周期。这就是要在产物合成速率较低时放罐，延长发酵虽然略能提高产物浓度，但生产率下降，且耗电大，成本提高，因每吨冷却水所得到的产量下跌，另外，放罐时间对下游工序有很大影响。

放罐过早，会残留过多的养分（如糖、脂肪、可溶性蛋白）对提取不利（这些物质能增加乳化作用，干扰树脂的交换）；放罐过晚，菌体自溶，会延长过滤时间，还会使产品的量降低（有些抗生素单位下跌），扰乱提取作业计划。放罐临近时，加糖、补料或消泡剂都要慎重，因残留物对提取有影响。补料可根据糖耗速度计算到放罐时允许的残留量来控制。一般判断放罐的主要指标有产物浓度、氨基氮、菌体形态、pH 值、培养液的外观、黏度等。过滤速度一般对染菌罐尤为重要。放罐时间可根据作业计划进行，但在异常发酵时，就应当机立断，以免倒罐。新品种发酵，更需摸索合理的放罐时间。不同发酵产品，发酵终点的判断略有出入。总之，发酵终点的判断需综合多方面的因素统筹考虑。

第九节　发酵过程检测与自控

发酵过程的基本任务是要对菌株所具有的内在生产能力实现高效表达，从而以较低的能量和物料消耗生产更多的发酵产品。发酵动力学为这种表达提供了部分理论依据，但要在实际发酵过程中实现，还必须解决一些工程学方面的问题，即发酵过程参数的检测与自控问题。

检测和自控技术在发酵工业中的应用相当晚，但这种应用一经确立，就形成了迅速发展的势头，并且在某种程度上超过了其他产业。电子计算机的使用，为这一发展注入了巨大的活力，使发酵工业面临一场新的变革。然而，由于生物化学的反应异常复杂，描述这一反应的数学模型尚欠完善。并且由于在线检测过程关键变量传感器的缺乏，使自控技术在发酵工业中的应用目前仍受到很大的局限，需要各学科的专家共同做出进一步的努力。

发酵过程检测是为了取得所给定发酵过程及其菌株的生理生化特征数据，以便对过程实施有效的控制。检测的具体目的包括：①了解过程变量的变化是否与预期的目标值相符；②决定种子罐移种和发酵罐放罐的时间；③对不可测变量进行间接估计；④对过程变量按给定值进行手动控制或自动控制；⑤通过过程模型实施计算机控制；⑥收集认识和发展过程（包括建立数学模型）所必需的数据。

检测的方法有物理测量（如温度、压力、体积、流量等）、物理化学测量（pH 值、溶 O_2、溶 CO_2、氧化还原电位、气相成分等）、化学测量（基质、前体、产物等的浓度），以及生物学和生物化学测量（生物量、细胞形态、酶活性、胞内成分等）。这些测量，可提供反映环境变化和细胞代谢生理变化的许多重要信息，作为研究和控制发酵过程的基础。它们的测量原理简述于表 7-2 中。

表 7-2 发酵过程变量检测系统

变 量	测量方法	测量原理	输出信号
温度	铂电阻	电阻随温度的改变而变化	连续，模拟量
	热敏电阻	电阻随温度的改变而变化	连续，模拟量
压力	隔膜	隔膜直接感受压力的变化	连续，模拟量
	压敏电阻	电阻随承受压力的大小而变化	连续，模拟量
发酵液体积	压差传感器	静压差与液层深度成正比	连续，模拟量
	荷重传感器	传感器电阻正比于荷重	连续，模拟量
泡沫	电导或电容探头	探头与液面及电磁阀组成回路	间歇，开关量
气体流量	热质量流量计	气流带走的热量与质量流量成正比	连续，模拟量
液体流量	蠕动泵	转速与流量成正比	连续或间歇，模拟量
	荷重传感器	传感器电阻正比于荷重	连续，模拟量
	玻璃量筒	筒内液面探头与电磁阀组成回路	间歇，开关量
搅拌转速	频率计数器	光反射计数	连续，二进码
	转速表	感应电流与转速成正比	连续，模拟量
pH 值	复合玻璃电极	电极对 H^+ 呈特异反应	连续，模拟量
溶 O_2	覆膜氧探头	O_2 通过膜扩散入探头，在金属电极上进行电子转移反应产生电流	连续，模拟量
溶 CO_2	CO_2 探头	CO_2 通过膜扩散入探头引起电解液 pH 值变化	连续，模拟量
氧化还原电位	氧化还原电位电极	电极间的氧化还原电位随溶液中氧化物与还原物之比的对数而变化	连续，模拟量
气相 O_2	顺磁氧分析仪	氧的特异顺磁特性影响磁场强度	连续，模拟量
气相 CO_2	红外分析仪	CO_2 吸收红外光	连续，模拟量
气相成分	质谱	离子化后依据质荷比分离，检测	连续或间歇，模拟量
黏度	旋转黏度计	剪应力与剪速之比随黏度而变化	间歇，二进码
生物量	浊度法	入射光因细胞的散射作用而衰减	间歇，二进码
	干重法	直接测量单位液体体积内的干细胞质量	间歇，二进码
	荧光法	细胞内的 NADH 被紫外光激发产生荧光	连续，模拟量
基质和代谢物	HPLC	对各成分色谱法分离后检出	间歇，模拟量
	离子选择电极	与某种离子呈特异反应在电极间产生电位差	间歇，模拟量
细胞形态	摄像显微镜	显微镜像技术	连续，模拟量

一、生物传感器

为了适应自控的需要，了解发酵过程变量变化的信息，应尽可能通过安装在发酵罐内的传感器检知，然后由变送器把非电信号转换为标准电信号，让仪表显示、记录，或传送给电子计算机处理。

1. 发酵过程对传感器的要求

用于发酵过程的传感器（sensor），由于所面临的过程及其检测对象的特殊性，故除了常规要求外，还应当满足一些特殊要求。

（1）可靠性　这是传感器最重要的特性，它包括物理强度、出现故障的频率及故障发生的方式。

故障发生的方式有急剧故障及慢性或断续故障两种。前者包括传感器破损、线路断开等，后者如传感器中电解液的消耗、膜上培养基或细胞的附着等。一般来说，前者比后者更容易发现，造成的损失可能小些。

提高传感器的可靠性可通过 GEP（good engineering practice）来达到。GEP 首先要求有一个好的设计，其次要有适当的规格，同时要按生产厂的要求安装和维护。

（2）准确性　是测量值与已知值或实际值之差的量度，或称为误差。一般以一段时间内（一批或一天）测量指示值的平均值与已知值之差或测量指示值与已知值之间的标准差表示。为了提高测量的准确性，传感器必须定期（每天或每批）进行校准。

发酵过程中的在线传感器有时很难校准。例如 pH 传感器应有特殊的装置保证在不造成污染的情况下从发酵罐取出，校准后再装上。而从发酵罐取样用实验室 pH 计校准时往往由于样品减压后溶解 CO_2 的逸出而造成 pH 值偏差。

（3）精确度　测量精确度是重复测量的概率，它受测量方法、所用仪器、操作人员、实验室条件等因素的影响，一般以实际值不发生变化的某一段时间内测量指示值的标准差来表示。

（4）响应时间　在测量位点，有指示值与真值之间的时间滞后，它由反应滞后与传递滞后所造成。例如，用盘管法测量溶氧，先有氧通过管壁扩散的一级滞后，接着是气体由盘管到测量仪器的传输滞后，然后又有仪器本身对气流中氧含量变化反应的滞后。响应时间一般以达到真值 90% 或 95% 所需的时间表示。对于一级反应的简单情况，它被认为是一种时间常数。

（5）分辨能力　又称识别能力，是指测量中所能分辨的最小变化值。对于模拟量，它主要是一个刻度的观察问题；对于数字量，是有意义的最小数字的单位变化。

（6）灵敏度　对灵敏度有各种各样的描述方式，一般指的是传感器所能反应的最小测量单位。

（7）测量范围　是传感器所能感受的最大值与最小值之差。但在实际应用中一般只取测量范围的一部分，称为设计跨度。如电阻温度计测量范围是 $-200\sim850℃$，但一般在发酵工业中的设计跨度为 $0\sim150℃$ 或 $0\sim50℃$。

（8）特异性　是传感器只与被测变量反应而不受过程中其他变量和周围环境条件变化影响的能力。影响特异性的因素除传感器本身的非特异性外，还有对传感器信号的干扰如电噪声等。提高特异性的措施可以有：①控制环境条件（如温度）的稳定；②满足 GEP 的要求（如安装和维护）；③对干扰因素进行定量，以便从总测量信号中扣除。

（9）可维修性　指的是传感器发生故障或失效后进行修理和校准的可能性及难易程度。这对于任何传感器来说都是非常重要的，除非那种一次性使用的产品。

（10）发酵过程对传感器的特殊要求　传感器与发酵液直接接触，因而首先面临一个灭菌问题。一般要求传感器能与发酵液同时进行高压蒸汽灭菌，这对于大部分物理和物理化学传感器来说都没有问题，但有的（如 pH 值和溶氧）传感器在灭菌后需要重新校准。不能耐受蒸汽灭菌的传感器可在罐外用其他方法灭菌后无菌装入。其次是在发酵过程中保持无菌的问题，这就要求与外界大气隔绝，采用的方法有蒸汽汽封、"O" 形环密封、套管隔断等。还有一个问题是传感器易被培养基和细胞沾污,这可以通过设计时选用不易沾污的材料如聚四氟乙烯或抛光的不锈钢、与发酵液的接触面不存在容易包藏污垢的死角、形状和结构便于清洗等来克服。

2. 发酵用传感器的分类

(1) 按测量方式分

① 离线传感器　传感器不安装在发酵罐内,由人工取样进行手动或自动测量操作,测量数据通过人机对话输入计算机。这种传感器不能直接作为控制回路的一部分,但测量精度一般较高,可用来对同类在线传感器进行校准。

② 在线传感器　传感器与自动取样系统相连,对过程变量连续、自动测定,如用于对发酵液成分进行测定的流动注射分析 (FIA) 系统和高效液相色谱 (HPLC) 系统,对尾气成分进行测定的气体分析仪或质谱仪等。

③ 原位传感器　传感器安装在发酵罐内,直接与发酵液接触,给出连续响应信号,如温度、压力、pH 值、溶氧等的测量。

在线传感器和原位传感器统称为在线传感器,以区别于离线传感器。它们给出的信号不受操作者干预,可直接输入计算机,并作为控制回路的一部分,直接为过程控制做出贡献。

(2) 按测量原理分

① 力敏元件　包括各种压敏元件、速度与加速度元件、压差元件。

② 热敏元件　包括测温元件和测热元件。

③ 光敏元件　如光导纤维、光电管等。

④ 磁敏元件　利用各种磁效应的分析仪器。

⑤ 电化学传感器　以电化学反应为基础,可将非电量直接转换成电信号。按输出电信号的不同可分为电位型和电流型两类,前者如 pH 传感器、氧化还原电位传感器,后者以溶氧传感器为代表。

3. 发酵过程的主要在线传感器

在线传感器的缺乏,一直是制约发酵过程自控的主要因素。可喜的是经过各学科学者的共同努力,近十多年来在这方面已有很大的发展。下面,选择一些较有价值的传感器作一简要介绍。

(1) pH 值　一般采用可原位蒸汽灭菌的复合 pH 传感器,其中包括一只玻璃电极和一只通过侧面多孔塞与培养基连通的参比电极。这种 pH 传感器装在加压护套内,能维持电极内部压力高于发酵液压力,使电极内的电解液通过多孔塞保持向外的正向流动。这种护套还可以在带压状态下使传感器自由插入或退出发酵罐,便于在罐外灭菌,以延长其寿命。

pH 传感器的一个主要急性故障来源于玻璃电极电缆接头的受潮,故应当使接头密封,并在密封盒中加入干燥剂以保持干燥。慢性故障通常是多孔塞的沾污以至堵塞,故应当经常清洗以保持清洁。

(2) 溶氧　一般使用覆膜溶氧探头,有由置于碱性电解液中的银阴极和铅阳极组成的原电池型,以及由管状银阳极、铂丝阴极、氯化银电解液和极化电源组成的极谱型两种。这两种探头,产生的电流都正比于通过膜扩散入探头的氧量。后者由于增加了极化电源,故价格较贵,但比前者更加耐用。

覆膜溶氧探头实际测量的是氧分压,与溶氧浓度并不直接相关,故测量结果称为溶氧压 (DOT),一般以空气中氧饱和的百分度表示。

由于膜附近流速的波动及气泡的通过,覆膜溶氧探头的输出信号中始终应该有特征性噪声,如果不出现这种噪声,则有可能是发酵液中的氧被耗尽,或探头被培养基或细胞完全覆盖,或膜破损。

(3) 氧化还原电位　此测量给出发酵液中氧化剂 (电子供体) 与还原剂 (电子受体) 之间

平衡的信息。用一种由 Pt 电极和 Ag-AgCl 参比电极组成的复合电极与具有 "mV" 读数的 pH 计连接，很容易测量出氧化还原电位，它随发酵液中氧化成分与还原成分之比的对数而变化，与 pH 值呈线性关系，并受温度与溶氧压的影响。

当发酵液中溶氧压很低（如厌氧或氧限制发酵），以至超出溶氧探头的测量下限时，氧化还原单位的测量可以弥补这一信息源的缺失。

（4）溶解二氧化碳 发酵液中溶 CO_2 分压的测量是十分重要的，因为较高的 CO_2 分压一般抑制微生物生长并降低次级代谢物的产量。溶 CO_2 探头由一支 pH 探头浸入被可穿透 CO_2 的膜包裹的碳酸氢盐缓冲液中组成，缓冲液与被测发酵液中的 CO_2 分压保持平衡，故缓冲液的 pH 值可间接表示发酵液中的 CO_2 分压。

4. 发酵检测用新型传感器

在线传感器虽然在发酵过程检测中起重要的作用，但都没有给出对生物反应至关重要的一些物质如生物量、基质和产物浓度的信息，而这些信息的监测和控制是按动力学对发酵过程进行优化的基础。因此，研究能直接获取这些信息的传感器，意义是十分重要的。

（1）离子选择电极 这种电极与 pH 电极相似，是对某种离子呈特异反应的电化学传感。它由一种离子选择膜、一种连通介质和一个内部参比电极组成，形成原电池的一半，而另一半是外部参比电极。

（2）生物传感器 生物传感器（biosensor）是对生物物质敏感并将其浓度转换为电信号进行检测的仪器。生物传感器是由固定化的生物敏感材料作识别元件（包括酶、抗体、抗原、微生物、细胞、组织、核酸等生物活性物质），与适当的理化换能器（如氧电极、光敏管、场效应管、压电晶体等）及信号放大装置构成的分析工具或系统。生物传感器的分子识别元件是可以引起某种物理变化或化学变化的主要功能元件，用它去识别被测目标，通过识别过程可与被测目标结合成复合物，如抗体和抗原的结合、酶与基质的结合，用现代微电子和自动化仪表技术进行生物信号的再加工，把生物活性表达的信号转换为电信号，达到测量的目的。生物传感器的原理见图 7-9。分子识别元件是生物传感器选择性测定的基础。生物传感器具有接收器与转换器的功能。

1967 年 S. J. 乌普迪克等制出了第一个生物传感器葡萄糖传感器。将葡萄糖氧化酶包含在聚丙烯酰胺胶体中加以固化，再将此胶体膜固定在隔膜氧电极的尖端上，便制成了葡萄糖传感器。当改用其他的酶或微生物等固化膜，便可制得检测其对应物的其他传感器。固定感受膜的方法有直接化学结合法、高分子载体法、高分子膜结合法。现已发展了第二代生物传感器（微生物、免疫、酶和细胞生物传感器），研制和开发了第三

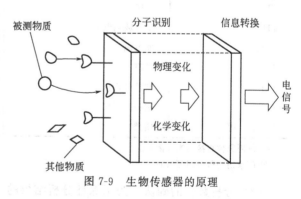

图 7-9 生物传感器的原理

代生物传感器，即将系统生物技术和电子技术结合起来的场效应生物传感器。20 世纪 90 年代开启了微流控技术，生物传感器的微流控芯片集成为药物筛选与基因诊断等提供了新的技术前景。由于酶膜、线粒体电子传递系统粒子膜、微生物膜、抗原膜、抗体膜对生物物质的分子结构具有选择性识别功能，只对特定反应起催化活化作用，因此生物传感器具有非常高的选择性。生物传感器涉及的是生物物质，主要用于临床诊断检查、治疗时实施监控、发酵工业、食品工业、环境和机器人等方面。生物传感器是用生物活性材料与物理化学换能器有机结合的一门交叉学科，是发展生物技术必不可少的一种先进的检测方法与监控方法，也是物质分子水平的快速、微量分析方法。生物传感器的结构分类见图 7-10。

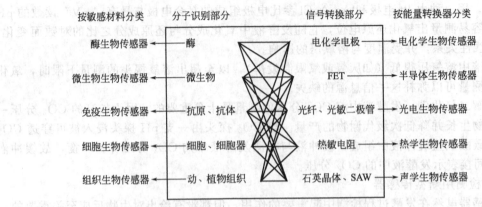

图 7-10　生物传感器的结构分类

在 21 世纪知识经济发展中，生物传感器技术必将是介于信息和生物技术之间的新增长点，在发酵工业、环境保护以及生物技术、临床诊断、食品和药物分析（包括生物药物研究开发）、生物芯片等研究中有着广泛的应用前景。

5. 发酵过程检测的可靠性

用于监测发酵过程的传感器和分析仪一旦发生故障，将造成信息的消失或产生错误的信息。如果这种传感器和分析仪组成控制回路的一部分，那么故障所造成的控制失误将使发酵过程蒙受重大损失。

(1) 各种传感器和仪器的可靠性　发酵中使用的各种传感器及分析仪的可靠性如表 7-3 所示。一般地说，物理传感器（如温度、压力）是相当可靠的，而物理化学传感器（如 pH 值、DOT）作为控制回路的一部分使用时必须加倍小心。

表 7-3　一些传感器和分析仪的可靠性

测定项目	传感器或仪器类型	灭菌方法	平均故障间隔时间/周
温度	Pt100	直接蒸汽[①]	200
pH 值	复合玻璃电极	直接蒸汽[①]	48
DOT	原电池	直接蒸汽[①]	11
DOT	极谱	直接蒸汽[①]	20
CO_2	红外分析仪		52
O_2	顺磁分析仪		24
CO_2,O_2 等	质谱		24[②]

① 每周原位直接蒸汽灭菌一次。
② 厂家访问服务间隔时间。

(2) 分析数据的确认　为了保证分析结果的可靠，必须对传感器和分析仪所获得的数据进行确认。确认方法有以下几种。

① 校准　传感器和分析仪在使用一段时间后应当进行校准。对于不大可靠的传感器如 pH、DOT 和溶 CO_2 探头，每批发酵应至少校准一次。有条件的话，灭菌后也应校准一次，因为灭菌可能造成检测信号的漂移。

② 数据解析　发酵过程许多变量是相关的，如 pH 值与溶 CO_2 和荧光相关，通气、搅拌、压力及残糖与 DOT 相关等，因此，可利用相关变量的检测数据进行解析，确认某些传感器的可靠性。

③ 噪声分析　所有传感器和分析仪都不可避免地会出现一些噪声，对这种噪声的分析有

助于确认测量数据的可靠性。在一般情况下，某种特征性噪声突然或缓慢消失，有可能是出现故障的信号。

二、发酵过程其他重要检测技术

在发酵过程检测中，除了使用传感器外，还引入了其他一些现代分析技术，其中最重要的是生物量、尾气成分和发酵液成分检测。

1. 生物量分析

生物量是发酵过程中极其重要的一个变量。发酵过程优化和控制由经验走向模型化，生物量的定量监测或估计量必不可少，但在目前，还不具备理想的直接用来监测生物量的在线传感器，即使是离线分析，结果也不令人满意。

① 干细胞量　取一定量发酵液，过滤并洗涤除去可溶物质，将滤饼干燥至恒重而得。此法作为其他测定方法的参比方法。

② DNA 含量　细胞中 DNA 含量在发酵过程中大体保持不变，而与营养状况，培养基的组成，代谢及生长速率关系不大。因此，发酵液中 DNA 含量可计算成生物量。

③ 沉降量或压缩细胞体积　用自然静置或离心法测得的沉降量或压缩细胞体积，可作为生物量的粗略估计。

④ 黏度　主要用于指示丝状菌的生长和自溶，而与生物量不直接相关。一般使用旋转式黏度计进行测量。

⑤ 浓度　用于澄清培养基中低浓非丝状菌的测量，测得的光密度（OD）与细胞浓度呈线性关系。可用任何常规比色计或分光光度计进行，波长一般采用 $420 \sim 660nm$。吸光率要求 $3.3 \sim 0.5$。对于 $600 \sim 700nm$ 的入射光，一个吸光率单位大约相当于 $1.5g$ 细胞干重/L。

2. 尾气分析

通风发酵尾气中 O_2 的减少和 CO_2 的增加是培养基中营养物质好氧代谢的结果。这两种气体的在线分析所获得的耗氧率（OUR）和 CO_2 释放率（CRR）是目前有效的微生物代谢活性指示值。目前主要有红外 CO_2 分析仪和顺磁 O_2 分析仪和质谱仪。

3. 发酵液成分分析

发酵液成分的分析对于认识和控制发酵过程也是十分重要的。高效液相色谱法（HPLC）具有分辨率高、灵敏度好、测量范围广、快速及系统特异性等优点。目前已成为实验室分析的主导方法。但进行分析前必须选择适当的色谱柱、操作温度、溶剂系统、梯度等，而且样品要经过亚微米级过滤处理。与适当的自动取样系统连接，HPLC 可对发酵液进行在线分析。

近年来，与自动取样系统连接的流动注射分析（FIA）系统，也应用到发酵液成分的在线分析中。它的基本原理是通过一个旋转进样阀将一定体积的样品溶液"注射"到连续流动的载流中，在严格控制分散的条件下，使样品流同试剂流混合反应，最后流经检测池进行测定。检测部分可以是现有的各种自动分析仪，如分光光度计。

三、发酵过程变量的间接估计

前面提到的能够在线准确测量的过程变量几乎都是环境变量，而一些反映产生菌生理状态的变量却难于在线准确测量。这些变量中，有的和传感器直接测量的变量相关，因此可用相关模型进行估计。通过对生理变量的间接估计实施过程控制，比单纯控制环境变量在提高发酵产率方面常常能起到更加重要的作用。

（一）　与基质消耗有关变量的估计

1. 基质消耗率

以补料分批发酵为例，由基质平衡可得

$$r_S = \frac{F}{V}[c_r(S) - c(S)] - \frac{dc(S)}{dt} \tag{7-10}$$

式中，r_S 为基质消耗率，$kg/(m^3 \cdot h)$；F 为补料体积流速，m^3/h；V 为发酵液体积，m^3；$c_r(S)$ 为补料贮罐中基质浓度，kg/m^3；$c(S)$ 为发酵液中基质浓度，kg/m^3。

如果发酵过程达到准稳定状态，即 $dc(S)/dt = 0$，$c(S)$ 保持不变，而 $c_r(S)$ 为常数，那么，通过对补料体积流速 F 和发酵液体积 V 的在线测量，便可在线估计基质消耗率 r_S。

2. 基质消耗总量

这一变量由基质消耗率对时间积分进行估计，即

$$-\Delta m(S) = \int_0^t \left\{ \frac{F}{V}[c_r(S) - c(S)] - \frac{dm(S)}{dt} \right\} dt \tag{7-11}$$

式中，$-\Delta m(S)$ 为在 t 时间内基质总消耗量，kg。

当 $dm(S)/dt = 0$ 时，基质消耗总量为补料体积流速和发酵时间的函数。

（二）与呼吸有关变量的估计

1. CO_2 释放率

通过对发酵尾气中 CO_2 含量及通气量的测量，可由式(7-8)估计 CO_2 释放率。

2. 氧消耗率

发酵过程中菌的耗氧速率可由式(7-9)估计。

3. 呼吸商

CO_2 释放率与氧消耗率之商叫做呼吸商，即

$$RQ = \frac{CRR}{OUR} \tag{7-12}$$

RQ 是碳-能源代谢情况的指示值。在碳-能源限制及供氧充分的情况下，碳-能源趋向于完全氧化，RQ 应达到完全氧化的理论值，见表 7-4。如果碳-能源过量及供氧不足，可能出现碳-能源不完全氧化的情况，从而造成 RQ 异常。

表 7-4　一些碳-能源基质的理论呼吸商

碳-能源	呼　吸　商	碳-能源	呼　吸　商
葡萄糖	1.0	乳酸	1.0
蔗糖	1.0	甘油	0.86
甲烷	0.5	植物油	0.7
甲醇	0.67		

（三）与传质有关变量的估计

1. 液相体积氧传递系数

这一变量代表氧由气相至液相传递的难易程度，它与发酵过程控制、放大和反应器设计密切相关。当发酵液中溶氧浓度保持稳定，即发酵过程中的氧传递量与氧消耗量达到平衡时，液相体积氧传递系数可由式(7-13)确定。

$$OTR = OUR = K_L a(c^* - c_L) \tag{7-13}$$

式中，OTR 为氧由气相向液相传递的速率，$mol/(m^3 \cdot h)$；$K_L a$ 为液相体积氧传递系数，h^{-1}；c^* 为和气相氧分压平衡的溶氧浓度，mol/m^3；c_L 为液相溶氧浓度，mol/m^3。

对于混合良好的小型发酵罐，c^* 可取与尾气中氧分压平衡的溶氧浓度。对于大型发酵罐，则溶氧浓度差应取以下对数平均值：

$$(c^* - c_L)_{对数平均} = \frac{(c^*_{进} - c_L) - (c^*_{出} - c_L)}{\ln \dfrac{c^*_{进} - c_L}{c^*_{出} - c_L}} \tag{7-14}$$

式中，$c_{进}^*$ 或 $c_{出}^*$ 为与通气（尾气）中氧分压平衡的液相溶氧浓度，mol/m^3。
于是得

$$K_L a = \frac{OUR}{(c^* - c_L)_{对数平均}} \tag{7-15}$$

2. 溶氧浓度

溶氧传感器测量的不是溶氧浓度，而是溶氧分压，它以饱和值（即与气相氧分压平衡的溶氧浓度）的百分数表示。因此，要确知发酵液中的溶氧浓度，必须首先估计饱和溶氧浓度。表 7-5 列出了标准大气压下氧在纯水和一些溶液中的溶解度，按式（7-16）换算成实际操作压力下的溶解度后，可作为估计发酵液中饱和溶氧浓度的参考值。

表 7-5　标准大气压下氧在纯水和一些溶液中的溶解度

溶液	浓度 /(mol/m³)	温度 /℃	氧溶解度 /(mol/m³)	溶液	浓度 /(mol/m³)	温度 /℃	氧溶解度 /(mol/m³)
H₂O		20	1.38	葡萄糖	0.7	20	1.21
		25	1.26		1.5	20	1.14
		30	1.16		3.0	20	1.09
NaCl	500	25	1.07	蔗糖	0.4	15	1.33
	1000	25	0.89		0.9	15	1.08
	2000	25	0.71		1.2	15	0.96

$$c^* = \frac{p}{101325} c_0^* \tag{7-16}$$

式中，p 为实际操作压力，Pa；c_0^* 为在 $101325Pa$ 压力下的饱和溶氧浓度，mol/m^3。
于是得发酵液中溶氧浓度

$$c_L = c^* \cdot DOT \tag{7-17}$$

式中，DOT 为溶氧传感器测量的溶氧压，%。

（四）　与细胞生长有关变量的估计

1. 生物量

测定微生物细胞生物量的方法有定氮法、DNA 法、测定细胞干重法、测定细胞湿重法、OD 法、生理指标测定法等，虽然方法很多，但对于培养基中含有固形物以及丝状菌来说，都不十分令人满意。因此，这类发酵过程的生物量，一般以间接方法进行估计。估计方法主要有氧消耗率估计和 CO_2 释放率估计两种。

由氧平衡可得：

$$OUR \cdot V = m_O c(X) + \frac{1}{Y_{G/O}} \frac{dc(X)}{dt} + \frac{1}{Y_{P/O}} \frac{dc(P)}{dt} \tag{7-18}$$

式中，m_O 为以氧消耗为基准的生产菌的维持因素，$mol/(g \cdot h)$；$Y_{G/O}$ 为以氧消耗为基准的菌体生产的得率系数，$mol/(g \cdot h)$；$Y_{P/O}$ 为以氧消耗为基准的产物的得率系数，mol/mol；$c(X)$ 为生物量，g；$c(P)$ 为产物量，mol；t 为发酵时间，h。

将式（7-18）按差分方程展开，可得：

$$OUR(t) \cdot V(t) = m_O c_t(X) + \frac{c_{(t+1)}(X) - c_t(X)}{Y_{G/O}} + \frac{c_{(t+1)}(P) - c_t(P)}{Y_{P/O}} \tag{7-19}$$

于是有：

$$c_{(t+1)}(X) = Y_{G/O} \left[OUR(t) \cdot V(t) + \frac{1}{Y_{G/O}} (1 - m_O) c_t(X) - \frac{c_{(t+1)}(P) - c_t(P)}{Y_{P/O}} \right] \tag{7-20}$$

如果 $c(X)$ 在 $t=0$ 时的 $c_0(X)$ 已知，则可根据 $V(t)$、$c_t(P)$ 的在线测量和 $OUR(t)$ 的在线估计结果，由式（7-20）递推估计各个时刻的生物量 $c_t(X)$。

同理，也可根据 CO_2 释放率估计得出生物量的递推式：

$$c_{(t+1)}(X) = Y_{G/CO_2}\left[CRR(t) \cdot V(t) + \frac{1}{Y_{G/CO_2}}(1-m_{CO_2})c_t(X) - \frac{c_{(t+1)}(P)-c_t(P)}{Y_{P/CO_2}} \right] \tag{7-21}$$

式中，m_{CO_2} 为以 CO_2 释放率为基准的生产菌的维持因素，$mol/(g \cdot h)$；Y_{G/CO_2} 为以 CO_2 释放率为基准的菌体生长的得率系数，$mol/(g \cdot h)$；Y_{P/CO_2} 为以 CO_2 释放率为基准的产物的得率系数，mol/mol。

由于 CO_2 的溶解度受 pH 值的影响很大，以致影响 CRR 的估计精度，从而使式（7-21）的应用受到一些限制。

2. 菌体比生长速率和产物比形成速率

由以上生物量的估计结果，可分别得出菌体比生长速率和产物比形成速率的估计值。

$$\mu(t) \cong \frac{c_{(t+1)}(X)-c_t(X)}{c_t(X)} \tag{7-22}$$

$$Q_P(t) \cong \frac{c_{(t+1)}(P)-c_t(P)}{c_t(P)} \tag{7-23}$$

式中，μ 为菌体比生长速率，h^{-1}；Q_P 为产物比形成速率，$mol/(g \cdot h)$。

四、发酵过程自控

发酵过程自控是根据对过程变量的有效测量及对过程变化规律的认识，借助于由自动化仪表和电子计算机组成的控制器，操纵其中一些关键变量，使过程向着预定的目标发展。和其他自控问题一样，发酵过程自控包含以下三个方面的内容：①和过程的未来状态相联系的控制目的或目标（如要求控制的温度、pH 值、生物量浓度等）；②一组可供选择的控制动作（如阀门的开、关，泵的开、停等）；③一种能够预测控制动作对过程状态影响的模型（如用加入基质的浓度和速率控制细胞生长率时需要能表达它们之间相关关系的数学式）。这三者是相互联系、相互制约的，组成具有特定自控功能的自控系统。

（一）基本自控系统

自控系统由控制器和被控对象两个基本要素组成。发酵过程采用的基本自控系主要有前馈控制、反馈控制和自适应控制。

1. 前馈控制

如果被控对象动态反应慢，且干扰频繁，则可通过对一些动态反应快的变量（叫做干扰量）的测量来预测被控对象的变化，在被控对象尚未发生变化时提前实施控制，这种控制方法叫做前馈控制。图 7-11 是对反应器温度实施前馈控制的例子。在这一系统中，

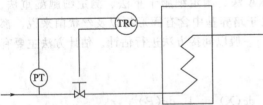

图 7-11 反应器温度的前馈控制系统
PT—压力变送器；TRC—温度记录和控制器

冷却水的压力被测量但不控制，当这一压力发生变化时，控制器提前对冷却水控制阀发生控制动作指令，以避免温度波动。

前馈控制的控制精度取决于干扰量的测量精度以及预报干扰量对控制变量影响的数学模型的准确性。

2. 反馈控制

反馈控制系统如图 7-12 所示。被控过程的输出量 $x(t)$ 被传感器检测，以检测量 $y(t)$ 反馈到控制系统，控制器使之与预定的值 $r(t)$（设定点）进行比较，得出偏差 e，然后采用某种控制算法根据这一偏差 e 确定控制动作 $u(t)$。依据控制算法的不同，反馈控制可分为以下几种。

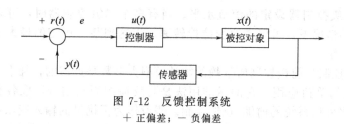

图 7-12　反馈控制系统

＋正偏差；－负偏差

① 开关控制　最简单的反馈控制系统是开关控制。图 7-13 是发酵温度的开关控制系统，它通过温度传感器检知反应器内温度。如果低于设定点，冷水阀关闭，蒸汽或热水阀打开；如果高于设定点，蒸汽或热水阀关闭，冷水阀打开。控制阀的动作是全开或全关，故称为开关控制。加热或冷却负荷相对稳定的过程，适合于这种形式的控制。

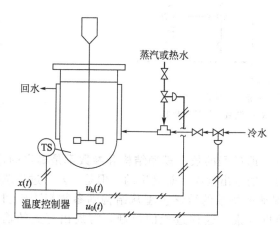

图 7-13　发酵温度的开关控制系统

TS—温度传感器；$x(t)$—检测量；$u_h(t)$—加热
控制输出量；$u_0(t)$—冷却控制输出量

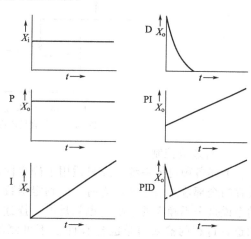

图 7-14　P、I、D、PI 和 PID 控制对
输入量的阶跃响应

X_i—输入量；X_o—输出量；t—时间

② PID 控制　当控制负荷不稳定时，可采用比例、积分、微分控制算法，简称为 PID 控制。比例（P）、积分（I）、微分（D）控制器的控制信号，分别正比于被控过程的输出量与设定点的偏差、偏差相对于时间的积分和偏差变化的速率。这些控制器以及它们的结合（PI 和 PID）对输入量的阶跃响应情况如图 7-14 所示。

PI 和 PID 控制器广泛用于发酵过程的控制，但它们只能在接近设定点的情况下才能有效地工作，在远离设定点就开始启用时将产生较大的摆动。

③ 串级反馈控制　由两个以上控制器对一种变量实施联合控制的方法叫做串级控制。图 7-15 是对溶氧水平实行串级控制的例子。溶氧被发酵罐内的传感器检知，作为一级控制器的溶氧控制器根据检测结果由 PID 算法计算出控制输出 $u_1(t)$，但不用它来直接实施控制动作，而是被作为二级控制器的搅拌转速、空气流量和压力控制器当做设定点接受，二级控制器再由另一个 PID 算法计算出第二个控制输出，用于实施控

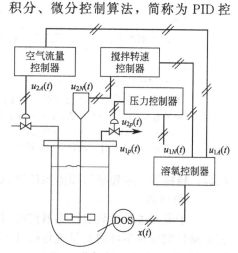

图 7-15　溶氧水平的串级反馈控制

DOS—溶氧传感器；$x(t)$—检测量；
$u_1(t)$—一级控制输出；$u_2(t)$—二级控制输出
下标：p—压力；N—搅拌转速；A—空气流量

制动作，以满足一级控制器设定的溶氧水平。当有多个二级控制器时，可以是同时或顺序控制，如在图 7-15 的情况下，可以先改变搅拌转速，当达到某一预定的最大值后再改变空气流量，最后是调节压力。

④ 前馈/反馈控制　前馈控制所依赖的数学模型大多数是近似的，加上一些干扰量难于测量，从而限制了它的单独应用。它的标准用法是与反馈控制相结合，取各自之长，补各自之短。图 7-16 为废水处理系统的前馈/反馈控制。假设作为干扰量的输入废水中悬浮固体含量随时间变化，通过在线分析仪测定后，信号前馈至排放控制器，使排出液的悬浮固体含量保持在设定点上，同时，还根据排出液悬浮固体含量的直接测量对排放率进行反馈控制。

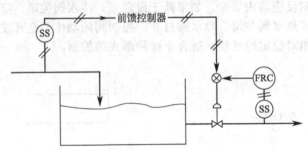

图 7-16　废水处理系统的前馈/反馈控制

SS—悬浮固体含量传感器；FRC—流量记录及控制器

3. 自适应控制

上述各种自控系统一般只适用于确定性过程，即过程的数学模型结构和参数都是确定的，过程的全部输入信号又均为时间的确定函数，过程的输出响应也是确定的。但是，发酵过程总的来说是个不确定的过程，也就是说，描述过程动态特性的数学模型从结构到参数都不确切知道，过程的输入信号也含有许多不可测的随机因素。这种过程的控制，需提出有关的输入、输出信息，对模型及其参数不断进行辨识，使模型逐渐完善，同时自动修改控制器的控制动作，使之适应于实际过程。这种控制系统就叫做自适应控制系统，其组成如图 7-17 所示。其中，辨识器根据一定的估计算法在线计算被控对象未知参数 $\hat{\theta}(t)$ 和未知状态 $\hat{x}(t)$ 的估值，控制器利用这些估值以及预定的性能指标，综合产生最优控制输出 $u(t)$，这样，经过不断地辨识和控制，被控对象的性能指标将逐渐趋于最优。

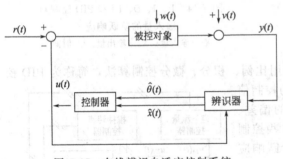

图 7-17　在线辨识自适应控制系统

$r(t)$—参考输入；$w(t)$—干扰量；$v(t)$—量测噪声；

$y(t)$—量测输出；$\hat{\theta}(t)$—参数估计；

$\hat{x}(t)$—状态估计；$u(t)$—控制输出

（二）发酵自控系统的硬件结构

发酵自控系统由传感器、变送器、执行机构、转换器、过程接口和监控计算机组成，这些硬件的配置如图 7-18 所示。

1. 传感器

用于发酵过程检测的传感器前已讨论过。但除了直接测量过程变量的传感器外，一些根据直接测量数据对不可测变量进行估计的变量估计器，也可以叫做传感器。这种广义传感器称为"网间"传感器或"算法"传感器。

2. 变送器与过程接口

除了传感器外，还需要特殊的电路（惠斯通电桥、放大器等），将传感器获得的信息变成标准输出信号，才能被控制器所接受。这种电路装置就叫做变送器。传感器和变送器有时安装

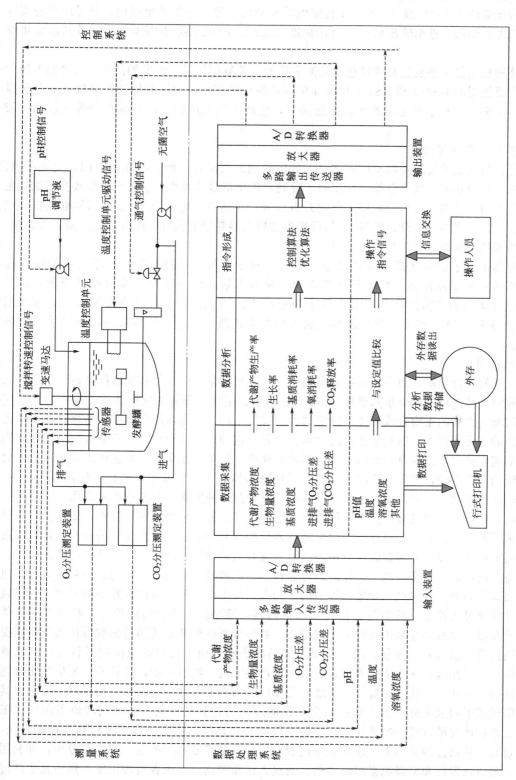

图 7-18 发酵过程自控的硬件配置

在同一个装置内。为了使传感器与控制器的连接具有灵活性和机动性，建议采用以下标准输出信号：①连续的 0～10V 或 0～20mA 直流电模拟输出信号，为了避免接地，信号应当隔离输出；②二进制编码十进制输出信号应当用标准 RS232、RS423 或 IEEE488 接口及其通讯协议传送。

用处理机连接发酵装置对变量进行监测和控制需要数据接口，传递的信号是二进制编码十进数。广泛使用的 RS232 和 RS423 是标准化的系列传送接口，它们的传送距离较远而传送速度较慢。IEEE488 是字节定向的平行传送接口，它的传送速度相当快，缺点是传送距离有限（15m）。

3. 执行机构和转换器

执行机构是直接实施控制动作的元件，如电磁阀、气动控制阀、电动调节阀、变速电机、步进电机、正位移泵、蠕动泵等，它反映于控制器输出信号或操作者手动干预而改变控制变量值。执行机构可以连续动作（如控制阀的开启位置，马达或泵的转速），也可以间歇动作（如阀的开、关，泵或马达的开、停等）。与反应器物料直接接触的执行机构要求无渗漏、无死角、能耐受高温蒸汽灭菌、便于精确计量等。

控制器的输入信号就是反应器的输出信号。对于常规电子控制器，连续的模拟输出信号可以直接和控制器连接，当涉及计算机时，控制器输入信号必须转换成数字当量，而与执行机构连接的模拟输出信号必须由数字当量产生。因此，对于计算机控制系统，须使用 A/D 转换器和 D/A 转换器。但控制器的输入信号为离散信号时，可直接使用数字输入和数字输出。

4. 监控过程

在工业发酵过程的监测和控制中，普通使用的装置是条形记录仪和模拟控制器。条形记录仪用于描绘发酵过程中各变量如温度、pH 值、溶氧、尾气成分等变化的曲线，这些变量的变化往往与所需产物的生物合成相关，确定这种相关关系后，就可以用模拟控制器将这些变量控制在合适的变化范围内，以利于产物的生成。但是，这种记录仪和控制器不能有效地监测和控制那些不能直接测量的变量如氧消耗率、基质消耗率、比生长速率等，而这些由几个直接测量信号估计的间接变量，可能与产物合成速率更加密切相关。计算机和某些数字化仪表的应用，使这些间接变量的估计和监控成为可能，从而在发酵过程的发展中起着重要的作用。

过程监控计算机在发酵自控中的作用有：①自发酵过程中采集和存储数据；②用图形和列表方式显示存储的数据；③对存储的数据进行各种处理和分析；④和检测仪表和其他计算机系统进行通讯；⑤对模型及其参数进行辨识；⑥实施复杂的控制算法。监控计算机的选择应具有尽可能完善的功能，较低的成本，较高的可靠性，一定的升级能力，简单的运行要求，和其他系统的通讯能力等。计算机在发酵过程中的应用有三项主要任务，即过程数据的存储、过程数据分析和生物过程控制。数据的存储包含以下内容：顺序扫描传感器的信号，将其数据条件化、过滤和以一种有序并易于找到的方式存储。数据分析的任务是从测得的数据用规则系统提取所需的信息，求得间接参数，用于反映发酵的状态和性质。过程管理控制器将这些信息显示、打印和做出曲线，并用于过程控制。对于生产规模的生物反应器，计算机主要应用于检测和顺序控制。有些新厂让计算机控制系统充分发挥其潜在的作用。现在，生物发酵工业正以其光辉的前景吸引着愈来愈多的人们去研究，发酵过程的计算机优化控制，或者说采用知识工程、专家系统的发酵过程控制系统将是今后发展的必然趋势。为实现发酵过程高级控制系统，尚需在现有计算机监控基础上，建立生化过程数据库，依靠专家的指导、归纳和分析，并利用知识工程的方法发挥和完善数据库的功能。通过人机系统沟通使用者与知识库，然后在生产过程中实现生产的优化控制，这将是一个长期的积累工作。随着计算机技术的不断发展和多学科相互合作，发酵过程参数的优化控制将会呈现出崭新的局面，使发酵工业的前景更加辉煌。

思考与练习题

1. 发酵产品生产中控制的参数有哪些？尾气分析包括哪些内容？排气中二氧化碳控制的意义是什么？

2. 简述发酵过程温度升高的原因及对微生物生长和产物合成的影响。温度如何进行管理？

3. 生产中为什么要对 pH 值进行控制？如何进行控制？

4. 简述临界溶氧浓度的概念及意义。供氧与微生物代谢有何关系？如何控制溶解氧？

5. 基质浓度对发酵有何影响？如何进行控制？简述 FBC 的优点与作用。

6. 消泡的方法有哪几种？各有何优点和缺点？

7. 发酵过程主要在线传感器有哪些？使用时应注意什么问题？

第八章 基因工程菌的发酵技术

基因工程菌（genetically engineered microorganism）是指以微生物为操作对象，通过基因工程技术获得的表达外源基因或过量表达或抑制表达自身基因的工程细胞，包括细菌、放线菌等原核微生物细胞和酵母、丝状真菌等真核微生物细胞。有时也把基因工程菌称为重组菌（recombinant microorganism），其构建过程包括表达载体的选择、宿主细胞的转化、工程菌的筛选鉴定和遗传稳定性研究等内容。基因工程菌能够按照事先设计表现出新的优良性状，如改善菌种不良特性、大幅度提高产物产量、高效表达外源基因的编码产物等，目前已广泛应用于抗生素、氨基酸、蛋白质、疫苗等生物药物及化工产品的生产中。

第一节 基因工程菌发酵的特点

随着基因重组技术的不断发展，基因工程菌的发酵技术也越来越受到重视。优良的基因工程菌除了具备高产量及高产率外，还应满足下列要求：①可利用易得的廉价原料；②不致病，不产生内毒素；③容易进行代谢调控。目前构建基因工程所采用的宿主细胞包括细菌、酵母、霉菌和哺乳动物细胞等，工业规模生产多以大肠杆菌、枯草芽孢杆菌和毕赤酵母等为主。

以传统微生物发酵技术为基础，基因工程菌的发酵技术正在逐渐发展成熟。总的来看，基因工程菌发酵与普通微生物发酵并无本质的区别，其发酵工艺基本相同。但由于菌种材料已发生了变化，基因工程菌带有宿主原来不含有的外源基因，发酵的目的是使外源基因高效表达。因此，基因工程菌发酵具有其自身的特点，由此产生基因工程菌在发酵方法、培养条件以及过程控制等方面与普通微生物发酵有所不同。主要体现在以下几个方面。

1. 发酵产物生成的代谢途径不同

普通微生物发酵生产的产品是初级代谢产物或次级代谢产物，是微生物自身基因表达的结果。基因工程菌发酵生产的产品是外源基因表达的产物，其发酵产物形成途径是宿主细胞原来没有的，是在细胞内增加的一条相对独立代谢途径，这条额外的代谢途径完全由重组质粒编码确定，代谢速率与重组质粒拷贝数有关，并与细胞的初级代谢有着密切的联系。

2. 基因工程菌存在遗传不稳定性

实践表明，基因工程菌的工业化培养中，产物的得率往往低于实验室培养。基因工程菌发酵的主要难点是在菌体细胞繁殖过程中表现出的遗传不稳定性，它直接影响到发酵工艺过程、条件控制和反应器的设计等各个方面。由于基因工程菌稳定性对生产影响较大，所以生产时对菌种要求更严格，每次都要用新鲜菌种，接入的菌种要求含重组质粒达到100%。

相同质粒在不同宿主菌中其稳定性不同，相同宿主菌对不同质粒的稳定性也不同。携有质粒细胞与无质粒细胞的生长速率不同，质粒的复制与表达，对宿主细胞是一种负担。特别是当外源基因大量表达产生特异蛋白时，代谢压力相当大。一般条件下，携有质粒细胞的生长速率低于无质粒细胞。因此，质粒的稳定性与生长速率的变化相关。

除了以上特点外，基因工程菌发酵与传统发酵生产相比，生产规模较小，设备自动化程度要求高，产品附加值高，生产利润大。另外基于生物安全的考虑，发酵操作中一般要防止基因工程菌在自然界的扩散，因此，发酵罐排出的气体或排出的液体均要经过灭菌处理。

第二节　基因工程菌的稳定性

对基因工程菌来讲，困扰生产的一个主要问题就是其稳定性。基因工程菌的不稳定性将导致得不到理想的产量，甚至得不到预期的目标产物。基因工程菌的不稳定性主要指遗传不稳定性，具体表现为重组质粒的不稳定性、染色体的不稳定性和表达产物的不稳定性。目前基因工程菌主要是含有质粒的重组菌，因此主要探讨质粒的不稳定性（plasmid instability）引发的遗传不稳定性及其对策。

用基因工程菌生产产品，菌株在传代的过程中，经常出现重组质粒不稳定的现象，质粒的不稳定又可分为：①质粒复制的不稳定；②质粒分配的不稳定；③质粒结构的不稳定；④培养环境条件引起的质粒不稳定。质粒复制的不稳定（plasmid replication instability）指基因工程菌复制时出现一定比例不含质粒的子代菌的现象。小质粒都是以滚环形式进行复制的，要经过单链 DNA 中间体阶段。在复制过程中，不正常的起始和终止、延伸时的断裂及错配等都会造成质粒的不稳定，并产生单链质粒和高相对分子质量畸形质粒，这就是质粒复制的不稳定性。许多金黄色葡萄球菌的衍生质粒在枯草芽孢杆菌中会积累单链质粒，这是因为负链复制起始点在枯草芽孢杆菌中无功能。在质粒中插入外源 DNA 后，会产生高相对分子质量畸形质粒。质粒分配的不稳定（plasmid segregation instability）指在细胞分裂时，外源质粒分配不平衡而使子代细胞产生无质粒的现象。已发现起分配功能的基因是 *par* 基因，其功能是细胞分裂时，主动把质粒分配到子代细胞中。没有 *par* 基因，质粒在子代细胞中随机分配，从而导致分配不稳定。分配不稳定性常经过多个世代的传质之后才明显表现出来。质粒结构的不稳定（plasmid structural instability）是 DNA 从质粒上丢失或碱基重排、缺失所致工程菌性能的改变。由于质粒中 DNA 的缺失（deletion）、插入（insertion）、突变（mutation）、重排（rear-rangement）等使质粒 DNA 的序列结构发生了变化，引起复制和表达的不稳定性，这就是质粒结构的不稳定性。一般小质粒比大质粒结构稳定性好。基因工程菌的稳定性至少要维持在 25 代以上。质粒作为一种核外遗传物质，其稳定性最容易受到生长环境条件的影响。

另外还有染色体 DNA 的不稳定性，如整合到染色体上的外源 DNA 在分裂期间发生重组、丢失或表达的沉默。在工程细胞中有时会出现"表达沉默"，外源基因在生物体内并未丢失或损伤，但该基因不表达或表达量极低，这种现象研究者认为是 RNA 干扰现象存在，阻断了基因的表达，实现了细胞水平的沉默。

一、影响质粒稳定性的因素

质粒的稳定性受宿主细胞的生长速率、培养基成分、发酵条件等的影响，选择适宜的发酵培养基和最适的生产条件，保证质粒稳定性的提高，对基因工程菌的发酵生产至关重要。

1.宿主细胞生长速率对质粒稳定性的影响

外源质粒的存在一方面大量消耗细胞代谢的中间产物和能量，将不可避免地降低含质粒细胞的生长速率；另一方面也将促进质粒及宿主细胞发生突变，其结果要么使质粒丢失，要么使质粒表达产物能力下降。因此在基因工程菌培养时，从严格意义上说，不能算是纯种培养，而是含不同质粒（包括不含质粒）细胞的混合培养，它们以不同的生长速率生长，互相竞争营养物质。由于不含质粒、少含质粒或突变的细胞生长速率快，在长期的培养过程中它们将具有生长优势，比例不断增加。不含质粒细胞的生长优势，将不利于提高目的基因表达水平。通过在质粒中加入选择性标记，如抗生素抗性标记，就可以抑制不含质粒细胞的生长，保证含质粒细胞占优势，提高目标产物的表达量。

2.培养基的组成对质粒稳定性的影响

在不同培养基中，质粒的稳定性不同，质粒丢失概率也有差异。复合培养基营养较丰富，质粒稳定性一般高于合成培养基。在大肠杆菌 HB101 菌株中，首先 pBR322 质粒在磷酸盐限制时最不稳定，其次是葡萄糖和镁离子限制。pBR325 在葡萄糖限制时最不稳定，而对磷酸盐限制表现稳定。一般而言，大肠杆菌对葡萄糖和磷酸盐限制易发生质粒不稳定，有一些质粒对氮源、钾、硫等表现不稳定。对于酵母，限制培养基比丰富培养基更有利于维持质粒的稳定性。对于诱导表达型的基因工程菌，在细胞生长到一定阶段，必须添加诱导物，以解除目标基因的抑制状态，活化基因，进行转录和翻译，生成产物。

3. 发酵操作方式对质粒稳定性的影响

流加操作方式能保持质粒的稳定性。对枯草杆菌质粒稳定性的研究表明，定期分批流加时，质粒稳定性比间歇培养和恒化器培养高。随着培养时间的延长，质粒稳定性下降。在 2～4h 内质粒稳定，6h 以上导致质粒丢失，而采用间歇培养时质粒丢失更快。适宜的流加方式有利于提高质粒在非选择性培养基中的稳定性。基因工程细胞在对数生长期减少，因为在底物充足时，无质粒的宿主细胞生长较有质粒的工程细胞快，但在静止期又增加，因为在底物耗尽时，宿主细胞死亡也较快。连续培养而且在无选择压力时，质粒稳定性随稀释速率的增加而下降，但不会完全丢失，如果再加入选择剂，又可提高质粒的稳定性。两段连续培养可克服质粒不稳定性，在菌体生长阶段，添加选择剂，获得高密度质粒细胞培养物，然后在第二阶段，添加诱导物，诱导目标基因的表达。

基因工程菌或细胞固定化后，在非选择性条件下培养，基因工程菌质粒稳定性和拷贝数增加。卡那胶微囊内的基因工程菌在无选择压力下连续培养，提高了细胞密度和质粒的稳定性，在前 80h 内未测到质粒丢失，而在游离悬浮细胞培养系统中，在很短时间内质粒丢失。通入纯氧，也能很好维持质粒稳定性，甚至在 200 代时接近初始值。固定化细胞生长缓慢，在搅拌罐和气升式发酵罐中，游离悬浮培养基因工程酵母，其质粒表现出不稳定性，但在固定化连续操作条件下，能较长时间保持较高的质粒稳定性，这可能与比生长速率的降低有关。固定化提高质粒稳定性的机理可能是微环境所起的作用。采用透析培养 (dialysis culture) 技术培养重组大肠杆菌生产青霉素酰化酶，可使产率提高 11 倍。

4. 发酵培养条件对质粒稳定性的影响

基因工程菌发酵离不开环境条件，菌体生长发育是营养物质利用和环境条件的综合结果。环境条件作为外部因素，可以改变菌体的生长状态、代谢过程及其强化主流代谢途径。通过控制发酵的环境条件，保证基因工程菌适度的比生长速率，获得目标产物的高效表达。

(1) 温度对质粒稳定性的影响　基因工程菌生长的最适温度往往与发酵温度不一致，这是因为发酵过程中，不仅要考虑生长速率，还要考虑发酵速率、产物生成速率等因素。在表达外源蛋白药物时，在较高温度下有利于表达包涵体，在较低温度下有利于表达可溶性蛋白质。对热敏感的蛋白质药物，恒温、高温发酵常常引起大量降解。大多数基因工程菌，在一定的温度范围内，随着温度的升高，质粒的稳定性下降。高温培养及某些药物等都会引起质粒的丢失。大肠杆菌往往在 30℃ 左右质粒稳定性最好，而生长最适温度为 37℃。对于采用温敏启动子控制的质粒，大肠杆菌由 30℃ 升高到 42℃ 诱导外源基因表达目标产物时，经常伴随质粒的丢失。为此，可以建立基于温度变化的分步连续培养工艺可增加质粒的稳定性。

(2) pH 值对质粒稳定性的影响　与常规微生物发酵相似，基因工程菌的生长和产物生成的 pH 值往往不同，基因工程菌的生长和质粒稳定性的最适 pH 值也不一致。在 pH 值为 6.0 时，基因工程酵母表达乙肝表面抗原的质粒最稳定，在 pH 值为 5.0 时，质粒最不稳定。

基因工程菌发酵培养过程常常产酸，使环境 pH 值不断下降，生产中要采用有效措施控制 pH 值的变化，确保质粒的稳定。

(3) 溶解氧和搅拌对质粒稳定性的影响　当溶解氧浓度在非选择性培养基中周期变化时，连续培养酵母的质粒稳定性强烈依赖于生长速率，在较低生长速率下完全稳定。提高氧压力或增加氧浓度能引起细胞内氧化性胁迫，而过渡或稳定阶段缺氧条件限制了产物的形成，降低了质粒稳定性。通入纯氧，可增加质粒稳定性，可能是由于菌体生长速率下降所致。质粒稳定性都随搅拌强度增加而下降，温和的搅拌速率有利于提高质粒的稳定性。在搅拌罐发酵时，质粒拷贝数通常低于摇瓶培养。搅拌罐中通气较好，生长速率较高，有利于质粒的复制。低溶解氧环境中，质粒稳定性差，可能是氧限制了能量的供应。酵母发酵过程中需要保持70%溶解氧，才能维持质粒稳定性。

基因工程菌都是好氧微生物，适宜的溶解氧浓度保证了菌体内的正常氧化还原反应，充足的氧使碳源物质氧化，进行有氧呼吸，氧（oxygen）作为氧化还原呼吸链的最终电子受体，与氢离子结合生成水。供氧不足，基因工程菌将从有氧代谢途径转为无氧代谢来供应能量，但由于无氧代谢（如糖酵解）的能量利用率低，同时碳源物质的不完全氧化会产生乙醇、乳酸、短链脂肪酸等有机酸，这些物质的积累将抑制菌体的生长与代谢，甚至有毒害。当溶解氧水平过高，将导致培养基过度氧化，细胞成分由于氧化而分解，也不利于菌体生长代谢。因此，发酵过程中保证充分的供氧显得十分重要。

二、提高质粒稳定性的措施

基因工程菌质粒稳定性同时受遗传和环境两方面的影响，是质粒、宿主菌与培养环境三者之间相互作用的结果，各种影响因素对宿主菌的作用不同。可以通过基因操作策略构建高稳定性的重组质粒，并通过优化培养条件及过程控制而提高质粒稳定性。

1.选择合适的宿主菌和合适的载体

宿主菌的遗传特性对质粒的稳定性影响很大。宿主菌的比生长速率、基因重组系统的特性、染色体上是否有与质粒和外源基因同源序列等都会影响质粒的稳定性。含低拷贝质粒的工程菌产生不含质粒的子代菌的频率较大，因而对这类工程菌增加质粒拷贝数能提高质粒的稳定性；含高拷贝质粒的工程菌产生不含质粒的子代菌的频率较低，但是由于大量外源质粒的存在使含质粒菌的比生长速率明显低于不含质粒菌，不含质粒菌一旦产生后，能较快地取代含质粒菌而成为优势菌，因而对这类菌进一步提高质粒拷贝数反而会增加含质粒菌的生长负势，对质粒的稳定性不利。对同一工程菌来说，通过控制不同的比生长速率可以改变质粒的拷贝数。Ryan等报道了比生长速率对质粒拷贝数和质粒稳定性的影响，在高比生长速率时质粒拷贝数下降，但质粒稳定性明显增加。

2.选择适宜的培养方式

提高质粒稳定性的目的是为了提高克隆菌的发酵生产率。但研究发现，外源基因表达水平越高，重组质粒往往越不稳定，如果外源基因的表达受到抑制，则重组质粒有可能丢失，含有重组质粒的克隆细胞与不含重组质粒的宿主细胞的比生长速率可能相同。因此可以考虑选择适宜的培养方式，如采用二步发酵方式，即分阶段控制发酵过程，在生长阶段使外源基因处于阻遏状态，避免由于基因表达造成质粒不稳定性问题的发生，使质粒稳定地遗传，在获得需要的菌体密度后，再去阻遏或诱导外源基因表达。由于第一阶段外源基因未表达，从而减少了重组菌与质粒丢失菌的比生长速率的差别，增加了质粒的稳定性。连续培养时可以考虑采用多级培养，如在第一级进行生长，维持菌体的稳定性，在第二级进行表达。

3.施加选择压力

从遗传学角度，施加选择压力即是选择某些生长条件使得只有那些具有一定遗传特性的细胞才能生长。在利用克隆菌进行发酵生产时，采取施加选择压力来消除重组质粒的分配性不稳定，以提高菌体纯度和发酵产率。施加选择压力的方法主要有抗生素添加法、营养缺陷型法、抗生素依赖变异法。

（1）抗生素添加法 在培养基中增加选择性压力如抗生素等，是工程菌培养中提高质粒稳定性常用的方法。含有耐药性基因的重组质粒转入宿主细胞，基因工程菌就获得了耐药性。发酵时在培养基中加入适量的相应抗生素可以抑制质粒丢失菌的生长，消除重组质粒分裂不稳定的影响，从而提高发酵生产率。但是添加抗生素选择压力对质粒结构不稳定无能为力。添加抗生素在大规模生产时并不可取，加入大量的抗生素会使生产成本增加，另外添加一些容易被水解失活的抗生素只能维持一定时间。

（2）营养缺陷型法　将宿主细胞诱变成某种物质的缺陷型，而给重组质粒带上这一物质合成的基因，这样在培养过程中只有重组菌才能生长。例如构建带有色氨酸操纵子的重组质粒 pBR392-trp，并在该质粒上插入 Ser B 基因，而宿主细胞是 Ser B 缺陷型，这样质粒与宿主形成互补，在培养过程中丢失质粒的细胞则不能合成 Ser 而被淘汰。

（3）抗生素依赖变异法　日本的三轮清志用抗生素依赖变异法代替抗生素添加法，方法是将宿主诱变成抗生素依赖型突变，使细胞只能在含抗生素的培养基中生长。重组质粒上含有该抗生素非依赖基因，将重组质粒导入细胞后所得到的重组菌就能在不含抗生素的培养基上生长，从而保证重组细胞在培养过程中稳定繁殖。

4. 控制合适的培养条件

工程菌所处的环境条件对其质粒的稳定性和表达效率影响很大，对一个已经组建完成的工程菌来说，选择最适的培养条件是进行工业化生产的关键步骤。环境因素对质粒稳定性的影响机制错综复杂。前述施加选择压力和控制基因过量表达两种方法也是通过培养条件的控制来实现的。工程菌生长繁殖需要的环境条件是：①良好的物理环境，主要有发酵温度、pH 值、溶氧量等；②合适的化学环境，即适宜工程菌生长代谢所需的各种营养物质的浓度，并限制各种阻碍生长代谢的有害物质的浓度。在发酵过程中许多参数对工程菌的生长构成影响，需不断加以调整，所以相关数据要加以分析处理，从而达到优化控制目的。

某些基因重组菌在复合培养基中具有较高的质粒稳定性，含有机氮源如酵母抽提物、蛋白胨等营养丰富的复合培养基提供了生长必需的氨基酸和其他物质，微生物的生长较在基本培养基中快。在基本培养基中造成携带质粒的重组菌比例下降的主要原因是重组菌和宿主菌比生长速率的差异，而在复合培养基中则是由于比生长速率的差异以及质粒丢失的概率二者共同起作用。

对于大多数的基因工程菌，在一定的温度范围内，随着温度升高，质粒的稳定性下降。对于大肠杆菌往往在 30℃左右质粒稳定性最好。对于采用温敏启动子控制的质粒，大肠杆菌由 30℃升高到 42℃诱导外源基因表达目标产物时，经常伴随质粒的丢失。为此，可以建立基于温度变化的分步连续培养，在第一个反应器中，30℃下进行生长培养，增加质粒稳定性，然后流入第二个反应器中，在 42℃下进行诱导产物表达。可见温度的控制相当重要，必须选择适当的诱导时期和适宜的诱导温度。

基因工程菌的培养需要维持一定 pH 和溶氧水平。当溶氧强度在非选择性培养基中周期变化时，连续培养酵母的质粒稳定性强烈依赖于生长速率，在较低生长速率下完全稳定。提高氧压力或增加氧浓度能引起细胞内氧化性胁迫，而过渡或稳定阶段缺氧条件使产物生成和质粒稳定性受限制。通入纯氧，可增加质粒稳定性，可能是由于菌体生长速率下降所致。搅拌速率能影响细胞生长和产物合成，搅拌强度明显影响质粒丢失速率，质粒稳定性都随搅拌强度提高而下降，温和的搅拌速率有利于保持质粒的稳定性。在搅拌罐发酵时，质粒拷贝数通常较低于摇瓶培养。搅拌罐中通气较好，生长速率较高，有利于质粒的复制。低溶氧环境中，质粒稳定性差，可能是氧限制了能量的供应。因而在发酵过程中需要保持较高的溶氧，通过间隙供氧的方法和通过改变稀释速率的方法都可提高质粒的稳定性。例如用基本培养基培养大肠杆菌 W3110（pEC901）时，在发酵过程中未发现其质粒不稳定，但进行连续培养时，发现在低比生长速率（$0.302h^{-1}$）下重组质粒只可完全维持 20 代，以后即发生质粒丢失，重组菌比生长速率为 $0.705h^{-1}$ 时可维持 80 代左右。

5.采用固定化技术

固定化可以提高基因重组大肠杆菌的稳定性。基因重组大肠杆菌进行固定化后，质粒的稳定性及目标基因产物的产率都有了很大提高。不同的宿主菌及质粒在固定化系统中均表现出良好的稳定性。质粒 pTG201 带有 A 噬菌体的 PR 启动子、$cI857$ 阻遏蛋白基因和 $xylE$ 基因（一种报道基因），大肠杆菌 W3110（pTG201）在 37℃连续培养时，游离细胞培养 260 代有 13％丢失质粒，而用卡拉胶固定化的细胞连续培养 240 代没有测到细胞丢失质粒。当宿主为大肠杆菌 B 时质粒稳定性较差，游离细胞经 85 代连续培养，丢失质粒的菌体占 60％以上，而固定化细胞在 10～20 代培养后丢失质粒的细胞只有 9％，以后维持该水平不变。

第三节　基因工程菌发酵工艺

一般而言，基因工程菌发酵工艺设计应以细胞生长和产物高效表达为目标，对于生物反应器选型、发酵过程中的传质、反应动力学及发酵控制均可参照普通微生物发酵中建立的理论和方法进行。但同时，基因工程菌发酵工艺与传统发酵相比又有其特殊性。就其选用的生物材料而言，生物工程菌为含有带外源基因的重组载体的微生物细胞；从发酵工艺考虑，生物工程菌发酵生产目的是希望获得大量的外源基因产物，尽可能减少宿主细胞本身蛋白的污染。外源基因的高水平表达，不仅涉及宿主、载体和克隆基因之间的相互关系，而且与其所处的环境条件息息相关。不同的发酵条件，工程菌的代谢途径也许不一样，对下游的纯化技术会造成不同的影响，因此，发酵水平的好坏还直接影响产品的纯化及其质量。仅按传统的发酵工艺生产高附加值的产品是远远不够的，需要对影响外源基因表达的因素进行分析，探索出一套既适于外源基因高效表达，又有利于产品纯化的发酵工艺。

一、培养基的组成与发酵条件

发酵培养基的组成既要提高工程菌的生长速率，又要保持重组质粒的稳定性，使外源基因能够获得高效表达。

1.培养基基本组成成分

基因工程菌可利用的碳源包括糖类、有机酸、脂类和蛋白质类。酪蛋白水解产生的脂肪酸，在培养基中充当碳源与能源时，是一种迟效碳源。不同基因工程菌利用碳源的能力不同。大肠杆菌能利用蛋白胨、酵母粉等蛋白质的降解物作为碳源，酵母只能利用葡萄糖、半乳糖等单糖类物质，而丝状真菌不仅可以利用单糖，还能利用多糖如淀粉等。使用不同的碳源对菌体生长和外源基因的表达有较大的影响。使用葡萄糖和甘油时，菌体比生长速率及呼吸强度相差不大，但以甘油为碳源菌体得率较大，而以葡萄糖为碳源产生的副产物较多。用甘露糖作碳源，不产生乙酸，但菌体比生长速率及呼吸强度较小。

氮源（nitrogen source）用于基因工程菌株合成氨基酸、蛋白质、核苷和核酸及其他含氮物质。基因工程菌可直接很好地吸收利用无机氮如氨水、铵盐等，一般不能利用硝基氮，因为缺乏把 NO_3^- 转化成 NO_4^+ 的酶体系。几乎都能利用有机氮源如蛋白胨、酵母粉、牛肉膏、黄豆饼粉、尿素等。不同工程菌对氮源利用能力差异很大，具有很高的选择性。在各种有机氮源中，酪蛋白水解物更有利于产物的合成与分泌。

无机盐（inorganic salt）包括磷、硫、钾、钙、镁、钠等大量元素和铁、铜、锌、锰等微量元素，为基因工程菌生长提供必需的矿物质，对代谢具有重要的调节作用。Ryan 等研究无机磷浓度对重组大肠杆菌生长及克隆基因表达的影响，结果表明在低磷浓度下，尽管最大菌体浓度较低，但比产率生成速率和产物浓度都较高。

生长因子包括维生素、氨基酸、嘌呤或嘧啶及其衍生物、脂肪酸等，在胞内起辅酶和辅基作用等，参与电子、基团等的转移。由于蛋白胨等天然成分含有各种生长因子，因此一般在基因工程菌的培养基中不单独添加。

由于目标产物的表达要消耗大量的前体物质及能量，基因重组细胞的培养基成分应比普通微生物丰富，特别是蛋白质、多肽及氨基酸类的营养物质应该充分满足目标蛋白质产物表达的需要。

2. 选择剂、诱导物

基因工程菌往往是具有营养缺陷或携带选择性标记基因，这些特性保证了基因工程菌的纯正性和质粒的稳定性。选择标记有两类：营养缺陷互补标记和抗生素抗性选择标记。基因工程大肠杆菌、芽孢杆菌、链霉菌、真菌含有抗生素抗性基因，常用卡那霉素、氨苄西林、氯霉素、博来霉素等抗生素作为选择剂；基因工程酵母菌常用氨基酸营养缺陷型，如亮氨酸、组氨酸、赖氨酸、色氨酸等，因此在培养基中必需添加相应的成分。

对于诱导表达型的基因工程菌，在细胞生长到一定阶段，必须添加诱导物，以解除目标基因的抑制状态，活化基因，进行转录和翻译，生成产物。使用 Lac 启动子的表达系统，在基因表达阶段需要异丙基-β-D 硫代半乳糖苷（IPTG）诱导，一般使用浓度为 $0.1\sim2.0$ mmol/L。对于甲基营养型酵母，需要加入甲醇进行诱导。因此诱导物成为产物表达必不可少的。

3. 发酵条件

基因工程菌的发酵进程是营养要素和工艺条件的综合结果。工艺参数作为外部因素，控制生长状态、代谢过程及其强度。通过稳定生长期后，调节工艺条件如降低或升高温度，保证产物的最大合成和释放。工程菌发酵工艺控制可参考微生物发酵制药工艺的检测与控制，但要注意工程菌的特殊性，整个工艺控制必须符合工程菌的遗传特性。工程菌发酵中的特殊性，表现在以下几个方面。

（1）温度 基因工程菌生长的最适温度往往与发酵温度不一致，这是因为发酵过程中不仅要考虑生长速率，还要考虑发酵速率、产物生成速率等因素。特别是外源蛋白质表达时，在较高温度下形成包含体的菌种，常常在较低温度下有利于表达可溶性蛋白质。对于温度诱导的大肠杆菌表达系统，在生长期维持 37℃，在生产期要提高温度，一般为 42℃，实现产物的高效表达。对于热敏感的蛋白质，恒温、高温发酵往往引起产物降解，生产期可采用先高温诱导，然后降低温度，进行表达，避免蛋白质不稳定性。以大肠杆菌作为宿主细胞时，降低培养温度有利于蛋白质的可溶性表达。如在表达人干扰素 a2b 的重组大肠杆菌中，采用 T_4 启动子和在 25℃ 下培养，细胞内可溶性表达可达到 1.0g/L 以上。

在利用酵母基因工程菌生产外源蛋白的过程中，有时候较高的温度有利于细胞的高密度发酵，低温培养则有利于提高细胞的生长密度和重组蛋白的表达量，并可缩短培养周期。对于受温度控制诱导表达的酵母工程菌来讲，诱导时菌体的生长状态及诱导持续时间都会对重组蛋白的表达产生极大的影响。升温诱导一般在对数生长后期进行，这时细胞繁殖迅速，对营养和氧的需求量大，细胞旺盛的代谢受到限制，此时诱导有利于外源蛋白的表达。培养重组毕赤酵母时，一般在生长阶段采用较高温度培养（30℃），而在诱导阶段一般采用低温进行诱导（20～25℃），可显著促进外源蛋白的分泌与表达。

（2）溶氧 基因工程菌是好氧微生物，生长过程需要大量分子氧。无氧呼吸会导致大量的能量消耗，同时产生有机酸，对细胞生长极为不利，甚至有毒害。发酵过程中保证充分供氧显得十分重要，基本原理是使需氧与供氧之间平衡，必须在临界溶氧浓度以上。

（3）pH 值 基因工程菌发酵培养过程常常产酸，使环境 pH 不断下降，所以生产中要采用有效措施控制 pH 的变化。与常规微生物发酵相似，基因工程菌的生长和生产期的 pH 值往往不同，基因工程菌的生长和质粒稳定性的最适 pH 值也不一致。在 pH6.0 时，基因工程酵母表达乙肝表面抗原的质粒最稳定，在 pH5.0 时，质粒最不稳定。了解发酵过程中各个阶段的适宜 pH 以后，需要进一步设法控制 pH 在合适的范围内。

（4）接种量 接种量的大小影响发酵的产量和发酵周期，其大小取决于生产菌种在发酵过程中的生长繁殖速度。有人研究大肠杆菌 DH5α/j1 分别以 5％、10％、15％的接种量进行发酵，结果表明 5％接种量，菌体停滞期较长，可能会使菌体老化，不宜表达外源蛋白产物；10％、15％的接种量停滞期极短，菌群迅速繁殖，很快进入对数生长期，适于表达外源蛋白产物。

二、基因工程菌发酵的工艺过程

基因工程菌发酵的工艺过程包括工程菌的鉴定与保存、种子的扩大培养、接种与发酵培养三个基本阶段。

1. 基因工程菌的筛选鉴定

基因工程菌的筛选鉴定就是从大量的被转化的宿主菌中筛选出含有完整表达载体或外源基因、遗传性稳定、能够高效表达出目标产物的重组菌，既涉及基因的分子操作，也涉及发酵试验，而且最终以发酵结果作为选择的依据。基因工程菌的筛选鉴定包括以下内容，详细操作见有关专著。

（1）筛选单细胞克隆 对构建正确的表达载体，经适当的转化方法，导入宿主菌细胞涂布在含有相应抗生素或互补营养物质的固体平板培养基上，在适宜的温度下生长，长出明显的单菌落。

（2）鉴定单细胞克隆 取单菌落划线在另一固体平板培养基上，同时接种，进行摇瓶或试管液体培养。在对数期取一部分菌液进行菌种保存，作为原始菌种。另一部分菌液提取质粒，比较各个克隆之间的单细胞所含的质粒拷贝数。对质粒进行酶切和 PCR 扩增鉴定，筛选质粒的完整性和所含质粒是否为表达载体。对酶切鉴定正确的克隆进行质粒测序，筛选外源编码基因序列准确无误的克隆。

（3）表达量筛选 对质粒酶切和测序鉴定正确的单克隆，进行初步的小规模表达分析，检测是否表达外源蛋白质，以及蛋白质存在的形式，既是可溶性还是包含体形式。筛选出表达量高的单克隆。

（4）鉴定表达产物的正确性 对表达产物进行 SDS-PAGE、等电点电泳、免疫杂交、末端测序等分析，鉴定表达产物是否正确，是否与目标产物具有同一性。

（5）质粒稳定性试验 质粒稳定性的分析方法如下：将工程菌培养液样品适当稀释，均匀涂布于不含抗性标记抗生素的平板上，培养 10～12h，然后随机挑选 100 个菌落接种到含抗性标记抗生素的平板培养基上，培养 10～12h，统计长出的菌落数。每一样品应取 3 次重复的结果，计算出质粒的丢失率，反映了质粒的稳定性（stability，ST）。

$$质粒丢失率 = \frac{总菌数 - 带有质粒的菌落数}{总菌数} \times 100\%$$

对于结构稳定性，需要进一步从单菌落中提取质粒，酶切后凝胶电泳或测序，分析结构是否发生变化。也可以对单菌落进行目标产物的表达分析，检测表达单元的 DNA 是否发生变化。

2. 基因工程菌的保存与菌种的扩大培养

菌种经过多次传代，会发生遗传变异，导致退化，质粒丢失，从而丧失生产能力甚至菌株死亡。因此，对于已构建好的工程菌要及时妥善保存，保持长期存活、不退化，避免优良菌种的污染、变异、质粒丢失甚至是死亡。基因工程菌菌种的保存原理是使其代谢处于不活跃状态，即生长繁殖受抑制的休眠状态，可保持原有特性，延长生命时限。因此，根据不同特点和对生长的要求，用休眠体（如孢子）作为保存材料，人工创造低温、干燥、缺氧、避光和营养缺乏等环境，便可实现菌种的长期保存。

同时根据基因工程菌大多带有选择性标记的特点，可将其保存在含低浓度选择剂的培养基中，可保证质粒在保藏过程中不会丢失。

将保存于试管中处于休眠状态的生产菌种接入试管斜面或摇瓶后，再经过种子罐发酵逐级扩大培养，而获得一定数量和质量的纯种。种子培养后，进行产物的放大发酵培养。种子的级数越少，越有利于简化工艺和控制，并可减少由于多次移种而带来染菌的机会。

3. 基因工程菌的发酵方式

基因工程菌的发酵操作方式与一般微生物的操作方式一样，可以采用分批式操作（batch operation）、补料分批式操作（fed-batch operation）、连续式操作（continuous operation）等。不论选择哪一种操作方式，在发酵培养中，均应保证工程菌的生长和外源基因的高效表达，这点是非常重要的。

（1）分批培养　在分批培养中，为了保持基因工程菌生长所需的良好微环境，延长其生长对数期，获得高密度菌体，通常把溶氧控制和流加补料措施结合起来，根据基因工程菌的生长规律来调节补料的流加速率，有两种方法可实现。①DO-Stat 方法。DO-Stat 方法是通过调节搅拌转速和通气速率来控制溶氧在 20%，用固定或手动调节补料的流加速率。要获得高水平表达，补料的流加速率是关键因素，过高或过低都会降低产量。②Balanced DO-Stat 方法。Balanced DO-Stat 方法通过控制溶氧、搅拌转速及糖的流加速率，使乙酸维持在低浓度，从而获得高密度菌体及高表达产物。其原理是：溶氧水平及糖的流加速率对菌体代谢的糖酵解途径和氧化途径之间的平衡产生影响，缺氧时将迫使糖代谢进入酵解途径，糖的流加速率过大也有类似效应，当碳源供给超过氧化容量时，糖就会进入酵解途径而产生乙酸。因此，设计战略是要维持高水平溶氧，并控制糖的流加速率不超过氧化容量，且两者是互相依赖的，由两个偶联的控制回路来实现。基因工程菌的产物表达水平与菌体的比生长速率有关，控制菌体的比生长速率在最优表达水平可同时获得高密度和高表达。通过调节葡萄糖流加速率以控制 20% 溶氧浓度，达到控制菌体比生长速率的目的。通过调节搅拌转速使菌体的比生长速率达到最优值，即由通气量、起始菌浓度、培养体积、尾气中 CO_2 和 O_2 分析来计算出某一时刻的真实值，通过计算机反馈来控制转速，或者根据以前的实验数据，预先建立转速的指数控制方程，从而获得所需的菌体比生长速率。

（2）补料分批培养　补料分批培养是将种子接入发酵罐中进行培养，经过一段时间后，间歇或连续地补加新鲜培养基，使菌体进一步生长的培养方法。在分批培养中，为保持基因工程菌生长所需的良好环境，延长其对数生长期，获得高密度菌体，通常把溶氧控制和流加补料措施结合起来，根据基因工程菌的生长规律来调节补料的流加速率。

（3）连续培养　连续培养是将种子接入发酵反应器中，搅拌培养至菌体浓度达到一定程度后，开动进料和出料蠕动泵，以一定稀释率进行连续培养。连续培养可以为微生物提供恒定的生活环境，控制其比生长速率，为研究基因工程菌的发酵动力学、生理生化特性、环境因素对基因表达的影响等创造了良好的条件。

由于基因工程菌的不稳定性，连续培养比较困难。为解决这一问题，人们将工程菌的生长阶段和基因表达阶段分开，进行两阶段连续培养。在这样的系统中，关键的控制参数是诱导水平、稀释率和细胞比生长速率。优化这 3 个参数以保证在第一阶段培养时质粒稳定，菌体进入第二阶段后可获得最高表达水平或最大产率。

（4）透析培养　透析培养技术是利用膜的半透性原理使培养物与培养基分离，其主要目的是通过去除培养液中的代谢产物来解除其对生产菌的不利影响。在外源蛋白发酵生产过程中，由于乙酸等代谢副产物的过高累积而限制工程菌的生长及外源基因的表达，透析培养技术解决了这个问题。采用膜透析装置是在发酵过程中用蠕动泵将发酵液抽出打入罐外的膜透析器的一侧循环，其另一侧通入透析液循环，大量乙酸在透析器中透过半透膜，降低培养基中的乙酸浓度，并可通过在透析液中补充养分而维持较合适的基质浓度，从而获得高密度菌体。膜的种类、孔径、面积，发酵液和透析液的比例，透析液的组成，循环流速，开始透析的时间和透析培养的持续时间都对产物的产率有影响。

（5）固定化培养　基因工程菌培养的一大难题是如何维持质粒的稳定性。有人将固定化技术应用到这一领域，建立了固定化培养（immobilized culture）。基因工程菌经固定化后，质粒的稳定性大大提高，便于连续培养，特别是对分泌型菌更为有利。

三、基因工程菌的培养设备

为了防止工程菌丢失携带的质粒，保持基因工程菌的遗传特性，因而对发酵罐的要求十分严格。由于生化工程学和计算机技术的发展，新型自动化发酵罐完全能够满足安全可靠地培养基因工程菌的要求。

常规微生物发酵设备可直接用于基因工程菌的培养。但是微生物发酵和基因工程菌发酵有所不同，微生物发酵主要收获的是它们的初级或次级代谢产物，细胞生长并非主要目标，而基因工程菌发酵是为了获得最大量的基因表达产物，由于这类物质是相对独立于细胞染色体之外的重组质粒上的外源基因所合成的、细胞并不需要的蛋白质，因此，培养设备以及控制应满足获得高浓度的受体细胞和高表达的基因产物。

基因工程菌在发酵培养过程中要求环境条件恒定，不影响其遗传特性，更不能引起所带质粒丢失，因此对发酵罐有特殊要求，要提供菌体生长的最适条件，培养过程不得有污染，保证纯种培养，培养及灭菌过程中不得游离出异物，不能干扰工程菌的代谢活动等。为达到上述要求，发酵罐材料的稳定性要好，一般用不锈钢制成，罐体表面光滑易清洗，灭菌时没有死角。与发酵罐连接的阀门要用膜式阀，不用球形阀；所有的连接接口均要用密封圈封闭，不留"死腔"；搅拌器转速和通气应适当，任何接口处均不得有泄漏，轴封可采用磁力搅拌或双端面密封。空气过滤系统要采用活性炭和玻璃纤维棉材料，并要防止操作中杂菌污染。为避免基因工程菌株在自然界扩散，培养液要经化学处理或热处理后才可排放，发酵罐的排气口要用蒸汽灭菌或微孔滤器除菌后，才可以将废气放出。

四、高密度发酵

高密度发酵是一个相对概念，一般是指培养液中工程菌的菌体浓度在 50g DCW/L 以上，理论上的最高值可达 200g DCW/L。高密度发酵是大规模制备重组蛋白质过程中不可缺少的工艺步骤。外源基因表达产量与单位体积产量是正相关的，而单位体积产量与细胞浓度和每个细胞平均表达产量呈正相关性，因此高密度发酵可以实现在单个菌体对目标基因的表达水平基本不变的前提下，通过单位体积的菌体数量的成倍增加来实现总表达量的提高。高密度发酵可以提高发酵罐内的菌体密度，提高产物的细胞水平量，相应地减少了生物反应器的体积，提高单位体积设备生产能力，降低生物量的分离费用，缩短生产周期，从而达到降低生产成本，提高生产效率的目的。

高密度发酵是当今基因工程菌发酵的重要发展方向，但存在诸多问题。其一是供氧与需氧的矛盾。由于高密度发酵中细胞密度大，细胞耗氧速率较大，为了防止溶氧浓度过低对细胞生长的影响，必须采取各种措施提高溶氧，满足工程菌生长和表达产物的需求。其二是代谢副产物的产生对细胞生长和外源蛋白的表达均有抑制作用。其三是发酵液流变学的改变。由于高密度发酵液的黏度大，表现为非牛顿型流体，对氧的传递和营养物质的传递都产生较大的影响。

（一）影响高密度发酵的因素

在大肠杆菌高密度发酵过程中，重组蛋白的表达量既取决于外源蛋白的表达水平，又取决于细胞的数量。但过高的菌体密度不仅对发酵设备，而且对发酵条件提出了严格的要求。影响高密度发酵的因素非常多，如细菌生长所需的营养条件、发酵过程中的培养温度、发酵液的 pH、溶氧浓度、有害的代谢副产物、补料方式及发酵液流变学特性等都会影响大肠杆菌高密度发酵的产量。

1. 培养基

大肠杆菌高密度发酵的生物量可达 150~200g DCW/L。为满足菌体生长和外源蛋白表达的需要，常需投入几倍于生物量的基质。高密度发酵对基质中营养源的种类和含量比要求较高，如碳源和氮源比例偏小，会导致菌体生长旺盛，造成菌体提前衰老自溶；若比例偏大，则菌体繁殖数量少，细菌代谢不平衡，不利于产物积累。为达到理想的效果，需要对基质中营养物质的配比进行优化，以满足工程菌大量繁殖和外源蛋白表达的需要。

人们在优化控制高密度发酵方面做了大量研究。葡萄糖因其被细菌吸收速度快，价格便宜，而成为大肠杆菌高密度发酵中最常用的碳源物质，但培养基中葡萄糖的浓度过高会导致乙酸的生成，因此保持培养基中较低的葡萄糖浓度是实现高密度发酵的关键。陈坚等人对大肠杆菌高密度培养谷胱甘肽进行了研究，结果表明初糖浓度为 10g/L 时，重组大肠杆菌 WSH-KE 发酵 24h，细胞干重达到最大，此时细胞内 GSH 的含量也高于其他糖浓度对应的含量。在培养基中，氮源、微量元素和无机盐的含量对细菌的生长繁殖和外源蛋白的表达也有很大影响。徐皓等在高密度发酵重组肿瘤坏死因子的实验中，研究了基质中含磷量对发酵的影响，结果表明基质中含磷量能影响表达质粒的复制速率，因而是影响菌体生长和基因表达的关键因素之一。

2. 溶氧浓度

溶氧浓度是影响高密度发酵的一个重要因素。菌体在扩增过程中，需要大量氧进行氧化分解代谢，饱和氧的及时供给非常重要。溶解氧的浓度过高或过低都会影响工程菌的代谢，因而对菌体生长和产物表达影响很大。随着发酵时间的延长，菌体密度迅速增加，溶氧浓度随之下降，细胞的生长减慢。特别是在高密度发酵的后期，由于菌体密度的扩增，耗氧量极大，发酵罐各项物理参数均不能满足对氧的供给，导致菌体生长极为缓慢，外源蛋白的表达量也较差。所以，维持较高浓度的溶氧水平，不仅有利于菌体生长，而且有利于外源蛋白的表达。要在发酵过程中保持适宜的溶氧浓度，必须确定发酵罐的通气量和搅拌速度。在一定范围内，通气量越大，溶氧浓度越高。但不能单纯依靠通气量来获得充足氧气，若气流速度过大，再提高通气量，会使发酵液产生大量气泡，使罐的有效利用率降低。目前提高溶氧量的方法主要有：用空气分离系统提高通气中氧分压；将具有提高氧传质能力的透明颤菌血红蛋白基因克隆至菌体中；采用与小球藻混合培养，用藻细胞光合作用产生的氧气直接供菌体吸收。

3. pH

稳定的 pH 是工程菌保持最佳生长状态的必要条件。特别是在高密度发酵过程中，pH 的改变会影响工程菌的生长和基因产物的表达。因此，在发酵条件的控制上，一定要考虑菌体的最适 pH 范围，并在发酵过程中保持一定的 pH。如大肠杆菌利用葡萄糖产酸产气，特别是产生大量的乙酸和二氧化碳，从而使 pH 降低。因此，必须及时调节 pH 使其处于适宜的范围内，避免 pH 激烈变化对菌体生长和蛋白质表达产生负面影响。

4. 温度

培养温度是影响工程菌生长和调控细胞代谢的重要因素。较高的温度有利于菌体生长，提高菌体的生物量。对于温控诱导表达的基因工程菌来说，诱导时机和持续时间对于重组蛋白的产量都有极大的影响。对于 λ 噬菌体 P_L 和 P_R 启动子型的工程菌，热诱导程序对于提高外源蛋白的表达量非常重要，细胞生长温度突然提高 10℃ 以上，细胞内就会生成某些热激蛋白，以适应变化的环境。升温过程一般要求在 2min 内完成，如果升温时间过长，则热激蛋白合成量剧增，外源蛋白的量相对降低。升温诱导一般在对数生长期或对数生长后期，此时，细胞繁殖量巨大，菌体的旺盛代谢受到抑制，此时诱导有利于外源蛋白的表达。

5. 代谢副产物

大肠杆菌在发酵的过程中，会产生一些有害的代谢副产物，如乙酸、二氧化碳等，这些物质的积累会抑制菌体的生长和蛋白的表达。培养基中葡萄糖的浓度对菌体的代谢方式影响较大，在高密度发酵过程中，即便供氧充足，葡萄糖的浓度超过某一阈值，大肠杆菌也会产生乙酸。比生长速率过高，供氧不足，也会产生大量的乙酸。有关乙酸抑制菌体生长的机制尚未阐明，但目前一般认为，当流入中心代谢途径的碳源物质超过生物合成的需求和胞内产生能量时，就会产生乙酸，三羧酸循环或电子传递链的饱和可能是主要原因。乙酸的质子化形式降低了 ΔpH 对质子梯度移动力的影响，干扰了 ATP 的合成，因此，乙酸可能是通过阻遏 DNA、RNA、蛋白质、脂肪的合成而抑制菌体的生长。高浓度的二氧化碳对菌体的生长也有毒害作用，而且二氧化碳溶于发酵液会导致 pH 的下降。为降低培养过程中代谢副产物的积累，可在保持高溶氧的同时，采用流加补料的措施，或者保持适当的比生长速率。此外，在培养基中添加某些氨基酸（甘氨酸、甲硫氨酸），也可减轻乙酸的抑制作用。

（二）实现高密度发酵的方法

1. 发酵条件的改进

（1）培养基的选择　高密度发酵过程中工程菌在短时间内迅速分裂增殖，使菌体浓度迅速升高，而提高工程菌分裂速度的基本条件是必须满足其生长所需的营养物质。因此，在培养基成分的选择上，要尽量选择容易被工程菌利用的营养物质。如果以葡萄糖为碳源，葡萄糖需经氧化和磷酸化作用生成 1,3-二磷酸甘油醛，才能被微生物利用。如果以甘油作为碳源，它可以直接被磷酸化而被微生物利用，即利用甘油作为碳源可缩短工程菌的利用时间，增加分裂繁殖的速度。目前，普遍采用 6g/L 的甘油作为高密度发酵培养基的碳源。另外，高密度发酵培养基中各组分的浓度也要比普通培养基高 2～3 倍，才能满足高密度发酵中工程菌对营养物质的需求。

（2）建立流加式培养方式　当碳源和氮源等营养物质超过一定浓度时可抑制菌体生长，这就是在分批培养基中增加营养物浓度而不能产生高细胞密度的原因，因此，高密度发酵以低于抑制阈的浓度开始，营养物是在需维持高生长速率时才添加的，所以补料分批发酵已被广泛用于各种微生物的高密度发酵。补料分批发酵不同的流加方式对菌体的高密度生长和产物的表达有很大的影响。指数流加法比较简单，不需复杂设备，且采用这一方法培养重组大肠杆菌可将比生长速率控制在适宜的范围内，因而广泛用于重组大肠杆菌的高密度发酵生产。比较恒速流加、人工反馈、指数流加三种方式，结果表明：指数流加不仅在提高菌体密度、生产强度和产物表达总量方面具有明显优势，而且在生产过程中比生长速率的平均值与设定值非常接近。

（3）提高供氧能力　在发酵过程中为提高溶氧浓度，现在的小型发酵罐一般采用空气与纯氧混合通气的方法提高氧分压，也可通过增加发酵罐的压力来达到此目的。此外，向发酵液中添加过氧化氢，在细胞过氧化氢酶的作用下，细菌可放出氧气供自身使用。

高密度发酵的工艺是比较复杂的，仅仅对营养源、溶氧浓度、pH、温度等影响因素单独地加以考虑是远远不够的，因为各因素之间有协同和（或）抵消作用，需要对它们进行综合考虑，对发酵条件进行全面的优化，才可以尽可能地提高菌体密度和基因产物的生成。随着发酵控制手段的不断完善，监控发酵的参数越来越详细。目前所采用的发酵装置一般能够在线检测或控制物理参数（转速、温度、压力、体积和流量等）、物理化学参数（pH、溶解氧、二氧化碳尾气分析、氧化还原电位、气相分析）及化学参数（基质/葡萄糖浓度、产物浓度）。

2. 构建出产乙酸能力低的工程化宿主菌

高密度发酵后期由于菌体的生长密度较高，培养基中的溶氧饱和度往往比较低，氧气的不足导致菌体生长速率降低和乙酸的累积，乙酸的存在对目标基因的高效表达有明显的阻抑作用。这是高密度发酵工艺研究中最迫切需要解决的问题。虽然在发酵过程中可采取通氧气、提高搅拌速度、控制补料速度等措施来控制溶氧饱和度，减少乙酸的产生，但从实际应用上看，这些措施都有一定的滞后效应，难以做到比较精确控制。通过切断细胞代谢网络上产生乙酸的生物合成途径，构建出产乙酸能力低的工程化宿主菌，是从根本上解决问题的途径之一。

目前已知的大肠杆菌产生乙酸的途径有两条：一是丙酮酸在丙酮酸氧化酶的作用下直接产生乙酸，二是乙酰 CoA 在磷酸转乙酰基酶（PTA）和乙酸激酶（ACK）的作用下转化为乙酸，后者是大肠杆菌产生乙酸的主要途径。根据大肠杆菌葡萄糖的代谢途径，目前应用的代谢工程策略主要有：阻断乙酸产生的主要途径，对碳代谢流进行分流，限制进入糖酵解途径的碳代谢流，引入血红蛋白基因等。随着基因工程技术的日益完善，应用代谢工程技术对重组大肠杆菌进行改造，使之有利于外源蛋白的高表达和高密度发酵，引起了广泛的关注。

（1）阻断乙酸产生的主要途径　用基因敲除（gene knockout）技术缺失或基因突变（gene mutation）技术失活大肠杆菌的磷酸转乙酰基酶基因 ptal 和乙酸激酶基因 ackA，使丙酮酸到乙酸的合成途径被阻断。Bauer 等利用乙酸代谢突变株对氟乙酸钠的抗性，从大肠杆菌 MM294 筛到了磷酸转乙酰基酶突变株 MD050，发酵实验表明，磷酸转乙酰基酶突变株的生长速率并未减缓，但乙酸的分泌水平有了显著的降低，IL-2 的表达也有所增强。

（2）对碳代谢流进行分流　丙酮酸脱羧酶和乙醇脱氢酶Ⅱ可将丙酮酸转化为乙醇。改变代谢流的方向，把假单胞菌的丙酮酸脱羧酶基因 pdc 1 和乙醇脱氢酶基因 adh 2 导入大肠杆菌，使丙酮酸的代谢有选择地向生成乙醇的方向进行，结果使转化子不积累乙酸而产生乙醇，乙醇对宿主细胞的毒性远小于乙酸。

（3）引入血红蛋白基因　透明颤菌血红蛋白能提高大肠杆菌在贫氧条件下对氧的利用率的生物学性质，把透明颤菌血红蛋白基因 uz 6 导入大肠杆菌细胞内，以提高其对缺氧环境的耐受力，减少供氧这一限制因素的影响，从而降低菌体产生乙酸所要求的溶氧饱和度阈值。

3. 构建蛋白水解酶活力低的工程化宿主菌

对于以可溶性或分泌形式表达的目标蛋白而言，随着发酵后期各种蛋白水解酶的累积，目标蛋白会遭到蛋白水解酶的作用而被降解。为了使对蛋白水解酶比较敏感的目标蛋白也能获得较高水平的表达，需要构建蛋白水解酶活力低的工程化宿主菌。

第四节　基因工程菌发酵过程的检测与控制

基因工程菌发酵是在特定反应器内，在满足细胞的生长、繁殖等生命活动的条件下，生产出目标产物的过程。基因工程菌的生长与代谢时刻影响着发酵过程，选择适宜的参数，进行正确检测和控制发酵条件，使发酵在最优状态下进行，是十分重要的。

基因工程菌发酵的生产水平不仅取决于工程菌本身的性能，而且要赋予合适的环境条件，才能使它的生产能力充分表达出来。为此必须通过各种研究方法了解有关工程菌对环境条件的要求，如培养基、培养温度、pH 值、氧的需求等，并深入了解工程菌在合成产物过程中的代谢调控机制以及可能的代谢途径，为设计合理的生产工艺提供理论基础。同时，为了掌握菌种在发酵过程中的代谢变化规律，可以通过各种监测手段，如取样测定随时间变化的菌体浓度，糖、氮消耗及产物浓度，以及采用传感器测定发酵罐中的培养温度、pH 值、溶解氧等参数的情况，研究发酵的动力学，建立数学模型，并通过计算机在线控制验证，从而使工程菌处于产物合成的优化环境之中。

一、发酵培养的检测与控制参数

反映发酵过程的主要参数有生物学、物理和化学三类，由于发酵过程中各种参数处于不断变化的状态，以反映基因工程菌生长和产物生成的相关生物学、物理和化学参数为指标，用各种装置进行检测和监测细胞代谢的变化，常见的检测控制参数及其方法见表 8-1。

二、生物学参数的检测与控制

1. 菌体形态观察

发酵过程中基因工程菌体的形态（morphology）可能发生变化，与之相对应的代谢过程

表 8-1 发酵过程中检测的有关参数及其方法

参数名称	单位	检测方法	用途
菌体形态		显微镜观察	菌种的真实性和污染
菌体浓度	g/L	称量,吸光度	菌体生长
细胞数目	个/mL	显微镜计数,比色	菌体生长
ATP、ADP、AMP 的含量(干燥质量)	mg/g	取样分析	菌体能量代谢
菌体中 $NADH_2$ 的含量	mg/g	在线荧光分析	菌体合成能力
呼吸强度	g/(g·h)	间接计算	比耗氧速率
呼吸商		间接计算	代谢途径
杂菌	cfu	肉眼和显微镜观察,划线培养	杂菌污染
病毒		电子显微镜,噬菌斑	病毒污染
温度	℃,K	传感器,铂或热敏电阻	生长与代谢控制
罐压	MPa	压力表,隔膜或压敏电阻	维持压力,增加溶解氧
搅拌转速	r/min	传感器,转速表	混合物料,增加 K_La
搅拌功率	kW	传感器	控制搅拌和 K_La
发酵液密度	g/cm³	传感器	发酵液的性质
通气量	m³/h	传感器	供氧,排废气,增加 K_La
黏度	Pa·s	黏度计	菌体状况,K_La
装量	m³,L	传感器	发酵液体积
浊度	%	传感器	菌体生长
液相体积氧传递系数(K_La)	h⁻¹	间接计算,在线监测	供氧情况
流加速率	kg/h	传感器	流加物质的消化利用
泡沫		传感器	发酵代谢情况
基质、中间体、前体质量浓度	g/mL	取样分析	吸收、转化、利用情况
无机盐	mol,%	取样离子电极分析	无机盐含量的变化
酸碱度	pH	传感器,复合电极	菌体代谢,培养液情况
氧化还原电位	mV	传感器,电位电极	菌体代谢
溶解氧浓度	μL/L,%	传感器,覆膜氧电极	供氧情况
摄氧率	g/(L·h)	间接计算	耗氧速率
溶解 CO_2 的含量	%	传感器,CO_2 探头	CO_2 对发酵的影响
废气中 CO_2 的含量	%	传感器,红外吸收分析	菌体的呼吸情况
废气中 O_2 的含量	%	传感器,顺磁 O_2 分析	耗氧情况
产物浓度或效价	g/mL,IU	取样分析	产物合成情况

也发生变化。通过显微镜观察,可检测种子质量、区分发酵阶段、控制代谢过程和发酵周期的参数。不同微生物的形态差别很大,形态检测可及早反映是否有污染,以及杂菌的种类,便于控制。

2. 菌种真实性试验

在发酵过程中,取样进行基因工程菌的真实性试验,主要在含有抗生素或营养缺陷的选择性平板培养基和无选择剂的培养基上,检测细胞所含的质粒数目和质粒结构的变化,确保发酵生产过程中菌株的生化特性和质粒的稳定性。这个过程可与杂菌检测同时进行。如果发酵生产周期短,可在发酵结束时取样,检测菌种和质粒的稳定性,以控制产物的质量。

3. 菌体浓度检测与控制

菌体浓度(cell concentration)可用质量干重或鲜重表示,对于单细胞工程菌也可以用细胞数目表示,通过活细胞平板稀释培养或染色后计数,总细胞数可用计数器测定。

在适宜的比生长速率下，发酵产物的产率与菌体浓度成正比，即产率为最大比生长速率与菌体浓度的乘积。为了获得高产，必须采用摄氧速率与氧传质速率平衡时的菌体浓度，即临界浓度，它是菌体遗传特性与发酵罐氧传质特性的综合反映。

发酵过程中要根据不同菌种和产品，研究制定控制菌体浓度的方法和策略，特别是如何确定并维持临界菌体浓度很重要，并根据菌体浓度决定适宜的补料量、供氧量等。通常采用中间补料、控制 CO_2 和 O_2 量，把菌体浓度控制在适宜的范围之内，以实现最佳生产水平。

4. 杂菌污染的检测与控制

杂菌检测的主要方法有显微镜检测和平板划线检测两种，显微镜检测方便快速，平板检测需要过夜培养，时间较长。根据检测对象的不同，选用不同的培养基，进行特异性杂菌检测。检测的原则是每个工序或一定时间进行取样检测，确保下道工序无污染。发酵过程中的菌种与杂菌检测情况见表 8-2。

表 8-2　发酵过程的菌种与杂菌检测

工　　序	被检测对象	检测方法	目　　的
斜面或平板培养	培养活化的菌种	平板划线	菌种与杂菌检测
一级种子培养	培养基灭菌后，接种前	平板划线	灭菌效果检测
一级种子培养	接种后的发酵液	平板划线	菌种与杂菌检测
二级种子培养	培养基灭菌后，接种前	平板划线	灭菌效果检测
发酵培养	培养基灭菌后，接种前	平板划线	灭菌效果检测
发酵培养	灭菌培养基接种后	平板划线	菌种与杂菌检测
发酵培养	不同时间的发酵液	平板划线	菌种与杂菌检测
发酵培养	放罐前发酵液	显微镜检测	杂菌检测

杂菌的检测与控制是十分重要的，杂菌的污染将严重影响产量和质量，甚至倒罐。发酵过程中污染杂菌的原因复杂，归结起来主要有种子污染、设备及其附件渗漏、培养基灭菌不彻底、空气带菌、技术管理不规范等几方面。在生产中，建立并执行完善的管理制度、操作制度与规程，是可以杜绝杂菌污染的。

5. 噬菌体污染的检测与控制

大肠杆菌噬菌体繁殖一代的时间为 15～25min。噬菌体（phage）感染细菌后，必然引起菌体生长缓慢，基质消耗减少，产物合成停止。菌体变得稀疏，在短时间内大量自溶，OD 值下降，溶解氧浓度回升，pH 值逐渐上升，出现大量泡沫。

对于裂解性噬菌体，可采用双平板法检测确认。先制备 2% 琼脂培养基，作为底层。然后，将被检测的样品、正常的无污染的工程菌以及 1% 琼脂培养基（冷却至 45℃ 以下）混合均匀，涂布在底层培养基上，于一定温度下培养过夜。如果被噬菌体感染，就会出现透明的噬菌斑。发酵液离心后，取上清液，通过电子显微镜检测会发现有噬菌体颗粒存在。也可采用 RT-PCR 或 PCR 技术、特异性荧光技术进行检测。

对于污染噬菌体的发酵液，不能随意排放，必须彻底高压灭菌后再排放。培养基中添加化学品如柠檬酸钠、草酸盐、三聚磷酸盐及抗生素等可抑制噬菌体生长繁殖，可根据实际情况使用。

三、物理化学参数的检测与控制

物理化学参数较多，包括温度、pH 值、溶解氧、废气中的二氧化碳、废气中的氧、补料、泡沫等，这些参数的控制应根据菌体的种类、特点，控制在合适的范围，保证工程菌生长和目标产物的高效表达。物理化学参数的控制参见第七章。

基因工程菌生产一般是诱导型表达产物，要根据目标基因产物的表达模式而定。对于 lac、tac、T7 等化学诱导型启动子，P_L、P_R 等温度诱导型启动子，掌握适宜的时间进行诱导是非常重要的。采用两段培养发酵，一般在菌体生长的对数期或稍后一些，添加诱导物或升高温度，诱导目标基因开始转录，翻译合成产物。诱导物的浓度及其发酵温度会影响产物的表达量，甚至影响产物的存在形式，在生产中应严格控制。对于高表达的包涵体蛋白质，适当降低温度，对包涵体的形成能起到改善作用。对于容易被降解的蛋白质产物，表达阶段降低温度也是有益的和值得使用的。

第五节 基因工程菌的安全性及防护

自基因工程诞生之初，基因工程安全性及其防护问题就受到人们极大关注。考查基因工程菌存活情况、基因工程菌新基因的稳定性能、新基因转移到其他生物体中或其他非目标环境之中的规律以及基因工程菌对生态系统的副作用等，均是紧紧围绕着基因工程菌的安全性和有效性进行的。生物安全，广义的概念包括所有生物及其产品的安全性问题。而目前成为国际社会焦点的则主要是指现代生物技术从研究、开发到生产应用全过程中的安全性问题，特别是转基因生物及其产品的研究、试验、生产、加工、经营、应用和进出境等各个环节中可能对人体健康和生态环境造成潜在的风险与危害的安全性评价。本节仅讨论基因工程菌的安全性。

一、基因工程产业化的生物安全

关于重组 DNA 潜在危险性问题的争论，在基因工程还处于酝酿阶段时就已经开始。争论的焦点是担心基因工程菌会从实验室逸出，在自然界造成难以控制的危害。1975 年 2 月，美国国家卫生研究院（NIH）在加利福尼亚州 Asilomar 会议中心，举行了一次有 160 位来自 17 个国家有关专家学者参加的国际会议。会上，代表们对重组 DNA 的潜在危险性展开了针锋相对的辩论，尽管在 Asilomar 会议上代表们意见分歧很大，但在如下三个重要问题上取得了一致的看法：第一，新发展的基因工程技术，为解决一些重要的生物学和医学问题及令人普遍关注的社会问题展现了乐观的前景；第二，新组成的重组 DNA 生物体的意外扩散，可能会出现不同程度的潜在危险，因此，要开展这方面的研究工作，但要采取严格的防范措施，并建议在严格控制的条件下进行必要的 DNA 重组实验，来探讨这种潜在危险性的实际程度；第三，目前进行的某些实验，即使是采取最严格的控制措施，其潜在的危险性仍然极大。将来的研究和实验也许会表明，许多潜在的危险比人们现在所设想的要轻、可能性要小。自从世界上第一家专门制造和生产医疗药的基因工程公司 Genentech 在美国旧金山市诞生以后，科学工作者发现，早期人们的许多关于重组 DNA 研究工作危险性的担心，从今天的观点来看，并没有当初所想象的那么严重，已经做出的许多涉及真核基因的研究表明，早期的许多恐惧事实上是没有依据的。此外，会议极力主张正式制定一份统一管理重组 DNA 研究的实验准则。并要求尽快发展出不会逃逸出实验室的安全寄主细菌和质粒载体。

1. 基因工程产业化的潜在危险

运用重组 DNA 技术大规模生产基因工程产品，涉及的安全性问题比实验室中进行重组 DNA 实验更为复杂。主要包括：①可能因为基因工程菌的泄漏使人或其他生物接触重组体及其代谢产物而被感染，或死菌体及其组分或代谢产物对人体及其他生物造成的毒性、致敏性及其他不可预测的生物学效应；②小规模试验的情况下原本是安全的供体、载体、受体等实验材料，在大规模生产时完全有可能产生对人或其他生物的生存环境造成危害；③基因工程产品的毒性、致敏性及其他不可预测的生物学效应，或者在短期研究和开发利用期间内是安全的基因工程药物很可能在长期使用后产生无法预料的危害。

（1）原核生物表达系统 原核生物表达系统主要包括 *E. coli* 和 *Bacillus subtilis* 等表达系

统。E.coli 表达系统具有易于操作、价格低廉且产物量高等优点，通常是蛋白质表达的首选方法，但是由于原核表达系统缺乏真核细胞翻译后的对肽链二硫键的精确形成、糖基化、磷酸化等的加工和修饰，其表达的目标产物常常形成无活性、不溶性的包涵体，其产品在安全性上存在着一些不容忽视的问题。主要有如下几个方面：①原核表达系统缺乏对蛋白质产物的糖基化过程，从而造成表达的重组蛋白与天然蛋白存在细微的结构差异，因而在其生理功能上也可能有细微的差异；②菌体细胞高表达外源蛋白可能对菌体正常生理产生影响，导致错译率提高，一些蛋白质肽链中个别氨基酸的改变有可能改变蛋白质的结构和功能，而目前的分离和纯化方法还不能分开与目标产物只有个别氨基酸差异的杂质；③蛋白质的纯度问题，包括蛋白质正确折叠的比例、二硫键的错配率、菌体多糖和杂蛋白的含量等。

由于这些因素，重组蛋白产品在使用时有可能导致机体的一些生理异常反应，如过敏反应、毒副作用以及一些可能由于长期服用引起的慢性生理异常，或影响使用者机体内的代谢平衡，破坏机体正常生理。

(2) 真核生物表达系统　目前常用的真核表达系统主要有酵母表达系统和哺乳动物表达系统两类。酵母表达系统表达的蛋白质结构较复杂、分子质量较大，并且可以正确折叠，虽然表达的蛋白质有糖基化修饰，但是糖链结构和组成与天然糖蛋白相差甚远，因此可能影响蛋白质的生物学活性，如 EPO、治疗性抗体等无法使用酵母表达系统，而只能使用哺乳动物细胞表达来生产。因此，哺乳动物已经成为基因工程药物最重要的表达或生产系统。如美国 2000 年以后批准的创新基因工程药物中，用酵母表达的有 2 种，用 E.coli 表达的有 4 种，而通过动物细胞培养生产的生物技术产品有 22 种。

从原理上考虑，由于体外细胞培养体系与人体细胞仍有差别，重组动物细胞生产药物，其产品与天然生物制品相比，在生化纯度、偶然污染和致肿瘤方面仍存在一定的危险，有可能导致一些过敏反应和其他生理不良反应，残留在重组产物中的胞内 DNA 也是一个令人担心的问题，因为转化的病毒基因和有活性的致癌基因能在体外将正常的细胞转化为肿瘤细胞。另外，一些哺乳动物细胞的基因组在某些情况下能自发地表达反转录病毒颗粒，污染表达产物，这一现象在生产中也值得注意。当然，基因工程菌生产的蛋白质产品在投放市场前都经过详细的论证、周密的药理试验和多期的临床试验确认有相当的生物安全后才能批准使用。但是由于表达系统、纯化方法、药理实验及临床试验的手段、标准和具体条件等客观因素的限制，重组药物的生物安全性问题仍不能忽视。

2. 基因工程产业化的生产规范

由于基因工程蕴藏着巨大的商机，世界上许多国家实现了基因工程的产业化，创造了十分可观的经济效益和难以估量的社会效益。但由于工业发展的历程较短，其潜在的危险还难以评估。各国或政府部门针对基因工程菌及其产品生产都制定相应的安全准则，1976 年 6 月 23 日，NIH 在 Asilomar 会议讨论的基础上，制定并正式公布了重组 DNA 研究准则。为了避免可能造成的危险性，准则除了规定禁止若干类型的重组 DNA 实验之外，还制定了许多具体的规定条文。例如，在实验安全防护方面，明确规定了物理防护和生物防护两个方面的统一标准。1986 年经济合作与发展组织 (Organization for Economic Co-operation and Development, OECD) 发表了《重组 DNA 安全因素》，提出工业大规模规范 (Good Industrial Large-Scale Practice, GILSP)，以生产控制作为安全保护的主要手段，这对于重组 DNA 大规模生产具有深远的意义，之后 1992 年又做出相应的修订，成为非官方的国际标准。

对基因工程菌 (细胞) 的大规模产业化进行安全评估，首先必须对重组 DNA 的受体——宿主菌进行安全评估。OECD 将宿主菌分为以下 4 级：①GILSP。宿主应该是无致病力的、不含外来因子 (如致病病毒、噬菌体等)，而且在工业生产中有长期安全使用的历史，或有内在的限制措施使它只能在工业装置中获得最佳生长，在环境中只能有限存活而不会导致有害的影响。②第一类。宿主为不包括在上述 GILSP 级别中非致病性宿主。③第二类。宿主对人有致病性，在直接对其操作时可能引起感染，但是这种感染由于有有效的预防和治疗方法，不会造成严重的流行危害。④第三类。宿主为一种不包括在上述第二类中的可致病的有机体，对这种宿主必须谨慎操作，但对这种受体引起的疾病已有有效的预防和治疗方法。如果一种宿主，无论直接操作与否，都可能对人类健康造成严重威胁并导致一种没有有效预防和治疗方法的疾病，应该从第三类中分出，并特别对待。

对重组体的安全性评估可根据宿主的安全等级以及重组体和宿主的比较来进行，如果重组体和宿主一样或者比宿主更安全，就可以认为重组体和宿主的安全等级一样，对环境没有负面影响。工业生产中，对于不同的生物控制等级，需采取相应的物理控制措施。GILSP 只要普通微生物实验室要求标准，其他类则要求相应于实验室的安全等级（biosafety level，BSL）的物理防护措施。对于设施的具体要求各国有不同的实施标准，内容也非常细致具体，在此不再赘述。

以迄今为止尚未发生基因工程菌危险事故为依据，安全准则在实际使用中便逐渐地趋于缓和。事实上，自从公布以来，NIH 已经对这一准则做了多次修改，放宽了许多限制。就目前的情况而言，只要重组 DNA 的实验规模不大，不向自然界传播，实际上已不再受任何法则限制。当然，这不是说重组 DNA 研究已不具有潜在的危险性，相反，作为负责的科学工作者，对此仍须保持清醒的认识。

基因工程药物多为蛋白质或多肽，这些蛋白质或多肽的氨基酸组成、顺序、修饰作用都会影响药品的生理、药理或毒理作用。欧盟将这类药品分为三组：一组与人体内蛋白质或多肽的氨基酸组成完全相同，这类药品不需进行安全性试验；二组与人体内蛋白质或多肽的氨基酸组成相似，仅个别氨基酸有差异，或存在翻译后修饰；三组与人体内蛋白质或多肽的氨基酸组成完全不同。根据这种分组，进行安全性评价时也区别对待。

DNA 重组产品的安全性评价是视各个具体品种的情况提出不同的安全性评价要求，安全性临床设计方案与实验范围需根据不同情况做出不同的规定。对基因工程药品进行毒理学研究是安全性评价的一个主要方法，其内容包括急性毒性试验、重复给药毒性试验、生殖毒性试验、免疫毒性试验、致突变和致癌试验。生产过程中应根据具体基因工程药品类型进行检验。

二、基因工程菌的防护

对于发酵过程来说，基因工程菌防护的重点在于防止基因工程菌的外漏。其首要任务是了解培养微生物在普通通气搅拌罐中可能发生外漏的部位和操作。归纳起来有接种、机械密封、取样、排气、排液（输至下一工序）。针对这些均应采取一些措施以防菌体外漏。现分别说明如下。

1. 接种

向罐内直接接种的方法是不安全的。简单的安全接种法是将种子瓶与培养罐以管相连接后，用无菌空气加压压入的方法。另一种方法是先把种子液在安全柜内移至供接种用的小罐内，再将其与培养罐连接，用蒸汽对连接部分灭菌后，把种子罐中的种子液接入培养罐内。

2. 机械密封

通气搅拌培养罐中贯穿罐的搅拌轴须与传动部连接。作为这部分的轴封使用的是机械密封，有单机械密封和双机械密封之分。前者由单密封面将罐与外界隔开。此密封部分因高速旋转产生摩擦热，故需冷却和润滑。这样一来，即便正常运转，培养液也会一点一点地渗入密封面，很有可能经此流出。同时，灭菌时的热膨胀差也会使流出量增加。这是培养结束后灭菌时最易外漏的所在。还有机械密封受使用寿命所限，在渗漏发生前就应定期更换。所以单机械密封的培养罐不宜用于基因重组菌的培养。

双机械密封是用高于罐内压的压力，将贮存于另一润滑液槽中的无菌水压入机械密封部，用作轴封润滑液。这时，上下两部分即使有一部分的密封液渗漏，培养液也几乎无外漏危险。但上下两方同时渗漏时，培养液亦有可能外漏了。因此，问题在于搅拌轴是由罐的上部还是下部通入。从培养装置的使用优点及搅拌轴长度等角度看，用下搅拌为好。但若考虑培养液外漏的情况，培养基因重组菌时，以用上部搅拌的双机械密封为好。

用磁力方法改变搅拌动力的传动就不必担心机械密封的外漏了。10L以下的培养装置以往一直是用磁力进行动力传动的，但罐一大，会出现磁力不足、轴承磨损等问题。目前大至90L培养罐，已能用强磁力进行动力传动。现时，基因重组菌的培养罐仍以采用双机械密封的上搅拌方式为多，其次用双机械密封的下搅拌方式。

3. 取样

普通培养罐的取样管道在取样时会流出样品。取样后对样品管道灭菌时，未灭菌的培养液被排至排水管内。对此，必须采取措施，如采用专用的取样工具进行取样。此法可在培养液不接触外界的条件下取样。用高压灭菌器使其灭菌或是连接后用蒸汽灭菌，灭菌结束后将样品从罐中取出送入样品管中。取完所需的样品，卸下之前对取样管道再次灭菌。卸下经灭菌的连接器，在安全柜中卸下样品管。取样中使用的排水管管道与废液灭菌贮罐相连，取样及灭菌时产生的排水一并贮存于罐内，经灭菌后排出。此外还设计了各种安全取样用的器具。例如，通过双层橡皮膜，用注射器取样；把可移动的完全密封型的球形箱与取样管连接，在此箱中取样等。

但是这些操作都由人工控制，操作中难免出错。为了减少操作人员接近工程菌的机会，尽量不用人工操作而采用自动取样装置最为安全。取样方法与人工取样程序大致相同，同时，取样过程因采用程序系统控制而易于变动。取出的样品保存于冷库内，冷库内的空气经滤器过滤，内部也可进行灭菌。

4. 排气

排出的废气中含有大量气溶胶，在激烈起泡的培养时，培养液呈泡沫状。它们从排气口向外排出，重组菌也容易随之外漏。

以往培养病原菌时，为防止菌体外流，采取加药剂槽的方法，但效果如何尚有疑问。试验证明，排气中的微生物数量随着培养液中菌体浓度和通风速度等的变化而变化。用5L培养罐（装液量2.5L），以搅拌速度400r/min，通气速度1∶1（VVM），即2.5L/min（换算成罐内通气速度为11cm/min）来培养大肠杆菌，发现每毫升培养液中含10^9个菌体，每小时有150～400个菌随气排出；而培养酿酒酵母时，每小时从每毫升含10^8个菌体培养液的排气中检出30～70个。由此可见，虽然培养液中菌体浓度相差很大，但大肠杆菌和酵母菌仍以几乎相同程度从排气中漏出。另外，提高通气速度时，单位体积的排气中大肠杆菌和酵母菌菌数都会增加，通气速度与漏菌数也密切相关。总之，排气过程中含有相当多的菌。为此，在通用通气搅拌型培养罐上安装排气鼓泡器，以防止激烈起泡时泡沫直接外溢和外部微生物侵入污染。

生产中有3种排气方式，第一种是发酵罐排气通过排气管到鼓泡瓶，再通过膜滤器排出。第二种方式是用电热器对排气进行加热时，在电热器出口处的排气温度被控制在200℃左右。电热器之后附有冷凝器，使高温的排气冷却，再通过膜滤器排出。这两种方式均在一定时间后，在膜滤器上检出工程微生物，因此还有待于改进。第三种排气除菌系统是先在罐排气口外安装冷却冷凝器，其后才是加热器，排气气体经此加热至60～80℃后，再经过膜滤器和深度型滤器排出。相对湿度降低可预防滤器上凝结水汽。无论使用哪种类型的滤器，都应对排气进行去湿处理。使用膜滤器时，因滤器表面凝结水汽，压力损失骤增，深度型滤器除菌效率也会因水汽凝结而下降。膜滤器原来多用于过滤液体，通过流水性滤器的开发，也能应用于气体过滤。

5.排液

培养后要将培养液输送至贮罐等下一道工序，这时也有可能产生气溶胶和重组菌的扩散。安全的方法是在培养开始前就将排液口与下段工序相连接并进行灭菌，这样培养结束即可直接输送培养液。如果排液口未与下段工序相连，那就应与连接废液灭菌罐的排水管道相接，这样就安全了。

重组菌培养罐中，凡有可能外漏重组菌的部分都与排污管道相连。可是实际操作者必须小心谨慎，否则难以防止因疏忽而造成的重组菌的扩散。为减少操作误差和实验者接近重组菌的机会，应安装连锁装置，实现自动化操作，人可在监控室进行监视。此外，必须设置警报系统监测培养罐压力，以免发生异常。

另外，培养后的后处理工序中也必须采取防污措施。例如，菌体的分离通常使用沙氏（Sharpres）型离心机；由于很可能产生气溶胶，故用膜分离法进行浓缩。采取上述措施基本上能够避免培养罐中的基因重组菌外漏，达到工程菌防护的目的。

三、基因工程产物的分离纯化

传统的发酵产品和基因工程产品在分离纯化上的不同，主要表现在下列两方面。①传统发酵产品多为小分子（工业用酶除外，但它们对纯度要求不高，提取方法较简单），其理化性能，如平衡关系等数据都已知，因此放大比较有根据；相反，基因工程产品都是大分子，必要数据缺乏，放大多凭经验。②基因工程产品大多处于细胞内，提取前需将细胞破碎，增添了很多困难。由于第一代基因工程产品都以大肠杆菌作宿主，无生物传送系统，故产品处于胞内。而且发酵液中产物浓度也较低，杂质又多，加上一般大分子较小分子不稳定（如对剪切力），故分离纯化较困难，因此需考虑多种影响因素，建立合理的分离纯化工艺和方法，如色谱法分离等。

1.建立分离纯化方法的依据

基因工程产物不同，分离纯化的方法亦有所差别，在生产实践中应根据不同情况建立有效的分离纯化方法，制定合理工艺，可从以下几个方面加以考虑。① 依据产物表达形式。分泌型表达产物通常体积大、浓度低，因此必须在纯化前进行浓缩处理，以尽快缩小样品的体积，浓缩的方法可采用沉淀和超滤。对 $E.coli$ 细胞内可溶性表达产物破菌后的细胞上清液首选亲和分离，其次可选离子交换色谱。周质表达是介于细胞内可溶性表达和分泌型表达之间的一种形式，它避开了细胞内可溶性蛋白质和培养基中蛋白质类杂质，在一定程度上有利于蛋白质的分离和纯化，可将 $E.coli$ 用低浓度的溶菌酶处理后，一般采用渗透压休克的方法来获得周质蛋白。对于细胞内不溶性的表达产物——包涵体，纯度较高，可达 $20\%\sim80\%$，分离纯化步骤复杂，还需进行复性，才能成为具有一定功能和构象的蛋白质。②依据分离单元之间的衔接，将不同机制的分离单元进行组合来组成一套分离纯化工艺，将含量最多的杂质先分离除去，通常采用非特异性、低分辨率的操作单元，如沉淀、超滤和吸附等，其目的是尽快缩小样品的体积，提高产物浓度，去除杂蛋白。将最昂贵、最费时、分辨率高的分离单元放在最后阶段，如离子交换色谱、亲和色谱和凝胶排阻色谱等，以提高分离效果。③依据分离纯化工艺的要求，使所选工艺有良好的稳定性和重复性；步骤少，时间短；各步骤之间相互适应和协调；工艺过程尽可能少用试剂；各步操作容易、收率高，安全性好。

2.分离纯化的基本过程

分离和纯化是基因工程产品生产中极其重要的一个环节，由于工程菌不同于一般正常细胞，因此产品的纯化要求也高于一般发酵产品，分离和纯化一般不应超过五个步骤，包括细胞破碎、固液分离、浓缩与初步纯化、高浓度纯化到纯品、成品加工，流程如图8-1所示。

3.变性蛋白的复性

基因工程菌表达系统较多，最常用的表达系统是 $E.coli$，由于具有低廉性、高效性和稳定性而在生产中被广泛采用。然而，$E.coli$ 表达的重组蛋白经常聚集形成不溶性、无活性的

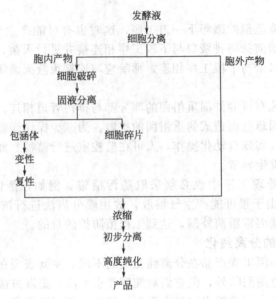

图 8-1 基因产品分离纯化的一般流程

包涵体。虽然，包涵体具有富集目标蛋白质、抗蛋白酶、对宿主毒性小等优点，但包涵体蛋白质的复性率一般较低，这就增加了基因工程产品的成本。如何解决包涵体蛋白复性率低的问题？许多学者提出了解决的办法，其一是从上游水平考虑，如通过改变 *E. coli* 的生长条件，使重组蛋白在 *E. coli* 中呈可溶性表达或者重组蛋白与其他蛋白融合表达或共表达，也可使重组蛋白分泌表达至细胞周质等，从而使表达蛋白具有活性。其二是从生物工程下游技术角度优化复性过程，将包涵体蛋白在体外复性得到生物活性蛋白。促进包涵体在体外成功复性，将是大量生产重组蛋白最有效的途径之一。

（1）包涵体形成的原因　包涵体的形成有两个原因。其一是蛋白产物的高水平表达，基因工程菌形成活性蛋白的产率取决于蛋白质合成、蛋白质折叠和蛋白质聚集的速率，在高水平表达时，新生肽链的聚集速率一旦超过蛋白质正确折叠的速率就会导致包涵体的形成。其二是表达蛋白没有正确的折叠，由于重组蛋白在 *E. coli* 中表达时缺乏一些蛋白质折叠过程中需要的酶和辅助因子，如折叠酶和分子伴侣等，蛋白质没有形成有活性的高级构象。

（2）包涵体的分离和溶解　分离包涵体，可采用破碎技术包括高压匀浆、超声破碎等对细胞进行破碎。为了提高破碎率，可加入一定量的溶菌酶，使包涵体释放出来。然后采用蔗糖密度梯度离心法将包涵体和细胞碎片分离，获得纯的包涵体。包涵体溶解一般采用 30℃，加入强的变性剂如脲、盐酸胍或硫氰酸或去垢剂如 SDS、正十六烷、三甲基胺氯化物等；对于含有半胱氨酸的蛋白质，还需加入还原剂如巯基乙醇、二硫苏糖醇、二硫赤藓糖或半胱氨酸。此外，由于金属离子具有氧化催化作用，还需要加入金属螯合剂如 EDTA 以除去金属离子。

（3）包涵体的复性方法　由于包涵体中的重组蛋白缺乏生物学活性，加上剧烈的处理条件，使蛋白质的高级结构破坏，因此，重组蛋白的复性特别必要。一个有效的、理想的折叠复性方法应具备以下特点：①折叠复性后应得到浓度较高的蛋白质产物，且活性蛋白的回收率高；②正确复性的产物易与错误折叠的蛋白质分离；③折叠过程耗时短，复性方法易于放大。因此，通过缓慢去除变性剂使目标蛋白从变性的完全伸展状态恢复到正常的折叠结构，同时除去还原剂使二硫键正常形成。在蛋白质复性过程中必须根据蛋白质的不同优化过程参数，如蛋白质浓度、温度、pH 值和离子强度等。在复性时，应用分子伴侣和折叠酶在体外帮助蛋白质复性，但复性后这两种物质的分离较困难。

复性是一个复杂的过程，除与蛋白质复性过程的控制参数有关外，很大程度上与蛋白质本身的性质有关，有些蛋白质容易复性，如牛胰 RNA 酶有 12 对二硫键，在较宽松的条件下复性效率可达到 95% 以上，而一些蛋白质至今没有发现合适的复性方法，如 IL-11。很多蛋白质的复性效率很低，如在纯化 IL-2 时以十二烷基硫酸钠溶液中加入铜离子（0.05% SDS，7.5~30μmol/L CuCl$_2$）时，25~37℃下反应 3h，再加 EDTA 至 1mmol/L 终止反应，复性后的二聚体低于 1%。一般来讲，蛋白质的复性效率在 20% 左右。目前，复性的方法有稀释法、透析法、柱上复性法和双水相复性等。许多复性方法是在反复试验和优化的基础上建立的，且没有普遍性，但从许多例子中也使人们获得一些新的知识，为建立高效的复性方法奠定了基础。相信随着结构生物学、生物信息学、蛋白质工程学以及相关新技术、新设备的发展和完善，在不久的将来，预测和设计最佳复性方案将成为可能。

另外，对于基因工程产品，还应注意生物安全（biosafety）问题，即要防止菌体扩散，特别对前面几步操作，一般要求在密封的环境下操作。例如用密封操作的离心机进行菌体分离时，整个机器处在密闭状态，在排气口装有一无菌过滤器，同时有一根空气回路以帮助平衡在排放固体时系统的压力，无菌过滤器用来排放过量的气体和空气，但不会使微生物排放到系统外。

思考与练习题

1. 基因工程菌的不稳定性表现在哪些方面？
2. 影响质粒稳定性的因素有哪些？
3. 在工业生产中如何提高质粒稳定性，提高外源基因的表达量？
4. 基因工程菌的培养与常规菌种的培养工艺有何不同？
5. 基因工程菌发酵生产中检测与控制的意义何在？
6. 如何对基因工程菌的生产工厂防护？其意义何在？

第九章　固定化细胞发酵技术

第一节　固定化细胞概论

一、固定化细胞定义

固定化细胞（immobilized cells）是指固定在水不溶性载体上，在一定的空间范围进行生命活动（生长、发育、繁殖、遗传和新陈代谢等）的细胞。由于它们能进行正常的生长、繁殖和新陈代谢，所以又称固定化活细胞或固定化增殖细胞。通过各种方法将细胞和水不溶性载体结合，制备固定化细胞的过程称为细胞固定化。细胞固定化以后，细胞的自由移动受到限制，即细胞受到物理化学等因素约束或限制在一定的空间界限内，但细胞仍保留催化活性并具有能被反复或连续使用的活力。固定化细胞是在酶固定化基础上发展起来的一项技术，通过固定化细胞可获得细胞的酶或代谢产物，在实际应用中固定化细胞超过了固定化酶，其优越性在于，固定化细胞保持了胞内酶系的原始状态与天然环境，因而更稳定。固定化细胞内的多酶系统，对于多步催化转换，如合成干扰素等，其优势更加明显，而且无需辅酶再生。与天然游离细胞相比，固定化细胞发酵更具有显著优越性：①固定化载体为细胞生长提供了充足的空间，保证了生物反应器内较高的细胞浓度，使得反应速度加快，从而有较高的生产力；②由于细胞被载体固定，因而不会产生流失现象，连续反应的稀释率大大提高；③发酵稳定性好，可以较长时间反复使用或连续使用，有希望将发酵罐改变为反应柱进行连续生产；④发酵液中含菌体较少，有利于产品分离纯化，提高产品质量；⑤由于固定化细胞可以长期多次重复使用，简化了游离细胞过程需不断培养菌体的繁复操作，防止营养基质的浪费，缩短了发酵生产周期，可提高生产能力。固定化基因工程菌，可提高质粒的稳定性以及克隆基因产物的表达量，培养条件对固定化工程菌的培养有一定的影响，非生长的基因工程菌的固定化，可提高其半衰期并能稳定操作较长时间，正是基因工程菌的固定化研究推动了固定化技术的发展。由于固定化细胞既有效地利用了游离细胞完整的酶系统和细胞膜的选择通透性，又进一步利用了酶的固定化技术，兼具二者的优点，制备又比较容易，所以在工业生产和科学研究中广泛应用。当然，固定化细胞技术也有它的局限性，如利用的仅是胞内酶，而细胞内多种酶的存在，会形成不需要的副产物；细胞膜、细胞壁和载体都存在着扩散限制作用；载体形成的孔隙大小影响高分子底物通透性等，但这些缺点不影响它的实用价值。实际上，固定化细胞技术现在已经在工业、农业、医学、环境科学、能源开发等领域广泛应用。随着这一技术的进一步发展和完善，必将取得更加丰硕的成果。

二、固定化细胞分类、形态特征和性质

固定化细胞按不同的分类方式，有其不同的类型。固定化细胞由于其用途和制备方法的不同，可以是颗粒状、块状、条状、薄膜状或不规则状（与吸附物形状相同）等，目前大多数制备成颗粒状珠体，这是因为不规则形状的固定化细胞易磨损，在反应器内尤其是柱反应器内易受压变形，流速不好，而采用珠体就可以克服上述缺点。另外，圆形珠体由于其表面积最大，与底物接触面较大，所以生产效率相对较高。固定化细胞的分类如表9-1。

固定化死细胞一般在固定化之前或之后细胞经过物理或化学方法的处理，如加热、匀浆、干燥、冷冻、酸及表面活性剂等处理，目的在于增加细胞膜的渗透性或抑制副反应，所以比较适于单酶催化的反应。固定化静止细胞或饥饿细胞在固定化之后细胞是活的，但是由于采用了

表 9-1　固定化细胞的分类

分类方式	固定化细胞
生理状态	死细胞:完整细胞,细胞碎片,细胞器 活细胞:增殖细胞,静止细胞,饥饿细胞
细胞类型	微生物、植物、动物
有无载体	无载体、预制载体、生物催化剂

控制措施,细胞并不生长繁殖,而是处于休眠状态或饥饿状态。固定化生长细胞又称固定化增殖细胞,是将活细胞固定在载体上并使其在连续反应过程中保持旺盛的生长、繁殖能力的一种固定化方法。与固定化酶和固定化死细胞比较,由于细胞能够不断增殖、更新,反应所需的酶也就可以不断更新,而且反应酶处于天然的环境中,更加稳定,因此,固定化增殖细胞更适宜于连续使用。从理论上讲,只要载体不解体不污染,就可以长期使用。固定化细胞保持了细胞原有的全部酶活性,因此,更适合于进行多酶顺序连续反应,所以说,固定化增殖细胞在发酵工业中最有发展前途。固定化细胞通常只能用于细胞外产物的生产,而对于细胞内产物的生产,采用固定化细胞将会使产物的分离纯化更为复杂。因此,可以考虑除去微生物细胞或植物细胞的细胞壁制成固定化原生质体,则有可能增加细胞膜的通透性,从而使较多的胞内物质分泌到胞外。

被固定在载体内的细胞在形态学上一般没有明显的变化。通过光学显微镜、电子显微镜观测表明细胞的形态与自然细胞没有明显差别。但是,扫描电镜观察到固定化酵母细胞膜有内隐现象。无论用海藻酸钙、聚乙烯醇还是聚丙烯酰胺凝胶包埋,都有类似情况。形成"凹池"的原因尚待进一步研究。

细胞经固定化以后,其最适 pH 值因固定方法的不同而有一些调整。如用聚丙烯酰胺包埋的大肠杆菌的天冬氨酸酶和产氨短杆菌中的延胡索酸酶的最适 pH 值向酸性范围偏移。但用同一种方法包埋的大肠杆菌中的青霉素酰化酶的最适 pH 值则没有变动。与 pH 值类似,由于细胞固定化方法的不同,也有可能导致最适温度发生不同的变化。一般情况下,细胞经固定化以后,其稳定性会有所提高。

三、固定化细胞的表征

1. 固定化细胞的活力

固定化细胞的活力是固定化细胞催化某一特定化学反应的能力,其大小可用在一定条件下所催化的某一反应的反应速率表示。

(1) 染色法　二乙酸荧光素 (FDA) 能透过细胞膜,并作为荧光素积蓄在活细胞内,在细胞的非特异性脂酶的催化下,FDA 生成荧光素,从而产生荧光,死亡的细胞没有这种现象,根据这个原理可以判断固定化细胞是否具有活性。

(2) 呼吸强度测定　采用氧电极法测定细胞的呼吸作用来表示细胞的存活率。

(3) 细胞生长速率　细胞数量或重量的增加可以作为细胞活性的良好指标,可采用湿重法。

(4) 基质消耗的速率　利用基质在发酵过程中的消耗来判断固定化细胞的活力。

2. 固定化细胞相对活力

$$相对活力 = \frac{固定化细胞的总活力}{固定化细胞的总活力 - 体系中未固定细胞的活力} \times 100\%$$

3. 固定化细胞的半衰期

固定化细胞的半衰期是指在连续测定的条件下,固定化细胞的活力下降为最初活力一半经历的连续工作时间,以 $t_{1/2}$ 表示。固定化细胞的操作稳定性是影响实用的关键因素,也可通过较短时间操作进行推算。

第二节 固定化细胞的原理与方法

细胞固定化后直接利用细胞中的酶，因此固定后酶活基本没有损失，此外，还保留了胞内原有的多酶系统，对于多步转化反应，优势更加明显。但在选用固定化细胞作为催化剂时，应考虑底物和产物是否容易通过细胞膜？胞内是否存在产物分解系统和其他副反应系统。细胞固定化方法有载体结合法（物理吸附法、离子结合法和共价结合法）、絮凝法（自絮凝法和人工絮凝法）、包埋法（凝胶包埋法、微囊和膜截留）等。不同细胞固定化方法亦不相同，生产实践中，应选择适宜的固定化方法，以发挥细胞最大的性能。各种固定化方法如图9-1。

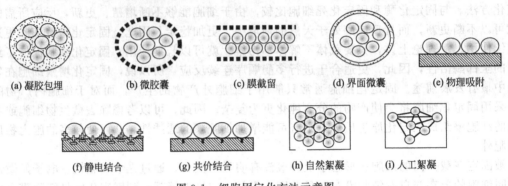

(a) 凝胶包埋　　(b) 微胶囊　　(c) 膜截留　　(d) 界面微囊　　(e) 物理吸附

(f) 静电结合　　(g) 共价结合　　(h) 自然絮凝　　(i) 人工絮凝

图 9-1 细胞固定化方法示意图

一、包埋法

包埋法是固定化细胞最常用的方法，适用于各种微生物、动物和植物细胞的固定化，特别是对于生长菌体的固定化，如图 9-1 (a)、(b)、(c) 和 (d)。常用的包埋材料有琼脂、海藻酸钙凝胶、角叉菜胶、明胶、聚丙烯酰胺凝胶、甲基丙烯酸酯、聚乙烯醇等。包埋法操作简单，从理论上说，细胞和载体间没有束缚，固定化后可保持高活力，然而实际上限制酶活力的因素较多，比如生长菌体的固定化主要问题是氧及营养物质难于进入包埋胶内部，所以，这种方法对于厌氧菌一般较为合适。另外，这类方法只适用于小分子底物的催化反应，对于那些作用于大分子底物和产物的反应不适合。①凝胶包埋法。在无菌条件下，将生物细胞和胶溶液混合在一起，然后再经过相应的造粒处理，形成直径为 1～4mm 的胶粒。以海藻酸钠包埋法为例，其具体操作如下：称取一定量海藻酸钠，配制成一定量的海藻酸钠溶液，经灭菌冷却后与一定体积的细胞或孢子悬浮液混合均匀，然后用注射器将混合液滴到一定浓度的氯化钙溶液中，即形成球形的固定化细胞胶粒。一般 10g 凝胶可包埋 200g 干重的细胞。②膜截留法。也称膜包埋，细胞通过半透膜的屏障被截留在膜的一侧而实现细胞的固定化。该半透膜允许基质扩散进入细胞和产物扩散流出细胞。膜截留装置常为膜反应器，最简单为中空纤维反应器，细胞放在反应器壳层并进行反应，基质通过管内并通过膜扩散进入壳层被细胞利用，代谢产物扩散返回到管内。该法可达到较高的细胞密度，但应控制细胞生长，防止其密度过大，造成膜的破裂。③微胶囊法。利用半透性聚合物薄膜将细胞包裹起来，形成微型胶囊，该法目前被广泛应用于实际研究中。生物微胶囊的典型特征是具有一层半透的微囊膜和膜内的液态环境。微囊膜将细胞囊在液态环境中，而允许细胞所需的碳源、氮源、氧、无机盐等小分子物质自由进入和囊内生物质的重要代谢产物自由排出；同时，微囊膜能阻止外环境中生物大分子如抗体等的进入。因此，生物微胶囊的主要功能是保护膜内细胞和控制物质通过微囊的传递。如 $SA/CS\text{-}CaCl_2/PMCG$ 生物微胶囊的制备方法可分为一步法和两步法。用一步法制备时，将一定浓度配比的海藻酸钠和纤维素硫酸钠的水溶液滴入一定浓度配比的氯化钙和 PMCG 的水溶液中，两组相互发生反应，经过

10～60min 后，形成了具有一定大小颗粒的胶珠（实心），取出胶珠，放入柠檬酸溶液中，经一定时间液化后，得到中间空心的微胶囊。二步法制备时将一定浓度配比的 SA 与 CS 的混合液滴入 $CaCl_2$ 溶液中，由于 SA 和 $CaCl_2$ 的作用，形成强度较弱的胶珠，称为预囊，然后把预囊放入 PMCG 溶液中进行二次固化，一定时间后取出胶珠，放入柠檬酸钠溶液中液化，得到了中间空心的微胶囊。由于该法容易控制操作条件，易于实现微胶囊性能，获得研究者的青睐。浙江大学张立央采用两步法制备了 SA/CS-$CaCl_2$/PMCG 生物微胶囊，考察了微囊固定化枯草杆菌半连续发酵生产纳豆激酶的效果，结果表明，生物微囊细胞囊内密度为相应游离细胞的 4～5 倍，发酵时间缩短，生产速率提高，最高酶活可达 2804UK/mL。并建立了一套用于描述微囊化枯草杆菌生产纳豆激酶的动力学模型，为进一步研究奠定了良好的基础。

二、载体结合法

将细胞附着在预先加工载体的外表面上的一种细胞固定化方法。细胞所以能附在载体基质的表面上，是由于存在细胞对固体表面有某力所致。细胞通过物理吸附（范德华力）、静电作用（离子结合或氢键）而附着在载体的表面，如图 9-1 (e)、(f)、(g) 所示。用于细胞固定化的吸附剂载体有硅藻土、氧化铝、硅胶、羟基磷灰石、多孔陶瓷、多孔玻璃、多孔塑料、金属丝网、微载体和中空纤维等。载体结合法制备固定化细胞，操作简便易行，反应条件温和，对细胞活性影响小，但载体和细胞间结合力较弱，细胞容易脱落，同时也可能由于自溶而从载体丢失，所以其使用受到一定限制。但是，该法在动物细胞固定化中却显示出一定优势，因为动物细胞大多数都具有附着特性，能够很好地附着在容器壁、微载体和中空纤维等载体上。其中微载体已有多种商品出售，例如，瑞典的 Cytodex、美国的 Superbeads 等，已用于多种动物细胞的固定化，以生产 β-干扰素、人组织纤溶酶原活化剂、白细胞介素以及各种疫苗等。还有一种情况是细胞吸附在多孔材料形成的基质中，也属于载体结合法。共价结合法利用细胞表面的反应基团（如氨基、羧基、羟基、巯基、咪唑基）与活化的无机或有机载体反应，形成共价键将细胞固定。用该法制备的固定化细胞一般为死细胞。共价结合法所用的共价偶联试剂易造成细胞的破坏，因此这个方法用于固定化细胞的报道较少。共价结合法用于固定化细胞的发展有赖于新的温和的功能试剂的开发。但也有成功的例子，如有人将藤黄微球菌共价偶联于羟甲基纤维素上仍然保存高的组氨酸氨解酶活性。

此外，还可以利用专一的亲和力来固定细胞。例如，伴刀豆球蛋白 A 与 α-甘露聚糖具有亲和力，而酿酒酵母（*Saccharomyces cerevisiae*）细胞壁上含有 α-甘露聚糖，故可将伴刀豆球蛋白 A 先连接到载体上，然后把酵母连接到活化了的伴刀豆球蛋白 A 上，即进行了酿酒酵母的固定化。

三、絮凝法

在没有载体的情况下，借助加热、絮凝等作用使细胞彼此黏合达到固定化，同时胞内酶系也得到固定，该法主要是利用某些细胞具有形成聚集体或絮凝物颗粒的特点，或是运用多聚电解质诱导形成细胞聚集体，以实现细胞的固定。絮凝法可分自然絮凝法和人工絮凝法，如图 9-1 (h)、(i) 所示。自然絮凝如加热，将培养好的含葡萄糖异构酶的链霉菌细胞在 60～65℃的温度下处理 15min，使细胞絮凝成大颗粒，这样就具有固定化细胞的特征。加热可使其他酶失活，而葡萄糖异构酶被固定在细胞内，长时间使用而没有明显的活力降低。又如链霉菌细胞用柠檬酸处理，使酶固定在细胞内，若用壳聚糖处理，使之凝聚干燥即成固定化细胞。近年来，絮凝法在固定化细胞（活细胞或死亡细胞）的应用中有很大发展。从工艺学角度看，这种方法能使反应器单位容积的细胞浓度达到很高水平。使用种类不同的絮凝剂，可促进细胞凝聚。这些絮凝剂包括阳离子聚合电解质、阴离子聚合电解质以及金属化合物。阳离子聚合电解质有聚胺、聚乙烯亚胺和阳离子聚丙烯酰胺等；阴离子聚合电解质有羧基取代的聚丙烯酰胺、聚苯乙烯磺酸盐、聚羧酸等；金属化合物也即 Mg^{2+}、Ca^{2+}、Fe^{3+}、Mn^{2+} 的氧化物、氢氧化物、硫酸盐、磷酸盐等。

四、交联法

利用双功能或多功能试剂与细胞表面的反应基团（如氨基、羧基、羟基、巯基、咪唑基）反应，从而使细胞固定。常用的交联剂包括戊二醛、甲苯二异氰酸酯、双重氮联苯胺，由于交联试剂的毒性，这一方法具有一定的局限性。如用戊二醛交联大肠杆菌，得到的固定化细胞中天冬氨酸酶活性相当于游离细胞的 34.2%。交联法单独用于固定化细胞常不能得到良好的机械强度，所以交联法的一个发展是和包埋法结合，如应用戊二醛和海藻酸钙等试剂进行双固定化；另一个发展是絮凝交联，就是先利用絮凝剂将菌体细胞形成聚集体，再利用双功能或多功能交联剂与细胞表面的活性基团发生反应，使细胞彼此交联形成稳定的立体网状结构。在这两种情况下，既减小了交联剂对细胞的毒性，又增加了固定化细胞的强度和稳定性。

固定化细胞的方法都涉及细胞本身的饰变或它的微环境的改变，从而使细胞的催化动力学性质发生改变，结果是降低了天然活力。为了长期、连续使用天然状态细胞，还可采用沉淀、透析等方法。例如，多次重复使用菌丝沉淀是最简单的细胞固定化形式之一，并已在工业上应用。影响沉淀生成的因素主要是培养基、pH、氧浓度、振荡等。微生物菌体本身可认为是天然的固定化酶，适当条件的选择，如经过热处理使其他酶失活，而保存所需酶活力。

固定化完整细胞的方法虽有多种，但还没有一种理想的通用方法，每种方法都有其优缺点（表 9-2）。对于特定的应用，必须找到价格低廉、简便的方法，高的活力保留和操作稳定性，后两条是评价固定化生物催化剂的先决条件。

表 9-2　各种固定化方法的比较

固定化方法	优　点	缺　点
包埋法	操作简单、稳定、条件温和、机械强度好、细胞活力高、密度大	网格型包埋的细胞并未与基质结合，需克服凝胶网格的扩散限制。膜截留要控制细胞生长，以免膜破裂
载体共价结合	条件温和、载体可再生、细胞和基质直接接触、传质好	细胞缺乏保护、细胞通过"洗出"损失多，细胞负载量较低。共价结合剂有毒，细胞活性小，应用受限制
絮凝法	方法简便、费用低，形成的固定化细胞颗粒大	细胞有"洗出"风险，对操作条件变化敏感，细胞保护不足
交联法	细胞浓度高	试剂有毒性，操作稳定性差，机械强度差

固定化酶与固定化细胞制备方法和应用方法也基本相同。上述固定化细胞的方法均适合于酶的固定化。对一个特定的目的和过程来说，是采用细胞，还是采用分离后的酶作催化剂，要根据过程本身来决定。一般，对于一步或两步的转化过程用固定化酶较合适。对多步转换，采用整细胞显然有利。

第三节　固定化细胞的效果

固定化细胞不但密度大，而且可增殖，可以进行连续发酵，缩短发酵周期，提高生产能力，发酵稳定性好，并有利于产品的分离和提取。特别是近几年发展的基因工程菌的固定化，有可能使大规模培养过程中重组菌的稳定性问题得到较好的解决。固定化基因工程菌来生产发酵产物，固定化细胞的效果更为理想。

迄今为止人们构建了许多重组菌用于生产不同的生物活性物质，其中的大部分研究正处于中试放大阶段。重组菌的宿主多选用大肠杆菌，在对这些重组菌进行固定化后，质粒的稳定性及目的产物的表达率都有了很大提高。在游离重组菌系统中常用抗生素、氨基酸等选择性压力稳定质粒的手段，往往在大规模生产中难以应用，而采用固定化方法后，这种选择压力则可被省去。不同的宿主菌及质粒在固定化系统中均表现出良好的稳定性。因此固定化技术在重组菌生产目的产物的应用中与游离系统相比则更具有优势。人们曾提出了许多关于固定化重组菌质粒稳定性的原因，最值得注意的是对吸附于水不溶介质表面的重组细胞的代谢改变，生理学及形态学的观察；对游离及固定化的细胞膜、细胞壁的比较；DNA 含量及其表达蛋白的比较；分别位于胶粒内部及表层的重组菌所含质粒拷贝数等对提高质粒稳定性也十分值得研究。如此诸多问题的解决仍有待致力于重组菌技术研究的工作人员的共同努力。

随着基因工程技术的迅速发展及其产业化进程的深入，提高重组菌的稳定性以减少其遗传退变、降低生产成本等问题越来越为人们所关注，部分基因工程菌的固定化及基因表达产物如表 9-3。

表 9-3 基因工程菌固定化及产物生产一览

包埋介质	重组菌	质粒	克隆基因产物
中空纤维	*E. coli*	pBR322	β-内酰胺酶
硅酮泡沫	*E. coli*	pOS101	淀粉酶
硅酮聚合物	*E. coli*	pBR322	淀粉酶
琼脂	*E. coli*	pBR322	人胰岛素原
卡拉胶	*Saccharomyces cerevisiae*		人绒毛膜促性腺激素
海藻酸盐	*E. coli*	pKK233	β-内酰胺酶
聚丙烯酰胺	*E. coli*	pCBH4	氢气
微载体	China hamster cells		人干扰素
卡拉胶	*E. coli*	pTG201	儿茶酚-2,3-二氧化酶
海藻酸盐、聚丙烯酰胺、琼脂	*Bacillus subtilis*	pPCB6	胰岛素原
卡拉胶	*E. coli*	pMCT98	β-半乳糖苷酶
中空纤维	*E. coli*	pPA22	6-氨基青霉烷酸
琼脂	*E. coli*	pPA102	青霉素酰化酶

将固定化工程菌和游离工程菌相比较发现，固定化细胞具有高细胞浓度、克隆产物高效表达、稳定性好等特性。

一、目的产物的产量提高

近年来，随着固定化细胞技术的发展，越来越多的研究者关注固定化 *E. coli* 细胞。固定化 *E. coli* 在催化反应过程中，其质粒更加稳定，目的基因产物的活力较高，产物易于分离和纯化，可快速大规模催化反应物转化为产物。由英才利用固定 *E. coli* AS1.881 合成了天冬氨酸，在 pH 值 9.0、温度 40℃的条件下，发酵 48h，产物量达到最高。Trelles 等固定化 *E. coli* BL21c 催化合成腺嘌呤和次黄嘌呤核苷，固定在琼脂糖上的 *E. coli* 细胞发酵 26 批均没有酶活力的损失，在 1g 琼脂糖固定化菌株能合成 182g 腺苷，相当于 73g 游离菌的产率。还有研究者观察了海藻酸钠凝胶包埋的 *E. coli* 的效果，发现固定化 *E. coli* BZ18（pTG201）比无选择压力的游离细胞产生目的产物的量高 20 倍。在凝胶表面 $50\sim150\mu m$ 距离内观察到有单层活细胞高密度生长，而在胶粒内部则无细胞生长。与之相似，*E. coli* C600（pBR322）在中空纤维膜反应器中也可高密度生长。在固定化体系中，细胞生长得更快，直到达到一个稳定状态，对相对游离体系而言，活细胞数目可达其 11 倍之多。

二、克隆基因产物的高效表达

在基因工程菌的发酵生产过程中，如何提高工程菌的稳定性，提高基因产物的表达量，常常是人们关注的焦点，许多学者在各方面进行深入的研究，其中固定化基因工程菌提高表达量就是研究内容之一。罗世翔研究了 SA-CMC/CaCl₂ 微胶囊固定化重组 *E. coli* 萃取发酵生产 L-Phe，由于受传质的影响，SA-CMC/CaCl₂ 微胶囊固定化培养的延迟期延长了 2 h 左右，但 14h 的 L-Phe 产量约为 10.40 g/L。以 3%的 NaCS、4%的 PDMDAAC 制备得到的微胶囊固定化重组大肠杆菌萃取发酵生产 L-Phe，发酵 22 h 的 L-Phe 产量约为 13.16 g/L，不同的固定载体对产物的表达有一定的影响。

固定化细胞的方法对提高克隆基因产物合成量的影响对培养若干代后的细胞尤其显著。在连续操作的中空纤维膜生物反应器中可得到较高的 β-酰胺酶产率，并能维持 3 周以上。固定化体系与悬浮体系相比可选择性地获得高产量的 β-酰胺酶，固定化反应器运行到第三天和第一百天的产量分别是后者的 100 倍和 1000 倍。此外，在微载体上固定中国仓鼠细胞生产人干扰素可稳定生产一个月。

三、质粒的遗传稳定性

质粒的遗传稳定性是基因工程细胞最重要的因素，因为质粒是表达目的基因产物的载体。在固定化体系中 P^+ 细胞可稳定遗传 55 代，传到第 18 代时，P^+ 细胞量是游离细胞的 3 倍。比较游离的和固定化的细胞在基础和 LB 培养基中的质粒遗传稳定性，发现在这两种培养基中固定化细胞质粒的遗传稳定性较高。与此相似，质粒 pTG201 可稳定于 3 种固定化的大肠杆菌中。在通纯氧的固定化体系中质粒的稳定性和拷贝数可较好地维持，到第 200 代时仍接近初始的 100%。在研究了固定化对 pTG201 质粒在大肠杆菌 W3101 中稳定性的影响后发现，酶的产量在解抑制温度 42℃ 时有所提高，但质粒稳定性有所下降。如若采用两步连续培养则可克服质粒的低稳定性问题。第一步是固定化细胞在 31℃ 达抑制的情况下生长以防 pTG201 的丢失；将释放的细胞连续泵入第二步反应器，并于 42℃ 解抑制的状态下生产高水平的酶。

在固定化体系中质粒稳定性的提高不能用单一的因素来解释。虽然，P^+、P^- 细胞之间有紧密的联系，但事实证明质粒在固定化细胞中的转移是不存在的。早期提出的隔室化理论并不能解释高稳定性，因为细胞长到第 6 代就足以将胶粒内部的空间充满。带有 pTG201 质粒 P^+ 和 P^- 细胞以 87% 和 13% 的比例共同固定化后繁殖了约 80 代，最后，P^+ 和 P^- 细胞在胶粒中比例不变，而与游离细胞体系大不相同。这样就证明了质粒稳定性的提高归功于 P^+ 和 P^- 细胞无法在胶粒中竞争，以及固定化细胞在胶粒中繁殖缓慢的原因。同时微环境在稳定性方面也发挥了很重要的作用。对于固定化体系可以保护基因的稳定性至今尚无一个确定的解释。然而对于克隆基因分泌物及其调控机制以及固定化细胞生理学的全面了解可以为重组细胞高稳定性提供更多的信息。就形态和通透性而言，观察重组细胞内部细胞膜、细胞壁组成的变化是很重要的，它可以增加对重组菌中质粒高稳定性的了解。

总之，与游离细胞体系相比，固定化技术可以明显提高基因工程细胞稳定性，并能保持宿主中质粒稳定性和拷贝数，使质粒结构不稳定和缺失现象减少或消失，可以获得更高密度的细胞和大量的克隆基因表达产物，因而可以减少反应器体积，大量减少回收费用。

第四节　影响固定化细胞效率的因素

固定化细胞体系的影响因素很多，如接种量、载体类型、凝胶体积、基质浓度、环境条件如培养基组成、温度、pH 以及溶氧浓度等。

一、固定化载体

理想的载体材料应具有对微生物无毒性、传质性能好、性质稳定、寿命长、价格低廉等特性。它可分为有机高分子载体、无机载体和复合载体三大类。载体对于质粒稳定性以及产物表达量的提高尚无系统的研究，因此有关这一重要因素的信息很少。考察琼脂糖、藻酸盐以及聚丙烯酸树脂等材料对生产胰岛素原的工程菌的包埋情况后认为，琼脂糖最为有效，因为它既无毒又可迅速释放包埋的标记胰岛素原。而藻酸盐和聚丙烯酸树脂只能释放 15%～20% 包埋的胰岛素原。所以多孔琼脂糖被选作生产胰岛素原的重组细胞的固定化载体。利用中空纤维膜固定化大肠杆菌生产 6-氨基青霉烷酸，可以提高反应器中单位体积青霉素酰化酶的活性而实现高浓度青霉素的裂解。另外还有一些其他载体如硅酮泡沫、棉布和 Cyclodex 1 微载体等。这些材料毒性低、机械强度及热稳定性高，且具有较好的亲水性。

二、胶粒浓度和大小

Birbaum 等研究认为胶粒在反应器中所占体积越大（即胶粒越多），重组基因生产目的产物的能力越强。在较低接种量的情况下，胰岛素原的产量随着胶粒数量的增加而增加，在胶粒数量过多时，从胶粒中游离出的细胞也会相应增加，但其内部的重组质粒则可保持较高的稳定性。显而易见，若要提高反应器的体积产量，就必须采用高浓度的固定化胶粒。研究表明，凝胶浓度提高后，溶质扩散及溶氧摄取都随之降低而使转化反应受到影响。同样，在胶浓度一定的情况下，胶粒的大小（胶粒直径）影响目的产物的生产，胶粒直径越小则转化率越高。一般采用 2% 介质浓度固定化重组细胞效果较好一些。

三、培养基的营养组成和培养条件

1. 培养基的组成

在游离细胞体系中质粒的稳定性会受到营养限制的影响。同样，在固定化体系中，葡萄糖、氮源、磷酸盐及镁盐中任一组成不足都会影响到质粒稳定性。在这些限制性培养基中，游离及固定化系统中的 P^+ 细胞均会有所增加，但在固定化体系中情况要好得多。在上述诸因素中，磷酸盐和镁盐对质粒的稳定性影响最显著，这可能是胶粒中活细胞数目减少而造成的。

2. 培养基的 pH 值和温度

温度对固定化细胞活性的影响具体表现在影响酶的活性、质膜的流动性和物质的溶解度，而每一个酶促反应都是在一定的 pH 条件下进行的，因此，温度和 pH 同样会影响克隆基因表达胰岛素原。在 pH7.0，最佳温度 25～30℃ 之间，胰岛素原表达量达到最高。Sayadi 等研究了温度对大肠杆菌 W3101 中的 pTG201 质粒稳定性的影响，实验结果表明 31℃ 时质粒均稳定存在于宿主中，温度升高到 42℃ 时游离及固定化系统中质粒稳定性均有所下降，但固定化系统可适当增强重组细胞的热稳定性。这可能是因为介质中 P^- 细胞与 P^+ 细胞相比缺乏竞争力的缘故。为了提高重组菌目标产物的表达量，人们建立了基于温度变化的两步连续固定化细胞培养法。首先在第一反应器中，控制温度 31℃，使大肠杆菌处于抑制状态从而增加质粒的稳定性。从第一个反应器中释放的细胞不断地流入温度为 42℃ 的第二个反应器中，此时重组细胞产生儿茶酚-2,3-二氧化酶。这种温度变化的去抑制作用并不影响胶粒中细胞的活性，但大部分的研究者均选择 37℃ 作为最佳培养温度。研究表明，pH 对固定化的哺乳动物细胞发酵有影响，通过控制 pH 在一定水平可多获得 40% 的目的产物，固定化体系的 pH 范围多选择在 7.0～7.6 之间。

3. 溶氧浓度

Marin 等利用向反应器中通入纯氧的方法提高了固定化大肠杆菌 K12 细胞中质粒的稳定性。这是因为重组细胞在通纯氧情况下比通空气的生长速度要慢，传代分化数目减少，从而产生 P^- 细胞的概率降低，即 P^+ 细胞的概率增高，并进而提高重组细胞中质粒的稳定性。胶粒的形态测定显示，通纯氧 10h 与通空气培养相比，胶粒内部可形成更大的菌落，且菌落占胶粒体积的百分比更大。在通纯氧的情况下，质粒的拷贝数及转化子数目可保持 200 代不变。Huang 等也发现类似的情况，他们认为通纯氧使质粒稳定性增加是由于重组菌生长速率降低及抑制了目的产物产生所致。

4. 接种量

接种量对发酵生产有一定的影响，重组细胞中质粒的稳定程度受接种量的影响。早期的研究表明在胶粒表面 50～150μm 附近固定化细胞呈单层生长，在胶粒内部没有观察到细胞生长。但减少接种量可以使胶粒表面和内部的重组细胞数均有较大程度的提高，可能是由于胶粒中最初的低细胞浓度有利于营养物质和氧气的传递作用，促使细胞生长。

第五节 固定化细胞技术的应用

固定化细胞的应用范围极广，目前已遍及工业、医学、制药、化学分析、环境保护、能源开发等多种领域。

一、利用固定化细胞生产各种产物

1. 抗生素的生产

抗生素是次级代谢产物，属非生长关联型，以游离细胞采用连续发酵很难生产抗生素。由于抗生素的发酵模式是非生长关联型，因此生长阶段和代谢产物合成阶段所需的营养条件不同。从理论上，阻止固定化细胞的增殖是可能的，因而可以使用较稀的培养基来连续合成抗生素。6-氨基青霉烷酸是青霉素的母核，用固定化大肠杆菌将青霉素 G 经青霉素酰化酶作用，水解除去侧链后形成 6-氨基青霉烷酸，也称无侧链青霉素。大肠杆菌 D816 可采用通气搅拌培养法，在蛋白胨、氯化钠、苯乙酸等为主要成分的培养基中，28℃，pH7.0 条件下可完成转化反应。首先进行大肠杆菌固定化。取湿菌体 100kg，置于 40℃反应罐中，在搅拌下加入到 50L（10%戊二醛），再转移至搪瓷盘中，使之成为 3～5cm 厚的液层，室温放置 2h，再转移至 4℃冷库过夜，待形成固体凝胶后，通过粉碎和过筛，使其成为直径 2mm 左右的颗粒状固定化大肠杆菌细胞，用蒸馏水及 pH7.5 和 0.3mol/L 磷酸缓冲液先后充分洗涤，抽干，备用。其次，制备固定化大肠杆菌生物反应器。将上述充分洗涤后的固定化大肠杆菌细胞装填于带保温夹套的填充式反应器中，即成为固定化大肠杆菌反应器，反应器规格为直径 70cm×160cm。再次，进行转化反应。取 20kg 青霉素 G 钾盐，加入到 1000L 配料罐中，用 0.03mol/L、pH7.5 的磷酸缓冲液溶解，并使青霉素 G 钾盐浓度为 3%，调节罐中反应液温度到 28℃，维持反应体系的酸度在 pH7.5～7.8 范围内，以 70L/min 流速使青霉素 G 钾盐溶液通过固定化大肠杆菌反应器进行循环转化，直至转化液酸度不变为止。循环时间一般为 3～4h。反应结束后，放出转化液，再进入下一批反应。转化液经过滤澄清后，滤液用薄膜浓缩器减压浓缩至 100L 左右，冷却至室温后，于 250L 搅拌罐中加 50L 醋酸丁酯充分搅拌提取 10～15min，取下层水相，加 1%活性炭于 70℃搅拌脱色 30min，滤除活性炭，滤液用 6mol/L HCl 调 pH 至 4 左右，5℃放置结晶过夜，次日滤取结晶，用少量冷水洗涤，抽干，115℃烘 2～3h，得成品 6-氨基青霉烷酸，收率为 70%～80%。

固定化微生物在四环素、头孢菌素、杆菌肽、氨苄西林等抗生素方面的研究成果显著，固定化细胞还可用于生化药物和甾体激素的发酵生产。

2. 有机酸和氨基酸的生产

柠檬酸是有机酸中的主要品种，柠檬酸一般以黑曲霉为菌种来生产。在发酵过程中，由于菌体的生长，导致发酵液黏度的上升，会影响氧的传递。而采用固定化细胞技术，由于生长被抑制，因而不会影响氧的传递。利用固定化细胞大量生产氨基酸，例如固定化 *E. coli* 和 *Pseudomonas putida*，将 D,L-丝氨酸和吲哚转化为 L-色氨酸。在 200L 的反应器中，L-色氨酸的产率可达到 110g/L。丝氨酸和吲哚的摩尔转化率可分别到 91%和 100%。这一过程可以连续化操作。

此外，在工业方面，还可以利用产葡萄糖异构酶的固定化细胞生产果葡糖浆；将糖化酶与含 α-淀粉酶的细菌、霉菌或酵母细胞一起共固定，可以直接将淀粉转化成葡萄糖；利用海藻酸钙或卡拉胶包埋酵母菌，通过批式或连续发酵方式生产啤酒；利用固定化酵母细胞生产酒精或葡萄酒；在医学方面，如将固定化的胰岛细胞制成微囊，能治疗糖尿病；用固定化细胞制成的生物传感器可用于医疗诊断。在化学分析方面，可制成各种固定化细胞传感器，除上述医疗诊断外，还可测定醋酸、乙醇、谷氨酸、氨和 BOD 等。此外，固定化细胞在环境保护、产能和生化研究等领域都有着重要的应用。

二、固定化技术的其他应用

1. 药物控释载体

新的药物（包括化学合成药、天然药物及基因工程药物）不断问世，但将它们应用于临床并不是很顺利，其原因可能有以下几方面：①很多药物尤其是蛋白类药物，口服很容易被胃酸破坏或沉淀；②单纯注射后瞬时血药浓度升高，但马上被肝脏及血液中的酶系统所清除，需要反复注射，不仅增加治疗费用，而且增加了感染的机会；③肿瘤化疗用细胞毒性物质选择性较差，全身毒副作用严重；④有些药物如反义核酸亲水性强，难于穿过细胞膜；⑤蛋白质类药物容易引起免疫反应；⑥很多药物稳定性差，不耐贮存。以上问题往往不能用简单的药物改构来完成，因此，对药剂学工作者提出了严峻的挑战。近30年来，药物的新剂型发展很快，已逐步建立了药物理化性质及作用特点的合理给药体系，其核心特点是从时间和空间分布上控制药物的释放。

在肿瘤的化学治疗及重组蛋白质类药物制剂中比较重要的几种控释体系有聚合的修饰、凝胶包埋、微球、脂质体及免疫导向等。这几种控释体系都涉及将药物与聚合物载体偶联或固定于某种聚合物载体上，因此也可称为载体药物。

（1）聚合物修饰　多用于蛋白质类药物。这类药物生物半衰期短、免疫原性强，可用适当的水溶性高分子聚合物加以修饰以改善其性能。例如用甲基壳聚糖对天冬酰胺酶的修饰及聚乙二醇对原核表达重组人血小板生成素分子的修饰等，均可起到降低毒性、延长半衰期的作用。此外，小分子药物也可作用这一系统，如将抗癌药羟基硫胺素及甲氨蝶呤偶联于羧甲基纤维素后注射，可使荷瘤小鼠平均生存时间较对照组延长2倍左右。

（2）凝胶包埋　希望药物能够较长时间维持一个稳定的血药浓度，可采用凝胶包埋法，即用生物相容性好的高分子聚合物与药物混合制成含有药物的凝胶，植入体内特定部位以达到缓释给药的效果。药物从凝胶中释出后，经周围组织吸收，然后进入血液循环或直接局部作用，避开了首次过敏效应，生物利用度高，作用时间长。例如将博莱霉素与聚乳酸一起溶解后，制成凝胶包埋于动物皮下，较直接注射治疗效果为好，是一种有希望的局部化疗给药系统。

与凝胶同属植入控释给药系统的还有硅橡胶管状剂、膜剂、微型剂及微胶囊剂等。此外在基因治疗中，如用红细胞生成素（EPO）基因治疗贫血，可将表达EPO的工程细胞株包埋于一小囊内植入组织中，达到释放EPO的效果。

（3）微球制剂　用高聚物微球包埋或化学偶联药物可制成微球制剂，它具有靶向性、缓冲性及减少耐药性等特点。微球与靶细胞接触，可以通过胞饮进入胞内发生作用不影响细胞膜通透性，不会产生耐药性，早期使用的微球制剂不被生物降解，多为口服制剂。现用于注射的多为可生物降解小于 $1\mu m$ 微球，如以生物可降解微球包埋入生长激素肌注动物，血药浓度稳定、不产生抗体，注射部位组织无病变，微球还可用于基因治疗及基因疫苗的载体。

为了改善微球制剂的靶向性能，可以采用改变微球大小、荷电性质、用抗体包被等方法，其中较为突出的是掺入磁性物质制成磁性药物微球。磁性药物微球用于肿瘤化疗，可以在足够强的外磁场引导下，通过动脉注射后富集到肿瘤组织定位，定量地释放药物达到高效、速效、低毒的效果。除此之外，磁性药物微球可以减少网状内皮系统的吸收，因此可以增加化疗指数，并且可以直接栓塞肿瘤组织的血管造成坏死。1996年Lubbe等用磁性微球载带化疗药物用于人乳腺瘤、软骨肉瘤的治疗，取得较好的疗效。

（4）脂质体　脂质体是磷脂双分子层在水溶液中自发形成的超微型中空小泡，它同微球制剂一样都具有靶向性、长效性，并且可以通过胞饮作用向胞内释放药物从而避免耐药性；此外，还具有更好的生物相容性和可生物降解性，并且无毒性、无免疫原性。脂质体可应用薄膜法、乳化法、冻干法、超声波法等制造，药物的包封率是脂质体制剂质量控制的重要指标。水溶性、脂溶性、离子及大分子药物都可用脂质体包装，尤其是反义核酸，基因片段及蛋白质等更显优越性。

但是，脂质体也有一些缺点，如单纯脂质体也还是依靠被动靶向性，因而限制了其中肿瘤化疗中的应用；脂质体在胃肠转运、分布不稳定，缺乏对血管的通透性。在单纯脂质体的基础上进行化学修饰及改造，可以改善其性能，拓宽其应用。例如，用聚乙二醇类物质修饰脂质体可加强其稳定性，延长在血液循环中的存留时间，改变膜脂组成可以制备 pH 敏感型脂质体，使其将药物主要放于胞内，与热敏脂质体合并，局部加热可以达到化疗与热疗双重杀伤肿瘤的效果，改造后脂质体也可用于口服给药，脂质体表面抗体可用于主动的免疫导向以治疗结核与肿瘤等。

（5）导向药物　导向药物具有主动靶向性，将针对肿瘤细胞的单克隆抗体与化疗药物化学交联，可以直接作用于肿瘤细胞产生杀伤作用，并且降低全身毒性。但是抗体药物复合物与肿瘤细胞结合数目有限，难以有效杀伤肿瘤细胞，因而用毒性非常强烈的毒素取代了化疗药物制备免疫毒素，具有更强烈的杀伤效果，免疫毒素还可用于骨髓移植中，供体骨髓中 T 细胞的选择性杀伤以避免移植物抗宿主病的发生。

除了将药物直接导向靶组织外，还可将药物化学修饰成不显活性衍生物，导向到靶组织后，被靶组织特异的酶转化为活性药物，这称为靶向前体药物。不仅药物可以直接偶联抗体，微球制剂和脂质体制剂同样也可以偶联抗体以增强其靶向性。此外，细胞表面的糖复合物也可作为靶向目标。虽然导向药物的研究是诱人的，但也有很多缺点和待克服的困难。如必须将单抗人源化，以避免鼠单抗引起的免疫反应，肿瘤细胞免疫原性很弱，且不均一性强，迄今很难找到普适性抗体；相对于其他制剂制备较为困难，造价高等。

2. 废水处理

（1）处理氨、氮废水　微生物去除氨氮需经过硝化、厌氧反硝化两个阶段。硝化菌、脱氮菌的增殖速度慢，要想提高去除率，必须要较长的停留时间和较高的细胞浓度，采用固定化细胞技术可以做到这点。固定化细胞技术在处理氨氮废水中的主要优势在于可通过高浓度的固定化细胞，提高硝化和反硝化速度，同时还可以使在反硝化过程低温时易失活的反硝化菌保持较高活性。周定等将脱氮细胞包埋于 PVA（聚乙烯醇）中，结果表明在低温、低 pH 值的条件下，固定化细胞能够保留比未包埋细胞更高的脱氮活性，减轻溶氧对脱氮的抑制作用，脱氮微生物在固定化载体中可以增殖。

（2）含酚和含芳香烃废水　含酚废水的处理普遍采用活性污泥法，但此法存在污泥产率高、易产生污泥流失、处理效率低等缺点。固定化细胞对废水中酚类等有毒物质的降解能力远大于游离细胞。利用固定化混合菌群可降解芳香烃废水。固定化细胞能利用这些物质生长并使之完全降解。与游离细胞相比，固定化细胞表现生长稳定、降解能力强的优点。

（3）处理重金属废水　由于微生物经固定化后，其稳定性增加，抗生物毒性物质的能力也大大增强，因此可以被广泛地用于各种有机废水中重金属离子的去除。

3. 其他方面的应用

固定化细胞在工业的各个方面都显示出广阔的应用前景，在食品、制药等轻功、化工领域的一些用途不胜枚举。固定化酶和固定化细胞除了用作工业催化剂外，现在许多的基因工程的产品生产都可将工程细胞进行固定化培养后获得。

培养真核基因工程细胞株如 CHO 细胞时，为了促进细胞的生长常需加入血清或外源性生长因子，但这会增加后续纯化工作的困难，并增加成本。有人将胰岛素固定于聚甲基丙烯酸薄膜上加入培养体系中，可以刺激细胞生长，起到代替血清的作用。如果使用游离的胰岛素，则需用 10 倍甚至 100 倍的剂量才能达到相同的效果。

在化学分析方面，酶催化反应具有高度的专一性，因此可以用于化学分析和临床诊断。酶分析法具有灵敏度高、专一性强的优点。使用固定化酶进行酶法分析，提高了酶的稳定性，可以反复使用，并且易于自动化。这方面比较经典的例子是葡萄糖的检测，将葡萄糖氧化酶、过氧化物酶和还原性色素固定于纸片上即可制成糖检测试纸。与此相似的还有乳糖试纸、测定尿素的酶柱等。用固定化酶制成探头，连接到适当的换能系统就制成了酶传感器。

固定化酶在临床治疗方面有应用。人体某种酶缺失或异常将导致某种疾病，给人体相应酶的补充可以治疗疾病或缓解症状，这称为"酶疗法"。但是游离酶进入机体后容易被水解失活，另外非人原性酶还可能产生抗体及其他毒副作用。如果将酶固定后使用，则可在某一程度上解决上述问题。微小胶囊是适于包埋多酶系统。因而可用于代谢异常的治疗或制造人工器官如人工肾脏以代替血液透析。此外，将红细胞的内含物制成微小胶囊，可作为红细胞的代用品以代输血之用。需要注意的是，用于体内治疗用的固定化载体或胶囊，都应具有良好的生物相容性或是可生物降解性，以避免长期残留对人体带来的不良作用。

固定化酶也可以用于环境中微量有毒物质的含量测定进行环境监测，另外，固定化的微生物可用于环境三废的处理。

固定化细菌在新化学能源的开发中具有重要作用，例如将植物的叶绿体中铁氧化蛋白氧化酶系统用胶原膜包被，可用于水解和光解产生氢气和氧气。用聚丙烯酰胺凝胶包埋梭状芽孢杆菌 IFO3847 株，可以利用葡萄糖生产氢气，并且稳定性好，无需隔氧。该系统如连接上适当的电极和电路系统，则可用于制造微生物电池。该系统可以利用废水中的有机物作为能源，既产能，又处理废水，一举两得。

第六节　共固定化技术

共固定化（co-immobilization）是将酶、细胞器和细胞同时固定于同一载体中，形成共固定化细胞系统。这种系统稳定，可使几种不同功能的酶、细胞器和细胞协同作用。共固定化技术是在混合发酵技术和固定化技术的基础上发展起来的一种新技术，综合了混合发酵和固定化技术的优点，与用遗传工程构建的细胞相比更有希望在短时间内应用于生产。

共固定化的形式有细胞与细胞，细胞与酶，细胞器与酶。用交联剂（戊二醛和单宁）将死或活的微生物完整细胞，连同根据需要另外添加的酶一起进行固定化处理，制得固定化单酶或多酶生物催化剂。如将米曲霉产生的乳糖酶与酿酒酵母一起加以固定化，用于连续发酵乳糖生产酒精。由于纤维素分解常受其中间产物和末端产物葡萄糖的抑制，若将酵母与纤维二糖酶（β-葡萄糖苷酶）一起进行固定化制得的新型的生物反应器，既能将纤维二糖转化为葡萄糖，同时还可以将葡萄糖发酵成酒精，这样更可清除纤维二糖水解产物葡萄糖的抑制作用，亦可以进行连续发酵生产酒精。有人将蛋白酶吸附到啤酒酵母的表面，再用戊二醛在单宁溶液中让其交联固定，这种共固定化的方法用于生产葡萄酒会有低泡沫性和高发酵性的特点。还有人将β-半乳糖苷酶先共价偶联到海藻酸上，然后采用常规方法将其共固定化到酿酒酵母上来发酵乳糖生产乙醇，这些再次说明，共固定化是一种弥补重组 DNA 方法不足的一个有效方法。

另一种酶与细胞固定化的方法是利用细胞作为辅酶的再生系统，以提供酶的作用。例如，利用大肠杆菌的呼吸电子链再生 NAD 的氧化型，可在共固定化细菌和乙醇脱氢酶系统连续地将乙醇转化为乙醛。很多例子表明，利用原核生物作为辅酶再生系统要比采用细胞器（如叶绿体、线粒体或膜碎片等）容易得多，许多研究者曾试验将细胞器与细胞共固定化在一起，但是，这样并未表现出有很大的前景，因为细胞器在遗传上本来就不稳定。对于所有的固定化系统，总是由最差稳定性的组分决定整个系统的稳定性。类似的方法也可以用于共固定化己糖激酶和含有 ATP 再生系统的细胞色素细胞器。

共固定化技术开创了一种新的可能性，常规固定化酶或细胞不能实现对底物的作用，而它能实现。但是，进行固定化时，也会出现一些问题，如共固定化系统中各种成分的比例关系及最佳条件的确定问题。

思考与练习题

1. 简述固定化酶、固定化细胞制备方法与特点。
2. 简述固定化酶与游离酶的区别，固定化酶的特点与性质。
3. 简述固定化细胞的特点与应用。

第十章　动植物细胞大规模培养

动植物细胞培养是指动、植物细胞在体外条件下的存活或生长。动植物细胞培养与微生物细胞培养有很大的不同。动物细胞无细胞壁、个体大、增殖慢、机械强度低、环境适应性差，且大多数哺乳动物细胞培养具有贴壁依赖性的特点，对营养要求严格，除基本的营养成分，如氨基酸、维生素、盐类、葡萄糖或半乳糖之外，还需要特殊的生长因子、激素等成分，因此，在培养时需要添加血清或替代血清。动物细胞对环境敏感，培养基的 pH 值、溶氧、CO_2、温度、剪切力、渗透压都会影响细胞生长，在培养过程中，必须严格检测和控制。相比之下，植物细胞对营养要求较动物细胞简单，但植物细胞较微生物细胞大 30～100 倍，细胞壁易受剪切力影响，细胞数以 2～200 之间的细胞团存在，以及植物细胞生长较微生物要缓慢，可根据植物细胞的特点控制适当的环境条件，保证细胞的正常生产和代谢产物积累，并且对无菌要求及反应器的设计亦有特殊的要求。

在生物实践中，人们已经利用细菌、丝状真菌、放线菌的大量培养来生产各种酶、抗生素、蛋白质、氨基酸等产物，但是很多有重要价值的生物物质，如毒素、疫苗、干扰素、单克隆抗体、色素、香味物质等，必须借助于动、植物细胞的大规模培养来获得。从 20 世纪 50 年代以来，这方面已取得一些进展。但是，目前的技术还远不能满足细胞生物产品应用的要求，随着动植物培养技术研究的深入，显示出广阔的发展前景。

第一节　动物细胞的培养

近年来，由于生物技术的发展，特别是细胞融合技术、DNA 重组技术及基因表达调控技术的发展，使哺乳动物细胞表达系统成了一个更合适生产有效代谢产物的工具。在动物细胞中插入适当的基因，生产有用的药物将对制药工业产生很大的影响。动物细胞产品的医学应用，大大促进了动物细胞培养技术的发展。

表 10-1 列出动物细胞培养的产物及医学应用。

表 10-1　动物细胞培养的产物及医学应用

产　物		医　学　应　用
疫苗	人	小儿麻痹症、狂犬、风疹、乙肝表面抗原、疱疹及某些癌症
	动物	牛病毒性腹泻、牛痢疾病、犬传染性肝炎、犬瘟病、口蹄疫、鸡痘病、猪霍乱、牛疫、狂犬病、马脑炎、猪热病、草鱼出血热等
单克隆抗体		IgG、IgM、IgA 等
免疫调节剂		β 细胞生长因子、干扰素、白细胞活化因子、移转抑制因子、血清胸腺因子、白细胞介素-2、胸腺素、巨噬细胞毒力因子
酶		脲激酶、天冬氨酸酰胺酶、胶原酶、细胞色素 P450、纤维蛋白溶酶原激活剂、胃蛋白酶、胰蛋白酶、酪氨酸脱羧酶
激素		绒膜促性腺激素、红细胞生成素、促滤泡激素、生长激素、促间质细胞激素、促黄体激素

一、动物细胞的形态

体外培养的动物细胞由于脱离了体内的天然环境，细胞形态会发生变化，主要可分为以下五种。

1. 成纤维细胞型（fibrlblast 或 mechanocyte type）

这种细胞形态与体内成纤维细胞形态相似故而得名。细胞贴壁生长时呈梭形或不规则三角形，中央有圆形核，胞质向外伸出 2～3 个长短不同的突起。细胞群常借原生质突连接成网，生长时呈放射状、漩涡或火焰状走行［如图10-1(a) 所示］。除真正的纤维细胞外，凡由中胚层间充质来源的其他组织细胞，如血管内皮、心肌、平滑肌、成骨细胞等，也多呈成纤维细胞形态。实际上很多所谓成纤维细胞并无产生纤维的能力，只是一种习惯上概括的叫法。

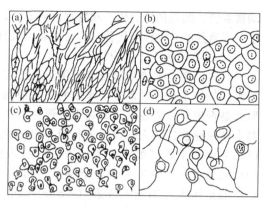

图 10-1 动物细胞的形态
(a) 成纤维细胞型；(b) 上皮细胞型；
(c) 游走细胞型；(d) 多形性细胞型

2. 上皮细胞型（epithilium cell type）

这种细胞呈扁平的不规则三角形，中央有圆形核，生长时常彼此紧密连接单层细胞片［如图 10-1 (b) 所示］，起源于外胚层和内胚层组织的细胞，如皮肤表皮及衍生物（汗腺、皮脂腺等）。肠管上皮、肝、胰和肺泡上皮细胞。培养时皆呈上皮型。

3. 游走细胞型（wondering cell type）

这种细胞的培养需要在支持物上生长，一般不连接成片，细胞胞质经常出现伪足或突起，呈活跃游走和变形运动，速度快而且方向不规则［如图 10-1(c) 所示］。此型细胞不是很稳定，有时亦难和其他型细胞相区别，在一定条件下，如培养基化学性质变动等，它们也可能变为成纤维细胞型。

4. 多形性细胞型（polymorphic cell type）

除上述三种细胞外，还有一些组织和细胞，如神经组织的细胞等，难以确定它们的稳定形态，可统归多形性细胞［如图 10-1(d) 所示］。

上述这四种细胞形态均属于贴壁依赖型细胞，培养这类细胞时，常需贴附在支持物上生长。但由于培养环境的变化，细胞形态常发生改变。

5. 悬浮型细胞

这类细胞常呈圆形，不贴附在支持物上，呈现悬浮状态生长。如血液细胞，淋巴组织细胞及肿瘤细胞。培养这类细胞也可采用微生物培养的方法进行悬浮物培养。

二、动物细胞培养的应用

1. 在动物育种上的应用

目前，由于细胞培养技术、细胞融合技术、细胞杂交技术、胚胎移植技术以及转基因技术的创建与相互结合，使得人们能够在细胞水平操作并改变动物的基因，进行遗传物质的重组。这样就可以按照人类的需要，大幅度地改变生物的遗传组成，从而使新品种的培育在实验室中即可完成，可大大缩短育种进程，且使育种工作更加经济有效。胚胎干细胞的研究成果和克隆羊多莉的问世可以说已为动物遗传育种开辟了一条新途径。

2. 在生物学基础研究中的应用

离体培养的动物细胞，具有培养条件可人为控制且便于观察检测的特点，因而可广泛应用于生物学领域的基础研究中。在细胞生物学上，动物细胞培养可用于研究动物的正常或病理细胞的形态、生长发育、细胞营养、代谢以及病变等微观过程。如神经细胞的增殖、突起生长、相互识别、刺激传递等机理就是通过进行各种神经细胞的培养才弄清楚的；在遗传学研究中，除可用培养的动物细胞进行染色体分析外，还可结合细胞融合技术建立细胞遗传学，进行遗传分析和杂交育种；在胚胎工程中，体外培养卵母细胞、体外受精、胚胎分割和移植已发展成了一种较成熟的技术而应用于家畜的繁殖生产中。另外，分离和培养具有多潜能的胚胎干细胞，可用于动物克隆、细胞诱导分化、动物育种的研究，并可作为基因转移的高效表达载体。在病毒学研究中，用培养的动物细胞代替试验动物做斑点分析，不仅方法简便、准确，而且重复性好。

3. 在临床医学上的应用

首先，动物细胞培养技术可用于遗传疾病和先天畸形的产前诊断。目前，人们已经能够用羊膜穿刺技术获得脱落于羊水中的胎儿细胞，经培养后进行染色体分析或蛋白检测即可诊断出胎儿是否患有遗传性疾病或先天畸形。其次，现在的一些科学研究已能通过染色体对比分析检测出易患癌症的病人，以便进行及早的预防和治疗。再次，细胞培养还可用于临床治疗，目前已有将正常骨髓细胞经大量培养后植入造血障碍症患者体内进行治疗的报道。另外，动物细胞培养生产的生物大分子制品也可用于治疗某些代谢缺陷疾病，如利用动物细胞培养生产的重组人红细胞生成素（recombinant human erythropoietin，rHu-EPO），在临床上可用于治疗肾衰性贫血、癌症患者化疗后贫血，以及择期手术者的自身输血。

4. 在大分子生物制品生产上的应用

利用动物细胞大规模培养技术生产大分子生物制品始于 20 世纪 60 年代，当时是为了满足生产疫苗的需要。后来随着大规模培养技术的逐渐成熟和转基因技术的发展与应用，人们发现利用动物细胞大规模培养技术来生产大分子药用蛋白比原核细胞表达系统更有优越性。因为重组 DNA 技术修饰过的动物细胞能够正常地加工、折叠、糖基化、转运、组装和分泌由插入的外源基因所编码的蛋白质，而细菌系统的表达产物则常以没有活性的包含体形式存在。随着大量永久性细胞株的创建，用动物细胞可生产的生物制品有各类疫苗、干扰素、激素、酶、生长因子、病毒杀虫剂、单克隆抗体等。随着动物细胞培养技术的发展，以后还会有更多的生物制品被开发，并用于造福人类。

三、动物细胞培养基的组成

动物细胞能在体外传代和繁殖，这个发现促使人们找到化学成分更加确定的培养基以维持细胞连续生长和替代"天然"培养基，如胚胎提取物、蛋白质水解物、淋巴液等。常用的 Eagle 基本培养基和更复杂的 DMEM 培养基、199 培养基、RPMI 1640 培养基和 CMRL 1066 培养基，虽然是化学合成的，但仍添加 5%～20%血清。如表 10-2 所示。

表 10-2　培养基的组成

成　分	Eagle /(mg/L)	DMEM /(mg/L)	RPMI 1640 /(mg/L)	成　分	Eagle /(mg/L)	DMEM /(mg/L)	RPMI 1640 /(mg/L)
氨基酸				盐酸 L-赖氨酸	73.1	146	40.0
L-精氨酸	—		200	L-甲硫氨酸	15.0	30.0	15.0
盐酸 L-精氨酸	126	84.0	—	L-苯丙氨酸	33.0	66.0	15.0
L-天冬氨酸	—		20.0	L-脯氨酸			20.0
L-胱氨酸	24	48.0	50.0	L-丝氨酸	—	42.0	30.0
L-谷氨酸	—		20.0	L-苏氨酸	48.0	95.0	20.0
L-谷氨酰胺	292	534	300	L-色氨酸	10.0	16.0	5.00
甘氨酸		30.0	10.0	L-酪氨酸	36.0	72.0	20.0
L-组氨酸			15.0	L-缬氨酸	47.0	94.0	20.0
盐酸 L-组氨酸·H_2O	42.0	42.0		维生素			
L-羟脯氨酸			20.0	维生素 B_2	0.10	0.40	0.20
L-异亮氨酸		105	50.0	生物素			0.200
L-亮氨酸	52.0	105	50.0	D-泛酸钙	1.00	4.00	0.250

续表

成　分	Eagle /(mg/L)	DMEM /(mg/L)	RPMI 1640 /(mg/L)	成　分	Eagle /(mg/L)	DMEM /(mg/L)	RPMI 1640 /(mg/L)
氯化胆碱	1.00	4.00	3.00	KCl	400	400	400
叶酸	1.00	4.00	1.00	$MgSO_4 \cdot 7H_2O$	200	200	100
异肌醇	2.00	7.20	35.0	NaCl	6800	6400	6000
烟酰胺	1.00	4.00	1.00	$NaHCO_3$	2200	3700	2200
盐酸吡哆醛	1.00	4.00	—	$NaH_2PO_4 \cdot H_2O$	140	125	
盐酸维生素 B_1	1.00	4.00	1.00	$Na_2HPO_4 \cdot 7H_2O$	—	—	1512
维生素 B_{12}	—	—	0.005	$Ca(NO_3)_2 \cdot 4H_2O$			100
盐酸吡哆醇	—	—	1.00	D-葡萄糖	1000	4500	2000
对氨基苯甲酸	—	—	1.00	酚红	10.0	15.0	5.00
无机盐				亚油酸	—	0.084	
$CaCl_2$(无水)	200	200	—	谷胱甘肽(还原态)			1.00
$Fe(NO_3)_3 \cdot 9H_2O$	—	0.10	—	CO_2(气相)	5%	10%	5%

　　虽然针对特定细胞和培养条件寻找专用培养基已经过多年的不懈研究，但选择培养基仍无章可循，常凭经验。开发出的培养基并不能满足各种细胞的更严格的要求。

　　培养基的常用成分如下。

　　(1) 氨基酸　必需氨基酸是动物细胞本身不能合成的，因此，在制备培养基时需加入必需氨基酸，另外还需要半胱氨酸和酪氨酸。而且由于细胞系不同，对各种氨基酸的需要也不同。有时也加入其他非必需氨基酸，氨基酸浓度常常限制可得到的最大细胞密度，其平衡可影响细胞存活的生长速率。在细胞培养中，大多数细胞需要谷氨酰胺作为能源和碳源。

　　(2) 维生素　Eagle 基本培养基中只含 B 族维生素，其他维生素都靠从血清中取得。血清浓度降低时，对其他维生素的需求更加明显，但也有些情况，即使血清存在，它们也必不可少。维生素限制可从细胞存活和生长速率看出，而不是以最大细胞密度为指标。

　　(3) 盐　盐中 Na^+、K^+、Mg^{2+}、Ca^{2+}、Cl^-、SO_4^{2-}、PO_4^{3-} 和 HCO_3^- 等金属离子及酸根离子是决定培养基渗透压的主要成分。对悬浮培养，要减少钙，可使细胞聚集和贴壁最少，碳酸氢钠浓度与气相 CO_2 浓度有关。

　　(4) 葡萄糖　多数培养基都含有葡萄糖以作能源。它主要由糖酵解作用代谢形成丙酮酸，并可转化成乳酸或乙酰乙酸进入柠檬酸循环形成 CO_2。对胚胎细胞和转化细胞，乳酸在培养基中的积累特别明显，即说明不是像体内那样完全由柠檬酸循环发挥作用。

　　(5) 有机添加剂　复杂培养基都含有核苷、柠檬酸循环中间体、丙酮酸、脂类及其他各种化合物。同样，当血清量减少时，必须添加这种化合物，它们对克隆和维持这些特殊细胞有益。

　　(6) 血清及无血清培养基　组织细胞培养中常用的天然培养基是血清。这是因为血清中含有大量的蛋白质、核酸、激素等丰富的营养物质，对促进细胞生长繁殖，黏附及中和某些物质的毒性起着一定的作用。最常用的是小牛血清，胎牛血清。人血清用于一些人细胞系。

　　大多数动物细胞培养必须在培养基中添加血清，但在许多情况下，经过驯化的动物细胞可在无血清条件下维持和增殖。

　　无血清培养基不添加血清，在基础培养液中添加了替代血清的促贴壁因子、结合蛋白、激素、促细胞生长因子、酶抑制剂等成分。但无血清培养基使用时，一般需逐步降低血清浓度，直至细胞完全适应无血清的培养环境。

四、动物细胞培养的环境要求

1. 无污染环境

环境无毒和无菌是保证培养细胞生存的首要条件。由于生物体内存在着强大的免疫系统和解毒器官（肝脏等），对侵入体内一定限度的有害物，可进行抵抗和清除，使细胞不受危害。当细胞被置于体外培养后，便失去了对微生物和有毒物质的防御能力，而且动物细胞生长缓慢，培养基营养丰富一旦污染即可导致细胞死亡。因此，在进行培养中，保持细胞生存环境无任何污染，是维持细胞生存的基本条件。

2. 培养温度

维持细胞生长，必须有适宜的温度，人和哺乳动物培养细胞最适温度为 $35\sim37℃$。偏离这一温度范围，细胞的正常代谢和生长将会受到影响，甚至导致死亡。总的来说，培养细胞对低温的耐受力比对高温强。温度上升不超过 $39℃$ 时，细胞代谢强度与温度成正比；细胞培养在 $39\sim40℃$ 中 $1h$，即受到一定损伤，但仍能恢复；在 $41\sim42℃$ 中 $1h$，细胞受到严重损伤，但不致全被杀死，仍有可能恢复；当温度达到 $43℃$ 以上时，细胞很多被杀灭。细胞代谢随温度降低而减缓。温度不低于 $0℃$ 时，能抑制细胞代谢，并无伤害作用。把细胞置于 $25\sim35℃$ 时，细胞仍能生存和生长，但速度缓慢；放在 $4℃$ 数小时后，再置 $37℃$ 培养，细胞仍能继续生长。温度降至冰点以下时，细胞可因胞质结冰而死亡。但是，如向培养液中加一定量保护剂（二甲基亚砜或甘油），封入安瓿瓶中后，冻存于液氮中，温度为 $-196℃$，能长期贮存。解冻后细胞复苏，仍能继续生长，细胞生物性状不受任何影响，此为保存细胞的主要手段。

细胞培养的最佳温度取决于：细胞所属动物的体温；温度的部位变化（如皮肤温度低一点）；考虑到调节培养箱的控制偏差的安全系数。因此对大多数人和温血动物的细胞系推荐的温度为 $36.5℃$，接近于生物体温，为安全起见，可略低一点。由于鸟类体温较高，鸟类细胞在 $38.5℃$ 时生长最佳，在 $36.5℃$ 时生长慢，但也非常满意。

一般来说，变温动物细胞有较大的温度范围，但应保持在一个恒定值，且在所属动物的正常温度范围内。温度调节的范围最大不超过 $\pm0.5℃$。恒定比准确更重要。培养温度不仅始终一致，而且在培养的各个部位都应恒定。

3. 贴壁细胞培养的支持物

体外培养的大多数动物细胞能在人工支持物上单层生长。在最早期的实验中，用玻璃作为支持物，开始是由于它的光学特性，后来发现它具有合适的电荷适合于细胞贴壁和生长。

（1）玻璃　玻璃常用作支持物。它很便宜，容易洗涤，且不损失支持生长的性质，可方便地用于干热或湿热灭菌，透光性好，强碱可使玻璃对培养产生不良影响，但用酸洗中和后即可。

（2）塑料制品　一次性的聚苯乙烯瓶是一种方便的支持物。它光学性质好，培养表面平整。制成的聚苯乙烯是疏水性的，表面不适合细胞生长。所以细胞培养用的培养瓶要用 γ 射线、化学药品或电弧处理使之产生带电荷的表面，具有可润湿性。细胞也可在聚氯乙烯、聚碳酸酯、聚四氟乙烯和其他塑料上制品生长。

（3）微载体　这是大规模动物细胞贴壁培养最常用的支持物。制作微载体的材料有聚苯乙烯、交联葡萄糖、聚丙烯酰胺、纤维素衍生物、几丁质、明胶等。通常用特殊的技术制成 $100\sim200\mu m$ 直径的圆形颗粒，表面光滑，有的还在表面深层，使表面带有少量正电荷，适合于细胞贴附。微载体的制备是一种较复杂的技术，微载体的价格一般也比较贵。但它的最大优点是使贴壁细胞可以像悬浮培养那样进行。微载体大多都是一次性的，不能重复使用。

支持物通过各种预处理后，可改善细胞的贴壁和生长。用过的玻璃容器比新的更适合细胞生长。这可能归因于培养后的表面的蚀刻和剩余的微量物质。培养瓶中细胞的生长也可以改善表面以利第二次接种，这类条件调节因素可能是由于细胞释放出的胶原或黏素。

4. 气体环境和氢离子浓度

（1）氧气　气相中的重要成分是氧气和二氧化碳。各种培养对氧的要求不同，大多数细胞培养物适合于大气中的氧含量或更低些。据报道，对培养基硒含量的要求与氧浓度有关，硒有助于除去呈自由基状态的氧。在大规模细胞培养中，氧可能成为细胞密度的限制因素。

（2）二氧化碳　CO_2 既是细胞代谢产物，也是细胞所需成分，它主要与维持培养基的 pH 有直接关系。二氧化碳起着相对复杂的作用，气相中的 CO_2 浓度直接调节溶解态 CO_2 的浓度，溶解态 CO_2 的浓度受温度影响，CO_2 溶于培养基中形成 H_2CO_3，产生的 H_2CO_3 又能再离解。

$$H_2O + CO_2 \rightleftharpoons H_2CO_3 \rightleftharpoons H^+ + HCO_3^- \tag{10-1}$$

由于 HCO_3^- 与多数阳离子的离解数很小，趋于结合态，故使培养基变酸。提高气相中 CO_2 含量的结果是降低培养液 pH，而它又被增加的 $NaHCO_3$ 浓度所中和。

$$NaHCO_3 \rightleftharpoons Na^+ + HCO_3^- \tag{10-2}$$

若 HCO_3^- 浓度增加，则式（10-1）的平衡向左边移动，直到系统在 pH7.4 达到平衡。如果换用其他物质，如 NaOH，实际效果是一样的。

$$NaOH + H_2CO_3 \rightleftharpoons NaHCO_3 + H_2O \rightleftharpoons Na^+ + HCO_3^- + H_2O \tag{10-3}$$

（3）pH　大多数细胞的适宜 pH 为 7.2～7.4，偏离此范围对细胞将产生有害影响。各种细胞对 pH 的要求也不完全相同，原代培养细胞一般对 pH 变动耐受性差，无限细胞系耐力强。但总的来说，细胞耐酸性比耐碱性大一些，在偏酸环境中更利于生长。细胞在生长过程中，随细胞数量的增多和代谢活动的加强，不断释放 CO_2，培养基变酸，pH 发生变动。为维持培养液 pH 的恒定，最常用的是加磷酸缓冲剂的方法。

尽管各细胞株之间，细胞生长最佳 pH 值变化很小，但一些正常的成纤维细胞系以 pH7.4～7.7 最好，转化细胞以 pH7.0～7.4 更合适。据报道，上皮细胞可在 pH5.5。为确定最佳 pH，最好做一个简单的生长实验或特殊功能分析。

酚红常用作指示剂，pH7.4 呈红色，pH7.0 变色，pH6.5 红色中略带蓝色，pH7.8 呈紫色。由于对颜色的观察有很大的主观性，因而必须用无菌平衡盐液和同样浓度的酚红配一套标准样，放在与制备培养基相同的瓶子中。

5. 渗透压

大多数培养细胞对渗透压有一定耐受性，一般常用冰点降低或蒸汽压升高测定，如果自己配培养基，测定渗透压对质量控制很有用，可防止称量和稀释等带来的误差。人血浆渗透压约为 290mOsm/kg（1kg 体重耐受的溶质浓度是 290mmol/L），亦可视为培养细胞的理想渗透压。不同细胞理想渗透压可能有所不同，鼠细胞渗透压在 320mOsm/kg 左右，对大多数细胞来说，渗透压在 261～320mOsm/kg。

6. 黏度

培养基的黏度主要受血清含量的影响，在多数情况下，对细胞生长没有什么影响。在搅拌条件下，用羧甲基纤维素或聚乙烯基吡咯烷酮增加培养基的黏度，可减轻细胞损害。在低血清浓度或无血清下，这特别重要。

五、动物细胞体外培养的一般过程

细胞培养是指细胞在体外条件下的生长，动物细胞在单独细胞培养的过程中不再形成个体。动物细胞培养的过程一般分为分离和培养两个阶段，细胞培养需要理想的气体环境，多数细胞需要氧张力才能生长。氧含量应略低于大气状态，二氧化碳为细胞生长所需，也是细胞代谢产物，与维持培养基 pH 值相关。幼龄动物→剪碎组织→胰蛋白酶处理→细胞培养，其中细胞培养又包括原代培养和传代培养。

　　动物细胞培养就是从动物机体中取出相关的组织，将它分散成单个细胞［使用胰蛋白酶或胶原蛋白酶、螯合剂（常用EDTA）或机械方法处理］，然后，在合适的培养基中培养，使细胞得以生存、生长和繁殖，这一过程称原代培养。培养的细胞为正常的动物细胞，一般培养10代后不再增殖，死亡。

　　传代培养是细胞培养常规保种方法之一，也是所有细胞生物学实验的基础。当细胞在培养瓶中长满后就需要将其稀释分种成多瓶，细胞才能继续生长，这一过程就叫传代。传代培养可获得大量供实验所需细胞。细胞传代要在严格的无菌条件下进行，每一步都需要认真仔细地无菌操作。原代细胞经第一次传代后便成为细胞系。传代期时间较长，在适宜的培养条件下，细胞增殖旺盛，并维持二倍体核型。一般情况下，传代10～50次后，细胞增殖逐渐少，以致完全停止。

　　动物细胞在体外培养生存空间和营养有限。当细胞浓度达到一定密度后，需要分离出一部分细胞或更换营养液，否则会影响细胞的生长。在细胞培养过程中大致都要经过潜伏期、指数增长期、平衡期和衰亡期，如图10-2所示。

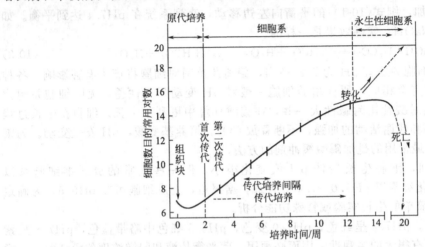

图 10-2　动物细胞培养过程生长曲线

(引自：鄂征，组织培养和分子细胞学技术，1995)

六、动物细胞培养的方式

　　动物细胞无论是贴壁培养或是悬浮培养，均可分为分批式、流加式、半连续式、连续式等多种培养方式。

1. 分批式培养

　　分批式培养是指先将细胞和培养液一次性装入反应器内进行培养，细胞不断生长，同时产物也不断形成，经过一段时间的培养后，终止培养。在细胞分批培养过程中，不向培养系统补加营养物质，而只向培养基中通入氧，能够控制的参数只有pH值、温度和通气量。因此细胞所处的生长环境随着营养物质的消耗和产物、副产物的积累时刻都在发生变化，不能使细胞自始至终处于最优的条件下，因而分批培养并不是一种理想的培养方式。

　　细胞分批式培养的生长曲线与微生物细胞的生长曲线基本相同。在分批式培养过程中，可分为延滞期、对数生长期、减速期、平稳期和衰退期等五个阶段。

　　分批培养过程中的延滞期是指细胞接种后到细胞分裂繁殖所需的时间，延滞期的长短根据环境条件的不同而不同，并受原代细胞本身的条件影响。一般认为，细胞延滞期是细胞分裂繁殖前的准备时期，一方面，在此时期内细胞不断适应新的环境条件，另一方面又不断积累细胞分裂繁殖所必需的一些活性物质，并使之达到一定的浓度。因此，一般选用生长比较旺盛的处于对数生长期的细胞作为种子细胞，以缩短延滞期。

细胞经过延滞期后便开始迅速繁殖，进入对数生长期，在此时期细胞随时间呈指数函数形式增长，细胞的比生长速率为一定值，根据定义

$$\mu = \frac{1}{c(X)} \times \frac{dc(X)}{dt}$$

则

$$c(X) = c_0(X)e^{\mu t}$$

式中，t 为培养时间，h；$c_0(X)$ 为细胞的初始浓度；$c(X)$ 为 t 时刻的细胞浓度；μ 为细胞的比生长速率。

细胞通过对数生长期迅速生长繁殖后，由于营养物质的不断消耗、抑制物等的积累、细胞生长空间的减少等原因导致生长环境条件不断变化，细胞经过减速期后逐渐进入平稳期，此时，细胞的生长、代谢速度减慢，细胞数量基本维持不变。

在经过平稳期之后，由于生长环境的恶化，有时也有可能由于细胞遗传特性的改变，细胞逐渐进入衰退期而不断死亡，或由于细胞内某些酶的作用而使细胞发生自溶现象。

在分批培养过程中，与细胞的生长、代谢相关的主要参数有限制性营养物质浓度及其比消耗速率、细胞密度及其比生长速率、产物浓度及其生成速率、抑制物的浓度等。根据比速率的定义，分批式培养过程有下述方程：

细胞生长速率 $$\frac{dc(X)}{dt} = \mu c(X)$$

底物消耗速率 $$\frac{dc(S)}{dt} = -v_S c(X)$$

产物生成速率 $$\frac{dc(P)}{dt} = Q_P c(X)$$

式中，μ 为比生长速率；$c(S)$ 为底物浓度；v_S 为基质比消耗速率；$c(P)$ 为产物浓度；Q_P 为产物比生成速率。

典型的分批培养随时间变化的曲线如图 10-3 所示。

由于分批式培养过程的环境随时间变化很大，而且在培养的后期往往会出现营养成分缺乏或抑制代谢物的积累使细胞难以生存，不能使细胞自始至终处于最优的条件下生长、代谢，因此在动物细胞培养过程中采用此法的效果不佳。

2. 流加式培养

流加式培养是指先将一定量的培养液装入反应器，在适宜的条件下接种细胞，进行培养，使细胞不断生长，产物不断形成，而在此过程中随着营养物质的不断消耗，不断地向系统中补充新的营养成分，使细胞进一步生长代谢，直到整个培养结束后取出产物。流加式培养只是向培养系统补加必要的营养成分，以维持营养物质的浓度不变。由于流加式培养能控制更多的环境参数，使得细胞生长和产物生成容易维持在优化状态。

流加式培养的特点就是能够调节培养环境中营养物质的浓度：一方面，它可以避免在某种营养成分的初始浓度过高时影响细胞的生长代谢以及产物的形成；另一方面，它还能防止某些限制性营养成分在培养过程中被耗尽而影响细胞的生长和产物的形成。同时在流加式培养过程中，由于新鲜培养液的加入，整个过程的反应体积是变化的。

根据流加控制方式的不同，分为无反馈控制流加和有反馈控制流加。无反馈控制流加包括定流量流加和间断流加等；有反馈控制流加一般是连续或间断地测定系统中限制性营养物质的浓度，并以此为控制指标来调节流加速率或流加液中营养物质的浓度等。由于流加式培养的反应体积不断变化，培养过程中的各参数变化可写为

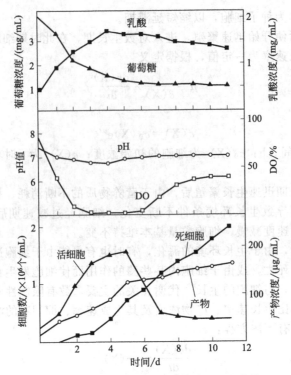

图 10-3　典型的分批培养随时间变化的曲线

$$\frac{\mathrm{d}[Vc(\mathrm{X})]}{\mathrm{d}t} = \mu Vc(\mathrm{X})$$

$$\frac{\mathrm{d}[Vc(\mathrm{S})]}{\mathrm{d}t} = F(t)c(\mathrm{S_{in}}) - \frac{1}{Y_{\mathrm{X/S}}}\frac{\mathrm{d}[Vc(\mathrm{X})]}{\mathrm{d}t} - mVc(\mathrm{X})$$

$$\frac{\mathrm{d}[Vc(\mathrm{P})]}{\mathrm{d}t} = Q_{\mathrm{P}}Vc(\mathrm{X})$$

$$\frac{\mathrm{d}V}{\mathrm{d}t} = F(t)$$

式中，V 为培养液的体积；$F(t)$ 为流加液的流速；$c(\mathrm{S_{in}})$ 为流进的营养物浓度；$Y_{\mathrm{X/S}}$ 为基于一定营养物的细胞产率；m 为维持常数。

3. 半连续式培养

半连续式培养是在分批式培养的基础上，将分批培养的培养液部分取出，并重新补充加入等量的新鲜培养基，从而使反应器内培养液的总体积保持不变的培养方式。

在半连续式培养过程，如反应器内的培养液体积为 V，换液量为 V'，替换率 $D = V'/V_0$。对于悬浮培养，D' 与比生长速率 μ' 有如下的关系

$$\mu' = \frac{1}{t}\ln\frac{c_t(\mathrm{X})}{c_0(\mathrm{X})}$$

$$D' = \frac{V'}{V} = 1 - \mathrm{e}^{-\mu' t}$$

式中，$c_t(\mathrm{X})$ 为时间 t 时的细胞浓度；$c_0(\mathrm{X})$ 为 $t=0$ 时的细胞浓度。

4. 连续式培养

连续式培养是指将细胞种子和培养液一起加入反应器内进行培养，一方面新鲜培养液不断加入反应器内，另一方面又将反应液连续不断地取出，使反应条件处于一种恒定状态。与分批

式培养不同，连续式培养可以保持细胞所处环境条件长时间地稳定，可以使细胞维持在优化的状态下，促进细胞的生长和产物的形成。由于连续式培养过程可以连续不断地收获产物，并能提高细胞密度，在生产上已被应用于培养非贴壁依赖性细胞。

动物细胞的连续培养一般是采用灌注培养。灌注培养见图10-4。灌注培养是把细胞接种后进行培养，一方面连续往反应器中加入新鲜的培养基，同时又连续不断地取出等量的培养液，但是过程中不取出细胞，细胞仍留在反应器内，使细胞处于一种营养不断的状态。高密度培养动物细胞时，必须确保补充给细胞足够的营养以及除去有毒的代谢物。灌注培养时用新鲜培养液进行添加，确保上述目的实现。通过调节添加速度，则使培养保持在稳定的、代谢副产物低于抑制水平的状态。采用此法，可以大大提高细胞的生长密度，有助于产物的表达和纯化。

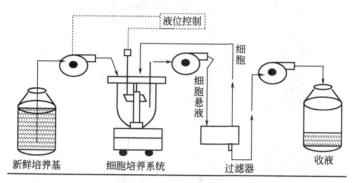

图 10-4　灌注培养系统

随着灌流技术的不断发展，已有多种不同的装置应用于细胞灌流培养，如内置式旋转滤器、连续流离心分离、重力或超声沉降分离等，但这些装置均有一定的限制，如使用旋转滤器进行灌流时，滤器较易堵塞，一旦污染，需整批废弃，且不易规模放大；连续流离心操作时，细胞在反应器外的停留时间较长（约10min），且剪切较大，同时由于温度降低，影响细胞活性；沉降分离中，细胞在反应器外的停留时间同样较长（约20min），且分离效果一般，工艺流程也很难优化或规模放大。

七、动物细胞大规模培养工艺

动物细胞大规模培养技术主要有悬浮培养和固定培养。

动物细胞的大规模培养是指在人工条件下（设定温度、pH和溶氧等），在细胞生物反应器中高密度大量培养动物细胞用于生产生物制品的技术。目前全世界蛋白质治疗药物的迅速增长和市场需求已远远超过了现有生产能力，蛋白质药物的生产正发展成为一支高新技术产业。通过动物细胞规模化培养可生产疗效好的药物、灵敏度高的诊断试剂等生物制品以及重组蛋白和抗体等，如用Vero细胞生产乙脑病毒和狂犬病毒。动物细胞不管是悬浮型还是贴壁依赖型细胞，均可进行大规模的细胞培养。大规模细胞培养见图10-5所示，先将组织切成碎片，然后用溶解蛋白质的酶处理得到单个细胞，收集细胞并离心，获得的细胞接种于营养培养基中，使之增殖至瓶壁表面，用酶把细胞消化下来，再接种到若干培养瓶以扩大培养，获得的细胞可作为种子进行液氮保存。需要时，从中取出一部分细胞解冻，复活培养和扩培，之后接入大规模反应器进行产品生产。对于胞内产物（如乙肝病毒表面抗原），可从发酵液中提取纯化产品。需要诱导的产物的细胞，需在生产过程中加入适量的诱导物，再经分离纯化获得目的产品。

细胞大规模培养进行病毒或蛋白质产品生产是今后生物制品生产的主要途径。由于动物细胞大多具有贴壁依赖性，让其贴附在微载体上在生物反应器中进行培养是最常用和最有效的方

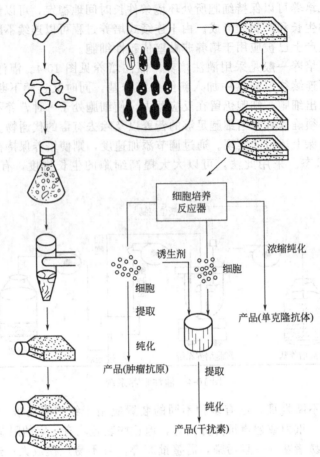

图 10-5　大规模动物细胞培养工艺流程

法。华东理工大学在"八五"期间研制出 50L 细胞培养用生物反应器 CellCul-50A，在保留了
CellCul-20A 反应器优点的基础上，根据细胞生长对培养环境的特殊要求进行了改进，提高了
抗污染密封性能，保证了细胞培养过程的稳定性和连续性，提高了体积氧传递系数和混合时
间。微载体悬浮均匀，解决了贴壁细胞放大培养过程中微载体易在反应器底部沉积的难题。同
时新颖的连续灌注系统具有体积小、适于罐内安装、便于消毒灭菌和效率高的特点。张立等人
利用 5L CellGen 生物反应器培养非洲绿猴肾细胞 Veto 细胞和狂犬病毒，传代 150～180 代，
培养基采用 DMEM，加 5%～10% 小牛血清和硫酸庆大霉素，用碳酸氢钠或盐酸调至
pH7.0～7.2，以 CT-3 微载体，以 CellGen 5L 细胞培养反应器作为种子罐培养。当细胞生长
到一定密度时，将细胞和新的微载体一起移入 CellCul-50A 细胞培养反应器中进行正常培养，
整个培养过程温度 37℃±0.1℃，溶氧为 50% 空气饱和度，转速为 20～32r/min。每天取样计
数，测葡萄糖、乳酸和氨的浓度。第 2 天半量换液，第 5 天开始灌注培养，注量根据细胞生长
情况而定。细胞培养到一定密度后，接种狂犬病毒，第 2 天停止搅拌，抽出培养基，加病毒培
养基继续培养。病毒培养条件为 pH7.4～7.8，溶氧为 40%～60% 空气饱和度，温度为
37.0℃。细胞计数采用柠檬酸结晶紫染色法。葡萄糖和乳酸浓度用生化分析仪分析。用尿素氮
试剂盒分析 NH_4^+ 含量。病毒滴度（LD_{50}）用小鼠接种法测定。CellGen-50A 反应器培养 8 天，
细胞密度达 $1.1×10^7$ 细胞/mL。细胞贴附在微载体上生长，在整个培养过程中细胞形态饱满
光滑、生长较快，细胞在较短的时间内达到高密度，且可多层生长。接种病毒后 10 天，能产
生较高的病毒量。

当前，细胞培养生产所面临的挑战是获得最大生产力的同时注重维持产品的质量，去除所有培养环境中外源因子的污染，更为精确有效的工艺控制手段，规模化培养中氧气的限定与溶解CO_2浓度累积的控制等。

在大规模培养中，对于非贴壁依赖型细胞，如杂交瘤细胞等可采用悬浮培养，即细胞在培养容器中自由悬浮生长；而对于贴壁依赖型细胞，则对培养容器的表面有一定的要求。首先，培养表面必须是生物相容性的，另外还要求它具有较高的光洁度，弱电荷和亲水性。培养容器最好具有透光性，便于培养过程中的观察。

在不同规模的动物细胞培养上，常用的培养容器有 Petri 培养皿、多孔板、组织培养方瓶、滚瓶、转瓶、生物反应器等。

多孔板、Petri 培养皿和组织培养方瓶都是常用的静置培养容器，体积小，操作方便，容易放入培养箱中培养。滚瓶（roller bottle）也是一种重要的培养容器，由玻璃或塑料制成，培养时放在滚瓶机上缓慢滚动，但培养条件很接近于静置培养。它体积较大，接种后放入温室或专门的培养箱培养。转瓶（spinner bottle）由玻璃制成，是一种对搅拌式生物反应器的模拟，广泛用于实验室研究和过程开发中。它一般由磁力驱动进行温和搅拌，接种细胞后置于温室或培养箱中培养。培养贴壁依赖性细胞时，需加入微载体以增加培养表面积。

微载体是指直径在$60\sim250\mu m$、适合于动物细胞贴附和生长的微珠。一种优良的微载体需具备以下特性：①生物相容性，表面亲水，不含毒害细胞的成分，细胞容易贴附；②密度略大于培养基；③在培养基中粒径为$60\sim250\mu m$，粒度分布均匀，表面光滑；④具有良好光学性质，便于在显微镜下直接观察细胞形态；⑤能耐高温灭菌，基质材料非刚性，减少在培养过程中由于相互碰撞对细胞的损伤；⑥不会有影响产物分离纯化的物质溶入培养基；⑦价廉。

微载体法培养动物细胞有很多好处：①可在反应器中提供大的比表面积，1g Cytodexl 微载体能提供$5000\sim10000cm^2$表面积，理论上足够$(7.5\sim10)\times10^8$个细胞生长；②可采用均匀悬浮培养，减少了各种环境因素的检测和控制，提高了培养系统重演性；③可用普通显微镜观察细胞在微载体上的生长情况；④放大容易；⑤适合于多种贴壁依赖性细胞培养；⑥较容易收获细胞。微载体法细胞培养是一种很重要的模式，已用于疫苗的生产过程。微载体培养系统也有它的缺陷：①细胞生长在微载体表面，易受到剪切损伤，不适合于贴壁不牢的细胞生长；②微载体价格比较贵，一般不能重复使用；③需要较高的接种细胞量，以保证每个微载体上都有足够的贴壁细胞数。近年来，已开发了许多新的多孔性载体和新的反应器系统，以弥补微载体系统的不足。

八、细胞培养用生物反应器

由于动物细胞与微生物细胞有很大差异，对体外大规模培养有严格的要求，传统的微生物发酵用的生物反应器不适用于动物细胞培养，必须根据动物细胞的特殊要求，设计专用的反应器和过程控制系统。动物细胞培养生物反应器的设计必须考虑如下要求。

① 生物因素　生物反应器必须有很好的生物相容性，能很好地模拟细胞在动物体内的生长环境。

② 传质因素　充分供应生物反应过程所需的营养物，特别是氧的传递，及时排除反应产生的废产物。

③ 流体力学因素　能够提供充分的混合，使反应器中的反应条件一致，同时又不产生过大的流体剪切致使细胞受到伤害，特别要防止气泡对细胞的损伤作用。

④ 传热因素　能及时、均匀地除去或供应反应过程的热量，无过热点。

⑤ 安全因素　具备严密的防污染性能，还应有防止反应器中有害物质或生物体散播到环境的功能。

⑥ 操作因素　便于操作和维护。

为了满足这些互相关联和互相制约的要求，使动物细胞培养用生物反应器的设计和生产成为复杂而困难的工作。近 30 年来，细胞培养用生物反应器有了很大的发展，种类越来越多，规模越来越大。悬浮培养用生物反应器最大规模已达 10000 L，贴壁细胞培养用生物反应器最大规模也已达 8000L。目前动物细胞培养用生物反应器的发展趋势是结合工艺的改进，提高细胞密度、生产效率和产物表达水平，而不再片面强调反应器的规模。

1. 通风搅拌生物反应器

各种通气搅拌生物反应器的主要区别在于搅拌器的结构。搅拌器的种类有桨式搅拌器、棒状搅拌器、船舶推进桨搅拌器、倾斜桨叶搅拌器、船帆形搅拌器、往复振动锥孔筛板搅拌器、笼式通气搅拌器等。在实际应用中比较成功的是笼式搅拌器。

笼式搅拌器有两个由 200 目不锈钢丝网围成的笼式腔。下部的是通气腔，上部是消泡腔，之间用细管相通。气体交换在通气腔内进行，其中的液体通过丝网与腔外的液体进行交换。在气体鼓泡中形成的泡沫经细管进入消泡腔，经丝网破碎分成气液两部分，既做到深层通气，又避免泡沫在反应器中积累。搅拌器有 3 个导流筒，与搅拌器中心的垂直空腔相通。当导流筒随搅拌转动时，由于离心力的作用，搅拌器中心的空腔产生负压，使培养基从底部吸入，沿空腔螺旋式上升，再从 3 个导流筒排出，绕搅拌器外缘螺旋式下降。悬浮细胞或贴附有细胞的微载体的密度接近于培养基，被培养基所裹胁，反复循环，充分混合。在微载体法培养贴壁动物细胞时，一般搅拌器转速在 30~60r/min，混合时间为 12~24s，流体剪切小而均匀，培养多种贴壁细胞都获得了成功。

2. 气升式生物反应器

气升式生物反应器结构简单，无转动部件，细胞损伤率低，减少了污染的机会；产生的湍动温和而均匀，剪切力相当小；放大容易；直接通气供氧，氧传递速率高，供氧充分；液体循环量大，细胞和营养成分混合均匀。但是，由于液体靠气体带动而循环，因而通气量大，泡沫问题严重，气泡破碎易于造成细胞的机械损伤。如果通气中需加入二氧化碳以维持 pH 值，则二氧化碳的消耗也会很大。

英国 Celltech 公司首先使用气升式生物反应器培养杂交瘤细胞生产单克隆抗体，放大到了 10000L 规模，通过通气量和不同气体的配比控制反应器中的 pH 值、氧浓度和混合状况。采用阶段式的培养工艺，先在 10L 反应器中培养 2~3 天，再逐级转移到 100L 或更大规模，每次转移的放大倍数为 10 左右，获得较好的效果。

3. 中空纤维管生物反应器

中空纤维管生物反应器用途较广，既可培养悬浮生长的细胞，又可培养贴壁依赖性细胞，细胞密度可高达 10^9 个细胞/mL 数量级。如能控制系统不受污染，这种反应器能长期运转。用这种反应器培养过的细胞类型和生产的分泌产物多达几十种。

新型中空纤维管生物反应器是把纤维管束横放成平板式浅层床，床层深度 3~6 层纤维管，将若干层浅层床组合在一个容器内。为了使培养基分布均匀，在床层底部引进培养基时，先通过一个 $2\mu m$ 微孔不锈钢烧结板分布器，再灌注到床层中。在床层顶部安装一个 $20\mu m$ 微孔不锈钢板分布器，防止排出的培养基返混。另一种保持培养基均匀分布的方法是在床两端交替灌注新培养基。近来中空纤维管生物反应器的改进是在反应器筒体外添置一膨胀室，用管路与筒体相连，形成一连通管，培养基由筒体内的一边经膨胀室流到筒体内另一边。经改进后，使培养基浓度梯度和细胞处的微环境差别减至最小，或者完全消除。中空纤维管生物反应器总的发展趋势是让细胞在管束外空间中生长，获得更高密度的细胞。中空纤维管生物反应器已进入工业生产，主要用于培养杂交瘤细胞生产单克隆抗体。Bioresponse 和 Invitron 公司均采用这种生物反应器生产单克隆抗体。

4. 无泡搅拌反应器

无泡搅拌反应器是一种装有膜搅拌器的生物反应器。这种反应器的开发和应用在生产中同时解决了通气和均相化的要求。无泡搅拌反应器采用多孔的疏水性的高分子材料管装配成通气搅拌桨。由于选用的多孔材料管具有良好的氧通透性，从而实现无泡通气搅拌。由于这类反应器能满足动物细胞生长的溶氧要求，产生的剪切力较小以及在通气中不产生泡沫，避免了在其他反应器中常见的某些弱点（如泡沫等），因而已广泛地应用于实验室研究和中试工业生产。

人或哺乳动物细胞的培养通常是长时间的培养过程，因此对通气管的寿命有很高的要求。膜材料不能有任何细胞毒害性，能够耐某些营养成分如血清和氨基酸的侵蚀。在膜的表面不能覆有细胞或其他沉积物，以免影响气体传递。

5. 填充床和流化床反应器

流化床反应器的基本原理是使支持细胞生长的微粒呈流态化。这种微粒直径约 $500\mu m$，具有像海绵一样的多孔性。细胞就接种于这种微粒之中，通过反应器垂直向上循环流动的培养液使之成为流化床，并不断提供给细胞必要的营养成分，细胞得以在微粒中生长。利用流化床反应器既可培养贴壁依赖性细胞，也可培养非贴壁依赖性细胞。这种反应器传质性能很好，并可在循环系统中采用膜气体交换器，快速提供给高密度细胞所需的氧，同时排除代谢产物。流化床反应器能优化细胞生长与产物合成的环境，培养的细胞密度高，高产细胞能长时间停留在反应器中。此外，流化床反应器放大也比较容易，放大效应小，已成功地从 0.5L 放大至 10L，用于培养杂交瘤细胞生产单克隆抗体，体积产率基本一致。生产上采用的流化床反应器理想的床层深度为 2m 左右，反应器放大可采用增大截面积的方法，最大可达 1000L 规模。

填充床反应器具有剪切小，可以无泡操作的特点，同时是高的床层细胞密度，可减少无血清培养时的蛋白用量。既适合于贴壁依赖性细胞的微载体和大孔载体的培养，也适合于增殖悬浮细胞，如杂交瘤细胞的培养。填充床反应器中的填充材料是惰性的玻璃、陶瓷或聚氨基甲酸乙酯等，通常是直径 2~5mm 实体或多孔球。培养基循环通过填充床，充氧器连接在循环回路中。刚接种的细胞生长在填充物的表面，随着细胞增殖，细胞开始充满颗粒间的孔隙。在长达几个月的培养过程中，反应器中易形成沟流和梯度，这给反应器放大带来困难。另外，细胞密度和活性的测定方法有待开发。

植物细胞大规模培养的成功，生物反应器是关键因素之一。由于植物细胞有很多独有的特性，反应器的选择必须结合植物细胞培养的特点，如植物细胞具有体积大、易聚集成团、不易混合均匀、植物细胞对剪切力比微生物细胞敏感得多及植物细胞的需氧量比微生物小而且过高的溶氧量会抑制细胞生长等特点。

目前应用于植物细胞悬浮培养的生物反应器主要有搅拌式生物反应器、鼓泡床反应器、气升式反应器、膜反应器、固定床和流化床反应器及转鼓式反应器，其原理和结构类似于动物细胞反应器，在此不再赘述。

九、抗凋亡策略在细胞大规模培养中的应用

生物反应器动物细胞大规模生产过程中，细胞凋亡在细胞死亡中占主要部分。最近研究显示在大规模培养生物反应器中细胞的死亡中 80% 是凋亡所导致，而不是以前所认为的坏死。而在大规模细胞培养中，细胞死亡是维持细胞高活性和高密度的最大障碍。理论上讲，防止或延长细胞死亡，可以极大提高生物反应器生产重组蛋白的产量。

细胞凋亡由一系列基因精确地调控，是多细胞生物发育和维持稳态所必需的生理现象。已知凋亡的最终执行者是 Caspase 家族，它们均为半胱氨酸蛋白酶，各识别一个 4 氨基酸序列，并在识别序列 C 端天冬氨酸残基处将底物切断。Caspase 含有可被自身识别的序列，可以切割活化自身而导致信号放大，并作用于下游 Caspase 成员，从而形成 Caspase 家族的级联放大，最终作用于效应蛋白，引起细胞凋亡。所以在大规模培养时干扰细胞在培养中凋亡的发生，提高细胞特异性抵制遇到压力而引起凋亡的能力，有利于提高细胞的培养密度、延长细胞的培养

周期，从而提高目标产品的产量 2~3 倍。

1. 营养物质抗凋亡

在常规生物反应器构造中，营养耗竭或缺乏培养基中特殊的生长因子则引起凋亡，例如血清、糖或特殊氨基酸的耗尽。培养基中添加氨基酸或其他关键营养可抑制凋亡、延长培养时间从而提高产品的生产。大规模培养中细胞凋亡主要由于营养物质的耗竭或代谢产物的堆积引起，如谷氨酰胺的耗竭是最常见的凋亡原因，而且凋亡一旦发生，补加谷氨酰胺已不能逆转凋亡。另外，动物细胞在无血清、无蛋白培养基中进行培养时，细胞变得更为脆弱，更容易发生凋亡。

2. 基因抗凋亡

与凋亡相关的一系列基因产物可对其进行正、负的调控，因此可通过导入相应基因来调节细胞凋亡的机制。Bcl-2 基因是目前最为有效的抗凋亡基因，在多种细胞系中均表现出很强的抗凋亡活性。

3. 化学方法抗凋亡

凋亡发生时细胞许多部位发生生化物质的改变，有些变化如改变细胞氧化还原条件产生活性氧在凋亡信号阶段发生，其他的如破坏线粒体膜电位、激活 Caspase 则发生在凋亡效应阶段，这在绝大多数细胞死亡中是相同的。因此，阻止这些生化物质的改变可能阻止或至少延迟细胞凋亡的发生，运用化学物质可抑制信号效应阶段的发生，被认为是抗凋亡策略之一。

第二节 植物细胞的培养

植物细胞培养是指在离体条件下培养植物细胞的方法。将愈伤组织或其他易分散的组织置于液体培养基中，进行振荡培养，使组织分散成游离的悬浮细胞，通过继代培养使细胞增殖，获得大量的细胞群体。小规模的悬浮培养在培养瓶中进行，大规模者可利用植物细胞反应器生产。

植物细胞培养是在植物组织培养技术基础上发展起来的。1902 年 Haberlandt 确定了植物的单个细胞内存在其生命体的全部能力（全能性），便成为植物组织培养的开端。其后，为了实现分裂组织的无限生长，对外植体的选择及培养基等方面进行了探索。20 世纪 30 年代，组织培养取得了飞速的发展，细胞在植物体外生长成为可能。1939 年 Gautheret、Nobercourt、White 分别成功地培养了烟草、萝卜的细胞，至此，植物组织培养才真正开始。20 世纪 50 年代，Talecke 和 Nickell 确立了植物细胞能够成功地生长在悬浮培养基中。自 1956 年 Nickell 和 Routin 第一个申请用植物组织细胞培养产生化学物质的专利以来，应用细胞培养生产有用的次生物质的研究取得了很大的进展。随着生物技术的发展，细胞原生质体融合技术使植物细胞的人工培养技术进入了一个新的更高的发展阶段。借助于微生物细胞培养的先进技术，大量培养植物细胞的技术日趋完善，并接近或达到工业生产的规模。

植物细胞培养能生产一些微生物所不能合成的植物特有代谢产物，如生物碱类（尼古丁、阿托品、番茄碱等）、色素（叶绿素、类胡萝卜素、叶黄素等）、类黄酮和花色苷、苯酚、皂角苷、固醇类、萜类、某些抗生素和生长控制剂（赤霉素等）、调味品和香料等。细胞培养用于种苗生产，如兰花等名贵花卉和谷物良种的培育可不受外界环境的影响。人们期望有一天可以实现将豆科植物的共生固氮基因转移到非豆科作物中去，使原来不能与根瘤菌共生固氮的禾本科植物变成能固氮的，从而不再需要氮肥生产。表 10-3 列出了工业化生产的植物细胞培养产物。

一、植物细胞培养流程

植物细胞培养与微生物细胞培养类似，可采用液体培养基进行悬浮培养。植物组织细胞的分离，一般采用次亚氯酸盐的稀溶液、福尔马林、酒精等消毒剂对植物体或种子进行灭菌消毒。种子消毒后在无菌状态下发芽，将其组织的一部分在半固体培养基上培养，随着细胞增殖

表 10-3　工业化生产的植物细胞培养产物

名　　称	价格/(美元/kg)	用　　途	名　　称	价格/(美元/kg)	用　　途
长春新碱	≤1000000	抗肿瘤药物	紫草宁	4000	消炎、抗菌、染料
长春花碱	≤3500000	抗肿瘤药物	苦橙花油	1125	香料
保加利亚玫瑰油	2000～3000	香料、调味品	吗啡	600	麻醉剂、镇痛药
毛地黄毒苷	3000	心肌能障碍	当归根油	800	香料、中药
辅酶 Q_{10}	600	强心剂	春黄菊油	500	香料、药物
可待因	650	麻醉剂、镇痛药	茉莉	500～2000	香料

形成不定形细胞团（愈伤组织），将此愈伤组织移入液体培养基振荡培养。如植物体也可采用同样方法将消毒后的组织片愈伤化，可用液体培养基振荡培养，愈伤化时间随植物种类和培养基条件而异，慢的需几周以上，一旦增殖开始，就可用反复继代培养加快细胞繁殖。

继代培养可用试管或烧瓶等，大规模的悬浮培养可用传统的机械搅拌罐、气升式发酵罐。其流程见图 10-6。

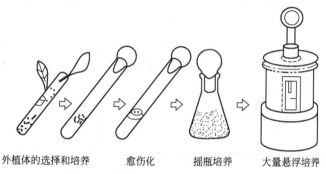

外植体的选择和培养　　愈伤化　　摇瓶培养　　大量悬浮培养

图 10-6　植物细胞大量悬浮培养流程

植物细胞培养系统可以粗略地分为固体培养和液体培养，每种培养方式又包括若干种方法，见图 10-7。

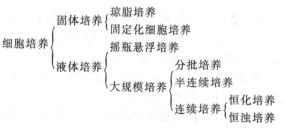

图 10-7　植物细胞的培养系统

二、植物细胞培养基的组成

植物细胞培养与动物细胞培养相比，其最大的优点是植物细胞能在简单的合成培养基上生长。其培养基的成分由碳源、有机氮源、无机盐类、维生素、植物生长激素和有机酸等其他物质组成。常用的植物细胞培养基的组成见表 10-4。

（1）碳源　蔗糖或葡萄糖是常用的碳源，果糖比前二者差。其他的碳水化合物不适合作为单一的碳源。通常增加培养基中蔗糖的含量，可增加培养细胞的次生代谢产物量。

（2）有机氮源　通常采用的有机氮源有蛋白质水解物（包括酪蛋白质水解物）、谷氨酰胺或氨基酸混合物。有机氮源对细胞的初级培养的早期生长阶段有利。L-谷氨酰胺可代替或补充某种蛋白质水解物。

（3）无机盐类　对于不同的培养形式，无机盐的最佳浓度是不相同的。通常在培养基中无

表 10-4　常用的植物细胞培养基配比　　　　　　　　　　mg/L

成　分	培　养　基　种　类					
	M_s	B_5	B_4	N_6	NN	L_2
$MgSO_4 \cdot 7H_2O$	370	250	400	185	185	435
KH_2PO_4	170		250	400	68	325
$NaH_2PO_4 \cdot H_2O$		150				85
KNO_3	1900	2500	2100	2830	950	2100
$CaCl_2 \cdot H_2O$	440	150	450	166	166	600
NH_4NO_3	1650		600		720	1000
$(NH_4)_2SO_4$		134		463		
$MnSO_4 \cdot H_2O$	15.6	10	10	33	19.0	15.0
$ZnSO_4 \cdot 7H_2O$	8.6	2	2	1.5	10.0	5.0
$NaMoO_4 \cdot 2H_2O$	0.25	0.25	0.25	0.25	0.25	0.4
$CuSO_4 \cdot 5H_2O$	0.025	0.025	0.025	0.025	0.025	0.025
$CoCl_2 \cdot 6H_2O$	0.025	0.025	0.025		0.025	
KI	0.83	0.75	0.8	0.8		1.0
$FeSO_4 \cdot 7H_2O$	27.8			27.8		
Na_2-EDTA	37.5			37.3		
Na-Fe-EDTA		40	40		100	25
甘氨酸	2			40	5	
蔗糖	30×10^3	20×10^3	25×10^3	50×10^3	20×10^3	25×10^3
维生素 B_1	0.5	10	10	1	0.5	2.0
维生素 B_5	0.5	1	1	0.5	0.5	0.5
烟酸	0.5	1	1	0.5	5.0	
肌醇	100	100	250		100	250
调 pH 值	5.8	5.5	5.5	5.8	5.5	5.8

机盐的浓度应在 25mmol 左右。硝酸盐浓度一般采用 25～40mmol/L，虽然硝酸盐可以单独成为无机氮源，但是加入铵盐对细胞生长有利。如果添加一些琥珀酸或其他有机酸，铵盐也能单独成为氮源。培养基中必须添加钾元素，其浓度为 20mmol/L，磷、镁、钙和硫元素的浓度在 1～3mmol/L。

（4）植物生长激素　大多数植物细胞培养基中都含有天然的和合成的植物生长激素。激素分成两类，即生长素和分裂素。生长素在植物细胞和组织培养中可促使根的形成，最有效和最常用的有吲哚丁酸（IBA）、吲哚乙酸和萘乙酸。分裂素通常是腺嘌呤衍生物。使用最多的是 6-苄氨基嘌呤（BA）和玉米素（Z）。分裂素和生长素通常一起使用，促使细胞分裂、生长。其使用量在 0.1～10mg/L，根据不同细胞株而异。

（5）有机酸　加入丙酮酸或者三羧酸循环中间产物如柠檬酸、琥珀酸、苹果酸，能够保证植物细胞在以铵盐作为单一氮源的培养基上生长，并且耐受钾盐的能力至少提高到 10mmol。三羧酸循环中间产物，同样能提高低接种量的细胞和原生质体的生长。

（6）复合物质　通常作为细胞的生长调节剂如酵母抽提液、麦芽抽提液、椰子汁和水果汁。目前这些物质已被已知成分的营养物质所替代。在许多例子中还发现，有些抽提液对细胞有毒性。目前仍在广泛使用的是椰子汁，在培养基中浓度是 1～15mmol/L。

三、植物细胞培养的方法

植物细胞培养按照培养对象分为单倍体细胞培养、原生质体培养。按培养方法分为固体培养、液体培养、悬浮培养和固定化培养。

1. 单倍体细胞培养

主要用花药在人工培养基上进行培养，可以从小孢子（雄性生殖细胞）直接发育成胚状体，然后长成单倍体植株；或者是通过组织诱导分化出芽和根，最终长成植株。

2. 原生质体培养

植物的体细胞（二倍体细胞）经过纤维素酶处理后可去掉细胞壁，获得的除去细胞壁的细胞称为原生质体。该原生质体在良好的无菌培养基中可以生长、分裂，最终可以长成植株。实际过程中，也可以用不同植物的原生质体进行融合与体细胞杂交，由此可获得细胞杂交的植株。

3. 固体培养

固体培养是在微生物培养的基础上发展起来的植物细胞培养方法。固体培养基的凝固剂除去特殊研究外，几乎都使用琼脂，浓度一般为 2%～3%，细胞在培养基表面生长。原生质体固体培养则需混入培养基内进行嵌合培养，或者使原生质体在固体-液体之间进行双相培养。

4. 液体培养

液体培养也是在微生物培养的基础上发展起来的植物细胞培养方法。液体培养可分为静置培养和振荡培养等两类。静置培养不需要任何设备，适合于某些原生质体的培养。振荡培养需要摇床使培养物和培养基保持充分混合以利于气体交换。

5. 悬浮培养

植物细胞的悬浮培养是一种使组织培养物分离或单细胞并不断扩增的方法。在进行细胞培养时，需要提供容易破裂的愈伤组织进行液体振荡培养，愈伤组织经过悬浮培养可以产生比较纯一的单细胞。用于悬浮培养的愈伤组织应该是易碎的，这样在液体培养条件下能获得分散的单细胞，而紧密不易碎的愈伤组织就不能达到上述目的。

6. 固定化培养

固定化培养是在微生物和酶的固定化培养基础上发展起来的植物细胞培养方法。该法与固定化酶或微生物细胞类似，应用最广泛的，能够保持细胞活性的固定化方法是将细胞包埋于海藻酸盐或卡拉胶中。

四、植物细胞的大规模培养技术

目前用于植物细胞大规模培养的技术主要有植物细胞的大规模悬浮培养和植物细胞或原生质体的固定化培养。

（一）植物细胞的大规模悬浮培养

悬浮培养通常采用水平振荡摇床，可变速率为 $30～150r/min$，振幅 2～4cm，温度 24～30℃。适合于愈伤组织培养的培养基不一定适合悬浮细胞培养。悬浮培养的关键就是要寻找适合于悬浮培养物快速生长，有利于细胞分散和保持分化再生能力的培养基。

1. 悬浮培养中的植物细胞的特性

由于植物细胞有其自身的特性，尽管人们已经在各种微生物反应器中成功进行了植物细胞的培养，但是植物细胞培养过程的操作条件与微生物培养是不同的。与微生物细胞相比，植物细胞要大得多，其平均直径要比微生物细胞大 30～100 倍。同时植物细胞很少是以单一细胞形式悬浮存在，而通常是以细胞数在 2～200，直径为 2mm 左右的非均相集合细胞团的方式存在。根据细胞系来源、培养基和培养时间的不同，这种细胞团通常由以下几种方式存在：①在细胞分裂后没有进行细胞分离；②在间歇培养过程中细胞处于对数生长后期时，开始分泌多糖和蛋白质；③以其他方式形成黏性表面，从而形成细胞团。当细胞密度高、黏性大时，容易产生混合和循环不良等问题。表 10-5 是动植物细胞、微生物细胞培养的特征。

由于植物细胞的生长速率慢，操作周期就很长，即使间歇操作也要 2～3 周，半连续或连续操作更是可长达 2～3 个月。同时由于植物细胞培养培养基的营养成分丰富而复杂，很适合于真菌的生长。因此，在植物细胞培养过程中，保持无菌是相当重要的。

2. 植物细胞培养液的流变特性

由于植物细胞常常趋于成团，且不少细胞在培养过程中容易产生黏多糖等物质，使氧传递速率降低，影响了细胞的生长。对于植物细胞培养液的流变特性的认识目前还是很肤浅的，人

表 10-5　动植物、微生物细胞的培养比较

比较项目 \ 种类	微　生　物	哺乳动物细胞	植　物　细　胞
大小	$1\sim10\mu m$	$10\sim100\mu m$	$10\sim100\mu m$
悬浮生长	可以	某些细胞可以,但大多数细胞需附着表面生长	可以,但易成团,无单个细胞
营养要求	简单	非常复杂	较复杂
生长速率	快,倍增时间为 0.5～5h	慢,倍增时间为 15～100h	慢,倍增时间为 24～74h
代谢调节	内部	内部、激素	内部、激素
环境敏感	能忍受广泛范围	非常敏感,因无细胞壁,仅忍受很窄范围	能忍受广泛范围
细胞分化	无	有	有
剪切应力敏感	低	非常高	高
传统变异,筛选技术	广泛使用	不常使用	有时使用
细胞或产物浓度	较高	低	低

们常用黏度这一参数来描述培养液的流变学特征。培养过程中培养液的黏度一方面由细胞本身和细胞分泌物等存在,另一方面还依赖于细胞年龄、形态和细胞团的大小。在相同的浓度下,大细胞团的培养液的表观黏度明显大于小细胞团的培养液的表观黏度。

3. 植物细胞培养过程中的氧传递

所有的植物细胞都是好氧性的,需要连续不断地供氧。由于植物细胞培养时对溶氧的变化非常敏感,太高或太低均会对培养过程产生不良的影响,因此,大规模植物细胞培养对供氧和尾气氧的监控十分重要。与微生物培养过程相反,植物细胞培养过程并不需要高的气液传质速率,而是要控制供氧量,以保持较低的溶氧水平。

氧气从气相到细胞表面的传递是植物细胞培养中的一个基本问题。大多数情况下,氧气的传递与通气速率、混合程度、气液界面面积、培养液的流变学特性等有关,而氧的吸收却与反应器的类型、细胞生长速率、pH 值、温度、营养组成以及细胞的浓度等有关。通常也用体积氧传递系数(K_La)来表示氧的传递,事实证明体积氧传递系数能明显地影响植物细胞的生长。

培养液中通气水平和溶氧浓度也能影响植物细胞的生长。长春花细胞培养时,当通气量从 0.25L/(L·min) 上升至 0.38L/(L·min) 时,细胞的相对生长速率可从 0.34/天上升至 0.41/天;而当通气量再增加时,细胞的生长速率反而会下降。曾在不同氧浓度时对毛地黄细胞进行了培养,当培养基中氧浓度从 10％饱和度升至 30％饱和度时,细胞的生长速率从 0.15/天升至 0.20/天,如果溶氧浓度继续上升至 40％饱和度时,细胞的生长速率却反而降至 0.17/天。这就说明过高的通气量对植物细胞的生长是不利的,会导致生物量的减少,这一现象很可能是高通气量导致反应器内流体动力学发生变化的结果,也可能是由于培养液中溶氧水平较高,以至于代谢活力受阻。

由上述情况可以看出,氧对植物细胞的生长来说是很重要的,但是 CO_2 的含量水平对细胞的生长同样相当重要。研究发现,植物细胞能非光合地固定一定浓度的 CO_2,如在空气中混以 2％～4％的 CO_2 能够消除高通气量对长春花细胞生长和次级代谢物产率的影响。因此,对植物细胞培养来说,在要求培养液充分混合的同时,CO_2 和氧气的浓度只有达到某一平衡时,才会很好地生长,所以植物细胞培养有时需要通入一定量的 CO_2 气体。

4. 泡沫和表面黏附性

植物细胞培养过程中产生泡沫的特性与微生物细胞培养产生的泡沫是不同的。植物细胞培养过程中产生的气泡比微生物培养系统中气泡大,且被蛋白质或黏多糖覆盖,因而黏性大,细胞极易被包埋于泡沫中,造成非均相的培养。尽管泡沫对于植物细胞来说,其危害性没有微生

物细胞那么严重，但如果不加以控制，随着泡沫和细胞的积累，也会对培养系统的稳定性产生很大的影响。

5. 悬浮细胞的生长与增殖

由于悬浮培养具有三个基本优点：①增加培养细胞与培养液的接触面，改善营养供应；②可带走培养物产生的有害代谢产物，避免有害代谢产物局部浓度过高等问题；③保证氧的充分供给。因此，悬浮培养细胞的生长条件比固体培养有很大的改善。

悬浮培养时细胞的生长曲线如图 10-8 所示，细胞数量随时间变化曲线呈现 S 形。在细胞接种到培养基中最初的时间内细胞很少分裂，经历一个延滞期后进入对数生长期和细胞迅速增殖的直线生长期，接着是细胞增殖减慢的减速期和停止生长的静止期。整个周期经历时间的长短因植物种类和起始培养细胞密度的不同而不同。在植物细胞培养过程中，一般在静止期或静止期前后进行继代培养，具体时间可根据静止期细胞活力的变化而定。

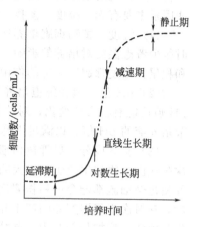

图 10-8 悬浮培养时细胞的生长曲线

悬浮培养的单个细胞在 3～5 天内即可见细胞分裂，经过一星期左右的培养，单个细胞和小的聚集体不断分裂而形成肉眼可见的小细胞团。大约培养两周后，将细胞分裂再形成的小愈伤组织团块及时转移到分化培养基上，连续光照，三星期后可分化成试管苗。

（二）植物细胞或原生质体的固定化培养

由于固定化植物细胞比自由悬浮细胞培养有较多的机械性、较高的产率、更长的稳定期（即生产期）等许多优点。因此，通常采用固定化技术进行细胞培养，即植物细胞固定化和原生质体的固定化培养。

植物细胞的固定化常采用海藻酸盐、卡拉胶、琼脂糖和琼脂材料，均采用包埋法，其他方式的固定化植物细胞很少使用。

原生质体比完整的细胞更脆弱，因此，只能采用最温和的固定化方法进行固定化，通常也是用海藻酸盐、卡拉胶和琼脂糖进行固定化。

五、影响植物细胞培养的因素

植物细胞生长和产物合成动力学也可分为三种类型：①生长偶联型，产物的合成与细胞的生长呈正比；②中间型，产物仅在细胞生长一段时间后才能合成，但细胞生长停止时，产物合成也停止；③非生长偶联型，产物只有在细胞生长停止时才能合成。事实上，由于细胞培养过程较复杂，细胞生长和次级代谢物的合成很少符合以上模式，特别是在较大的细胞群体中，由于各细胞所处的生理阶段不同，细胞生长和产物合成也许是群体中部分细胞代谢的结果。此外，不同的环境条件对产物合成的动力学也有很大的影响。

1. 细胞的遗传特性

从理论上讲，所有的植物细胞都可看做是一个有机体，具有构成一个完整植物的全部遗传信息。在生化特征上，单个细胞也具有产生其亲本所能产生的次生代谢物的遗传基础和生理功能。但是，这一概念绝不能与个别植株的组织部位相混淆，因为某些组织部位所具有的高含量的次生代谢物并不一定就是在该部位合成的，而有可能是在其他部位合成后通过运输到该部位积累的。有的植物在某一部位合成了某一产物的直接前体而转运到另一部位，通过该部位上的酶或其他因子转化。因此，在进行植物细胞的培养时，必须弄清楚产物的合成部位。同时，在注意到整体植物的遗传性时，还必须考虑到各种不同的细胞。

2. 培养环境

由于各类代谢产物是在代谢过程的不同阶段产生的,因此通过植物细胞培养进行次生代谢产物生产所受的限制因子是比较复杂的。各种影响代谢过程的因素都可能对它们发生影响,这些因素主要有光、温度、搅拌、通气、营养、pH 值、前体和调节因子等。

(1) 温度 植物细胞培养通常是在 25℃左右进行的,因此一般来说在进行植物细胞培养时很少考虑温度对培养的影响。但是实际上,无论是细胞培养物的生长或是次生代谢物的合成和积累,温度都起着一定的作用,需要引起一定的重视。

(2) pH 值 植物细胞培养的最适 pH 值一般在 5~6。但由于在培养过程中,培养基的pH 值可能有很大的变化,对培养物的生长和次生代谢产物的积累十分不利,因此需要不断调节培养液的 pH 值,以满足细胞的生长和产物代谢、积累的需要。

(3) 营养成分 尽管植物细胞能在简单的合成培养基生长,但营养成分对植物细胞培养和次生代谢产物的生成仍有很大的影响。营养成分一方面要满足植物细胞的生长所需,另一方面要使每个细胞都能合成和积累次生代谢产物。普通的培养基主要是为了促进细胞生长而设计的,它对次生代谢产物的产生并不一定最合适。一般地说,增加氮、磷和钾的含量会使细胞的生长加快,增加培养基中的蔗糖含量可以增加细胞培养物的次生代谢物。

(4) 光 光照时间的长短、光的强度对次生代谢产物的合成都具有一定的作用。一般来说愈伤组织和细胞生长不需要光照,但是光对细胞代谢产物的合成有很重要的影响。有人研究了光对黄酮化合物形成的影响,结果表明,培养物在光照特别是紫外光下黄酮及黄酮类醇糖苷积累的所有酶活性均增加。通常光照采用荧光灯,或者荧光灯和白炽灯混合,其光强度是 300~10000lx [6~100μm/(m^2·s)],可以连续光照,也可以每天光照 12~18h。

(5) 搅拌和通气 植物细胞在培养过程中需要通入无菌空气,适当控制搅拌程度和通气量。在悬浮培养中更要如此。在烟草细胞培养中发现,如果 $K_La \leqslant 5h^{-1}$,对生物产量有明显抑制作用。当 $K_La = 5~10h^{-1}$,初始的 K_La 和生物产量之间有线性关系。当然不同的细胞系,对氧的需求量是不相同的。为了加强气-液-固之间的传质,细胞悬浮培养时,需要搅动。植物细胞虽然有较硬的细胞壁,但是细胞壁很脆,对搅拌的剪切力很敏感,在摇瓶培养时,摇瓶机振荡范围在 100~150r/min。由于摇瓶培养细胞受到剪切比较小,因此植物细胞很适合在此环境生长。实验室中采用六平叶涡轮搅拌桨反应器培养植物细胞,由于剪切太剧烈,细胞会自溶,次生代谢产物合成会降低。各种植物细胞耐剪切的能力不尽相同,细胞越老遭受的破坏也越大。烟草的细胞和长春花的细胞在涡轮搅拌器转速 150r/min 和 300r/min 时,一般还能保持生长。培养鸡眼藤的细胞时,涡轮搅拌器的转速应低于 20r/min。因此培养植物细胞,气升式反应器更为合适。

(6) 前体 在植物细胞的培养过程中,有时培养细胞不能很理想地把所需的代谢产物按所想象的得率进行合成,其中一个可能的原因就是缺少合成这种代谢物所必需的前体,此时如在培养物中加入外源前体将会使目的产物产量增加。因此,在植物细胞培养过程中,选择适当的前体是相当重要的。对于所选择的前体除了有增加产物产量的外,还要求是无毒和廉价的。但是,寻找能使目的产物含量增加最有效的前体是有一定难度的。

虽然前体的作用在植物细胞培养中未完全清楚,可能是外源前体激发了细胞中特定酶的作用,促使次生代谢产物量的增加。有人在三角叶薯蓣细胞培养液中加入 100mg/L 胆甾醇,可使次生代谢产物薯蓣皂苷配基产量增加 1 倍。在紫草细胞培养中加入 L-苯丙氨酸使右旋紫草素产量增加 3 倍。在雷公藤细胞培养中加入萜烯类化合物中的一个中间体,可使雷公藤羟内酯产量增加 3 倍以上。但同样一种前体,在细胞的不同生长时期加入,对细胞生长和次生代谢产物合成的作用极不相同,有时甚至还起抑制作用。如在洋紫苏细胞的培养中,一开始就加入色胺,无论对细胞生长还是对生物碱的合成都起抑制作用,但在培养的第 2 周或第 3 周加入色胺却能刺激细胞的生长和生物碱的合成。

（7）生长调节剂　在细胞生长过程中生长调节剂的种类和数量对次生代谢产物的合成起着十分重要的作用。植物生长调节剂不仅会影响到细胞的生长和分化，而且也会影响到次生代谢产物的合成。生长素和细胞分裂素有使细胞分裂保持一致的作用，不同类型的生长素对次生代谢产物的合成有着不同的影响。生长调节剂对次级代谢的影响随着代谢产物的种类的不同而有很大的变化，对生长调节剂的应用需要非常慎重。

目前，在大规模植物细胞悬浮培养中，为了提高生物量和次生代谢产物量，一般采用二阶段法。第一阶段尽可能快地使细胞量增长，可通过生长培养基来完成。第二阶段是诱发和保持次生代谢旺盛，可通过生产培养基来调节。因此在细胞培养整个过程中，要更换含有不同品种和浓度的植物生长激素和前体的液体培养基。为了获得能适合大规模悬浮培养和生长快速的细胞系，首先要对细胞进行驯化和筛选，把愈伤组织转移到摇瓶中进行液体培养，待细胞增殖后，再把它们转移到琼脂培养基上。经过反复多次驯化筛选得到的细胞株，比未经过驯化、筛选的原始愈伤组织在悬浮培养中生长快得多。

毋庸置疑，在过去几十年中，植物生物技术方面已取得了相当巨大的进展，大大缩短了向工业化迈进的距离。国内有关单位对药用植物，人参、三七、紫草、黄连、薯蓣、芦笋等已展开了大规模的细胞悬浮培养，并对植物细胞培养专用反应器进行研制。国外，培养植物细胞用的反应器已从实验规模 $1\sim30L$，放大到工业性试验规模 $130\sim20000L$，如希腊毛地黄转化细胞的培养规模为 $2m^3$，烟草细胞培养的规模最大已达到 $20m^3$。

值得注意的是影响植物细胞培养物的生物量增长和次生代谢产物积累的因素是错综复杂的，往往一个因素的调整会影响到其他因素的变化，所以，需要在培养过程中不断加以调整，同时，由于不同的植物有机体有自身的特殊性。因此，对于一种植物或一种次生代谢物适合的培养条件，不一定对其他的细胞或次生代谢作用适合。

思考与练习题

1. 简述动、植物细胞培养的意义与前景。
2. 简述动、植物细胞培养基的组成与微生物培养基组成的区别。
3. 简述比较动、植物和微生物在细胞结构和生理上的主要区别。
4. 举例说明植物细胞培养次生代谢产物生产工艺。

第十一章　发酵生产染菌及其防治

发酵生产过程大多为纯种培养过程，需要在无杂菌污染的条件下进行。发酵生产的环节比较多，尤其是好氧发酵生产，既要连续搅拌和供给无菌空气，又要排放多余空气、多次添加消泡剂、补充培养基、定时取样分析及不断改变空气量等，这些操作都给防治发酵生产染菌带来了很大的困难。所谓发酵染菌是指在发酵过程生产菌以外的其他微生物侵入了发酵系统，从而使发酵过程失去真正意义上的纯种培养。为了防止染菌，人们采取了一系列措施，如改进生产工艺，对发酵罐、管道和其他附属设备、培养基及空气等严格灭菌，此外，还健全了生产技术管理制度，大大降低了生产过程染菌率。但是至今仍无法完全避免染菌的严重威胁，轻者影响了产品的收率和产品质量，重者会导致"倒罐"，造成严重的经济损失。据报道，国外抗生素发酵染菌率为2%～5%，国内的青霉素发酵染菌率2%，链霉素、红霉素和四环素发酵染菌率5%，谷氨酸发酵噬菌体感染率1%～2%。染菌对发酵产率、提取率、得率、产品质量和三废治理等都有很大的影响。

从国内外目前的报道来看，在现有的科学技术条件下要做到完全不染菌是不可能的。目前要做的是要提高生产技术水平，强化生产过程管理，防止发酵染菌的发生。一旦发生染菌，应尽快找出污染的原因，并采取相应的有效措施，把发酵染菌造成的损失降低到最小。

第一节　染菌对发酵的影响

染菌对发酵过程的影响是很大的，但由于生产的产品不同、污染杂菌的种类和性质不同、染菌发生的时间不同以及染菌的途径和程度不同，染菌造成的危害及后果也不同。

一、染菌对不同发酵过程的影响

由于各种发酵过程所用的微生物菌种、培养基以及发酵的条件、产物的性质不同，染菌造成的危害程度也不同。如青霉素的发酵过程，由于许多杂菌都能产生青霉素酶，因此不管染菌是发生在发酵前期、中期或后期，都会使青霉素迅速分解破坏，使目标产物得率降低，危害十分严重。对于核苷或核苷酸的发酵过程，由于所用的生产菌种是多种营养缺陷型微生物，其生长能力差，所需的培养基营养丰富，因此容易受到杂菌的污染，且染菌后，培养基中的营养成分迅速被消耗，严重抑制了生产菌的生长和代谢产物的生成。对于柠檬酸等有机酸的发酵过程，一般在产酸后，发酵液的 pH 值比较低，杂菌生长十分困难，在发酵中后期不太会发生染菌，主要是要预防发酵前期染菌。但是，不管是对于哪种发酵过程，一旦发生染菌，都会由于培养基中的营养成分被消耗或代谢产物被分解，严重影响到产物的产率，使发酵产品的产量大为降低。谷氨酸发酵周期短，生产菌繁殖快，培养基不太丰富，一般较少污染杂菌，但噬菌体污染对谷氨酸发酵的威胁非常大。

二、染菌发生的不同时间对发酵的影响

从发生染菌的时间来看，染菌可分为种子培养期染菌、发酵前期染菌、发酵中期染菌和发酵后期染菌等四个不同的染菌时期，不同的染菌时期对发酵所产生的影响也是有区别的。

1. 种子培养期染菌

种子培养主要是使微生物细胞生长与繁殖，此时，微生物菌体浓度低，培养基的营养十分丰富，比较容易染菌。若将污染的种子带入发酵罐，则危害极大，因此应严格控制种子染菌的发生。一旦发现种子受到杂菌的污染，应经灭菌后弃去，并对种子罐、管道等进行仔细检查和

彻底灭菌。

2. 发酵前期染菌

在发酵前期，微生物菌体主要是处于生长、繁殖阶段，此时期代谢的产物很少，相对而言这个时期也容易染菌，染菌后的杂菌将迅速繁殖，与生产菌争夺培养基中的营养物质，严重干扰生产菌的正常生长、繁殖及产物的生成。

3. 发酵中期染菌

发酵中期染菌将会导致培养基中的营养物质大量消耗，并严重干扰生产菌的代谢，影响产物的生成。有的时候染菌后杂菌大量繁殖，产生酸性物质，使 pH 值下降，糖、氮等的消耗加速，菌体发生自溶，致使发酵液发黏，产生大量的泡沫，代谢产物的积累减少或停止；有的染菌后会使已生成的产物被利用或破坏。从目前的情况来看，发酵中期染菌一般较难挽救，危害性较大，在生产过程中应尽力做到早发现，快处理。

4. 发酵后期染菌

由于发酵后期，培养基中的糖等营养物质已接近耗尽，且发酵的产物也已积累较多，如果染菌量不太多，对发酵影响相对来说就要小一些，可继续进行发酵。对发酵产物来说，发酵后期染菌对不同产物的影响也是不同的，如抗生素、柠檬酸的发酵，染菌对产物的影响不大；肌苷酸、谷氨酸、氨基酸等的发酵，后期染菌也会影响产物的产量、提取和产品的质量。

三、不同染菌程度对发酵的影响

染菌的程度对发酵的影响是很大的。染菌程度越严重，即进入发酵罐内的杂菌数量越多，对发酵的危害也就越大。当生产菌在发酵过程已进行大量的繁殖，并已在发酵液中占绝对优势，污染极少量的杂菌，对发酵不会带来太大的影响，因为进入发酵液的杂菌需要有一定的时间才能达到危害发酵的程度，而且此时环境对杂菌繁殖已相当不利。当然如果染菌程度严重时，尤其是在发酵的前期或发酵的中期，对发酵将会产生严重的影响。

第二节　发酵异常现象及原因分析

一、种子培养和发酵的异常现象

种子培养和发酵的异常现象是指发酵过程中的某些物理参数、化学参数或生物参数发生与原有规律不同的改变，这些改变必然影响到发酵水平，使生产蒙受损失。对此，应及时查明原因，加以解决。

1. 种子培养异常

种子培养异常表现在培养的种子质量不合格。种子质量差会给发酵带来较大的影响，然而种子内在质量常被忽视，由于种子培养的周期短，可供分析的数据较少，因此种子异常的原因一般较难确定，也使得由种子质量引起的发酵异常原因不易查清。种子培养异常的表现主要有菌体生长缓慢、菌丝结团、菌体老化以及培养液的理化参数变化。

(1) 菌体生长缓慢　种子培养过程中菌体数量增长缓慢的原因很多。培养基原料质量下降、菌体老化、灭菌操作失误、供氧不足、培养温度不适、酸碱度调节不当等都会引起菌体生长缓慢。此外，接种物冷藏时间长或接种物本身质量差、接种量低等也都会使菌体数量增长缓慢。

(2) 菌丝结团　在培养过程中有些丝状菌容易产生菌丝团，菌丝在表面生长，并向四周伸展，而菌丝团的中央结实，使内部菌丝的营养吸收和呼吸受到很大影响，从而不能正常地生长。菌丝结团的原因很多，诸如通气不良或停止搅拌导致溶解氧浓度不足；原料质量差或灭菌效果差导致培养基质量下降；接种的孢子或菌丝保藏时间长而菌落数少，泡沫多；罐内装料小、菌丝粘壁等会导致培养液的菌丝浓度比较低；此外接种物种龄短等也会导致菌体生长缓慢，造成菌丝结团。

（3）代谢不正常 代谢不正常表现出糖、pH、溶解氧等变化不正常以及菌体浓度和代谢产物不正常。造成代谢不正常的原因很复杂，除与接种物质量和培养基质量差有关外，还与培养环境条件和操作控制等有关。

2. 发酵异常

不同种类的发酵过程所发生的发酵异常现象，形式虽然不尽相同，但均表现出菌体生长速率缓慢、菌体代谢异常或过早老化、耗糖慢、pH 值的异常变化、发酵过程中泡沫的异常增多、发酵液颜色的异常变化、代谢产物含量的异常下跌、发酵周期的异常延长以及发酵液的黏度异常增加等，但主要表现在以下几个方面。

（1）菌体生长差 由于种子质量差或种子低温放置时间长导致菌体数量较少、停滞期延长、发酵液内菌体数量增长缓慢、外形不整齐。种子质量不好、菌种的发酵性能差、环境条件差、培养基质量不好、接种量太少等均会引起糖、氮的消耗少或间歇停滞，出现糖、氮代谢缓慢的现象。

（2）pH 值过高或过低 发酵过程中由于培养基原料质量差、灭菌效果差、加糖、加油过多或过于集中，将会引起 pH 值的异常变化。而 pH 值变化是所有代谢反应的综合结果，在发酵的各个时期都有一定规律，pH 值的异常变化就意味着发酵的异常。

（3）溶解氧水平异常 根据发酵过程出现的异常现象如溶解氧、排气中的 CO_2 含量以及微生物菌体酶活力等的异常变化来检查发酵是否染菌。对于特定的发酵过程要求一定的溶解氧水平，而且在不同的发酵阶段其溶解氧的水平也是不同的。如果发酵过程中的溶解氧水平发生了异常的变化（参看图 7-6），一般就是发酵染菌发生的表现。

在正常的发酵过程中，发酵初期菌体处于停滞期，耗氧量很少，溶解氧基本不变；当菌体进入对数生长期，耗氧量增加，溶解氧浓度很快下降，并且维持在一定的水平，在这阶段中操作条件的变化会使溶解氧有所波动，但变化不大；而到了发酵后期，菌体衰老，耗氧量减少，溶解氧又再度上升；当感染噬菌体后，生产菌的呼吸作用受抑制，溶解氧浓度很快上升。发酵过程感染噬菌体后，溶解氧的变化比菌体浓度更灵敏，能更好地预见染菌的发生。

由于污染的杂菌好氧性不同，产生溶解氧异常的现象也是不同的。当杂菌是好氧性微生物时，溶解氧的变化是在较短时间内下降，直到接近于零，且在长时间内不能回升；当杂菌是非好氧微生物时，生产菌由于受污染而抑制生长，使耗氧量减少，溶解氧升高。对于特定的发酵过程，工艺确定后，排出的气体中 CO_2 含量的变化是有规律的。染菌后，培养基中糖的消耗发生变化，引起排气中 CO_2 含量的异常变化，如杂菌污染时，糖耗加快，CO_2 含量增加，噬菌体污染后，糖耗减慢，CO_2 含量减少。因此，可根据 CO_2 含量的异常变化来判断是否染菌。

（4）泡沫过多 一般在发酵过程中泡沫的消长是有一定的规律的。但是，由于菌体生长差、代谢速度慢、接种物嫩或种子未及时移种而过老、蛋白质类胶体物质多等都会使发酵液在不断通气、搅拌下产生大量的泡沫。除此之外，培养基灭菌时温度过高或时间过长，葡萄糖受到破坏后产生的氨基糖会抑制菌体的生长，也会使泡沫大量产生，从而使发酵过程的泡沫发生异常。

（5）菌体浓度过高或过低 在发酵生产过程中菌体或菌丝浓度的变化是按其固有的规律进行的。但是如罐温长时间偏高，或停止搅拌时间较长造成溶氧不足，或培养基灭菌不当导致营养条件较差，种子质量差、菌体或菌丝自溶等均会严重影响到培养物的生长，导致发酵液中菌体浓度偏离原有规律，出现异常现象。

二、染菌的检查和判断

发酵过程是否染菌应以无菌试验的结果为依据进行判断。在发酵过程中，如何及早发现杂菌的污染并及时采取措施加以处理，是避免染菌造成严重经济损失的重要手段。因此，生产上要求能准确、迅速地检查出杂菌的污染。目前常用于检查是否染菌的无菌试验方法主要有显微镜检查法、肉汤培养法、平板（双碟）培养法、发酵过程的异常观察法等。

1. 显微镜检查法（镜检法）

用革兰染色法对样品进行涂片、染色，然后在显微镜下观察微生物的形态特征，根据生产菌与杂菌的特征进行区别、判断是否染菌。如发现有与生产菌形态特征不同的其他微生物的存在，就可判断发生了染菌。此法检查杂菌最为简单直接，也是最常用的检查方法之一。必要时还可进行芽孢染色或鞭毛染色。

2. 肉汤培养法

通常用组成为 0.3％牛肉膏、0.5％葡萄糖、0.5％氯化钠、0.8％蛋白胨、0.4％的酚红溶液（pH＝7.2）的葡萄糖酚红肉汤作为培养基，将待检样品直接接入经完全灭菌后的肉汤培养基中，分别在一定的温度下进行培养，随时观察微生物的生长情况，并取样进行镜检，判断是否有杂菌。肉汤培养法常用于检查培养基和无菌空气是否带菌。同时此法也可用于噬菌体的检查。

3. 平板划线培养或斜面培养检查法

将待检样品在无菌平板上划线，分别进行培养，一般 24h 后即可进行镜检观察，检查是否有杂菌。有时为了提高平板培养法的灵敏度，也可以将需要检查的样品预先培养几个小时，使杂菌迅速增殖后再划线培养。

无菌试验时，如果肉汤连续三次发生变色反应（由红色变为黄色）或产生混浊，或平板培养连续三次发现有异常菌落的出现，即可判断为染菌。有时肉汤培养的阳性反应不够明显，而发酵样品的各项参数确有可疑染菌，并经镜检等其他方法确认连续三次样品有相同类型的异常菌存在，也应该判断为染菌。一般来讲，无菌试验的肉汤或培养平板应保存并观察至本批（罐）放罐后 12h，确认为无杂菌后才能弃去。无菌试验期间应每 6h 观察一次无菌试验样品，以便能及早发现染菌。

4. 双层琼脂平板法

由于在含有特异宿主细菌的琼脂平板上，噬菌体产生肉眼可见的噬菌斑，因此，能进行噬菌体的计数。但因噬菌斑计数方法其实际效率难以接近 100％（一般偏低，因为有少数活噬菌体可能未引起感染），所以为了准确地表达病毒悬液的浓度（效价或滴度），一般不用病毒粒子的绝对数目而是用噬菌斑形成单位（plague-forming units，pfu）表示。

先在培养皿中倒入底层固体培养基（约 10mL/皿），凝固后再倒入含有宿主细菌和一定稀释度噬菌体的半固体培养基（该培养基为上层培养基，当冷却至 50℃左右时，加入敏感指示菌如 *E.coli* 菌液 0.2mL、一定浓度的噬菌体增殖液 0.2～0.5mL，混合后立即倒入上层平板铺平），30℃恒温培养 6～12h 观察结果，如有噬菌体，则在双层培养基的上层出现透亮无菌圆形空斑——噬菌斑，计算噬菌斑的数量，确定感染噬菌体。

三、发酵染菌原因分析

发酵染菌后，一定要找出染菌的原因，以总结防治发酵染菌的经验教训，积极采取必要措施，把杂菌消灭在发生之前。如果对已发生的染菌不作具体分析，不了解染菌原因，未采取相应的措施来防止染菌，将会对生产造成严重的后果。造成发酵染菌的原因有很多，且常因工厂不同而有所不同，但设备渗漏、空气净化达不到要求、种子带菌、培养基灭菌不彻底和技术管理不善等是造成各厂污染杂菌的普遍原因。表 11-1 是某外企对抗生素发酵染菌原因分析，表 11-2 为某厂链霉素发酵染菌原因分析，表 11-3 是上海某厂谷氨酸发酵染菌原因分析。

表 11-1　某外企对抗生素的发酵染菌原因分析[1]

染　菌　原　因	染菌百分率/%	染　菌　原　因	染菌百分率/%
种子带菌或怀疑种子带菌	9.64	接种管穿孔	0.39
接种时罐压跌零	0.19	阀门渗漏	1.45
培养基灭菌不透	0.79	搅拌轴密封渗漏	2.09
总空气系统有菌	19.9	发酵罐盖漏	1.54
泡沫冒顶	0.48	其他设备渗漏	10.13
夹套穿孔	12.0	操作问题	10.15
盘管穿孔	5.89	原因不明	24.91

[1] 此数据来自日本工业技术研究院。

表 11-2　某厂链霉素发酵染菌原因分析

染　菌　原　因	染菌百分率/%	染　菌　原　因	染菌百分率/%
外界带入杂菌（取样、补料等带入）	8.20	蒸汽压力不够或蒸汽量不足	0.60
设备穿孔	7.60	管理问题	7.09
空气系统有菌	26.00	操作违反规程	1.60
停电罐压下跌	1.60	种子带菌	0.60
接种	11.00	原因不明	35.00

表 11-3　上海某厂谷氨酸发酵染菌原因分析

染　菌　原　因	染菌百分率/%	染　菌　原　因	染菌百分率/%
空气系统染菌	32.05	补料、取样带菌	4.30
设备问题	15.46	种子带菌	1.72
管理和操作不当	11.34	环境污染及原因不明	35.13

　　由上述表中可以看出，由于不同厂家的设备渗漏概率、技术管理好坏不同，而使各种染菌原因的百分率有所不同，其中尤以设备渗漏和空气带菌而染菌较为普遍且严重。值得注意的是，不明原因的染菌，分别达 24.91％、35.00％和35.13％。这表明，目前分析染菌原因的水平还有待于进一步提高。

（一）　染菌的杂菌种类分析

　　对于每一个发酵过程而言，污染的杂菌种类的影响是不同的。如在抗生素的发酵过程中，青霉素的发酵污染细短产气杆菌比粗大杆菌的危害更大；链霉素的发酵污染细短杆菌、假单胞杆菌和产气杆菌比污染粗大杆菌更有危害；四环素的发酵过程最怕污染双球菌、芽孢杆菌和荚膜杆菌；柠檬酸的发酵最怕青霉菌的污染；谷氨酸发酵最怕噬菌体污染，因噬菌体蔓延迅速，难以防治，容易造成连续污染。若污染的杂菌是耐热的芽孢杆菌，可能是由于培养基或设备灭菌不彻底、设备存在死角等引起；若污染的是球菌、无芽孢杆菌等不耐热杂菌，可能是由于种子带菌、空气过滤效率低、除菌不彻底、设备渗漏或操作问题等引起；若污染的是真菌，就可能是由于设备或冷却盘管的渗漏、无菌室灭菌不彻底或无菌操作不当、糖液灭菌不彻底（特别糖液放置时间较长）而引起。

（二）　发酵染菌的规模分析

　　从染菌的规模来看，主要有三种。

　　① 大批量发酵罐染菌。如发生在发酵前期，可能是种子带菌或连消设备引起染菌；如果染菌发生在发酵中期、后期，且这些杂菌类型相同，则一般是空气净化系统存在诸如空气系统结构不合理、空气过滤器介质失效等问题；如果空气带菌量不多，无菌试验时间较长，这就使

分析防治空气带菌增加了难度。

② 部分发酵罐染菌。如果染菌发生在发酵前期，就可能是种子染菌、连消系统灭菌不彻底；如果是发酵后期染菌，则可能是中间补料染菌，如补料液带菌、补料管渗漏等。

③ 个别发酵罐连续染菌（此时如果采用间歇灭菌工艺，一般不会发生连续染菌）。个别发酵罐连续染菌，大都是由于设备渗漏造成的，应仔细检查阀门、罐体，或罐器是否清洁等。一般设备渗漏引起的染菌，会出现每批染菌时间向前推移的现象。

（三）　不同污染时间分析

从发生染菌的时间来分析，也是三种情况。

① 染菌发生在种子培养阶段，或称种子培养基染菌。此时通常是由种子带菌、培养基或设备灭菌不彻底，以及接种操作不当或设备因素等原因而引起染菌。

② 在发酵过程的初始阶段发生染菌，或称发酵前期染菌。此时大部分染菌也是由种子带菌、培养基或设备灭菌不彻底，以及接种操作不当或设备因素、无菌空气带菌等原因而引起。

③ 发酵后期染菌大部分是由空气过滤不彻底、中间补料染菌、设备渗漏、泡沫顶盖以及操作问题而引起染菌。

第三节　杂菌污染的途径和防治

一、种子带菌及其防治

由于种子带菌而发生的染菌率虽然不高，但它是发酵前期染菌的重要原因之一，是发酵生产成败的关键，因而对种子染菌的检查和染菌的防治是极为重要的。种子带菌的原因主要有保藏的斜面试管菌种染菌、培养基和器具灭菌不彻底、种子转移和接种过程染菌以及种子培养所涉及的设备和装置染菌等。针对上述染菌原因，生产上常用以下的一些措施予以防治。

1. 确保无菌室的清洁度

根据生产工艺的要求和特点，建立相应的无菌室，交替使用各种灭菌手段对无菌室进行处理。除常用的紫外线杀菌外，如发现无菌室已污染较多的细菌，可采用石炭酸或土霉素等进行灭菌；如发现无菌室有较多的霉菌，则可采用制霉菌素等进行灭菌；如果污染噬菌体，通常就用甲醛、双氧水或高锰酸钾等灭菌剂进行处理。

2. 严格接种操作规范

在制备种子时对砂土管、斜面、三角瓶及摇瓶均严格进行管理，防止杂菌的进入而受到污染。为了防止染菌，种子保存管的棉花塞应有一定的紧密度，且有一定的长度，保存温度尽量保持相对稳定，不宜有太大变化。

3. 严格种子培养物的无菌检验

对每一级种子的培养物均应进行严格的无菌检查，确保任何一级种子均未受杂菌感染后才能使用。不合格的种子坚决不用。

4. 确保发酵培养基及器具的无菌条件

对菌种培养基或器具进行严格的灭菌处理，保证在利用灭菌锅进行灭菌前，先完全排除锅内的空气，以免造成假压，使灭菌的温度达不到预定值，造成灭菌不彻底而使种子染菌。

二、空气带菌及其防治

无菌空气带菌是发酵染菌的主要原因之一。要杜绝无菌空气带菌，就必须从空气的净化工艺和设备的设计、过滤介质的选用和装填、过滤介质的灭菌和管理等方面完善空气净化系统。

加强生产环境的卫生管理，减少生产环境中空气的含菌量，正确选择采气口，如提高采气口的位置或前置粗过滤器，加强空气压缩前的预处理，如提高空压机进口空气的洁净度。

设计合理的空气预处理工艺，尽可能减少生产环境中空气带油、水量，提高进入过滤器的空气温度，降低空气的相对湿度，保持过滤介质的干燥状态，防止空气冷却器漏水，防止冷却水进入空气系统等。

设计和安装合理的空气过滤器，防止过滤器失效。选用除菌效率高的过滤介质，在过滤器灭菌时要防止过滤介质被冲翻而造成短路，避免过滤介质烤焦或着火，防止过滤介质的装填不均而使空气走短路，保证一定的介质充填密度。当突然停止进空气时，要防止发酵液倒流入空气过滤器，在操作过程中要防止空气压力的剧变和流速的急增。

三、操作失误导致染菌及其防治

一般来说，稀薄的培养基比较容易灭菌彻底，而淀粉质原料，在升温过快或混合不均匀时容易结块，使团块中心部位"夹生"，蒸汽不易进入将杂菌杀死，但在发酵过程中这些团块会散开，而造成染菌。同样由于培养基中诸如麸皮、黄豆饼一类的固形物含量较多，在投料时溅到罐壁或罐内的各种支架上，容易形成堆积，这些堆积物在灭菌过程由于传热较慢，一些杂菌也不易被杀灭，一旦灭菌操作完成后，通过冷却、搅拌、接种等操作，含有杂菌的堆积物将重新返回培养液中，造成染菌。通常对于淀粉质培养基的灭菌采用实罐灭菌较好，一般在升温前先通过搅拌混合均匀，并加入一定量的淀粉酶进行液化；有大颗粒存在时应先经过筛除去，再行灭菌；对于麸皮、黄豆饼一类的固形物含量较多的培养基，采用罐外预先配料，再转至发酵罐内进行实罐灭菌较为有效。

灭菌时由于操作不合理，未将罐内的空气完全排除，造成压力表显示"假压"，使罐内温度与压力表指示的不对应，培养基的温度以及罐顶局部空间的温度达不到灭菌的要求，导致灭菌不彻底而染菌。因此，在灭菌升温时，要打开排气阀门，使蒸汽能通过并驱除罐内冷空气，一般可避免此类染菌。

培养基在灭菌过程中很容易产生泡沫，发泡严重时泡沫可上升至罐顶甚至逃逸，以致泡沫顶罐，杂菌很容易藏在泡沫中，由于泡沫的薄膜及泡沫内的空气传热差，使泡沫内的温度低于灭菌温度，一旦灭菌操作完毕并进行冷却时，这些泡沫就会破裂，杂菌就会释放到培养基中，造成染菌。因此，要严防泡沫升顶，尽可能添加消泡剂防止泡沫的大量产生。

在连续灭菌过程中，培养基灭菌的温度及其停留时间必须符合灭菌的要求，尤其是在灭菌结束前的最后一部分培养基也要善始善终，以确保彻底灭菌。避免蒸汽压力的波动过大，应严格控制灭菌的温度，过程最好采用自动控温。

发酵过程中越来越多地采用了自动控制，一些控制仪器逐渐被应用。如用于连续测定并控制发酵液 pH 值的复合玻璃电极、测定溶氧浓度的探头等，这些探头或元件如用蒸汽进行灭菌，不但容易损坏，还会因反复经受高温而大大缩短其使用寿命。因此，一般常采用化学试剂浸泡等方法来灭菌。但常会因灭菌不彻底，放入发酵罐后导致染菌。

四、设备渗漏或"死角"造成的染菌及其防治

设备渗漏主要是指发酵罐、补糖罐、冷却盘管、管道阀门等，由于化学腐蚀（发酵代谢所产生的有机酸等发生腐蚀作用）、电化学腐蚀（如氧溶解于水，使金属不断失去电子，加快腐蚀作用）、磨蚀（如金属与原料中的泥沙之间的磨损）、加工制作不良等原因形成微小漏孔后发生渗漏染菌。由于操作、设备结构、安装及其他人为因素造成的屏障等原因，使蒸汽不能有效到达预定的灭菌部位，而不能达到彻底灭菌的目的。生产上常把这些不能彻底灭菌的部位称为"死角"。

盘管是发酵过程中用于通冷却水或蒸汽进行冷却或加热的蛇形金属管。由于存在温差（内冷却水温、外灭菌温度），温度急剧变化，或发酵液的 pH 值低、化学腐蚀严重等原因，使金属盘管受损，因而盘管是最易发生渗漏的部件之一，渗漏后带菌的冷却水进入罐内引起染菌。生产上可采取仔细清洗，检查渗漏，及时发现及时处理，杜绝污染。

空气分布管一般安装于靠近搅拌桨叶的部位，受搅拌与通气的影响很大，易磨蚀穿孔造成

"死角"，产生染菌。尤其是采用环形空气分布管时，由于管中的空气流速不一致，靠近空气进口处流速最大，离进口处距离越远流速越小，因此，远离进口处的管道常被来自空气过滤器中的活性炭或培养基中的某些物质所堵塞，最易产生"死角"而染菌。通常采取频繁更换空气分布管或认真洗涤等措施。

发酵罐体易发生局部化学腐蚀或磨蚀，产生穿孔渗漏。罐内的部件如挡板、扶梯、搅拌轴拉杆、联轴器、冷却管等及其支撑件、温度计套管焊接处等的周围容易积集污垢，形成"死角"而染菌。采取罐内壁涂刷防腐涂料、加强清洗并定期铲除污垢等是有效消除染菌的措施。发酵罐的制作不良，如不锈钢衬里焊接质量不好，使不锈钢与碳钢之间不能紧贴，导致不锈钢与碳钢之间有空气存在，在灭菌加温时，由于不锈钢、碳钢和空气这三者的膨胀系数不同，不锈钢会鼓起，严重者还会破裂，发酵液通过裂缝进入夹层从而造成"死角"染菌。采用不锈钢或复合钢可有效克服此弊端。同时发酵罐封头上的人孔、排气管接口、照明灯口、视镜口、进料管口、压力表接口等也是造成"死角"的潜在因素，一般通过安装边阀，使灭菌彻底，并注意清洗是可以避免染菌的。除此之外，发酵罐底常有培养基中的固形物堆积，形成硬块，这些硬块包藏有脏物，且有一定的绝热性，使藏在里面的脏物、杂菌不能在灭菌时候被杀死而染菌，通过加强罐体清洗、适当降低搅拌桨位置都可减少罐底积垢，减少染菌。发酵罐的修补焊接位置不当也会留下"死角"而染菌。

管路的安装或管路的配置不合理易形成"死角"染菌。发酵过程中与发酵罐连接的管路很多，如空气、蒸汽、水、物料、排气、排污管等，一般来讲，管路的连接方式要有特殊的防止微生物污染的要求，对于接种、取样、补料和加油等管路一般要求配置单独的灭菌系统，能在发酵罐灭菌后或发酵过程中进行单独的灭菌。发酵工厂的管路配置的原则是使罐体和有关管路都可用蒸汽进行灭菌，即保证蒸汽能够达到所有需要灭菌的部位。在实际生产过程中，为了减少管材，经常将一些管路汇集到一条总的管路上，如将若干只发酵罐的排气管汇集在一条总的排气管上，在使用中会产生相互串通、相互干扰，一只罐染菌往往会影响其他罐，造成其他发酵罐的连锁染菌，不利于染菌的防治。采用单独的排气、排水和排污管可有效防止染菌的发生。生产上发酵过程的管路大多数是以法兰连接的，但常会发生诸如垫圈大小不配套、法兰不平整、安装未对中、法兰与管子的焊接不好、受热不均匀使法兰翘曲以及密封面不平等现象，从而形成"死角"而染菌。因此，法兰的加工、焊接和安装要符合灭菌的要求，务必使各衔接处管道畅通、光滑、密封性好，垫片的内径与法兰内径匹配，安装时对准中心，甚至尽可能减少或取消连接法兰等措施，以避免和减少管道出现"死角"而染菌。

管件的渗漏易造成染菌。实际上管件的渗漏主要是指阀门的渗漏，目前生产上使用的阀门不能完全满足发酵工程的工艺要求，是造成发酵染菌的主要原因之一。采用加工精度高、材料好的阀门可减少此类染菌的发生。

五、噬菌体污染及其防治

利用细菌或放线菌进行的发酵生产容易受噬菌体的污染，由于噬菌体的感染力非常强，传播蔓延迅速，且较难防治，对发酵生产有很大威胁。噬菌体是一种病毒，其直径约 $0.1\mu m$，可以通过环境污染、设备的渗漏或"死角"、空气系统、培养基灭菌过程、补料过程及操作过程等环节进入发酵系统。

由于发酵过程中噬菌体侵染的时间、程度不同以及噬菌体的"毒力"和菌株的敏感性不同，所表现的症状也不同。比如氨基酸的发酵过程，感染噬菌体后，常使发酵液的光密度在发酵初期不上升或回降；pH 值逐渐上升，可到 8.0 以上，且不再下降或 pH 值稍有下降，停滞在 pH＝7～7.2，氨的利用停止；糖耗、温升缓慢或停止；产生大量的泡沫，有时使发酵液呈现黏胶状；谷氨酸生产菌增长缓慢或停止；镜检时可发现菌体数量显著减少，甚至找不到完整的菌体；CO_2 排出量异常，产物含量急剧下降；发酵周期延长；但培养时间仍然延长；发酵液发红、发灰、泡沫很多、难中和，提取分离困难，收率很低等。

噬菌体在自然界中分布很广，在土壤、腐烂的有机物和空气中均有存在。一般来说，造成噬菌体污染必须具备有噬菌体、活菌体、噬菌体与活菌体接触的机会和适宜的环境等条件。噬菌体是专一性的活菌寄生体，脱离寄主噬菌体不能自行生长繁殖，由于作为寄主的菌体的大量存在，并且噬菌体对于干燥有相当强的抗性，同时噬菌体有时也能脱离寄主在环境中长期存在。在实际生产中，常由于空气的传播，使噬菌体潜入发酵的各个环节，从而造成污染。因此，环境污染噬菌体是造成噬菌体感染的主要根源。

至今最有效的防治噬菌体染菌的方法是以净化环境为中心的综合防治法，主要有净化生产环境、消灭污染源、改进提高空气的净化度、保证纯种培养、做到种子本身不带噬菌体、轮换使用不同类型的菌种、使用抗噬菌体的菌种、改进设备装置、消灭"死角"、药物防治等措施。

噬菌体的防治是一项系统工程，从培养基的制备、培养基灭菌、种子培养、空气净化系统、环境卫生、设备、管道、车间布局及职工工作责任心等诸多方面，分段检查把关，才能做到根治噬菌体的危害。

具体归纳为以下几点：①严格活菌体排放，切断噬菌体的"根源"；②做好环境卫生，消灭噬菌体与杂菌；③严防噬菌体与杂菌进入种子罐或发酵罐内；④抑制罐内噬菌体的生长。

生产中一旦污染噬菌体，可采取下列措施加以挽救。

1. 并罐法

利用噬菌体只能在处于生长繁殖细胞中增殖的特点，当发现发酵罐初期污染噬菌体时，可采用并罐法。即将其他罐批发酵 16～18h 的发酵液，以等体积混合后继续发酵，利用其活力旺盛的种子，便可正常发酵。但要肯定，并入罐的发酵液不能染杂菌，否则两罐都将染菌。

2. 轮换使用菌种或使用抗性菌株

发现噬菌体后，停止搅拌，小通风，降低 pH 值，立即培养要轮换的菌种或抗性菌种，培养好后接入发酵罐，并补加 1/3 正常量的玉米浆（不调 pH 值）、磷盐和镁盐。如 pH 值仍偏高，不开搅拌，适当通风，至 pH 值正常 OD 值增长后，再开搅拌正常发酵。

3. 放罐重消法

发现噬菌体后，放罐，调 pH 值（可用盐酸，不能用磷酸），补加 1/2 正常量的玉米浆和 1/3 正常量的水解糖，适当降低温度重新灭菌，不补加尿素，接入 2% 的种子，继续发酵。

4. 罐内灭噬菌体法

发现噬菌体后，停止搅拌，小通风，降低 pH 值，间接加热到 70～80℃，并自顶盖计量器管道（或接种，加油管）内通入蒸汽，自排气口排出。因噬菌体不耐热，加热可杀死发酵液内的噬菌体，通蒸汽杀死发酵罐及管道内的噬菌体。冷却后，如 pH 值过高，停止搅拌，小通风，降低 pH 值，接入 2 倍量的原菌种，至 pH 值正常后开始搅拌。

当噬菌体污染情况严重，上述方法无法解决时，应调换菌种，或停产全面消毒，待空间和环境噬菌体密度下降后，再恢复生产。

六、杂菌污染的挽救与处理

发酵过程一旦发生染菌，应根据污染微生物的种类、染菌的时间或杂菌的危害程度等进行挽救或处理，同时对有关设备也进行相应的处理。

1. 种子培养期染菌的处理

一旦发现种子受到杂菌的污染，该种子不能再接入发酵罐中进行发酵，应经灭菌后弃之，并对种子罐、管道等进行仔细检查和彻底灭菌。同时采用备用种子，选择生长正常无染菌的种子接入发酵罐，继续进行发酵生产。如无备用种子，则可选择一个适当菌龄的发酵罐内的发酵液作为种子，进行"倒种"处理，从而保证发酵生产的正常进行。

2. 发酵前期染菌的处理

当发酵前期发生染菌后，如培养基中的碳、氮源含量还比较高时，终止发酵，将培养基加热至规定温度，重新进行灭菌处理后，再接入种子进行发酵；如果此时染菌已造成较大的危害，培养基中的碳、氮源的消耗量已比较多，则可放掉部分料液，补充新鲜的培养基，重新进行灭菌处理后，再接种进行发酵。也可采取降温培养、调节 pH 值、调整补料量、补加培养基等措施进行处理。

3. 发酵中后期染菌处理

发酵中后期染菌，可以加入适当的杀菌剂或抗生素以及正常的发酵液，以抑制杂菌的生长速率，也可采取降低培养温度、降低通风量、停止搅拌、少量补糖等其他措施进行处理。当然如果发酵过程的产物代谢已达一定水平，此时产品的含量若达一定值，只要明确是染菌也可放罐。对于没有提取价值的发酵液，废弃前应加热至 120℃以上，保持 30min 后才能排放。

4. 染菌后对设备的处理

染菌后的发酵罐在重新使用前，必须在放罐后进行彻底清洗，空罐加热灭菌后至 120℃以上，30min 后才能使用。也可用甲醛熏蒸或甲醛溶液浸泡 12h 以上等方法进行处理。

思考与练习题

1. 简述发酵异常的原因。工业生产上检查发酵系统是否污染杂菌有哪些方法？
2. 简述生产过程中杂菌污染的途径及防治方法。
3. 简述噬菌体污染的途径和危害及防止噬菌体感染的措施。

第十二章 生物工艺实例简介

第一节 啤酒生产工艺

啤酒是以麦芽为主要原料，经糖化、添加酒花煮沸、过滤、啤酒酵母发酵等过程，酿制而成的含二氧化碳、低酒精浓度的酿造酒。啤酒历史悠久，关于起源说法之一是公元前3000年，巴比伦用大麦酿酒，因此有人认为啤酒起源于巴比伦。说法之二是公元前6000年，亚述（今叙利亚）人利用大麦酿酒，作为向女神的贡酒。现在除伊斯兰国家由于宗教原因不生产和饮用酒外，啤酒生产几乎遍及全球，是世界产量最大的饮料酒。中国第一家现代化啤酒厂是1903年在青岛由德国酿造师建立的英德啤酒厂（青岛啤酒厂前身）。此后，1915年在北京由中国自己出资建立了双合盛五星啤酒厂。发展至今，中国已连续12年成为世界第一啤酒生产大国，2013年产量已达5061×10^7L。

一、啤酒生产原辅料

自古以来大麦是酿造啤酒的主要原料，因为它便于发芽并产生大量水解酶类，种植遍及全球而非人类食用主粮，且化学成分适合酿造啤酒。在酿造时先将大麦制成麦芽，再进行糖化和发酵。酿造大麦要求粒大、皮薄、形状整齐、大小一致、浸出物含量高、蛋白质含量适中、发芽力大于85%、发芽率95%以上。质量指标应符合啤酒大麦国家标准GB 7416—87。

酒花属蔓性草本植物，自公元9世纪酿造啤酒添加酒花（hop）为香料以来，酒花一直是啤酒生产的香料。酿造啤酒用成熟雌花，酒花中对酿造有意义的三大成分是酒花树脂、酒花油和多酚物质，它们赋予啤酒特有的香味和爽口的苦味，酒花树脂还具有防腐的能力，多酚物质中的单宁，则具有澄清麦芽汁的作用。

水是啤酒生产的重要原料。啤酒酿造用水是糖化用水、洗涤麦糟用水和啤酒稀释用水，这些水直接参与工艺过程，是麦芽汁和啤酒的组成成分。水质状况对整个酿造过程有非常重要的影响，因此，酿造用水首先要符合我国饮用水的标准GB 5749—85，然后再根据酿造啤酒的类型予以调整。改良水质可有针对性地选择过滤、煮沸、加酸、加石膏、离子交换或电渗析，活性炭过滤，紫外线消毒等。

大米、玉米、小麦、大麦、糖等是许多国家为降低成本和麦芽汁总氮含量，调整麦芽汁成分，提高啤酒发酵度，提高啤酒稳定性和改善啤酒风味而采用的不发芽的辅料，其用量一般为原料量的20%～30%。

二、麦芽制造

将原料大麦制成麦芽（malt），习惯上称为制麦，目的在于使大麦发芽产生多种水解酶类，并使胚乳达到适度溶解，便于糖化，使大分子淀粉、蛋白质等得以分解溶出。而绿麦芽经过烘干产生特有的色、香、味。制麦全过程分原料清洗分级、浸麦、发芽、干燥、除根和贮存等，工艺流程如图12-1所示。

1. 原料清洗

大麦含有各种杂质，必须预先清除，方能投料，如尘土会造成严重的污染和微生物感染；沙石、铁屑、麻袋片、木屑会引起机械故障，磨损机器。谷芒、杂草、破伤粒等会产生霉变，有害于制麦工艺，直接影响麦芽质量和啤酒风味；草籽和杂谷物亦将影响麦芽质量。要清除上述杂质，必须设有庞大的筛选机械和专用厂房，并尽量做到防尘，减少噪声。

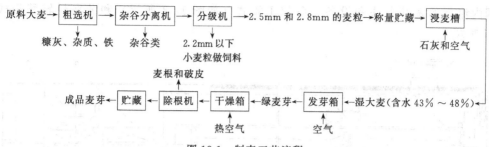

图 12-1 制麦工艺流程

2. 大麦的分级

分级是将麦粒按腹径大小的不同分成三个等级。因为麦粒大小与麦粒的成熟度、化学组成、蛋白质含量都有一定的关系。分级筛常与精选机结合在一起，可分为圆筒式和平板式两种。

3. 大麦的浸渍

经过清选和分级的大麦，用水浸渍，达到适当含水量，大麦即可发芽，浸麦目的概括如下。

① 使大麦吸收充足的水分，达到发芽的要求，麦粒含水分 25%～35%，即可达到均匀的发芽效果。但对酿造用麦芽，要求胚乳充分溶解，含水必须达到 43%～48%，即达到浸麦度的要求。

② 在浸水的同时，可充分洗涤、除尘和除菌。

③ 浸麦水中适当添加石灰乳、Na_2CO_3、NaOH、KOH、甲醛等化学药品，以加速酚类、谷皮酸等有害物质的浸出，并有明显地促进发芽和缩短制麦周期之效，能适当提高浸出物。

设备采用浸麦槽（如图 12-2 所示），附设通风装置。国内多采用断水浸水交替浸麦法或喷淋浸麦法。

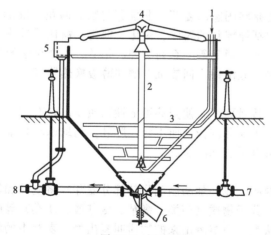

图 12-2 浸麦槽

1—压缩空气进口；2—升溢管；3—多孔环型风管；4—旋转式喷料管；
5—溢流口；6—大麦排出口；7—进水口；8—出水口

4. 大麦的发芽

浸渍后的大麦达到适当的浸麦度，工艺上即进入发芽阶段，从生理现象来说，发芽过程是从浸麦开始的。发芽阶段，形成各种水解酶，淀粉、蛋白质、半纤维素等达到适当的分解。水解酶的形成是大麦变成麦芽的关键。水分、温度和通风供氧是发芽的三要素。发芽过程必须准确控制水分和温度，适当地通风供氧，温度 12～18℃，周期为 5～7 天，可配合使用赤霉酸等。国内流行的发芽方法和设备为萨拉丁箱式（如图 12-3 所示）和劳斯曼转移箱式（如图 12-4所示）。

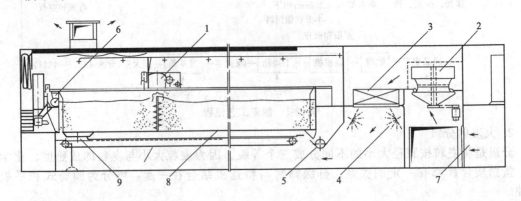

图 12-3　萨拉丁发芽箱

1—翻麦机；2—送风机；3—空气冷却器；4—调湿喷嘴；5—出料送料机；6—卸料器；7—新空气入口；8—多孔板；9—地板清洗器

5. 干燥

干燥的目的是除去多余的水分，终止酶形成和作用，除去生青腥味，产生麦芽特有的色、香、味。干燥分为凋萎、干燥和焙焦三个阶段。干燥前期要求低温大风量以除去水分，后期高温小风量以形成类黑素。目前普遍采用单层高效干燥炉。干燥后浅色麦芽水分 3％～5％，深色麦芽水分 1.5％～2.5％，接着除根，因麦根吸湿性强，还会有不良苦味、色素物质等。

评定麦芽质量需从感官特征、物理检验和化学检验几方面考查，各试验方法均属欧洲啤酒协会标准（EBC）。此外，生产特种啤酒用特种麦芽，有焦香麦芽、黑麦芽、类黑素麦芽、小麦芽、小米芽、高粱芽等。

三、麦芽汁制备

麦芽汁（wort）的制备是将固态的麦芽、非发芽谷物、酒花（hop）用水调制再加工成澄清透明的麦芽汁的过程。包括原辅料的粉碎、糊化、糖化、糖化醪过滤、混合麦芽汁加酒花煮沸、煮沸后麦芽汁澄清、冷却、通氧等一系列物理、化学、生物化学的加工过程。所用的设备有糖化锅、糊化锅、过滤槽、煮沸锅、回旋沉淀槽和薄板换热器等。

1. 粉碎

粉碎可增加原料与水的接触面积，使麦芽可溶性物质浸出，有利于酶的作用，促使难溶物质溶解。粉碎度要适当，要求麦芽皮壳破而不碎，胚乳、辅助原料越细越好。粗粒与细粉之比是1：2.5以上。粉碎的方法有干法和湿法。

2. 糖化

糖化是利用麦芽自身的酶（或外加酶制剂代替部分麦芽）将麦芽和辅助原料中不溶性的高分子物质分解成可溶性的低分子物质（糖类、糊精、氨基酸、肽类）等的麦芽汁制备过程。由此得到的溶液叫麦芽汁，从麦芽中溶解出来的物质叫浸出物。麦芽中的浸出物对原料所有的干物质的比率叫浸出率。糖化的目的就是将原料中的可溶性物质浸渍出来，并且创造有利于各种酶作用的条件，使不溶性物质在酶的作用下变成可溶性物质而溶解，从而得到尽可能多的浸出物，含有一定比例的麦芽汁。

糖化的方法有煮出糖化法和浸出糖化法。前者的特点是将糖化醪液的一部分分批的加热到沸点，然后与其余未煮沸的醪液混合，使全醪液的温度分批升高到不同酶分解所要求的温度，最后达到糖化终了的温度。后者的特点是纯粹利用酶的作用进行糖化的方法，即将全部醪液从一个温度开始，缓慢升温到糖化终了温度。浸出糖化法没有煮沸阶段，该法需要溶解良好的麦

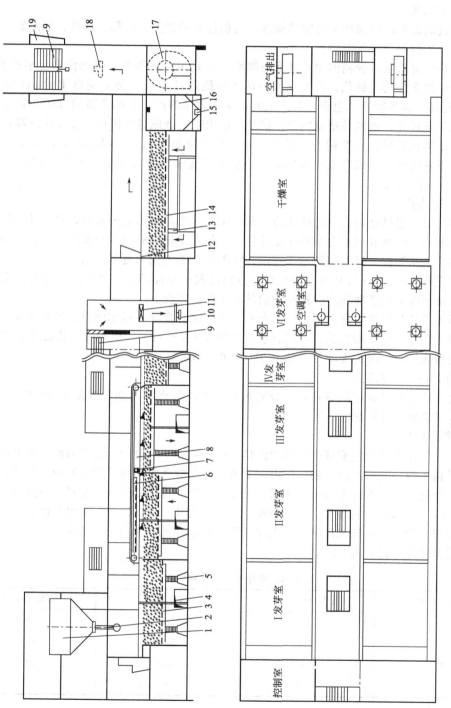

图 12-4 劳斯曼发芽体系

1—浸麦槽；2—浸渍大麦卸料和摊平装置；3—发芽箱底；4—温度测量点；5—发芽箱升降装置；6—浸麦喷水装置；
7—喷淋；8—移动式刮板翻麦机；9—空气挡板；10—通风机；11—冷却装置；12—干燥炉炉门；13—干燥箱底提升装置；
14—干燥箱底；15—成品麦芽排料装置；16—成品麦芽排料装置；17—干燥炉炉热风机；18—加热装置；19—热能回收装置（热交换器）

芽，多利用此法生产上面啤酒。

糖化的工艺条件有糖化温度、时间、pH 值等。糖化工艺条件控制的好坏对麦芽汁的质量、啤酒的风味有非常重要的影响。

3. 麦芽汁过滤

糖化醪过滤多采用过滤槽进行间歇操作，包括过滤槽预热、进醪、静置、打回流、过滤得头号麦芽汁、洗糟得洗涤麦芽汁。

过滤操作非常重要，麦糟的过滤洗涤与啤酒质量有很大的关系。过滤洗涤要求速度要快，防止麦芽汁中的多酚物质氧化，总的过滤和洗涤不能超过 3h，另外，洗涤水的 pH 值也要合适，pH 值过高，多酚物质、色素、麦皮上的苦味物质易溶解，影响啤酒的口味和颜色。洗涤水的温度也不宜过高，否则易把麦糟中的淀粉洗涤出来，造成过滤困难，麦芽汁冷却后出现混浊，发酵液呈雾状悬浮，沉淀困难。另外，麦壳单宁物质和色素也容易洗出，洗涤水温度偏低，则残糖不宜洗出，结果造成残糖偏高。一般要求洗涤水温度为 78～80℃，洗糟水的残糖保持在 0.5%～1.5%。

4. 麦芽汁的煮沸

煮沸的目的主要是稳定麦芽汁的成分，其作用有：①蒸发多余的水分，将麦汁浓缩到规定的浓度；②使酒花中的有效成分溶解于麦芽汁中，使麦芽汁具有香味和苦味；③使麦芽汁中可凝固性蛋白质凝结沉淀，延长啤酒的保存期；④破坏全部的酶和麦芽汁杀菌。

煮沸的条件有时间、pH 值及煮沸强度。煮沸过程中添加酒花，赋予啤酒特有的香味、爽口的苦味，增加啤酒的防腐能力，提高啤酒的非生物稳定性。

将头号麦芽汁与洗涤麦芽汁混合成混合麦芽汁。混合麦芽汁添加酒花，经煮沸浓缩使酶钝化，蛋白质变性并产生絮凝沉淀。工艺要求煮沸强度 8%～12%。酒花分 3 次添加，用量根据啤酒要求的苦味值，一般为麦芽汁量的 0.05%～0.13%。

5. 麦芽汁冷却与充氧

麦芽汁煮沸后要尽快滤除酒花糟，分离热凝固物，急速降温至发酵温度 6～8℃，并给冷麦芽汁充入溶解氧，以利酵母的生长繁殖。

四、啤酒发酵

根据酵母菌种在啤酒发酵液中的物理性状，可将啤酒酵母分为上面啤酒酵母和下面啤酒酵母，它们对棉子糖的利用是特异的。国内大多为下面发酵啤酒，均采用下面啤酒酵母，常用菌种有浓啤 1 号和 5 号、青岛酵母、首啤酒母 2595 和 2597 等。冷麦芽汁接种啤酒酵母，发酵产生酒精和 CO_2、高级醇、挥发酯、醛类和酸类、连二酮类（VDK）、含硫化合物等一系列代谢产物，构成啤酒特有的香味和口味。国内啤酒发酵多采用圆柱体锥底发酵罐，分批发酵方式。麦芽汁进罐及接种方式见表 12-1。

表 12-1 麦芽汁进罐及接种方式

麦芽汁批数	麦芽汁温度/℃	接种量/%	溶氧/(mg/L)
1	9.0	0.15	8～9
2	9.3	0.25	8～9
3	9.5	0.3	5～6
4	9.7	—	3

啤酒发酵工艺技术控制多数停留在外界影响因素的选择性控制，包括以下几个方面。

1. 酵母菌株的选择

啤酒酵母菌特性直接影响糖类的发酵、氨基酸的同化、酒精和副产物的形成、啤酒的风味、啤酒的稳定性等方面，所以，在选择酵母时，应考虑酵母发酵速度、发酵度、凝聚性、回收性、稳定性等方面。

2. 麦芽汁组成

啤酒是发酵后直接饮用的饮料酒，因此，麦芽汁的颜色、麦芽汁组成、麦汁的特点会直接影响啤酒的发酵，最终也影响啤酒的风味。

麦芽汁组成中影响发酵的主要因素有：原麦芽汁浓度、溶氧水平、pH值、麦芽汁可发酵性糖含量、α-氨基氮、麦芽汁中不饱和脂肪酸含量等。

3. 接种量

啤酒在生产过程中常用上一批回收酵母泥接种，接种量是以每百升中的质量（kg）表示，一般为 0.4～1.0kg/100L，而酵母泥中细胞浓度为$(15\sim20)\times10^8$ 个/g。

提高酵母接种量，可以加快发酵，但由于在分批发酵中，酵母营养成分（主要是氨基酸、核苷酸和生长素）不变，因此，提高接种量，发酵时酵母最高的细胞浓度相应增加，但新生酵母细胞浓度反而减少，增殖倍数显著降低。接种量过高，由于新生长成的细胞减少，导致后酵不彻底，酵母增殖倍数减少。

4. 发酵工艺条件控制

（1）发酵温度　发酵温度是指主发酵阶段的最高发酵温度。

由于传统的原因，啤酒发酵温度远远低于啤酒酵母的最适生长温度。上面啤酒发酵采用 8～22℃，下面啤酒发酵采用 7～15℃。因为，采用低温发酵可以防止或减少细菌的污染，代谢副产物减少，有利于啤酒的风味。下面啤酒发酵，习惯上主发酵最高温度（即发酵温度）分成三类（见表 12-2）。

表 12-2　啤酒发酵温度

发酵类型	接种温度/℃	主发酵温度/℃	传统主酵时间/天
低温发酵	6～7.5	7～9	8～12
中温发酵	8～9	10～12	6～7
高温发酵	9～10	13～15	4～5

发酵温度较高，酵母增殖浓度高，氨基酸同化率高，pH值降低迅速，高分子蛋白质、多酚和酒花树脂沉淀较多，不但易酿成淡爽型啤酒，而且在相同贮酒期可以酿成非生物稳定性好的啤酒。

近代，啤酒类型崇尚淡爽，因此，比较喜欢采用较低的麦汁浓度、较高温度（10～12℃）发酵。很多学者认为，啤酒副产物主要在酵母增殖阶段大量形成，为了使啤酒保持原有风味，应该采用较低的接种温度（8～9℃），主酵最高温度不宜超过 12℃。

（2）罐压、CO_2 浓度对发酵的影响　过去传统发酵均为敞口式发酵（主），近代不论大罐还是传统发酵池均采用密闭式发酵。为了回收 CO_2，主酵采用带压发酵，人们发现绝大多数酵母菌株，在有罐压下发酵，均出现酵母增殖浓度减少，发酵滞缓，代谢产物也减少。

为了改善啤酒风味，节省原料，提高澄清度应用酶制剂，增加未发芽辅料用量，采用高浓度酿造，稀释啤酒，固定化技术及反应器，抗氧化技术等成为现代啤酒研究的热点。

在发酵过程中，发生一系列的生物化学变化。由于酵母的作用，麦芽汁中的可发酵性糖降低，其降低的程度可用发酵度表示。

发酵度是指随着发酵的进行，麦芽汁的相对密度逐渐下降，亦即浸出物浓度逐渐下降，下降的百分率称为发酵度。

$$发酵度=\frac{E-E'}{E}\times100\%$$

式中，E 为发酵前麦芽汁的浓度；E' 为发酵后麦芽汁的浓度。

一般主醇结束，糖度 $3.5 \sim 5.5°Bx$，$pH = 4.2 \sim 4.4$；中等发酵度的啤酒，发酵度为 $62\% \sim 64\%$。

第二节　葡萄酒生产工艺

葡萄酒是用新鲜的葡萄或葡萄汁经发酵酿成的低度酒精饮料。在葡萄酒的酿造过程中，葡萄浆果中的糖被酵母菌分解成酒精和 CO_2 等副产物，而浆果中的其他成分，如单宁、色素、芳香物质、氨基酸、维生素、矿物质以及有机酸，以不变的形式转移到葡萄酒中，因而葡萄酒像新鲜葡萄一样是一种营养丰富的酿造酒。葡萄酒的品种很多，因葡萄的栽培、葡萄酒生产工艺的不同，产品风格各不相同。一般可按酒的颜色、含糖量、是否含有二氧化碳以及酿造方式进行分类，国外也有采用以产地、原料来分类的。以成品颜色来说，可分为红葡萄酒、白葡萄酒及粉红葡萄酒三类。其中红葡萄酒又可细分为干红葡萄酒、半干红葡萄酒、半甜红葡萄酒和甜红葡萄酒。白葡萄酒则细分为干白葡萄酒、半干白葡萄酒、半甜白葡萄酒和甜白葡萄酒。以酿造方式来说，可以分为葡萄酒、起泡葡萄酒、加烈葡萄酒和加味葡萄酒四类。按照国际葡萄与葡萄酒组织的规定，葡萄酒只能是破碎或未破碎的新鲜葡萄果实或汁完全或部分酒精发酵后获得的饮料，其酒精度一般在 8.5°到 16.2°之间；按照我国最新的葡萄酒标准 GB 15037—2006 规定，葡萄酒是以鲜葡萄或葡萄汁为原料，经全部或部分发酵酿制而成的，酒精度不低于 7.0% 的酒精饮品。

葡萄酒的酿造离不开葡萄原料、酿酒设备以及酿造工艺技术，这三者缺一不可。要酿造好葡萄酒，首先要有好的葡萄原料，其次要有符合工艺要求的酿酒设备，第三要有科学合理的工艺技术。原料和设备是硬件，工艺技术是软件。在硬件保证的前提下，产品质量的差异就只能取决于酿造葡萄酒的工艺技术和严格的质量控制。

一、葡萄原料

葡萄酒的质量，七成取决于葡萄原料，三成取决于酿造工艺，也就是说葡萄原料奠定了葡萄酒质量的物质基础。葡萄原料的质量主要指酿酒葡萄的品种、葡萄的成熟度以及葡萄的新鲜度，这三者对酿成的葡萄酒具有决定性的影响。葡萄的成熟度决定着葡萄酒的质量和品质，也是影响葡萄酒生产的主要因素之一，在大多数葡萄产区只有用成熟的葡萄才能酿出优质葡萄酒。不同的葡萄品种达到生理成熟后，具有不同的香型，不同的糖酸比，适合酿造不同风格的葡萄酒。世界上著名的葡萄酒，都是选用固定的葡萄品种酿造的。实践证明，葡萄品种决定了葡萄酒的典型风格。

1. 果实成熟度

葡萄的原料好坏影响着葡萄酒的质量，果实糖度是判断葡萄是否成熟的一个基本指标，但又不是决定酿酒葡萄收获的固定指标。不同的地域、不同的品种、不同的酿酒类型、不同的酿造工艺对葡萄糖度的要求不同，这也是不同类型的葡萄酒产品选择适合的酿酒葡萄品种时所考虑的因素之一。葡萄的成熟度是决定葡萄酒质量的关键之一，在成熟过程中，浆果中发生一系列的生理变化，其含糖量、色素、芳香物质含量不断增加和积累，总酸的含量不断降低，达到生理成熟的葡萄，浆果中各成分的含量处在最佳的平衡状态。为此可用成熟系数来表示葡萄浆果的成熟度。所谓成熟系数（M）是指葡萄浆果中含糖量（S）与含酸量（A）之比，达到生理成熟的葡萄，成熟系数稳定在一个水平上波动，一般认为 M 大于或等于 22 比较合适。葡萄种植专家认为糖度在 $190 \sim 220g/L$，酸度在 $7 \sim 10g/L$，糖酸比例协调，在发酵过程中不必因糖酸不协调而添加其他物质，从而保证了葡萄酒的风味和品质。

2. 内涵组分

　　酿酒葡萄的主要成分为水、矿物质、碳水化合物、酸类、酚类、含氮化合物、酯类、萜烯类化合物、挥发性芳香化合物、维生素以及其他化合物。葡萄的内涵组分，尤其是芳香物质、功效成分、营养组分和风味物质的含量和在酿造过程中的变化对葡萄酒的感官质量起作用。了解葡萄中的组分构成，针对性地改进工艺，以提高葡萄酒的品质。

　　葡萄中含有 80% 的水，这是生物学意义上的纯水，是由葡萄树直接从土壤中汲取的。除少量的非发酵性糖（小于 2g/L）之外，葡萄中的糖几乎全是葡萄糖和果糖，成熟时其含量可达 150～250g/L，它们主要由叶片中光合作用合成的蔗糖和植株中积累的淀粉转化而来，成熟的葡萄中，两者之比接近于 1，因此可通过葡萄糖和果糖的比值来确定成熟时间。有机酸也是葡萄中的主要成分，主要有酒石酸、苹果酸和柠檬酸，含量为 3～12g（H_2SO_4）/L，在葡萄酒的酿造和储藏过程中起重要的作用。虽然氮元素只占葡萄原料的一小部分，但它却起着非常重要的作用，包括氨基酸、肽和蛋白质。在葡萄成熟时，浆果中含有 100～1100mg/L 的总氮，其中 60～200mg/L 为铵态氮。葡萄中的铵态氮和一些氨基酸是发酵时酵母的主要营养，可保证酒精发酵的迅速触发，并提供葡萄酒中的营养物质。成熟葡萄浆果中的果胶物质主要为可溶性的果胶酸和果胶酯酸，果胶物质可引起酒的浑浊，影响澄清，因此，在葡萄酒的生产过程中可添加果胶酶使它们分解。葡萄中含有氧化酶、水解酶和转化酶，这些酶在葡萄酒的生产过程中起不同的作用，有的对葡萄酒有益，如水解酶和转化酶，有的有害，如氧化酶，因此，在葡萄酒的生产过程中应合理控制。多酚类物质为含有酚官能团的物质，在葡萄中多酚可分为色素和无色多酚（单宁）两大类。大部分情况下，葡萄浆果的色素只存在于果皮中，主要有花色素和黄酮两大类，花色素是红色素，主要存在于红色品种中，而黄酮是黄色素，存在于各种葡萄品种中。芳香物质是葡萄中能引起嗅觉和味觉的物质的总称，葡萄中的芳香物质种类很多，以游离态和结合态两种形态存在，只有游离态的芳香物质才有气味，这些物质构成了葡萄酒的果香（一类香气）。在一个品种中，各类香气混合在一起，如在"玫瑰香"中已鉴定出 60 多种芳香物质。另外葡萄中还含有矿物质和维生素等，在葡萄酒的酿造过程中，这些物质被保留到葡萄酒中，提供成品一定的营养价值。

二、葡萄酒酿造辅料

1. 二氧化硫

　　二氧化硫在葡萄酒酿造工艺中起着不可估量的作用。在合理使用的条件下，SO_2 对葡萄酒生产有有利影响，如净化发酵基质，提高葡萄酒酒度；提高有机酸含量；降低挥发酸含量；增加色度；改善葡萄酒的味感质量，保持果香味；缓和霉味、泥土味和醋味及氧化味等。生产中可用液化态 SO_2，也可以用亚硫酸水溶液，另外也可以用偏重亚硫酸钾固体。加入到葡萄汁中的 SO_2 以游离态和结合态两种形式存在，只有游离 SO_2 才具有杀菌作用。SO_2 总量为游离 SO_2 和结合态 SO_2 含量之和。二氧化硫的添加量与葡萄原料的酸度、杂质含量以及霉变情况等有关，含酸量越低、破碎、霉变越严重，在发酵基质中所加入的 SO_2 量也越高。不同葡萄酒的 SO_2 添加量不同，如表 12-3 所示。酿造红葡萄酒时，应在葡萄破碎、除梗后泵入发酵罐时立即进行 SO_2 处理。酿造白葡萄酒时，SO_2 处理应在取汁以后立即进行，以保护葡萄汁在发酵以前不被氧化。

2. 果胶酶

　　果胶酶是现代葡萄酒酿造中的重要辅料，大多数是由黑曲霉经过发酵而生产，呈液体或固体状。葡萄酒酿造中常用的果胶酶通常是复合果胶酶，如果胶裂解酶、果胶酯酶和聚半乳糖醛酸酯酶等。大量实验表明，在葡萄酒的生产过程中添加果胶酶制剂，促进果汁中果胶物质的分解，使葡萄本身含有的色素、单宁及芳香物质等更容易被提取，增加出汁率。果胶酶能够对葡萄汁中果胶、葡聚糖及高聚合酯类进行分解，从而降低葡萄汁的黏稠度，使葡萄汁中的固体不溶性的沉淀速度加快，有利于葡萄汁的澄清。在葡萄酒的后期陈酿过程中，破坏并分解胶体物

表 12-3　酿造葡萄酒时 SO_2 的添加量

不同情况		SO_2 的添加量/(mg/L)
对于红葡萄酒生产	健康葡萄，一般成熟、酸度高	30~50
	健康葡萄，十分成熟、酸度低	50~100
	带有生葡萄、破损、霉烂	100~150
	生葡萄、霉烂	150~200
对于白葡萄酒生产	健康葡萄，一般成熟、强酸度	80~120
	健康葡萄，十分成熟、酸度低	120~150
	带有生青葡萄、破损、霉烂	150~200
	抑制 MLF	30~40（游离）
	中止发酵而保留糖分	80~250
	暂存葡萄汁，防止氧化	50

质，从而加速陈酿过程中葡萄酒的自然澄清速度。

果胶酶的作用需要一定的条件，一般在浸渍阶段使用果胶酶，作用温度控制在 10~35℃，pH 在 2~5。在葡萄酒果胶酶添加后，SO_2 在国标允许的使用范围内对果胶酶基本没有任何抑制作用，但皂土对蛋白质有吸附作用，因此不能在使用皂土的同时使用果胶酶。加入果胶酶时一定要保证果汁或酒液中不含有皂土，根据不同的工艺目标选择不同的果胶酶以达到最佳效果。

3. 酵母

葡萄酒的质量特性取决于所选的酵母，良好的酵母应具备自身产香能力，发酵能力强、残糖低、抗 SO_2 能力强、发酵度高，同时要求凝聚力较好、沉降快，适合低温发酵（15℃）。目前在葡萄酒的生产中基本上使用葡萄酒活性干酵母进行发酵，酵母使用量一般为 0.1~0.2g/L。添加前要先活化，活化时酵母用 10 倍左右的 1% 的糖水或葡萄汁在 35~40℃ 静置 20min，从顶部缓慢添加到发酵罐，用泵循环均匀，控制发酵温度进行发酵。

4. 乳酸菌

葡萄酒中的苹果酸在乳酸菌的作用下转换成乳酸并释放二氧化碳，苹果酸乳酸发酵常常简写成 MLF，或苹乳发酵，是一种生物降酸作用，在红葡萄酒酿造过程中，它是一个重要工艺环节。通过乳酸菌将葡萄酒中的不稳定苹果酸转变成较柔顺稳定的乳酸，得到预期的酸度，并在一定程度上改善口感，突出果香以及增加葡萄酒的复杂性。苹乳发酵很少在酒精发酵之前进行，乳酸菌进行苹果酸发酵需要有足够的营养、合适的温度和 pH 条件，乳酸菌在酿酒多年的酒窖中会大量存在，在新建的酒厂可能需要人工引入。苹乳发酵能够降低葡萄酒的总体酸度，增加酒体和复杂度。绝大多数的红葡萄酒会进行苹乳发酵，在一些产区，红葡萄酒的苹乳发酵往往在第二年的春天气温回升的时候自然发生。白葡萄酒中的霞多丽往往会进行苹乳发酵，而像雷司令和长相思这样的品种，虽然酸度会比霞多丽更高，往往不会进行苹乳发酵，以保持其特有的自然酸度和清爽特点。

5. 酒精发酵促进剂

酒精发酵促进剂的主要作用，是促进酒精发酵的进行，或启动已停止发酵的酒精发酵过程，消耗残糖。其组成为生物惰性载体、酵母细胞壁、惰性凝结酿造酵母，用于正在进行酒精发酵的葡萄汁中，也可用于中途停止发酵的葡萄汁中，也可以在循环的同时加入酵母营养剂，以补充果汁中的酵母营养物。

6. 单宁

单宁是由葡糖苷组成的混合物，其中包括没食子酸、鞣酸、儿茶酚。它具有和蛋白质稳定结合的特性。在葡萄汁或葡萄酒中添加单宁，可促进葡萄酒的澄清，增强葡萄酒的结构，使酒变得很有骨架。在葡萄酒的陈酿过程中使用单宁，可增加酒体结构和陈酿潜质，同时单宁有极强的抗氧化能力,可避免在陈酿过程中香气被氧化。在使用前半小时左右,将单宁放入 10 倍质量的 35~40℃ 的软化水中溶解,然后将单宁溶液均匀地添加到酒中。

三、葡萄酒酿造的工艺

(一)原料分选

原料分选的任务是尽量除去原料中的枝叶、僵果、生青果、霉烂果和其他杂物,使葡萄完好无损,保证葡萄的潜在质量。有的杂物还可能对设备造成损害,因此,在对原料进行机械处理前,必须对原料进行分选除去所有的杂物。分选可在工厂进行,也可在葡萄园采收时进行。

(二)机械处理

机械处理包括破碎、除梗和压榨。破碎是采用机械压力将葡萄浆果压碎,以利于果汁的流出,在破碎过程中,应尽量避免撕碎果皮、压破种子和碾碎果梗,以降低杂质的含量。在酿造白葡萄酒时,还应避免果汁与皮渣接触时间过长。

除梗是将葡萄浆果与果梗分开并将后者除去。除梗一般在破碎后进行,且常常与破碎在同一个破碎除梗机中进行。在葡萄酒的生产过程中,可视具体情况决定是否除梗,但如果生产优质、柔和的葡萄酒,应全部除梗。

压榨是将葡萄浆果或皮渣中的果汁或酒挤压出来,使皮渣变干,尽可能提高原料的利用率。在红葡萄酒生产时,压榨是对发酵后的混合葡萄醪而言的,获得的是初发酵酒;而对白葡萄酒,压榨是对破碎的葡萄而言的,提取的是葡萄汁。

(三)酒精发酵

1. 红葡萄酒的生产

对于红葡萄酒酿造来说,红葡萄原料破碎后,使皮渣和葡萄汁混合发酵。在红葡萄酒的发酵过程中,酒精发酵作用和液体对固体物质的浸渍作用同时进行。通过红葡萄酒的发酵过程,将红葡萄果浆变成红葡萄酒,并将葡萄果粒中的有机酸、维生素、微量元素及单宁、色素等多酚类化合物,转移到葡萄原酒中。红葡萄酒的生产工艺如图 12-5 所示。

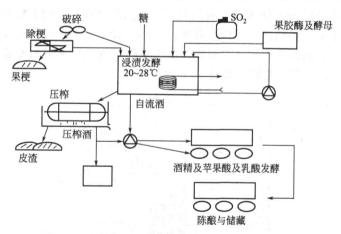

图 12-5　红葡萄酒的生产工艺

(引自李华,2007)

在红葡萄酒的酿造过程中,浸渍和发酵同时进行,决定浸渍强度的因素不仅包括浸渍时间,同时还有酒度和温度。在浸渍过程中,随着葡萄汁与皮渣接触时间的延长,葡萄汁中单宁含量亦不断升高,其升高速度由快转慢,而且其颜色在开始 5 天中不断加深,以后则变浅。在酿造当年或次年可被饮用的红葡萄酒,缩短浸渍时间,降低单宁含量,保留足够的酸度。

根据葡萄品种、葡萄产区、葡萄质量以及所酿造的酒种不同,结合所采用的浸渍发酵设备,决定浸渍强度。一般浸渍时间 3~5 天、温度 25~28℃,喷淋循环 4~6h 一次,每次

20min，浸渍发酵后期，减少至一天 2～3 次。优质葡萄制造陈酿型的红葡萄酒，则需要延长浸渍时间 2～3 天，提高发酵温度 2～3℃。或者是在较低温度下（22～24℃）浸渍 20 天左右，即采用低温浸渍工艺，也可在不同发酵阶段采用不同浸渍温度，可浸出种类不同的特定酚类物质，得到"明显特点"的红酒。红葡萄酒的主发酵过程一般是 6～7 天。当发酵汁含残糖达到 5g/L 以下时，进行皮渣分离。根据不同的情况，可将自流酒和压榨酒单独存放和管理，并进行储藏和陈酿。

要生产优质的红葡萄酒，必须进行两个发酵，即酒精发酵和苹果酸乳酸发酵，只有进行苹果酸乳酸发酵的红葡萄酒才具有生物稳定性，因此，苹果酸乳酸发酵对红葡萄酒来说是非常重要的。苹果酸乳酸发酵是在乳酸菌的作用下将苹果酸转化为乳酸，并且释放出 CO_2，同时酸度降低。苹果酸是双羧基酸，口味比较尖酸，在乳酸细菌的作用下，苹果酸转变成乳酸，使新葡萄酒的酸涩、粗糙等特征消失，酸度降低，果香、醇香加浓，而变得柔和、圆润，生物稳定性得到提高。因此，在主发酵完成后并桶，保持容器的"添满"状态，严格禁止添加 SO_2 处理，保持储藏温度在 20～25℃，经过 30 天左右就自然完成了苹果酸乳酸发酵。现在在红葡萄酒生产中，采用人工添加活性干乳酸菌，人为地控制苹果酸乳酸发酵。当检测酒中不存在苹果酸了，说明发酵过程结束，应立即往红葡萄原酒中添加 50～80mg/L 的 SO_2，通过过滤倒桶，把原酒中的乳酸细菌和酵母菌分离掉。否则乳酸细菌将继续活动，分解酒石酸、甘油、糖等，引起酒石酸发酵病、苦味病、乳酸病、油脂病、甘露糖醇病等，这时的乳酸细菌由有益菌变成有害菌。

2. 白葡萄酒的生产

在酒精发酵开始前，对葡萄汁要进行澄清处理，保证白葡萄酒感官质量，但如果葡萄汁澄清过度，就会影响酒精发酵的正常进行，使酒精发酵的时间延长，甚至导致酒精发酵的中止。因此，尽量将存在于葡萄果皮中的香气在葡萄酒中表现出来，同时还要将芳香物质的前体浸提出来。采用破碎后的原料温度降到 10℃ 以下的方法，以防止氧化酶的活动。在 5℃ 左右浸渍 10～20h，在这种条件下，果皮中的芳香物质进入葡萄酒，但酚类物质的溶解受到限制。浸渍结束后，分离自流汁进行 SO_2 处理，并升温到 15℃ 左右，澄清，添加优选酵母进行发酵。优质的干白葡萄酒是用澄清葡萄汁在较低温度条件（18～20℃）下进行酒精发酵，但温度低酒精发酵缓慢，注意要防止酒精发酵中止。酒精发酵结束时，应立即对葡萄酒进行分离，同时进行 SO_2 处理。白葡萄酒的生产工艺流程如图 12-6 所示。

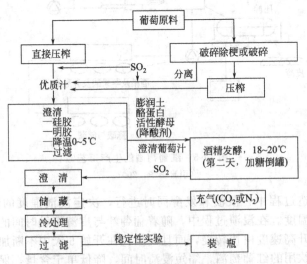

图 12-6　白葡萄酒酿造工艺流程

(引自李华，2007)

在葡萄酒的酿造过程中，控制发酵温度非常关键，过低或过高酒精发酵的速度就会降低甚至停止。所以，要保证酒精发酵的顺利进行，就必须将发酵温度控制在一定的范围内。不同葡萄酒发酵温度的控制范围见表12-4。

表 12-4　葡萄酒发酵的温度范围

葡萄酒品种	葡萄酒发酵的温度范围/℃		
	最低	最佳	最高
红葡萄酒	25	26～30	32
白葡萄酒	16	18～20	22
桃红葡萄酒	16	18～20	22
甜型葡萄酒（加强葡萄酒）	18	20～22	25

发酵结束后，一方面应尽量防止葡萄酒的氧化，另一方面应防止葡萄汁的储藏温度过高。因此，应将葡萄酒的游离 SO_2 保持在 20～30mg/L 范围内，在 10～12℃的温度条件下密闭储藏，或充入惰性气体（N_2+CO_2）储藏。

四、葡萄酒的陈酿与成熟

发酵后的生葡萄酒，口感粗糙、酸涩，口感差，色泽暗淡，果香与酒香不协调，稳定性较差，尚未成熟，不宜饮用，需经过一段时间的陈酿和工艺处理，使酒质逐渐成熟，提高稳定性，达到成品酒的要求。葡萄酒成熟过程中经过一系列的物理、化学变化是一条从新酒到逐渐成优质葡萄酒，再到衰老的生命活动过程。因此，葡萄酒是有生命的，有其自己的成熟和衰老过程，了解这个过程，才能因酒种、生产厂家和消费人群合理地完成酒的成熟过程。葡萄酒成熟与衰老的过程如图12-7所示。

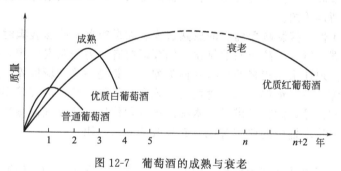

图 12-7　葡萄酒的成熟与衰老

1. 葡萄酒成熟过程中的物理、化学变化

新葡萄酒经过一系列的物理、化学变化达到成熟。其中的物理变化主要是酒中的果胶、蛋白质、色素等沉淀，使酒体澄清透明，以及酒石酸盐类的析出，提高了酒遇冷后的稳定性。化学变化主要是有机酸、高级醇、酚类化合物的氧化、聚合等作用生成了醛、酯等，增加了酒的香气，使口感更为醇厚协调。新葡萄酒的呈色物质花色苷主要是单体化合物，即游离花色素，其结构不稳定，易受物理、化学因素的影响而改变，从而影响呈色效应。在陈酿过程中花色苷可与单宁、多糖等进行缓慢的聚合反应，形成复合的花色苷-单宁聚合体，这种聚合体不随 pH 值变化而改变色调，二氧化硫也难以使其褪色。因此，恰当的老熟和陈酿能增加深度、广度和复杂性，提高酒的身价，而不失酒的基本特点。

2. 氧在葡萄酒成熟中的作用

葡萄酒成熟和陈酿的推动力是氧化作用，葡萄酒中的醇氧化成醛，醛进一步氧化成酸，酸与醇发生酯化反应，以及葡萄酒的色泽加深等都需要适量氧的氧化，如有的白葡萄酒有较深的金黄色和红葡萄酒带有黄褐色，或者是为了达到所需口味允许有的颜色。葡萄酒的氧化有一最佳值，超过此值就是过氧化或使质量受影响。氧在葡萄酒中是和所谓可氧化或还原型物质结合的，氧化作用进行得很慢，只有还原型最强的物质被氧化，从而保护了其他物质。氧化作用是可逆的，从而形成了一个氧化还原体系。在还原性物质中酚类物质与氧的反应最快，它只能在一些催化剂的存在下发生这种反应。葡萄酒中含有多种酚类化合物，这些物质对氧很敏感，与空气接触，很容易被氧化。二氧化硫自身可以与氧结合，起着不可逆的抗氧化作用，二氧化硫与氧结合的倾向比葡萄酒中其他还原物质要强，从而可以保护它们不被氧化。

氧在红葡萄酒成熟过程中使酒质更加圆润、协调。新鲜型葡萄酒一般都采取措施防止与氧的接触，减少酒中溶解氧的含量。陈酿型葡萄酒增加酒的氧化，橡木桶的通透性使葡萄酒进行恰当的氧化作用，对红葡萄酒的色泽也有影响，有助于新酒的成熟和酒的稳定，但它本身不会带来陈酿葡萄酒的所有最终特点，特别是香味。但是，氧在白葡萄酒成熟过程中是一种危害，所以在加工过程中如破碎、除梗、压榨等，都应尽量减少与氧的接触。发酵结束后的新酒，储存和稳定性的处理都以溶解氧的含量降至最低限度为准。

3. 葡萄酒陈酿的方法

葡萄酒陈酿（储存）方式很多，储存的容器较为广泛使用的有三种：橡木桶、不锈钢罐、水泥池。橡木桶是传统的陈酿容器，一般用于高档葡萄酒和白兰地的储存。不锈钢罐、水泥池储存的酒成熟速度慢，一般用于普通葡萄酒的陈酿。

葡萄酒最理想的储存条件是地下酒窖，冬暖、夏凉，温差小，可实现恒温储藏。理想的酒窖温度是 15℃左右，温度起伏不能太大，否则对酒质会有影响。因此，在设计酒窖前，采取各种隔热措施，使酒窖温度保持恒定。另外酒窖内空气的相对湿度应保持在 60%~80%之间，空气新鲜无异味，尤其对瓶装的瓶塞有利，因为这种湿度能保证瓶塞处于湿润状态。酒窖应装有排风扇，以利排放湿气，使空气流通。若酒窖湿度较大，且通风条件不良，则需每周进行一次熏烧硫黄的空间消毒杀菌。

储存容器的密闭性直接影响葡萄酒的成熟过程。如果容器不能够装满时，必须在酒面上的空隙处充入二氧化碳或氮气，防止酒的氧化。储存罐要有压力表及安全阀，若充入气体超过标准时，能自动排放。现在采用较多的是橡木桶陈酿，尤其是一些"新世界"为代表的葡萄酒国家，对一些色泽较深、香气浓郁、单宁含量高的陈酿型的酒，特别适宜采用橡木桶储存。原酒可从木桶吸取香味和色泽，尤其可借助橡木桶的微氧化作用，让氧气慢慢渗入桶内，使酒趋向柔和、成熟，同时使橡木桶中的单宁等成分起到改善酒质作用。

4. 陈酿时管理

倒酒的目的是分离容器底部的酵母、酒石、微生物和色素沉淀物，使酒液进一步澄清，防止酒脚等杂质给原酒带来异味。每次倒酒前都应化验游离的和总的二氧化硫的含量，不足时及时添加，二氧化硫控制在 30mg/L 以上。第 1 次倒酒采取开放式，以促使酒液与空气大量接触，有利于原酒的氧化并排出二氧化碳气体；第 2 次倒酒最好在冬季进行；第 3 次倒酒则在第 2 年 5 月份前，主要是除去冬季自然冷冻沉降的酒石酸盐；第 4 次倒酒应在第 2 年 9 月份之前。倒酒的次数视酒质而定，每次倒酒均应选低温、气压高的无风天气进行。

添酒是防止容器中顶部空隙处的空气对酒进行氧化。添酒所用的酒应是同品质、同品种、同年份的原酒或者是同一品种的不同年份酒。确实不能满桶就要采用隔氧储存技术，即用惰性气体充满容器空间，保持储酒容器密闭。要每隔一段时间取样分析挥发酸、酒度等理化指标，观察酒的颜色变化和澄清度，品评酒的香气及口感滋味，发现问题立即采取措施。

5. 加速葡萄酒成熟的措施

在葡萄酒储存过程中，常常采取一系列的措施加速葡萄酒的成熟，提高其稳定性，如对葡萄酒进行热处理和冷处理。葡萄酒经过热处理，色、香、味有所改善，产生老酒味，挥发酯增加，pH 值上升，总酸、挥发酸和氧化还原电位下降，并使部分蛋白质凝固析出，酒香味好口味柔和醇厚。它对保护胶体的形成、晶体核的破坏、酒石酸氢盐结晶的溶解、蛋白质雾化形成及自然澄清、白葡萄酒内铜的沉淀和红葡萄酒内铁-单宁混合体的溶解等均起一定作用，也可除去所有有害物质（特别是氧化酶）以及菌体细胞，提高酒的稳定性。通常处理方法为在密闭容器内将酒间接加热到65℃、保持15min，或70℃、保持10min进行热处理。也有认为采用50～52℃处理25天为佳。葡萄酒经冷处理，其溶解氧有所增加，强化了氧化作用，加速了新酒的陈酿，使酒的生青、酸涩感减少，口味协调、适口，改善了酒的质量，也可加速酒中酒石酸盐类、铁和磷化物以及胶体物质和活菌体细胞沉淀，提高了葡萄酒的稳定性。对葡萄酒进行冷处理应快速降温，冷处理方式有直接冷冻、间接冷冻及快速冷冻方式，如薄板式交换器、管式交换器和套管式冷冻器等。冷处理一般都在装瓶以前，最好在第二次倒酒后，经澄清、过滤后进行。冷处理温度从理论上讲应稍高于葡萄酒的冰点0.5～0.1℃，以获得最佳效果。葡萄酒的冰点与酒度、浸出物有关。生产中常以冷热处理交替进行，相互配合，除去酒中的冷热凝固物，达到澄清酒液、加速成熟的目的。

　　6. 微氧酿造的作用

　　微氧处理技术（micro oxygenation，MO）是一种通过往葡萄酒中通入微量可控制的氧气达到提高葡萄酒的颜色、香气，提高葡萄酒的品质，而且能节省葡萄酒的陈酿时间，并且需要特定的设备来实现微量氧气的供给。微氧处理的作用可以概括为以下几点：① 帮助发酵，给酵母提供氧；② 控制硫化物的产生，降低和防止硫化物还原味；③增加果香，融合橡木香和植物香，降低生青味；④ 增强酒体，调整口感等。

　　微氧处理应用于葡萄酒酿造过程中的各个阶段，在酒精发酵结束后尽快使用微氧技术，对酒的效果最好。这是由于此时酒液中二氧化硫含量较低，单宁更易于氧化，注入的微氧有助于阻抗还原而促使单宁分子聚合，使色素更加稳定，味感更柔顺、圆润。在进行微氧处理时，充氧量和充氧时间需根据葡萄原料情况和对葡萄酒的期望情况进行确定，亦可根据葡萄成熟度和总酚含量对葡萄酒分类，再根据葡萄酒的类型建立微氧处理方案。

　　利用微氧技术对葡萄酒进行陈酿，总酸含量也是评价葡萄酒是否健康的一项评价标准。在陈酿过程中，往往会使总酸降低，可能是由于酒石酸的析出，因此在应用微氧技术时需要注意葡萄酒的酸度和单宁的平衡。微氧处理还可以降低葡萄酒中二氧化硫的含量，使葡萄酒易发生过氧化现象，因此，在陈酿中使用微氧技术需要定期检测葡萄酒中的游离二氧化硫的含量，以保证葡萄酒受到保护。酒精是葡萄酒中香气和风味物质的支撑物，也使葡萄酒具有醇厚和结构感，微氧技术对葡萄酒的酒精度没有影响。

五、葡萄酒的营养价值

　　葡萄酒的营养价值很高，已知的葡萄酒中含有对人体有益的成分大约就有600种。葡萄酒是具有多种营养成分的高级饮料，其营养价值也得到了广泛认可。葡萄酒的热值大约等于牛奶的热值，主要是以酒精的形式带给人体的。在甜葡萄酒中，糖也能为人体提供能源。但是以酒精形式提供的热值不能超过人体所需热值的20%。医学研究表明，以葡萄为原料的葡萄酒也蕴藏了多种氨基酸、矿物质和维生素，这些物质都是人体必须补充和吸收的营养品。葡萄酒中有8种氨基酸是人体自身不能合成的，被称为人体"必需氨基酸"。无论在葡萄还是在葡萄酒中，都含有这8种"必需氨基酸"，这是任何水果和饮料都无法与之相比的，所以人们把葡萄酒称为"天然氨基酸食品"，并被联合国卫生食品组织批准为最健康、最卫生的食品。在红葡萄酒中，这8种氨基酸的含量与人体血液中的含量非常接近，经常适量饮用，可有效补充人体的需要。葡萄酒中含有的矿物质包括"微量元素"（如铁、锌、铜、锰、碘、铬等）和钙、镁、磷等，也都是人体所需要的营养物质。葡萄酒内含有多种无机盐，其中，钾能保护心肌，维持心脏跳动；钙能镇定神经；镁是心血管病的保护因子，缺镁易引起冠状动脉硬化。这三种元素是构成人体骨骼、肌肉的重要组成部分。锰有凝血和合成胆固醇、胰岛素的作用。葡萄酒中还含有多种 B 族维生素以及维生素 C 和维生素 P 等人体所需的营养成分。越来越多的研究表明白葡萄酒含有藜芦醇，它使葡萄酒具有潜在的预防心血管、抗病毒、抗癌和免疫调节作用、抗氧化特性等。因此适度饮用葡萄酒对维持和调节人体的生理机能、补充人体所需的营养物质、防病抗病起到积极的作用。

第三节 有机酸发酵生产工艺

一、有机酸的来源与用途

柠檬酸、乳酸、醋酸、葡糖酸、衣康酸和苹果酸等有机酸是重要的工业原料，在食品工业、化学工业等有重要的作用。在现代有机酸的生产过程中，发酵法生产有机酸占有重要的地位，表 12-5 是一些常见发酵生产有机酸的菌株和用途。

表 12-5 一些常见发酵生产有机酸的菌株和用途

有机酸名称	菌 株	用 途
柠檬酸	黑曲霉、酵母等	食品工业和化学工业的酸味剂、增溶剂、缓冲剂、抗氧化剂、除腥脱臭剂、螯合剂等药物、纤维媒染剂、助染剂等
乳酸	德氏乳杆菌、赖氏乳杆菌、米根霉等	食品工业的酸味剂、防腐剂、还原剂、制革辅料等
醋酸	奇异醋杆菌、过氧化醋杆菌、攀膜醋杆菌、恶臭醋杆菌、中氧化醋杆菌、醋化醋杆菌、弱氧化醋杆菌、生黑醋杆菌等	重要的化工原料，广泛用于食品、化工等行业
葡萄糖酸	黑曲霉、葡糖酸杆菌、乳氧化葡糖酸杆菌、产黄青霉等	药物、除锈剂、塑化剂、酸化剂等
衣康酸	土曲霉、衣糖酸霉、假丝酵母等	制造合成树脂、合成纤维、塑料、橡胶、离子交换树脂、表面活性剂和高分子螯合剂等的添加剂和单体原料
苹果酸	黄曲霉、米曲霉、寄生曲霉、华根霉、无根根霉、短乳杆菌、产氨短杆菌等	食品酸味剂、添加剂、药物、日用化工及化学辅料等

二、衣康酸的发酵生产工艺

发酵法生产衣康酸（itaconic acid），主要是利用葡萄糖、蔗糖以及淀粉水解糖、糖蜜等作为发酵原料，通过添加有机、无机氮源等必要的营养成分，接入菌种，在适宜条件下发酵，再经过滤、脱色、浓缩、结晶等过程，获得衣康酸晶体。

衣康酸的发酵工艺有表面发酵、深层发酵和固定化发酵等，其中深层通风发酵法是目前工业化生产中最为常见的工艺方法。表面发酵工艺是在适宜的发酵温度和湿度下，在浅盘中倒入发酵培养基，通过衣康酸生产菌土曲霉（*Aspergillus terrgus*）的代谢过程获得衣康酸。此方法原料易得、投资少、操作简便、设备简单、能耗低。但目前在衣康酸的工业化生产中却很少用到此方法，主要是因为此方法产量低、劳动强度大，而且厂房占地面积大。深层发酵工艺，先将衣康酸发酵菌株在种子罐中进行前期培养后，按合适的接种量接入耐腐蚀的不锈钢通风发酵罐中，控制适宜的发酵条件（如搅拌转速、通风量、温度等），发酵结束后从发酵液中提取衣康酸。此方法具有成本低、自动化程度高，且连续性强的优点。采用固定化细胞生产工艺发酵生产衣康酸的方法易于实现，但由于产率低、生产速率慢等缺点，至今尚未应用于工业化生产中，但相关研究报道却较多。Horits 以聚丙烯酰胺凝胶为载体，包埋法固定衣康酸生产菌株进行衣康酸发酵；居乃㻅报道了固定化衣康酸土曲霉菌株后，利用多转盘式反应器进行衣康

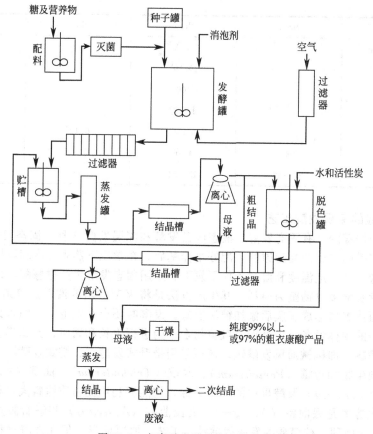

图 12-8　衣康酸发酵生产工艺流程

酸发酵的方法。衣康酸发酵的生产工艺流程见图 12-8。

目前，衣康酸发酵主要采用廉价的淀粉、糖蜜、蔗糖、稻草、木屑等农副产品为原料，但由于土曲霉菌株的糖化酶系水平较低，这些原料在利用之前，必须先转化为葡萄糖才能被土曲霉利用。除了碳源、氮源、无机盐外，玉米浆也是衣康酸发酵过程中不可缺少的成分，对提高衣康酸产率起重要的作用。衣康酸的发酵产率和衣康酸的分离纯化都与菌种有着密切的联系，因此，菌种的选择对发酵尤为重要。表 12-6 为土曲霉衣康酸深层发酵条件。

表 12-6　土曲霉衣康酸深层发酵条件

培养基成分和条件	No. 1	No. 2	No. 3	No. 4
葡萄糖/(g/L)	66	69	蔗糖 80	60～80
氮源/(g/L)	NH_4NO_3 2.5	$(NH_4)_2SO_4$ 2.67	NH_4NO_3 2.5	$(NH_4)_2SO_4$ 2.7
$MgSO_4 \cdot 7H_2O$/(g/L)	0.75	5	4.4	0.8
酒石酸铁/(g/L)	0.25			
玉米浆/(mL/L)	1.5	1.5	4	1.8
pH	1.8～1.9	1.8～2	1.8～1.9	1.9～2.1
调节用酸	HNO_3	H_2SO_4	H_2SO_4	H_2SO_4 或衣康酸
菌种	NRRL 1960	NRRL 1960	ATTCC 10020	NRRL 1960
发酵温度	30	34	30～31	34～35

培养基成分和条件	No. 1	No. 2	No. 3	No. 4
通气量/[L/(L·min)]		0.03		0.25
罐表压/Pa		1×10^5		1×10^5
搅拌/(r/min)		100		100～125
消泡剂		十八醇		十八醇
接种量		0.8%	0.4%	5%～10%
发酵时间/天	8	4～6	7～8	6～9
转化率/%	30～33	45～54	38	61～65

三、柠檬酸的深层发酵工艺

发酵法生产柠檬酸，有固态发酵、液态浅盘发酵和深层发酵 3 种。固态发酵是以薯干粉、淀粉粕以及含淀粉的农副产品为原料，配好培养基后，在常压下蒸煮，冷却至接种温度，接入种曲，装入曲盘，在一定温度和湿度条件下发酵。采用固态发酵生产柠檬酸，设备简单，操作容易。液态浅盘发酵多以糖蜜为原料，其生产方法是将灭菌的培养液通过管道转入发酵盘中，接入菌种，待菌体繁殖形成菌膜后添加糖液发酵。发酵时要求在发酵室内通入无菌空气。深层发酵生产柠檬酸的主体设备是发酵罐，微生物在罐内进行生长和繁殖，并积累发酵产物。一般多采用通用发酵罐，即机械通风发酵罐，还可采用带升式发酵罐、塔式发酵罐和喷射自吸式发酵罐等。许多微生物如青霉（Penicillium）、木霉（Trichoderma）、曲霉（Aspergillus）、葡萄胞菌（Botrytis cinerea）及酵母中的一些菌株，均能够利用淀粉质原料大量积累柠檬酸，但最具商业竞争优势的是黑曲霉（A. niger）、文氏曲霉（A. wentii）和解脂假丝酵母（Candida lipolytica）等菌种。柠檬酸的发酵因菌种、工艺、原料而异，但在发酵过程中还需要控制一定的温度、通风量及 pH 值等条件。一般认为，黑曲霉适合在 28～30℃时产酸。温度过高会导致菌体大量繁殖，糖被大量消耗以致产酸降低，同时生成较多的草酸和葡萄糖酸；温度过低则发酵时间延长。微生物积累柠檬酸要求最适 pH 为 2～4，这不仅有利于柠檬酸生成，减少草酸等杂酸的形成，同时可避免杂菌的污染。柠檬酸发酵要求较强的通风条件，有利于在发酵液中维持一定的溶解氧量，通风和搅拌是增加培养基内溶解氧的主要方法。随着菌体生成，发酵液中的溶解氧会逐渐降低，从而抑制了柠檬酸的合成。采用增加空气流速及搅拌速度的方法，使培养液中溶解氧达到 60%饱和度对产酸有利。柠檬酸生成和菌体形态有密切关系，若发酵后期形成正常的菌球体，有利于降低发酵液黏度而增加溶解氧，因而产酸就高；若出现异状菌丝体，而且菌体大量繁殖，造成溶解氧降低，使产酸迅速下降。发酵液中金属离子如铁离子、锰离子等的含量对柠檬酸的合成有非常重要的作用，过量的金属离子引起产酸率的降低，由于铁离子能刺激乌头酸水合酶的活性，从而影响柠檬酸的积累。柠檬酸发酵用的糖蜜原料，因含有大量金属离子，必须应用离子交换法或添加亚铁氰化钾将铁离子除去，方能作为培养基的原料，然而微量的锌离子、铜离子又可以促进产酸。薯干粉柠檬酸发酵的工艺是我国特色工艺，如图 12-9 所示。

我国薯干粉发酵工艺，采用液化工艺代替了糖化工艺，而且糖化不需经过任何净化处理。薯干粉碎采用锤式粉碎机粉碎。粉碎度要求较细，一般粒度在 0.4mm 左右。薯干粉的液化由外加液化酶完成，其工艺采用连续液化法，淀粉酶在拌料桶中加入，通过喷射加热器升温后进入维持罐，达到液化要求后加入培养基其他成分，泵入连消塔升温灭菌，进入维持罐，最后喷淋冷却，进入发酵罐。由于黑曲霉能够产生糖化酶，因而后续的糖化是由发酵菌种（黑曲霉）自身完成的。液化法是我国柠檬酸工艺的特色方法。

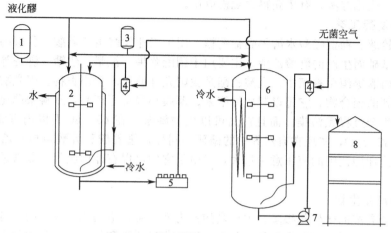

图 12-9　薯干粉深层发酵工艺流程
1—硫酸罐；2—种子罐；3—消防剂罐；4—分过滤器；5—接种站；6—发酵罐；7—尿素；8—发酵液贮罐

发酵中多数采用种子预培养工艺。种子罐培养基冷却至 35℃ 左右接种曲，在 35℃ 左右通风培养 20～30h，由无菌压缩空气（经接种）输入发酵罐中，发酵培养基也冷却至 35℃ 左右接种，发酵在 35℃ 左右进行。通风搅拌培养 4 天。发酵度不再上升，残糖降到 2g/L 以下时，立即泵送到贮罐中，及时进行提取。

目前我国柠檬酸产量约为 90 万吨，占世界产量的 70%～80%，我国选育的耐高糖、耐高柠檬酸并具有抗金属离子的黑曲霉高产菌株，不断推出适合不同原料的生产工艺，使浓醪高发酵指数的深层发酵工艺日益完善，我国已经进入世界柠檬酸生产强国行列。

我国柠檬酸的提取基本上采用钙盐法，工艺流程如图 12-10 所示。

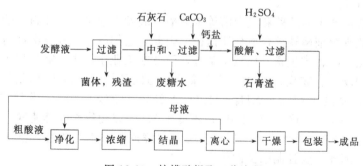

图 12-10　柠檬酸提取工艺流程

发酵液经过加热处理后，滤去菌体等残渣，在中和桶中加入 $CaCO_3$ 或石灰乳中和，使柠檬酸以盐的形式沉淀下来，废糖水和可溶性的杂质则过滤除去。柠檬酸钙在酸解槽中加入 H_2SO_4 酸解，使柠檬酸分离出来，形成的硫酸钙（石膏渣）被滤除，作为副产品利用，这时得到的粗柠檬酸溶液通过脱色和离子交换净化，除去色素和胶体杂质以及无机杂质离子。净化后的柠檬酸溶液浓缩后结晶出来，离心分离晶体，母液则重新净化后浓缩，结晶。柠檬酸晶体经干燥和检验后包装出厂。

钙盐法工艺经典成熟，但路线长，提取收率低，成本高（生产 1t 柠檬酸成品要消耗 1t H_2SO_4 和 1t $CaCO_3$），且产生大量的废气、废水和废渣（生产 1t 柠檬酸将产生 480g CO_2、10m^3 废水和 2t $CaSO_4$），三废处理费用占生产成本的 10%～15%。为了解决上述难题，国内外广泛开展了柠檬酸分离提取技术的研究，萃取技术由以色列研究成功，并在美国某公司组织生产，但由于萃取剂的残留，未能广泛应用。目前离子交换法、色谱法以及两者结合的方法是最具有潜力的工业化方法，有望获得大规模应用。

四、乳酸发酵工艺

玉米、马铃薯、糖蜜经酸水解得到葡萄糖，用于工业发酵生产乳酸。乳酸的另一个绿色产业是以乳酸为基础而生产的乳酸乙酯，主要用于调配苹果、凤梨、焦糖、乳香等食用香精，也用于朗姆酒、白酒等酒用香精中。乳酸乙酯是我国允许使用的食用香料。聚乳酸是以乳酸为主要原料聚合得到的聚合物，它可以制成纤维素、薄膜和线材等产品，原料来源充分而且可以再生。聚乳酸的生产过程无污染。而且产品可以生物降解，在 45～60 天以内可完全生物降解，最终生成 CO_2 和 H_2O，实现在自然界中的循环，同样，聚乳酸和乳酸与羟基乙酸的共聚物在食品包装、农业和园艺中的应用意义重大，又由于它们可以在体内吸收，非常适合做外科的植入和缝合线。

1. 乳酸发酵微生物

自然界中产乳酸的微生物很多，但产乳酸能力强，可以应用到工业上的只有细菌中的乳酸菌类和霉菌中的根霉属。细菌乳酸发酵是通过同型或异型乳酸发酵、双歧途径等生产的。乳酸细菌包括乳杆菌属 (*Lactobacillus genus*)、链球菌属 (*Streptococcus*)、明串珠菌属 (*Leuconstoc*) 和足球菌属 (*Pediococcus*) 4 个属的 40 余种，其中以德氏乳杆菌 (*L. delbrueckii*)、赖氏乳杆菌 (*L. leichmannii*) 和植物乳杆菌 (*L. plantarum*) 最常用。根霉属 (*Rhizopus*) 中常用的菌种有米根霉 (*R. oryzae*)、行走根霉 (*R. stolonifer*)、小麦曲根霉 (*R. ritici*)。米根霉具有较丰富的淀粉酶、糖化酶系，能直接利用淀粉质或糖质原料发酵生产乳酸。乳酸生产对于菌种的要求是产酸迅速、副产物少、营养要求简单、耐高温，这样可以避免杂菌污染，加速发酵进程，提高产率，便于后续提取工艺操作。微生物发酵法生产乳酸技术日益进步，但乳酸的生产成本仍需进一步降低才能够扩大乳酸的应用前景，关键还在于菌种水平的提高和发酵工艺技术的改进。

2. 乳酸发酵工艺

乳酸菌不能直接产生淀粉酶和蛋白酶等水解酶，故发酵前必须将原料中的淀粉进行糖化处理。另外，大多数乳酸细菌缺乏合成代谢途径，因此，它们的生长和发酵都需要复杂的外源营养物质，如各种氨基酸、维生素、核酸碱基等，因此在工业生产中，需添加含所需营养成分的天然廉价辅料，如麦根、麸皮、米糠、玉米浆等。德氏乳杆菌发酵生产乳酸的培养基组成如下：葡萄糖 15%，麦根 0.4%，$(NH_4)_2HPO_4$ 0.25%，$CaCO_3$ 10%。发酵时，接入 8% 的二级种子培养液，保持 46～50℃，控制 pH 值不低于 5.0，以免影响发酵速度。当残糖含量降至 0.1% 时，视为发酵结束。乳酸发酵为厌氧发酵，发酵过程中不需要通入空气，但需要分批添加碳酸钙并搅拌，因此，要控制杂菌的污染。

乳酸发酵工艺可分为单行发酵工艺和并行发酵工艺。前者是常规的发酵工艺，即将原料预处理与乳酸发酵分开进行；后者是指在一个容器中同时进行酶解和发酵，即糖化过程和发酵过程结合起来，称同步糖化发酵工艺。该工艺操作简单，由于糖化产生的葡萄糖可立即被乳酸菌作用产生乳酸，克服水解酶的产物抑制作用，从而加快水解作用并促进整个发酵过程的进行。此外，对于淀粉质原料而言，还可以同时进行液化、糖化和发酵反应过程。

为了提高乳酸产率，改进分离过程，近年来围绕乳酸生产各个单元过程发展了许多技术，如采用半间歇或连续操作、固定化技术或细胞循环反应器、高浓度细胞发酵技术、发酵分离耦合的萃取发酵技术等。

第四节　氨基酸生产工艺

氨基酸发酵是一个典型的代谢控制发酵。氨基酸发酵工业是利用微生物的生长和代谢活动生产各种氨基酸的现代工业。氨基酸发酵是好氧发酵，但培养液中溶解氧含量的不同，所得到的产品不同，因此不同的氨基酸产品，生产中可控制不同的通风量。在氨基酸发酵中，要发生一系列复杂的生物化学反应，全部生产程序应符合客观规律，代谢控制理论是氨基酸发酵的理论基础。氨基酸是微生物的中间代谢产物，它的积累是建立于对微生物正常代谢的控制。也就是说氨基酸发酵的关键取决于其控制机制是否能够被解除，是否能够打破微生物正常代谢的调节，人为地控制微生物的代谢。

目前，氨基酸的生产方法有5种：① 直接发酵法；②添加前体发酵法；③酶法；④化学合成法；⑤蛋白质水解提取法。通常将直接发酵法和添加前体发酵法统称为发酵法；将发酵法和酶法统称为微生物法。现在除少数几种氨基酸，如酪氨酸、半胱氨酸、胱氨酸和丝氨酸等用蛋白质水解提取法生产外，多数氨基酸都采用发酵法生产，但也有几种氨基酸采用酶法和化学合成法生产。氨基酸是构成蛋白质的成分，主要用在下列几个方面。①食品工业。一般在主要食物如小麦中缺少赖氨酸、苏氨酸和色氨酸，适量添加这些氨基酸可强化食品，提高食品的营养价值；还可以作为调味品，如谷氨酸单钠盐（味精）。②饲料工业。一般饲料中缺乏赖氨酸和蛋氨酸，如适量加这两种氨基酸可提高饲料的营养价值，促进鸡的产蛋与猪的生长。③医药工业。氨基酸参与体内代谢和各种生理机能活动，因此可用于治疗各种疾病，如各种氨基酸输液、氨基酸注射液以及氨基酸营养液等。④化学工业。用谷氨酸可分别制成无刺激性的洗涤剂、聚谷氨酸人造革以及人造纤维和涂料等。⑤农业。利用氨基酸可制造具有特殊作用的农药，即氨基酸农药，可提高农作物对病害的抵抗力，具有和一般杀菌剂相似的防治效果。氨基酸农药可被微生物分解，是一种无公害农药，也是农药发展的一个方向。

一、谷氨酸发酵工艺

以淀粉水解糖为原料通过微生物发酵生产谷氨酸的工艺，是最成熟、最典型的一种氨基酸生产工艺，主要由三部分组成，即淀粉水解糖的制备、谷氨酸发酵和谷氨酸提取。

1. 淀粉水解糖的制备

淀粉水解糖的制备方法，一般有酸水解法和酶水解法两种。目前谷氨酸淀粉水解糖的制备方法一般采用酶水解法。

2. 谷氨酸发酵

发酵初期，即菌体生长的延滞期，糖基本没有利用，尿素分解放出氨使 pH 值略上升。这个时期的长短决定于接种量、发酵操作方法（分批或分批流加）及发酵条件，一般为 2～4h。接着进入对数生长期，代谢旺盛，糖耗快，尿素大量分解，pH 值很快上升。但随着氨被利用，pH 值又下降，溶氧浓度急剧下降，然后又维持在一定水平上。菌体浓度（OD 值）迅速增大，菌体形态为排列整齐的八字形。这个时期，为了及时供给菌体生长必需的氮源及调节培养液的 pH 值至 7.5～8.0，必须流加尿素；又由于代谢旺盛，泡沫增加并放出大量发酵热，故必须进行冷却，使温度维持在 30～32℃。菌体繁殖的结果，菌体内的生物素含量由丰富转为贫乏。这个阶段主要是菌体生长，几乎不产酸，一般为 12h 左右。

当菌体生长基本停止就转入谷氨酸合成阶段，此时菌体浓度基本不变，糖与尿素分解后产生的 α-酮戊二酸和氨主要用来合成谷氨酸。这一阶段，为了提供谷氨酸合成所必需的氨及维持谷氨酸合成最适的 pH＝7.2～7.4，必须及时流加尿素，又为了促进谷氨酸的合成需加大通气量，并将发酵温度提高到谷氨酸合成的最适温度 34～37℃。

发酵后期，菌体衰老，糖耗缓慢，残糖低，此时流加尿素必须相应减少。当营养物质耗尽酸度不再增加时，需及时放罐，发酵周期一般为 30～36h。

为了实现发酵工艺条件最佳化，国外利用电子计算机进行过程控制，目前国内也正在积极开发这方面的技术。

3. 谷氨酸提取

从谷氨酸发酵液中提取谷氨酸的方法，一般有等电点法、离子交换法、金属盐沉淀法、盐酸盐法和电渗析法，以及将上述某些方法结合使用的方法。其中以等电点法和离子交换法较普遍，现介绍于下。

(1) **等电点法**　谷氨酸分子中有两个酸性羧基和一个碱性氨基，$pK_1=2.91$（α-COOH）、$pK_2=4.25$（γ-COOH）、$pK_3=9.67$（α-NH$_3^+$），其等电点为 pH＝3.22，故将发酵液用盐酸调节到 pH＝3.22，谷氨酸就可分离析出。此法操作方便，设备简单，一次收率达 60％左右；缺点是周期长，占地面积大。图 12-11 表示等电点法提取谷氨酸的工艺流程。

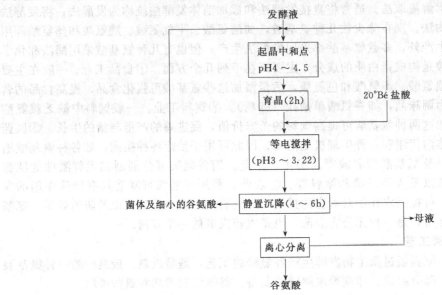

图 12-11　等电点法提取谷氨酸的工艺流程

(2) **离子交换法**　当发酵液的 pH 值低于 3.22 时，谷氨酸以阳离子状态存在，可用阳离子交换树脂来提取吸附在树脂上的谷氨酸阳离子，并可用碱洗下来，收集谷氨酸洗脱流分，经冷却，加盐酸调 pH＝3.0～3.2 进行结晶，再用离心分离机即可得谷氨酸结晶。

此法过程简单，周期短，设备省，占地少，提取总收率可达 80％～90％，缺点是酸碱用量大，废液污染环境。

离子交换法提取谷氨酸的工艺流程如图 12-12 所示。从理论上来讲上柱发酵液的 pH 值应低于 3.22，但实际生产上发酵液的 pH 值并不低于 3.22，而是在 pH5.0～5.5 就可上柱，这是因为发酵液中含有一定数量的 NH$_4^+$、Na$^+$，这些离子优先与树脂进行交换反应，放出 H$^+$，使溶液的 pH 值降低，谷氨酸带正电荷成为阳离子而被吸附，上柱时应控制溶液的 pH 值不高于 6.0。

4. 谷氨酸的中和

味精（谷氨酸单钠的商品名称）具有强烈的鲜味，是将谷氨酸用适量的碱中和得到的。

(1) **谷氨酸的中和**　谷氨酸的饱和溶液加碱进行中和，反应方程式为：

$$2NH_3^+-\underset{\substack{|\\CH_2\\|\\CH_2\\|\\COOH}}{\overset{\substack{COO^-\\|}}{CH}} + NaCO_3 \longrightarrow 2NH_3^+-\underset{\substack{|\\CH_2\\|\\CH_2\\|\\COO^-}}{\overset{\substack{COO^-Na^+\\|}}{CH}} + CO_2\uparrow + H_2O$$

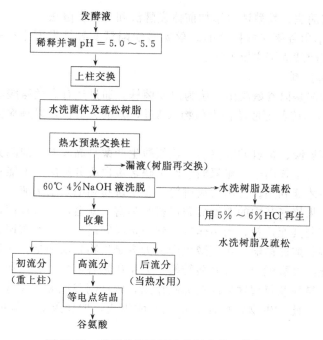

图 12-12 离子交换法提取谷氨酸的工艺流程

谷氨酸中和反应的 pH 值应控制在谷氨酸第二等电点 pH＝6.96。当 pH 值太高时，生成的谷氨酸二钠增多，而谷氨酸二钠没有鲜味。

（2）中和液的除铁、除锌 由于生产原料不纯、生产设备腐蚀及生产工艺等原因，使中和液中铁离子、锌离子超标，必须将其除去。目前除铁离子、锌离子的方法主要有硫化钠法和树脂法两种。

硫化钠可与 Fe^{2+}、Zn^{2+} 反应生成硫化锌沉淀。

树脂除铁是利用弱酸性阳离子交换树脂，吸附铁或锌得以除去。此法除铁（或锌），不但解决了硫化钠法除铁引起的环境污染问题，改善了操作条件，而且提高味精质量，是一种较为理想的除铁方法。

（3）谷氨酸中和液的脱色 一般谷氨酸中和液都具有深浅不同的褐色色素，必须在结晶前将其脱色，常用脱色方法有活性炭脱色法和离子交换树脂法两种。

活性炭脱色主要是粉末状的药用炭和 GH-15 颗粒活性两种。粉末活性炭脱色，一种方法是在中和过程中加炭脱色后除去铁，另一种方法是中和液洗涤除铁，用谷氨酸回调 pH＝6.2～6.4，蒸汽加热 60℃，使谷氨酸全部溶解，再加入适量的活性炭脱色。经粉末活性炭脱色后，往往透光率达不到要求，需进入 GH-15 活性炭柱进行最后一步脱色工序。

离子交换树脂的脱色主要靠树脂的多孔隙表面对色素进行吸附，主要是树脂的基团与色素的某些基团形成共价键，因而对杂质起到吸附与交换作用，一般选用弱碱性阴离子交换树脂。

（4）中和液的浓缩和结晶 谷氨酸钠在水中的溶解度很大，要想从溶液中析出结晶，必须除去大量的水分，使溶液达到过饱和状态。工业上为了避免因温度太高，谷氨酸钠脱水变成焦谷氨酸钠，都采用减压蒸发法来进行中和液的浓缩和结晶，真空度一般在 80kPa 以上，温度为 65～70℃。为了使味精的结晶颗粒整齐，一般采用投晶种结晶法，完成结晶后，经离心机分离，振动床干燥、筛分，再经过包装，即成成品味精。

二、赖氨酸发酵工艺

赖氨酸的化学名称为 2,6-二氨基己酸，分子式为 $C_6H_{14}O_2N_2$，有 L 型和 D 型两种构型。微生物发酵法生产的为 L 型。赖氨酸是人体必需的八种氨基酸之一。赖氨酸的生产方法有提取法、化学合成法与酶法、发酵法（添加前体发酵法和直接发酵法）。

自 1960 年，日本用谷氨酸棒杆菌的高丝氨酸缺陷型变异株发酵生产赖氨酸获得成功后，直接发酵法生产赖氨酸就成了主要方法。

1. 赖氨酸的发酵控制

赖氨酸生产菌大多是以谷氨酸生产菌为出发菌株，通过选育高丝氨酸缺陷型、抗赖氨酸结构类似物（如 AEC^r）、抗苏氨酸结构类似物（AHV^r）的突变株，以解除自身的代谢调节来实现的。

（1）培养基中苏氨酸、蛋氨酸的控制　赖氨酸生产菌是高丝氨酸缺陷突变株、苏氨酸和蛋氨酸是赖氨酸生产菌的生长因子。赖氨酸生产菌缺乏蛋白质分解酶，不能直接分解蛋白质，只能将有机氮源水解后才能利用。常用大豆饼粉、花生饼粉和毛发水解液。

发酵过程中，如果培养基中的苏氨酸和蛋氨酸丰富，就会出现只长菌，而不产或少产赖氨酸的现象，所以要控制其亚适量，当菌体生长到一定时间后，转入产酸期。

（2）生物素对赖氨酸的影响　赖氨酸生产菌大多是生物素缺陷型。如果在发酵培养基中限量添加生物素，赖氨酸发酵就会向谷氨酸转换，大量积累谷氨酸。若添加过量生物素，使细胞内合成的谷氨酸对谷氨酸脱氢酶发生反馈抑制作用，则抑制谷氨酸的大量生成，使代谢流转向合成天冬氨酸方向。因此，生物素可促进草酰乙酸生成，增加天冬氨酸的供给，提高赖氨酸产量。

（3）赖氨酸发酵的工艺条件　温度前期为 32℃，中后期 34℃。pH＝6.5～7.5，最适 pH＝6.5～7.0，发酵过程中，通过添加尿素或氨水来控制 pH 值，此外尿素和氨水还能为赖氨酸的生物合成提供氮源。种龄和接种量要求以对数生长期的种子为好，当采用二级种子扩大培养时，种量约为 2%，种龄一般为 8～12h；当采用三级种子扩大培养时，种量约为 10%，种龄一般为 6～8h。赖氨酸发酵要求供氧充足。

2. 赖氨酸的提取与精制

赖氨酸提炼过程包括发酵液预处理、提取和精制三个阶段。因游离的 L-赖氨酸易吸附空气中的 CO_2，故结晶比较困难。一般商品都是以 L-赖氨酸盐酸盐的形式存在，其化学组成为 $C_6H_{14}O_2N_2 \cdot HCl$。

（1）发酵液预处理　除去菌体采用离心法（高速离心 4000～6500r/min）添加絮凝剂（如聚丙烯酰胺）沉淀法。

（2）离子交换法提取赖氨酸　从发酵液中提取赖氨酸通常有四种方法：①沉淀法；②有机溶剂抽提法；③离子交换法；④电渗析法。工业上大多采用离子交换法来提取赖氨酸。

赖氨酸是碱性氨基酸，等电点为 9.59，在 pH2.0 左右被强酸性阳离子交换树脂所吸附，pH7.0～9.0 被弱酸性阳离子交换树脂吸附。从发酵液中提取赖氨酸选用强酸性阳离子交换树脂，它对氨基酸的交换势为：精氨酸＞赖氨酸＞组氨酸＞苯丙氨酸＞亮氨酸＞蛋氨酸＞缬氨酸＞丙氨酸＞甘氨酸＞谷氨酸＞丝氨酸＞天冬氨酸。强酸性阳离子交换树脂的氢型对赖氨酸的吸附比铵型容易得多。但是铵型能选择性地吸附赖氨酸和其他碱性氨基酸，不吸附中性和酸性氨基酸，同时在用氨水洗脱赖氨酸后，树脂不必再生。所以从发酵液中提取赖氨酸均选用铵型强酸性阳离子交换树脂。

（3）赖氨酸的精制　离子交换柱的洗脱液中含游离赖氨酸和氢氧化铵。需经真空浓缩蒸去氨后，再用盐酸调至赖氨酸盐酸盐的等电点 5.2，生成的赖氨酸盐酸盐以含一个结晶水合物的形式析出。经离心分离后，在 50℃以上进行干燥，失去其结晶水。

三、精氨酸发酵工艺

精氨酸（Arg）是具有胍基的碱性氨基酸，是蛋白质的构成成分。精氨酸和组氨酸一起，是人体和动物体中的半必需氨基酸，在幼小动物的营养上有重要价值，在医药工业上具有广泛用途。鸟氨酸（Orn）和瓜氨酸（Cit），是精氨酸合成的前体物质。

由于精氨酸是生物合成途径的终点氨基酸，精氨酸自身是其合成代谢的调节因子，并且精氨酸生物合成途径中没有分支，所以精氨酸发酵不能用阻断代谢流、营养缺陷型来进行，主要应用抗反馈调节突变株，选育 L-精氨酸结构类似物突变株（如 D-Arg^R、ArgHX 等），以解除精氨酸的自身调节，使精氨酸得以积累。久保田等用黄色短杆菌的 2-噻唑丙酸抗性突变株，在 10%葡萄糖培养基中，添加 10mg/mL 的氯霉素，精氨酸产量高达 32g/L。江南大学对发酵法生产 L-精氨酸也进行了研究，王霞等以谷氨酸棒杆菌为诱变出发株，诱变选育出一株精氨酸高产菌 JDN28-50，在摇瓶中产酸率可达 30g/L。

2003 年上海市工业微生物研究所苏令鸣等以黄色短杆菌（*Brevibacterium flavum*）AG77（AHV^r，TA^r，SG^r）为诱变出发菌株，经亚硝基胍（NTG）诱变处理和选育，获得一株能够大量积累 L-精氨酸的菌株 AN78（AHV^r，TA^r，SG^r，his^-）。该菌株在 20L 发酵罐中，以葡萄糖为碳源，以玉米浆、硫酸铵等为氮源的培养基中培养 4 天，产酸可达 61.1g/L，对糖转化率 20.2%，与 AG77 菌株相比较，分别提高了 95%和 39.3%。发酵液中 L-精氨酸的提取率为 71%。2006 年贺小贤通过物理化学诱变选育一株精氨酸获得抗 L-Arg 结构类似物突变株，在 5L 全自动发酵罐上进行发酵试验，发酵液装量为 3L，培养基中含 10%糖、6%（NH_4）$_2SO_4$、0.1%KH_2PO_4、0.05%$MgSO_4$、1.0%玉米浆、3%$CaCO_3$、40μg/L 生物素、3.5%谷氨酸，发酵 pH 控制 7.0，温度 32℃，转速为 360r/min，通风比为 1∶6，当发酵时间达到 20h，菌体生长达到最大，发酵 76h，产酸达 12.56g/L。

精氨酸发酵时种子培养基的组成：葡萄糖 3.0%，尿素 0.25%，玉米浆 2.5%，KH_2PO_4 0.15%，$K_2HPO_4 \cdot 3H_2O$ 0.05%，$MgSO_4 \cdot 7H_2O$ 0.04%，生物素 50μg/L；pH7.0～7.2，115℃灭菌 15min。摇瓶发酵培养条件：按种后的摇瓶置往复式摇床 30℃，转速 115r/min，30℃培养 72h。

发酵培养基的组成：葡萄糖 13%，（NH_4）$_2SO_4$ 5.0%，玉米浆 1.5;%KH_2PO_4 0.10%，$MgSO_4 \cdot 7H_2O$ 0.04%，尿素 0.1%，生物素 50μg/L，碳酸钙 5.0%（分消）；酚红 0.002%；pH7.0，灭菌温度 115℃，15min。

20L 发酵罐发酵培养条件：温度 30℃，pH6.5～7.0，通气量 0.6～1.0L/ [L（发酵液）·min]；转速 300～900r/min，用调节转速控制溶解氧 5%～15%。精氨酸发酵过程中，溶解氧对菌体生长和产酸均有重要的影响，如表 12-7 所示。

表 12-7 精氨酸发酵过程中氧分压对菌体生长和产酸的影响

溶解氧氧分压/×10^5Pa		精氨酸/(mg/mL)	溶解氧氧分压/×10^5Pa		精氨酸/(mg/mL)
生长阶段	产酸阶段		生长阶段	产酸阶段	
0.01～0.05	0.01～0.05	30.3	0.32～0.42	0.01～0.05	19.5
0.01～0.05	0.32～0.42	28.4	0.32～0.42	0.32～0.42	22.8

第五节 酶制剂生产工艺

酶是由细胞产生的具有催化作用的蛋白质，生物体进行的各种生物化学反应都是在酶的作用下进行的，没有酶代谢就会停止，生命也会停止。在古代，我们的祖先不知道酶是何物，但凭借经验的积累把它运用到相当完美的程度。从有记载的资料得知，4000 年前的夏禹时代酿酒已盛行。公元 10 世纪左右，已能用豆类做酱。豆酱是在霉菌蛋白酶的作用下，豆类蛋白水解所得的产品。约 3000 年前，利用麦曲含有的淀粉酶将淀粉降解为麦芽糖，制造了饴糖。用曲治疗消化障碍症也是我国人民的最早发现。曲富含酶和维生素，至今仍是常用的健胃药。利用微生物来进行酶生产是 19 世纪日本人高峰让吉用曲霉通过固体培养生产他卡淀粉酶（Take-diastase）用作消化剂开始的。20 世纪 20 年代，法国人 Bildin 和 Effront 在德国设厂，用枯草杆菌生产 α-淀粉酶，用于棉布退浆，为微生物酶的工业生产奠定了基础。30 年代，微生物蛋白酶开始在食品和制革工业上应用。40 年代末，日本学者用深层发酵法生产 α-淀粉酶，是微生物酶大规模工业化生产的开始。50 年代，日本学者发现几种类型的霉菌蛋白酶，特别是酸性蛋白酶，并发明了从链霉素发酵液中回收蛋白酶的方法；从 Reese 等提出纤维素酶作用方式以后，开始转入纤维素酶的基础研究。60 年代，用酶法生产葡萄糖获得成功，促进了淀粉酶的工业化生产。70 年代，建立了固定化葡萄糖异构酶工业，并将固定化青霉素酰化酶与固定化天冬氨酸酶应用于生产。随着科学技术的进步，微生物酶制剂的种类越来越多。其中最主要的水解酶类是淀粉酶、糖化酶、蛋白酶、葡萄糖异构酶和果胶酶等，广泛应用于食品、纺织、制革、医药、日用化工和三废治理等各个方面。利用酶反应代替化学反应可以简化工艺和设备，提高产品质量，降低原料消耗，改善劳动条件，节约能源，减少环境污染等。除此之外，随着现代生物工程技术的发展，酶在疾病的诊断与治疗、分析检测、去除细胞壁、切割生物大分子和生物大分子的连接方面都获得广泛的应用。

一、微生物细胞生长与产酶的关系

产酶细胞在一定条件下进行培养，其生长过程同样经历调整期、对数生长期，平衡期和衰亡期四个阶段。通过分析酶产生与细胞生长的关系，可以把酶的生物合成模式分为以下四种类型。

（1）同步合成型　又称为生长偶联型。属于这一类型的酶，其生物合成可以诱导，但不受分解代谢物和反应产物阻遏。而且去除诱导物或细胞进入平衡期后，酶的合成立即停止，这表明这类酶所对应的 mRNA 是很不稳定的。这类型酶，其合成与细胞生长同步进行，细胞进入对数生长期，酶大量产生，细胞生长进入平衡期后酶的合成随之停止。例如米曲霉由单宁或没食子酸诱导生成鞣酸酶或单宁酶就属于同步合成型酶。

（2）中期合成型　酶的合成在细胞生长一段时间以后才开始，而在细胞进入平衡期后，酶的合成也随之停止。该类酶的合成受反馈作用物阻遏，而且其所对应的 mRNA 是不稳定的，如枯草杆菌合成碱性磷酸酶（alkaline phosphase），反应受无机磷的阻遏，而磷又是细胞生长必不可少的物质，培养基中必然有磷存在。细胞生长到一定时间后，培养基的无机磷几乎被消耗完（低于 $0.01\mu mol/mL$）时，阻遏解除了，酶才开始大量合成。又由于碱性磷酸酶所对应的 mRNA 不稳定，其寿命只有 30min 左右，所以当细胞生长进入平衡期后，酶的合成也随之停止。

（3）延续合成型　酶的合成伴随着细胞的生长而开始，但在细胞进入平衡期后，酶还可以延续合成较长的时间，该类酶可受诱导，但不受分解代谢物和产物阻遏，而且该类酶所对应的 mRNA 相应稳定，可在生长平衡期以后相当长时间内继续酶的合成。黑曲霉生产 β-半乳糖醛酸酶，当以 β-半乳糖醛酸或纯果胶为诱导物，该酶的合成为延续合成型。若以粗果胶（含有葡萄糖）为诱导物，则该酶的合成推迟开始，若葡萄糖含量较多，就要在平衡期后，细胞用完葡萄糖后才开始合成。在此条件下，该酶的合成转为滞后合成型。

（4）滞后合成型　只有当细胞生长进入平衡期后，酶才开始合成并大量积累，该类酶在对数生长期不合成，可能是由于受到分解代谢物阻遏作用的影响，当阻遏解除后，酶才开始大量合成，加上其所对应的 mRNA 稳定性高，所以能在细胞停止生长后，继续利用积累的 mRNA 进行翻译而合成酶。许多水解酶类都属于这一类型。例如，由黑曲霉（Aspergillus niger）生产酸性蛋白酶（acid protease）时，细胞生长进入平衡期后，酶才开始合成大量积累。

由酶的合成模式可以知道，mRNA 的稳定性以及培养基中阻遏物的存在是影响酶合成模式的主要因素。其中 mRNA 的稳定性高，可在细胞停止生长后继续合成其所对应的酶；mRNA 稳定性差的，就随着细胞生长的停止而终止酶的合成。不受培养基中的某些物质阻遏的，可随细胞生长而开始酶的合成，受培养基中某些物质阻遏的，要在细胞生长一段时间或在平衡期以后，解除阻遏，酶才开始合成。虽然微生物生长期与产酶期有一定的关系，但菌种变异或培养基改变，均可使产酶期发生变动。芽孢杆菌形成胞外蛋白酶的能力比其他微生物强，而胞外蛋白酶的产生与芽孢的形成有密切关系。一般不能形成芽孢的突变株不能合成大量碱性蛋白酶，丧失了形成蛋白酶能力的突变株不能形成芽孢。淀粉酶的产生与芽孢形成无直接关系，有些菌株的淀粉酶活性在菌体生长达最大值时最高；有些菌株（如枯草杆菌与嗜热脂肪芽孢杆菌）在对数生长期淀粉酶活性最高；对糖的分解代谢产物阻遏很敏感的菌株，在糖未耗尽和达到生长静止期之前不会大量形成淀粉酶。工业上用粗原料生产淀粉酶时，酶在静止期大量形成，酶活性随菌体自溶而增加。枯草杆菌 BF-7658 的淀粉活性在衰退期最高。

二、微生物酶合成的调节与控制

酶的生物合成受基因和代谢的双重调节控制。微生物酶的生物合成及其活性的调节控制机制可用图 12-13 表示。

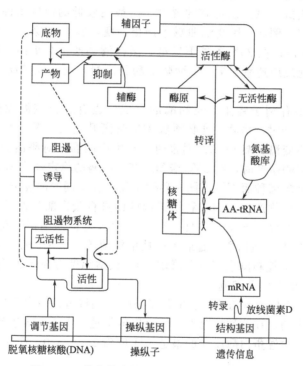

图 12-13　微生物酶的生物合成及其活性的控制

从 DNA 的分子水平阐明的酶生物合成的控制机制表明，酶的合成像蛋白质合成一样受基因控制，由基因决定酶分子的化学结构。但从酶的角度来看，仅有某种基因不能保证大量产生某种酶，酶的合成还受代谢物（酶反应的底物、产物或类似物）的控制和调节。当有诱导物存在时，酶的生成量可以几倍乃至几百倍地增加。相反，某些酶反应的产物，特别是终产物，又能产生阻遏作用，使酶的合成数量减少。按照操纵子学说，细胞中的操纵子由操纵基因和邻近的几个结构基因组成。结构基因能转录遗传信息，合成相应的信使 RNA（mRNA），进而再翻译合成特定的酶。操纵基因能够控制结构基因的作用。细胞中还有一种调节基因，能够产生阻抑蛋白，阻抑蛋白与阻遏物结合，由于变构效应，与操纵基因的亲和力变大，使 RNA 聚合酶不能到达结构基因的位置，DNA 不能转录，mRNA 不能合成，因此，酶的合成受到阻遏。

诱导物也能和阻抑蛋白结合，使其结构发生改变，减少与操纵基因的亲和力，使操纵基因恢复自由，进而结构基因进行转录，合成 mRNA，再转译合成特定的酶。

三、微生物酶的生产条件

1. 微生物酶生产的培养基

微生物酶生产的培养基与其他发酵产品的培养基一样，都包括碳源、氮源、无机盐和生长因子。在酶制剂的生产过程中常加入产酶促进剂，即加入少量的某种物质能显著增加酶产量，作用并未阐明清楚的物质。在酶的发酵生产中，对于诱导酶来说，在培养基中添加适量诱导物，也可使产酶量显著提高。产酶诱导物通常是酶作用的底物或底物类似物，如常用的产酶促进剂有吐温-80、植酸钙镁、洗净剂 LS、聚乙烯醇、乙二胺四乙酸（EDTA）等。

2. 温度的影响及控制

温度是影响细胞生长繁殖和发酵产酶的重要因素之一。酶发酵生产培养温度随菌种而不同。细胞发酵产酶的最适温度与最适生长温度亦不同。

在酶生产过程中，为了有利于菌体的生长和酶的合成，可采用阶段控制温度，即在生长期，控制生长的最适温度，在酶的合成期采用生产的最适温度，但由于微生物合成酶的模式不同，所以应根据合成模式，来控制适宜的温度。一般在较低的温度条件下，可提高酶的稳定性，延长细胞产酶时间。例如，用酱油曲霉生产蛋白酶，在 28℃ 条件下发酵，蛋白酶产量比在 40℃ 条件下高 2～4 倍；在 20℃ 条件下发酵，蛋白酶的产量会更高。但并不是温度越低越好，若温度过低，生化反应速率很慢，反而降低酶的产量，延长发酵周期，故必须进行试验，以确定最佳产酶温度。

在酶生产中，为了有利于菌体生长和酶的合成，也有进行变温发酵的。例如枯草杆菌 AS1.398 中性蛋白酶生产时，培养温度必须从 31℃ 逐渐升温至 40℃，然后再降温至 31℃ 进行培养，蛋白酶产量比不变温者高 66%。据报道，酶生产的温度对酶活力的稳定性有影响。例如，嗜热芽孢杆菌淀粉酶生产时，在 55℃ 培养所产生的酶的稳定性比 35℃ 好。

酶生产的培养温度随菌种而不同，同一种微生物，在不同的温度下，可产生不同的酶，同一种酶也可由不同的微生物产生。例如利用芽孢杆菌进行蛋白酶生产常采用 30～37℃，而霉菌、放线菌的蛋白酶生产以 28～30℃ 为佳。在 20℃ 生长的低温细菌，在低温下形成蛋白酶最多。嗜热微生物在 50℃ 左右蛋白酶产量最大；枯草杆菌的 α-淀粉酶生产时，培养温度以 35～37℃ 为最合适；霉菌的 α-淀粉酶生产（深层培养），最适温度为 30℃ 左右。

3. pH 值对酶生产的影响及控制

酶生产的适宜的 pH 值通常与酶反应的最适 pH 值相接近。但酶反应的最适 pH 值对某些酶来说可能是最不稳定的。在这种情况下，酶反应的最适 pH 值与酶生产的合适 pH 值差距就较大。如黑曲霉 3.350 酸性蛋白酶反应的最适 pH 值为 2.5～3.0，而在 pH6 左右培养时酸性蛋白酶产量较高。

由于酶生产受培养基 pH 值的影响，故可利用培养基 pH 值来控制酶活性。例如利用黑曲霉生产糖化酶时，除糖化酶外还有 α-淀粉酶和葡萄糖苷转移酶存在。当 pH 值在中性时，糖化酶的活性低，其他两种酶的活性高；当 pH 值为酸性时，糖化酶的活性高，其他两种酶的活性低。其他两种酶特别是葡萄糖苷转移酶，因为它的存在严重影响葡萄糖收率，在糖化酶生产时是必须除去的，因此将培养基 pH 值调节到酸性就可使这种酶的活性降低，如 pH 值达到 2～2.5 则有利于这种酶的消除。

培养基的 pH 值和碳氮比密切相关，因此微生物生产酶类的 pH 值也和碳氮比有关。例如米曲霉在碳氮比高的培养基中培养，产酸较多，pH 值下降，有利于酸性蛋白酶的生成；在碳氮比低的培养基中培养，则 pH 值升高，有利于中性和碱性蛋白酶生成。由此可见，在酶生产过程中通过培养基的碳氮比来控制 pH 值，从而控制酶产量是很重要的。

酶生产的 pH 值控制，一般根据酶生产所需求的 pH 值确定培养基的碳氮比和初始 pH 值，在一定通气搅拌条件的配合下，使培养过程的 pH 值变化适合酶生产的要求。但是，也有在培养基中添加缓冲剂使其具有缓冲能力以维持一定 pH 值的；也有在培养过程中当培养液 pH 值过高时添加糖或淀粉来调节，pH 值过低时用通氨或加大通气量来调节的。此外，也有用补料来控制培养基的碳氮比与 pH 值。

4. 溶解氧对酶生产的影响

酶生产所用的菌体一般都是需氧微生物，培养时都需要通风搅拌，但培养基中溶氧的浓度因菌种而异。一般来说，通气量少对霉菌的孢子萌发和菌丝生长有利，对酶生产不利。例如米曲霉的淀粉酶生产，培养前期降低通气量则促进菌体生长而酶产量减少；通气量大则促进产酶而对菌体生长不利。又如，以栖土曲霉生产中性蛋白酶，风量大时菌丝生长较差，但酶产量是风量小时的 7 倍。然而并不是利用霉菌进行酶生产时产酶期的需氧量都比菌体生长期大，也有氧浓度过大而抑制酶生产的现象。例如黑曲霉的淀粉酶生产，酶生产时菌的需氧量为生长旺盛时菌的需氧量的 36%～40%。

利用细菌进行酶生产时，一般培养后期的通气搅拌程度应比前期剧烈，但也有例外的情况，例如枯草杆菌的 α-淀粉酶生产，在对数生长末期降低通气量可促进 α-淀粉酶生产。

据报道，利用霉菌进行固体培养生产蛋白酶时，CO_2 对孢子萌发与产酶有促进作用，而不利于生长，因此在孢子发芽与产酶时通入的空气中掺入 CO_2 有利于提高酶产量。在枯草杆菌的 α-淀粉酶生产中，CO_2 对细胞繁殖与产酶均有影响，当通入的空气中含 CO_2 8% 时，α-淀粉酶活性比对照提高 3 倍。

如培养液浓度高，通气搅拌也要加强，以利于提高溶氧。淀粉质原料用 α-淀粉酶处理后，培养液黏度降低，有利于氧的传递，通气量可比不处理时减少。例如以黑曲霉生产糖化酶时，使用 α-淀粉酶处理，当玉米粉浓度为 20% 时，其通气量比未用 α-淀粉酶处理的 15% 的玉米粉浓度时减少 56%。

四、酶的提取技术

1. 酶提取的方法

（1）盐析法　盐析常用的中性盐有 $MgSO_4$、$(NH_4)_2SO_4$、Na_2SO_4 和 $NaHSO_4$，其盐析蛋白酶的能力因蛋白酶种类而不同，一般以含有阴离子的中性盐盐析效果较好。但是由于 $(NH_4)_2SO_4$ 的溶解度在低温也相当高，故在生产上普遍应用 $(NH_4)_2SO_4$。一般使各种酶盐析的剂量通过实验来确定。

以中性盐盐析蛋白酶时，酶蛋白溶液的 pH 值对盐析的影响不大。在高盐溶液中，温度高时酶蛋白的溶解度低，故盐析时除非酶不耐热，一般不需要降低温度。如酶蛋白不耐热，一般需冷至 30℃ 盐析。

同一中性盐溶液对不同的酶或蛋白质的溶解能力是不同的，利用这一性质，在酶液中先后添加不同浓度的中性盐，就可以将其中所含的不同的酶或蛋白质分别盐析出来，这就是分部盐析法。分部盐析是一种简单而有效的酶纯化技术，采用此法分离不同的酶或蛋白质，必须先通过实验求出液体中各种酶或蛋白质的浓度与盐析剂浓度的关系。

盐析法的优点：不会使酶失活；沉淀中夹带的蛋白质类杂质少；沉淀物在室温长时间放置不易失活，缺点是沉淀物中含有大量盐析剂。盐析法常作为从液体中提取酶的初始分离手段。

用盐析法沉淀的沉淀颗粒相对密度较小，而母液的相对密度较大，故用离心分离法分离时分离速度慢。

（2）有机溶剂沉淀法　有机溶剂沉淀蛋白质的机理目前还不十分清楚。各种有机溶剂沉淀蛋白质的能力因蛋白质种类而异。乙醇沉淀蛋白质的能力虽不是最强的，但因挥发损失相对较少，价格也较便宜，所以工业上常以它作为沉淀剂。有机溶剂沉淀蛋白质的能力受溶解盐类、温度和 pH 值等因素的影响，有机溶剂也会使培养液中的多糖类杂质沉淀，因此用此法提取酶时必须考察这些环境因素。分部有机溶剂沉淀法也可以用来分离酶或蛋白质，但其效果不如分部盐析法好。

按照食品工业用酶的国际法规，食品用酶制剂中允许存在蛋白质类与多糖类杂质及其他酶，但不允许混入多量水溶性无机盐类（食盐等例外），所以有机溶剂沉淀法的好处是不会引入水溶性无机盐等杂质，而引入的有机溶剂最后在酶制剂干燥过程中会挥发掉。由于具有此种特点，此法在食品级酶制剂提取中占有极重要的地位。又由于它不需要脱盐，操作步骤少，过程简单，收率高，国外食品工业用的粉剂酶如霉菌的淀粉酶、蛋白酶、糖化酶、果胶酶和纤维素酶等都是用有机溶剂一次沉淀法制造的。

为了节省有机溶剂的用量，一般在添加有机溶剂前先将酶液减压浓缩到原体积的 40%～50%。有机溶剂的添加量，按照小型实验测定的沉淀曲线来确定。要避免过量，否则会使更多的色素、糊精及其他杂质沉淀。

除以上两种方法外，还有单宁沉淀法、吸附法等提取方法，此外还有酶的精制技术等。

2. 酶提取的过程

（1）发酵液预处理　如果目标酶是胞外酶，在发酵液中加入适当的絮凝剂或凝固剂并进行搅拌，然后通过分离（如用离心沉降分离机、转鼓真空吸滤机和板框过滤机等）除去絮凝物或凝固物，以取得清的酶液。如果目标酶是胞内酶，先把发酵液中的菌体分离出来，并使其破碎，将目标酶抽提至液相中，以取得澄清酶液。

（2）酶的沉淀或吸附　用合适的沉淀方法，如盐析法、有机溶剂沉淀法、单宁沉淀法等，使酶沉淀，或者用白土或活性氧化铝吸附酶，再进行解吸，以达到分离酶的目的。

（3）酶的干燥　收集沉淀的酶进行干燥磨粉，并加入适当的稳定剂、填充剂等制成酶制剂；或在酶液中加入适当的稳定剂、填充剂，直接进行喷雾干燥。

五、微生物蛋白酶生产工艺

微生物蛋白酶一般按蛋白酶作用的最适 pH 值分为酸性蛋白酶、中性蛋白酶和碱性蛋白酶三类。酸性蛋白酶是生产历史较长，工艺比较成熟并较典型的一种蛋白酶，故以它的生产工艺作为例子来说明。黑曲霉 3.350 酸性蛋白酶生产工艺如下。

（1）发酵　发酵工艺流程如图 12-14 所示，种子罐培养采用由豆饼粉 3.65%、玉米粉 0.625%、鱼粉 0.625%、NH$_4$Cl 1.0%、CaCl$_2$ 0.5%、Na$_2$HPO$_4$ 0.2%，以及豆饼粉或蚕蛹粉水解液 10% 组成的培养基，初始 pH5.5，培养温度（31±1）℃，搅拌转速 230r/min，通气量为 1:3L/(L·min)，培养时间为 26h。发酵培养基成分与种子培养基相同。发酵培养基的初始 pH 值为 5.5，发酵温度为（31±1）℃，搅拌转速 180r/min，通气量 0～24h 为 1:0.25L/(L·min)，24～48h 为 1:0.5L/(L·min)，48h 发酵结束。发酵周期 72h，酶活性一般可达 2500～3200U/mL。

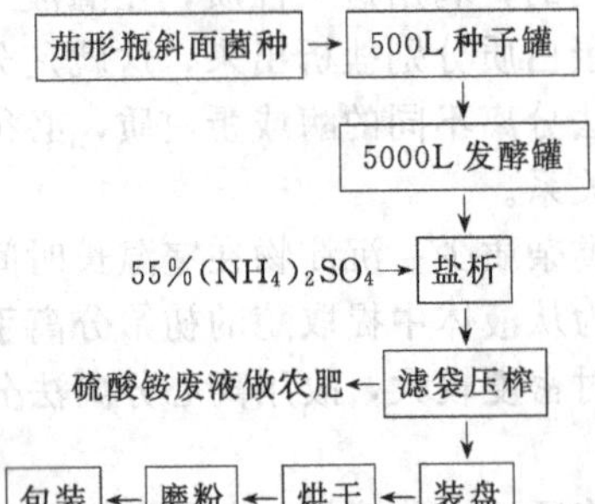

豆饼粉或蚕蛹粉水解液制备：取豆饼粉或蚕蛹粉 100 份、石灰 6 份和水 600 份，在 9.8×10^{4}Pa 表压下加热水解 1h。

（2）提取　工业用的粗制酶用盐析法提取。将培养物滤去菌体，用盐酸调节 pH 值至 4.0 以下，加入硫酸铵使浓度达 55%，静置过夜，去上清液，将沉淀通过压滤除母液，于 40℃干燥 24h，烘干后进行磨粉与包装，即可得工业用粗酶制品。本法盐析收率在 94% 以上，干燥后总收率在 60% 以上，每克酶活力为 20 万 U 左右。也可以在发酵液滤去菌体后用刮板

```
茄形瓶斜面菌种 → 500L 种子罐
                        ↓
                  5000L 发酵罐
                        ↓
55%(NH₄)₂SO₄ → 盐析
                        ↓
硫酸铵废液做农肥 ← 滤袋压榨
                        ↓
包装 ← 磨粉 ← 烘干 ← 装盘
```

图 12-14　黑曲霉 3.350 酸性蛋白酶
生产工艺流程示例

式薄膜蒸发器于40℃浓缩3～4倍，直接作为商品。

如作为医用或啤酒工业用酶，则需进一步精制，其方法是：将压滤所得的酶泥溶于pH2.5的0.005mol/L乳酸缓冲液中，用脱色树脂脱色（收率93%），用真空薄膜蒸发器于40℃浓缩2倍以上（收率90%），再通过离子交换树脂（732、701树脂混合床）脱盐（收率90%）、喷雾干燥或冷冻干燥、磨粉，即可得淡黄色乃至乳白色的粉状酶制品，酶活性为每克40万～60万U。

如果用单宁沉淀法提取，也可得到具有同样酶活性的制品。

酸性蛋白酶可用作消化剂、消炎剂、啤酒澄清剂，也可供毛皮软化工业等应用。

六、淀粉酶的生产工艺

淀粉酶是水解淀粉的酶类的统称，它包括对淀粉具有不同水解作用的酶，例如α-淀粉酶、β-淀粉酶、葡萄糖淀粉酶（简称糖化酶）、异淀粉酶和环状糊精生成酶等。这些酶中比较重要的是α-淀粉酶和糖化酶。

1. 枯草杆菌 BF7658 α-淀粉酶生产工艺

枯草杆菌BF7658 α-淀粉酶是我国产量最大、用途最广的一种液化型α-淀粉酶，广泛应用于食品制造、制药、纺织等许多方面。其生产工艺如图12-15所示。

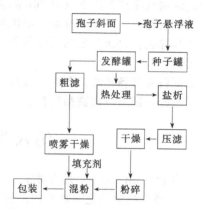

图 12-15　枯草杆菌 BF7658 α-淀粉酶
生产工艺流程

（1）发酵　将试管斜面菌种接种到马铃薯茄形瓶斜面，于37℃培养3天，然后接入种子罐。种子培养采用表12-8所示的种子培养基，在37℃、搅拌转速300r/min、通气量1：（1.3～1.4)体积比的条件下培养12～24h（对数生长期）接入发酵罐。发酵采用表12-8所示的发酵培养基，温度37℃，搅拌转速200r/min，通气量0～12h为1：0.67L/(L·min)，12h至发酵结束为1：（1.33～1.0)L/(L·min)，周期为40～48h。补料从12h开始，每小时1次，分30余次补完，补料体积相当于基础料的1/3，料液成分见表12-8。停止补料后6～8h，温度不再上升，菌体衰老（80%菌体形成空胞），酶活不再升高，发酵即可结束。发酵完毕，发酵液中加入2%$CaCl_2$与0.8% Na_2HPO_4，并加热至50～55℃维持30min（破坏蛋白酶，促使胶体凝聚），然后冷却到40℃进行提炼。

表 12-8　枯草杆菌 BF7658 α-淀粉酶生产的培养基组成

培养基成分	种子/%	发酵		
		基础料/%	补料/%	占总量/%
豆饼粉	4	5.6	5.8	5.5
玉米粉	3	7.2	22.3	
Na_2HPO_4	0.8	0.8	0.8	0.8
$(NH_4)_2SO_4$	0.4	0.4	0.4	0.4
$CaCl_2$		0.13	0.4	0.2
NH_4Cl	0.15	0.13	0.2	0.15
α-淀粉酶		100万U	30万U	
体积/L	200	4500	1500	6000

（2）提取　一般采用盐析法提取，在热处理后冷却到 40℃ 的发酵液中加入硅藻土（助滤剂）过滤，滤饼加 2.5 倍水洗涤，将洗涤水和滤液合并，于 45℃ 真空浓缩数倍，加 40% 硫酸铵盐析，盐析物加入硅藻土进行压滤，滤饼于 40℃ 烘干磨成粉即为成品。本工艺的总收率为 70%。

也可以将滤液直接进行喷雾干燥制成酶粉。但这样成品含杂质多且有臭味，蒸汽耗量大，且容易吸湿。

2. 黑曲霉 AS3.4309 糖化酶生产工艺

糖化酶与 α-淀粉酶结合可将淀粉转化为葡萄糖，可供葡萄糖工业、酿酒工业和氨基酸工业等应用。黑曲霉 AS3.4309 是国内糖化酶活性最高的菌株之一，现将其糖化酶生产工艺简述如下。

菌种用察氏蔗糖斜面于 32℃ 培养 6 天后，移植在以玉米粉 2.5%、玉米浆 2% 组成的一级种子培养基中，于 32℃ 摇瓶培养 24～36h，再接入（接种量 1%）种子罐（培养基成分与摇瓶发酵相同），并于 32℃ 通气搅拌培养 24～36h，然后再接入（接种量 5%～7%）发酵罐。发酵培养基由玉米粉 15%、玉米浆 2%、豆饼粉 2% 组成（先用 α-淀粉酶液化），发酵温度 32℃，在合适的通气搅拌条件下发酵 96h 酶活可达 6000U/mL。

发酵液滤去菌体，如有影响糖化酶收率的葡萄糖苷转移酶存在，则通过调节滤液 pH 值等方法使其除去。再通过浓缩酶液调整到一定单位，并加入防腐剂（如苯甲酸等），即可作商品酶液出售。

如制备粉状糖化酶，则可通过盐析或加酒精使酶沉淀，沉淀经过压滤，滤泥再通过压条、烘干、粉碎，即可制成商品酶粉。

第六节　抗生素生产工艺

抗生素（antibiotic）是青霉素（penicillin）、链霉素（treptomycin）、红霉素（erythromycin）等一系列抗菌类化学物质的总称。它是生物，包括微生物、植物和动物在其生命活动过程中产生，并能在低微浓度下有选择地抑制或杀灭其他微生物或肿瘤细胞的有机物质。

抗生素主要由微生物生物合成得到。有少数抗生素如氯霉素、磷霉素等亦可用化学合成法生产。此外还可将生物合成法制得的抗生素用化学或生化方法进行分子结构改造而制成各种衍生物，称半合成抗生素，如氨苄西林（ampicillin）。

抗生素学科的发展是劳动人民长期以来与疾病进行斗争的结果，也是随着人类对自然界中微生物的相互作用，尤其是对微生物之间的拮抗现象的研究而发展起来的。相传在 2500 年前我国的祖先就用长在豆腐上的霉菌来治疗疮疖等疾病。19 世纪 70 年代，法国的 Pasteur 发现某些微生物对炭疽杆菌有抑制作用，他提出了利用一种微生物抑制另一种微生物现象来治疗一些由于感染而产生的疾病。1928 年英国细菌学家 Fleming 发现污染在培养葡萄球菌的双碟上的一株霉菌能杀死周围的葡萄球菌。他将此霉菌分离纯化后得到的菌株经鉴定为点青霉（*Penicillium motatum*），并将这菌所产生的抗生物质命名为青霉素。1940 年英国 Florey 和 Chain 进一步研究此菌，并从培养液中制出了干燥的青霉素制品。经实验和临床试验证明，它毒性很小，并对一些革兰阳性菌所引起的许多疾病有卓越的疗效。在此基础上，1943～1945 年间发展了新兴的抗生素工业，以通气搅拌的深层培养法大规模发酵生产青霉素。随后链霉素、氯霉素（chloramphenicd）、金霉素（chlorotetracyline）等品种相继被发现并投产。

从 20 世纪 50 年代起许多国家还致力于农用抗生素的研究，如杀稻瘟素、春日霉素、灭瘟素 S、井冈霉素等高效低毒的农用抗生素相继出现。

20 世纪 70 年代以来，抗生素品种飞速发展。到目前为止，从自然界发现和分离了 4300

多种抗生素，通过化学结构的改造，共制备了约 30000 余种半合成抗生素。目前世界各国实际生产和应用于医疗的抗生素约 120 多种，连同各种半合成抗生素衍生物及盐类约 350 余种。其中以青霉素类、头孢菌素类、四环素类、氨基糖苷类及大环内酯类最为常用。

新中国成立前没有抗生素工业，自 1953 年建立了第一个生产青霉素的抗生素工厂以来，我国抗生素工业得到迅速发展。不仅能够基本保证国内医疗保健事业的需要，而且还有相当数量出口。2013 年，我国抗生素产量达 12.12 万吨，出口 3.43 万吨，占整体原料药出口比重的 9.53%，是我国原料药出口规模最大的品种，在国际市场中占 70% 份额。我国在青霉素、四环素、土霉素、庆大霉素、林可霉素、链霉素、螺旋霉素等大宗发酵抗生素产品上占有优势。在青霉素大类中，大约 50% 的青霉素工业盐用作 6-APA 的原料，近 30% 用于出口，主要出口国为印度。目前全球青霉素工业盐的需求为 6 万～7 万吨，而我国产能超过 10 万吨，产能远远过剩。2013 年，我国青霉素工业盐出口 8454t，出口额 1.52 亿美元，同比增长 10.04%，平均出口价格 18 美元/kg。

7-ACA 是头孢菌素关键中间体，以头孢菌素和青霉素为主的 β-内酰胺类抗生素约占全球抗生素市场的 70%。近 10 年来头孢菌素类抗生素发展迅速，新品种层出不穷，如头孢孟多、头孢呋辛钠等，目前临床常用的头孢品种超过 30 个。全球 7-ACA 的需求量 4000 多吨，而我国产量接近 8000t，产能过剩严重。目前国际上应用的主要抗生素，我国基本上都有生产，并研制出国外没有的抗生素——创新霉素（chuangxinmycin）。

一、抗生素的应用

1. 抗生素在医疗上的应用

（1）抗生素在临床治疗占有重要地位　自发现抗生素并将其应用于临床以来，使很多感染疾病的死亡率大幅度下降，但抗生素如使用不当，会带来不良后果，如病菌耐药性的产生、人体过敏反应和由于体内菌群失调而引起的二重性感染等。因此，应严格掌握抗生素的适应证和剂量，并注意用药时的配伍禁忌。

对医用抗生素的评价应包括以下要求。

① 它应有较大的差异毒力，即对人体组织或正常细胞只是轻微毒性而对某些致病或突变肿瘤细胞有强大的毒害作用。

② 它能在人体内发挥其抗菌效能，而不被人体中血液、脊脑液等所破坏，同时它不应与体内血清蛋白产生不可逆的结合。

③ 在给药后应较快地被吸收，并迅速分布至被感染的器官或组织中。

④ 致病菌在体内对该抗生素不易产生耐药性。

⑤ 不易引起过敏反应。

⑥ 具备较好的理化性质和稳定性，以利于提取、制剂和储藏。

（2）抗生素的剂量单位　抗生素除了以质量作为剂量单位外，更常用特定的效价单位。如一个青霉素效价单位（penicillin titer unit）为 50mL 肉汤培养基中完全抑制金黄色葡萄球菌标准菌株发育的最小青霉素剂量；1mL 青霉素钠盐相当于 1667U，1mg 链霉素碱相当于 1000U 等。

2. 抗生素在农业中的应用

农用抗生素简称农抗，是指由微生物发酵产生、具有农药功能、用于农业上防治病虫草鼠等有害生物的次生代谢产物。放线菌、真菌、细菌等微生物均能产生农用抗生素，其中放线菌产生的农用抗生素最多。目前广泛应用的许多重要农用抗生素都是从链霉菌属中分离得到的放线菌所产生的。农用抗生素，按用途区分，有杀菌剂、杀虫剂、杀螨剂、除草剂和植物生长调节剂。与一般化学合成农药相比，农用抗生素具有以下特点：①结构复杂；②活性高、用量小、选择性好③易被生物或自然因素所分解，不在环境中积累或残留；④生产原料为淀粉、糖类等农产品，属于再生性能源；⑤采用发酵工程生产，同一套设备只要改变菌种即可生产不同的抗生素，生产菌大多是土壤中的放线菌，也有真菌和细菌。

农用抗生素是随着医用抗生素的发展而开发的，医用抗生素如链霉素、土霉素、灰黄霉素等用于防治农作物病害，取得了一定的效果，一些农业专用的抗生素如放线酮、抗霉素和一些多烯类抗生素也获得广泛应用。20世纪中期，由于化学农药对环境的污染问题促进了生物源农药的研究，如杀稻瘟素-S、春日霉素、多氧霉素、有效霉素等高效品种逐渐开发成功。之后，一些具有防治昆虫、螨、动物寄生原虫和蠕虫、除草和调节动植物生长功能的农用抗生素，不断研究开发出来，扩大了农用抗生素的应用领域。我国研究投产的赤霉素、灭瘟素、春雷霉素、多抗霉素和井冈霉素等品种在应用中获得很好的效果，其中产量最大的是井冈霉素，占全国农用抗生素产量的95%以上，成为防治水稻纹枯病首选的安全有效的药剂。

农用抗生素是现代生物技术和化学工程结合发展的产品。由于自然界微生物种类繁多，从中寻找有特殊生理活性的物质还有很大潜力。随着生物工程新技术，特别是遗传工程和细胞工程的发展，现有的生产菌种将获得更高的生产能力，以提高工业的经济效益；还可能选育出产生新农用抗生素的新种微生物，以解决农业上难治病虫害的防治问题。

二、抗生素生产的工艺过程

菌种 → 孢子制备 → 种子制备 → 发酵 → 发酵液预处理 → 提取及精制 → 成品包装

1. 菌种

从来源于自然界土壤等，获得能产生抗生素的微生物，经过分离、选育、纯化和生理生化性能研究即为菌株。菌株可用冷冻干燥法制备后，以超低温，即在液氮（-190～-196℃）内保存。一般生产用菌株经多次移植往往会发生变异而退化，故必须经常进行菌种选育和纯化以提高其生产能力。

2. 孢子制备

制备孢子时，将保藏的处于休眠状态的孢子，通过严格的无菌手续，将其接种到经过灭菌的固体斜面培养基上，在一定的温度下培养5～7天或7天以上，这样培养出来的孢子数量还是有限的。为获得更多数量的孢子以供生产需要，必要时可进一步用扁瓶或在固体培养基（如小米、大米、玉米粒或麸皮）上扩大培养。

3. 种子制备

摇瓶培养是在锥形瓶内装入一定数量的液体培养基，灭菌后以无菌操作接入孢子，放在摇床上恒温培养。在种子罐中培养时，在接种前有关设备和培养基都必须经过灭菌。接种材料为孢子悬浮液或来自摇瓶的菌丝，以微孔压差法或打开接种口在火焰保护下接种。接种量视需要而定。从一级种子罐接入二级种子罐接种量一般为5%～10%，培养温度一般在25～30℃。如菌种是细菌，则在32～37℃培养。在罐内培养过程中，需要搅拌和通入无菌空气。控制罐压并定时取样做无菌试验、观察菌丝形态、测定种子液中发酵单位和进行生化分析等，并观察有无染菌情况，种子质量如合格方可移种到发酵罐中。

4. 培养基的制备

在抗生素发酵生产中，由于各菌种的生理生化特征不一样，采用的工艺不同，所需的培养基组成亦各异。即使是同一菌种在种子培养阶段和不同发酵时期，其营养要求也不完全一样。因此，需根据其不同要求选用培养基的成分与配比。其主要成分包括碳源、氮源、无机盐类和前体。

在抗生素的生物合成中，菌体利用前体以构成抗生素分子中的一部分而其本身又没有显著改变。因此，前体直接参与抗生素的生物合成，在一定条件下，它还控制菌体合成抗生素的方向并增加抗生素的产量。前体的加入量应适度，如过量有毒性，并增加生产成本。如不足，则发酵单位降低。

5. 发酵

发酵的目的是使微生物大量分泌抗生素。发酵开始前，有关设备和培养基也必须先经过灭菌后再接入种子，接种量 10% 或 10% 以上，发酵周期视抗生素的品种和发酵工艺而定，整个过程中，需不断通无菌空气和搅拌，以维持一定的罐压和溶氧。同时，发酵过程要控制一定的温度，并及时调节 pH 值。此外，还要加入消泡剂以控制泡沫。对其中的一些参数可用电子计算机进行反馈控制。在发酵期间，每隔一定时间应取样进行生化分析、镜检和无菌试验。分析或控制的参数有菌丝形态和浓度、残糖量、氨基氮、抗生素含量、溶氧、pH 值、通气量、搅拌转速等。其中有些参数可进行在线（on line）控制。

6. 抗生素的提取

提取的目的在于从发酵液中制取高纯度的符合药典规定的抗生素成品。

发酵液的成分很复杂，其中含有菌体蛋白质等固体成分；含有培养基的残余成分及无机盐；除产物外，还会有微量的副产物及色素类杂质等。因此，在提取时，先将发酵液过滤和预处理，目的在于分离菌丝、除去杂质。尽管对于多数抗生素品种在生产过程中，当发酵结束时，抗生素存在于发酵液中；但也有抗生素大量残存在菌丝中。在此情况下，发酵液的预处理应当包括使抗生素从菌丝中析出，使其转入发酵液中。

在发酵液中，抗生素的浓度很低，而杂质的浓度相对较高。杂质中有无机盐、残糖、脂肪、各种蛋白质及降解产物、色素、热原物质或有毒物质等。另外，多数抗生素不稳定，且发酵液易被污染，故整个提取过程要求：①时间短；②温度低；③pH 值宜选择对抗生素较稳定的范围；④勤清洗消毒（包括厂房、设备等，并注意消灭死角）。常用的提取方法有溶剂萃取法、离子交换法和沉淀法。

7. 抗生素的精制

对产品进行精制、烘干和包装的阶段要符合"药品生产管理规范"（即 GMP）的规定。例如其中规定产品质量检验应合格，技术文件应齐全，生产和检验人员应具有一定素质；设备材质不应与药品起反应，并易清洗，对注射品应严格遵守无菌操作的要求等。精制包括脱色和去热原质，结晶和重结晶等。

三、青霉素的生产工艺

1. 菌种

常用菌种为产黄青霉（*Pen. chrysogenum*）。目前生产能力可达 30000～60000U/mL。按其在深层培养中菌丝的形态，可分为球状菌和丝状菌。

2. 发酵工艺流程

现以常用的绿色丝状菌为代表将其生产流程描述如下。

冷冻管→斜面母瓶 —孢子培养 25℃,6～7 天→ 大米孢子 —孢子培养 25℃,6～7 天→ 一级种子罐→二级种子罐—

至提炼←至 15℃ 放冷 ←发酵 22～26℃,1:(1～0.8)L/(L·min),6～7 天 ← 发酵罐 ← 种子培养 25℃,13～15h,1:1.5L/(L·min)—

3. 培养基

（1）碳源　青霉菌能利用多种碳源如乳糖、蔗糖、葡萄糖等。目前普遍采用淀粉水解糖，糖化液（DE 值 50% 以上）进行流加。

（2）氮源　可选用玉米浆、花生饼粉、精制棉籽饼粉或麸皮粉，并补加无机氮源。

（3）前体　为生物合成含有苄基基团的青霉素 G，需在发酵中加入前体如苯乙酸或苯乙酰胺。由于它们对青霉菌有一定毒性，故一次加入量不能大于 0.1%，并采用多次加入方式。

(4) 无机盐　包括硫、磷、钙、镁、钾等盐类。铁离子对青霉菌有毒害作用，应严格控制发酵液中铁含量在 $30\mu g/mL$ 以下。

4. 发酵培养控制

(1) 青霉素产生菌生长过程　Ⅰ期为分生孢子发芽期，孢子先膨胀，再形成小的芽管，此时原生质未分化，具有小空胞。Ⅱ期为菌丝繁殖期，原生质嗜碱性很强，在Ⅱ期末有类脂肪小颗粒。Ⅲ期形成脂肪粒，积累储藏物。Ⅳ期脂肪粒减少，形成中、小空胞，原生质嗜碱性减弱。Ⅴ期形成大空胞，其中含有一个或数个中性红染色的大颗粒，脂肪粒消失。Ⅵ期在细胞内看不到颗粒，并出现个别自溶的细胞。

其中Ⅰ～Ⅳ期初称菌丝生长期，产生青霉素较少，而菌丝浓度增加很多。Ⅲ期适于作发酵用种子。Ⅳ～Ⅴ期称青霉素分泌期，此时菌丝生长趋势逐渐减弱，大量产生青霉素。Ⅵ期即菌丝自溶期，菌体开始自溶。

(2) 加糖控制　加糖的控制系根据残糖量及发酵过程中的 pH 值确定，最好是根据排气中 CO_2 及 O_2 量来控制。一般在残糖降至 0.6% 左右，pH 值上升时开始加糖。

(3) 补氮及加前体　补氮是指加硫酸铵、氨或尿素，使发酵液氨氮控制在 0.01%～0.05%。补前体以使发酵液中残存乙酰胺浓度为 0.05%～0.08%。

(4) pH 值控制　对 pH 值的要求视不同菌种而异，一般为 6.4～6.6。可以加葡萄糖来控制 pH 值。当前趋势是加酸或碱自动控制 pH 值。

(5) 温度控制　一般前期 25～26℃，后期 23℃，以减少后期发酵液中青霉素的降解破坏。

(6) 溶解氧的控制　抗生素深层培养需要通气与搅拌，一般要求发酵液中溶解氧量不低于饱和溶解氧的 30%。通风比一般为 1:0.8L/(L·min)。搅拌转速在发酵各阶段应根据需要而调整。

(7) 泡沫的控制　在发酵过程中产生大量泡沫，可以用天然油脂如豆油、玉米油等或用化学合成消泡剂"泡敌"来消泡。应当控制其用量并少量多次加入，尤其在发酵前期不宜多用。否则，会影响菌的呼吸代谢。

5. 下游操作

(1) 过滤　青霉素发酵液过滤宜采用转鼓式真空过滤机，如采用板框压滤机则菌丝因流入下水道而影响废水治理，且劳动强度大，并对环境卫生不利。过滤前加去乳化剂并降温。

(2) 提炼　采用溶剂萃取法。通常需要用醋酸丁酯进行 2～3 次萃取。

(3) 脱色　在二次 BA 提取液中加活性炭 150～300g/10 亿 U，进行脱色、过滤。

(4) 精制　鉴于以丁醇共沸结晶法所得产品质量优良，国际上较普遍采用此法生产注射品。其简要流程如下：将二次 BA 萃取液以 0.5mol/L NaOH 液萃取，调 pH 值至 6.4～6.8，得青霉素钠盐水浓缩液（5 万 U/mL 左右）；加 3～4 倍体积丁醇，在 16～26℃、5～10mmHg（1mmHg = 133.322Pa）下真空蒸馏，将水与丁醇共沸物蒸出，并随时补加丁醇；当浓缩到蒸出馏分中含水达 2%～4% 时，即停止蒸馏；青霉素钠盐结晶析出，过滤，将晶体洗涤后进行干燥得成品；可在 60℃，20mmHg，真空中烘 16h，然后磨粉，装桶。

第七节　干扰素生产工艺

干扰素（interferon, IFN）是人体细胞分泌的一种活性蛋白质，具有广泛的抗病毒、抗肿瘤和免疫调节活性，是机体防御系统的重要组成部分。

根据其分子结构和抗原性的差异，可将干扰素分为 α、β、γ、ω 四种类型。每一类干扰素根据蛋白质肽链的氨基酸数量或氨基酸序列的不同分成不同的亚型。早期干扰素是病毒诱导人白细胞产生的，产量低，价格昂贵，不能满足需要。现在可以利用发酵法来生产。

一、干扰素概况

1957 年，英国国立医学研究所的科学家 Isaacs 和 Lindenmann 在研究病毒的干扰现象时发现，将灭活的流感病毒加入到鸡胚绒毛尿囊膜碎片中，孵育后发现此膜能够抑制流感病毒的繁殖，并且向外释放具有干扰活性的因子，于是将该物质称为干扰素。此后 1965 年发现了白细胞干扰素，1969 年发现致敏细胞干扰素。从此，干扰素的研究迅速发展起来。

20 世纪 60 年代主要是研究内源性干扰素，寻找高效诱生剂。20 世纪 70 年代，研究体外诱生，成功诱生了人白细胞、人成纤维细胞和类淋巴细胞等干扰素。仙台病毒诱导人白细胞生产人白细胞干扰素，需要大量新鲜人血，来源非常困难，纯化工艺复杂，收率低，价格昂贵，因而干扰素产量有限，并且血源性干扰素容易被全血中的病毒污染，从而影响了干扰素在临床上的使用价值。

1975 年 Bechenhan Wellcome 研究所用人工培养的转化细胞株代替人血白细胞，经病毒刺激后产生多种亚型混合的干扰素。这种混合干扰素于 20 世纪 80 年代初批准应用于临床，但由于其生物活性较低，20 世纪 90 年代末退出临床应用。

随着生物技术的发展，人干扰素基因克隆并研制成功重组人干扰素-α2。大多数重组干扰素-α 以大肠杆菌为宿主，表达产物为非活性包涵体形式，使干扰素在来源上脱离了人血，并且纯度和活性比人白细胞干扰素有所提高，成本明显降低，为第一代基因工程干扰素。但在生物合成、纯化及制剂阶段均使用了一些动物及人血液提取成分，仍然没有摆脱潜在的传播血源性疾病的危险。

1986 年，Debaov 等人采用腐生型假单胞杆菌为宿主，直接表达出具有天然分子结构和生物活性的可溶性干扰素-α2b，纯化过程中淘汰了抗体亲和色谱，制剂中采用非人血清白蛋白新型保护剂，使得整个制造过程中不使用任何血液提取成分，解决了大肠杆菌表达干扰素的缺陷，干扰素生物学活性和纯度更高，这就是第二代基因工程干扰素。

1986 年，美国 FDA 批准 Roche 公司基因工程干扰素-α2a 和 Sehering 公司的干扰素-α2b 进入市场，治疗白血病。随后又批准治疗 Kaposi 肉瘤和生殖器疣，扩大了干扰素的应用范围。20 世纪 90 年代基因工程干扰素-β、干扰素-γ 相继研制成功，分别于 1990 年和 1993 年进入市场。中国研发的第一个基因工程产品就是基因工程干扰素，包括基因工程干扰素-α1b 滴眼液、基因工程干扰素-α1b 注射液、基因工程干扰素-α2b 注射液和基因工程干扰素-γ 注射液，1987 年，Amgen 公司生产的复合干扰素产品 Infergen（重组集成干扰素 α 注射液）获批上市，主要用于成年患者的慢性丙型肝炎治疗，不过其市场表现平平。1990 年，InterMune 公司上市了第一个 rh IFN-γ 产品 Actimmune，用于慢性肉芽肿病、重度恶性骨骼石化症等疾病的治疗。1993 年，Bayer 公司上市了第一个 rh IFN-β1b 产品 Betaseron，用于多发性硬化症（MS）的治疗。2001 年，FDA 批准 Schering Plough 公司的长效干扰素——聚乙二醇 IFN-α2b，使得给药频率减少为 1 周 1 次。2014 年 7 月和 8 月，Biogen Idec 公司的长效 IFN-β1a 产品 Plegridy（聚乙二醇干扰素 β-1a）获欧盟和 FDA 批准上市，用于治疗成人多发性硬化症（MS），其剂量为每两周一次。

2003～2013 年重组干扰素在全球的销售额由 45.1 亿美元增加到 91.5 亿美元，仅次于重组人胰岛素，为全球第二大重组蛋白药物，年复合增长率为 7.33%。目前我国重组干扰素市场表现为进口药品和国产药品并存的竞争格局，其中进口产品（主要是罗氏和默沙东的长效干扰素）在国内干扰素市场的占比由 2005 年的 37.3% 逐年提高到 2013 年的 70.7%，在国内的干扰素市场处于绝对的主导地位。我国已上市的干扰素产品分为两大类：①短效干扰素，包括 rhIFN-α（1b，2a，2b）、rhIFN-β（1a，1b）、rhIFN-γ；②长效干扰素，包括罗氏的 PEG IFN-α2a 和默沙东的 PEG IFN-α2b 两种。我国干扰素市场规模最近几年增长较快，其在国内样本医院的销售额由 2005 年的 1.7 亿元增加到 2013 年的 7.2 亿元，年复合增长率为 19.7%。

二、干扰素的基本特性及作用特点

1. 相对种属特异性

所有的干扰素，一般来说都有较严格的种属特异性，即指某一种属的细胞产生的干扰素，如人 IFN 只对人体有保护作用，而对其他动物就没有保护作用。随着 IFN 研究的不断深入，现已发现 IFN 活性的交叉不仅存在于种属关系较近的动物之间，如猴细胞 IFN 对人细胞有一定的抗病毒感染的保护作用，而且目前已证实 IFN 活性的交叉反应还存在于家兔、小鼠和地鼠之间、猪和猫之间、猴和家兔之间。最近有研究表明，在鸟类中，尽管种属不同，只要"目"相同，IFN 均能显示抗病毒效应，由此看来，IFN 的种属特异性又是相对的。

2. 作用的广谱性和选择性

广谱性是指 IFN 作用于机体有关组织细胞后，可使其获得抗多种病毒和微生物的能力。选择性即指 IFN 仅作用于异常细胞，对正常细胞的作用很小。另一层含义是 IFN 的抗病毒作用存在差异，具有选择性，即各种病毒对 IFN 的敏感性有差异。

3. 相对无害性与特殊稳定性

IFN 已广泛应用于临床，但到目前为止还未发现对人体有什么严重副作用，在临床应用 IFN 治疗时即使有时会出现不良反应，但一经停药后，即可迅速恢复正常，均属可逆反应。

IFN 纯品可在低温下（−20℃）长期保存，若加入适量的人血白蛋白等稳定剂，则效果更好。此外，IFN 还有"沉降率低"、"不能透析"、"能滤过"（可通过细菌滤器）及"不耐蛋白酶"、"耐核酸酶"等特性。IFN-α、IFN-β 一般 60℃ 1h 不被灭活，对 pH2 相当稳定；IFN-γ 可在 56℃灭活，pH2 不稳定。

三、干扰素的临床应用

1. 干扰素的广谱抗病毒活性

IFN-α、IFN-β 能诱导机体对多种肝炎病毒、鼻病毒、人乳头瘤病毒、艾滋病病毒和多种 RNA 病毒产生抵抗力。IFN-γ 能够增加免疫系统识别和杀伤感染细胞的能力，并能通过其他未知的途径抗病毒繁殖。

干扰素已被探讨或正式应用于慢性乙型肝炎、丙型肝炎、慢性丁型肝炎、复发性疱疹、带状疱疹、病毒性角膜炎、红眼病、慢性宫颈炎、慢性盆腔炎、宫颈湿疣、肛门-生殖器扁平湿疣、寻常疣、巨细胞病毒、外阴前庭炎等疾病的抗病毒治疗。

2. 干扰素的治疗肿瘤作用

干扰素已应用于多种肿瘤的治疗，并取得了一定的疗效，如毛细胞白血病、艾滋病的 Kaposi 肉瘤、慢性髓样白血病、非霍奇金淋巴瘤、皮肤 T 细胞淋巴瘤、多发性骨髓瘤、表面膀胱瘤、肉瘤、卵巢癌、肾细胞癌、恶性黑色素瘤、神经胶质瘤、乳腺癌、晚期直肠癌、大肠癌、食道癌、非小细胞型肺癌、小细胞型肺癌等。

3. 干扰素的免疫调节活性

在正常情况下，免疫可以产生保护性反应，对机体有利；在异常情况下，免疫也会产生排斥性反应，对机体造成损伤。干扰素对免疫系统的调节作用包括：增强机体抗病毒、抗肿瘤能力；消除残存肿瘤细胞，降低癌症的转移率和复发率；提高机体免疫力，减少细菌感染和自体免疫紊乱的可能性。

4. 干扰素的副反应

干扰素最常见的副反应为流感样症状，如疲劳、厌食、恶心呕吐、发烧、寒战、头疼、肌痛、腹泻等。大多数反应为轻微和中等，停止治疗后可得到缓解，大部分患者都可耐受。长期高剂量使用时可出现骨髓抑制、消化道反应、神经系统和心血管系统症状等，同时出现干扰素抗体。

四、基因工程假单胞杆菌发酵生产干扰素-α2b 的工艺过程

1. 菌种制备

取－70℃下保存的甘油管基因工程假单胞杆菌 *Pseudomonas putida* VG-84，该菌株由人干扰素-α2b 基因的重组质粒 pVG3 转化腐生型假单胞杆菌（*Pseudomonas putida* VG-4）所制备。于室温下融化。然后接入摇瓶，培养温度 30℃，pH7.0，250r/min 活化培养（18±2）h 后，进行吸光值测定和发酵液杂菌检查。

2. 种子罐培养

将已活化的菌种接入装有 30L 培养基的种子罐中，接种量 10%，培养温度 30℃，pH7.0，级联调节通气量和搅拌转速，控制溶解氧为 30%，培养 3～4h，当 OD 值达 4.0 以上后转入发酵罐中，同时取样发酵液进行显微镜检查和 LB 培养基划线检查，控制杂菌。

3. 发酵罐培养

将种子液通入 300L 培养基的发酵罐中，接种量 10%，培养温度 30℃，pH7.0，级联调节通气量和搅拌转速，控制溶解氧 30%，培养 4h。然后控制培养温度 20℃，pH6.0，溶解氧 60%，继续培养 5～6.5h。同时进行发酵液杂菌检查，当 OD 值达 9.0±1.0 后，用 5℃冷却水快速降温至 15℃以下，以减缓细胞衰老。或者将发酵液转入收集罐中，加入冰块使温度迅速降至 10℃以下。

4. 菌体收集

将已降温的发酵液转入连续流离心机，16000r/min 离心收集。进行干扰素含量、菌体蛋白含量、菌体干燥失重、质粒结构一致性、质粒稳定性等项目的检测。菌体于－20℃冰柜中保存时，不得超过 12 个月。每保存 3 个月，检查一次活性。

5. 干扰素-α2b 的分离与纯化

初级分离阶段的任务是分离细胞和培养液、破碎细胞和释放干扰素（干扰素存在于细胞内），浓缩产物和除去大部分杂质。干扰素的纯化精制阶段是用各种高选择性手段（主要是各种色谱技术）将干扰素和各种杂质尽可能分开，使干扰素的纯度达到要求，最后制成成品。

菌体裂解 → 沉淀 → 离心 → 盐析 → 离心 → 粗干扰素 → 粗干扰素溶解 → 沉淀 → 透析 ← 超滤 ← 阴离子色谱 ← 透析 ← 超滤 ← 沉淀 ← 疏水色谱 ← 离心 → 阳离子色谱 → 超滤 → 凝胶色谱 → 无菌分装 → 加塞 → 加盖 → 成品

（1）干扰素分离工艺过程

① 菌体裂解　用纯化水配制裂解缓冲液，置于冷室内，降温至 2～10℃。将－20℃冷冻的菌体破碎成 2cm 以下的碎块，加入到裂解缓冲液（pH7.5）中，2～10℃下搅拌 2h，利用冰冻复融将细胞完全破裂，释放干扰素蛋白。

② 沉淀　向裂解液中加入聚乙烯亚胺，2～10℃下气动搅拌 45min，对菌体碎片进行絮凝。然后，向裂解液中加入醋酸钙溶液，2～10℃下气动搅拌 15min，对菌体碎片、DNA 等进行沉淀。

③ 离心　在 2～10℃下，将悬浮液在连续流离心机上 16000r/min 离心，收集含有目标蛋白质的上清液，沉淀（细胞壁等杂质）在 121℃、30min 蒸汽灭菌后焚烧处理。

④ 盐析　将收集的上清液用 4mol/L 硫酸铵进行盐析，2～10℃下搅匀静置过夜。

⑤ 离心与贮存　将盐析液在连续流离心机上 16000r/min 离心，沉淀即为粗干扰素，放入聚乙烯瓶中，于 4℃冰箱保存（不得超过 3 个月）。

（2）干扰素纯化工艺过程

① 溶解粗干扰素 用超纯水配制纯化缓冲液，经 $0.45\mu m$ 滤器和 10ku 超滤系统过滤，在百级层流下进行收集。超滤后的缓冲液冷却至 $2\sim10℃$。严格控制一定的 pH。在 $2\sim10℃$ 下将粗干扰素倒入匀浆器中，加 pH7.5 磷酸缓冲液，匀浆，使之完全溶解。

② 除杂质 待粗干扰素完全溶解后，用磷酸调溶液至 pH5.0，进行蛋白质等电点沉淀。将悬浮液在连续流离心机上于 16000r/min 离心，收集上清液。用 NaOH 调节上清液 pH7.0，并用 NaCl 调节溶液电导值，上样，进行疏水色谱，利用干扰素的疏水性进行吸附。在 $2\sim10℃$ 下，用磷酸缓冲液（pH7.0）和 NaCl 进行冲洗，除去非疏水性蛋白，然后用磷酸缓冲液（pH8.0）进行洗脱，收集洗脱液。

③ 沉淀 用磷酸调节洗脱液 pH4.5，调节洗脱液的电导值 40mS/cm，搅拌均匀后 $2\sim10℃$ 下静置过夜，进行等电点沉淀。将沉淀悬浮液用 1000ku 超滤膜进行过滤，在 $2\sim10℃$ 下收集滤液。调整溶液至 pH8.0，电导值 5.0mS/cm，在 10ku 超滤膜上，$2\sim10℃$ 下，用缓冲液透析。

④ 阴离子交换色谱 先用 0.01mol/L 磷酸缓冲液（pH8.0）平衡树脂。上样后，用相同缓冲液洗涤。采用盐浓度线性梯度进行洗脱，配合 SDS-PAGE 收集干扰素峰，在 $2\sim10℃$ 下进行。

⑤ 浓缩和透析 合并阴离子交换色谱洗脱的有效部分，调整溶液和电导，在 10ku 超滤膜上，$2\sim10℃$ 下，用醋酸缓冲液（pH5.0）进行透析。

⑥ 阳离子交换色谱 先用 0.1mol/L 醋酸缓冲液（pH5.0）平衡树脂。上样后，用相同缓冲液洗涤。在 $2\sim10℃$ 下，采用盐浓度线性梯度进行洗脱，配合 SDS-PAGE 收集干扰素峰。

⑦ 浓缩 合并阳离子交换色谱洗脱的有效部分，在 $2\sim10℃$ 下，用 10ku 超滤膜进行浓缩。

⑧ 凝胶过滤色谱 先用含有 NaCl 的磷酸缓冲液（pH7.0）清洗系统和树脂，上样后，在 $2\sim10℃$ 下，用相同缓冲液进行洗脱。合并干扰素部分，最终蛋白浓度应为 0.1~0.2mg/mL。

⑨ 无菌过滤分装 用 $0.22\mu m$ 滤膜过滤干扰素溶液，分装后，于 $-20℃$ 以下的冰箱中保存。

⑩ 检测项目 干扰素鉴别试验、干扰素效价测定、蛋白质含量测定、电泳纯度测定、HPLC 纯度测定、分子量测定、宿主残余蛋白检查、宿主残余 DNA 检查、紫外光谱扫描图谱、肽图谱、N 末端氨基酸序列分析、热原测定、细菌内毒素含量测定、IgG 测定、残余抗生素检查等。

第八节 维生素 C 生产工艺

维生素 C（vitamin C）能够治疗坏血病并且具有酸性，所以称作抗坏血酸。主要功能是传递电子，帮助人体完成氧化还原反应。植物及绝大多数动物均可在自身体内合成维生素 C。可是人、灵长类及豚鼠则因缺乏将 L-古龙酸转变成维生素 C 的酶类，不能合成维生素 C，故必须从食物中摄取。如果在食物中缺乏维生素 C 或吸收不良时，则会发生坏血病，出现出血、牙齿松动、伤口不易愈合、易骨折等症状。

目前维生素 C 不但用于治疗很多疾病，而且已作为预防和营养药物，是世界上产销量最大、应用范围最广的维生素产品。全世界维生素 C 的产量约为 10 万吨/年，全球市场销售额 5 亿美元。2002 年我国维生素原料产量达 8.2 万吨，其中维生素 C 超过 5 万吨，成为世界上最大的原料药生产国和出口国，在国际市场具有举足轻重的地位。2008 年由于恶性竞争等原因，使我国维生素 C 产能严重过剩，仅我国五大维生素 C 巨头的产能超过全球总需的 10%，导致维生素 C 原料药出口形势不断恶化。2012 年我国维生素 C 的出口数量为 10.59 万吨，同比下降 2.36%，2014 年出口行情依然低迷，目前面临严重的结构调整。

维生素 C 的生产方法，最早是从柠檬中提取的，价格昂贵，远不能满足人们的需要。目前主要有莱氏法和二步发酵法。

一、莱氏法生产工艺

莱氏法是维生素 C 生产的经典方法，是一种半合成法，1933 年由德国 Reichstein 和 Grussner 研究开发。莱氏法生产维生素 C 工艺流程见图 12-16。

$$D\text{-葡萄糖} \xrightarrow[\text{高压}]{H_2/Ni} D\text{-山梨醇} \xrightarrow[\text{[O]}]{微生物} L\text{-山梨糖} \xrightarrow{丙酮/H_2SO_4} 双丙酮\text{-}L\text{-山梨糖}$$

$$维生素 C \xleftarrow{化学转化} 2\text{-酮基}\text{-}L\text{-古龙酸} \xleftarrow{H_3O_4} 双丙酮\text{-}2\text{-酮基}\text{-}L\text{-古龙酸} \xleftarrow[\text{氧化、酸化}]{NaClO} $$

图 12-16　莱氏法生产维生素 C 工艺流程

莱氏法生产的维生素 C 产品质量好、收率高，而且生产原料（D-葡萄糖）便宜易得，中间产物（如双丙酮-L-山梨糖）化学性质稳定，因此至今仍是国外维生素 C 生产商（如 Roche 公司、BASF/Takeda 公司和 E. Merck 公司等）所采用的主要工艺方法。

二、二步发酵法生产工艺

莱氏法生产工序繁多，大量使用丙酮、NaClO、发烟硫酸等化学试剂，易造成环境污染，为此，自 20 世纪 60 年代起，各国学者一直致力于对莱氏法的改进，有的已用于维生素 C 工业生产实践，并且已探索以微生物转化法取代"莱氏法"。其中比较有前途的方法是我国 70 年代初发明的二步发酵法、葡萄糖串联发酵法和一步发酵法，但目前只有二步发酵法实现产业化，从 70 年代后期开始正式投产，在国内普遍使用。并且已在中国、欧洲、日本和美国申请了专利，并于 1985 年向世界上生产维生素的最大企业瑞士 Hoffmann-La-Roche 制药公司进行了技术转让，是我国医药工业史上首次出口技术。

"二步发酵法"的工艺路线与"莱氏法"不同之处在于采用混合菌发酵法代替化学法转化，使 L-山梨糖直接转化为 2-酮基-L-古龙酸。从而简化工序，减少生产设备，生产周期短，降低成本，并且对环境的污染程度也大大减少。二步发酵法生产维生素 C 工艺流程见图 12-17。

$$D\text{-葡萄糖} \xrightarrow[\text{H}_2/\text{Ni}]{高压} D\text{-山梨醇} \xrightarrow[\text{[O]}]{微生物} L\text{-山梨糖} \xrightarrow[\text{混合发酵}]{大菌、小菌} 2\text{-酮基}\text{-}L\text{-古龙酸} \xrightarrow{化学转化} 维生素 C$$

图 12-17　二步发酵法生产维生素 C 工艺流程

1. 发酵工艺过程

（1）第一步发酵

① 菌种　生黑葡萄糖酸杆菌（*Gluconobacter melagenus*），最常用菌种 R-30，细胞椭圆至短杆状，G^+，无芽孢，显微镜下浅褐色；最适培养温度 34℃，pH 5.0～5.2，经种子扩大培养，检测种子数量、杂菌情况，接入发酵罐。

② 培养基　种子和发酵培养基成分一致，主要包括 D-山梨醇、玉米浆、酵母膏、碳酸钙等成分，添加适量维生素 B 增加产量。D-山梨醇浓度过高容易产生抑制，一般控制在 20%，超过 250g/L 产生抑制。

③ 发酵过程　控制温度 34℃，pH 5.0～5.2。该反应耗氧比较大，通气比要求 1：1（VVM）。10h 后发酵结束，发酵液经 80℃ 10min 低温灭菌，移入第二步发酵罐作原料。D-山梨醇转化 L-山梨糖的生物转化率达 98% 以上。

（2）第二步发酵

① 菌种　由小菌［氧化葡萄糖酸杆菌（*Gluconobacter oxydans*）］和大菌［巨大芽孢杆菌（*Bacillus megaterium*）］组成的混合菌株进行发酵生产。其中小菌为产酸菌，但单独培养传代困难，而且产酸能力很低；大菌不产酸，但可以促进小菌生长和产酸，为小菌的伴生菌。研究证实，大菌胞内和胞外分泌液均可以促进小菌生长，缩短小菌生长的延滞期，并且大菌的胞外分泌液可促进小菌产酸，说明大菌通过释放某些代谢活性物质促进小菌产酸。现已经从大菌胞外

分泌液中分离出一种可促使小菌产酸的蛋白，该活性蛋白的形成规律和作用机制尚在探索中。

② 培养基　种子培养基和发酵培养基的成分类似，主要有 L-山梨糖、玉米浆、尿素、碳酸钙、磷酸二氢钾等，pH 值为 6.8。L-山梨糖初始浓度对产物生成影响较大，一般初糖浓度控制在 30～50g/L。超过 80g/L 产生抑制。

③ 发酵过程　由于大菌、小菌最适培养条件不同，如小菌 25～30℃，大菌 28～37℃，所以发酵过程要兼顾两种菌的最适条件。通常操作温度为 30℃，pH 值为 6.8 左右，溶氧浓度控制 30%。混合菌种经二级种子扩大培养，接入含有第一步发酵液的发酵罐中，通入无菌空气搅拌，初始 8～10h 菌体快速增长。当作为伴生菌的大菌开始形成芽孢时，小菌开始产酸。在 20～24h 开始补加培养 L-山梨糖，总浓度达到 140g/L。当大菌完全形成芽孢后，产酸达到高峰，发酵结束。大约 72h 左右，L-山梨糖生成 2-酮基-L-古龙酸的转化率可达 70%～85%。

2. 2-酮基-L-古龙酸提取分离

经两次发酵以后，发酵液中 2-酮基-L-古龙酸含量仅约 6%～9%，残留菌丝体、蛋白质和悬浮微粒等杂质存在于发酵液中，需要将维生素 C 前体提取出来。2-酮基-L-古龙酸提取纯化工艺流程见图 12-18。

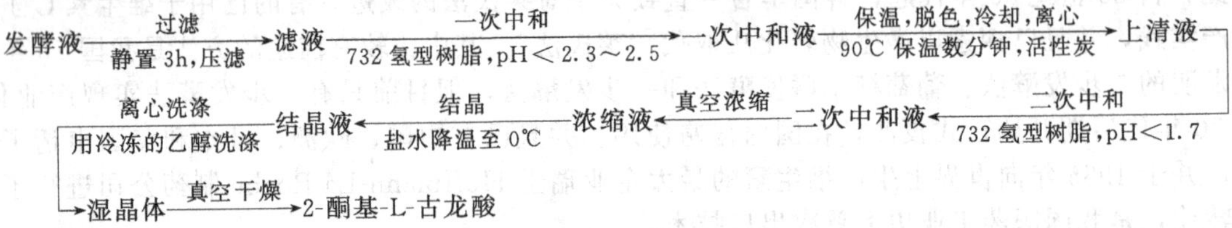

图 12-18　2-酮基-L-古龙酸提取纯化工艺流程

3. 转化

由于至今未能找到使葡萄糖直接发酵产生维生素 C 的微生物菌种或产量太低难以工业化，因此发酵产生的重要中间产物 2-酮基-L-古龙酸（2-KLG）必须通过化学方法转化成维生素 C。目前使用碱转化法。先将古龙酸与甲醇在浓硫酸催化作用下生成古龙酸甲酯，再使用 NaHCO$_3$ 进行碱转化，使古龙酸甲酯转化为维生素 C 的钠盐。采用氢型离子交换树脂酸化，将维生素 C 的钠盐转化成维生素 C。

目前，维生素 C 的生产无论"莱氏法"或是"二步发酵法"，都是以 D-山梨醇作为起始原料，这就需要先将葡萄糖高压加氢（Ni 催化）制备，给扩大生产带来许多不便。如水电解后压缩氢气需 100～130atm（1atm＝101325Pa），高压釜加氢反应则需要 50～60atm，一般条件下每小时只能获得 0.5t D-山梨醇。从原料来看造成很大浪费，制备又很不安全，并要消耗大量能源。按维生素 C 年产量 5500t 计，则需要制备 D-山梨醇 13900t 左右，就要消耗大量能源，耗电 75×10^{5}kW·h/年，并要消耗劳动力和工作时间，造成经济上的损失和浪费。从工业化生产的发展前景看，如能直接从 D-葡萄糖开始发酵生成 2-酮基-L-古龙酸，就可避免上述问题，才能真正实现简化生产的目的，这是很有经济价值的。

在维生素生物合成方法中，主要应从以下三个方面突破。

① 对自然界中微生物及藻类进行广泛和深入的筛选和分离，以获得优良的生产菌株。例如，维生素 K 是由化学合成法生产的，现在已开发出利用微生物发酵法制取维生素 K$_2$ 的方法，获得了兼性厌氧细菌 *Propionbacterium shermanii* 的突变株，在含有 L-酪氨酸和异戊烯的培养基上获得胞内的高产维生素 K$_2$（5.5mg/g）和其同系物 MK-4。

② 对现有生产菌株用突变方法进行改进，以提高其生产能力。例如，维生素 B$_{12}$ 是以生物合成法为主的产品。其产生菌中以薛氏丙酸杆菌（*Propionibacterium shermanii*）和邓氏假单胞杆菌（*Pseudomonas denifrificans*）最为优良。在采用突变和推理筛选法对邓氏假单胞杆菌进行改良

获得了高产突变型菌株，使邓氏假单胞杆菌产生维生素 B_{12} 的水平提高 300 倍以上。

③ 利用基因工程技术获得高产基因工程菌株。这是更为引人注目的方法。由于维生素的生物合成途径复杂，所以获得生产维生素的基因工程菌株难度比较大。目前已取得了一些可喜的结果。例如合成维生素 B_{12} 途径的几种基因已成功地在大肠杆菌中表达。在维生素 C 的生产中，已经使用基因工程菌，只是目前的表达水平较低，有待进一步提高。

第九节　甾体激素的微生物转化

"生物转化"即利用微生物细胞的一种或多种酶作用于一类化合物的特定部位（基团），使之转变成结构类似，但具有更大经济价值的化合物的生化反应。生物转化的最终产物并不是微生物利用营养物质经细胞代谢产生的，而是微生物细胞的酶或酶系作用于底物的某一特定部位进行氧化、羟化、还原以及官能团的导入等化学反应而形成。与化学转化相比，生物转化不仅条件温和、反应速率快、效率高，而且具有高度的专一性。这种专一性表现在对底物的高度选择性，不仅有化学选择性和非对映体选择性，并且有严格的区域选择性、面选择性和对映体的选择性。微生物转化作用中酶的专一性是其与一般催化剂最突出的差别，它能完成各种立体异构体的化学反应，包括化学法难以进行的反应，如甾类化合物 C11 上的加氧反应。

一、生物转化的发展

早在春秋战国时期（公元前 400 年），我国民间已尝试将酒酿造成醋进行作坊化生产，但人们在很长一段时间内还没有认识到可以利用微生物方法来合成化学物质。自 1864 年巴斯德发现乙酸杆菌能将乙醇氧化为乙酸之后，人类才开始通过微生物方法来合成化学物质。20 世纪 30 年代，利用酿酒酵母转化苯甲醛为生产麻黄素的中间体乙醛苯甲醇，接着又发现了山梨醇在弱氧化乙酸杆菌作用下可转化成山梨糖，为维生素 C 的大规模生产奠定了基础。20 世纪 50 年代 Murray 和 Peterson 应用黑根霉（*Rhizopus nigricans*）一步将孕酮 C11 位上导入 α-羟基，使孕酮合成皮质酮仅需三步即可完成，且收率高达 90%，使可的松问世。60～70 年代又相继应用生物转化技术成功合成了各种抗感染的青霉素和头孢菌素衍生物。近半个世纪以来，微生物学、有机化学和生物化学的相互渗透，使微生物学提高到分子水平，微生物学家们应用生物技术来帮助有机化学和生物化学工作者，解决一些疑难和复杂的、难于大规模生产的天然药物和人工半合成药物，推动了制药工业的发展。随着生物转化技术的进一步发展，已经成为合成手性药物对映体不对称合成中不可缺少的技术。

生物转化在工业上的大规模应用始于 20 世纪 50 年代甾体药物临床应用之后，在药物研制中给医药工业创造了巨大的医疗价值和经济价值。甾体化合物又称类固醇化合物，广泛存在于动植物组织或某些微生物中，甾体激素药物对机体起着非常重要的调节作用，被誉为"生命的钥匙"。比较常见的有肾上腺皮质激素、性激素、薯蓣皂素、麦角固醇等。许多甾体结构的天然药物都具有很强的生理活性，在临床治疗上占有非常重要的地位。例如，甾体激素中睾丸甾酮和黄体酮、强心甾体中洋地黄毒苷、甾体皂苷中人参皂苷和甾体生物碱中锥丝碱等。工业生产中甾体类药物的生产主要通过改造天然甾体而获得，然而单一应用化学方法往往存在合成步骤繁多、得率低、价格昂贵等缺点。例如，可的松类抗炎激素所具有的抗炎活力，主要与母核 11 位上所导入的氧原子有关，然而此反应很难通过化学方法实现。化学家塞拉塔（Sarett）曾采用 576kg 脱氧胆酸作为原料，经历 2 年时间通过 30 余步化学反应最终合成了 938mg 醋酸可的松，由于得率过低，经济效益几乎为零。1950 年 Murray 和 Peterson 利用微生物一步将孕酮 11 位上导入羟基，引起了生物学家、有机化学家和药物学家们的极大兴趣，从此开展了大量微生物转化甾体的研究工作，至今已阐明微生物对甾体几乎每个位置都能进行反应。近年来，随着现代生物技术的发展，酶抑制剂、生化阻断突变株和细胞膜透性改变等生物技术综合应用于雄甾-1,4-二烯-3,17 双酮（简称 ADD）、雄甾-4-烯-3,17-双酮（简称 4AD）和 3-氧联降胆甾-1,4-二烯-20 酸（简称 BDA）等关键中间体的制备，使复杂的天然资源经过几步就能够合成各类性激素和皮质激素。

甾体化合物是具有共同的环戊烷多氢菲核（C_{17}）的化合物，骨架上各环分别以 A、B、C、D 表示，各环编号的方向不同，其结构通式和编号见图 12-19。在此核的第 10 位和第 13 位一般为—CH_3，个别为—CH_2OH 及—CHO 基团；第 13 位、第 11 位及第 17 位可有羟基或酮基；A 环及 B 环可有双键；第 17 位还可有长短不同的侧链。空间位置以 α 和 β 表示，α 表示取代基在分子平面下方，β 表示取代基在分子平面上方。在化学结构式中，β 与核上碳原子相连是实线，α 则为虚线。

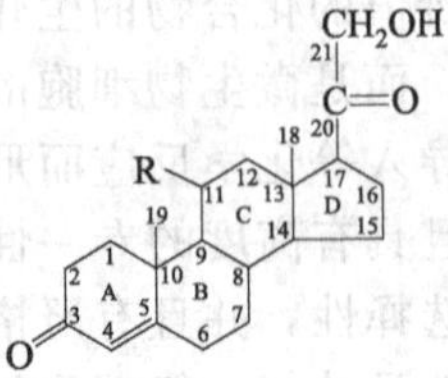

图 12-19　甾体化合物（肾上腺皮质激素）母核的基本结构及功能基团

甾体激素药物对机体起着非常重要的调节作用，是仅次于抗生素的第二类药物，具有很强的抗感染、抗过敏、抗病毒和抗休克等药理作用。微生物对甾体化合物的转化反应是多种多样的，它们对甾体每一位置（包括甾体母核和侧链）上的原子或基团都有可能进行生物转化。

二、生物转化反应的应用

随着现代生物技术的不断发展，特别是固定化细胞、诱变和基因重组等重要生物技术的发展，生物转化技术已广泛应用于医药、化工、能源、环保等领域。生物转化反应目前已广泛地用于激素、维生素、抗生素和生物碱等各类药物的研制。在医药工业上比较成熟的技术是采用微生物细胞进行难以进行的手性药物等的化学合成。

1. 应用于手性药物的对映体拆分

在手性对映体药物的拆分过程中，对映体选择性越高，产物的光学纯度越高，对手性药物的拆分越有利。由于生物酶有很高的对映体选择性，因此可得到纯度很高的单一对映体药物。

2. 应用于不对称化合物的合成

目前，选择性生物催化合成成为合成手性药物最有意义的方法，生物技术，如固定化细胞、固定化酶以及双水相转化等技术，使选择性生物催化能适用于各种规模的工业生产。此外应用选择性生物催化不会产生有毒的副产物，在环境污染方面比化学合成具有更大优势。

3. 应用于化学合成反应

生物转化几乎能够应用于所有的化学反应，特别是有些很难进行或甚至不能进行的化学反应。例如：氧化反应、羟基化反应、脱氢反应、还原反应、水解反应、胺化反应酰基化反应、脱羧反应和脱水反应等。

三、生物转化的工艺流程

甾体生物转化中使用的微生物主要有细菌、放线菌和霉菌。在工业上大多数甾体药物的生物转化生产工艺一般流程如下：

选择菌种 → 培养成熟菌丝或孢子 → 选择适宜的转化方式 → 转化培养 → 转化产物的分离提取 → 产品精制

微生物的生物转化可分为两个阶段，第一阶段是菌体生长和产酶阶段，需供给菌体细胞丰富的营养，提供最适生长条件使其充分繁殖并大量产酶。为提高转化酶的活力，有时可以采取添加诱导剂、减少代谢阻遏物或抑制有害酶的形成等方法。第二阶段是甾体转化阶段。被转化的底物直接加入到培养液中进行生物转化。这一阶段需要控制好转化反应的条件，如最适 pH 值、温度、搅拌和通风量，有利于转化反应的进行，而且还可以减少副反应的产生，提高收率。必要时，可以加入酶的激活剂和抑制剂，提高转化酶的活力，降低其他杂酶的作用。由于大多数转化底物都是非极性化合物，难溶于水，所以添加时一般先将底物溶解在丙酮、乙醇、丙二醇、二甲基甲酰胺（DMF）、二甲基亚砜（DMSO）等极性较大的有机溶剂内，然后再加到培养液中进行转化。以这种方式进行投料时，投料浓度受两个因素制约，一是溶剂对细胞的毒性，二是底物在发酵液中的浓度。为使发酵过程更经济，目前国外的生物转化工艺趋向于高浓度底物转化。高浓度底物转化一般要求采用固体投料方式，将底物研磨成很细的粉末直接加入培养液中进行转化。国内高浓度底物转化的例子有醋酸可的松的脱氢，投料浓度为 4%。由于底物的疏水性，在浓度较高时产物在发酵液中呈结晶析出，属于"拟结晶发酵"。

转化产物的分离大多采用溶剂萃取法。常用溶剂有氯仿、乙酸乙酯、二氯乙烷、乙酸丁酯和甲基异丁基酮等。萃取液经适当浓缩后，采用柱色谱法或结晶法可以得到精制产物。产物的分析鉴定常采用纸色谱法、硅胶薄层色谱法、紫外吸收光谱法及高效液相色谱法等方法进行。

四、甾体药物的生物转化

1. 甾体药物的转化反应

迄今为止，微生物对甾体化合物的转化反应有羟化、脱氢、氧还原、水解、酯化、酰化、异构化等，而且这些反应不一定都是单一的转化，有时一种微生物还可以对某种甾体化合物进行数种不同的转化反应。目前在甾体激素药物的生产中，比较重要的微生物转化反应主要有羟基化、脱氢、侧链降解等，如表 12-9 所示。

表 12-9　微生物对甾体化合物的转化反应类型

I　氧化反应	(5)双键饱和
(1)羟基化	① 还原 $\Delta^{1,4}$-3-酮到 Δ^4-3-酮
① 所有甾体母核和角甲基位置均被羟基化	② 还原 Δ^4-3-酮到饱和 3-酮
② 能在边链上若干位置上羟基化	③ 还原 $\Delta^{4,6}$-3-酮到 Δ^4-3-酮
(2)醇基氧化	④还原 $\Delta^{1,6}$-20-酮到饱和 20-酮
① 氧化饱和链上醇基至酮基	III　异构化
②氧化丙烯基或高丙烯基至 α,β-不饱和酮	(1)Δ^6-3-酮异构化成 Δ^4-3-酮
(3)环氧化作用	(2)D-高环化
(4)碳-碳键的裂开	(3)反频哪酮重排
① 氧的插入形成酯、醇、酮、内酯和酸	(4)醇差向(立体)异构化
② 逆醛醇缩合反应	(5)5α-8α-表二氢化合物重排到桥氧醇
③ 碳键裂开产生非官能团化的产物	IV　结合
(5)双键的导入反应	(1)羟基乙酰化
① 饱和 3-酮和 Δ^4-3-酮甾体的 1 位脱氢	(2)糖苷化
② 饱和 3-酮和 Δ'-3-酮甾体的 4 位脱氢	(3)酚醚形成
③ 伴着 A 环芳香化的 1 位脱氢	(4)胺的乙酰化
④ $\Delta1(10)5$-3β-甾醇的芳香化	(5)甾体生物碱与碳酸相结合
⑤ 羟基、酯或过氧化的消除	V　水解
(6)过氧化反应	(1)酯化
① 5,7-双烯间形成 5α,8α-表二氢化合物	① 碳酸酯
② 氢过氧化物	② 内酯
(7)杂原子氧化	③ 硫酸酯
① 立体转移性氧化硫醚到亚砜	(2)醚开裂
② 胺被氧化到酮	① 烯醇醚开裂为酮
II　还原反应	② 酚醚开裂为酚
(1)还原酮到醇	③ 苷开裂为醇
(2)还原醛到醇	VI　引入杂原子
(3)还原某氢过氧化物到醇	(1)氮：由 21 位醇基甾体形成 21-乙酰胺甾体
(4)还原烯醇到伯醇	(2)卤素：囷过氢化酶催化导入

2. 甾体药物的转化方法

根据转化时微生物状态的不同，可分下列几种方法进行反应。①由生长细胞进行的转化。在菌体繁殖的适当阶段（中期或后期）添加底物，继续培养细胞，同时进行转化反应。②由静态细胞进行的转化。菌体细胞培养阶段完成后，过滤或离心分离菌体，将收集到的菌体悬浮在水或适当的缓冲液中，加入底物，使其进行反应。该方法能自由调整反应液中底物和菌体细胞比例，同时转化产物中杂质较少，分离纯化比较容易。一次制成的静态菌液能够在低温下保持活性，故可简化操作。如诺卡氏菌氧化胆甾醇时，湿菌体的酶活性可在−20℃以下长时间保持稳定。③混合培养一步转化。将多步转化所需菌体细胞混合培养，一步转化底物得到目标产物。如有人在研究强的松龙（PLN）的生产中，以 $17\alpha,21$-二羟基-4-孕甾烯-3,20-二酮为原料，利用新月弯孢霉（Curvularia lunata）和具有 1,2-脱氢能力的球形芽孢杆菌（B. sphaerious）两种微生物分步进行转化。应用混合培养一步转化法，将两种微生物混合培养，以 $17\alpha,21$-二羟基-4-孕甾烯-3,20-二酮一步转化得到产物脱氢氢化可的松，即 PLN，可简化中间产物化合物氢化可的松的分离过程，缩短生产周期。如图 12-20 所示。童望宇等在实验室应用蓝色犁头霉和简单节杆菌进行混合培养，从奥氏氧化物直接得到霉菌脱氢物。④固定化菌体或固定化酶转化。利用固定化菌体或固定化酶对底物进行转化，已被应用于底物的单步和多步生物转化。该技术具有菌体细胞抗剪切能力强、固定化菌体或固定化酶可重复使用、转化过程可实现连续式反应，以及转化产物易于分离纯化等优点。例如将简单节杆菌固定于骨胶原中，可长期保持菌体细胞稳定的催化活性。甾体化合物转化酶类大多为氧化还原酶，在酶反应时需要辅助因子，并需连续再生。因而，利用固定化酶转化甾体化合物时，必须首先考虑外加辅助因子及其再生方法，而外加辅助因子的固定化酶活力很低。例如，采用固定化酶催化可的松为脱氢皮质醇时，需外加辅酶，催化活性只有游离酶的 7%。由于辅助因子的再生是一个复杂的难题，这就使固定化酶在甾体转化中的应用受到了限制。⑤双水相系统转化法。该技术中成相介质的选取至关重要，它直接影响到底物和产物在两项中的分配。Flygare 采用聚乙二醇、葡聚糖和 Brij 35 或聚乙烯吡咯烷、葡聚糖及 Brij 35 组成的双水相体系，利用分枝杆菌降解胆固醇侧链制备 4-烯-3,17-二酮-雄甾（AD）和 1,4-二乙烯-3,17-二酮-雄甾（ADD）的研究，菌体在上层的聚乙二醇或聚乙烯吡咯烷（富集）相有较高的转化活力，转化率最高达 $1.0mg/(g \cdot h)$。⑥有机介质转化法。有机介质中微生物转化技术是近年来研究的热点，其优点在于转化产物易于分离。由于甾体化合物在有机介质中的溶解度与在水相中相比大大提高，因此可提高投料浓度，减少基质和产物对酶的抑制作用，从而提高转化率。两相体系的组成采用有机介质/发酵液或有机介质/缓冲液。两相体系中不同介质对菌体和酶活力的保留有很大的影响。

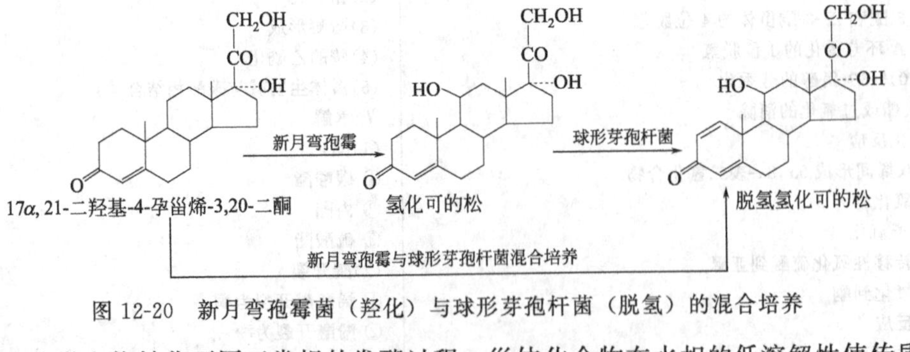

图 12-20　新月弯孢霉菌（羟化）与球形芽孢杆菌（脱氢）的混合培养

甾体药物微生物转化不同于常规的发酵过程。甾体化合物在水相的低溶解性使传质成为影响转化率的重要因素。近年来还涌现出许多新的应用技术，如超临界技术、微乳化技术、超声波技术等，对增加底物溶解性、强化传质和提高过程转化率等有一定的效果。特别是新兴的有机介质中甾体药物微生物转化技术，有望解决转化过程中酶与底物"两相相处"难于有效接触转化的难题，因而更具有应用前景。但是要真正达到工业化应用，还需要发酵过程、化学过程、生化工程以及酶工程等技术的综合应用。

3. 氢化可的松生产的微生物转化工艺

皮质激素类药物按其疗效可分为三类：氢化可的松与醋酸可的松等属于短效药物；泼尼松龙与泼尼松等属于中效药物；地塞米松与倍他美松等属于长效药物。氢化可的松为皮质激素类药物，又称皮质醇，化学名为 $11\beta,17\alpha,21$-三羟基孕甾-4-烯-3,20-二酮，它能影响糖代谢，并具有抗炎、抗毒、抗休克及抗过敏等作用，临床用途很广泛，主要用于肾上腺皮质功能不足、自身免疫性疾病（如肾病性慢性肾炎、系统性红斑狼疮、类风湿性关节炎）、变态反应性疾病（如支气管哮喘、药物性皮炎），以及急性白血病、眼炎及何杰金氏病，也用于某些严重感染所致的高热综合治疗。作为天然皮质激素类药物，氢化可的松在临床上具有重要作用。

甾体药物种类众多，但其生产工艺中微生物转化过程却有其共同的特点，自然界中的多种微生物均能在化合物 S 的 C11 位直接引入 β-羟基合成氢化可的松，不同菌种转化率对比如表 12-10 所示。

表 12-10　不同菌种导入 β-羟基转化率

菌种名称		氢化可的松/%	表氢化可的松/%
国外	*Absidia orchidis*	51～63	18～22
	Gongronella urceolifera	50	
	Gunninghamells blakesleana	70	
	Staclylidium bicolor	68	15
	Curvularia lunata	64.5～74.2	
国内	*Absidia orchidis*	46	14

目前国内外均采用醋酸化合物 S，经梨头霉菌（*Absidia orchidis*）氧化合成氢化可的松的工艺路线。其中有副产物 C11α-羟基的表氢化可的松产生，其比例一般为氢化可的松的 1/3。反应过程如图 12-21 所示。

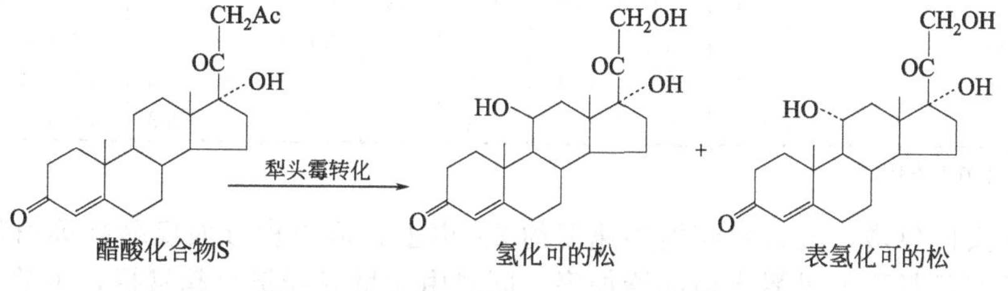

图 12-21　氢化可的松生物合成示意图

醋酸化合物 S，经梨头霉菌氧化合成氢化可的松的工艺过程如下：梨头霉菌于 26～28℃下培养 7～9 天，待菌丝生长丰满，孢子均匀，无杂菌生长，即可储存备用。配制发酵培养基，接入梨头霉菌孢子悬液，维持罐压 5.88×10^4 Pa，27～28℃通气搅拌条件下发酵 28～32h。加氢氧化钠溶液调 pH 至 5.5～6.0，投入发酵液体积 0.15% 的醋酸化合物 S 乙醇液，调节通气量，转化 8～14h，再投入发酵液体积 0.15% 的醋酸化合物 S 乙醇液，继续转化 40h，取样做比色试验检查反应终点，到达终点后，取发酵液滤除菌丝，滤液用醋酸丁酯多次萃取，合并萃取液，减压浓缩至适量，冷却至 0～10℃，过滤、干燥得氢化可的松粗品。母液浓缩分离可得表氢化可的松。将粗品加入 16～18 倍 8% 甲醇-二氯乙烷溶液中，加热回流使其溶解，趁热过滤，滤液冷至 0～5℃，过滤、干燥，得氢化可的松（含表氢化可的松约 3%）。上述分离物再加入 16～18 倍甲醇及脱色炭，加热回流使其溶解，趁热过滤。滤液冷至 0～5℃，析出结晶，过滤，干燥，得氢化可的松，收率 44%～45%。此工艺氢化可的松总收率约 18.4%（对双烯醇酮重量计）。

我国利用梨头霉菌转化醋酸化合物 S 制备氢化可的松的转化率仅 45% 左右，而国际上已达 87%～90%。底物投料浓度低是当前工艺存在的主要问题。有报道采用诱导羟化酶的方法能提高氢化可的松的收率。即在梨头霉菌培养初期，添加一定量底物作诱导剂对羟化酶进行预诱导，氢化可的松收率可由 48.5% 提高到 68.6%。

第十节　单细胞蛋白生产工艺

单细胞蛋白质（single-cell protein，SCP）是通过培养单细胞生物而获得的菌体蛋白质。由于生产 SCP 的单细胞生物包括微型藻类、非病原细菌、酵母菌和真菌。它们可利用各种基质如碳水化合物、碳氢化合物、石油副产品、氢气及有机废水等在适宜的培养条件下生产单细胞蛋白。单细胞蛋白质的含量达 40%～80%，单细胞蛋白中的赖氨酸含量高，但含硫氨基酸的含量较低。几种单细胞蛋白的氨基酸组成及含量见表 12-11。

表 12-11　各种单细胞蛋白的各种氨基酸含量

| 品　　种 | 氨基酸组成/% | | | | | | | | | | | 蛋白质含量/% |
	异亮氨酸	亮氨酸	苯丙氨酸	苏氨酸	色氨酸	缬氨酸	精氨酸	组氨酸	赖氨酸	蛋氨酸	半胱氨酸	
FAO[①]参考	4.0	7.0		4.0		5.0		1.1	2.5		2.0	
大豆粉	2.5	3.4	2.2	1.7	0.6	2.4	3.2	1.5	2.9	0.6		46.4
鱼粉	2.4	3.7	2.1	2.4	1.3	2.8	3.9	1.3	4.3	1.2		62.3
酵母（正烷烃）	2.7	3.9	2.4	2.0	0.7	2.9	2.7	1.1	3.8	1.8		61.0
酵母（甲醇）	2.6	3.7	2.3	2.4	0.8	3.3	3.3	1.1	3.6	0.9		60.2
酵母（乙醇）	3.2	4.6	2.8	2.8	0.8	3.9	3.1	1.5	3.7	1.0		53.0
细菌（甲醇）	3.6	5.2	2.9	3.8		4.3	3.7		4.9	2.0		83.0
担子菌菌丝（乙醇）	2.4	3.8	1.3	2.4		3.4	3.4		4.3	0.5		55.1
小球藻（光合成）	4.2	8.1	5.1	3.6	1.5	5.9	5.8	1.8	7.7	1.3		58.2
氢细菌	5.3	9.5	5.1	5.3		3.1	8.0	2.8	6.4	2.8		75.0

① FAO：联合国粮农组织。

由于世界人口急增，人口每年增加速度约 2% 以上，但粮食方面仅靠高等植物的传统生产方法，其增长率已赶不上世界人口的增加率。同时由于世界经济日趋富裕，生活水平的不断提高，对动物蛋白质的需求量增加很多。然而，生产动物蛋白却需要消耗很多植物蛋白，如要获得牛蛋白 1kg，需消耗植物蛋白 3～4kg；要得家畜蛋白 1kg，需植物蛋白 7～10kg，很不经济。并且某些家畜与人类争粮食。由此可见，粮食不足中最严重的是蛋白质不足的问题。

人类认识到作为取代蛋白质资源的微生物具有的重要性，已有相当长的历史。第一次世界大战中，苦于粮食不足的德国，将食用酵母投入了生产，最初是用糖生产酵母，后来发展到从造纸工业的亚硫酸废液制造饲料酵母。

从各种农业森林或家畜工业的废料生产 SCP 也已开发。目前对于生产 SCP 的廉价原料已成为研究的热点，如法国正在开发以木薯制造 SCP 的技术。

利用无限再生的二氧化碳为资源的自养微生物制造 SCP 的研究也受到重视，目前正在研究的无机物光能利用菌包括藻类、光合细菌。另一类为无机物化能利用菌，以氢细菌为最有希望。从工业观点来看，嗜热氢细菌可以减少污染的危险，节省冷却水用量，现已获得在较高温度下、生长速率高的菌株。

目前，我国已有近百家工厂生产饲料酵母、食用酵母和药用酵母，年产量为 20 多万吨，饲料酵母产量 7.5 万吨，主要出口，与实际需要近 500 万吨蛋白饲料还相差甚远。近年来我国重视 SCP 的开发工作，据报道利用味精废水生产热带假丝酵母 SCP，含蛋白质达 60%，产品用作饲养禽畜，效果与鱼粉相同。在研究螺旋藻的培养方法方面已获成功，据报道，将螺旋藻 SCP 用于啤酒生产上可得到具有独特风味的啤酒。

以微生物作为蛋白资源的优点如下。

① 生产速率高。微生物的倍增时间比牛、猪等快千万倍，如细菌、酵母菌的倍增时间为 20～120min，霉菌和绿藻类为 2～6h，植物 1～2 周，牛 1～2 个月，猪 4～6 周。据估计，一头 500kg 公牛每天生产蛋白质 0.4kg，而 500kg 酵母至少生产蛋白质 500kg。

② 劳动生产率高。生产不受季节气候的制约，易于人工控制，同时由于在大型发酵罐中立体式培养占地面积少。如年产 10 万吨 SCP 工厂，以酵母计，按含蛋白质 45% 计算，一年所产蛋白质为 4.5 万吨。一亩大豆按亩产 200kg 计，含蛋白质 40%，则一年为 80kg 蛋白质，所以，一个 SCP 工厂所产蛋白质相当于 562500 亩土地所产的大豆。

③ SCP 营养丰富。与黄豆粉相比，蛋白质含量高达 15%，而可利用氮比大豆高 20%，如添加蛋氨酸则可利用氮达 95% 以上。单细胞生物体与传统食品的各种主要营养成分比较见表 12-12。

表 12-12　单细胞生物体与传统食品的各种主要营养成分含量比较　　　　%

品　种　＼　成　分	水　分	粗蛋白	粗脂肪	可消化	粗纤维	灰　分
BP 正烷酵母	4.5	54.1	7.8	23.9	3.6	7.1
BP 柴油酵母	5.1	68.5	1.5	15.0	2.1	7.9
日本正烷酵母	4.5	54.1	2.8	27.1	3.6	7.1
前苏联石油酵母		50～55	1～2	12～20		6～10
ESSO 细菌		62～73	10～15	10		6～13
氢细菌		74～78				
纸浆酵母	6.0	46.0	2.3	35.4	4.6	5.7
螺旋藻		62～68	2～3	18～20		
小球藻		40～50	10～30	10～25		
大米	13.7	8.13	1.29	75.5	0.83	1.06
小麦	13.4	9.6	1.2	72.8	0.9	2.1
大豆	11.12	36.99	17.76	24.85	4.7	4.6

④ 利用原料广。可就地取材，廉价大量地解决原料问题，如果利用某些工农业废料还可实现环境保护。这是解决大规模生产 SCP 成本的主要因素。

⑤ 单细胞生物易诱变，比动植物品种容易改良，可采用物理、化学、生物学方法定向诱变育种，获得蛋白质含量高、质量好、味美，并易于提取蛋白质等的优良菌种。

一、SCP 生产的一般工艺过程

单细胞蛋白质的一般工艺过程如图 12-22 所示。

采用的发酵罐有传统的搅拌式发酵罐、通气管式发酵罐、空气提升式发酵罐等。投入发酵罐中的物料有良好的种子、水、基质、营养物、氨等，培养过程中控制发酵液的 pH 值及维持一定温度。单细胞蛋白的生产中为使培养液中营养成分充分利用，可将部分培养液连续送入分离器中，上清液回入发酵罐中循环使用。菌体分离方法的选择可根据所采用菌种的类型，比较难

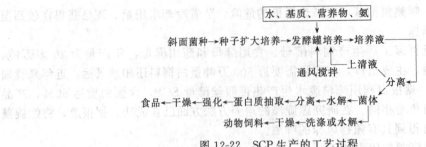

图 12-22 SCP 生产的工艺过程

分离的菌体可加入絮凝剂以提高其凝聚力，便于分离。一般采用离心机分离。

作为动物饲料的单细胞蛋白，可收集离心后浓缩菌体，经洗涤后进行喷雾干燥或滚筒干燥。作为人类食品则需除去大部分核酸。将所得菌体水解，以破坏细胞壁、溶解蛋白质、核酸，经分离、浓缩、抽提、洗涤、喷雾干燥得到食品蛋白。

二、SCP 生产的微生物

生产 SCP 的菌种、原料、工艺等方面几十年来做了不少研究，但作为 SCP 生产的共同性问题，应考虑下列几个方面：①生产所用菌种增殖速度快，菌体收获量大；②原料价格便宜，能够大量供给，或利用工农业废料；③生产菌种对营养要求简单；④易于培养，可连续发酵；⑤分离回收容易；⑥不易污染杂菌；⑦废水少；⑧菌体蛋白质含量高，氨基酸组成好；⑨没有毒性、病原性及致癌物质；⑩SCP 适口性好；⑪贮藏、包装容易。对于产品的品质和安全性要经过严格的鉴定，在这方面联合国蛋白质、热量顾问委员会专门颁布了鉴定指南，对于产品的各种污染菌数的界限、质量分析项目、动物试验方案与病理观察项目和方法都有详细规定。

1. 酵母菌

酵母菌的特点是个体很小，生长率比藻类和霉菌高得多。酵母菌含蛋白质 $50\% \sim 80\%$，其氨基酸组成同动物蛋白相当。这类菌体蛋白质的生产不需要很大的场地，可以在罐内常年不分昼夜地进行立体工业化生产。更为优越的是可以利用糖蜜、纸浆废液、木材糖化液、烃类等廉价原料高效率地进行生产。

发酵生产氨基酸、核酸及其他产品时，回收产物后，应对大量菌体进行有效处理，既可以避免公害，又可以回收宝贵的蛋白质，目前，均用这种菌体蛋白来强化饲料。

2. 藻类及担子菌

藻类能分解有机物，净化水，并提供丰富的蛋白质副产品，因而利用藻类来生产 SCP，解决蛋白质资源不足的问题。

作为粮食和饲料而大规模生产单细胞小球藻的研究，始于二次世界大战。这种巨大的单细胞生物，在有碳酸气和阳光的最适条件下，以数倍于高等植物的速度生长，光能的利用率达 30% 以上，远远超过利用率在 20% 以下的栽培植物。一般采用的小球藻为椭圆小球藻和粉粒小球藻，其培养价值很高，含有 50% 的蛋白质、10% 以上的脂类和 $10\% \sim 20\%$ 的碳水化合物，加上维生素 A、维生素 B_1、维生素 B_2 和维生素 C 等成分，小球藻还含有未知的微生物生长促进剂，根据近几年来诞生的宇宙生物学，还试验用小球藻作为宇宙航行中的粮食。但要进行工业大规模生产，还存在诸如生产场地较大，光和碳酸气的供给调节较难，生产率较低等问题。

在非洲中部的湖中自然生长的螺旋藻属中的蓝藻也引起了人们的注意。这种藻类蛋白质含量高，特别是富含硫氨酸，并且具有消化率高、繁殖力强、容易用普通滤布收获等优点。另外，还有一种埃塞俄比亚产的节螺藻属藻类，也是极有希望的蛋白质来源。

藻类主要是通过在有阳光和 CO_2 的条件下，进行光合作用，而获得其生长的能量，如糖和淀粉。同时藻类还能利用游离氮气制成有机含氮物质。工业上利用有机废物生产藻类的，主要就是利用这一特性。

微生物生产 SCP，应根据微生物各自的生理特性来选定。一般来说细菌生长速率快，蛋白质含量高，除了利用糖类外还能利用多种烃类，这些方面均优于酵母菌。但因细菌个体小，分离困难，菌体成分中除蛋白质外，还含有毒性物质的危险，分离所得蛋白质不如酵母易于消化。而酵母菌菌体大，易于分离、回收。目前生产上采用酵母菌较多。丝状真菌的优点是易于回收，质地良好，但生产速度较慢，蛋白质含量低。藻类的缺点是它们含有纤维质的细胞壁，不易为人体消化，并且它们具有富集重金属的问题，因而作为食品均需进行加工，以成为无毒性，适口性良好的食品。

三、生产 SCP 的基质

用谷物粮食和其他淀粉质原料为碳源生产酵母已用于大规模工业生产，但是这仅用于生产数量不大的面包工业和酿造工业中用作种子酵母和药用酵母，但因粮食原料有限，因此无法解决发展畜牧业的蛋白质饲料问题。甘蔗、甜菜糖厂的糖蜜或亚硫酸废液已广泛用于酵母生产。而在利用甘蔗、咖啡等副产物、干酪乳清、各种食物废料及橘子废液生产酵母 SCP 方面，由于原料的供应和不易及时处理，在大规模生产上还存在一些问题。为了提高 SCP 质量可采用常规的诱变和选育方法对产生菌进行改良，以提高产品蛋白质含量、增加必需氨基酸的含量、使细胞壁变脆，便于人体和动物直接消化或易于细胞破碎而提取蛋白。

四、单细胞蛋白质的提取和纯化

以酵母 SCP 的提取为例。细胞壁的破碎，其处理方法如下。

① 化学处理方法　包括碱与尿素处理法等。

② 酶处理法　包括自溶法与细胞壁分解酶处理法等。

③ 物理处理法　包括超声波处理法、减压处理法、磨碎法等。

对于处理大量菌体，可利用的方法是磨碎法，包括球磨法、胶体磨法、匀浆法等。由于前两种方法对产品质量方面均存在一些问题，因而匀浆法用得较多。

为提高蛋白质的纯度，需将核酸除去。化学法抽提核酸往往会引起蛋白质变性，因此工业生产上应用很少，酶分离法较温和，其工艺过程见图 12-23。

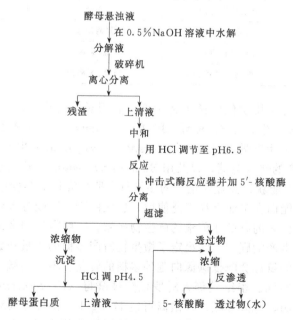

图 12-23　降低酵母中核酸含量的工艺流程

把酵母制成 10％的酵母悬液，按 30mg/L 加入核糖核酸酶，在冲击式的细胞破碎机中破碎，反复处理 3 次，使核酸分解。并用滤膜 OSMO-334-0 在 25×10^5 Pa、25℃下进行超滤，将蛋白质和核酸分离。借助于 OSMP-334-97 膜将核酸浓缩 20 倍，超滤的蛋白质溶液用盐酸调节其等电点 pH 到 4.5，沉淀蛋白质，离心分离，丙酮脱水干燥即得酵母蛋白。其收率为酵母所含蛋白质的55％，蛋白质提取率为 80％，提取的核酸占酵母所含核酸的 49％，核酸提取率为 90％。

另外，为使酵母蛋白质具有兽肉所特有的食感，还要使这种蛋白质组织化，即采用纺丝法或挤压法。通过纺丝法使酵母蛋白质组织化，与大豆蛋白具有相同的效果。

当前 SCP 生产的主要障碍是经济而不是技术。甲醇用作 SCP 原料，如果甲醇由于新用途价格上涨，那么，以甲醇为原料生产 SCP 的价格也会受到影响，采用常规技术由碳水化合物生产 SCP 在经济上并不可行。而采用价值低的材料或废料，如木质纤维素等是有发展前途的领域。

对 SCP 产生菌的遗传改良技术的应用，不仅可以提高 SCP 产量，还可以提高 SCP 产生菌的蛋白质含量，并可获得具有增加细胞壁黏性、提高对原料的转化率等的新菌株。

第十一节　微生物多糖发酵生产

多糖是由醛糖或酮糖通过糖苷键连接在一起的线性或分支链状聚合物，是一类分子机构复杂且庞大的糖类物质，来源于动物、植物及微生物。从形态学讲，多糖可分为胞内多糖、胞壁多糖和胞外多糖。微生物胞外多糖包括某些细菌、真菌和蓝藻类等产生的多糖，安全无毒、理化性质独特、用途广泛、易与菌体分离，并可通过深层发酵实现工业化生产等优良性质而备受关注。工业上重要的微生物多糖及来源见表 12-13。

表 12-13　工业上重要的微生物多糖及来源

多糖	来源	发酵底物	多聚体中的糖残基
酵母葡聚糖	啤酒酵母	葡萄糖	葡萄糖、甘露糖
热凝多糖	粪产碱杆菌	葡萄糖	葡萄糖
右旋糖酐	肠膜状串珠菌	蔗糖	葡萄糖
短杆霉多糖	出芽短梗霉	葡萄糖浆	葡萄糖
硬化葡聚糖	葡聚糖核盘菌	葡萄糖	
黄单胞菌多糖	甘蓝黑腐病黄单胞菌	葡萄糖、葡萄糖浆	葡萄糖、甘露糖等

通过发酵途径生产有实用价值的微生物多糖已有很长的历史，广泛研究的多糖包括：用 *Leuconostoc mesenteroides* 生产的葡聚糖，用 *Pseudomonas* sp. 生产的细菌海藻酸盐，用 *Xanthamonas compestris* 生产的黄原胶，用 *Streptococcus faecalis* 生产的热凝胶，用 *Aureobasidium pullulans* 生产的普鲁兰糖，以及用 *Strptococcus equii* 生产的透明质酸和 *Rhizobium* 生产的琥珀聚糖等。尽管能获得商业化生产的多糖只占所研究过的多糖中极少部分，但这一少部分多糖因其极好的性能而在工业上被广泛使用，也正由于黄原胶等多糖的开发取得了巨大成功，鼓舞人们期望找到更多的有商业前景的微生物多糖。一般微生物多糖以葡萄糖、乳糖或两者组合都可以作为发酵生产的碳源，它决定了微生物所产多糖的质量和数量，而碳源的浓度影响到转化率。一般过多的氮源会降低碳源向胞外多糖的转化。不同的微生物积累多糖的最佳培养基不同，最适碳源亦不同。李绍兰等人对罗伦隐球酵母（*Crytococcus laurentil*）胞外多糖的研究是以葡萄糖为碳源，胞外多糖产量最高可达 17.3g/L。杨柳等人对海洋真菌 Sw-25 产胞外多糖发酵条件研究发现麦芽糖是最佳碳源。林志勇对周毛德克斯氏菌产生胞外多糖的研究发

现玉米浆的作用最显著。张明等人对假单胞菌（*Pseudomonas*）胞外多糖发酵条件进行研究发现木糖是最适碳源。此外，不同 C/N 下菌体生长和多糖合成情况不同，C/N 为 40∶1 适于菌丝生长，多糖合成的最适 C/N 为 97∶1，这说明充足的氮源适合细胞生长。发酵工艺条件如 pH 值、温度等对胞外多糖的生产均有一定的影响，温度是多糖合成的关键因素，大多数微生物合成胞外多糖的最适温度为 30℃，一般生产菌的最适温度往往也是多糖形成的最适温度。细菌合成多糖的 pH 值一般是 6.0～7.5 之间，而由真菌合成多糖的 pH 值则为 4.0～5.5。合成多糖的许多微生物对某些元素有严格的要求，但有些金属离子会抑制多糖的合成。多糖的生产过程是耗氧的，由于培养基的黏度随着多糖的形成而增加，氧向细胞内传递也会变得越来越困难，因此，解决发酵过程中氧的供给对多糖的生产至关重要。

目前，世界上微生物胞外多糖产量逐年增长，其中细菌多糖占有很大的份额。已经投产的有短梗霉多糖、黄原胶、结冷胶和热凝多糖等，这类多糖作为凝胶剂、增稠剂、絮凝剂、成膜剂、乳化剂和保鲜剂等广泛应用于食品、制药、石油和化工等多个领域，在经济建设和人民生活、社会发展中发挥着重要的作用，它们正在逐渐成为科学工作者研究的一个新热点。

一、短梗霉多糖

短梗霉多糖亦称普鲁兰多糖、出芽短孢梗糖，由出芽孢梗霉（*Aureobasidium pullulans*）产生的一种黏性同型胞外多糖。短梗霉多糖的研究工作起始于德国，英国人在理论方面也做了不少工作，20 世纪 70 年代中期日本进行了研究并开始生产，并取得大量专利，至今仍垄断着国际市场。我国于 20 世纪 80 年代开始做相关研究，目前也已取得可喜成绩。

短梗霉多糖是一种由 α-1,6-糖苷键同麦芽三糖结合反复连接而成，分子中 α-1,4-糖苷键和 α-1,6-糖苷键的比例为 2∶1，聚合度为 100～5000，平均相对分子质量为 2×10^5（大约由 480 个麦芽三糖组成）。短梗霉多糖可由淀粉水解物、蔗糖或其他糖类直接发酵，经提取纯化干燥而得。国内已有不同规格的短梗霉多糖产品应用，但并未大规模投入生产，大部分尚处于实验室或中试阶段，所需产品只能通过进口得到。不同的出芽短梗霉的发酵条件不同，培养基组成以及发酵处理不同，最终产率也不同。国内外对普鲁兰多糖发酵进行多年的研究，在菌种选育、培养基优化、发酵动力学、发酵过程控制等方面均有文献报道，但焦点集中在提高糖的转化率、降低生产成本等方面。董学前研究了出芽短梗霉突变株在 16L 自动发酵罐中进行的发酵实验，结果表明溶解氧和 pH 值对发酵过程影响比较大，发酵周期为 60h，普鲁兰多糖达到 6%，发酵转化率达到 60%，并且在发酵过程中不产生色素。众多的研究表明各种铵盐都可以作为氮源使短梗霉生长，其用量影响到糖的转化率。K^+ 和 PO_4^{3-} 能促进普鲁兰多糖的产生，发酵温度一般为 28℃，pH 值为 6 左右。另外，为降低生产成本，寻找合适的工业废料作为原料也将是普鲁兰多糖研究的热点。

二、黄原胶

1. 概述

黄原胶是一种微生物多糖，亦称黄单胞多糖。黄原胶是由 D-葡萄糖、D-甘露糖、D-葡萄糖醛酸、乙酸和丙酮酸组成的"五糖重复单元"结构聚合体，分子摩尔比为 28∶3∶2∶17∶（0.51～0.63），相对分子质量在 5×10^6 左右。黄原胶分子侧末端含有丙酮酸，其含量对黄原胶性能有很大影响。在不同溶氧条件下发酵所得黄原胶中丙酮酸含量有明显差异。20 世纪 50 年代，美国农业部伊利诺伊州皮奥里尔北部研究所从野油菜中分离出黄单胞菌（NRRLB-1459），可以分泌中性水溶性多糖。自 20 世纪 60 年代初美国 Kelco 公司投入工业化生产以来，黄原胶产品在食品、轻工、医药、纺织、化妆品、石油开采和消防等领域得到非常广泛的应用。20 世纪 80 年代之后，由于现代生物工程技术的发展，给黄原胶工业注入新的活力。

2. 发酵生产

黄原胶是以淀粉为主要原料，经黄单胞菌好氧发酵合成的一种生物高聚物。

(1) 生产菌种　目前工业化生产用菌株主要是甘蓝黑腐病黄单胞杆菌，直杆状，有单个鞭毛，革兰阴性、好氧。此外，还有菜豆黄单胞菌、锦葵黄单胞菌和胡萝卜黄单胞菌等。

(2) 发酵培养基　黄原胶发酵培养基的碳源一般为蔗糖、葡萄糖，氮源有蛋白胨、硝酸铵、尿素、鱼粉蛋白胨、大豆蛋白胨、豆饼粉、谷糠等，其中鱼粉蛋白胨最好。$CaCO_3$、NaH_2PO_4、$MgSO_4$ 对黄原胶的合成有明显的促进作用。碳源起始浓度为 2%～5%，发酵接种量为 5%～8%。发酵培养基组成：蔗糖 5%，蛋白胨 0.5%，碳酸钙 0.3%，磷酸二氢钾 0.5%，硫酸镁 0.25%，硫酸亚铁 0.025%，柠檬酸 0.25%。

(3) 发酵条件　黄单胞杆菌生长过程中需要氧气，且产物积累导致发酵培养基黏度较高，因此发酵过程需要较高的通风量，一般为 $0.6～1m^3/(m^3 \cdot min)$，并需不断进行搅拌，搅拌转速在 200～300r/min。发酵温度不仅影响黄原胶的产率，还能改变产品的结构组成。研究表明，较高的温度可提高黄原胶的产率。在发酵过程中，细胞生长的最适温度在 24～27℃之间，黄原胶产生的最适温度为 30～33℃。黄原胶发酵培养的起始 pH 值一般控制在 6.5～7.0 之间，有利于初期细胞生长和后期黄原胶的合成。随着产品的不断形成，酸性基团增多，pH 值降至5.0。黄原胶发酵周期为 50～90h，发酵液浓度从 5% 下降到 0.3% 时为反应终点。发酵前 24h主要是菌体生长期，不产黄原胶，24h 以后进入产胶期，50h 左右多糖产量趋于稳定。在发酵过程中，发酵液黏度急剧上升超过 10 000cP（$1 cP=10^{-3} Pa \cdot s$），表明黄原胶已经合成。

(4) 黄原胶提取　发酵培养基中除黄原胶外，还有菌丝体、无机盐、残留的碳水化合物等，其中黄原胶 20～50g/L，细胞 1～10g/L，残余营养物质 3～10 g/L。如果菌丝体等固形物混杂在黄原胶成品中，会造成产品的色泽差、味臭，从而限制了黄原胶的使用范围。

黄原胶发酵液的常规分离是通过离心或抽滤，把不溶性物质从发酵液中分离出来。黄原胶的分离提取，其目的在于按产品质量规格的要求，将发酵醪中的杂质不同程度地除去，通过纯化、分离、浓缩和干燥等手段，获得纯品。由于发酵液黏度很大，产品含量较低，因此必须先用水稀释，然后再采用硅藻土过滤法和酶降解法处理发酵液，除去菌体等固形物杂质，对液体进行超滤以提高产物的浓度，再用有机溶剂沉淀法提取黄原胶。其中乙醇法就是在发酵液中先加一定量的盐酸调节 pH 值，使其呈酸性，再加入乙醇后搅拌至絮状黄原胶沉淀，这种方法可得到更好的产品质量和很高的收率，但由于乙醇与水形成共沸物，回收乙醇的能量消耗很大。异丙醇法和乙醇法类似，调 pH 值至 3.0 后加入异丙醇，在搅拌条件下加入少量的 $CaCl_2$ 和NaOH，即出现黄原胶絮状沉淀。

三、结冷胶

1. 概述

结冷胶是美国 Kelco 公司 20 世纪 80 年代开发的一种微生物食用胶，是继黄原胶之后该公司开发的又一新型微生物胞外多糖，其凝胶性能比黄原胶更为优越。结冷胶是由假单胞杆菌伊乐藻属菌在中性条件下，好氧发酵产生的细胞外多糖胶质。结冷胶是一种高分子线性多糖，由四个单糖分子组成的基本单元重复聚合而成，其基本单元是由 1,3-糖苷键和 1,4-糖苷键连接的 2 个葡萄糖残基、1,3-糖苷键连接的 1 个葡萄糖醛酸残基和 1,4-糖苷键连接的 1 个鼠李糖残基组成，其中葡萄糖醛酸可被钾、钠、钙、镁中和成盐。天然结冷胶含有 O-酰基，碱处理除去 O-酰基后成低酰基结冷胶，再经过滤可得到纯品，即商品结冷胶，相对分子质量约为50 万。

结冷胶干粉呈米黄色，无特殊的滋味和气味，耐热、耐酸性能良好，对酶的稳定性亦高。在非极性有机溶剂中不溶解，不溶于冷水，但易于分散在水中，加热即溶解成透明的溶液，冷却后形成透明且坚实的凝胶。由于结冷胶优越的凝胶性能，目前已逐步取代琼脂、卡拉胶，广泛应用于食品中，如果冻、布丁、饮料、果酱、糖果等，也用于微生物培养基、药物缓释体系以及牙膏中。

2. 发酵生产

Kelco 公司采集土壤或植物样本，对 30000 多株菌种进行筛选，经过不懈的努力获得优良的菌株 *Sphingomonas paucimonilis*，该菌为 G⁻ 好氧杆状菌，分泌黄色色素。结冷胶的生物合成属于异型多糖途径，合成体系包含 5 个因子，即糖基核苷酸、酰基供体、脂中间体、酶系统及糖基受体。在含有碳源、有机和无机盐、磷酸盐以及适量微量元素的培养基中，生产菌在严格控制通风量、搅拌、温度和 pH 的条件下合成产品，发酵完成后，分离菌丝蛋白得到结冷胶产品。

结冷胶属于微生物代谢胶，生产周期短，可在人工控制的条件下利用各种废渣、废液进行生产，产品安全，理化性质独特，在食品工业有着广泛的应用前景。但在发酵生产中，还存在一些问题，如产量低、耗能高、产品提纯困难等。因而，如果能利用基因工程手段将产胶基因转移到嫌氧微生物中并正常表达，从而可降低成本。总之，利用基因工程手段筛选优质多糖产生菌，并利用现代生物工程技术构建具有多种优异性能的工程菌来提高结冷胶的产率与质量，将是未来结冷胶生产与研究的发展方向。

第十二节　生物质能源的开发与利用

自然的陆生物质组分复杂，有糖类、淀粉、蛋白质、羟基酸和氨基酸、脂类、纤维素、半纤维素、木质素等，其中最主要的是占总组分 75% 的有机碳水化合物。资料显示，每年大自然生产大约 1800 亿吨的可再生生物质，而只有约 5% 的碳水化合物为人类所利用，其余部分则腐烂参与大自然的循环利用。据悉史前有机物衍生的化石原料正在减少，大约到 2040 年廉价的石油时代将宣告结束，同时环境的负荷持续积累，人类利用可再生原料作为发展化学工业的原料将成为必然的趋势。利用生物质原料如淀粉、糖、纤维素、木质素、甲壳素和油脂作为原料，生产各种精细化学品、生物燃料是一种趋势，必将促进化学工业的发展。碳水化合物是一个天然产物，除了在食品、木材、纸、热等传统方面的应用外，还作为主要的生物原料用于生产其他经济型的有机化学产品、材料，替代源于石油化工的产品。如今基于油价居高不下、环境恶化的情况，碳水化合物可以转化成有用的工业产品、能源等，弥补了石油工业供需矛盾的主要生产原料。

能源是人类赖以生存的物质基础之一，是地球演化和万物进化的原动力，它与社会的经济发展和人类的生存息息相关。所谓生物能源是指利用生物可再生原料及太阳能生产的能源，包括生物质能、生物液体燃料及利用生物质生产的能源如燃料乙醇、生物柴油、生物质气化及液化燃料、生物制氢等。生物能源相比于其他能源具有其特有的优越性，一是原料具有可再生的特点，作物秸秆、木材、干草等材料是生产能源的最廉价原料，所生产的燃料乙醇成本低。二是生物能源是清洁能源，如氢能源，燃烧后不产生二氧化碳、硫、氮氧化物等有害物质。产氢的微生物很多，值得重视的是光合细菌，该菌利用工业废水产氢，同时具有农用肥效的作用。三是生物能源有助于减少大气污染和减缓温室效应。能源作物在燃烧过程中会释放二氧化碳，不过当植物处于生长期时也吸收了大量的二氧化碳，因此能源作物可被视为"碳平衡"作物，吸收和制造相互抵消。生物能源可以在其生产过程中固定二氧化碳，不破坏生产和消费的平衡，如果对其进行有效利用的话，就可以在不增加大气二氧化碳浓度的情况下，不断产生出能源和化学品。四是生物能源的来源广泛，储量丰富，主要来自生物质如秸秆、禽畜粪便和城市垃圾，可通过现代生物技术将其转化为固体、液态或气态的燃料。生物能源将可再生的生物质转化为燃料能源，是仅次于煤炭、石油和天然气的第四位能源，不但可以弥补石油化石燃料的不足，而且有助于达到保护生态环境的目的，实现资源、环境、能源一体化的社会可持续发展，大力发展我国的生物能源具有相当重大的意义。

生物能源的开发涉及多个领域，包括农业、化工、能源等。由于生物能源的转化以热化学、生物化学为主，因此化学工程、生物化工在生物能源的开发中占有相当的分量，例如，乙醇通过发酵技术生产，生物柴油通过热裂解、生物酶催化等生产以及光合微生物制氢等。

一、燃料乙醇

燃料乙醇又称变性燃料乙醇。根据燃油中乙醇含量的多少，燃料酒精的市场可分为替代燃料（添加高比例乙醇的汽油醇）和燃料添加剂两种，其中作添加剂可以起到增氧和抗爆的作用，以替代有致癌作用的甲基叔丁基醚（MTBE）。乙醇掺入汽油起两个主要作用：一是乙醇辛烷值高达120，可以取代污染物四乙基铅来防止汽车发生爆震；二是乙醇含氧量高，可促进燃料充分燃烧，显著减少严重危害人体健康的一氧化碳、引发光雾生成的挥发性有机化合物及多种毒物的排放，还能够减少造成酸雨的二氧化硫的排放。它和电喷、三元净化器等技术一起，使汽车污染排放降低，有利于减少二氧化碳的排放。在汽油中掺入10％燃料乙醇的乙醇混合油，由于乙醇掺入比例小，热值减少不大，不需要改造汽车发动机。目前，世界市场上，巴西使用的是24％的乙醇混合油，美国、加拿大、瑞典、中国等多数国家使用的是10％乙醇混合油。燃料乙醇生产目前有较好的基础，但仍存在成本高的问题，较经济的方法是采用纤维素为原料发酵生产乙醇。随着生物工程技术的发展，纤维素原料发酵生产乙醇的关键酶如纤维素酶、木质素酶，戊糖发酵微生物等的突破，利用纤维素发酵生产乙醇已为时不远了。

根据原料不同，燃料乙醇生产工艺可分为糖类原料生产乙醇工艺、谷物淀粉类原料生产乙醇工艺和纤维素类原料生产乙醇工艺。第一类是含糖量高的农作物，如甘蔗、甜菜、甘薯等。通过发酵等加工过程转化糖类生产乙醇，其可直接用于石油的添加剂或与汽油混用。用糖类如糖蜜作为原料生产乙醇工艺是最简单、成本最低的生产工艺，目前在南美巴西、阿根廷等国广泛使用。第二类是用谷物淀粉类如玉米为原料生产乙醇工艺，是目前世界上大多数国家如美国、中国等广泛采用的方法，目前用淀粉类原料生产乙醇的使用成本高于汽油，但其生产工艺技术是成熟的，由于受粮食安全的影响，在我国不鼓励用谷物淀粉类原料生产燃料乙醇。第三类是用纤维素类如木材、草、玉米芯、秸秆、果渣等作为原料生产乙醇工艺，是目前各国重点研发的工艺技术。用纤维素制造乙醇的关键技术是原料纤维素的预处理和高效的发酵工艺。目前纤维素原料的预处理技术主要有化学法和酶法。化学法一般是酸水解法，目前应用的是抗酸膜将纤维素酸解物中的糖和酸分离，利用这一技术从木材酸解生产葡萄糖的费用和淀粉水解生产葡萄糖的费用大体相当。利用秸秆等农作物发酵制备乙醇的另一个问题是如何利用植物纤维原料中的戊糖（占20％～30％）。20世纪80年代以前认为木糖（戊糖）不能被酵母利用，之后，研究者提出木糖可以被一些微生物发酵生产乙醇后，国际上掀起了一股木糖乙醇发酵菌株的研究热潮。迄今已经发现100多种微生物可代谢木糖生产乙醇，包括细菌、丝状真菌和酵母。发酵木糖产生乙醇的细菌主要有嗜水气单胞菌（*Aeromonas hydrophila*）、多黏芽孢杆菌（*Bacillus polymyxa*）等，它们在发酵木糖产生乙醇的同时，还会产生各种有机酸以及2,3-丁二醇等副产物，从而影响乙醇生产的得率。此外，浸麻芽孢杆菌（*B. macerans*）、厌氧嗜热菌（*Clostridium thermosaccharolyticum*）都能不同程度地利用纤维素和半纤维素产生乙醇，不过产率较低，副产物较多。随着基因工程技术的发展，相信将会构建出可利用木糖的基因工程菌。

二、生物制氢

化石原料的大量开发与利用，带来了严重的能源危机和环境危害，以氢气作为能源正日益受到人们的重视。生物制氢技术具有清洁、节能、不消耗矿物资源和成本低，过程可以在常温常压下进行，不仅对环境友好，而且可以和废物回收利用过程耦合，是一项符合可持续发展战略的新技术。生物制氢过程开辟了以一条利用可再生资源的新道路。

20 世纪 70 年代世界性的能源危机爆发，制氢技术的实用性及可行性得到高度的重视，人们对各种氢能源及其应用技术已经进行了大量的研究，当时的能源界将氢气誉为"未来燃料"。石油价格回落以后，氢气及其他替代能源的技术研究不再成为关注的焦点；20 世纪 90 年代，人们对由以化石燃料为基础的能源生产所带来的环境问题有了更为深入的认识，利用化石燃料不是长久之计，此时，人们再次把目光"聚焦"在制氢技术上。随着氢气用途的日益广泛，其需求量也迅速增加。传统的制氢方法（如电解水制氢、烃类水蒸气重整制氢、重油氧化制氢重整法等）均需消耗大量的不可再生能源，不适应社会的发展需求。生物制氢技术作为一种符合可持续发展战略的课题，已在世界上引起广泛的重视。德国、以色列、日本、葡萄牙、俄罗斯、瑞典、英国、美国等都投入了大量的人力物力对该项技术进行研究开发。由于不同的生物制氢方法，产氢微生物不同，但目前认为发酵细菌产氢速度最高，而且条件要求最低，具有直接的应用前景。

1. 光合微生物产氢

光合产氢微生物可以利用光能产生氢气，包括一些藻类和光合细菌。藻类主要是绿藻，绿藻属于真核微生物，含有光合系统 PS I 和 PS II，不含固氮酶，H_2 代谢全部由氢酶调节，在一定条件下可以利用光能产生氢气，即 $2H_2O \longrightarrow 2H_2 + O_2$。整个途径包括水裂解和释氧的光系统 II（PS II）及生成还原剂用于 CO_2 还原的光系统 I（PS I）。在 PS II，氧化侧从水中获得电子并产生氧气，电子经过一系列光驱动下的生化反应，电子的能力得到升级，最终到达 PS I 的还原侧并传递给氢酶，由氢酶传递给氢离子从而产生出氢气。在两个系统中，两个光子从水中转移一个电子生产 1mol 氢气。光合产氢的细菌主要集中于红假单胞菌属（*Rhodopseudomonas*）、红螺菌属（*Rhodospririllum*）、红微菌属（*Rhodomicrobium*）、绿菌属（*Chlorobium*）等几个属的 20 余个菌株，其中研究和报道最多的是红假单胞菌属，在该属中有 7 种 10 多个菌株进行过产氢的相关研究。光合细菌含有光合色素——细菌叶绿素、固氮酶，可以在厌氧、光照条件下生长，利用发酵产生的有机物和光能，通过 TCA 循环克服正向自由能反应生成氢气。通常以 H_2S 为电子供体，通过光合色素系统和电子传递系统，将电子传递给氢酶，催化氢气的生成。光合色素系统和电子传递系统存在于特定的光和结构中，如蓝细菌的类囊体、红螺菌的单位膜，不同的光合细菌光和结构也不相同。虽然，光合细菌在暗条件下也能生长，但是产氢气量远远不如光照条件下高，这可能与吸氢有关。

2. 微生物水气转换制氢

水气转换是 CO 与 H_2O 转化为 CO_2 和 H_2 的反应。以甲烷或水煤气为起点的制氢工业均涉及 CO 的转换，因此水气转换是工业制氢的一个基础反应。水气转换属放热反应，高温不利于氢的生成，然而高温有利于动力学速率提高。目前已发现两种无色硫细菌 *Rubrivivax gelatinosus* 和 *Rubrivivax rubrum* 能进行如下反应：$CO + H_2O \longrightarrow CO_2 + H_2$。这两种无色硫细菌的优点是生长较快，在短时间内可达到较高的细胞浓度；产氢速率快，转化率高。其中 *Rubrivivax gelatinosus* 能够 100% 将气态的 CO 转成 H_2；对生长条件要求不严格，可允许氧气和硫化物的存在。然而，传质速率的限制、CO 抑制及相对的动力学速率较低使其在经济上还无法和工业上的水气转换过程竞争。

3. 暗发酵制氢法

厌氧微生物发酵产氢过程实际上是生物氧化的一种方式，由一系列的酶、辅酶和电子传递中间体共同参与完成。发酵产氢可以消耗掉生物氧化过程中多余的电子和还原力，从而对代谢进行调控。许多厌氧微生物在氮化酶或氢化酶的作用下能将多种底物分解而得到氢气。通常通过丙酮酸脱羧产氢途径、甲酸裂解产氢途径和辅酶 I（NADH 或 NAD^+）的氧化还原平衡调节作用产氢。在碳水化合物的发酵过程中，经过 EMP 途径产生的 NAD 和 H^+ 可以通过与一定比例的丙酸、丁酸、乙醇和乳酸等发酵过程相偶联而氧化为 NAD^+，以保证代谢过程中的 $NADH/NAD^+$ 的平衡，这样就产生了丁酸型和乙醇型发酵方式。可溶性的碳水化合物如葡萄糖、乳糖、淀粉以及甲酸、丙酮酸、CO 和各种短链脂肪酸等有机物、硫化物、纤维素等糖类均以丁酸型发酵为主。这些原料取材方便，有的广泛存在于工农业生产的高浓度有机废水和人畜粪便中。乙醇型发酵方式制氢是最近几年发现的一种新的制氢方法，这种方法不同于经典的乙醇发酵，主要是葡萄糖经糖酵解后形成丙酮酸，在丙酮酸脱羧酶的作用下，以焦磷酸硫胺素为辅酶，脱羧变成乙醛，继而在醇脱氢酶的作用下形成乙醇，在这个过程中，还原型铁氧蛋白在氢化酶的作用下被还原的同时释放出氢。

相对于光合微生物制氢，暗发酵体系具有较强的实际运用前景。最近几年，利用有机废水、固体废弃物为主的复杂底物进行生物制氢的研究得到一定的进展，在得到能源的同时还起到保护环境的作用。厌氧发酵细菌生物制氢的产率一般较低，能量转化率一般只有 33% 左右，但若考虑到将底物转化为 CH_4，能量转化率则可达 85%。为提高氢气的产率，除选育优良的耐氧且受底物成分影响较小的菌种外，还需开发先进的培育技术。目前以葡萄糖、污水、纤维素为底物并不断改进操作条件和工艺流程的研究较多。我国也在暗发酵制氢上取得了一定的成果，采用细胞固定化技术，可以实现稳定的产氢与储氢，但为保证较高的产氢速率，实现工业规模的生产，还必须进一步地完善固定化培养技术，优化反应条件，如培养基的成分、浓度、pH 等。

世界首例发酵法生物制氢生产线在哈尔滨启动。由于氢是高效、洁净、可再生的二次能源，其用途越来越广泛，氢能的应用将势不可当地进入社会生活的各个领域。由于氢能的应用日益广泛，氢需求量日益增加，因此开发新的制氢工艺势在必行，从氢能应用的长远规划来看开发生物制氢技术是历史发展的必然趋势。

三、生物柴油

中国有丰富的动植物油脂资源，一些科研部门已在研究能源植物优育技术、生物柴油生产技术，并开展了小型工业性试验，初步具备了推广应用的技术基础。但是与国外相比，我国在发展生物柴油方面还有相当大的差距，长期徘徊在初级研究阶段，未能形成生物柴油的产业化，政府尚未针对生物柴油提出一套扶植、优惠和鼓励的政策办法，更没有制定生物柴油统一的标准和实施产业化发展战略，很有必要开展相应的工作，以促进生物柴油的发展。

生物柴油是清洁的可再生能源，它是以油菜籽和大豆等油料作物、麻疯树和黄连木等油料林木果实、工程微藻等油料水生植物以及动物油脂、废餐饮油等为原料制成的液体燃料，是优质的石化柴油替代品。生物柴油与传统石油柴油相比，具有以下优点：①环境友好。与普通柴油相比，生物柴油燃烧尾气中有毒有机物排放量仅为 1/10，颗粒物为 20%，二氧化碳和一氧化碳排放量仅为 10%，无二氧化硫、铅和有毒物如苯的排放；混合生物柴油可将排放物中硫浓度从 $500\mu g/g$ 降到 $5\mu g/g$。②具有可再生性。生物柴油以可再生的动物及植物脂肪酸酯为原料，可减少对石油的依赖。③不需改动发动机。生物柴油可直接添加使用，且具有较好的低温发动机启动性能和较好的润滑性能，对发动机有保护作用。④具有较好的安全性能。由于闪点高，生物柴油不属于危险品，在运输、储存、使用等方面的安全性是显而易见的。⑤良好的燃烧性能。十六烷值高，使其燃烧性能好于石化柴油。

目前各国生物柴油的生产方法主要有直接使用或混合、微乳法、热裂解、酯交换法和生物酶催化法等。直接使用或混合法目前基本不采用。热裂解法纯粹属于化学法。微乳法是以淀粉（番薯、马铃薯、玉米）、蔗糖（甘蔗）为原料，生产甲醇、乙醇等低碳醇，在少量乳化剂的作用下，将其与石化柴油均匀混合，形成均相体系。该产品的优点在于微乳化有助于充分燃烧、黏度小，流动性好，不易阻塞油路和喷油嘴，可以在低温下保持不凝固。因为醇类含氧丰富，燃烧后的尾气污染少。因此，这种生物柴油，克服了石化柴油低温凝固的缺点，提高了柴油机的低温启动性能，美国、巴西大量使用此类柴油，国内叫乳化柴油或甲醇柴油。目前生物柴油主要是用化学酯交换法生产，即用动物、植物油脂和甲醇或乙醇等低碳醇在 $60\sim70℃$ 进行酯交换反应，生成相应的脂肪酸甲酯或乙酯。酯交换法有诸多明显的缺点，在减压条件和高温下分两步完成，不易除去游离酸和水分，催化剂不易分散均匀，温度条件选择不当时可能发生几何或位置异构反应，导致收率降低；在后处理过程中需要洗涤酸碱，产生大量的工业废水，造成环境污染；而且工艺复杂，醇必须过量，反应物中游离脂肪酸与水的存在对酯交换反应有妨碍作用，过量的醇必须回收，必须有相应的醇回收装置，而且能耗高。由于酶法合成生物柴油具有条件温和、醇用量小、无污染物排放、较易回收副产物甘油、操作方便、反应物中的游离脂肪酸能完全酯化等优点，人们对生物酶化合成生物柴油寄予很大的希望。用动植物油脂和甲醇或乙醇等低碳醇通过脂肪酶进行酯化反应制备相应的脂肪酸酯，如日本的 Yuji Shimada 等人利用 Novozym435（来源于 *Candida antarctica*）脂肪酶催化的转酯反应在分段反应器中通过流加甲醇生产生物柴油，产品中脂肪酸甲酯的体积分数可达 93％以上，经过 100 天反应，酶不会失活。北京化工大学开展固定化酵母脂肪酶合成生物柴油的研究，其转化率可达到 96％，半衰期可达 200h 以上。生物酶法目前存在的主要问题是脂肪酶对长链脂肪醇的酯化或转酯化有效率高，而对甲醇及乙醇的转化率低，一般仅为 30％～46％。另外，短链醇对酶有一定的毒性。副产物甘油和水不仅抑制产物生成，而且甘油对固定化酶有毒害作用，使固定化酶使用寿命短；另外，生物酶制剂价格偏高，导致产品成本较高。

思考与练习题

1. 简述啤酒生产工艺流程及控制要点。
2. 简述我国柠檬酸生产工艺的特点。
3. 简述氨基酸的应用和生产控制关键。
4. 试从基因调控理论说明如何提高酶的产量。
5. 简述单细胞蛋白的用途、生产方法及前景。
6. 目前生产维生素 C 的方法主要有莱氏法和二步发酵法，试述二步发酵法的工艺过程。
7. 干扰素对人体有何作用？生产方法的特点及过程的关键在哪步？

参 考 文 献

[1] 俞俊棠，唐孝宣主编. 生物工艺学（上、下册）. 上海：华东理工大学出版社，1997.

[2] 姚汝华. 微生物工程工艺原理. 上海：华南东理工大学出版社，1996.

[3] 熊宗贵. 发酵工艺原理. 北京：中国医药科学技术出版社，2000.

[4] 梅乐和. 生化生产工艺学. 北京：科学出版社，2001.

[5] 郭勇. 酶工程. 北京：中国轻工业出版社，1996.

[6] 焦瑞身等. 生物工程概论. 北京：化学工业出版社，1994.

[7] 张树政. 酶制剂工业. 北京：科学出版社，1984.

[8] 邬行彦，熊宗贵，胡章助主编. 抗生素工艺学. 北京：化学工业出版社，1982.

[9] 张克旭. 氨基酸工艺学. 北京：中国轻工业出版社，1992.

[10] 于信令. 味精工艺学. 北京：中国轻工业出版社，1997.

[11] 黄诗笺. 现代生命科学概论. 北京：高等教育出版社，2001.

[12] 罗贵民. 酶工程. 北京：化学工业出版社，2002.

[13] 宋思扬等编. 生物技术概论. 北京：科学出版社，2000.

[14] 陈陶声等编. 固定化理论及应用. 北京：中国轻工业出版社，1987.

[15] 瞿礼嘉等编. 现代生物技术导论. 北京：高等教育出版社，1998.

[16] 李艳编. 发酵工业概论. 北京：中国轻工业出版社，1999.

[17] 顾国贤. 酿造酒工艺学. 北京：中国轻工业出版社，1996.

[18] 蒋中华，张津辉主编. 生物分子固定化技术及应用. 北京：化学工业出版社，1998.

[19] 邬显章. 酶的工业生产技术. 吉林：吉林科学技术出版社，1988.

[20] 魏述众. 生物化学. 北京：中国轻工业出版社，1996.

[21] 周德庆等. 微生物学教程. 北京：高等教育出版社，1997.

[22] 伦世仪主编. 生化工程. 北京：中国轻工业出版社，1993.

[23] 陈因良主编. 细胞培养工程. 上海：华东化工学院出版社，1992.

[24] 焦瑞身等. 生物工程概论. 北京：化学工业出版社，1998.

[25] Peter F Stanbury, et al. Principle of Fermentation Technology. Pergamon Press，1984.

[26] Qwen P Ward. Fermentation Biotechnology：Precesscs and Products. Open University Press，1998.

[27] Jian-jiang Zhong. Advances in Applied Biotechnology. East China University of Science and Technology Press，2002.

[28] Bicker Staff C F. Immobilization of Enzymes and Cells. Human Press，1997.

[29] 周永春等. 迈向二十一世纪的生物技术产业. 北京：学苑出版社，1999.

[30] Bulock J，Kristiansen B. Basic Biotechnology. London：Acad Press，1987.

[31] HigginsI J，Best D J，Jones J. Biotechnology Principles and Applications. Oxford：Black Well Sci Pub，1985.

[32] Asenjo J A，Merchuk J C. Bioreactor System Design. NY：Marcel Dekker，1995.

[33] 欧阳平凯. 生物分离原理及技术. 北京：化学工业出版社，2004.

[34] 曲音波等. 生物工艺技术学. 长沙：湖南科技出版社，1994.

[35] 方柏山. 生物技术过程模型化与控制. 广州：暨南大学出版社，1997.

[36] 华裕达主编. 迈向知识经济时代. 上海：上海科技出版社，1998.

[37] 孙彦. 生物分离工程. 北京：化学工业出版社，1998.

[38] 吴恩方. 发酵工厂工艺设计概论. 北京：中国轻工业出版社，1995.

[39] Blanch H W，Clark D S. Biochemical Engineering. NY：Marcel Dekker，1996.

[40] Coulson J M，Richardson J P. Chemical Engineering. Oxford：Pergamon Press，1971.

[41] 华南工学院等. 发酵工程与设备. 北京：中国轻工业出版社，1981.

[42] 严希康. 生物分离工程. 北京：化学工业出版社，2001.

[43] 范代娣. 细胞培养与蛋白质工程. 北京：化学工业出版社，2000.

[44] 王湛等. 膜分离技术基础. 北京：化学工业出版社，2001.

[45] 张嗣良，李凡超. 发酵过程中的 pH 及溶解氧的测量与控制. 上海：华东化工学院出版社，1992.

[46] 苏尔馥，胡章助. 生物反应工程. 上海：上海科技出版社，1989.

[47] 俞俊棠等. 抗生素生产设备. 北京：化学工业出版社，1982.

[48] Galindo E，Ramirez F. Advances in Bioprocess Engineering. Kluwer Acad，1994.

[49] 马立人，蒋中华. 生物芯片. 北京：化学工业出版社，2000.

[50] Atkinson B，Mavituna F. Biochemical Engineering and Biotechnology Handbook. 2nd ed. Hampshire，England：Macmillan Pub，1991.

[51] 俞俊棠，唐孝宣等. 新编生物工艺学. 北京：化学工业出版社，2003.

[52] 叶勤. 发酵过程原理. 北京：化学工业出版社，2005.

[53] 李寅. 高密度细胞发酵技术. 北京：化学工业出版社，2006.

[54] 元英进. 现代制药工艺学. 北京：化学工业出版社，2004.

[55] 齐香君. 现代生物制药工艺学. 北京：化学工业出版社，2005.

[56] 贺小贤，杨辉，刘惠. 现代生物工程技术导论. 北京：科学出版社，2005.

[57] 刘惠. 现代食品微生物学. 北京：中国轻工业出版社，2004.

[58] 梅乐和，岑沛霖. 现代酶工程. 北京：化学工业出版社，2006.

[59] 贾士儒. 生物反应工程原理. 北京：科学出版社，2003.

[60] 肖冬光主编. 微生物发酵工程. 北京：中国轻工业出版社，2005.

[61] 吴乃虎. 基因工程原理. 北京：科学出版社，1998.

[62] 朱玉贤，李毅. 现代分子生物学. 北京：高等教育出版社，1997.

[63] 岑沛霖. 工业微生物学. 北京：化学工业出版社，2000.

[64] 吴梧桐. 生物制药工艺学. 北京：中国医药科学技术出版社，1993.

[65] 熊宗贵. 生物技术制药. 北京：高等教育出版社，1999.

[66] 郭葆玉. 基因工程药学. 上海：第二军医大学出版社，2000.

[67] 张致平. 微生物药物学. 北京：化学工业出版社，2003.

[68] 曹巍. 生物制品研制开发动态. 生物技术通讯，2000.

[69] 罗立新，潘力. 细胞工程. 上海：华南理工大学出版社，2002.

[70] 曹军卫，冯辉文. 微生物工程. 北京：科学出版社，2002.

[71] 冯伯森，王秋雨，胡玉兴. 动物细胞工程原理与实践. 北京：科学出版社，2000.

[72] 韩贻仁. 分子细胞生物学. 北京：科学出版社，2002.

[73] 陈三凤. 现代微生物遗传学. 北京：化学工业出版社，2003.

[74] 彭志英. 食品生物技术. 北京：中国轻工业出版社，1999.

[75] 陈坚，堵国成. 发酵工程实验技术手册. 北京：化学工业出版社，2003.

[76] 翟中和，王喜忠等. 细胞生物学. 北京：高等教育出版社，2000.

[77] Colin Ratledge. 生物技术导论（影印版）. 北京：科学技术出版社，2002.

[78] 王明艳，周坤福，徐力. 分子生物学与中医药研究. 上海：上海中医药大学出版社，2000.

[79] 姚汝华，周世水. 微生物工程工艺原理. 第二版. 上海：华南东理工大学出版社，2008.

[80] 俞俊堂，唐孝宣，邬行彦. 新编生物工艺学（上下册）. 北京：化学工业出版社，2009.

[81] 储炬，李友荣. 现代生物工艺学. 北京：华东理工大学出版社，2007.

[82] 李维平. 生物工艺学. 北京：科学出版社，2010.

[83] 邱树毅. 生物工艺学. 北京：化学工业出版社，2009.

[84] 于信令. 味精工艺学. 北京：中国轻工业出版社，2009.

[85] 刘惠. 现代食品微生物学. 北京. 中国轻工出版社，2011.

[86] 杨生玉，张建新. 发酵工程. 北京：科学出版社，2013.

[87] Xiaoxian HE，Po HE，Yong DING. Contempoarary Biotechnology and Bioenineering. Oxford U K：Alpha Science International Ltd，2014.

[88] 许赣荣，胡鹏刚. 发酵工程. 北京：科学出版社，2013.

[89] 韦革宏，杨祥．发酵工程．北京：科学出版社，2008.

[90] 张嗣良．发酵工程原理．北京：高等教育出版社，2013.

[91] 陶兴无．发酵产品工艺学．北京：化学工业出版社，2008.

[92] Gregory N Stephanopoulos, Aristos A Aristidou, Jens Nielsen 著．代谢工程——原理与方法．赵学明，白冬梅等译．北京：化学工业出版社，2003.

[93] 陈坚，堵国成．发酵工程原理与技术．北京：化学工业出版社，2012.

[94] 刘志国．基因工程原理与技术．北京：化学工业出版社，2011.

[95] 赵斌，陈雯莉，何绍江．微生物学．北京：高等教育出版社，2011.

[96] 刘永军．水处理微生物学．北京：中国建筑工业出版社，2010.

[97] 岑沛霖，蔡谨．工业微生物学．北京：化学工业出版社，2008.

[98] 元英进，赵广荣，孙铁民．制药工艺学．北京：化学工业出版社，2007.

[99] 陈平．制药工艺学．武汉：湖北科学技术出版社，2008.

[100] 韩北忠，刘萍，殷丽君．发酵工程．北京：中国轻工业出版社，2013.

[101] 吴晓英．生物制药工艺学．北京：化学工业出版社，2009.

[102] 王志龙．萃取微生物转化．北京：化学工业出版社，2012.

[103] 赵余庆．中药及天然产物提取制备关键技术．北京：中国医药科技出版社，2012.

[104] 童望宇，章亭洲，傅向阳等．制药微生物技术．北京：化学工业出版社，2006.

[105] 郭勇．生物制药技术．第二版．北京：中国轻工业出版社，2008.

[106] 夏焕章，熊宗贵．生物技术制药．第二版．北京：高等教育出版社，2006.

[107] 余龙江．发酵工程原理及技术应用．北京：化学工业出版社，2008.

[108] 储炬，李友荣．现代工业发酵调控学．北京：化学工业出版社，2008.

[109] 梅乐和．生化生产工艺学．第二版．北京：科学出版社，2007.

[110] 贾士儒．生物反应工程原理．第三版．北京：科学出版社，2009.

[111] 李良智，咸漠，李小林等．系统生物技术在微生物菌种改良中的应用．化工科技，2009，17（1）：46-50.

[112] 付卫平．工业生物技术的现状、发展趋势和规划．生物加工过程，2013，11（2）：1-5.

[113] 王武．生物技术概论（双语教材）．北京：科学出版社，2012.

[114] 伦世仪，堵国成．生化工程．北京：中国轻工业出版社，2008.

[115] 张卉．微生物工程．北京：中国轻工业出版社，2010.

[116] 戚以政，夏杰，王炳武．生物反应工程．北京：化学工业出版社，2009.

[117] 郭勇．酶工程（英文版）．北京：科学出版社，2009.8.

[118] ［美］Rao D G 主编．Introduction to Biochemical Engineering. Second Edition. 李春 改编．北京：化学工业出版社，2011.

[119] 程康．啤酒工艺学．北京：中国轻工业出版社，2013.

[120] 韩德权，王莘，赵辉．微生物发酵工艺学原理．北京：化学工业出版社，2013.

[121] 李华，王华，袁春龙等．葡萄酒工艺学．北京：科学出版社，2007.

[122] 王向东，张忠良．食品生物技术．南京：东南大学出版社，2007.

[123] 胡洪波，彭华松，张雪洪．生物工程产品工艺学．北京：高等教育出版社，2006.

[124] ［美］沃森．基因分子生物学（影印版国外生命科学优秀教材）．北京：科学出版社，2011.

[125] 施巧琴，吴松刚．工业微生物育种学．第三版．北京：科学出版社，2009.

[126] 蒋天翼，李理想，马翠卿等．微生物细胞工厂中多基因表达的控制策略．生物工程学报，2110，10.

[127] 谢麟，长青．动物药剂的应用与制作创新：动物药剂原理与药剂应用（上册）．北京：化学工业出版社，2009.